21世纪微电子学专业规划教材

集成电路原理与设计

（第二版）

贾　嵩　王　源　陈中建　甘学温　编著

内 容 提 要

本书全面系统地讲解了集成电路的原理与设计。全书分为8章。第1章是绪论，介绍了集成电路的发展；第2章讲解了集成电路的制作工艺；第3章深入分析了集成电路中的器件及模型；第4章系统地讲解了数字集成电路的基本单元电路；第5章分析了数字集成电路中的基本模块；第6章讨论了集成电路的I/O设计；第7章简单介绍了MOS存储器；第8章全面地讨论了集成电路的设计方法和版图设计。本书内容先进，反映了集成电路的最新发展。在内容安排上突出重点，强调基本知识，条理清楚，讲解透彻，便于学生自学。

本书可作为电子科学与技术类特别是微电子专业高年级本科生或研究生的教材，同时也是从事数字集成电路设计、制作、研究和应用的专业技术人员的重要参考书。对于其他专业的工程技术人员，也可以作为了解数字集成电路的一本参考书。

图书在版编目(CIP)数据

集成电路原理与设计/贾嵩等编著. —2版. —北京：北京大学出版社，2022.10
21世纪微电子学专业规划教材

ISBN 978-7-301-33257-3

Ⅰ.①集… Ⅱ.①贾… Ⅲ.①集成电路－理论－高等学校－教材②集成电路－电路设计－高等学校－教材 Ⅳ.①TN401②TN402

中国版本图书馆CIP数据核字（2022）第146438号

书　　名　集成电路原理与设计（第二版）
JICHENG DIANLU YUANLI YU SHEJI（DI-ER BAN）
著作责任者　贾　嵩　等编著
责任编辑　王　华
标准书号　ISBN 978-7-301-33257-3
出版发行　北京大学出版社
地　　址　北京市海淀区成府路205号　100871
网　　址　http://www.pup.cn　新浪微博：@北京大学出版社
电子邮箱　编辑部 lk1@pup.cn　总编室 zpup@pup.cn
电　　话　邮购部 010-62752015　发行部 010-62750672　编辑部 010-62765014
印 刷 者　北京市科星印刷有限责任公司
经 销 者　新华书店
787毫米×960毫米　16开本　24.75印张　549千字
2006年2月第1版
2022年10月第2版　2024年6月第2次印刷
定　　价　65.00元

前　　言

自从 1958 年基尔比发明集成电路以后，集成电路一直按照摩尔定律的预测飞速发展着。从早期的小规模、中规模集成电路发展到大规模、超大规模集成电路。本世纪，集成度已经达到巨大规模（集成度大于 10^7），或者极大规模（集成度大于 10^9）时代。一般把集成度超过 10^5 的电路都笼统地叫做超大规模集成电路。随着集成度的提高，已经可以把一个电子系统或子系统集成在一个芯片内，集成电路(IC)已经发展为系统级芯片(SoC)。

摩尔在预测集成电路发展的同时也总结了其迅速发展的原因：工艺技术的不断进步以及器件和电路设计的不断创新对集成电路的发展起到至关重要的作用。器件和电路结构的改进不仅有利于提高集成度，而且使电路性能不断改善。集成电路从双极型 DTL 电路发展到 TTL 电路，又发展了高密度的 I^2L 以及高速度的 ECL 电路。但是双极型电路的静态功耗大，成为限制集成度提高的关键因素。MOS 器件由于其结构简单有利于集成化，使 MOS 集成电路出现以后就受到重视，得到迅速发展。MOS 集成电路从早期的 PMOS 电路发展到 NMOS 电路，电路的速度得到提高。NMOS 电路比双极型电路工作电流小、功耗低、集成密度高，在 20 世纪 70 年代得到迅速发展，成为数字集成电路的主流。但是当集成电路发展到超大规模时，NMOS 电路的静态功耗也成为一个限制因素。CMOS 电路利用 NMOS 器件和 PMOS 器件的互补特性，消除了电路的直流电流，极大地降低了功耗。因此，20 世纪 80 年代中期 CMOS 已经发展成为集成电路的主流技术，至今一直占据着主导地位。

面对集成电路如此迅猛的发展形势，教学工作也要与时俱进，不断改革发展。我们在北京大学集成电路设计教学中不断更新教学内容，改革课程设置，把原来的“双极集成电路原理”和“MOS 集成电路原理”两门课改为“数字集成电路原理”和“模拟集成电路原理”，突出以 CMOS 电路为主。为了配合课程设置和课程内容的改革，我们着手进行教材的更新。1999 年甘学温教授曾编写了“数字 CMOSVLSI 分析与设计基础”一书，考虑到原书没有包含双极型集成电路，很多新的内容也需要增加进去，而且原书有些内容不适合本科生教学。2002 年，甘学温教授、赵宝瑛教授、金海岩和陈中建副教授决定一起编写新的“集成电路原理与设计”教材，直到 2005 年春季完成书稿，2006 年出版本书第一版。2006 年以后，贾嵩副教授和王源教授加入到数字集成电路设计课程教学工作中，贾嵩主讲本科生课程，王源主讲研究生课程，2020 年开始着手编写本书修订版。

本书的几位作者有着丰富的教学经验和科研实践，在编写过程中结合实际经验，并参考国外先进的教材和文献资料，力求使教材内容具有先进性。在内容安排上以 CMOS 技术为主，先从器件结构和制作工艺开始，再深入分析器件及其电路的工作原理，最后讨论集成电路的设计。由于是针对本科生的教材，因此突出对基本器件和基本电路的分析，做到突出重点、深入浅出、便于自学。本修订版在第一版的基础上，贾嵩副教授主持修订了第 1 章、第 4

章的 4.1 至 4.6 节、以及第 5 章、第 6 章和第 7 章的 7.1 节和 7.2 节。甘学温教授主持修订了本书第 2 章、第 3 章以及第 4 章的 4.7 节。王源教授主持修订了本书第 6 章以及第 7 章的 7.3 节。最后由甘学温教授和贾嵩副教授对全书进行了审核。

在本书编写过程中得到了北京大学集成电路学院领导、同事和校友们的关心和支持。吉利久教授和中科院微电子研究所刘飞研究员审阅了全部书稿;还有很多同事和学生对本书的编写给予了热情的关心和帮助,恕不一一列举。在此向所有关心和帮助我们的领导、同事和学生表示衷心的感谢。还要感谢北京大学出版社为本书的出版所做的大量工作。

由于作者水平有限,书中难免有错误和疏漏之处,诚恳欢迎读者提出批评指正。

作　者

2022 年 8 月于北京大学

目　　录

第1章　绪　　论

在正式讨论集成电路原理与设计的内容之前，先简单介绍集成电路的重要作用、集成电路的发展历史、指导集成电路发展的摩尔定律和等比例缩小定律以及未来发展趋势，以此作为本书的绪论。

1. 集成电路的重要作用

集成电路从发明到现在只有六十多年的历史，但是其发展速度是非常惊人的，也是任何其他产业无法与之相比的。集成电路的出现使电子设备向着微小型化、高速度、低功耗和智能化发展，加快了人类进入信息化时代的步伐。现在人们的工作、学习、生活和娱乐都要用到集成电路芯片。国家的建设和国防现代化更是离不开集成电路。小到手机、大到航天飞船，它们的核心部件都是集成电路。从全世界看，以集成电路为核心的电子信息产业已经发展为第一大产业，超过了以汽车、石油、钢铁为代表的传统产业，成为拉动国民经济增长的强大引擎和雄厚基石。1994 年全世界集成电路的年销售额达到 1 097 亿美元，首次突破了 1 000 亿美元，2013 年突破 3 000 亿美元，而 2020 年的销售额 4 404 亿美元。中国是全球最大半导体市场，2020 年集成电路产业销售额达到 1 515 亿美元。[1]。一般认为，集成电路有 1～3 元的产值将带动电子工业有 10 元左右的产值，进而拉动整个国内生产总值(gross domestic product，GDP)有 100 元的增长。集成电路产业已成为影响国家政治、经济和国防安全的战略性产业，已成为信息时代国家综合实力和国际竞争力的重要标志。正是由于集成电路对经济发展、国防建设以及对社会进步的作用越来越突出，2000 年集成电路的发明人杰克·基尔比(Jack Kilby)获得了诺贝尔物理学奖。

2. 集成电路的发展历史

集成电路的发展历史应该追溯到 1947 年 12 月晶体管的发明。1947 年 12 月美国贝尔(Bell)实验室的约翰·巴丁(John Bardeen)和沃尔特·布拉顿(Walter Brattain)制作出第一只点接触型半导体晶体管，观测到放大现象[2,3,4]，在这项发明中威廉·肖克利(William Shockley)也起到了重要作用。1948 年 1 月肖克利又提出了结型双极晶体管的理论，并于 1951 年制作出结型晶体管[5]。他们三人因此在 1956 年获得诺贝尔物理学奖。晶体管的发明揭开了半导体器件的神秘面纱，引发了一次新的技术革命，使人类社会步入了电子时代。

1958 年美国德州仪器公司(Texas Instruments，TI)的杰克·基尔比在半导体锗衬底上形成台面双极晶体管和电阻等元器件，并用超声波焊接的方法将这些元器件通过金丝连接起来，形成一个小型电子电路[6]。1959 年 2 月基尔比申请了专利，将它命名为集成电路(integrated circuit，IC)[2,3]，图 1-1 就是基尔比申请专利的集成电路结构[7]。尽管基尔比研制的电路还不是真正的单片集成电路，相当于是一个混合集成电路，但是它使人们看到了在一块固体(半导体)材料上形成一个电路的前景。因此,早期把集成电路叫作固体电路或固体组件。1959 年 7 月美国仙童半导体公司(Fairchild Semiconductor Corp.,FSC)的罗伯特·诺伊斯(Robert Noyce)基于琼·霍尔尼(Jean Hoemi)发明的硅平面双极晶体管的技术[3,8],提出用淀积在二氧化硅膜上的导电膜作为元器件之间的连线[3,9],解决了集成电路中的互连问题,为利用平面工艺批量制作单片集成电路奠定了基础。诺伊斯的发明也获得了美国专利[2,3,7]。诺伊斯的设想使大家看到了一个极有希望的前景:用这种方法完全可以在硅芯片上集成几百个,乃至成千上万个晶体管。目前已经在一块芯片上集成几十亿个晶体管。1960 年仙童半导体公司利用平面工艺制作出第一个单片集成电路系列,命名为"微逻辑"(micrologic)[9]。基尔比被誉为第一块集成电路的发明人。诺伊斯被誉为提出适合于工业化生产的集成电路制作理论的人,他采用的工艺成为以后集成电路制作工艺的基本模式。

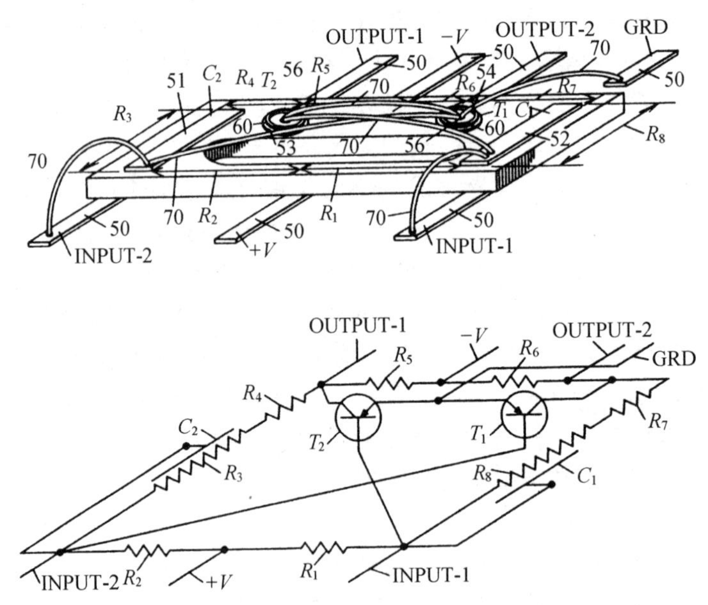

图 1-1　基尔比申请专利的集成电路结构

尽管早在 1926 年朱利叶斯·埃德加·利林菲尔德(Julius Edgar Lilienfeld)就提出了场效应的概念[10],1935 年奥斯卡·海尔(Oskar Heil)发表文章提出 MOS(metal-oxide-semiconductor 金属-氧化物-半导体)结构中形成表面反型沟道的理论[11],但是由于对 Si-SiO_2 界面控制问题没有解决,直到 1960 年江大原(Dawon Kahng)和马丁·艾塔拉(Martin Atalla)才用热氧化形成的 SiO_2 制作出第一个 MOS 场效应晶体管(MOS field effect transistor,MOSFET)[12]。在此基础上,加上已经有了平面工艺的基础,因此很快就出现了 MOS 集成电路。1963 年弗兰克·威纳尔斯(Frank Wanlass)和萨支唐(C. T. Sah)提出了把 p 沟道

MOS晶体管和n沟道MOS晶体管结合起来构成互补MOS集成电路[13]，即CMOS(complementary MOS)集成电路。

MOS晶体管比起双极晶体管结构简单、占用面积小，特别是MOS晶体管工作电流小、功耗低，且便于隔离，这些优点非常有利于集成化。因此，MOS集成电路出现以后发展非常迅速，很快从小规模和中规模集成电路发展到大规模、超大规模集成电路(very large scale integration，VLSI)，也有些书把集成度超过10^7叫作超超大规模集成电路或甚大规模集成电路。1970年英特尔公司制作出第一块1024位(1kb)动态随机存取存储器(dynamic random access memory，DRAM)[3]，使MOS集成电路率先进入大规模集成电路时代。1971年英特尔公司又做出第一块微处理器(micro process unit，MPU)芯片Intel 4004[14]，为微型计算机(微机)的发展奠定了基础。存储器和微处理器是集成电路的典型产品，它们的发展说明了集成电路迅猛发展的态势。1982年研制出沟槽电容结构的1 Mb DRAM [15]，1995年研制出1Gb DRAM[16]，在一个芯片里集成了11亿个MOS晶体管和11亿个电容。从1970年到1995年仅仅25年的时间集成度提高了6个数量级，即增大了100万倍，这样的发展速度确实是无与伦比的。微处理器的发展也同样惊人。1971年英特尔公司制作的4004芯片集成度是2.3k的晶体管，1978年英特尔公司推出8086芯片集成度达到2.9k的晶体管，从此开始了86系列微处理器的广泛应用。1993年英特尔公司第一代奔腾(pentium)芯片问世，集成度达到3.1Mb[14]。1999年推出的Pentium-3集成度已达到4.9M的晶体管，2000年发展到Pentium-4，集成度达到55M的晶体管。2011年英特尔公司基于新型三栅器件结构的四核酷睿i7 Ivy Bridge处理器，采用22nm工艺，集成度为14.8亿个晶体管，最高时钟频率为3.5GHz。2016年英特尔公司推出了基于14nm工艺的Xeon E5-2699 v4，这是一款22核44线程处理器，使用了第二代FinFET工艺，主频2.2GHz，睿频3.6GHz，集成度为72亿个晶体管。集成电路的发展促进了智能电子产品的普及和更新换代。图1-2说明了过去几十年间DRAM和中央处理器(central processing unit，CPU)的飞速发展[17]。

集成电路是从双极电路开始的，20世纪60年代双极集成电路得到迅速发展，但是功耗问题限制了双极集成电路集成度的提高。20世纪60年代初MOS集成电路问世，开始是pMOSIC。后来解决了制作增强型n沟道MOS晶体管的技术问题，70年代nMOSIC得到迅速发展。发展到VLSI以后功耗问题越来越突出，CMOS集成电路由于具有高密度、低功耗的优点开始受到重视，到80年代中期CMOS已经成为集成电路的主流技术。到1987年集成电路产品中约40%是CMOS集成电路。目前CMOS产品已占到集成电路总产值的85%以上。[18]

3. 集成电路的发展规律

英特尔公司的创始人之一戈登·摩尔(Gordon Moore)早在1965年就预测了集成电路迅速发展的趋势，提出了集成度随时间指数增长的规律[19]。1975年又进一步预测了集成电路未来的发展[20]，指出集成度大约是每18个月翻一番的增长规律，这就是著名的摩尔定律。图1-2是摩尔在1965年对集成电路发展的总结和预测[19]。1991年的VLSI技术讨论会上方尾真幸(Masaki Yoshio)又根据一些半导体公司的典型产品总结了集成电路的发展规律,指出存储器集成度的增长规律是每 3 年 4 倍,而逻辑电路集成度的增长规律是每 5 年 10 倍[21]。集成度每 3 年 4 倍的增长规律就是世界上公认的摩尔定律。时至今日,集成电路的发展一直遵循着摩尔定律。图 1-3 给出了实际集成电路的发展情况[22]。

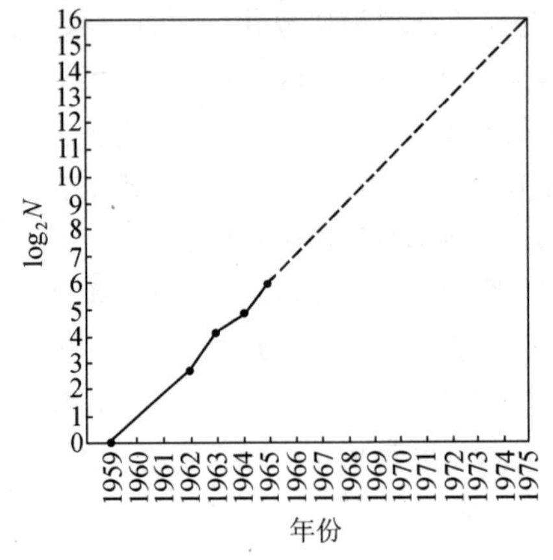

图 1-2 摩尔在 1965 年对集成电路发展的预测

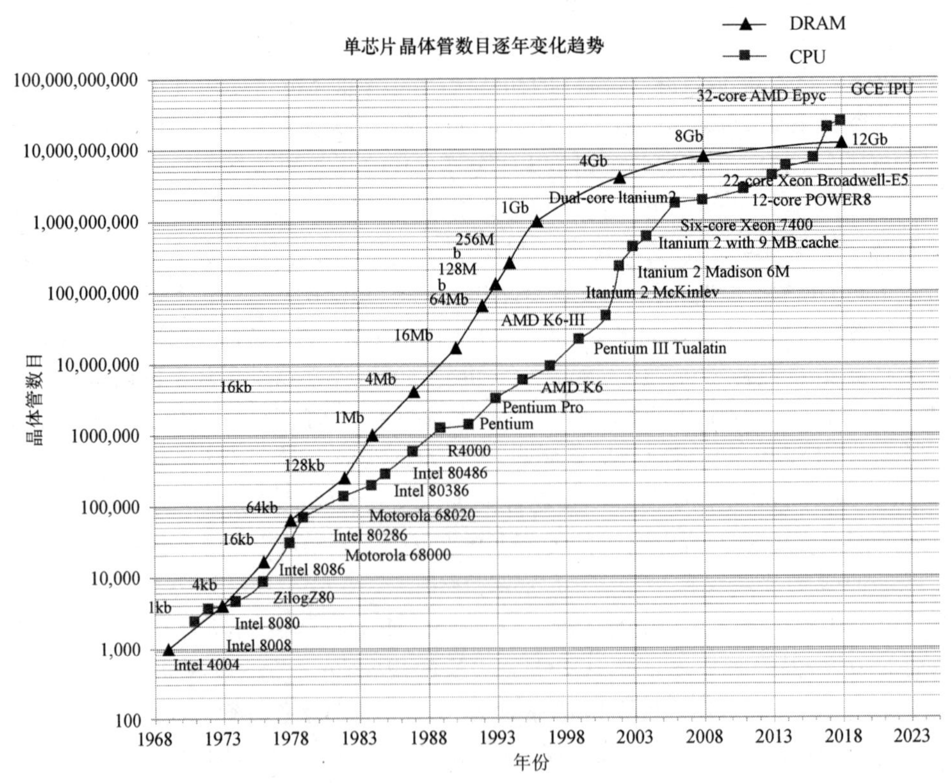

图 1-3 DRAM 和 CPU 的发展情况

摩尔分析了集成电路迅速发展的原因，他指出集成度的提高主要是三个方面的贡献：一是特征尺寸不断缩小，大约每3年缩小30%；二是芯片面积不断增大，大约每3年增大1.5倍；三是器件和电路结构的改进。

前两方面的作用主要是依靠工艺技术的进步。采用更短波长的光源以及增大透镜的数值孔径等措施，使光学光刻的分辨率不断提高。特征尺寸从最初的十几微米缩小到几纳米。电子束等先进光刻技术的发展使特征尺寸缩小到纳米尺度。目前先进的5nm技术节点(technology node)的集成电路已经进入大规模生产，3nm及以下的工艺技术的研发正在展开。为了降低芯片的加工成本，同时为了保证一定的成品率，随着芯片面积增大，必须采用更大的硅片。早期是1～3英寸硅片，现在已普遍采用12英寸硅片(直径300mm)，18英寸硅片的生产线也将投入使用。硅片增大就要求工艺设备不断更新，同时要求更高的加工精度和均匀性。为了防止高温造成的热应力引起大硅片变形和损伤，集成电路的加工技术已经从高温工艺向低温工艺转化，如用离子注入代替高温扩散，用快速热退火代替较长时间的高温退火。各种新的超浅结技术不断发展，保证结深也不断减小。随着芯片面积增大，芯片内的电路更加复杂，为了解决器件之间的连接，必须采用多层金属互连。各种化学汽相淀积(chemical vapor deposition，CVD)和化学机械抛光(chemical mechanical polishing，CMP)技术解决了多层薄膜淀积和表面平坦化问题。从早期的单层金属互连发展到10层以上的互连线。低K线间介质的铜互连工艺代替了常规的SiO_2介质的铝互连工艺。Si-O基的多孔材料和一些多孔的有机聚合物材料被开发出来用于实现低K介质，采用Cu/FP互连比Al/SiO_2互连的寄生电容减小37%，RC延迟减小45%[23]。总之，集成电路的发展是以工艺技术的发展为基础的。通过工艺技术的改进，缩小特征尺寸，提高集成密度，使电路性能不断提高，使单位功能电路的成本不断降低，从而提高产品的竞争力，扩大市场，因此可以吸引更多投资用于新技术的研究和开发，这样就形成了一个良性循环的发展。这正是集成电路迅速发展的一个强大引擎。

器件和电路结构的改进对集成电路的发展起到了至关重要的作用。摩尔在1975年总结集成电路的发展时指出：从1960年到1975年由于特征尺寸缩小使集成度提高了32倍，芯片面积增大的贡献是20倍，而器件和电路结构的改进使集成度提高了100倍。随着集成度的提高，功耗问题日益突出，因此集成电路从大电流的双极电路为主发展为以低电流的MOS电路为主，又发展为近零静态电流的CMOS电路，极大降低了电路的静态功耗。SOI CMOS的出现不仅解决了体硅CMOS中的闩锁效应问题，而且有利于提高速度，减小功耗。为了把CMOS高密度、低功耗的优点和双极晶体管大驱动电流的优点结合起来，20世纪80年代又发展起BiCMOS电路。随着器件尺寸不断缩小，小尺寸器件中的一些物理问题越来越突出，因此必须对器件物理进行深入研究，从而在器件结构设计上提出改进。例如，设计浅的源/漏延伸区、采用halo掺杂结构等来抑制短沟道效应，开发新的高K栅介质解决超薄栅氧化层的泄漏电流问题。在特征尺寸缩小到纳米尺度后，各种新的纳米CMOS器件结构应运而生，如双栅、围栅MOSFET以及超薄体(ultra thin body，UTB)绝缘体上硅(silicon on insulator，

SOI)器件[24]。特别是在DRAM单元结构的改进上更加体现了努力设计的重要作用。DRAM单元从最初的4管单元改进为3管单元,又发展到单管单元,极大缩小了单元面积。单管单元的结构也不断改进,在kb规模DRAM单元一般是平面晶体管平面电容结构,到Mb规模DRAM单元发展为平面晶体管立体电容结构,在Gb规模DRAM单元又发展到立体晶体管立体电容结构,而且采用新的高K介质提高单位面积电容。图1-4说明了DRAM单元设计的改进[25]。在集成电路发展过程中依靠广大设计者的研究和创新,使新的器件和电路结构不断涌现,使集成电路性能不断提高。

在集成电路发展过程中,设计方法的研究以及计算机辅助设计(computer aided design, CAD)工具的不断完善也是非常重要的。从早期的图形编辑、电路仿真的CAD技术,发展到基于单元库的自动布局布线,进入到计算机辅助工程(computer aided engineering,CAE)阶段。现在的电子设计自动化(electronic design automation,EDA)系统使设计者用硬件描述语言从行为级或寄存器传输级(register transfer level,RTL)描述入手,运用高层次综合工具产生电路结构,再调用库单元或模块生成版图级文件,极大提高了设计的自动化程度,因此可以缩短设计周期,降低设计成本,并有利于提高设计的成功率。

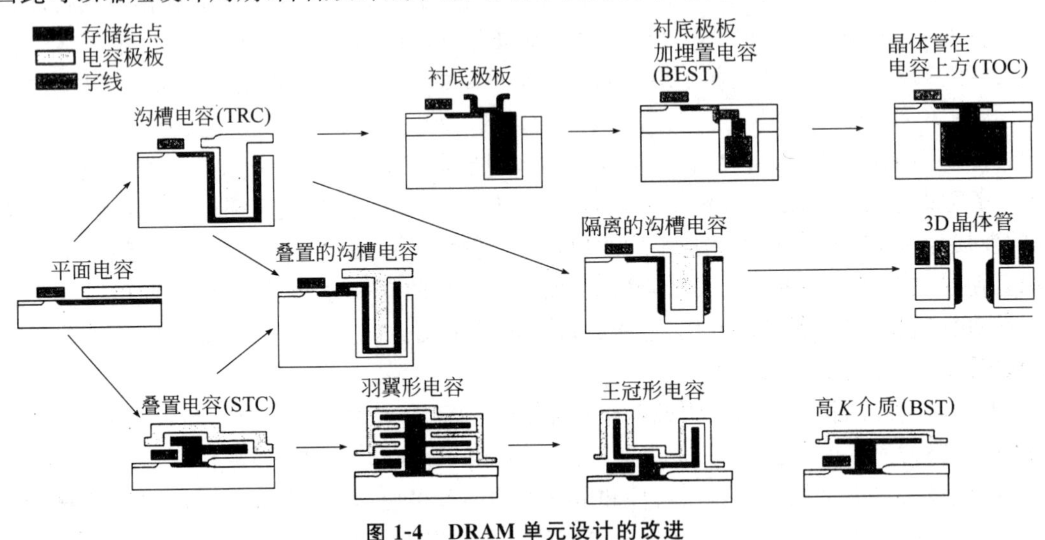

图1-4　DRAM单元设计的改进

4. 指导集成电路发展的等比例缩小定律

缩小器件尺寸、提高集成度一直是集成电路发展的推动力。但是如何缩小器件尺寸则需要理论的指导。1974年罗伯特·登纳德(Robert Dennard)首先提出了MOS器件等比例缩小(scaling down)理论[26]。由于MOS晶体管是场效应器件,如果在缩小尺寸的过程中能够保证器件内部的电场强度不变,则器件性能就不会退化。这就是恒定电场(constant electric field,CE)等比例缩小定律(简称CE定律)的出发点。

CE定律要求器件的所有几何尺寸,包括横向和纵向尺寸,都缩小为原来的$1/\alpha$;衬底掺杂浓度增大α倍;电源电压下降为原来的$1/\alpha$。这样可以保证内部的耗尽层宽度和外部尺寸一起缩小，保证器件内部的电场不变。图1-5示意说明MOS器件等比例缩小后的变化。由于器件尺寸缩小使集成度以α^2倍增大。电路的延迟时间决定于负载电容、逻辑摆幅和驱动电流，即

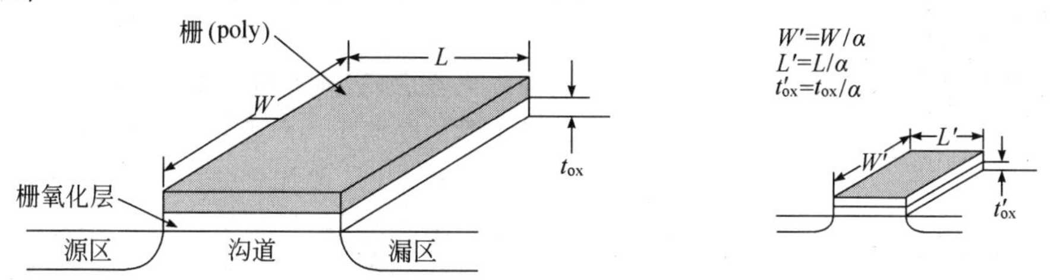

图1-5 MOS器件等比例缩小后的变化

$$t_d \propto \frac{C_L V}{I_D} \tag{1-1}$$

其中C_L是电路的负载电容，V是逻辑摆幅，对CMOS电路就是电源电压，I_D是驱动电流。

尽管按照CE定律等比例缩小使器件的驱动电流减小为原来的$1/\alpha$，但是负载电容和逻辑摆幅都减小为原来的$1/\alpha$，从而使电路的延迟时间也减小为原来的$1/\alpha$，即电路的速度增大α倍。按照CE定律等比例缩小的第3个改进是功耗降为原来的$1/\alpha^2$，这是因为电压和电流都缩小为原来的$1/\alpha$。尽管按照CE定律等比例缩小可以使集成电路获得三方面改善，但是实际上很难实行。因为要求电源电压和器件尺寸以相同的比例缩小，给电路的使用带来不便。20世纪70年代已确立了5V的标准电压，从使用角度希望维持这个标准电压不变。另外电源电压下降也要求MOS器件的阈值电压等比例下降，这将使泄漏电流显著增大，从而增加电路的功耗。

实际上从20世纪70年代到80年代中期执行的是恒定电压(constant voltage，CV)等比例缩小定律(简称CV定律)。CV定律要求器件的所有几何尺寸都缩小为原来的$1/\alpha$；电源电压保持不变；衬底掺杂浓度增大α^2倍，以便使内部的耗尽层宽度和外部尺寸一起缩小。按照CV定律可以使集成度增大α^2倍；使器件的驱动电流增大α倍，负载电容减小为原来的$1/\alpha$；使电路的速度提高α^2倍。CV定律带来的最大问题是功耗以α倍增大，而且功耗密度以α^3倍增加。另外器件内部电场强度增大带来了一系列问题，特别是强电场引起的载流子漂移速度饱和限制了器件驱动电流的增加，影响了等比例缩小带来的电路性能改善。

到20世纪90年代器件尺寸已经缩小到亚微米尺度，CV定律引起的电场增强和功耗增大的问题使其很难再维持下去。特别是各种便携式设备的发展对降低电路的功耗提出了更高的要求，因此电源电压必须降低。但是从使用角度考虑又不希望电源电压变化太快，在这种情况下发展了准恒定电场(quasi-constant electric field，QCE)定律。QCE定律要求器件尺寸缩小为原来的$1/\alpha$；电源电压减小ε/α倍$(1<\varepsilon<\alpha)$；衬底掺杂浓度增大$\varepsilon\alpha$倍，使耗尽层宽度和器件尺寸一起缩小，同时维持器件内部电场分布不变，但是电场强度增大ε倍。在选择ε时可以根据实际应用需要分为高性能方案和低功耗方案。高性能方案以提高速度为主要目标，ε取值更接近α，使电源电压下降更缓慢。低功耗方案以降低功耗为主要目标，ε

取值更接近 1,使电源电压下降较快,从而有利于降低功耗。图 1-6 比较了两种方案等比例缩小过程中选择的电源电压以及器件内部电场强度和电路功耗密度的变化[27]。当 $\varepsilon=1$ 时就是 CE 定律,当 $\varepsilon=\alpha$ 时就是 CV 定律,因此 QCE 定律实际上是介于 CE 定律和 CV 定律之间的一个优化的等比例缩小定律。

尽管叫作等比例缩小定律,但是从器件性能优化考虑,实际上所有参数不可能完全以相同的比例因子缩小,而是采取优化的比例因子。当沟道长度缩小到深亚微米尺度后,栅绝缘层厚度减小要缓慢一些,以利于提高器件的可靠性。图 1-7 给出了等比例缩小过程中 MOS 器件的沟道长度、栅氧化层厚度以及电源电压的变化[28],图中的不同符号是引自不同文献的数据。

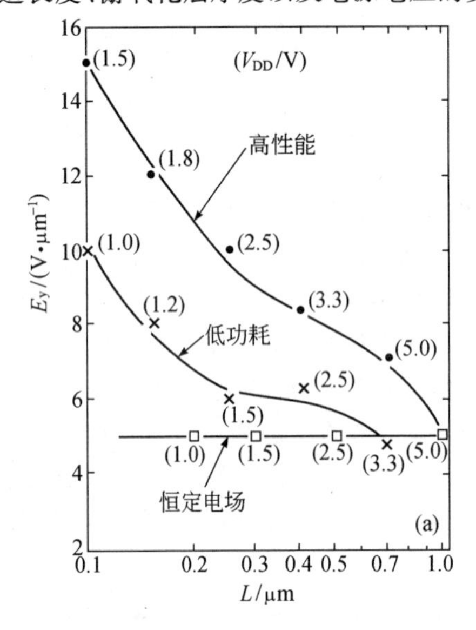

(a) 器件内部电场强度的变化

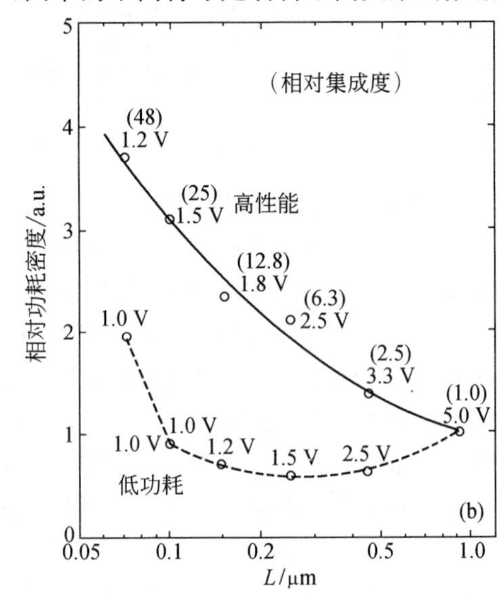

(b) 电路功耗密度的变化

图 1-6　高性能和低功耗两种方案等比例缩小的比较

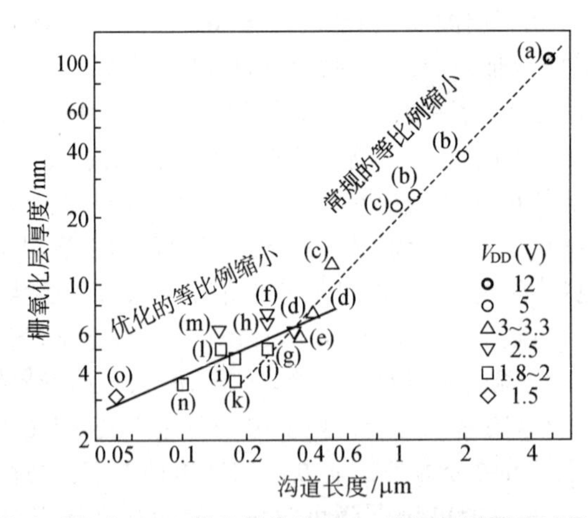

图 1-7　等比例缩小过程中 MOS 器件的沟道长度、栅氧化层厚度以及电源电压的变化

表1-1[29]列出了等比例缩小过程中器件参数变化情况。从表中看出，在相当长的一段时间内都是在5V的标准电压下按照CV定律缩小。当器件尺寸缩小到亚微米尺度后执行的是QCE定律，电压缓慢下降。电源电压每下降一次尽量保持较长时间，避免每开发一代新产品就更换一次电源电压。也就是说，电源电压按照大的台阶下降，而器件尺寸按更小的台阶下降。

表1-1 等比例缩小过程中器件参数变化情况

特征尺寸/μm	5	3	2.5	1.2	0.8	0.5	0.35	0.25	0.15
电源电压/V	5	5	5	5	3.3	3.3	3.3	2.5	1.0
栅氧厚度/nm	100	60	40	25	15	9	6	3.5	2.5
结深/μm	1.5	0.6	0.4	0.25	0.15	0.1	0.08	0.06	0.05
阈值电压/V	1.0	1.0	1.0	0.8	0.5	0.5	0.4	0.3	0.2
相对速度/(m·s^{-1})	0.38	0.57	0.7	1	1.4	2.7	4.2	7.2	9.6

表1-2列出了某工艺线技术节点等比例缩小过程中器件参数变化情况。从表中看出，实际工艺节点在进入深亚微米阶段后，基本保持QCE定律。随着器件尺寸按比例下降，电压按照台阶下降，从而在电路性能和系统应用之间取得折中。表1-3总结了三种定律等比例缩小的内容及作用。

表1-2 某工艺线技术节点等比例缩小过程中器件参数变化情况

特征尺寸/μm	0.35	0.25	0.18	0.13	0.09	0.065	0.04	0.028	0.014
电源电压/V	3.3	2.5	1.8	1.2	1.2	1.2	1.1	0.9	0.8
阈值电压/V	0.6	0.5	0.4	0.35	0.33	0.32	0.3	0.28	0.25

表1-3 三种定律等比例缩小的内容及作用

参 数	CE定律	CV定律	QCE定律
器件尺寸	$1/\alpha$	$1/\alpha$	$1/\alpha$
电 压	$1/\alpha$	1	ε/α
掺杂浓度	α	α^2	$\varepsilon\alpha$
耗尽层宽度	$1/\alpha$	$1/\alpha$	$1/\alpha$
阈值电压	$1/\alpha$	1	ε/α
电 流	$1/\alpha$	α	ε^2/α
负载电容	$1/\alpha$	$1/\alpha$	$1/\alpha$
电场强度	1	α	ε
电路门延迟	$1/\alpha$	$1/\alpha^2$	$1/\varepsilon\alpha$
功 耗	$1/\alpha^2$	α	ε^3/α^2
功耗密度	1	α^3	ε^3
功耗-延时乘积	$1/\alpha^3$	$1/\alpha$	ε^2/α^3

5. 未来发展和挑战

未来集成电路仍将以硅基CMOS技术为主。不断缩小特征尺寸仍将是集成电路发展的主要推动力。通过缩小特征尺寸可以使集成电路继续遵循摩尔定律提高集成密度；通过缩小特征尺寸提高集成度,可以使电子设备体积更小、速度更高、功耗更低;通过缩小特征尺寸可以降低单位功能电路的成本,提高产品的性能价格比,使产品更具竞争力。在21世纪初集成电路已进入3G时代,即达到G(giga=10^9)规模的集成度、GHz的工作频率、Gbps的数据传输速率。今后将向3T时代发展,即达到T(tera=10^{12})规模的集成度、THz的工作频率和Tbps的数据传输速率。

美国半导体行业协会(semiconductor industry association,SIA)提出的国家半导体技术发展路线图(national technology roadmap for semiconductors,NTRS)以及由美国、欧洲和亚洲一些国家的专家共同编制的国际半导体技术发展路线图(international technology roadmap for semiconductors,ITRS)都不断对今后集成电路的发展进行预测,用来指导半导体产业的发展,同时对大学和研究机构的人才培养和科学研究也具有重要的指导意义。表1-4给出了ITRS在2015年对集成电路特征尺寸缩小的预测[30]。

表1-4 ITRS在2015年对集成电路特征尺寸缩小的预测

年份	2015	2017	2019	2021	2024	2027	2030
工艺节点/nm	16/14	11/10	8/7	6/5	4/3	3/2.5	2/1.5

随着特征尺寸减小、集成度不断提高,已经可以把整个电子系统或子系统集成在一个芯片里,集成电路正在向集成系统即系统级芯片(system on chip,SoC)发展。基于单元库的IC设计向基于IP模块的SoC设计发展。SoC不仅仅是集成度的提高,它将打破传统集成电路的分类,把多种器件、多种电路集成在一起。SoC的设计思想和设计方法也和集成电路不同,它采用的是多学科结合、软硬件协同的设计方法;SoC是通过设计复用技术,充分利用已设计好的预制模块达到高生产率的过程。21世纪是信息化时代,能与互联网结合的可移动(mobile)的便携式(portable)实时信息处理的系统芯片将是一个重要的发展方向。

把微电子与其他学科结合起来也将为集成电路的发展开辟新的方向。光电子学与微电子技术结合发展起光电集成电路。机械力学与微电子技术结合发展起微电子机械系统,它可以将信息的感知(微传感器)、信息的处理和存储(微处理器、存储器以及放大器等电路)以及执行部件(微执行器)集成在一个芯片上,实现真正的系统芯片。生物学与微电子技术结合诞生了脱氧核糖核酸(deoxyribonucleicacid,DNA)生物芯片。微电子技术还将广泛地与其他学科结合,诞生一系列新兴学科和新的技术增长点。

为了满足提高集成度的需要,同时又避免芯片加大引起的长互连线 *RC* 延迟的影响,基于芯片叠置的三维(three dimensional,3D)集成技术将是一个重要发展方向。利用硅片减薄和键合技术把多个同质或异质的芯片叠置起来实现三维集成的系统级封装(system in package,SiP),通过硅通孔(through silicon via,TSV)技术实现芯片间的垂直互连。

图1-8说明用TSV技术互连实现3D集成系统中时钟分布线的连接,用一个CPU芯片和3个叠置的DRAM芯片实现集成的系统,CPU芯片中产生时钟信号,时钟信号通过硅转接板(silicon interposer)分成8路,再用TSV技术互连接到DRAM芯片中[31]。一种通过

芯片界面(thruchip interface,TCI)技术有可能成为 3D 集成系统新的发展方向,它是通过电感耦合实现无线互连,它的优越性是不需要"线"连接,因此也不需要制作连接的线。TCI 技术是基于标准 CMOS 工艺用多层互连形成线圈,占用的面积较小,制作线圈附加的成本也很小。图 1-9 比较了实现 3D 集成系统中 3 种芯片间的互连技术[32]。最简单的方案是采用键合线把不同芯片需要连接的压点焊接起来,如图 1-9(a)所示。尽管键合技术这种方法简单、成本低,但是压点和键合线的寄生效应严重限制了工作带宽。如图 1-9(b)所示,TSV 技术的 3D 集成,这种方法具有低延迟、高带宽、高集成度等优点,但是成本高,可靠性问题也需要进一步解决。如图 1-9(c)所示,用 TCI 技术实现 3D 集成,它的性能和 TSV 技术相当,但是成本降低,不过这种技术目前还处于研究阶段。

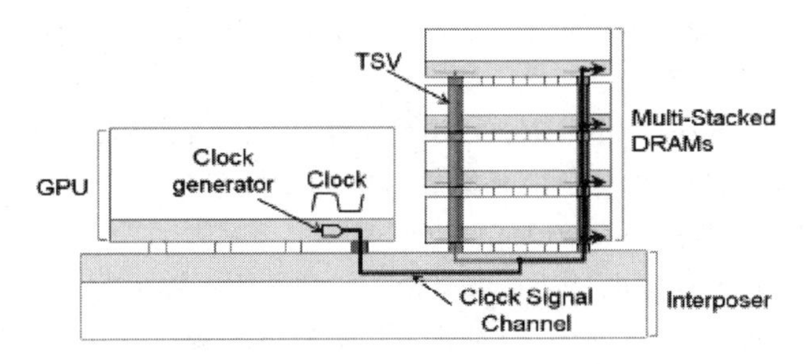

图 1-8　用 TSV 互连实现 3D 集成系统中时钟分布线的连接

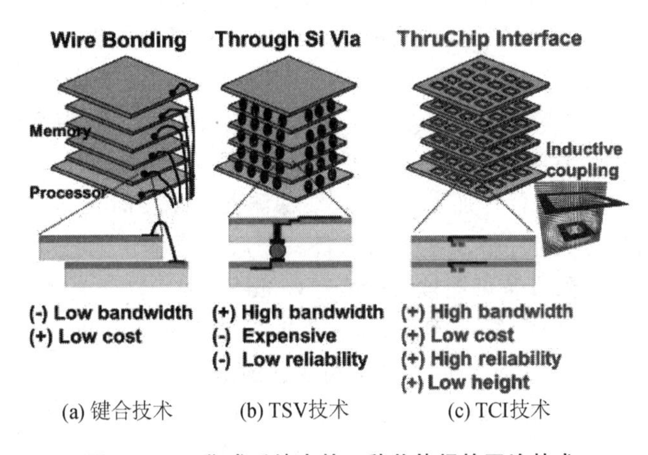

(a) 键合技术　(b) TSV技术　(c) TCI技术

图 1-9　3D 集成系统中的 3 种芯片间的互连技术

任何新技术都会经历诞生、发展到成熟的过程。集成电路目前正处在高速发展阶段。摩尔提出的集成度指数增长规律是否能一直持续下去?特征尺寸缩小是否会有极限?多年来很多人都在研究集成电路发展的"极限"问题[33,34]。特别是现在特征尺寸已进入纳米范围,进一步缩小尺寸会遇到更大的困难和挑战。这些困难和挑战主要来自三个方面:

第一方面是物理极限的挑战。信息处理是一个物理过程,要处理的信息必须由某种工艺制造的基本器件去存储和操作。这种基本器件具有一定的物理尺寸,操作需要一定的时间,并且要消耗一定的能量。信息处理的这种物理本质就提出了一些基本物理限制[35,36]。例如量子隧穿效应限制了最小绝缘层宽度和耗尽层厚度。统计物理和热力学规律也对最小器件尺寸和最小电源电压提出了限制。当沟道长度缩小到100nm以下,沟道区杂质原子总数只有几十个到上百个,这样少的杂质原子数其统计涨落将非常明显,从而引起器件参数随机起伏。随着集成度增加,由于器件参数离散性引起的电路失效概率将极大增加。热噪声的存在要求电路的最小开关能量必须远大于 kT(室温下为0.026V),从而限制了器件尺寸的减小和电源电压的下降。导电材料固有的电阻率和介质材料的介电常数不能按比例减小,使得互连线的 RC 延迟影响越来越大。不过随着对理论问题的深入研究和工艺技术的发展,人们的认识在不断提高,对"极限"的认识也在不断发展。通过对器件结构和电路结构的改进创新,通过发展新材料和新工艺,人们也在不断突破所谓"极限"。在20世纪70年代有人提出 1μm 可能是实现的最小尺寸,80年代又提出 0.1μm 是尺寸缩小的极限,90年代认为 0.05μm 可能是最终的极限。然而集成电路的实际发展远远超过了人们的预测,在2017年已经报道研制出栅长7nm的FinFET器件[37]。

第二方面是工艺技术面临的挑战。摩尔定律能持续多久很大程度上取决于工艺技术上能把特征尺寸持续缩小到多小。这不仅对光刻技术提出了挑战,而且对其他微电子加工技术也提出了更高的要求。要实现100nm以下的特征尺寸必须发展新的光刻技术,例如电子束、离子束、甚远紫外线和X射线。随着光源波长缩短,光子将有足够的能量对构成光刻胶的某些无机物材料曝光,因此必须发展新的光刻胶以及掩模版材料。为了使纵向尺寸等比例缩小,必须发展新的超浅结工艺,实现原子层控制的精度。由于芯片面积不断加大,要求硅片面积也不断增大。这些都将给工艺技术、加工方式和生产设备带来新的变化。不仅要求加工的精度越来越高,而且对工艺的均匀性、材料的缺陷密度以及热应力等方面的要求也更加严格,必须实现100%的单片加工,通过在线探测器实现实时工艺控制。为了应对这些挑战,必须发展新的加工技术、加工方法和设备。今后半导体工艺技术可能和现在大不相同,各种不同形状和尺寸的设备可能被一串冷壁(cold-wall)干法工艺的"微工具"阵列取代。这种"微工具"阵列把传统的淀积-光刻-刻蚀加工循环合成在一部机器和一次工艺中,因而更具经济优势。更好的发展方向是使集成电路或它的某些元件通过"自形成工艺"来建造它们自己,就像在籽晶上生长单晶那样产生出很多电路元件,当然图形要比简单的单晶晶格复杂得多。这种"自形成工艺"的优越性在于它的图形生成机制不像传统工艺那样依赖于高精度掩模成像或直写技术,而是依靠某种"化学自复制"能力。甚至可以用生物作用方式建造集成电路,使电路图形类似于生物中的DNA那样用一些分子的某种编码构成。

第三方面是经济因素的制约。尽管缩小尺寸、提高集成度可以使单位功能电路的成本下降,集成电路产品按照单位功能电路成本逐年减少25%的规律发展。但是,为了开发新产品、新技术,还要增加很多投入。研制成本大约每代产品增加1.5倍;增加工艺步骤使每代产品的成本增加1.3倍;硅片面积增大需要设备更新换代,设备费用大概是以每年10%~

15%的速度增加;集成度提高使测试和封装的成本也在增加。这些费用的增加使建立集成电路生产线的投资越来越高。过去建造一个0.25μm工艺的生产线大约需要2亿美元,要建造加工300mm硅片的半导体工厂的费用将在20亿美元。图1-10说明了光刻设备成本的增长趋势[22]。因此,经济因素将是一个更实际的限制。

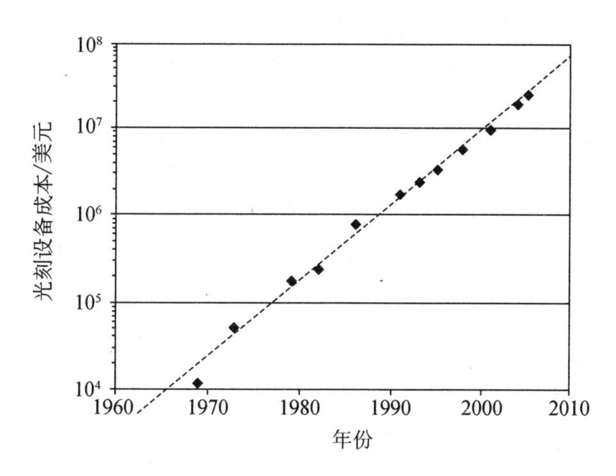

图1-10 光刻设备成本的增长趋势

现在集成电路技术已经逐渐进入"后摩尔"(post moore或beyond moore)时代。尽管摩尔定律预测的发展速度不可能永远持续下去,但是通过人们的努力,可以使摩尔定律持续的时间尽可能延长。目前一个重要的努力方向仍是继续缩小MOS器件的特征尺寸以提高集成度,但需要通过新材料、新工艺和新结构的应用来改善器件和电路的性能。为了延续摩尔定律,需要继续发展纳米CMOS新器件技术,比如金属栅/高k介质的栅结构、应变硅沟道技术。目前正在研究高迁移率的新型沟道材料,比如硅上外延锗或III-V族半导体材料以及新型的石墨烯(graphene)材料。同时继续推进系统级芯片技术。另一方面,开展"非缩比驱动"(non-scaling driven)的扩展摩尔定律(more than moore)的微纳电子技术研究,不再以追求缩小尺寸和提高器件密度为目标,而是着眼于增加系统集成的功能多样化,走以系统级封装为代表的多元化器件和功能集成的道路。后摩尔时代的智能电子系统需要有射频通信、高功率控制、无源元件、传感器、驱动器、生物芯片、光电等非数字功能模块。这类模块不需要按比例缩小,但是可以增加微纳电子产品的功能。功能多样化的实现手段是异质集成(hetero-integration),可以在封装级(即SiP)或芯片级(即SoC)实现,或者进一步把SiP与SoC结合。

经过一定时间的发展,微纳电子工业将逐渐步入成熟期。到2030年左右,微纳电子工业将达到一个稳定的增长阶段,与GDP的增长保持一个适当的比例。但是不容置疑,以集成电路为代表的微纳电子技术将继续发展,用创新的解决方案迎接对它的各种挑战。[30,37]

参考文献

[1] 中国电子信息产业发展研究院,中国半导体行业协会,安博教育集团. 中国集成电路产业人才发展报告(2020—2021 年版) [R]. 诸暨:第四届半导体才智大会,2021.

[2] Sah C T. Evolution of the MOS transistor—from conception to VLSI [J]. Proceedings of the IEEE, 1988, 76 (10):1280-1326.

[3] Baedeen J, Brattain W H. The transistor, a semiconductor triode [J]. Physical Review, 1948, 74(2): 230-231.

[4] 张兴,黄如,刘晓彦. 微电子学概论 [M]. 北京:北京大学出版社,2000.

[5] Shockley W. The path to the conception of the junction transistor [J]. IEEE Transactions on Electron Devices, 1976, ED-23 (7).

[6] Kilby J S. Invention of the integrated circuit [J]. IEEE Transactions on Electron Devices, 1976, ED-23 (7).

[7] 荒井英辅, 集成电路 A[M],邵春林,蔡凤鸣,译. 北京:科学出版社,2000.

[8] Hoerni J A. Planar silicon transistors and diodes: International Electron Devices Meeting, October 27-30, 1960[C]. Washington DC.

[9] Moore. G. E. The role of fairchild in silicon technology in the early days of “silicon valley” [J]. Proceedings of the IEEE, 1998, 76(1):53.

[10] Lilienfeld J E. Method and Apparatus for Controlling Electric Currents: US1745175[P]. 1930-01-18.

[11] Heil O. Improvements in or Relating to Electrical Amplifiers and Other Control Arrangements and Devices: UK439457[P]. 1935-12-06.

[12] Kahng D. A historical perspective on the development of MOS transistors and related devices [J]. IEEE Transactions on Electron Devices, 1976, ED-23(7).

[13] Wanlass F M, Sah C T. Nanowatt logic using field-effect metal-oxide semiconductor triodes. IEEE International Solid-State Circuit Conference, February 20-22, 1963[C]. Pennsylvania.

[14] Bondyopadhyay P K. Moore's law governs the silicon revolution [J]. Proceedings of the IEEE, 1998, 86(1): 78-81.

[15] Sunami H, et al. A corrugated capacitor cell (CCC) for megabit dynamic MOS memories [J]. IEEE Electron Device Letters, 1983,4(4): 90-91.

[16] Sugibayashi Tadahiko, Naritake Isao, Utsugi Satoshi, et al. A 1-Gb DRAM for file applications [J]. IEEE Journal of Solid-State Circuits, 1995, 30(11): 1277-1280.

[17] Radamson,罗军,Simoen,等. CMOS [M]. 赵超,译. 上海:上海科学技术出版社,2021.

[18] Baker, Li, Boyce. CMOS 电路设计・布局与仿真 [M]. 陈中建,译. 北京:机械工业出版社,2006.

[19] Moore G E. Cramming more components onto integrated circuits [J]. Electronics, 1965, 38(8).

[20] Moore G E. Progress in digital integrated electronics: International Electron Devices Meeting, February 1-3,1975[C]. Washington DC.

[21] Masaki A. Possibilities of CMOS Mainframe and Its Impact on Technology R&D: Symposium on VL-

SI Technology, May 28-30,1991 [C]. Oiso, Japan.

[22] Moore G E. No exponential is forever: but "Forever" can be delayed! [semiconductor industry]: IEEE International Solid-State Circuit Conference, February 9-13, 2003 [C]. San Francisco.

[23] Paraszczak J, Edelstein D, Cohen S, et al. High performance dielectries and processes for ULSI interconnection technologies : IEEE International Electron Devices Meeting, December 5-8, 1993[C]. Washington DC.

[24] 甘学温,黄如,刘晓彦 等. 纳米 CMOS 器件 [M]. 北京:科学出版社,2004.

[25] Nitayama A, Kohyama Y, Hieda K. Future directions for DRAM memory cell technology: International Electron Devices Meeting, December 6-9, 1998 [C]. San Francisco.

[26] Dennard R H, Gaensslen F H, Yu Hwa-Nien. Design of ion-implanted MOSFET's with very small physical dimensions [J]. IEEE Journal of Solid-State Circuits, 1974, SC-9(10): 256-258.

[27] Davari B, Dennard R H, Shahidi G G. CMOS scaling for high performance and low power—the next ten years [J]. Proceedings of the IEEE, 1995, 83(4): 595-606.

[28] Asai S, Wada Y. Technology challenge for integration near and below 0. 1μm [J]. Proceedings of the IEEE, 1997, 85(4): 505-519.

[29] International Roadmap for Devices and Systems(2017 版本)[EB/OL] [2018-03-16]. https://irds.ieee.org/.

[30] The International Technology Roadmap for Semiconductors 2. 0 (2015 版本) [EB/OL] [2018-03-11] http://www.itrs2.net/.

[31] Kim D, Kim J, Cho J, et al. Distributed multi TSV 3D clock distribution network in TSV-based 3D IC:IEEE 20th Conference on Electrical Performance of Electronic Packaging and Systems, December 12-15, 2011 [C]. San Jose.

[32] Kuroda T. Near-field wireless connection for 3D system integration :IEEE Symposium on VLSI Circuits, June 13-15, 2012[C]. Honolulu.

[33] Meindle J M. Theoretical, practical and logical limits in ULSI :IEEE International Electron Devices Meeting, December 5-7, 1983[C].. Washington, DC.

[34] Haavind R. Processes of the Future [J]. Solid State Technology, 1995, 2: 42.

[35] 米德,加威. 超大规模集成电路系统导论 [M]. 何诣,译. 北京:科学出版社,1986.

[36] 童勤义. 超大规模集成物理学导论 [M]. 北京:电子工业出版社,1988.

[37] 拉达姆松 等. CMOS. 上海:上海科学技术出版社,2021.

第 2 章　集成电路制作工艺

集成电路是以平面工艺为基础，经过多层加工形成的。目前集成电路绝大多数是在单晶硅衬底上制作的，即硅基集成电路，它的制作是以硅单晶片即硅片（Wafer 或叫晶片或晶圆）为单位进行的，一个硅片包含很多集成电路芯片（chip，die），如图 2-1 所示[1]。

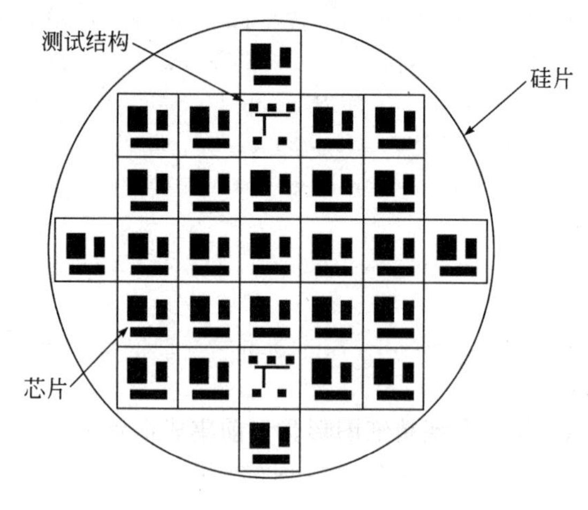

图 2-1　硅片和芯片

2.1　集成电路加工的基本操作

集成电路的加工过程主要有三种基本操作。

1. 形成某种材料的薄膜

在集成电路制作过程中要形成 SiO_2 膜、多晶硅膜、氮化硅膜、一些金属的硅化物膜以及作为连线的金属膜等。形成这些薄膜的方法主要是化学汽相淀积或物理汽相淀积（physical vapor deposition，PVD）。不过，形成高质量的 SiO_2 膜是通过热氧化方法，在高温下硅原子和氧反应生成二氧化硅，即

$$Si + O_2 \rightarrow SiO_2$$

这里氧是由外部送入反应室的，而硅则是硅片中的硅原子，因此热生长形成 SiO_2 时要消耗衬底中的硅。用淀积方法形成的薄膜均匀地覆盖到整个硅片上，而用氧化方法可以只在局部区域形成 SiO_2 膜。

2. 在各种材料的薄膜上形成需要的图形

图形的加工是通过光刻和刻蚀工艺完成的。光刻和刻蚀是集成电路加工过程中非常重要的工序，集成电路能否持续地遵从摩尔定律向前发展，很大程度上取决于光刻和刻蚀工艺能否不断实现更小的线条图形。

光刻和刻蚀的作用就是把设计好的集成电路版图上的图形复制到硅片上。目前的光刻主要是光学光刻，是把掩模版上的图形转移到硅片上。下面以在氧化层上形成图形为例说明光刻和刻蚀的原理。图 2.1-1(a)是生长了一层 SiO_2 膜的硅片，通过以下几个基本步骤在氧化层上形成需要的图形[2]：

(1) 甩胶：在硅片表面均匀涂敷一层光刻胶，如图 2.1-1(b)所示。

(2) 曝光：把涂好胶的硅片放在掩模版下，经过光照(一般是用紫外光)，使掩模版上亮(clear)的区域对应的光刻胶被曝光，而掩模版上暗(dark)的区域对应的光刻胶不能被曝光，如图 2.1-1(c)所示。因此掩模版的作用相当于相片的底版。如果采用负胶，则曝光的光刻胶发生聚合反应，变得更加坚固，不易去掉。

(3) 显影：通过化学或物理方法把没曝光的胶(针对负胶)去掉。显影后掩模版上的图形就转移到光刻胶上，如图 2.1-1(d)所示。

(4) 刻蚀：把没有光刻胶保护的那部分 SiO_2 去掉。刻蚀后掩模版上的图形就转移到了 SiO_2 膜上，如图 2.1-1(e)所示。过去都采用化学溶液进行刻蚀，因此叫湿法刻蚀。湿法刻蚀不能精确控制刻蚀速率，很难实现精细图形。目前集成电路加工都采用干法刻蚀，如反应离子(reaction ion etching，RIE)刻蚀。

(5) 去胶：最后去掉残留在硅片上的所有光刻胶，就得到了完成某种图形加工的硅片，如图 2.1-1(f)。

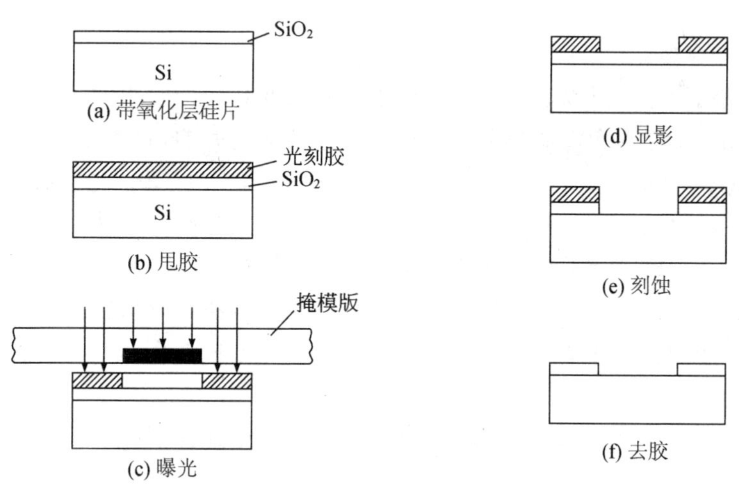

图 2.1-1　光刻和刻蚀的原理

以上说明的光刻是针对负胶的情况。在实现高分辨率图形时可以采用正胶。正胶的性能和负胶相反,在曝光时被光照的光刻胶发生分解反应,在显影时很容易被去掉;而没被曝光的光刻胶显影后仍然保留。因此对同样的掩模版,用负胶和正胶在硅片上得到的图形刚好相反。图 2.1-2 说明了正胶和负胶的差别[3]。在制作掩模版时必须根据加工时使用哪种光刻胶来确定图形的亮暗。

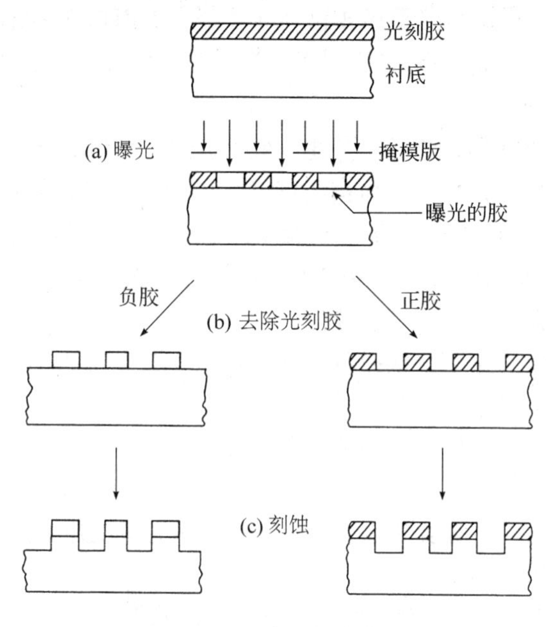

图 2.1-2 正胶和负胶的差别

3. 通过掺杂改变材料的电阻率或杂质类型

在集成电路制作中可以通过扩散或离子注入改变材料的电阻率,或改变局部的杂质类型,形成 pn 结。为了避免高温过程对器件和电路性能的影响,目前集成电路主要是通过离子注入进行掺杂(doping)。离子注入是在常温下进行,不过,离子注入后需要高温退火,可以采用快速热退火减少高温处理时间。掺杂工艺对集成电路也是非常重要的,因为半导体的导电性能与其中的杂质类型和杂质数量及分布密切相关。

总之,集成电路就是通过形成某种材料的薄膜、在薄膜上形成需要的图形、在薄膜中或硅片的局部区域中进行掺杂这样一些基本工序多次加工制成的。

2.2 典型的 CMOS 结构和工艺

CMOS 集成电路是利用 NMOS 和 PMOS 的互补性来改善电路性能的,因此叫作互补 MOS 集成电路。在介绍 CMOS 结构和制作工艺之前先简单分析 MOS 晶体管的结构和分类。

2.2.1　MOS 晶体管的结构和分类

MOS 晶体管的全称是金属-氧化物-半导体场效应晶体管(MOSFET)。这个名称的前半部分说明了它的结构,后半部分说明了它的工作原理。图 2.2-1 是一个 MOS 晶体管的平面图和剖面图[4]。从纵向看,MOS 晶体管是由栅电极(一般是高掺杂的多晶硅)、栅绝缘层(一般是二氧化硅)和半导体(硅)衬底构成的一个三明治结构;从水平方向看,MOS 晶体管由源区、沟道区和漏区三个区域构成,沟道区和硅衬底相通,也叫作 MOS 晶体管的体区(bulk,body)。一个 MOS 晶体管有四个引出端:栅极(G)、源极(S)、漏极(D)和体端即衬底(B)。由于栅极通过二氧化硅绝缘层和其他区域隔离,MOS 晶体管又叫作绝缘栅场效应晶体管。图 2.2-1 中标出了 MOS 晶体管的结构参数:沟道长度 L、沟道宽度 W、栅氧化层厚度 t_{ox} 以及源、漏区和衬底形成的 pn 结的结深 x_j,这些参数对 MOS 晶体管性能有重要影响。

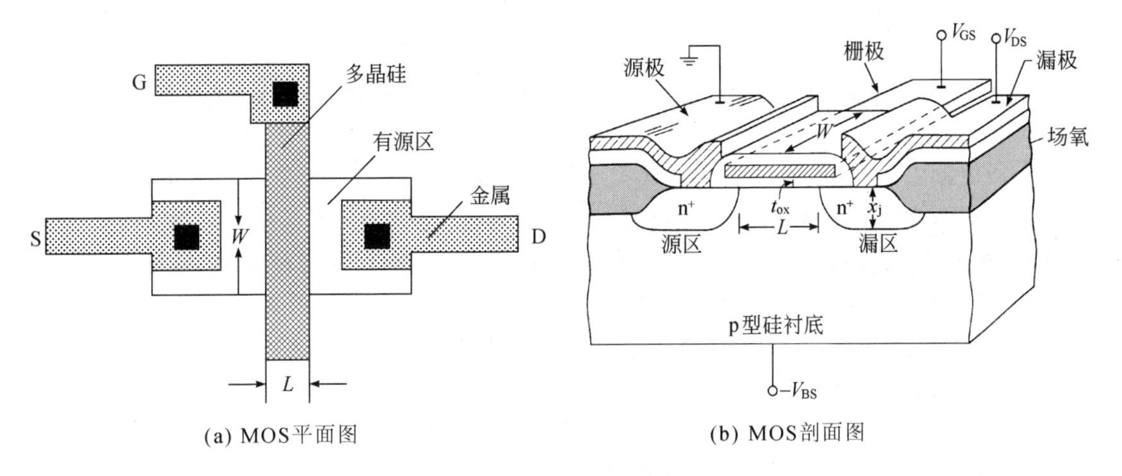

图 2.2-1　MOS 晶体管的平面图和剖面图

需要注意的是:沟道长度应该是源、漏区和衬底形成的冶金结之间的距离,它和版图上设计的多晶硅栅的栅长 L_G 是有差别的。由于源、漏区的杂质会有一定的横向扩散,实际的沟道长度应是栅长 L_G 减去源、漏区横向扩散的长度 L_D,如图 2.2-2 所示,即

$$L = L_G - 2L_D, \tag{2.2-1}$$

L_D 近似为 $0.8x_j$。这里忽略了多晶硅栅图形的加工误差,假设 L_G 和版图设计的栅长一样。

对于图 2.2-2 所画的一个直条栅的情况,MOS 晶体管的沟道宽度就是有源区的宽度。不过,考虑到场区氧化过程中场氧化层在有源区边缘形成鸟嘴(bird beak),将使实际的沟道宽度减小,如图 2.2-3。实际沟道宽度

$$W = W_A - 2W_D, \tag{2.2-2}$$

W_A 为有源区宽度,W_D 为场氧化层深入到有源区内的鸟嘴长度。所以,图 2.2-1(a)中标的 W、L 实际应为 W_A 和 L_G。

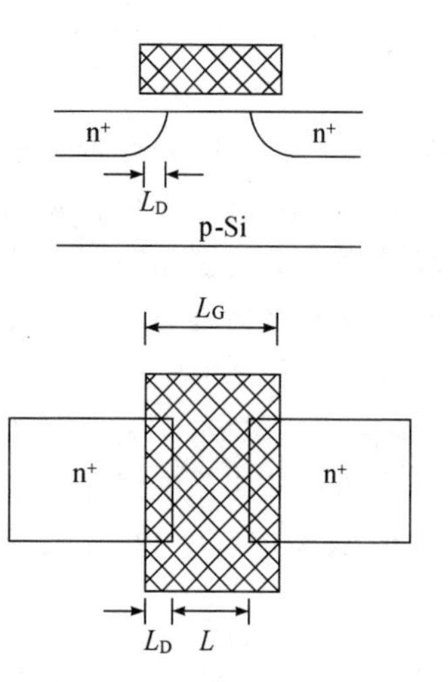

图 2.2-2 MOS 晶体管的实际沟道长度

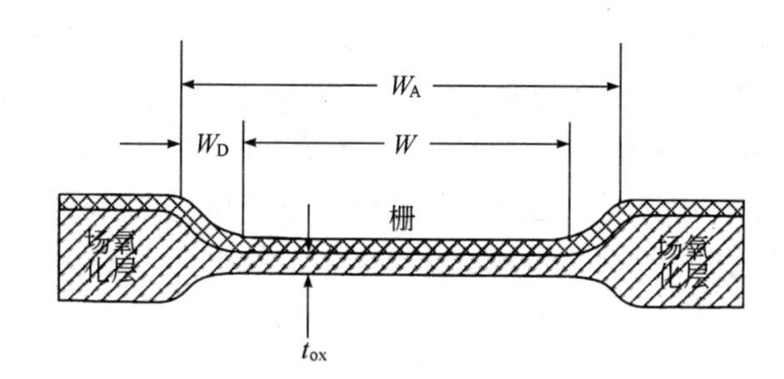

图 2.2-3 MOS 晶体管的实际沟道宽度

集成电路中的 MOS 晶体管有不同类型。根据参与导电的载流子的不同可以把 MOS 晶体管分成两类：一类是 n 沟道 MOS 晶体管，一类是 p 沟道 MOS 晶体管。图 2.2-1 所示的 MOS 晶体管就是 n 沟道 MOS 晶体管，它是在 p 型硅衬底上形成 n^+ 的源、漏区。n 沟道 MOS 晶体管简称 NMOS，它工作时在栅极下方的 p 型硅衬底表面形成 n 型导电沟道。另一种类型的 MOS 晶体管是用 n 型硅作衬底，形成 p^+ 的源、漏区，它工作时形成 p 型导电沟道。这种结构的 MOS 晶体管叫作 p 沟道 MOS 晶体管，简称为 PMOS。MOS 晶体管和双极晶体管不同，工作时只有一种载流子参与导电，对 NMOS 是电子导电，对 PMOS 是空穴导电，因此，MOS 晶体管又叫作单极晶体管。

MOS 晶体管还可以根据工作模式分类。一般 MOS 晶体管需要外加一定的栅电压才能形成导电沟道，使 MOS 晶体管导通，这种类型的器件叫作增强型 MOS 晶体管。也有的 MOS 晶体管在没有加栅电压时已经存在原始导电沟道，因此在栅电压为零时就可以有导通电流，当加一定的相反电压时使原始沟道耗尽，器件才能截止。这种类型的器件叫作耗尽型 MOS 晶体管。增强型 MOS 晶体管又叫作常截止器件，耗尽型 MOS 晶体管又叫作常导通器件。

综合考虑上述分类，MOS 晶体管应该有四种类型：增强型 NMOS、耗尽型 NMOS、增强型 PMOS、耗尽型 PMOS。图 2.2-4(a)画出了增强型 NMOS 和耗尽型 NMOS 的导通电流与栅电压的变化关系，这个曲线也叫作 MOS 晶体管的输入特性曲线。图中的 V_T 是 MOS 晶体管的阈值电压，对阈值电压的详细讨论将在下一章进行。图 2.2-4(b)给出了增强型 PMOS 和耗尽型 PMOS 的输入特性曲线。表 2.2-1 总结了四种 MOS 晶体管的结构特点和常用的表示符号[5~7]。

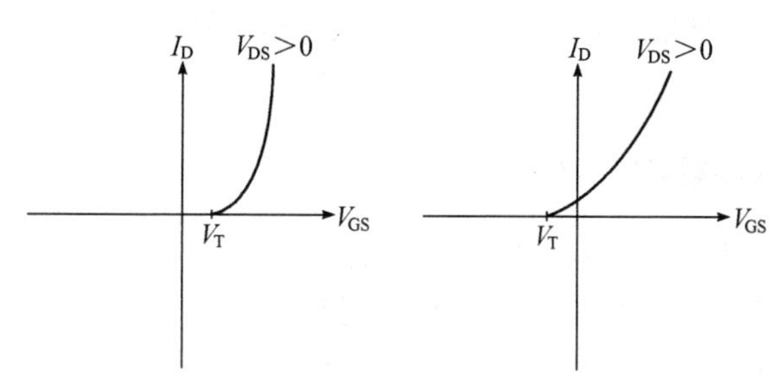

(a) 增强型NMOS和耗尽型NMOS的输入特性曲线

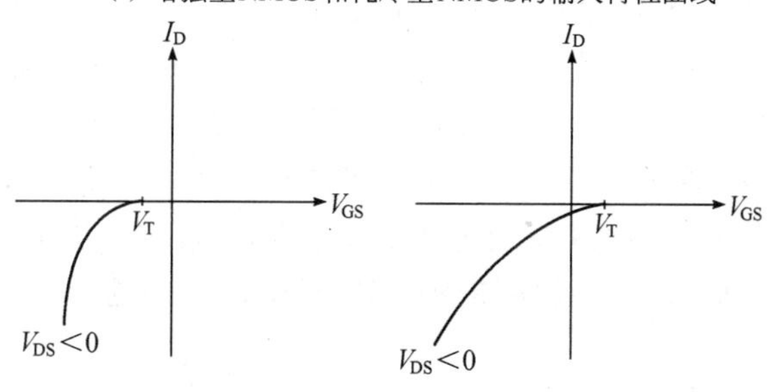

(b) 增强型PMOS和耗尽型PMOS的输入特性曲线

图 2.2-4　MOS 晶体管的输入特性曲线

表 2.2-1　四种 MOS 晶体管的结构特点和常用的表示符号

类 型	截 面	符 号
增强型NMOS（常截止）	+G　I_D　+D；n^+　p　n^+	G, D, S, B
耗尽型NMOS（常导通）	±G　I_D　+D；n^+　p　n^+；n-沟	G, D, S, B
增强型PMOS（常截止）	−G　I_D　−D；p^+　n　p^+	G, S, D, B
耗尽型PMOS（常导通）	±G　I_D　−D；p^+　n　p^+；p-沟	G, S, D, B

在早期的 NMOS 集成电路中，常采用增强型 NMOS 和耗尽型 NMOS 两种类型的器

件,在CMOS集成电路中是把增强型NMOS和增强型PMOS结合起来使用,实际上很少用到耗尽型PMOS器件。

2.2.2 n阱CMOS结构和工艺

CMOS集成电路要把NMOS和PMOS两种器件做在一个芯片里。从前面讨论知道NMOS需要p型硅衬底,而PMOS需要n型硅衬底,因此,CMOS集成电路的制作要解决两种器件需要两种衬底的问题。CMOS集成电路采用做阱的方法解决了这个问题。早期的CMOS集成电路是以PMOS集成电路工艺为基础发展起来的,因此根据PMOS的需要选择n型硅做衬底,然后在n型硅片上形成p阱,把NMOS做在p阱里,p阱为NMOS提供了p型硅衬底。典型的CMOS集成电路大多采用n阱工艺,选用p型硅衬底,NMOS直接做在衬底上,而PMOS做在n阱中。下面以n阱CMOS为例讨论CMOS集成电路的制作工艺流程。实际的集成电路加工要经过几十甚至上百道工序,这里只讨论主要工艺步骤。

图2.2-5是一个n阱CMOS反相器的版图,根据设计的这个版图制作掩模版来加工CMOS反相器。

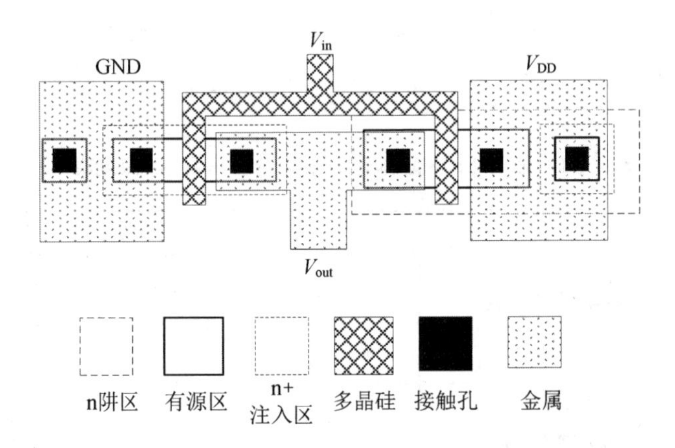

图2.2-5 n阱CMOS反相器的版图

1. 衬底硅片的选择

MOS集成电路都选择〈100〉晶向的硅片,因为〈100〉晶向的硅界面态密度低、缺陷少、迁移率高,有利于提高器件性能。为了使硅片在后续加工过程中不易破碎和变形,硅片要有适当的厚度,例如,目前采用的30.48cm硅片厚度约700μm。考虑到提高pn结击穿电压,减小寄生电容以及在p型衬底上制作n阱的要求,衬底硅片的电阻率不宜太低。一般p型硅片电阻率为10~50Ω·cm。对有外延层的硅片,衬底电阻率很小,在低阻衬底上再外延加高阻外延层,一些先进的CMOS工艺就采用外延硅片。

2. 制作n阱

首先对原始硅片进行热氧化,形成初始氧化层作为阱区注入的掩蔽层。然后,根据n阱的版图进行光刻和刻蚀,在氧化层上开出 n 阱区窗口。通过注磷在窗口下面形成 n 阱,在注入后要进行高温退火,又叫阱区推进,一方面使杂质激活,另一方面使注入杂质达到一定的深度分布。图 2.2-6(a)是形成 n 阱后的剖面结构。

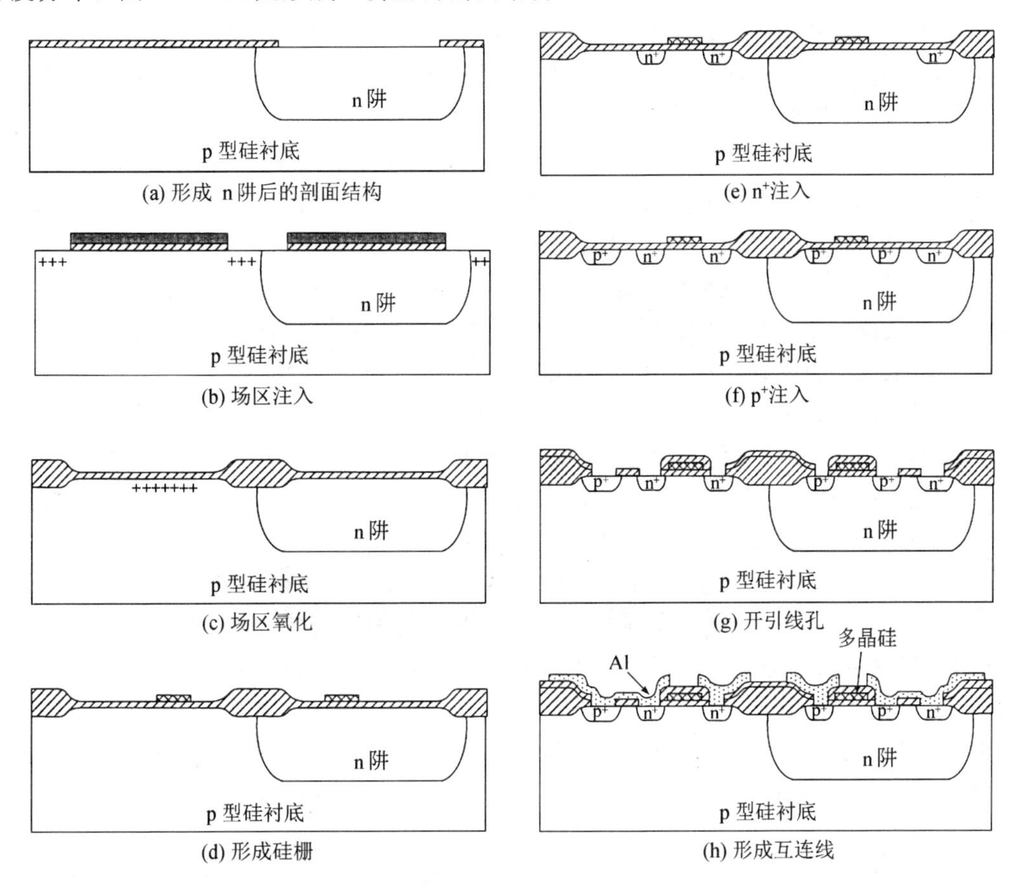

图 2.2-6　n 阱 CMOS 工艺流程

在 CMOS 反相器中 NMOS 的体端(即 p 型硅衬底)和它的源极共同接地,而 PMOS 的体端(即 n 阱)和它的源极共同接电源电压 V_{DD},因此 n 阱中要制作欧姆接触区把 n 阱接 V_{DD},而 p 型硅衬底也要有欧姆接触区接地。n 阱和 p 型硅衬底的引出区与 MOS 晶体管源、漏区的形成同时完成。n 阱和 p 型硅衬底分别固定接 V_{DD} 和地,保证 MOS 晶体管源、漏区与其衬底形成的 pn 结以及 n 阱和 p 型硅衬底之间形成的 pn 结处于反偏,减少寄生效应。但是,对反偏 pn 结存在 pn 结耗尽层电容以及反向 pn 结的泄漏电流,另外,n 阱区也存在寄生电阻。n 阱的这些寄生效应会对电路性能产生影响。

3. 场区氧化

一个集成电路芯片是由大量的元器件及其连线构成的,在制作中必须解决器件之间的电隔离和互连的问题。CMOS集成电路芯片主要是由MOS晶体管和连线组成。MOS晶体管的源区、沟道区和漏区统称为有源区,它是MOS晶体管的有效工作区。有源区以外统称为场区,金属连线主要分布在场区。MOS晶体管之间就是靠场区的厚氧化层隔离。由于场区和有源区的氧化层厚度差别较大,为了避免过大的氧化层台阶影响硅片的平整度,进而影响金属连线的可靠性,MOS集成电路中采用硅的局部氧化(local oxidation of silicon, LOCOS)工艺形成厚的场氧化层。

首先在硅片上用热生长方法形成一薄层SiO_2作为缓冲层,它的作用是减少硅和氮化硅之间的应力。如果氮化硅直接淀积在硅衬底上会产生很大的应力,导致硅表面产生缺陷。一般说来缓冲氧化层越厚应力造成的硅缺陷越少,但是缓冲氧化层又不能太厚,否则场氧化时通过缓冲氧化层的横向氧化会使氮化硅的屏蔽作用失效。然后淀积氮化硅,它的作用是作场区氧化的掩蔽膜,一方面因为氧或水汽通过氮化硅层的扩散速度极慢,这就有效地阻止了氧到达硅表面的氧化作用;另一方面氮化硅本身的氧化速率极慢,只相当于硅氧化速率的1/25。通过光刻和刻蚀去掉场区的氮化硅和缓冲二氧化硅。接下来进行热氧化,由于有源区有氮化硅保护,不会被氧化,只在场区通过氧和硅起反应生成二氧化硅。在氧化过程中要消耗一定量的硅,使场区氧化层有一部分深入到硅片内部,只有一部分向上延伸。如果需要1μm厚的场区氧化层,需要消耗0.46μm厚的硅,则场区和有源区的氧化层台阶只有0.54μm,这就是LOCOS工艺减小氧化层台阶的原理。因此,LOCOS工艺也叫作等平面工艺。在场区氧化过程中,氧气也会通过氮化硅边缘向有源区侵蚀,在有源区边缘形成氧化层,伸进有源区的这部分氧化层被形象地称为鸟嘴,它使实际的有源区面积比版图设计的面积小,图2.2-7说明了这个问题[8]。一般来说,鸟嘴的长度与缓冲氧化层、氮化硅和场氧化层的厚度以及场区氧化的工艺条件有关。随着器件尺寸减小,要精确控制器件尺寸必须减小鸟嘴。在缓冲氧化层上再增加一薄层多晶硅作缓冲,可以有效减小鸟嘴,形成较陡峭的场氧化层边缘。

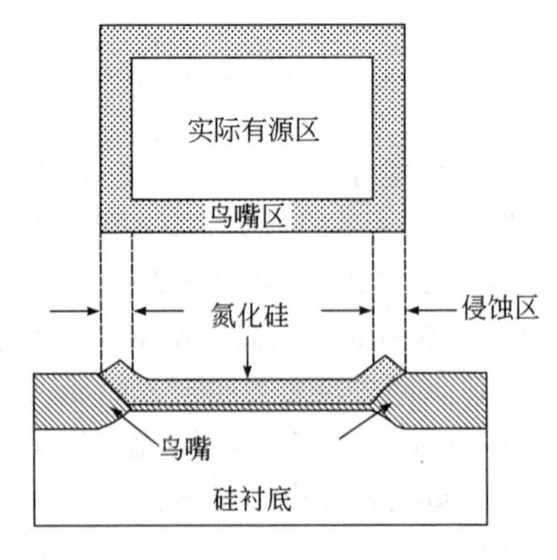

图2.2-7 场区氧化在有源区边缘形成鸟嘴

在实际的 CMOS 工艺中刻蚀出场区图形后，先要进行场区注入，然后再生长场区氧化层。图 2.2-6(b)中标出了场区注入。一般是在 p 型硅衬底对场区注硼，提高 p 型硅衬底的表面掺杂浓度，防止场区形成寄生沟道，或者说防止场反型。因为场区要走过金属线，金属线与场氧化层和下面的 p 型硅衬底也构成一个 MOS 结构。如果金属线上加有较大的正电压，可以使场氧化层下面的硅表面反型，形成的 n 型沟道，可能把不该连接的两个 n^+ 区连通，破坏电路的正常工作。图 2.2-8 说明了这个问题。

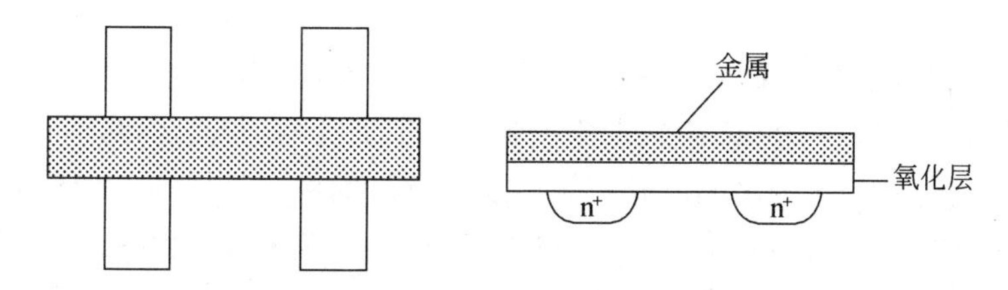

图 2.2-8　场区形成寄生沟道

通过场区注入可以提高场区表面反型的阈值电压，使正常工作电压下不会形成场区寄生沟道即场区寄生 MOS 晶体管。场区氧化以后要去掉硅片上的氮化硅和缓冲氧化层。如图 2.2-6(c)所示。

4. 制作硅栅

目前 MOS 晶体管大多采用高掺杂的多晶硅作为栅电极，简称为硅栅。硅栅工艺比早期的铝栅工艺有一个重要的改进，就是实现了栅和源、漏区自对准，减少了栅-源和栅-漏的覆盖长度，从而减小了寄生电容。硅栅工艺也叫作自对准工艺。因为多晶硅耐高温，硅栅工艺是先制作好硅栅，然后以栅极图形为掩蔽进行注入，在栅极两侧形成源、漏区，实现了源-栅-漏自对准。由于铝的熔点低，早期的铝栅工艺必须先做好源、漏区，再形成栅电极，考虑到光刻的自对准容差，设计的源、漏区图形和栅电极图形之间必须有一定的覆盖，因而造成较大的栅-源和栅-漏覆盖电容。

在形成栅电极之前先要进行一次沟道区注入，用来调节 MOS 晶体管的阈值电压。对 n 阱 CMOS 工艺，p 型硅衬底的掺杂浓度较低，为了做出增强型 NMOS，需要对 NMOS 沟道区注硼，使 NMOS 的阈值电压调节到一个合适的正值。为了防止离子注入对硅片表面造成损伤，一般先要生长一薄层二氧化硅作为离子注入的缓冲层，有些简单的 CMOS 工艺直接通过栅氧化层进行调节阈值电压的注入。对 n 阱 CMOS 工艺，如果 n 阱的掺杂浓度较高，将使 PMOS 的阈值电压绝对值较大。为了使 PMOS 的阈值电压和 NMOS 匹配，需要对 PMOS 沟道区进行反掺杂(counter doping)，即对 n 阱表面注硼，降低 n 型杂质的浓度，使 PMOS 的阈值电压的绝对值减小。也可以对整个硅片同时注硼，达到同时调节 NMOS 和 PMOS 阈值电压的目的。这种用一次注入同时调节两种管子阈值电压的方法比较简单，可以减少光刻次数并节省一块掩模版。但是，必须要求 n 阱有足够高的掺杂浓度，较高的 n 阱浓度会影响 PMOS 的性能,如使结电容和体效应系数增大。如果 n 阱的浓度合适,PMOS 沟道区可以不进行反掺杂。完成沟道区注入后,去掉缓冲氧化层,重新生长高质量的栅氧化层。栅氧化层厚度和质量将对 MOS 晶体管的性能有重要影响,因此必须严格控制栅氧化的工艺过程。接下来用 CVD 工艺淀积多晶硅。由于多晶硅是作为 MOS 晶体管的一个电极,也可以作为一部分连线,必须是良导体,一般通过注磷或砷使多晶硅的方块电阻降到 20～40Ω/□。然后通过光刻和刻蚀形成多晶硅栅的图形,如图 2.2-6(d)所示。

5. 形成源、漏区

形成硅栅以后再在整个硅片淀积一薄层 SiO_2 作为源、漏区注入的缓冲层。对 n 阱 CMOS 工艺,可以只设计一块 n^+ 区注入掩模版。先用负胶刻出 n^+ 区,其他区域用光刻胶保护,然后注入砷,在 NMOS 的多晶硅栅两侧形成 n^+ 源、漏区。这次注入的同时也形成 n 阱的引出区,如图 2.2-6(e)所示。形成 n^+ 区也可以注入磷,或注入砷和磷。

形成 n^+ 区以后去掉所有光刻胶,再重新用正胶光刻,仍用原来的掩模版。正胶光刻的结果和负胶相反,是去掉 n^+ 区以外的光刻胶而保留 n^+ 区的光刻胶。然后注入硼,形成 PMOS 的源、漏区和 p 型硅衬底的欧姆接触区。在注入硼时 PMOS 的多晶硅栅上面有氧化层保护,不会对 n^+ 硅栅的掺杂造成补偿。图 2.2-6(f)是 p^+ 注入后的剖面结构。

n^+ 区和 p^+ 区注入后可以同时进行退火处理。为了防止杂质在高温下再扩散而影响器件性能,可以采用快速热退火(rapid thermal annealing,RTA)技术。

6. 形成金属互连线

一个集成电路芯片上不仅要制作大量的 MOS 晶体管,还要制作出 MOS 晶体管之间的互连线,这样才能构成电路,实现所要求的功能。

为了保证不同导电层相互绝缘,并减小连线的寄生电容,在淀积金属层之前,先要在整个硅片上淀积较厚的氧化层。然后,通过光刻在氧化层上开出引线孔(或叫接触孔),使 MOS 晶体管的引出端和金属线相接,如图 2.2-6(g)所示。刻好引线孔后在整个硅片上淀积金属层,如铝或铜。在引线孔处金属直接和有源区或者多晶硅接触,无引线孔处金属通过厚的氧化层和下面隔绝。最后,通过光刻形成需要的金属互连线图形,如图 2.2-6(h)所示。

为了保护集成电路芯片不受外界玷污,在做好互连线以后还要在整个芯片上覆盖一层钝化膜,一般用磷硅玻璃或氮化硅。因此,还要进行一次光刻把集成电路芯片的引出端——压焊点(pad)暴露出来,以便在芯片封装时使芯片上的压焊点和管壳的相应管脚通过焊接连接起来。

以上介绍的只是集成电路制作过程中的基本工序,说明了如何根据设计好的版图制作出集成电路芯片。

2.2.3 体硅 CMOS 中的闩锁效应*[9,10]

如图 2.2-9(a)所示,在 n 阱 CMOS 中 PMOS 管的源、漏区通过 n 阱到衬底形成了寄生的纵向 PNP 晶体管,而 NMOS 的源、漏区与 p 型硅衬底和 n 阱形成寄生的横向 NPN 晶体管。PNP 晶体管的集电极和 NPN 晶体管的基极通过衬底连接，同时 NPN 晶体管的集电极通过阱和 PNP 晶体管的基极相连，从而构成如图 2.2-9(b)所示的等效电路。电路中 R_w 是 n 阱的寄生电阻，R_s 是 p 型硅衬底的寄生电阻。如果外界噪声或其他干扰使 V_{out} 高于 V_{DD} 或低于 0，则引起寄生双极晶体管 Q_3 或 Q_4 导通，而 Q_3 或 Q_4 导通又为 Q_1 或 Q_2 提供了基极电流，并通过 R_w 或 R_s 使 Q_1 或 Q_2 的发射结正偏，导致 Q_1 或 Q_2 导通。由于 Q_1 和 Q_2 交叉耦合形成正反馈回路，一旦其中有一个晶体管导通，电流将在 Q_1 和 Q_2 之间循环放大。若 Q_1 和 Q_2 的电流增益乘积大于 1，即 $\beta_1\beta_2>1$，将使电流不断加大，最终导致电源和地之间形成极大的电流，并使电源和地之间锁定在一个很低的电压($V_{on}+V_{CES}$)，这就是闩锁效应(latch-up)，其中 V_{on} 是双极晶体管发射结导通电压，V_{CES} 是双极晶体管饱和压降。图 2.2-10 说明了发生闩锁效应后电路的 *I-V* 特性。

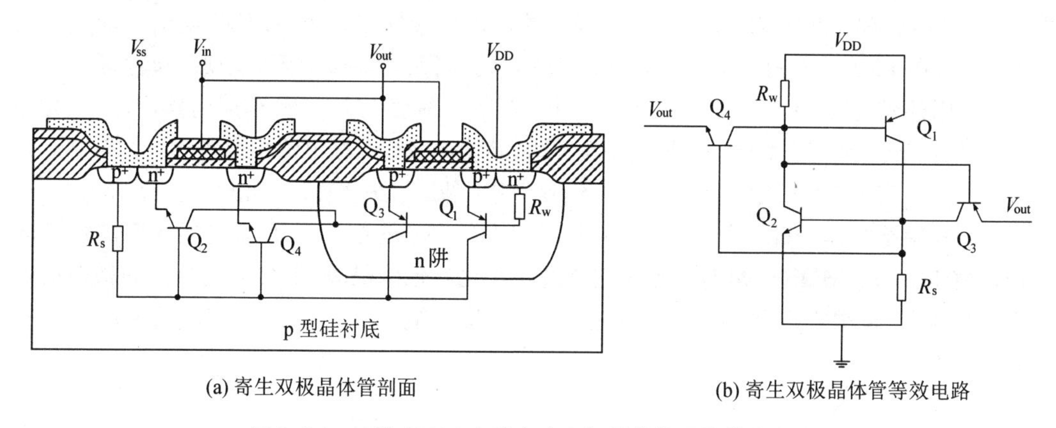

图 2.2-9　n 阱 CMOS 中的寄生双极晶体管及其等效电路

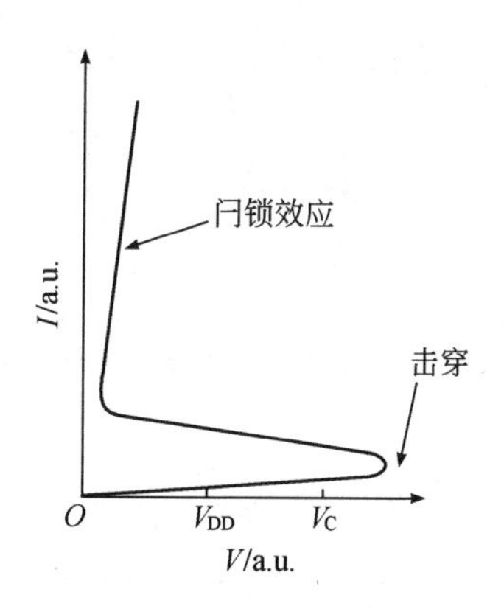

图 2.2-10　发生闩锁效应后的 *I-V* 特性

一旦发生闩锁效应轻则电路无法工作，重则可能造成电路永久性破坏，因此必须采取有效措施防止闩锁效应。可以采取以下主要措施：

(1) 减小阱区和衬底的寄生电阻 R_w 和 R_s，这样可以减小寄生双极晶体管发射结的正向偏压，防止 Q_1 和 Q_2 导通。如果提高阱区和衬底掺杂浓度来减小寄生电阻，又会带来很多不利影响，如降低了 pn 结击穿电压，增大了 pn 结电容和体效应系数等。因此要合理选择阱区和衬底掺杂浓度。另外，在版图设计中合理地安排 n 阱接 V_{DD} 和 p 型硅衬底接地的引线孔，减小寄生双极晶体管基极到阱或衬底引出端的距离。

(2) 降低寄生双极晶体管的增益，增大基区宽度可以降低双极晶体管的增益，如适当加大阱区深度；从版图上保证 NMOS 和 PMOS 的有源区之间有足够大的距离。

(3) 使衬底加反向偏压，即 p 型衬底接一个负电压而不是接地，这样可以降低寄生 NPN 管的基极电压，使其不易导通。但是这需要增加额外的电源，使用不方便。

(4) 加保护环，如图 2.2-11 所示，这是比较普遍采用的防护措施。保护环起到削弱寄生 NPN 晶体管和寄生 PNP 晶体管之间耦合的作用。最好在每个 NMOS 周围增加接地的 p^+ 保护环，在 PMOS 周围增加接 V_{DD} 的 n^+ 保护环。当然增加保护环要增加一些面积。

(5) 用外延衬底，在先进的 CMOS 工艺中，采用 p^+ 衬底上有 p^- 外延层的硅片，p^- 外延层较薄，大约比 n 阱深几个微米。这样使寄生 PNP 晶体管的集电极电流主要被 p^+ 衬底收集，从而极大减小了寄生 NPN 晶体管的基极电流，使 NPN 晶体管失去作用，如图 2.2-12 所示[3]。

(6) 采用绝缘体上硅(silicon on insulator，SOI)CMOS 技术是消除闩锁效应的最有效途径。由于 SOI CMOS 结构的有源区完全由二氧化硅包围隔离，不会形成纵向和横向的寄生双极晶体管，从根本上避免了闩锁效应。2.4 节将介绍 SOI CMOS 工艺以及采用 SOI 技术的优越性。

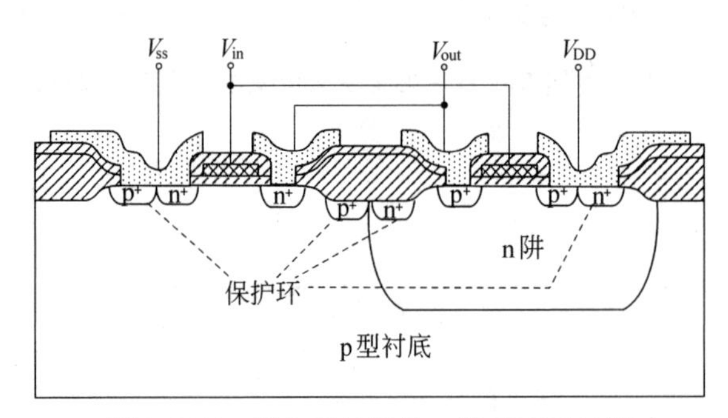

图 2.2-11　增加保护环的 n 阱 CMOS 结构

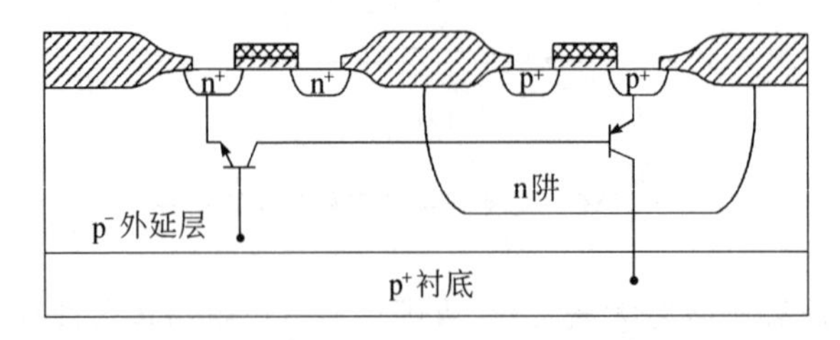

图 2.2-12　用外延衬底抑制闩锁效应

2.2.4 CMOS 版图设计规则

集成电路制作过程也可以说是一个图形转移过程，即把设计好的版图上的各层次图形转移到硅片上。为了保证制作的集成电路合格并保证一定的成品率，不仅要严格控制各种工艺参数，而且要有设计正确合理的版图，这就要求在设计版图时必须严格遵守版图设计规则。

概括地讲版图设计规则给出了三种尺寸限制：

(1) 各层图形的最小尺寸即最小线宽；

(2) 同一层次图形之间的最小间距；

(3) 不同层次图形之间的自对准容差，或叫套刻间距。

版图设计规则是由生产厂家根据其工艺加工水平制定的。制定版图设计规则时要在成品率和面积效率之间作一个折中，或者说有一个优化的选择。从提高成品率考虑，希望放松各种图形的尺寸，但是从缩小芯片面积考虑，又要尽可能把各种最小尺寸的图形紧密排列在一起。一般常用 MOS 晶体管的栅长(即栅线条的宽度)来标志工艺水平，并确定相应水平的版图设计规则。

版图设计规则可以用两种形式给出：

(1) 微米规则——"微米规则"只是一个术语，并不表示一定以微米为单位制定规则。早期以微米为单位，现在工艺水平已进入纳米尺度，则要用纳米为单位制定规则。"微米规则"要求直接给出各种图形的具体尺寸，这种设计规则制定时灵活性大，更能针对实际工艺水平。缺点是通用性差，一旦工艺变化，必须重新制定设计规则。微米规则又叫作自由格式设计规则，制定时比较自由灵活。

(2) λ 规则——以 λ 为单位给出各种图形尺寸的相对值，λ 是工艺中能实现的最小尺寸，一般是用套刻间距作为 λ 值，可以取为栅长的一半。这种设计规则的最大优点是通用性强，适合 CMOS 按比例缩小的发展规律。当工艺水平提高了，可以不改变设计规则，只要改变 λ 的具体数值即可。λ 规则是规整格式的设计规则，有利于标准化。但是要注意到：现在已经发展到纳米水平的 CMOS 工艺，在尺寸缩小过程中并不都是线性比例的变化，因此对纳米 CMOS 工艺不能简单套用 λ 规则。

表 2.2-2 给出了一个 λ 规则的实例[1,3]，表 2.2-3 给出了一个 28nm 工艺设计规则；图 2.2-13 示意说明版图设计规则中各项内容的含义。

表 2.2-2　一个 n 阱 CMOS 工艺的 λ 规则

1. n 阱		
W_1	最小宽度	10λ
W_2	最小间距(等电位)	6λ
	(不等电位)	9λ
2. 有源区		
A_1	最小宽度	3λ

续表

A_2	最小间距	3λ
A_3	阱内 p^+ 有源区到阱边最小间距	5λ
A_4	阱外 n^+ 有源区与 n 阱最小间距	5λ
	3. 多晶硅	
P_1	最小宽度	2λ
P_2	最小间距	2λ
P_3	伸出有源区外的最小长度	2λ
P_4	硅栅到有源区边的最小距离	3λ
P_5	与有源区的最小外间距	1λ
	4. 注入框	
I_1	最小宽度	5λ
I_2	最小间距	2λ
I_3	对有源区的最小覆盖	2λ
	5. 引线孔	
C_{12}	最小引线孔面积	2λ×2λ
C_2	最小引线孔间距	2λ
C_3	有源区或多晶硅对引线孔的最小覆盖	1.5λ
C_4	有源区引线孔到多晶硅栅的最小间距	2λ
C_5	多晶硅引线孔到有源区最小间距	2λ
C_6	金属或注入框对引线孔的最小覆盖	1λ
	6. 金属连线	
M_1	最小线宽	3λ
M_2	最小间距	3λ

表 2.2-3　一个 28nm 工艺设计规则

	设计规则内容	要求/μm
	1. n 阱	
W_1	最小宽度	0.25
W_{2A}	最小间距(等电位)	0.25
W_{2B}	最小间距(不等电位)	0.30
	2. 有源区	
A_1	最小宽度	0.05
A_2	最小间距	0.07
A_3	阱内 p^+ 有源区到阱边最小间距	0.08
A_4	阱外 n^+ 有源区与 n 阱最小间距	0.08
	3. 多晶硅	
P_1	最小宽度	0.03
P_2	最小间距	0.08
P_3	伸出有源区外的最小长度	0.08

续表

P_4	硅栅到有源区边的最小距离	0.09
P_5	与有源区的最小外间距	0.025
	4. 注入框	
I_1	最小宽度	0.16
I_2	最小间距	0.16
I_3	对有源区的最小覆盖	0.06
	5. 引线孔	
$C_1 \times C_2$	最小引线孔面积	0.04×0.04
C_2	最小引线孔间距	0.07
C_3	有源区或多晶硅对引线孔的最小覆盖	0.005
C_4	有源区引线孔到多晶硅栅的最小间距	0.04
C_5	多晶硅引线孔到有源区最小间距	0.04
C_6	金属或注入框对引线孔的最小覆盖	0.02
	6. 金属连线	
M_1	最小线宽	0.05
M_2	最小间距	0.05

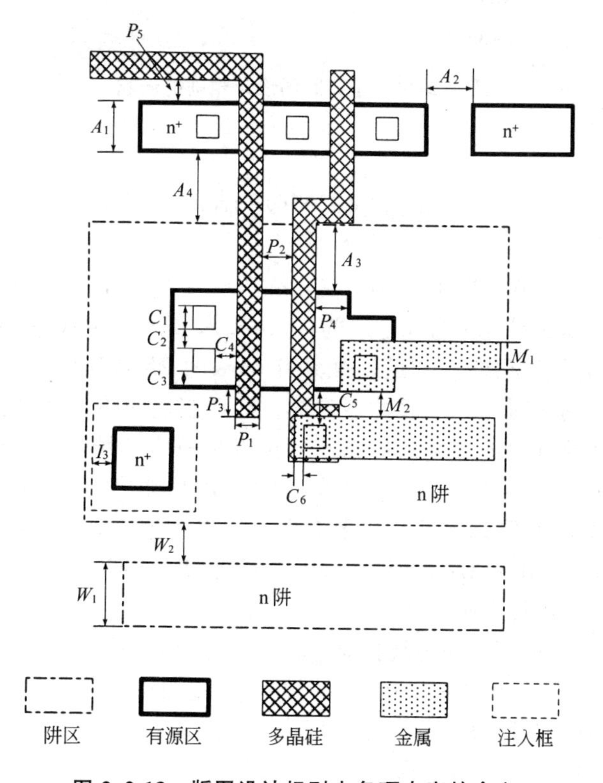

图 2.2-13　版图设计规则中各项内容的含义

版图设计规则每一项内容的要求都考虑到加工的容差或电性能的可靠性,从而保证了制作的成品率。例如,多晶硅的最小线宽和最小间距就是根据光刻工艺能实现的精度制定的;有源区与阱的距离就是为防止闩锁效应而设计的。如果设计的版图在某些方面违背了版图设计规则,有可能造成灾难性问题,使器件不能正常工作。例如图 2.2-14(a)是一个 NMOS 的简单版图,图中不包括金属连线的图形。如果多晶硅栅的图形没有按照设计规则伸出有源区外 2λ,另外,如果源、漏区引线孔没有按规定与多晶硅栅保持 2λ 间距。在制作过程中由于光刻对位的误差,可能使多晶硅栅图形向上偏移,引线孔图形向右偏移,这样使加工出来的器件如图 2.2-14(b)所示[11]。从图中看出这个 NMOS 的栅-源短路,同时源-漏区也短路。如果 NMOS 的源极固定接地,则把栅极信号短路,使栅极失去控制作用,同时由于源-漏区之间形成一个 n^+ 的通路,使这个 MOS 晶体管变成一个固定电阻而失去它应有的性能。

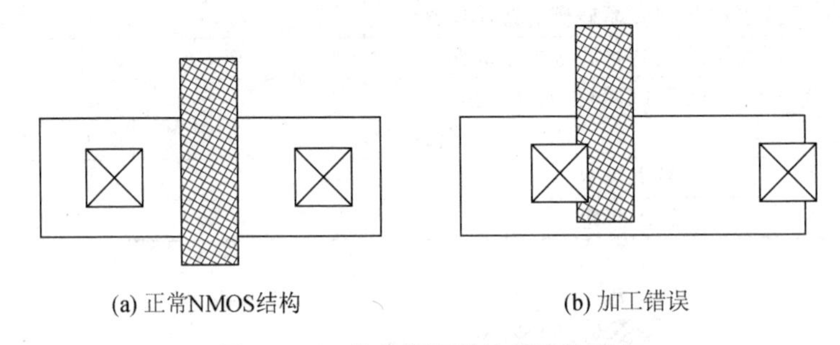

(a) 正常NMOS结构　　(b) 加工错误

图 2.2-14　违背版图设计规则的影响

2.3　先进的 CMOS 结构和工艺

当 MOS 晶体管的沟道长度缩小到 0.25μm 以下就进入了深亚微米范围,现在 CMOS 技术已从深亚微米发展到纳米尺度,先进的 5nm 技术节点的集成电路已经进入大规模生产。早在 2002 年就有报道研制出沟道长度只有 6nm 的 PMOSFET,[12]目前 3nm 集成电路技术即将开始投入使用。对于纳米尺寸器件的设计和制造面临着许多新的挑战。

为了抑制小尺寸器件中的二级效应以及减小寄生效应的影响,在器件结构和制作工艺中采取了很多新的措施。图 2.3-1 是一个先进的 CMOS 器件的剖面结构[2]。从图中看出它和前面讨论的常规 CMOS 结构相比主要有以下改进:

(1) 浅沟槽隔离(shallow trench isolation,STI)代替 LOCOS 隔离;

(2) 外延双阱工艺代替单阱工艺;

(3) 逆向掺杂(retrograde)和环绕掺杂(halo)代替均匀的沟道掺杂;

(4) 对 NMOS 和 PMOS 分别采用 n^+ 硅栅和 p^+ 硅栅;

(5) 在沟道两端形成极浅的源、漏延伸区;

(6) 自对准硅化物(salicide)结构;

(7) 铜互连代替铝互连。

下面简单介绍这些新的工艺。

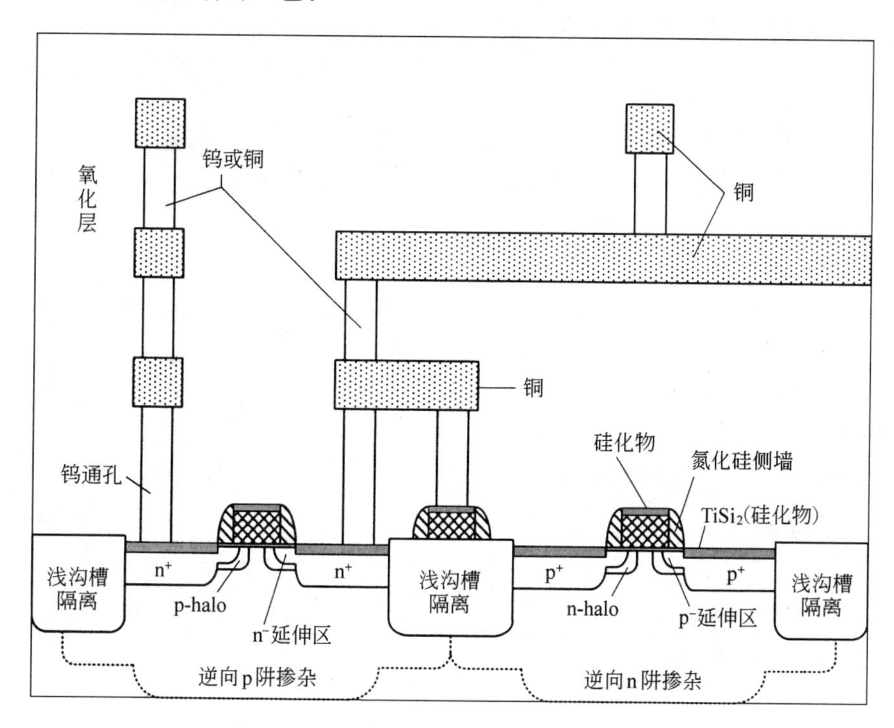

图 2.3-1　一个先进的 CMOS 器件剖面结构

2.3.1　浅沟槽隔离

常规 CMOS 工艺中采用的 LOCOS 隔离是利用高温热氧化在场区形成厚的氧化层。尽管利用局部氧化技术已经减小了氧化层的台阶，但是仍使表面有较大的不平整度。另外，场区氧化过程中形成的鸟嘴使实际有源区面积减小；厚的场区氧化层要占用较大面积也影响了集成密度；而且高温氧化过程造成的热应力也会对硅片造成损伤和变形。为了克服 LOCOS 隔离的这些缺点，先进的 CMOS 工艺采用了浅沟槽隔离[13]。浅沟槽隔离比 LOCOS 隔离占用的面积小，有利于提高集成密度。现在的刻蚀技术可以实现很大纵横比的沟槽，而且浅沟槽隔离可以形成很陡的侧面，不会形成鸟嘴。浅沟槽隔离是用 CVD 淀积 SiO_2，而不是热氧化，从而减少了高温过程。图 2.3-2 说明了浅沟槽隔离的先进 CMOS 工艺过程[4,14]。

首先在硅片上生长一薄层 SiO_2 作缓冲层，然后淀积氮化硅。如图 2.3-2(a)，类似 LOCOS工艺，光刻去掉场区的氮化硅和缓冲氧化层；用反应离子刻蚀(RIE)在场区形成浅的沟槽(约 300～500nm 深)，如图 2.3-2(b)。然后进行场区注入，再用 CVD 淀积二氧化硅填充沟槽，如图 2.3-2(c)；接下来用化学机械抛光(CMP)去掉表面的氧化层，使硅片表面平整化，如图 2.3-2(d)；其他后续工艺如图 2.3-2(e)～2.3-2(i)所示。

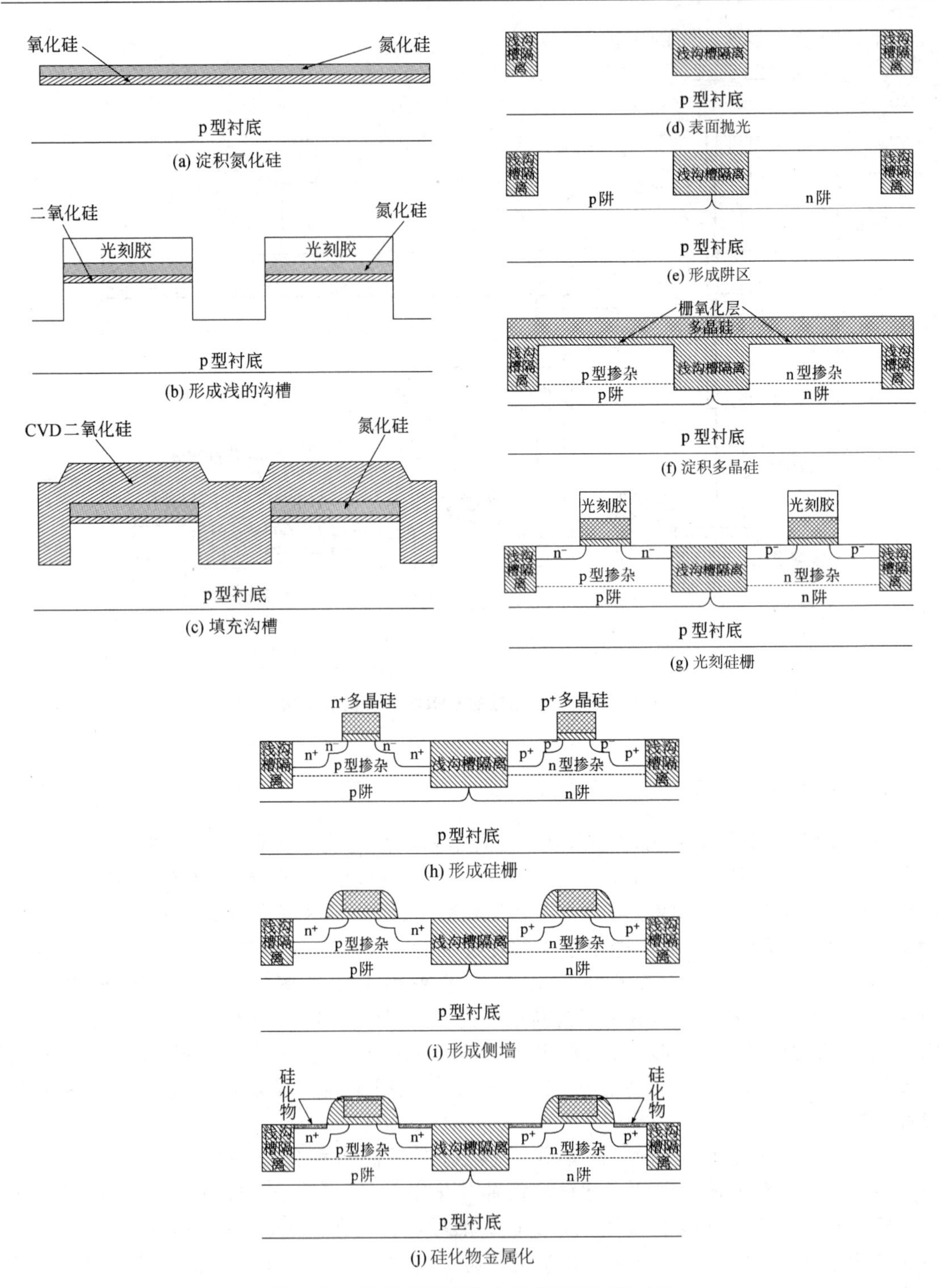

图 2.3-2 浅沟槽隔离的先进 CMOS 工艺过程

2.3.2 外延双阱工艺

对常规单阱 CMOS 工艺，阱区浓度较高，这将使阱内的器件有较大的衬偏系数和源、漏区 pn 结电容。先进的 CMOS 工艺采用外延硅片，即在 p^+ 衬底上有 p^- 外延层的硅片。由于外延层电阻率很高，这样可以分别根据 NMOS 和 PMOS 性能优化要求选择适当的 n 阱和 p 阱浓度。另一方面，做在阱内的器件可以减少受到 α 粒子辐射的影响。如前所述用外延衬底有助于抑制体硅 CMOS 中的寄生闩锁效应。因此，采用外延双阱工艺有利于改善 CMOS 集成电路的性能，提高可靠性[15]。

2.3.3 沟道区的逆向掺杂和环绕掺杂结构

对沟道长度缩小到 0.1μm 左右的 MOS 器件，沟道区总的杂质原子数大约只有几百个。对于这样少的杂质总数，杂质原子数的随机涨落将造成器件阈值电压等参数的起伏，器件参数的离散又会影响到电路性能。为了抑制杂质随机涨落的影响，对深亚微米及纳米尺寸的 MOS 器件，希望沟道区的表面区域是低掺杂或不掺杂。但是，为了抑制短沟道效应防止穿通，又需要提高衬底掺杂浓度。由于穿通电流的路径主要是在体内，因此适当提高体内(次表面)区域的衬底掺杂浓度，而保持表面低掺杂或不掺杂，就可以同时抑制穿通电流和杂质随机涨落的影响。采用逆向掺杂技术就可以满足上述要求。图 2.3-3 说明了采用逆向掺杂的 MOS 晶体管剖面结构和对应的垂直表面方向的杂质浓度分布[4]。逆向掺杂在沟道中形成一个低-高的杂质分布。图 2.3-4 比较了逆向掺杂和常规沟道区掺杂的剖面结构以及对应的阈值电压的起伏变化[16]。这是针对 0.25μm 的 NMOS，阈值电压的分布是根据 100 个器件的统计模拟结果，可以看出采用优化的逆向掺杂使阈值电压的标准偏差几乎减小了 3 倍。在逆向掺杂结构中表面浓度较低，从而也有利于降低表面电场，提高反型载流子的迁移率。

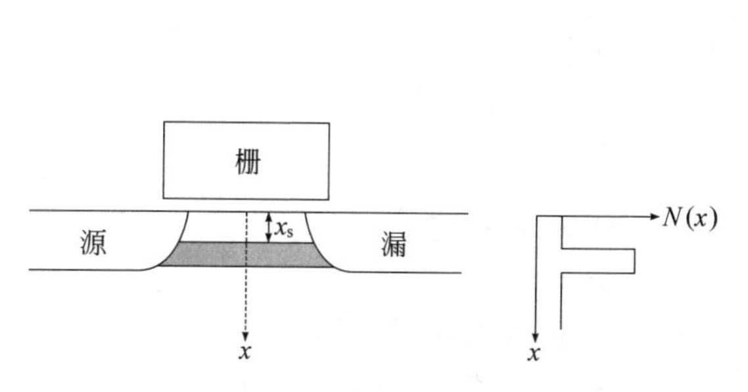

图 2.3-3 采用逆向掺杂的 MOS 晶体管剖面结构和对应的垂直表面方向的杂质浓度分布

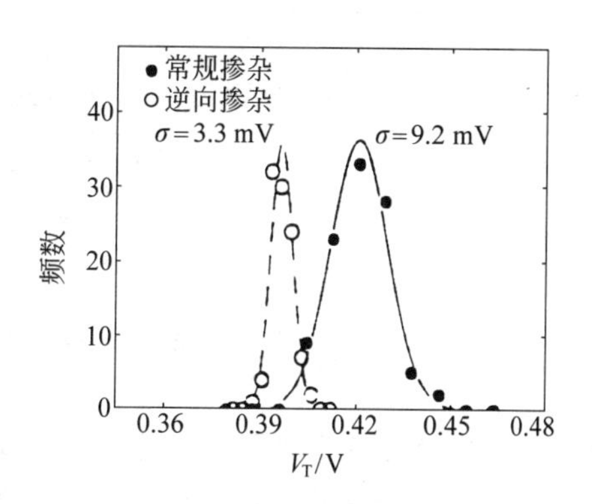

图 2.3-4 逆向掺杂和常规沟道区掺杂的剖面结构及对应的阈值电压的起伏变化

先进的CMOS工艺中在n阱和p阱中分别进行逆向掺杂,抑制短沟道器件中的穿通电流。在工艺上要实现很陡的低-高掺杂剖面并不容易。对PMOS可以采用沟道区注砷(As)的方法,对NMOS采用传统的注硼(BF_2)方法很难形成理想的掺杂剖面,因为硼有氧化增强扩散效应和沟道效应,在后续的氧化和退火工序中会改变其杂质分布。现代先进的工艺技术可以在离子注入后通过选择外延形成理想的低-高掺杂结构(delta沟道)的技术。在隔离工艺完成后,用300keV的能量注硼,在p阱下部形成高掺杂层,同时用10keV的能量注硼,在沟道表面形成一个高掺杂层。然后进行外延生长,在表面高掺杂层上形成一层未掺杂的硅外延层,在这层外延层上形成栅电极,其他工艺和常规工艺相同。表面注入形成的掺杂层叫作delta层,因此这种技术也叫作delta沟道技术。图2.3-5说明delta沟道MOS晶体管的制作过程[17]。采用delta沟道技术可以获得一个较陡的低-高掺杂分布。

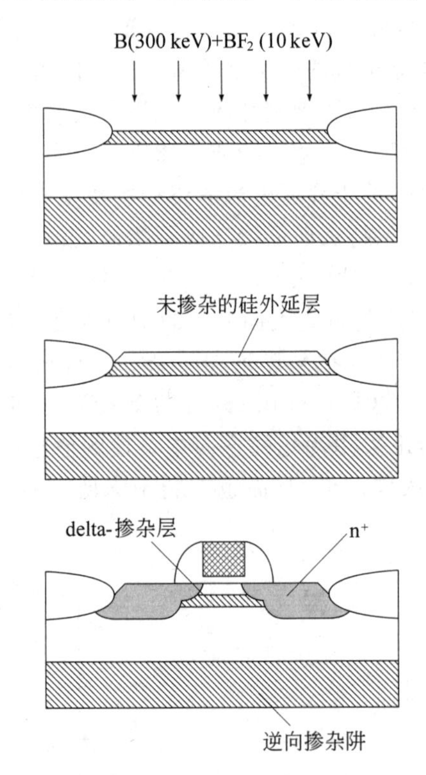

图2.3-5　delta沟道MOS晶体管的制作过程

逆向掺杂是在沟道区沿垂直方向形成非均匀掺杂,因此又叫纵向沟道工程。抑制短沟道效应的另一个有效途径是横向沟道工程,即形成水平方向非均匀掺杂的沟道区。横向沟道工程主要是采用环绕掺杂环绕(halo和pocket)结构。掺杂是在沟道两端的源、漏区旁边形成局部的衬底高掺杂区。高掺杂区抑制了源、漏pn结耗尽层的扩展,因而可以有效抑制漏电场的穿透，减小短沟道效应。另外，水平方向的非均匀掺杂还可以调节沟道区的电势和电场分布，实现载流子速度过冲，提高器件的驱动电流和抗热载流子效应的能力。

形成环绕结构可以用大角度注入[18]。对 PMOS 可以通过大角度注砷(As)或注锑(Sb)形成环绕区；对 NMOS 可以通过注硼和铟(In)形成环绕区。图 2.3-6 说明了 halo 结构。图 2.3-7 示意说明横向沟道工程形成的水平方向不同区域杂质浓度的相对大小[19]。

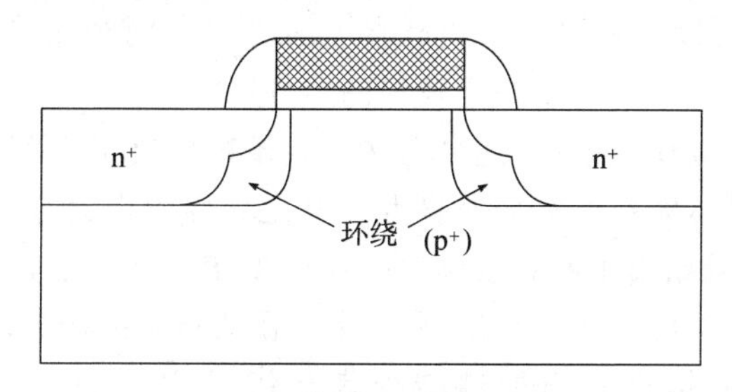

图 2.3-6　环绕掺杂结构

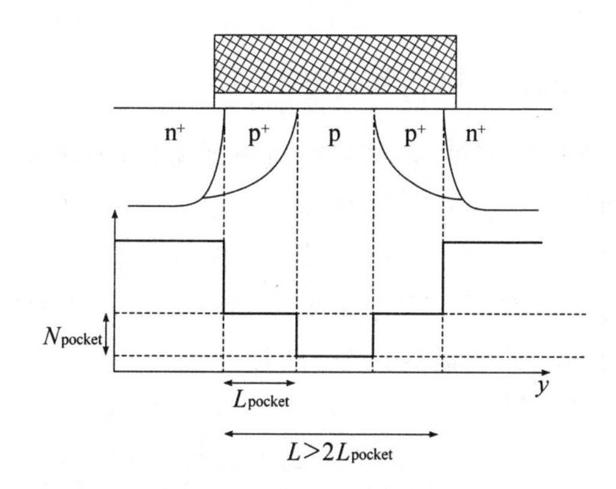

图 2.3-7　环绕掺杂结构及水平方向不同区域杂质浓度的相对大小

2.3.4　新型栅结构

在 CMOS 电路中希望 NMOS 和 PMOS 的性能对称，这样有利于获得最佳电路性能，要使 NMOS 和 PMOS 性能对称，很重要的一点是使它们的阈值电压绝对值基本相同。在同样栅氧化层厚度、同样衬底掺杂浓度条件下，如果 NMOS 和 PMOS 都选用 n^+ 硅栅，则 PMOS 的负阈值电压绝对值要比 NMOS 的阈值电压大很多。如果 PMOS 采用 p^+ 硅栅，可以减小其阈值电压的绝对值，有利于获得和 NMOS 对称的性能。因此，先进的 CMOS 工艺中 NMOS 和 PMOS 分别采用 n^+ 硅栅和 p^+ 硅栅。

随着器件尺寸减小，栅氧化层厚度也不断减小，当沟道长度缩小到 100nm 以下，栅氧化层厚度要减小到 3nm 以下。这样薄的氧化层不仅对制作工艺提出挑战，而且会引起氧化层的可靠性问题,特别是薄氧化层的隧穿电流。在1.5V栅电压时,若栅氧化层厚度从3.6nm减小到1.5nm,引起的隧穿电流几乎增大10个数量级[20]。穿越栅氧化层的隧穿电流破坏了MOS晶体管的栅绝缘性,增加了CMOS电路的静态功耗。隧穿电流还会引起器件参数的起伏。为了解决栅氧化层减薄带来的问题,发展了新型高介电常数(高K)的材料代替二氧化硅,按照器件尺寸缩小的规律,如果要求栅氧化层厚度减小为t_{ox},若采用介电常数为ε_k的高K介质,介质厚度可以比采用二氧化硅增大$\varepsilon_k/\varepsilon_{ox}$倍,同时保持栅电容不变,这样既可以减小栅绝缘层的隧穿电流,又可以获得较好的器件性能。

另外,用高掺杂多晶硅作栅电极,还会有多晶硅栅耗尽效应的影响。由于高掺杂多晶硅不是理想的导体,当加栅压时在多晶硅栅靠近二氧化硅界面也会有能带弯曲和耗尽层电荷分布。多晶硅栅的耗尽层相当于使有效栅氧化层厚度增加,导致有效栅电容减小。为了克服多晶硅栅耗尽效应,先进的CMOS技术采用金属栅代替多晶硅栅。

高K介质和金属栅结合的新型栅结构是现代CMOS技术的一个重要改进,而且NMOS和PMOS器件分别采用不同功函数的栅材料,以便使NMOS和PMOS器件获得更对称的性能。

2.3.5 在沟道两端形成极浅的源、漏延伸区

随着MOS晶体管沟道长度缩短,短沟道效应将严重影响MOS器件性能。短沟道效应引起的阈值电压下降限制了可接受的阈值电压的下限,同时使器件的截止态电流增大。为了抑制短沟道效应,应使栅氧化层厚度和源、漏区结深与沟道长度一起按比例减小。但是简单地减小源、漏区结深将使源、漏区寄生电阻增大,造成MOS晶体管性能退化。解决这个矛盾的有效措施是在沟道两端形成极浅的源、漏延伸区(source-drain extension,SDE)。这种结构类似于早期的轻掺杂漏结构(lower drain doping,LDD),只是把轻掺杂的源、漏延伸区改为较高的掺杂浓度。SDE在沟道两端形成的浅结有利于抑制短沟道效应;而主要的源、漏区结深不必减小太多,这样有利于减小源、漏串联电阻。图2.3-8说明了SDE的结构和形成方法。先用低能离子注入形成浅的源、漏区,如对NMOS SDE采用5keV能量的As注入,剂量为$1.0\times10^{15}\text{cm}^{-2}$。然后在栅极两侧形成隔离的侧墙,再进行常规的源、漏区注入。对SDE区的深度、掺杂浓度也要进行优化设计。图2.3-9是美国半导体行业协会预测的SDE区结深减小趋势[21];用离子注入形成的SDE区在退火时也要向栅极下方横向扩散,SDE区越深,横向扩散越大,将使栅-源,栅-漏覆盖电容增大。但是,另一方面SDE区向栅下扩散,使两个SDE区的冶金结距离减小,有利于增大器件的导通电流。对于栅长为0.1μm左右的MOS晶体管,一般栅与SDE区的覆盖长度为15~20nm。减小SDE区深度有利于抑制短沟道效应并减小与栅的覆盖,但是又将增大SDE区的串联电阻。图2.3-10说明了SDE区深度与其薄层电阻的关系[22],为了避免过大的SDE区串联电阻,其结深一般在40nm左右。另外,增大SDE区杂质分布的陡度有利于改善器件性能。对于一定的SDE深度,增大其掺杂浓度就增加了杂质分布的陡度(浓度变化一个数量级所对应的距离)。图

2.3-11 是对 PMOS 模拟得到的不同栅长器件对 SDE 区横向杂质分布陡度的要求[22]。当栅长从 100nm 缩小到 35nm，SDE 区深度从 40nm 减小到 20nm，与栅的覆盖长度减小到 8nm。为了保持 SDE 区串联电阻不增大，必须使其杂质分布陡度提高 3 倍，或者说使浓度减小一个数量级的长度要减小 3 倍，这将对工艺提出更高要求。采用低能离子注入很难实现更浅的高掺杂源、漏延伸区，必须采用新的掺杂技术，如等离子浸掺杂（plasma immersion ion implantation）、投射式气体浸激光掺杂（project gas-immersion laser doping），或其他原子层级掺杂技术。

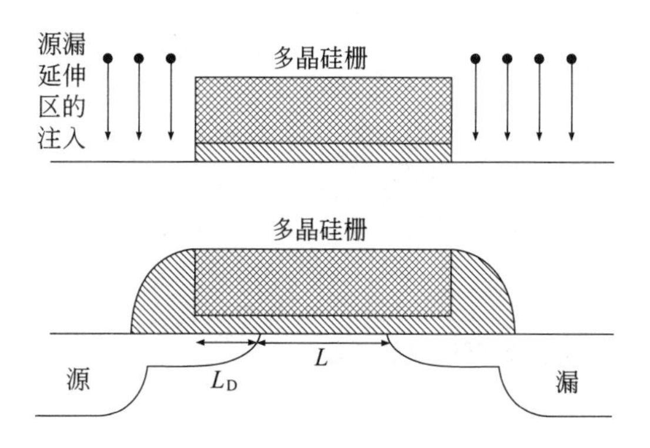

图 2.3-8 SDE 的结构和形成方法

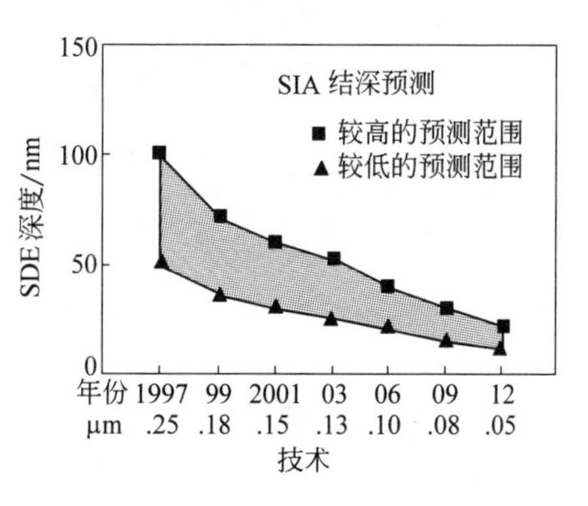

图 2.3-9 SIA 预测的 SDE 结深减小趋势

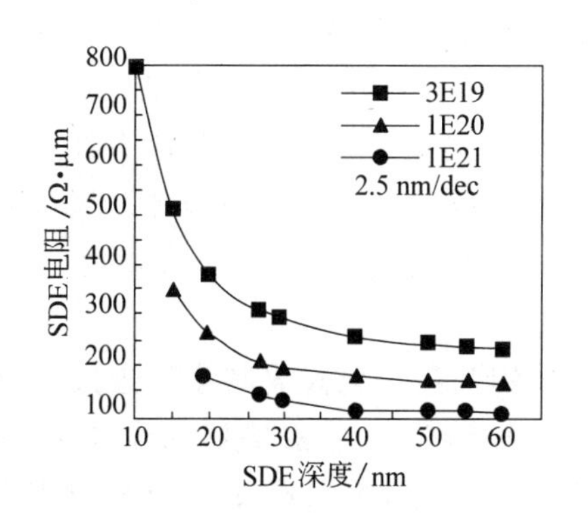

图 2.3-10 SDE 区深度与其薄层电阻的关系

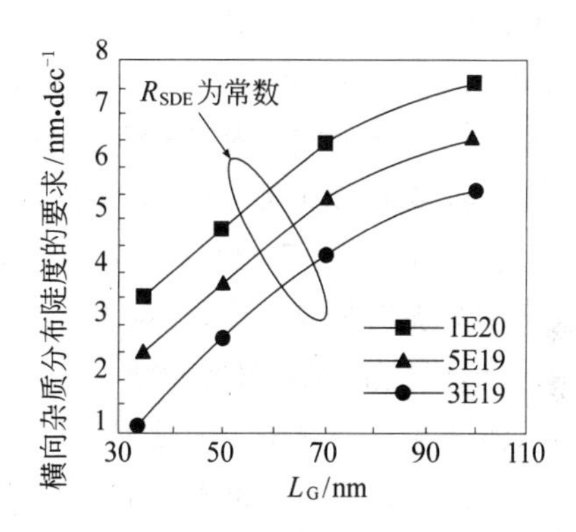

图 2.3-11 不同栅长器件对 SDE 区横向杂质分布陡度的要求

2.3.6 自对准硅化物结构

尽管多晶硅栅是高掺杂，但其寄生电阻仍比较大，一般多晶硅的薄层电阻在 20Ω/□左右，为了减小多晶硅线条的寄生电阻，同时进一步减小源、漏区的寄生电阻，对深亚微米及纳米尺寸的 MOS 晶体管普遍采用了自对准硅化物结构。在做好 MOS 晶体管的栅和源、漏区以后，在栅极两侧形成一定厚度的氧化硅或氮化硅侧墙，然后淀积难熔金属，如钛（Ti）、钨

(W)或钴(Co)等,它们和硅反应形成硅化物,硅化物同时淀积在栅电极上和暴露的源、漏区上,栅和源、漏区上的硅化物由侧墙隔离,因此是自对准。由于硅化物的薄层电阻很小,相当于并联了一个小电阻,如图 2.3-12 所示,使多晶硅栅和源、漏区的寄生电阻大大减小,也使金属连线与源、漏区引线孔的接触电阻大大减小[23]。图2.3-2 的先进技术 CMOS 工艺流程中也说明了硅化物自对准结构,如图 2.3-2(j)所示。目前普遍采用 $CoSi_2$ 实现硅化物自对准,$CoSi_2$ 的方块电阻一般可做到 4～5Ω/□,比高掺杂多晶硅和源、漏区方块电阻小很多。

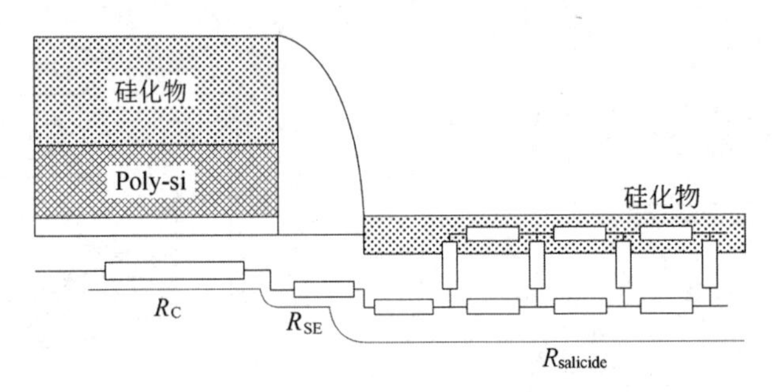

图 2.3-12　用硅化物自对准结构减小源、漏区串联电阻

2.3.7　铜互连

随着集成度的提高,芯片中需要的互连线的数量越来越多,在纳米 VLSI 中互连线所占用的面积已经超过了 80%。由于互连线存在着寄生电阻和寄生电容,会引起信号的 RC 延迟,对互连线的寄生效应及其影响在后面的第 3 章中还要讨论。在 VLSI 芯片中都采用多层金属互连,随着特征尺寸减小,集成密度增加,要求互连线的层数也不断增加。当特征尺寸减小到 0.13μm,对于铝线、二氧化硅介质(Al/SiO_2)的互连线工艺,互连线要增加到 12 层,这不仅增加工艺复杂度,也使制作成本增加。

由于铜比铝的电阻率低 40%左右。用铜互连代替铝互连可以显著减小互连线的寄生电阻,从而减小互连线的 RC 延迟。但是由于铜易于扩散到硅中,会影响器件性能,铜还会对加工设备造成污染,因此铜互连不能用常规的淀积和干法刻蚀方法形成,这些问题困扰着铜互连工艺的发展。“镶嵌”(或叫“大马士革”,damascene)技术和化学机械抛光技术的发展使铜互连可以应用到集成电路中[24]。1997 年 IBM 和摩托罗拉(Motorola)等公司开发出新的铜互连工艺,实现了 6 层铜互连的 VLSI[25]。图 2.3-13 比较了形成互连线的常规工艺和镶嵌工艺。当然镶嵌工艺也可用于制作铝互连。这种镶嵌工艺不需要等离子刻蚀,而是用 CMP 确定互连线图形。用镶嵌工艺实现铜互连的主要工艺过程是:在需要制作铜连线的地方刻蚀出沟槽;在沟槽中先淀积一层钽(Ta)或氮化钽(TaN)作为势垒层材料,淀积势垒层一方面是为了防止铜的扩散,另一方面则是为了保证高可靠的电学接触;然后用 PVD 方法淀积一薄层(几十 nm)铜的籽晶层(coper seed layer),这层籽晶层为接下来用电镀法填充铜提供初始的导通电流；采用电镀法向沟槽中填充铜，这种方法可以获得很好的填充性能，实现较大的深宽比(如 8∶1)，而且成本低、效率高；接下来用 CMP 实现平整化，保留沟槽中的铜，形成铜连线；最后在上面覆盖氮化硅把铜线盖住。这种镶嵌工艺把铜线完全包裹起来，既可以防止铜的扩散，又保护铜不会被氧化。目前著名的半导体制造企业都具有铜互连的加工能力[26]。

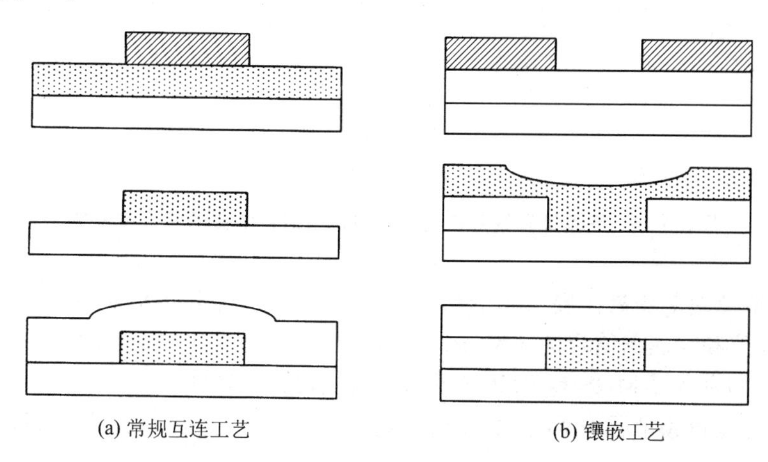

图 2.3-13　常规互连工艺和镶嵌工艺

把铜互连和低 K(相对介电常数)介质材料结合起来，可以显著减小连线的 RC 延迟，提高电路的速度。Si-O 基的多孔材料以及一些多孔的有机聚合物材料相继被开发出来用于实现低 K 介质，通过材料的优选、工艺的改进和优化，可以得到性能优良的超低 K 介质[27].

目前先进的 CMOS 工艺中采用了双镶嵌技术同时形成通孔和铜互连的金属淀积，因而减少了互连工艺的步骤和时间。采用铜互连可以进一步减小上层连线的尺寸，增加连线密度，因而可以减少连线的层数。图 2.3-14 比较了铜互连和铝互连在不同技术节点所需要的互连线层数[28]。如对 0.13μm 特征尺寸，铝互连需要 12 层连线，而用铜互连可以减少到 6 层。这将减少很多工艺步骤，缩短加工周期，降低工艺成本。采用铜互连的总成本可以比铝互连减少 20%～30%。

铜不仅电阻率比铝低很多，而且可靠性比铝好，特别是抗电迁移性能比铝高一个数量级以上，这是因为铜比铝的熔点高很多。铝线的电流密度超过 $2\times10^5\,\text{A/cm}^2$ 就会出现电迁移，造成连线断裂使电路失效。而铜的电迁移阈值电流密度可达到 $5\times10^6\,\text{A/cm}^2$。

CMOS 技术已进入了纳米尺度，先进的纳米 CMOS 技术的主要工艺改进总结如下[29]：

(1) p^-/p^+ 外延硅片；

(2) 浅沟槽隔离；

(3) 超陡的逆向掺杂(super steep retrograde，SSR)形成铟(indium)和砷(arsenic)沟道掺杂；

(4) 高质量的超薄栅氧化层，或用原子层淀积方法形成高 K 介质，如 HfO_2，Al_2O_3 膜；

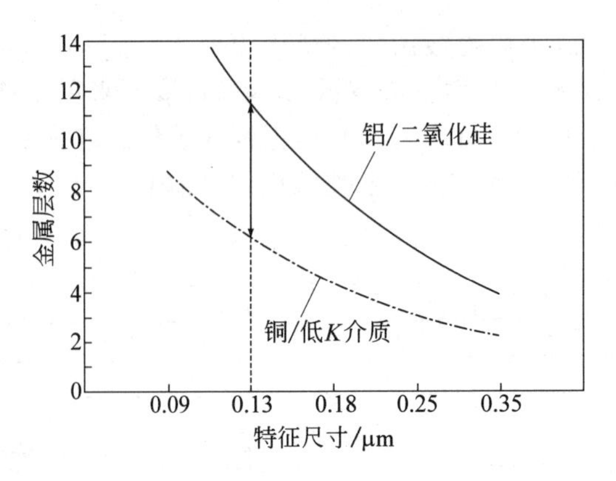

图 2.3-14　铜互连和铝互连在不同技术节点所需要的互连线层数

(5) 为了避免超薄栅氧化层引起的隧穿电流等可靠性问题以及多晶硅栅耗尽的影响,发展了高 K 介质和金属栅结合的新型栅结构,而且 NMOS 和 PMOS 器件分别采用不同功函数的栅材料,以便使 NMOS 和 PMOS 器件获得更对称的性能;

(6) 用超低能量预非晶化离子注入和火花式(spike)快速热退火实现超浅的源、漏延伸区;

(7) 侧墙隔离后形成源、漏区和栅的 $CoSi_2$ Salicide 结构;

(8) 用铜互连/低 K 介质代替传统的铝互连/SiO_2 介质。用双镶嵌工艺(dual damascene)形成通孔(不同层金属线之间的接触)和铜互连。

图 2.3-15 给出了一个 32nm 工艺节点的 CMOS 器件结构的设计,图中也标出了器件中的寄生元件[30]。

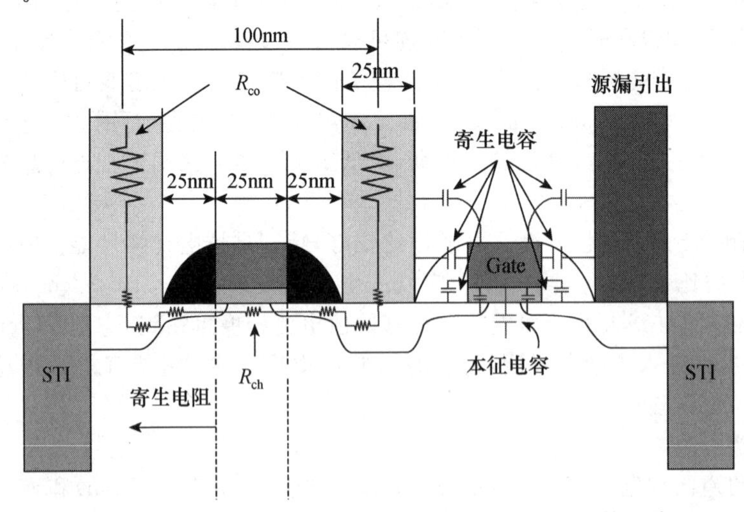

图 2.3-15　一个 32nm 工艺节点的 CMOS 器件结构的设计

2.4　SOI CMOS 结构和工艺*

在常规的 CMOS 结构中，存在从电源到地之间的 pnpn 结构，也就是可控硅结构。一旦满足可控硅触发条件，将引起电源到地的极大电流，破坏电路工作甚至烧毁电路，这就是闩锁效应。为了避免体硅 CMOS 中的闩锁效应，在早期采用蓝宝石上的硅（silicon on sapphire，SOS）材料制作高性能的 CMOS 电路，也就是在绝缘衬底（蓝宝石）上外延硅，然后做器件，这样避免了 MOS 管的源、漏区和衬底形成 pn 结。但是蓝宝石价格昂贵，这种技术不可能普遍应用，另外由于蓝宝石和硅的晶格失配，也影响了硅外延层的质量。因此，人们开始研究用二氧化硅绝缘层代替蓝宝石，实现绝缘体上的硅（silicon on insulator，SOI）材料。到了 20 世纪 80 年代中期，注氧隔离和硅片键合等技术逐渐成熟，已经可以提供大面积的 SOI 商品，使得 SOI CMOS 得到迅速发展。特别是在 20 世纪 90 年代以后，薄膜全耗尽（full depletion，FD）SOI CMOS 的研究越来越受到重视，因为 FD SOI CMOS 不仅可以消除 CMOS 中的闩锁效应，而且极大减小了寄生电容，有利于提高速度，同时也便于实现浅结，有利于抑制短沟道效应。FD SOI 器件具有很好的按比例缩小性质，更适合于纳米 CMOS 技术发展的需要。

2.4.1　SOI CMOS 结构

图 2.4-1 说明了 SOI CMOS 的结构特点。器件的有源区和硅衬底之间有一层较厚的二氧化硅，叫作埋氧化层，是在制作 SOI 材料时形成的。

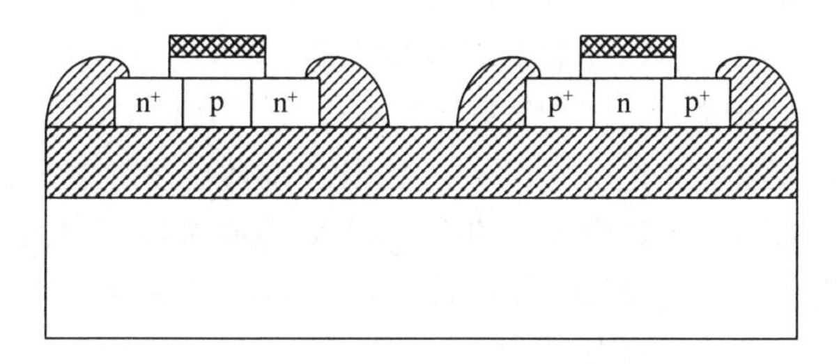

图 2.4-1　SOI CMOS 的基本结构

用 SOI 材料制作的 MOS 晶体管和体硅 MOS 晶体管在结构上和性能上都有差别。体硅 MOS 晶体管的体区和衬底连通，通过衬底引出 MOS 晶体管的体区；而 SOI MOSFET 的体区和衬底隔离，一般体区没有引出，体电位是悬空的，从而会引起浮体效应。为了避免浮体效应可以专门设计体区的引出端，把体区接固定电位。SOI 材料的衬底电位不是 SOI MOSFET 的体电位。由于衬底和沟道区之间是埋氧化层，衬底相对沟道区也相当于一个 MOS 结构，因此一般把 SOI MOSFET 的衬底又叫作背栅，多晶硅栅又叫作正栅。严格说，SOI MOSFET 是个五端器件：栅（Gf）、源（S）、漏（D）、体（B）和衬底（Gb），如图 2.4-2 所示。

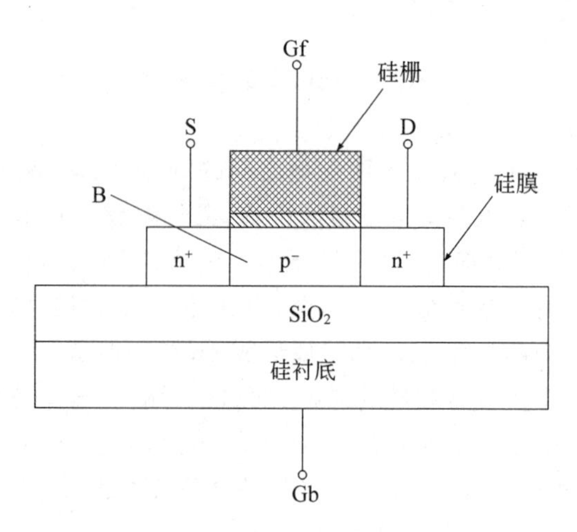

图 2.4-2　SOIMOSFET 是个五端器件

SOI MOSFET 的性能与顶层硅膜的厚度有关。如果硅膜厚度 $t_{si}>2x_{dm}$(x_{dm}是硅表面达到强反型时的最大耗尽层厚度),这种器件中正栅和背栅在硅膜中形成的耗尽层不会连通,中间还存在中性的体硅区,因此背栅对 MOSFET 性能基本没有影响,这种 SOI MOSFET 叫作厚膜器件。厚膜器件的特性和体硅 MOS 器件基本相同,只是存在浮体效应。目前 SOI CMOS 中采用的主要是薄膜器件,即 $t_{si}<x_{dm}$。这种情况在栅电压的作用下可以使顶层硅膜全部耗尽,因此叫作薄膜全耗尽 SOI MOSFET。图 2.4-3 比较了体硅 MOSFET、厚膜和薄膜 SOI MOS 器件的能带图[31],所有 MOS 器件都处于开启状态。从图中可以看出,体硅 MOSFET 中不存在背栅,厚膜 SOI MOSFET 中背栅基本不影响正栅的作用,而在薄膜 SOI MOSFET 中有较强的正、背栅耦合作用,因此器件性能同时受正、背栅电压影响,而且受硅膜厚度影响。薄膜 SOI MOSFET 可以通过减薄硅膜抑制短沟道效应,获得接近理想的亚阈值斜率。另外,对于硅膜很薄的器件,可以使整个硅膜内全部反型,使载流子迁移率增大,提高器件的跨导。当 MOS 器件尺寸已经缩小到深亚微米至纳米时,薄膜 SOI MOSFET 的这些优越性更具吸引力。

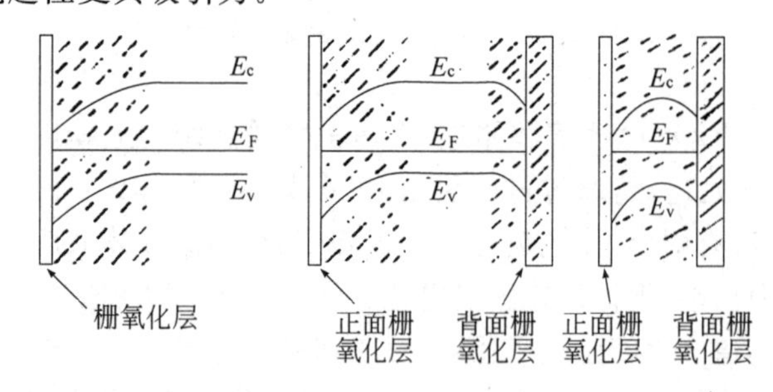

图 2.4-3　体硅 MOSFET、厚膜和薄膜 SOI MOS 器件的能带图

2.4.2　SOI CMOS 基本工艺

目前形成 SOI 材料主要有三种技术。

1. 注氧隔离(separation by implanted oxygen,SIMOX)技术[32,33]

SIMOX SOI 材料是通过高能量、大剂量注氧在硅中形成埋氧化层。通常要求 O^+ 的剂量在 $1.8\times10^{18}cm^{-2}$ 左右,远高于一般集成电路加工过程中的离子注入剂量。采用高能量(～200keV)注入,使氧离子注入硅片表面以下一定深度。离子注入后经过高温退火,在硅片中形成一层埋置的二氧化硅。埋氧化层把原始硅片分成两部分,上面的薄层硅用来做器件,下面是硅衬底。图 2.4-4 说明了 SIMOX SOI 材料的形成原理[31]。由于高能量注入会对硅片造成损伤,因此用来做器件的顶层硅膜的质量不如体硅材料。

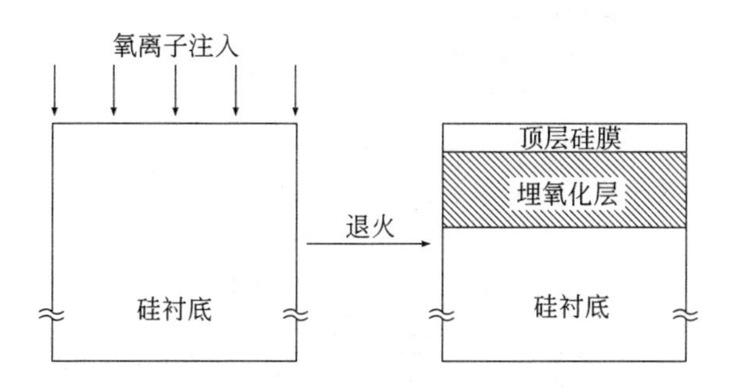

图 2.4-4　SIMOX SOI 材料的形成原理

2. 键合减薄(bonding etch-back,BE)技术[34,35]

把两个生长了氧化层的硅片键合在一起,两个氧化层通过键合黏在一起成为埋氧化层。然后将其中一个硅片腐蚀抛光减薄,成为做器件的薄硅膜,另一个硅片作为支撑的衬底,如图 2.4-5 所示[31]。这种技术与 SIMOX 技术相比,顶层硅膜的质量好一些,但是不容易形成很薄的硅膜。另外,如果硅片面积很大,在键合的氧化层之间容易出现空洞。

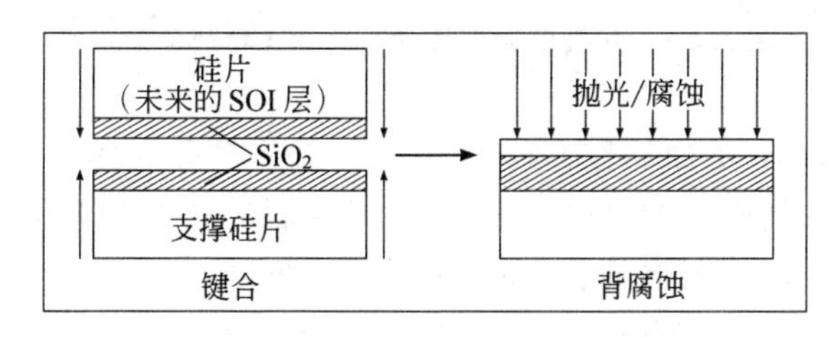

图 2.4-5　用键合减薄技术形成 SOI 材料

3. 智能剥离(smart cut)技术[36,37]

智能剥离技术是 1995 年发展起来的,主要是解决了如何用键合技术形成薄膜 SOI 材料。先在硅片 A 表面形成一定厚度的氧化层(即 SOI 材料中的埋氧化层),如图 2.4-6(a)所示,然后在硅片中注入氢离子,在注入处形成微空腔。注入的深度决定了剥离后的SOI材料的顶层硅膜的厚度,如图2.4-6(b)所示。把硅片A和一个支撑硅片B进行键合,如图2.4-6(c)所示。键合的硅片先进行低温退火,注氢处微空腔内的氢气产生内部压强而发泡,使硅片在此处剥离,如图2.4-6(d)所示;然后再进行高温退火,增加键合强度,并恢复由于注氢在顶层硅膜中引起的损伤。最后再经过CMP抛光使表面平整,如图2.4-6(e)所示。利用智能剥离技术可以形成高质量的薄硅膜SOI材料。

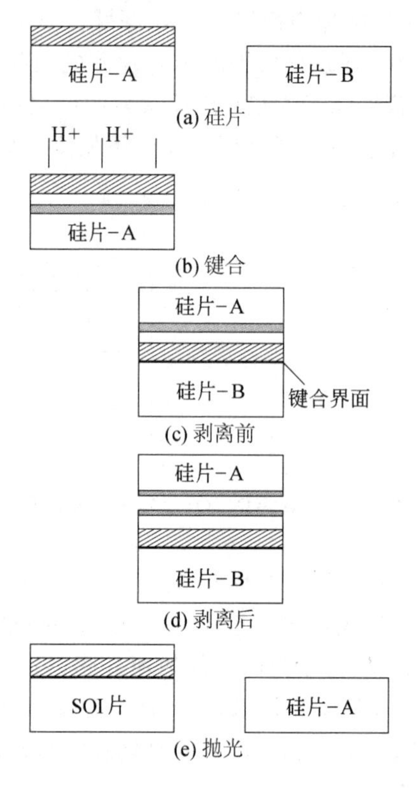

图2.4-6 用智能剥离技术形成SOI材料的原理

形成SOI材料以后,在上面制作CMOS电路的工艺过程和体硅CMOS基本相同。从图2.4-1的SOI CMOS剖面结构可以看出,用SOI材料制作CMOS电路不需要制作阱,这样使它的工艺过程比体硅CMOS简化,而且节省了面积,提高了集成密度。

SOI CMOS可以和体硅CMOS一样采用LOCOS隔离工艺,但是不需要场区注入。因为场氧化层和SOI材料本身的埋氧化层连通,使器件之间完全隔离,不存在场区寄生MOS晶体管的问题。对薄硅膜的SOI CMOS,需要的场氧化层厚度相应减小,从而减小了LOCOS工艺产生的鸟嘴对有源区的侵蚀。LOCOS隔离以后的工序完全和体硅CMOS相同。对SOI CMOS还可以采用台面隔离技术,这种工艺更加简化,只要通过一次光刻刻蚀出硅岛(即每个器件的有源区),不需要任何其他隔离工序。暴露的硅岛侧壁在后续加工中被氧化层覆盖。图 2.4-7 是基于台面隔离的 SOI CMOS 的基本工艺流程[38]。

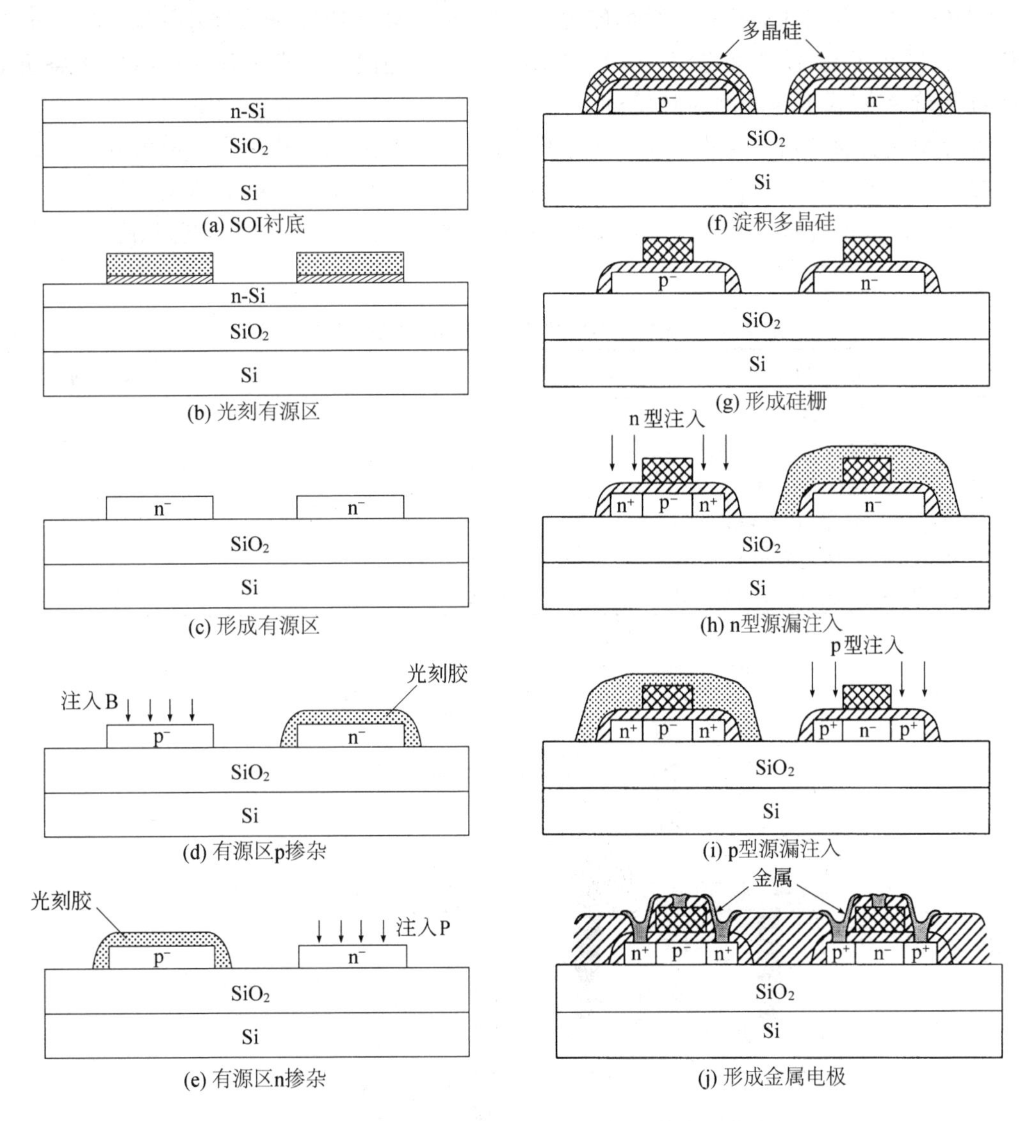

图 2.4-7　基于台面隔离的 SOI CMOS 的基本工艺流程

2.4.3　SOI CMOS 的优越性

在 SOI CMOS 中每个器件都被氧化层包围,完全与周围的器件隔离,从根本上消除了闩锁效应。由于不存在源、漏区和衬底形成的 pn 结,减小了 MOS 晶体管的寄生电容。同时埋氧化层也增加了互连线和衬底之间的绝缘层厚度,极大减小了互连线的寄生电容。表

2.4-1 比较了 0.6μm 工艺的 SOI CMOS 和体硅 CMOS 的寄生电容[39]。减小了寄生电容，有利于提高电路的速度，降低电路的功耗。有源区和衬底隔离，可以减少 α 粒子的影响，使 SOI CMOS 电路有较强的抗软失效的能力。另外，SOI MOSFET 极大减小了源、漏区 pn 结面积，从而减小了 pn 结泄漏电流。SOI MOSFET 的这些优良性能使 SOI CMOS 电路更适合在航天、航空以及高温等恶劣环境下工作。

采用 SOI 材料还可以实现三维立体集成，如图 2.4-8 所示。这种多层有源区的三维立体结构为提高集成电路的集成密度提供了新的途径[40,41]。采用三维立体结构还可以使电路模块之间通过垂直路径直接连接，有利于减小互连线的长度，从而减小延迟、降低功耗、提高电路性能。

表 2.4-1　SOI CMOS 和体硅 CMOS 的寄生电容比较

电容类型	SOI	体硅	$C_{SOI}/C_{体硅}$
栅电容/fF	36.6	37.6	0.97
NMOS 漏区寄生电容/fF	9.5	18.9	0.50
PMOS 漏区寄生电容/fF	7.6	21.6	0.35
多晶硅-衬底电容($10\mu m^2$)/fF	0.43	0.98	0.44
第一层铝-衬底电容(1mm)/fF	72.6	123.2	0.59
第二层铝-衬底电容(1mm)/fF	63.9	98.4	0.65

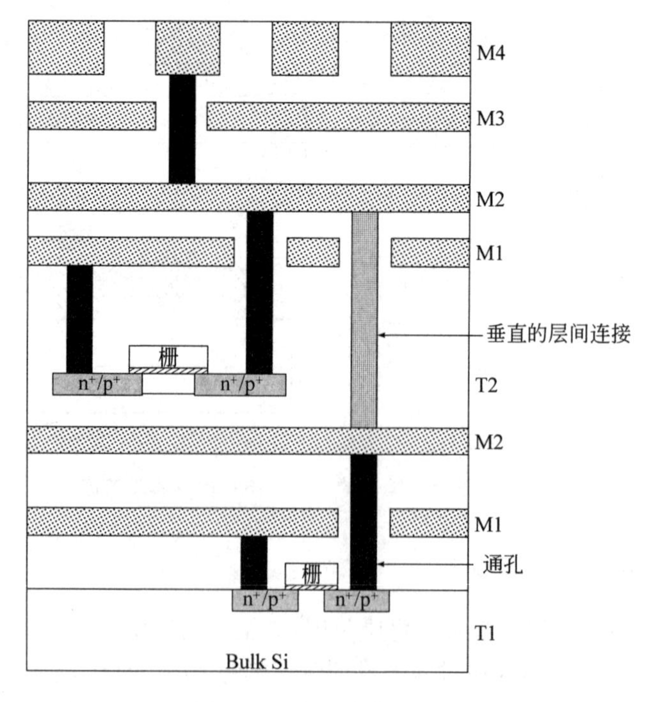

图 2.4-8　用 SOI 材料实现三维立体集成

近年来,在常规 SOI MOSFET 基础上又发展了很多适合于纳米 CMOS 的新型器件结构,如 SON(silicon on nothing)或 SOA(silicon on anything)器件、双栅 SOI MOSFET、硅台垂直沟道 MOSFET、超薄体 SOI MOSFET,等[42,43]。SOI CMOS 技术有广阔的发展前景。目前 SOI CMOS 技术还不能取代体硅 CMOS 技术,主要是因为 SOI CMOS 工艺没有体硅 CMOS 工艺成熟,SOI 材料的硅膜质量不如体硅材料,另外 SOI 材料的成本较高。随着 SOI CMOS 工艺的不断成熟,硅膜质量的进一步改善,SOI 技术将会得到越来越广泛的应用。SOI CMOS 具有高密度、高速度、低功耗和高可靠性等优点,将成为 VLSI 的主流技术之一。

2.5　BiCMOS 结构和工艺*

从本质上讲双极器件比起 MOS 器件具有增益高、噪声小、能提供大的驱动电流等优点,但是双极器件结构复杂占用面积大,而且功耗大,这些问题严重限制了双极集成电路的发展。如果能把 CMOS 集成电路高密度、低功耗的优点和双极器件高速度的优点结合起来,一定会使集成电路的性能得到极大地提高,这正是 BiCMOS 技术发展的出发点。

BiCMOS 技术是在 20 世纪 70 年代末开始发展起来的。1985 年以后 BiCMOS 工艺趋于成熟,开始广泛用于高性能集成电路产品的生产中[44~46]。例如,1993 年 Intel 公司推出的第 1 代 Pentium 芯片就采用了 0.8μm BiCMOS 技术。

由于 CMOS 技术已经成为 VLSI 的主流,BiCMOS 技术是在 CMOS 工艺的基础上兼容了双极工艺,把双极晶体管和 MOS 晶体管集成在一个芯片内。在 CMOS 工艺中需要制作阱,本身就存在 PNP 或 NPN 结构,为制作 BiCMOS 电路提供了方便。早期的 BiCMOS 工艺比较简单,只是在 n 阱 CMOS 工艺中增加了 NPN 晶体管。这种工艺比常规 n 阱 CMOS 工艺增加了一次 p 型基区光刻和注入,只增加了一块掩模版,因此成本低。但是这样制作的双极晶体管性能不好,有较大的集电极串联电阻。典型的 BiCMOS 工艺是在外延衬底 CMOS 工艺基础上发展起来的,双极晶体管采用标准埋层集电极结构(standard buried collector,SBC)[28]。为了减小双极晶体管的集电极串联电阻,增加了 n^+ 埋层和深的 n^+ 集电极注入。由于增加了工艺步骤,使制作成本增加,但是双极晶体管的性能得到很大改善。更先进的 BiCMOS 工艺采用沟槽隔离、多晶硅发射极双极晶体管[47]。图 2.5-1 比较了三种不同的 BiCMOS 结构[28]。

下面以标准埋层集电极结构的 BiCMOS 为例,说明 BiCMOS 的基本工艺流程。

选择〈100〉晶向的 p 型硅衬底,进行初始氧化,光刻确定埋层区域,通过扩散或离子注入形成 n^+ 埋层,形成 n^+ 埋层的目的是减小双极型晶体管的集电极串联电阻,其薄层电阻的典型值为 20Ω/□。然后去掉表面的氧化层,得到图 2.5-2(a)所示的结构。对硅片表面进行处理去除缺陷,生长 p 型外延层,它作为 NMOS 的体区。光刻确定 n 阱,进行 n 阱注入,n 阱作为 PMOS 的体区和 NPN 双极晶体管的集电区,为了提高双极晶体管的击穿电压,n 阱掺杂浓度要低一些,不过还要折中考虑 PMOS 的体电阻不要太大。然后光刻确定双极晶体管

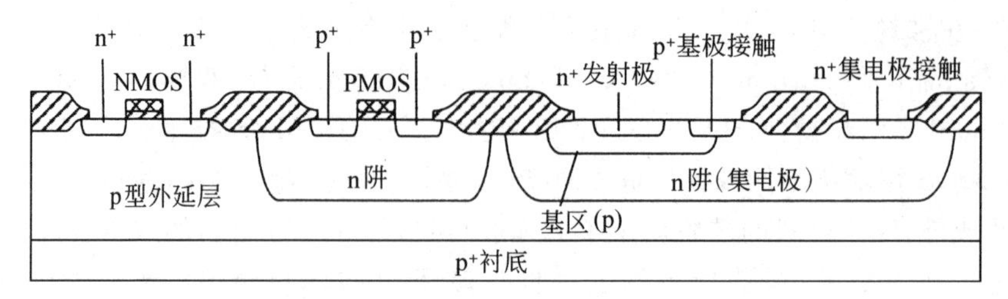

(a) 早期的BiCMOS结构

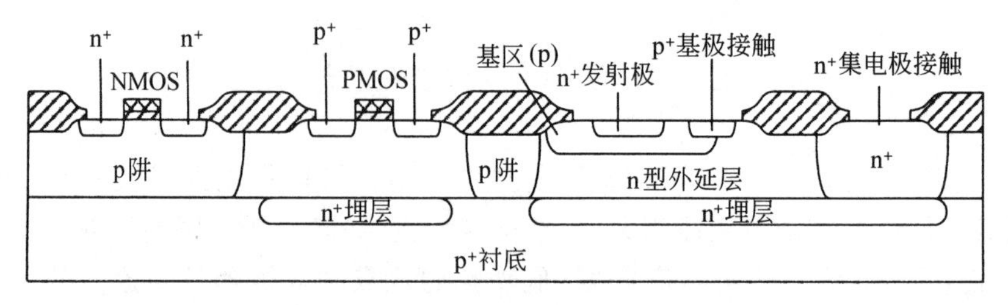

(b) 标准埋层集电极结构的BiCMOS

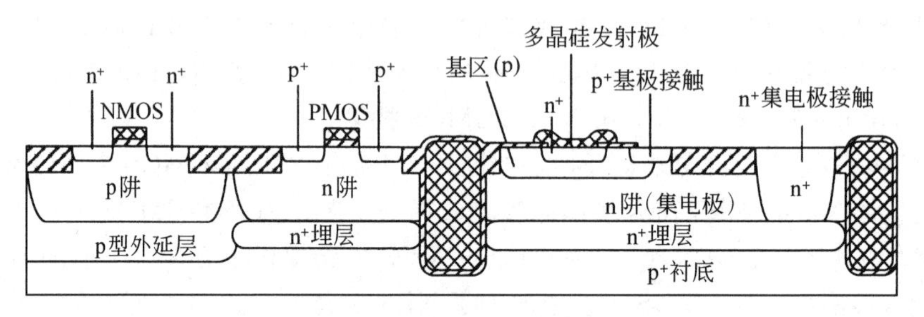

(c) 先进的BiCMOS结构

图 2.5-1 三种不同的 BiCMOS 结构

的集电极,通过磷扩散形成 n^+ 集电极深接触,保证 n^+ 集电极和 n^+ 埋层相连,如图 2.5-2(b)所示。接下来进行 NPN 晶体管的基区光刻和硼注入,由于基区的浓度和结深对双极晶体管的特性有重要影响,因此基区掺杂一般由杂质淀积和杂质再分布两步完成,前者决定基区的杂质浓度后者决定结深,再通过适当的热退火减小基区电阻。图 2.5-2(c)给出了形成基区后的结构。以上工艺与常规 CMOS 工艺不同,后面的工艺过程基本是按照 CMOS 工艺,先进行场区注入和 LOCOS 隔离,然后生长 MOS 晶体管的栅氧化层,淀积多晶硅,光刻定义栅电极图形,如图 2.5-2(d)所示。当然,为了调节 MOS 晶体管的阈值电压,在制作栅电极之前还要进行沟道区注入。接下来分别进行 NMOS 和 PMOS 的源、漏区注入,在 PMOS 源、漏区注入的同时也形成 NPN 晶体管的基极引出,如图 2.5-2(e)所示。再增加一次光刻和磷注入,形成 NPN 晶体管的发射区和集电极接触,如图 2.5-2(f)所示。由于双极晶体管的发射区结深和基区宽度对晶体管特性有重要影响,因此要单独进行发射区注入。后面形成互连线的工艺与常规 CMOS 工艺相同。

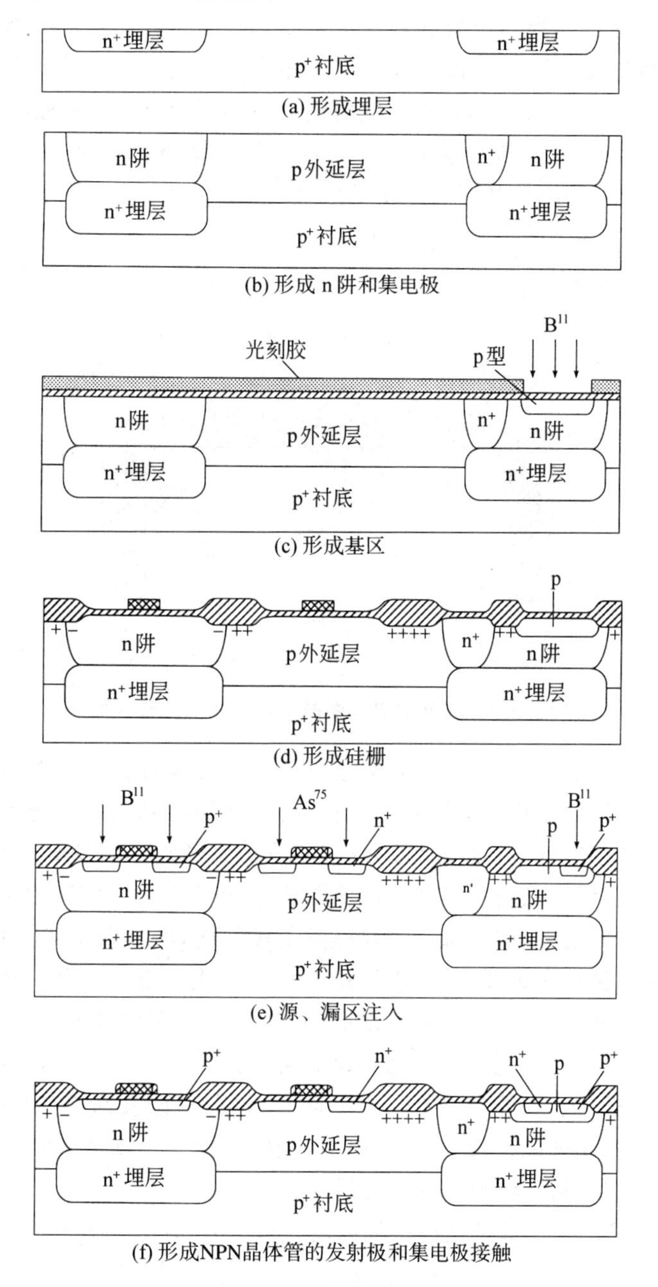

图 2.5-2　SBC 的 BiCMOS 基本工艺流程

上述 BiCMOS 工艺中用离子注入形成双极晶体管的发射区，尽管发射区注入是单独进行以便形成尽可能浅的发射结,但是发射区结深进一步减小仍无法解决,而且 SBC 结构的双极晶体管面积大,这些对提高集成度和电路速度都是障碍。先进的双极晶体管采用了自对准多晶硅工艺,较好地解决了双极器件按比例缩小的问题。一个典型的双层自对准多晶硅晶体管结构如图 2.5-3 所示[48],晶体管发射极由 n^+ 多晶硅形成,基极电极由 p^+ 多晶硅形成,两层多晶硅之间的氧化层称为侧墙,它保证了晶体管基极和发射极之间的自对准。这种自对准结构大大缩小了晶体管基区的面积,可以使实际的发射极大小比最小光刻尺寸还要小。例如若发射极的光刻图形条宽为 0.8μm,每边侧墙厚度为 0.2μm,则实际的发射极宽度仅为 0.4μm。这种自对准多晶硅双极晶体管结构的截止频率 f_T 已突破 50GHz。

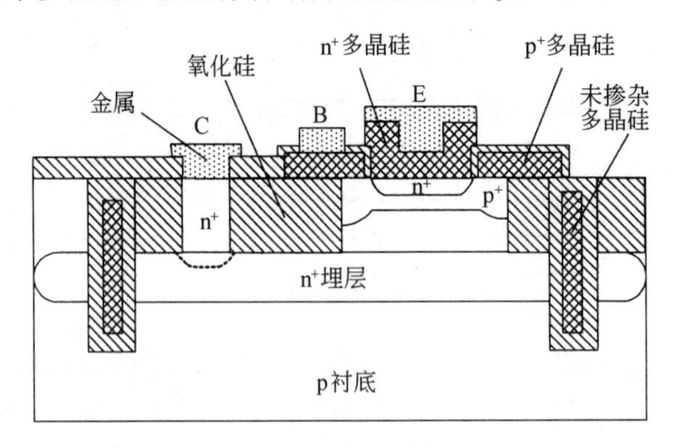

图 2.5-3　典型的双层多晶硅自对准晶体管结构

如果没有多晶硅发射极,器件纵向尺寸减小将受到限制,当发射结结深 x_{jE} 减少到 200nm 以下时,x_{jE} 小于发射区中少子的扩散长度,这将导致基极电流增大,电流增益下降。当纵向尺寸按比例减小,基区宽度将减小,这又将导致穿通现象的发生。为了避免穿通就要增加基区的掺杂浓度,但这又引起晶体管电流放大倍数的下降。解决双极晶体管纵向按比例缩小问题的最佳方案之一,就是采用多晶硅发射极结构,因为多晶硅发射极晶体管和常规双极晶体管在同等基区掺杂浓度下,其电流增益比后者大了 3～10 倍。因此在保证与常规晶体管相同 β 的条件下,基区掺杂浓度可以提高,所以克服了穿通现象。此外,采用多晶硅作发射极,在工艺上还存在其他一些好处,例如,可以避免用离子注入形成发射区时产生的缺陷。用多晶硅作发射极,高能粒子打在多晶硅上,避免了硅表面损伤和缺陷的产生,实现了完美注入。另外,利用多晶硅形成良好浅结的同时还形成了欧姆接触和发射极引线,这可以避免铝引线造成的尖锥形穿透(spike)问题。

目前采用的 BiCMOS 技术是把沟槽隔离的先进 CMOS 工艺和先进的多晶硅发射极晶体管工艺结合起来,使 BiCMOS 电路的集成度和速度都得到提高。但是与 CMOS 工艺相比 BiCMOS 工艺步骤增加,工艺成本大约是 CMOS 工艺的 1.4 倍,这是限制 BiCMOS 工艺应用的一个重要因素。

参考文献

[1] Wayne Wolf. 现代 VLSI 电路设计-芯片系统设计（第三版）[M]，北京:科学出版社,2003.

[2] Morant M J. Integrated Circuit Design and Technology [M]. London: Chapman and Hall, 1990.

[3] Veendrick H. Deep-Submicron CMOS ICs, from Basics to ASICs (Second Edition) [M]. Boston: Kluwer Academic Publishers, 2000.

[4] Taur Y, Ning T H. Fundamentals of Modern VLSI Devices [M]. Cambridge: Cambridge University Press, 1998.

[5] 施敏.半导体器件:物理与工艺 [M]. 王阳元，嵇光大，卢文豪 译.北京：科学出版社,1992.

[6] Kang S, Leblebigi Y. CMOS Digital Integrated Circuit Analysis and Design(Fourth Edition) [M]. Boston: McGraw-Hill, 2014.

[7] 全国电气信息机构 文件编制和图形符号标准化技术委员会.电气简图用图形符号国家标准汇编 [M]. 北京:中国电力出版社 中国标准出版社,2001.

[8] Uyemura J P. Circuit Design for CMOS VLSI [M]. Boston: Kluwer Academic Publishers, 2011.

[9] Troutman R R. Latchup in CMOS Technology [M]. Boston: Kluwer Academic Publishers, 2010.

[10] Estreich D B, Dutton R W. Modeling latch-up in CMOS integrated circuits and system [J]. IEEE Transactions on Computer-Aided Design Integrated Circuits and Systems, 1982, CAD-1(4): 157-162.

[11] Martin K. Digital Integrated Circuit Design [M]. Oxford: Oxford University Press, 1999.

[12] Doris B et al, Extreme scaling with ultra-thin SOI channel MOSFETs :IEEE International Electron Devices Meeting,December 1-3,2002[C]. San Francisco.

[13] Mikoshiba H, Homma T, Hamano K. A new trench isolation technology as a replacement of LOCOS: IEEE International Electron Devices Meeting, December 9-12,1984[C]. San Francisco.

[14] Plummer J D, Deal M D, Griffin P B. Silicon VLSI Technology Fundamentals, Practice and Modeling [M]. 北京:电子工业出版社,2006.

[15] Parrillo L C, et al. Twin-Tub CMOS—A Technology for VLSI Circuits :IEEE International Electron Devices Meeting,December 8-12,1980[C]. Washington DC.

[16] Stolk P A, Widdershoven F P, Klaassen D B M. Modeling statistical dopant fluctuations in MOS transistors [J]. IEEE Transaction on Electron Devices, 1998, 45(9).

[17] Noda K, Tatsumi T, Uchida T, et al. A 0.1-μm Delta-Doped MOSFET Fabricated with Post-Low-Energy Implanting Selective Epitaxy [J]. IEEE Transaction on Electron Devices, 1998, 45(5).

[18] Miyashita K, Yoshimura H, Takayanagi M, et al. Optimized halo structure for 80 nm physical gate CMOS technology with indium and antimony highly angled ion implantation : IEEE International Electron Devices Meeting,December 5-8,1999[C]. Washington DC.

[19] Yu B, Wann C H J, Nowak E D, et al. Short channel effect improved by lateral channel engineering in deep-submicronmeter MOSFET's [J], IEEE Transaction on Electron Devices, 1997, 44(4):627-634.

[20] Lo S, Buchanan D A, Taur Y, et al. Quantum-mechanical modeling of electron tunneling current from the inversion layer of ultra-thin-oxide MOSFET's [J]. IEEE Electron Device Letters, 1997, 18(5):

209-211.

[21] Thompson S, Packan P, Ghani T, et al. Source/drain extension scaling for 0.1μm and below channel length MOSFETs : VLSI Technology, June 9-11,1998 [C]. Honolulu.

[22] Ghani T, Mistry K, Packan P, et al. Scaling challenges and device design requirements for high performance sub-50nm gate length planar CMOS transistors : IEEE Symposium on VLSI Technology, June 13-15,2000[C]. Honolulu.

[23] Asai S, Wada Y. Technology challenges for integration near and bellow 0.1μm [J]. Proceedings of the IEEE, 1997, 85(4): 505-520.

[24] Tantalum P S. Copper and damascene: the future of interconnects [J]. Semiconductor International, 1998, 21(6): 90-92,94,96,98.

[25] Havemann R H, Hutchby J A. High-performance interconnects- an integration overview [J]. Proceedings of the IEEE, 2001, 89(5): 586-588.

[26] Deltoro G, Sharif N. Copper interconnect: migration or bust : Twenty Fouth IEEE/CPMT International Electronics Manufacturing Technology Symposium, October 19-19,1999[C]. Austin.

[27] Cheng C, Hsia Wn, Pallinti J. Process integtration of Cu metallization and ultra low k(k=2.2) : IEEE International Interconnect Technology Conference, June 3-5, 2002[C]. Burlinggame.

[28] Yeo K, Rofail S S, Goh W. CMOS/BiCMOS ULSI Low Voltage, Low Power [M]. New Jersey: Prentice Hall, 2002.

[29] Kim Y W, Oh C B, Ko Y G, et al. 50nm gate length logic technology with 9-layer Cu interconnects for 90nm node SOC applications : International Electron Devices Meeting, December 8-11,2002[C]. San Francisco.

[30] Thompson S E, Parthasarathy S. Moore's law: the future of Si microelectronics [J]. Materials Today, 2006, 9(6): 20-25.

[31] Colinge J P. SOI技术——21世纪的硅集成电路技术 [M]. 武国英,等译. 北京: 科学出版社, 1993.

[32] Izumi K, Doken M, Ariyoshi H. C. M. O. S devices fabricated on buried SiO2 layer formed by oxygen implantation into silicon [J]. Institution of Engineering and Technology, 1978, 14: 593.

[33] Chen C E, Matloubian M, Mao B Y, et al. IIB-1 1.25-μm buried-oxide SOI/CMOS process for 16K/64K SRAMS [J]. IEEE Transaction on Electron Devices, 1986, ED-33: 1840-1841.

[34] Lasky J B, Stiffler S R, White F R, et al. Silicon-on-insulator (SOI) by bonding and ETCH-back : International Electron Devices Meeting, December 1-4,1985[C]. San Francisco.

[35] Maszara W P, Goetz G, Caviglia A, et al. Bonding of Silicon-Wafers for Silicon-on-Insulator [J]. Journal of Applied Physics. 1988, 64(10): 4943-4950.

[36] Bruel M. Silicon on insulator material technology [J]. Electron Letters, 1995, 31(14).

[37] Moriceau H, Maleville C, Cartier A M, et al. Cleaning and polishing as key steps for Smart-cut SOI process : IEEE International SOI Conference Proceedings, September 30-October 3,1996[C]. Sanibel Island.

[38] Weste N H E, Eshraghian K. Principles of CMOS VLSI Design [M]. Menlo Park: Addison-Wesley Publishing. 1985.

[39] Yamaguchi Y, Ishibashi A, Shimizu M, et al. A high-speed 0. 6μm 16K CMOS gate array on a thin SIMOX film [J]. IEEE Transaction on Electron Devices, 1998, 40(1).

[40] Akasaka Y, Nishimura T. Concept and basic technologies for 3-D IC structure: International Electron Devices Meeting, December 7-10,1986 [C]. Los Angeles.

[41] Liu C C, Tiwari S. Application of 3D CMOS technology to SRAM: 2002 IEEE International SOI Conference Proceedings, October 7-10,2002[C]. Williamsburg.

[42] 甘学温,黄如,刘晓彦 等. 纳米 CMOS 器件 [M]. 北京:科学出版社,2004.

[43] Choi Y, Asano K, lindert N, et al. Ultra-thin body SOI MOSFET for deep-sub-tenth micronera : International Electron Devices Meeting,December 05-08 1999[C]. Washton DC

[44] Kipse M, et al. BiCMOS, BiCMOS , a technology for high-speed / high-density ICs :IEEE International Conference on Computer Design: VLSI in Computers and Processors, October 2-4, 1989 [C]. Cambridge.

[45] Watanabe T, et al. Comparison of CMOS and BiCMOS 1-Mbit DRAM performance [J]. IEEE Journal of Solid-State Circuits, 1989, SC-24(3): 771-778.

[46] Hotta T, et al. CMOS / Bipolar circuits for 60MHz digital processing [J]. IEEE Journal of Solid-State Circuits, 1986, SC-21(5): 808-813.

[47] Liu T M, Chin G M, Jeon D Y, et al. A half-micron super self-aligned BiCMOS technology for high speed applications :IEEE International Electron Devices Meeting, December 13-16,1992[C]. San Francisco.

[48] 张利春、高玉芝、金海岩,等,超高速双层多晶硅发射极晶体管及电路 [J],半导体学报,2001,22(3):345-349.

第 3 章　集成电路中的器件及模型

要分析集成电路的性能，首先要了解构成集成电路的基本器件的特性，主要是 MOS 晶体管的特性以及它们在通用的电路模拟软件 SPICE 中对应的器件模型。另外，这一章还要讨论集成电路中常用的无源元件——电阻和电容等。最后，分析集成电路中的互连线的问题。

3.1　长沟道 MOS 器件模型

尽管目前 MOS 器件的沟道长度已经缩小到 10nm 以下，为了分析 MOS 晶体管的基本性能，首先还是讨论长沟道 MOS 器件的模型。对 MOS 器件主要关心的是器件的阈值电压、电流方程、器件的瞬态特性以及小信号工作的模型。下面针对这些方面进行讨论。为了方便讨论，主要以增强型 NMOS 为例进行分析。

3.1.1　MOS 晶体管的阈值电压

MOS 晶体管的阈值电压是一个非常重要的器件参数，它是 MOS 晶体管导通和截止的分界点。在数字电路中 MOS 晶体管的导通和截止又决定了电路的开和关状态。下面分析阈值电压公式和影响阈值电压的主要因素以及如何得到合适的阈值电压。

1. 阈值电压公式

MOS 晶体管的阈值电压定义为沟道区源端半导体表面达到强反型所需要的栅压，假定源和衬底共同接地(对 NMOS)。这实际上是在 $V_{BS}=0$ 的条件下，把 MOS 晶体管等效为 MOS 二极管。外加栅压有三部分：第一部分是平带电压(V_{FB})，第二部分是在栅氧化层上产生电压降(V_{ox})，还有一部分电压是降在半导体表面的耗尽层上(φ_s)。因此，源端半导体表面达到强反型需要的栅电压由下式决定

$$V_{GS}=V_{FB}+V_{ox}+\varphi_s \tag{3.1-1}$$

当半导体表面强反型时，半导体表面耗尽层上的电压降就是半导体表面相对体内的电势差，即半导体的表面势 φ_s。图 3.1-1 是一个 NMOS 器件在表面强反型条件下沟道区源端垂直表面方向的能带图[1]。由图可以看出表面强反型时，

$$\varphi_s=2\varphi_F,\quad V_{ox}=\frac{-Q_{Bm}}{C_{ox}} \tag{3.1-2}$$

其中 φ_F 是半导体衬底的费米势，Q_{Bm} 是强反型时半导体表面耗尽层电荷(又叫体电荷)面密

度的最大值，分别由下式决定

对 p 型硅衬底

$$\varphi_F = \frac{kT}{q}\ln\frac{N_A}{n_i} \tag{3.1-3}$$

$$Q_{Bm} = -\sqrt{2\varepsilon_0\varepsilon_{si}qN_A(2\varphi_F)} \tag{3.1-4}$$

对 n 型硅衬底

$$\varphi_F = -\frac{kT}{q}\ln\frac{N_D}{n_i} \tag{3.1-5}$$

$$Q_{Bm} = +\sqrt{2\varepsilon_0\varepsilon_{si}qN_D|2\varphi_F|} \tag{3.1-6}$$

式中 k 是玻尔兹曼常数，T 是绝对温度，q 是电子电荷量；kT/q 叫作热电压，在室温下等于 0.026V；n_i 是本征载流子浓度，室温下 $n_i=1.5\times10^{10}\,\text{cm}^{-3}$；$N_A$ 和 N_D 分别是 p 型衬底和 n 型衬底的掺杂浓度，单位是 cm^{-3}，也可以用 N_{sub} 统一表示衬底掺杂浓度；$\varepsilon_0=8.85\times10^{-14}$ F/cm 是真空电容率，$\varepsilon_{si}=11.9$ 是硅的相对介电常数。

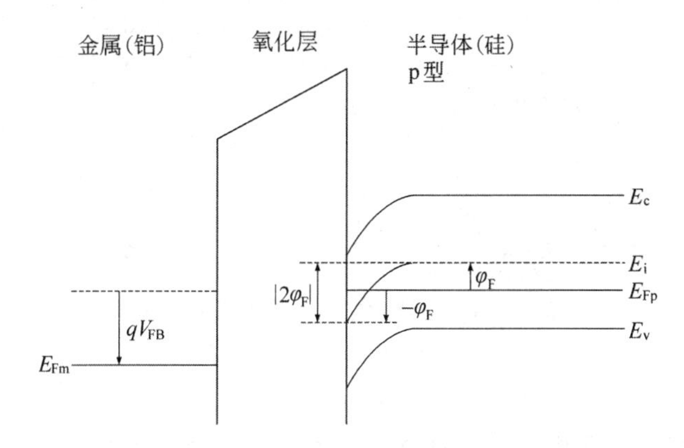

图 3.1-1　NMOS 器件强反型时垂直表面方向的能带图

由式(3.1-1)、(3.1-2)可得到阈值电压公式

$$V_T = V_{FB} + 2\varphi_F - \frac{Q_{Bm}}{C_{ox}} \tag{3.1-7}$$

这个公式对 NMOS，PMOS 都适用，对 NMOS，φ_F 用式(3.1-3)，Q_{Bm}用式(3.1-4)；对 PMOS，φ_F 用式(3.1-5)，Q_{Bm}用式(3.1-6)。公式中的 C_{ox}是单位面积栅氧化层电容，即

$$C_{ox} = \frac{\varepsilon_0\varepsilon_{ox}}{t_{ox}} \tag{3.1-8}$$

其中 $\varepsilon_{ox}=3.9$ 是二氧化硅的相对介电常数，t_{ox}是栅氧化层厚度，以 cm 为单位。

阈值电压公式中的第一项是 MOS 结构的平带电压。由于 MOS 结构中栅材料和硅衬底之间有功函数差，另外，栅氧化层中总是存在一些正的可动电荷和固定电荷，在 Si-SiO_2 界面处还会存在界面态电荷，因此在没有外加栅压时半导体表面也会发生能带弯曲，必须外加一个栅压抵消功函数差和氧化层电荷的影响，才能使能带恢复平直，这就是平带电

压 V_{FB}。

$$V_{FB}=\varphi_{MS}-\frac{Q_{ox}}{C_{ox}} \tag{3.1-9}$$

其中,φ_{MS}是栅材料和半导体衬底之间的功函数差,Q_{ox}是等效为在 Si-SiO_2 界面处的栅氧化层内的电荷与界面态电荷的面密度。如果只考虑界面态电荷则可以用 qN_{ss}计算,N_{ss}是界面态密度,单位是 cm^{-2}。图 3.1-2 说明了由功函数差决定的平带电压[2]。

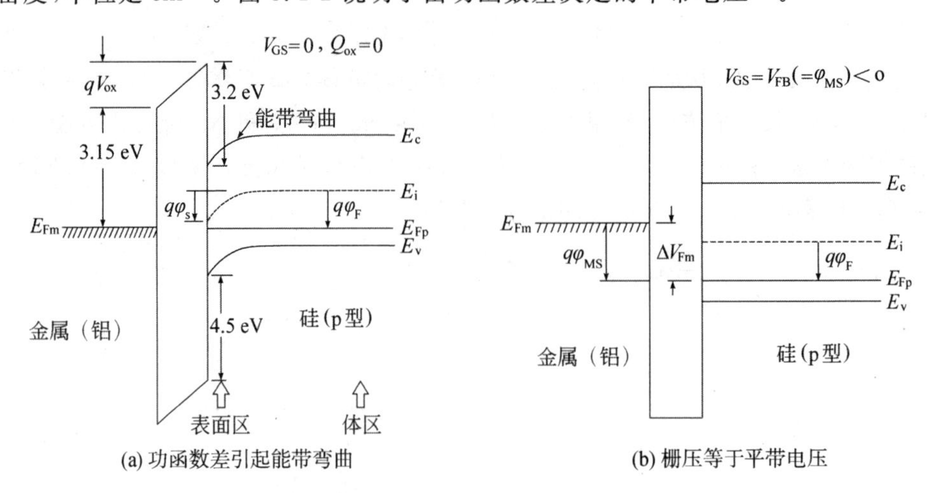

(a) 功函数差引起能带弯曲　　(b) 栅压等于平带电压

图 3.1-2　功函数差对平带电压的影响

从以上分析看出影响阈值电压的因素有:

(1) 栅电极材料。不同栅电极材料与硅衬底之间的功函数差不同。对铝栅结构 $\varphi_{MS}\approx-0.6-\varphi_F$。对硅栅结构 $\varphi_{MS}=\varphi_{Fpoly}-\varphi_F$,若采用 n^+硅栅则 $\varphi_{MS}\approx-0.55-\varphi_F$;若采用 p^+硅栅则 $\varphi_{MS}\approx0.55-\varphi_F$。先进的 CMOS 工艺中 NMOS 和 PMOS 器件分别采用 n^+硅栅和 p^+硅栅,这样有利于 NMOS 和 PMOS 的阈值电压对称。在纳米 CMOS 器件中,可以通过栅工程改变功函数差来调整器件的阈值电压。

(2) 栅氧化层。栅氧化层的质量和厚度都会影响阈值电压。通过严格控制栅氧化层质量,可以减少氧化层电荷,特别是减少氧化层中的可动电荷来减小阈值电压的漂移。

增大栅氧化层厚度将增大阈值电压。在 MOS 集成电路中,就是利用厚的场氧化层实现器件之间的隔离,因为厚氧化层的场区对应较大的阈值电压,使其下面的半导体表面不易反型。

(3) 衬底掺杂浓度。阈值电压公式(3.1-7)中的后两项可以叫作本征阈值,$V_T'=2\varphi_F-\frac{Q_{Bm}}{C_{ox}}$,因为这是理想 MOS 器件(平带电压为零)的阈值电压。对 NMOS,$V_T'>0$,$V_{FB}<0$,要做出增强型器件,必须使 $V_T'>|V_{FB}|$。提高衬底掺杂浓度,可以增大本征阈值。

提高衬底掺杂浓度会带来一些其他问题，如 MOS 器件源/漏区和衬底的结电容增大、击穿电压降低，另外使体效应系数增大，体效应问题下面要讨论。

在 MOS 工艺中一般都用离子注入调节阈值电压。由于只有沟道区表面的杂质对表面耗尽层电荷有贡献，因此可以用离子注入提高沟道区表面的掺杂浓度，这样可以在不影响其他性能的前提下得到合适的阈值电压。

对增强型 NMOS 沟道区注硼，可以提高表面区域衬底掺杂浓度，使阈值电压增大。制作耗尽型 NMOS 则是在沟道区表面注磷或砷，形成原始 n 型导电沟道。CMOS IC 中希望 NMOS 和 PMOS 性能对称，若 NMOS 和 PMOS 都用 n^+ 硅栅，则在同样衬底掺杂浓度情况下，PMOS 阈值电压的绝对值将大于 NMOS 的阈值电压。可以采用反掺杂技术，即在 PMOS 的沟道区表面注入少量硼，降低其阈值电压的绝对值。

一般离子注入是在硅表面有氧化层保护的情况下进行的，注入的杂质在硅中近似呈半高斯分布，如图 3.1-3 所示[3]。为了简化，常用矩形分布近似，如图中虚线所示。图中的 N_{sub} 为原始衬底掺杂浓度，x_i 表示杂质注入的深度，$\overline{N_i}$ 表示注入杂质的平均浓度，则

$$\overline{N_i} = \frac{N_I}{x_i}$$

其中 N_I 是注入剂量，单位是 cm^{-2}。

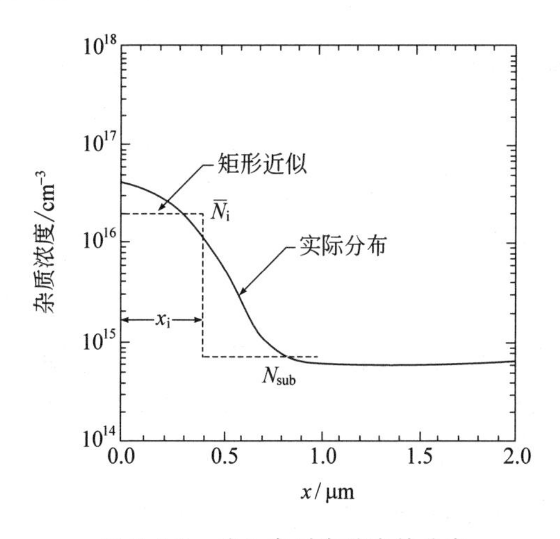

图 3.1-3　注入杂质在硅中的分布

调节阈值电压的离子注入一般是小剂量、浅注入，即注入深度小于强反型时的最大耗尽层厚度。在小剂量、浅注入情况下可以忽略注入杂质对表面势和耗尽层厚度的影响，近似认为注入杂质只是使耗尽层电荷增加

$$\Delta Q = \pm qN_I \tag{3.1-10}$$

注入 n 型杂质（如磷）时取正号，注入 p 型杂质（如硼）时取负号，由此引起的阈值电压变化近

似用下式计算

$$\Delta V_T = -\frac{\Delta Q}{C_{ox}} \tag{3.1-11}$$

2. 体效应对阈值电压的影响

前面推导的阈值电压公式是针对 MOS 晶体管源极和衬底等电位的情况。在实际的 MOS 集成电路中,不是所有的 MOS 晶体管源极都和衬底短接,有些 MOS 晶体管的源极电位是变化的,另外有的 MOS 晶体管衬底接某一电压,这样就使 MOS 晶体管的衬底和源极之间有一定的偏置电压 V_{BS},V_{BS}称为衬底偏压。当 MOS 晶体管加有衬底偏压时,其阈值电压将发生变化,衬底偏压对阈值电压的影响叫作衬偏效应或体效应。

对 NMOS 一般可能存在负衬底偏压,即 $V_{BS}<0$。负衬底偏压使源区-沟道-漏区相对衬底之间的 pn 结反偏,从而使耗尽层展宽,表面耗尽层电荷增加,因此表面达到强反型所需要的栅电压也增大,也就是使阈值电压增大。对 NMOS 加有负衬底偏压时,表面达到强反型时对应的最大耗尽层电荷量由下式决定

$$Q'_{Bm} = -\sqrt{2\varepsilon_0\varepsilon_{si}qN_A(2\varphi_F - V_{BS})} \tag{3.1-12}$$

相应的阈值电压

$$V_T = V_{FB} + 2\varphi_F - \frac{Q'_{Bm}}{C_{ox}} \tag{3.1-13}$$

为了更直观地看出衬底偏压对阈值电压的影响,把上式改写为

$$V_T = V_{FB} + 2\varphi_F + \gamma\sqrt{2\varphi_F - V_{BS}} \tag{3.1-14}$$

其中

$$\gamma = \frac{\sqrt{2\varepsilon_0\varepsilon_{si}qN_A}}{C_{ox}} \tag{3.1-15}$$

叫作体效应系数。

体效应引起的阈值电压变化为

$$\Delta V_T = V_T - V_{T0} = \gamma\left(\sqrt{2\varphi_F - V_{BS}} - \sqrt{2\varphi_F}\right) \tag{3.1-16}$$

V_{T0}表示衬底偏压为零时的阈值电压,

$$V_{T0} = V_{FB} + 2\varphi_F + \gamma\sqrt{2\varphi_F} \tag{3.1-17}$$

图 3.1-4 说明了不同衬底掺杂浓度下衬底偏压引起的阈值电压变化[4]。

对体效应要一分为二。有些情况需要减小体效应,因为 MOSIC 中不是所有晶体管源极都和衬底短接,体效应会造成器件阈值电压变化,影响电路性能。对深亚微米及纳米器件则可以利用体效应实现动态阈值控制[5,6]。在电路工作时,加较小的正向衬底偏压,使 V_T 减小,电流增大,有利于提高速度;在器件截止时,加较大的负向衬底偏压,使 V_T 增大,减小亚阈值电流,有利于降低功耗。

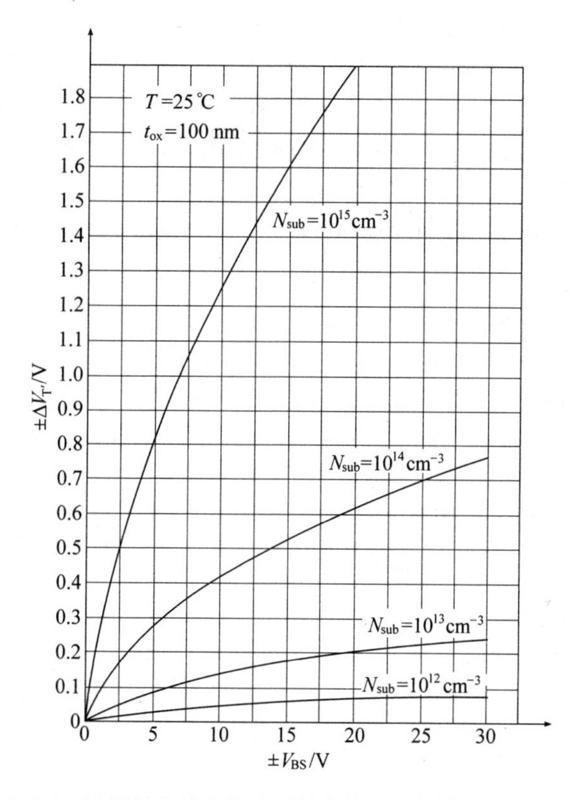

图 3.1-4 不同衬底掺杂浓度下衬底偏压引起的阈值电压变化

3.1.2 MOS 晶体管的电流-电压特性

下面讨论 MOS 晶体管导通以后电流与工作电压的关系。首先分析漏电压对 MOS 晶体管特性的影响,然后讨论 MOS 晶体管在不同工作状态下的电流。

1. 漏电压对 MOS 晶体管特性的影响

以增强型 NMOS 为例,假定源极和衬底都接地。栅电压高于阈值电压即 $V_{GS}>V_T$ 后,沟道区半导体表面达到强反型,形成 n 型反型层或叫反型沟道,反型沟道把 n^+ 源区和漏区连通。加有漏电压 V_{DS}后,形成从漏极指向源极的横向电场,使 n 型沟道中的电子定向运动,电子从源极运动到漏极形成电流,电流方向从漏极到源极。

由于 n 型导电沟道存在一定的分布电阻,则漏电压在沟道上产生电压降,使沿沟道的电位从源极的 0V 逐渐增大到漏极的 V_{DS}。这个电压使 n 型沟道和 p 型衬底之间的 pn 结处于反偏,相当于衬底偏压的作用,只是这种情况形成的衬底偏压在沟道不同位置是不同的。由于漏电压的影响,使得在一定的 V_{GS}电压下,沟道中不同位置表面状况是不同的[7]。

当 $V_{GS}>V_T$,而 $V_{DS}=0$ 时,从源到漏的沟道区半导体表面都有反型层,在源-漏之间形成均匀的导电沟道,但由于沿沟道方向没有电位差,不能形成电流,如图 3.1-5(a)所示。当 $V_{DS}>0$ 但比较小时,从源到漏有近似均匀的导电沟道,漏电压形成沿沟道方向的电场使电子定向运动形成电流,用 I_D表示 MOS 晶体管的电流,也叫漏极电流或漏电流,如图 3.1-5(b)所示。在这种情况下,反型层相当于一个线性电阻,这就是 MOS 晶体管的线性工作区。随着 V_{DS}增大,从源到漏沿沟道方向的电位差加大,沟道和衬底之间的反向偏压逐渐加大,使耗尽层电荷逐渐增加,而反型层电荷逐渐减少。当漏电压大到使 $V_{DS}=V_{GS}-V_T$ 时,漏端反型层电荷减少到零,也就是沟道在漏端夹断,如图 3.1-5(c)。当 $V_{DS}>V_{GS}-V_T$ 以后,沟道夹断的位置向源端方向移动,在夹断点和漏区之间形成耗尽区(也叫夹断区),如图 3.1-5(d)。沟道夹断后电流仍然连续,运动到夹断点的载流子被夹断区的强电场直接拉到漏极。由于从源端到夹断点之间的沟道上电压保持为 $V_{GS}-V_T$,因此,流过沟道的电流保持恒定,这就是 MOS 晶体管的饱和区特性。下面具体推导 MOS 晶体管导通电流的表达式,即电流方程。

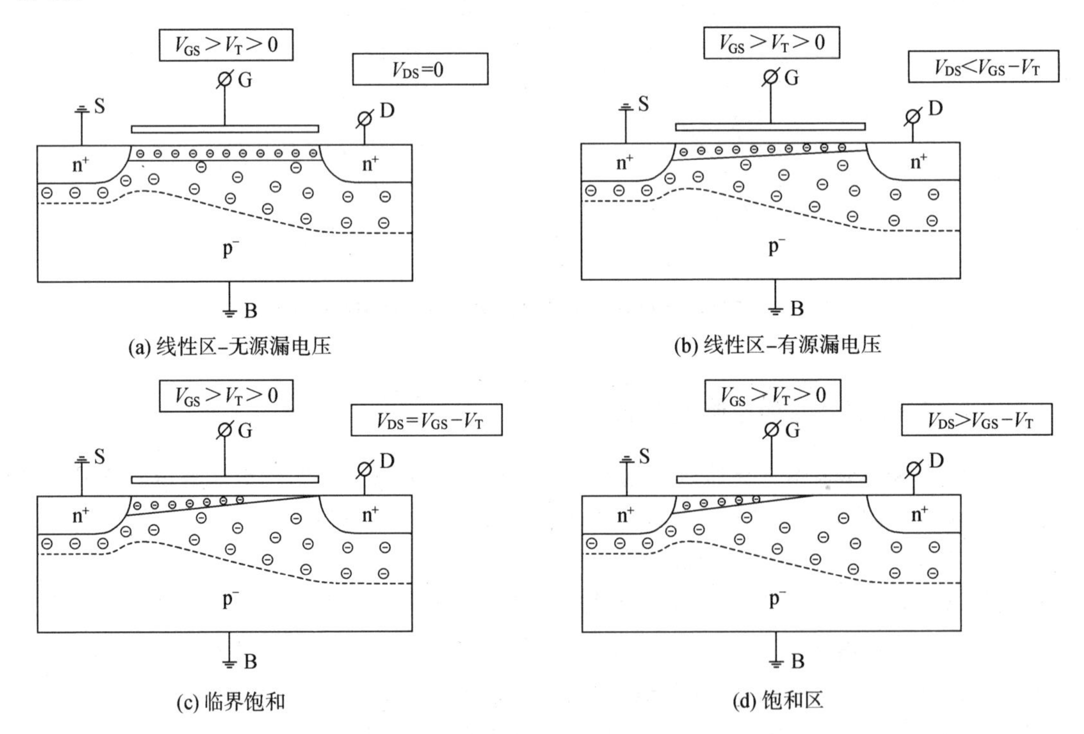

图 3.1-5　不同漏电压下 MOS 晶体管沟道区电荷分布

2. 简单电流方程

首先考虑比较简单的情况,对增强型 NMOS 源和衬底共同接地,这种情况下 MOS 晶体管可以简化为三端器件,只考虑栅电压 V_{GS}和漏电压 V_{DS}的作用。栅电压形成纵向电场(x 方向),漏电压形成横向电场(y 方向),MOS 晶体管是在二维电场作用下工作的。对长沟道

MOS 器件一般都采用简单的一维模型计算 MOS 晶体管的电流。为了便于推导出电流的解析表达式,采用以下简化近似:

(1) 缓变沟道近似。缓变沟道近似(gradual channel approximation,GCA)是一维模型中最关键的假设[8]。因为 $t_{ox} \ll L$,使得沿 y 方向电场的变化远小于沿 x 方向电场的变化,因而可以根据 x 方向的一维泊松方程求解半导体表面电荷。

(2) 强反型近似。只有当栅电压超过阈值电压,即半导体表面达到强反型以后,才有足够的反型载流子参与导电,忽略强反型以前的反型载流子。

(3) 只考虑多子的漂移运动,忽略少子扩散电流。

(4) 近似认为反型载流子的迁移率是常数。由于反型载流子被限制在表面运动,要受到表面散射,其迁移率远低于体内载流子的迁移率,一般近似取

$$\mu_{\text{eff}} \approx \frac{1}{2}\mu_{\text{B}}$$

μ_{B} 是体迁移率,μ_{eff}是反型载流子的有效迁移率。电子的有效迁移率约 $500\text{cm}^2/\text{V}\cdot\text{s}$ 左右,空穴的有效迁移率约为 $200\text{cm}^2/\text{V}\cdot\text{s}$ 左右。

(5) 薄层电荷近似。把反型载流子看成集中在表面的一薄层,不考虑它的纵向分布[9]。

从图 3.1-5 看出当有漏电压时,半导体表面的耗尽层电荷和反型层电荷沿 y 方向分布是不均匀的。根据高斯定理在沟道中某一点 y 处半导体表面单位面积电荷为

$$\begin{aligned} Q_{\text{s}}(y) &= -C_{\text{ox}}V_{\text{ox}}(y) \\ &= -C_{\text{ox}}(V_{\text{GS}} - V_{\text{FB}} - 2\varphi_{\text{F}} - V_{\text{c}}(y)) \end{aligned} \tag{3.1-18}$$

其中 $V_{\text{c}}(y)$是由漏电压形成的沿沟道的电压降,显然 $V_{\text{c}}(0) = 0, V_{\text{c}}(L) = V_{\text{DS}}$。

为了得到一个更简单的电流公式,再作近似处理,由于强反型后反型载流子电荷占主导地位,可以对表面耗尽层电荷作近似处理,忽略沿沟道方向电势变化造成耗尽层电荷的不均匀分布,耗尽层电荷都按源端的 Q_{B} 计算,即

$$Q_{\text{B}}(y) = Q_{\text{B}}(0) = Q_{\text{Bm}}$$

因此,可以得到沟道中某一点 y 处反型载流子电荷的面密度

$$\begin{aligned} Q_{\text{c}}(y) &= Q_{\text{s}}(y) - Q_{\text{Bm}} \\ &= -C_{\text{ox}}(V_{\text{GS}} - V_{\text{T}} - V_{\text{c}}(y)) \end{aligned} \tag{3.1-19}$$

反型载流子在电场 E_y 作用下漂移运动形成电流,根据欧姆定律和薄层电荷近似有

$$I_{\text{D}}(y) = W\mu_{\text{eff}}\,|Q_{\text{c}}(y)|\,\frac{\text{d}V_{\text{c}}(y)}{\text{d}y} \tag{3.1-20}$$

这里只计算电流大小,对 NMOS 电流方向是从漏极到源极;对 PMOS 电流方向是从源极到漏极。

当 V_{DS}较小时从源到漏都存在导电沟道,且电流处处连续即 $I_{\text{D}}(y) = I_{\text{D}}$,对上式沿沟道积分就得到线性区电流方程

$$I_{\text{D}} = \beta\left[(V_{\text{GS}} - V_{\text{T}})V_{\text{DS}} - \frac{1}{2}V_{\text{DS}}^2\right] \tag{3.1-21}$$

其中
$$\beta=\frac{W}{L}\mu_{\text{eff}}C_{\text{ox}},\tag{3.1-22}$$
叫作 MOS 晶体管的导电因子或叫增益因子,如果电压的单位是伏特(V),电流的单位是安培(A),则导电因子的单位是 A/V^2。这个方程是 Sah 最先推导出的,因此也叫作 Sah 方程[10]。

当 V_{DS}增大到一定程度,漏端沟道夹断,MOS 晶体管进入饱和区。根据
$$Q_c(L)=0$$
由式(3.1-19)可以得到使沟道在漏端夹断所对应的漏电压,叫作漏饱和电压
$$V_{\text{Dsat}}=V_{GS}-V_T\tag{3.1-23}$$
当 $V_{DS}>V_{\text{Dsat}}$后,沟道在某一点 y_1 处夹断,源端到夹断点之间的电压保持为 V_{Dsat},其余电压($V_{DS}-V_{\text{Dsat}}$)降在夹断点和漏区之间的耗尽层上。沟道电流的计算应从 $y=0$ 到夹断点 y_1 积分,忽略实际沟道长度的变化近似取 $y_1=L$,则可以用 V_{Dsat}代替公式(3.1-21)中的 V_{DS},由此得到饱和区电流方程
$$\begin{aligned}I_D&=\beta\left[(V_{GS}-V_T)V_{\text{Dsat}}-\frac{1}{2}V_{\text{Dsat}}^2\right]\\&=\frac{1}{2}\beta(V_{GS}-V_T)^2\end{aligned}\tag{3.1-24}$$
由于沟道两端的电压保持为 $V_{\text{Dsat}}=V_{GS}-V_T$,在一定的 V_{GS}电压下,电流达到一个饱和值后不再随漏电压变化。图 3.1-6 是根据简单电流方程得到的一个 NMOS 的电流-电压特性曲线,这个特性曲线也叫作 MOS 晶体管的输出特性曲线或 *I-V* 特性曲线。

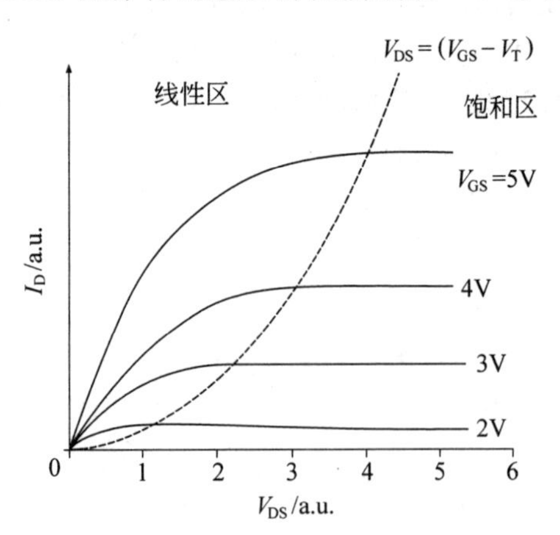

图3.1-6 一个 NMOS 的电流-电压特性曲线

上述公式用于 PMOS 时,由于 V_{GS},V_{DS},V_T 都是负值,计算时可以都取绝对值。简单电流方程形式简单,应用方便,另外可以通过对 V_T 的修正反映衬偏效应、短沟道、窄沟道等效应的影响。上述阈值电压公式和电流方程是通用电路模拟软件 SPICE 中 LEVEL=1 采用

的模型。

为了反映 MOS 晶体管的源、漏对称性，可以把 MOS 晶体管电流公式表示为对源、漏电位的对称形式。

$$I_{\mathrm{D}}=K[(V_{\mathrm{G}}-V_{\mathrm{T}}-V_{\mathrm{S}})^2-(V_{\mathrm{G}}-V_{\mathrm{T}}-V_{\mathrm{D}})^2] \tag{3.1-25}$$

式中

$$K=\frac{1}{2}\beta=\frac{1}{2}\frac{W}{L}\mu_{\mathrm{eff}}C_{\mathrm{ox}} \tag{3.1-26}$$

也是 MOS 晶体管的导电因子，一般又叫作 K 因子。

下面介绍简单电流方程的修正。

由于简单电流方程推导时忽略了沿沟道方向耗尽层电荷的变化，对 $Q_{\mathrm{B}}(y)$ 选择了最小值，因此得到的电流偏大，而且 V_{DS} 越大，误差越大。为了使电流方程更精确，可以对 $Q_{\mathrm{B}}(y)$ 的处理作一定修正。

考虑 $V_{\mathrm{c}}(y)$ 对耗尽层电荷的影响，则 $Q_{\mathrm{B}}(y)$ 应该用下式计算

$$\frac{|Q_{\mathrm{B}}(y)|}{C_{\mathrm{ox}}}=\gamma\sqrt{2\varphi_{\mathrm{F}}+V_{\mathrm{c}}(y)} \tag{3.1-27}$$

可以用简单的线性关系近似描述 $V_{\mathrm{c}}(y)$ 对耗尽层电荷的影响[11]，即

$$\frac{|Q_{\mathrm{B}}(y)|}{C_{\mathrm{ox}}}\approx\gamma\sqrt{2\varphi_{\mathrm{F}}}+\delta V_{\mathrm{c}}(y) \tag{3.1-28}$$

由此得到的反型层电荷计算公式为

$$Q_{\mathrm{c}}(y)=-C_{\mathrm{ox}}[V_{\mathrm{GS}}-V_{\mathrm{T}}-(1+\delta)V_{\mathrm{c}}(y)] \tag{3.1-29}$$

再根据欧姆定律得到电流公式

$$I_{\mathrm{D}}=\beta\left[(V_{\mathrm{GS}}-V_{\mathrm{T}})V_{\mathrm{DS}}-\frac{1}{2}(1+\delta)V_{\mathrm{DS}}^2\right] \tag{3.1-30}$$

根据式(3.1-29)可以得到使沟道在漏端夹断对应的漏饱和电压

$$V_{\mathrm{Dsat}}=\frac{V_{\mathrm{GS}}-V_{\mathrm{T}}}{1+\delta} \tag{3.1-31}$$

当 $V_{\mathrm{DS}}\geqslant V_{\mathrm{Dsat}}$ 后对应的饱和区电流为

$$I_{\mathrm{D}}=\frac{\beta}{2}\frac{(V_{\mathrm{GS}}-V_{\mathrm{T}})^2}{1+\delta} \tag{3.1-32}$$

式(3.1-28)是对实际的 $Q_{\mathrm{B}}(y)$ 随 $V_{\mathrm{c}}(y)$ 变化曲线的线性近似处理。对公式(3.1-27)在 $V_{\mathrm{c}}(y)=0$ 处做泰勒展开取一阶近似，可以得到 δ 的近似值，即 $\delta\approx\frac{\gamma}{2\sqrt{2\varphi_{\mathrm{F}}}}$。

3. 四端器件的完整电流方程

MOS 晶体管实际是个四端器件：栅、源、漏、衬底。考虑到集成电路中不是所有 MOS 管的源和衬底都是等电位，为有普遍性应按四端器件推导 MOS 晶体管电流方程。对 NMOS 假定源极接地，栅、漏和衬底分别加电压 V_{GS}，V_{DS} 和 V_{BS}，图 3.1-7 画出了在这些电压作用下强反型后沟道中某点 y 处沿 x 方向的能带图[12]。

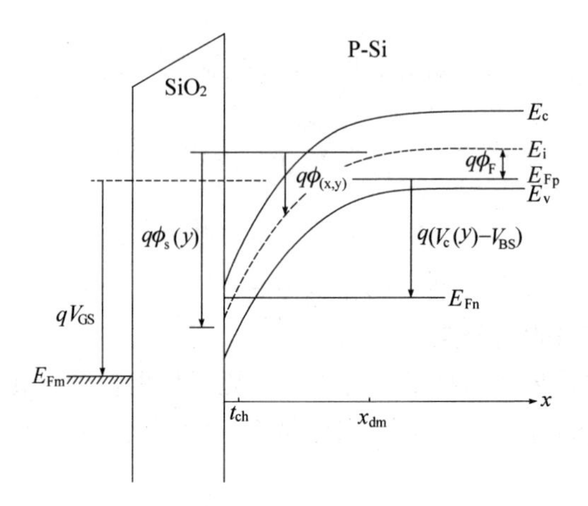

图 3.1-7 强反型后沟道中某点 y 处沿 x 方向的能带图

从图中看出在 y 处能带弯曲量即表面势为

$$\varphi_s(y)=2\varphi_F+V_c(y)-V_{BS} \tag{3.1-33}$$

考虑 x 方向的电压,有

$$\begin{aligned}V_{ox}(y)&=V_{GS}-V_{BS}-V_{FB}-\varphi_s(y)\\&=V_{GS}-V_{FB}-2\varphi_F-V_c(y)\end{aligned} \tag{3.1-34}$$

参与导电的反型层电荷面密度由下式决定

$$\begin{aligned}Q_c(y)&=Q_s(y)-Q_B(y)\\&=-C_{ox}\left[V_{GS}-V_{FB}-2\varphi_F-V_c(y)-\gamma\sqrt{2\varphi_F+V_c(y)-V_{BS}}\right]\end{aligned} \tag{3.1-35}$$

根据欧姆定律得到在沟道中 y 处的电流为

$$I_D(y)=W\mu_{eff}\left|Q_c(y)\right|E_y=W\mu_{eff}\left|Q_c(y)\right|\frac{dV_c(y)}{dy} \tag{3.1-36}$$

在 V_{DS} 较小时从源到漏都存在导电沟道,对(3.1-36)式两边积分,且 $I_D(y)\equiv I_D$,得到线性区电流方程:

$$\begin{aligned}I_D=\frac{W}{L}\mu_{eff}C_{ox}\{&(V_{GS}-V_{FB}-2\varphi_F)V_{DS}-\frac{1}{2}V_{DS}^2\\&-\frac{2}{3}\gamma[(2\varphi_F-V_{BS}+V_{DS})^{3/2}-(2\varphi_F-V_{BS})^{3/2}]\}\end{aligned} \tag{3.1-37}$$

根据沟道在漏端夹断的条件,即 $Q_c(L)=0$,由式(3.1-35)推导出漏饱和电压

$$V_{Dsat}=V_{GS}-V_{FB}-2\varphi_F+\frac{\gamma^2}{2}-\gamma\left(V_{GS}-V_{FB}-V_{BS}+\frac{\gamma^2}{4}\right)^{1/2} \tag{3.1-38}$$

用 V_{Dsat} 代替公式(3.1-37)中的 V_{DS} 就得到饱和区电流方程

$$I_D=\frac{\beta}{2}\{(V_{GS}-V_{FB}-2\varphi_F)^2-F^2(\gamma_B,V_{GS})$$

$$-\frac{3}{4}\gamma[(V_{GS}-V_{FB}+F(\gamma,V_{GS}))^{3/2}-(2\varphi_F-V_{BS})^{3/2}]\} \tag{3.1-39}$$

其中 $F(\gamma,V_{GS})=\frac{\gamma^2}{2}-\gamma\left(V_{GS}-V_{FB}-V_{BS}+\frac{\gamma^2}{4}\right)^{1/2}$。

公式(3.1-37)和(3.1-39)的推导考虑了沿沟道方向耗尽层电荷(体电荷)的变化,因此这个电流方程也可以叫作体电荷模型[13]。由于对体电荷的处理比简单方程精确,这个电流方程的精度比简单方程要高。但是这个方程形式复杂,手工计算不方便,这个方程是通用电路模拟软件 SPICE 中 LEVEL=2 采用的模型公式。图 3.1-8 比较了分别用完整电流方程和简单电流方程计算的 MOS 晶体管的电流-电压特性曲线[14],由于简单电流方程对耗尽层电荷取最小值,得到的反型层电荷量偏大,因此计算得到的电流值比完整电流方程偏大。

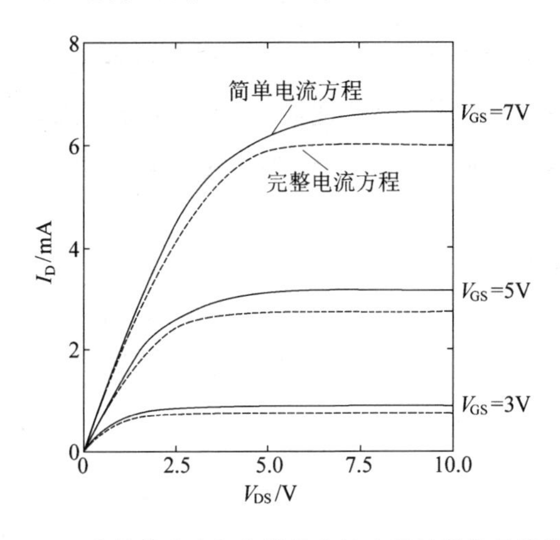

图 3.1-8　完整电流方程和简单电流方程计算结果的比较

4. 阈值电压和导电因子的测量

从前面推导的电流方程看出,在一定的外加电压下,MOS 晶体管的阈值电压和导电因子是决定其电流大小的关键参数。阈值电压一般应和电源电压保持一定比例关系。对于一定的工艺,阈值电压的数值基本确定,除非对某些 MOS 晶体管的阈值电压有特殊要求。实际工作中常用固定电流法得到 V_T,在很小的漏电压($V_{DS}<0.1$V)下,测量电流 I_D 达到某一值(如 10^{-7}A)时的栅电压,以此作为阈值电压。

$$V_T=V_{GS}(I_D=10^{-7}\text{A}) \tag{3.1-40}$$

由于电流与 MOS 晶体管的宽长比(aspect ratio)W/L 有关,因此测量电流时要用宽长比归一化,取$(W/L)=1$ 时的 I_D,或者对一定的工艺(L 固定)取单位栅宽的 I_D。

MOS 晶体管的导电因子是在电路设计中要确定的参数。导电因子可以表示为

$$K=\frac{1}{2}\frac{W}{L}K',\quad K'=\mu_{eff}C_{ox} \tag{3.1-41}$$

MOS 晶体管的导电因子由两方面因素决定,其中 K'叫作本征导电因子,主要决定于制作工艺;MOS 晶体管的宽长比(W/L)是设计因素,由电路设计者决定。减小栅氧化层厚度可以增大 C_{ox},因而增大导电因子。由于电子的迁移率比空穴迁移率高($\mu_n > \mu_p$),因此 NMOS 性能比 PMOS 好。MOS 晶体管的宽长比是集成电路的一个重要设计参数,电路的设计者应根据电路性能要求和工艺水平确定每个管子需要的宽长比。如输出级管子需要提供大的驱动电流,必须设计很大的 W/L,而考虑到面积因素内部电路的管子不宜设计太大的 W/L。

根据 MOS 晶体管的饱和区电流公式

$$I_D = K(V_{GS} - V_T)^2$$

两边开方得到

$$\sqrt{I_D} = \sqrt{K}(V_{GS} - V_T) \tag{3.1-42}$$

根据上式得到测量阈值电压和导电因子的方法。测量 MOS 晶体管在饱和区的 V_{GS}和对应的电流 I_D,把电流值开方,得到 $\sqrt{I_D} \sim V_{GS}$曲线,应该是一条直线,直线在 V_{GS}轴的截距就是阈值电压 V_T,直线的斜率是$\sqrt{K}$。图 3.1-9 说明了这个测量方法[1]。

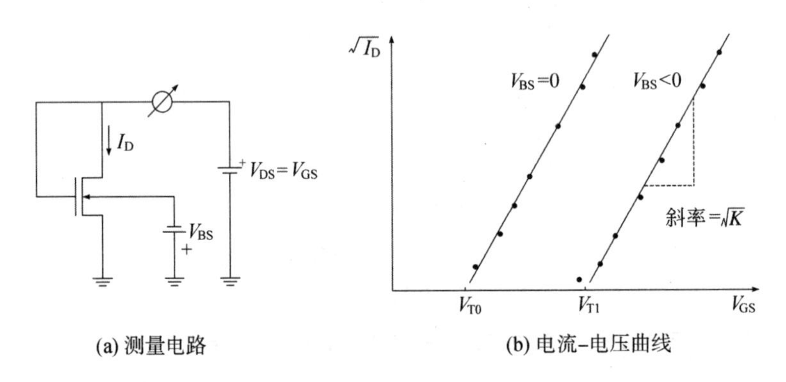

(a) 测量电路　　(b) 电流-电压曲线

图 3.1-9　测量阈值电压和导电因子的方法

例题 3.1-1　如果 NMOS 本征导电因子 $K_N' = \mu_n c_{ox} = 400\mu A/V^2$,阈值电压 $V_{TN} = 0.4V$,$W/L=10$,如图 L3.1-1 所示,请计算 I_D 和 V_{DS}。

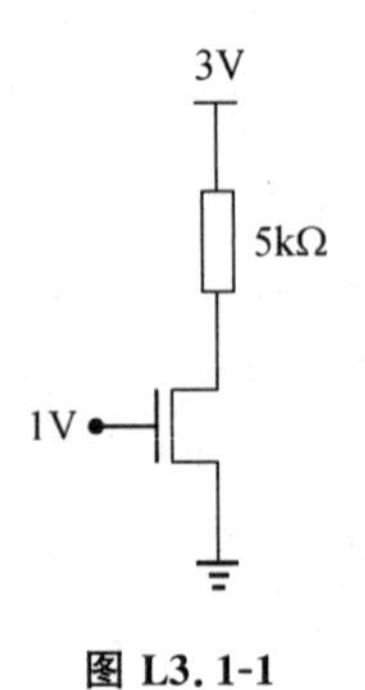

图 L3.1-1

解答

已知 $V_{GS}>V_{TN}$，即 NMOS 处在导通状态 $V_{DS}>0$。

假设 NMOS 工作在饱和区，根据饱和区的电流计算公式

$$I_D=\frac{1}{2}K_N'\frac{W}{L}(V_{GS}-V_T)^2$$

$$V_{DS}=V_{DD}-I_D\cdot R$$

计算出 $V_{DS}<0\text{V}$，不满足条件。

假设 NMOS 工作在线性区，根据线性区的电流计算公式

$$I_D=K_N'\frac{W}{L}\left[(V_{GS}-V_T)V_{DS}-\frac{1}{2}V_{DS}{}^2\right]$$

计算出 $V_{DS}=0.3\text{V}$ 或 1V，当 $V_{DS}=1\text{V}$ 时不满足线性区条件，所以应有 $V_{DS}=0.3\text{V}$，$I_D=0.54\text{mA}$。

例题 3.1-2　设 MOS 器件阈值电压的绝对值都是 1V，NMOS 和 PMOS 导电因子 K 相等（忽略体效应）。(1) 请判断图 L3.1-2 中器件的工作状态，并说明判断根据；(2) 写出中间节点的电平值；(3) 如果考虑体效应，则中间节点电平增加还是减小，说明理由。

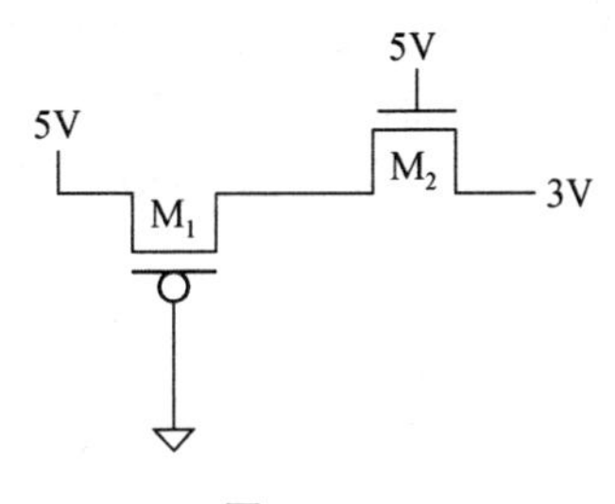

图 L3.1-2

解答：

(1) 设中间电平值为 V_1，根据题目中已知条件可知 V_1 应位于 3V 到 5V 之间，即 $3\text{V}<V_1<5\text{V}$。

① 考虑两个 MOS 管的导通状态。对于 PMOS 来说，$V_{GSP}=-5\text{V}$，绝对值大于阈值电压，所以 PMOS 处于导通状态。对于 NMOS 来说，$V_{GSN}=2\text{V}$，同样大于阈值电压，即 NMOS 也处于导通状态。

② 判断两个 MOS 管处于线性区或饱和区，关键在于判断 $V_{GS}-V_T$ 与 V_{DS}之间的关系。对于 PMOS 来说，$V_{GSP}-V_{TP}=-4\text{V}<V_{DSP}$，所以 PMOS 一定处在线性区。对于 NMOS 来说，$V_{GSN}-V_{TN}=1\text{V}$，此时 NMOS 的状态与 V_1 结点电压有关。

当 $3\text{V}<V_1<4\text{V}$ 时，$0<V_{DSN}<1\text{V}=V_{GSN}-V_{TN}$，即 NMOS 处在线性区。根据流过 NMOS 和 PMOS 电流相等原理，分别带入电流公式，求得 V_1 点的电压为 5V，与已知条件矛盾。

当 $4\text{V}<V_1<5\text{V}$ 时，$V_{GSN}-V_{TN}=1\text{V}<V_{DSN}<2\text{V}$，即 NMOS 工作在饱和区。同样可以求解 V_1 点的电压为 4.87V，满足条件。

(2) 综合以上分析，NMOS 工作在饱和区，PMOS 工作在线性区，中间节点的电平值为

4.87V。

(3) 已知阈值电压公式为

$$V_{\mathrm{T}} = V_{\mathrm{FB}} + 2\varphi_{\mathrm{F}} + \gamma\sqrt{2\varphi_{\mathrm{F}} - V_{\mathrm{BS}}}$$

$$V_{\mathrm{T0}} = V_{\mathrm{FB}} + 2\varphi_{\mathrm{F}} + \gamma\sqrt{2\varphi_{\mathrm{F}}}$$

其中 V_{T} 为考虑衬偏效应时的阈值电压,V_{T0} 为没有考虑衬偏效应的阈值电压。对于 NMOS 来说衬底接地,$V_{\mathrm{BSN}}=-3\mathrm{V}$,考虑衬偏效应时 NMOS 的阈值电压升高。对于 PMOS 来说衬底接最高电位 5V,$V_{\mathrm{BSP}}=0$,所以 PMOS 的阈值电压保持不变。

考虑衬偏效应,由于 NMOS 的阈值电压升高,电流减小,同时 PMOS 工作在线性区,V_{DSP}的绝对值减小,所以中间电平 V_1 升高。

3.1.3 MOS 晶体管的亚阈值电流

前面推导的电流方程是 MOS 晶体管在强反型以后的导通电流,在推导中采用强反型近似,因此认为 $V_{\mathrm{GS}} \leqslant V_{\mathrm{T}}$ 时 $I_{\mathrm{D}}=0$。但是,从图 3.1-9 可以看出,实际的 MOS 晶体管饱和区电流的平方根与 V_{GS}的关系在阈值附近偏离线性,而且在 $V_{\mathrm{GS}}=V_{\mathrm{T}}$ 时电流并不为 0。实际上当表面势超过 φ_{F} 以后半导体表面已经反型,只是在达到强反型以前反型载流子数量很少。在 $\varphi_{\mathrm{F}} \leqslant \varphi_{\mathrm{s}} \leqslant 2\varphi_{\mathrm{F}}$ 这个范围,MOS 晶体管处于表面弱反型状态,这个区域叫作亚阈值区。由于亚阈值区沟道中存在反型载流子,因而电流不为零。在数字电路中 MOS 晶体管作为开关器件,亚阈值电流构成 MOS 晶体管截止态(关态)的泄漏电流,会增加电路的静态功耗。

1. 亚阈值电流方程

亚阈值电流和导通电流遵循不同的规律。在前面推导 MOS 晶体管导通电流时还有一个近似,即只考虑漂移电流,忽略扩散电流。这个近似在强反型区适用,因为强反型以后沟道中反型载流子成为多子,以漂移运动为主。但是在亚阈值区反型载流子是少子,是以扩散运动为主。图 3.1-10 说明了在强反型区 MOS 晶体管电流符合漂移电流的规律,而在亚阈值区符合扩散电流的规律[15]。

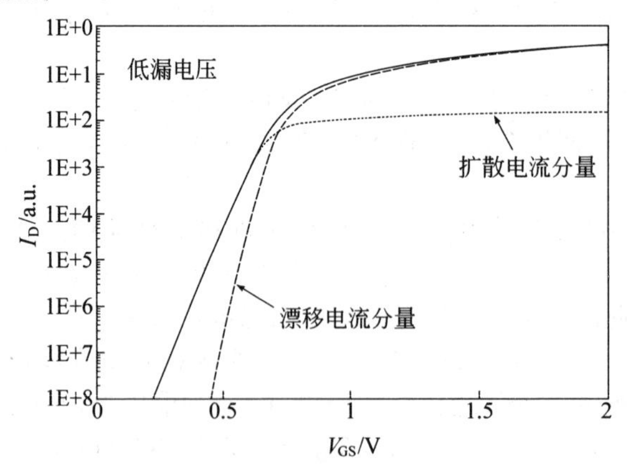

图 3.1-10 MOS 晶体管在不同区域的电流特性

当 MOS 晶体管的栅电压小于并接近阈值电压时，半导体表面处于弱反型状态，反型载流子的数量很少，这种情况下 MOS 晶体管相当于一个双极晶体管，对 NMOS 相当于 NPN 晶体管，少量的反型载流子以扩散运动为主。根据扩散电流规律，MOS 晶体管的亚阈值电流可用下式计算

$$I_{\mathrm{D}}=-qAD_{\mathrm{n}}\frac{\mathrm{d}n}{\mathrm{d}y}$$

$$=qAD_{\mathrm{n}}\frac{n(0)-n(L)}{L} \tag{3.1-43}$$

其中 A 为电流的截面积，$n(0)$和 $n(L)$分别是沟道区源端和漏端的反型载流子浓度，D_{n} 是电子的扩散系数，根据爱因斯坦关系，

$$D_{\mathrm{n}}=\frac{kT}{q}\mu_{\mathrm{n}}=V_{\mathrm{t}}\mu_{\mathrm{n}} \tag{3.1-44}$$

$V_{\mathrm{t}}=kT/q$ 叫作热电压，μ_{n} 是电子的表面有效迁移率。

电流截面积 $A=W\cdot x_{\mathrm{i}}$，x_{i} 为反型层厚度，近似为表面势 φ_{s} 减小一个 V_{t} 的距离，即

$$x_{\mathrm{i}}=\frac{V_{\mathrm{t}}}{E_{\mathrm{s}}},\quad E_{\mathrm{s}}=\sqrt{\frac{2qN_{\mathrm{A}}\varphi_{\mathrm{s}}}{\varepsilon_0\varepsilon_{\mathrm{si}}}} \tag{3.1-45}$$

沟道源端和漏端的电子浓度分别是

$$n(0)=n_{\mathrm{p0}}\mathrm{e}^{\varphi_{\mathrm{s}}/V_{\mathrm{t}}}$$

$$n(L)=n_{\mathrm{p0}}\mathrm{e}^{(\varphi_{\mathrm{s}}-V_{\mathrm{DS}})/V_{\mathrm{t}}} \tag{3.1-46}$$

n_{p0}是 p 型硅衬底中的平衡少子浓度。

根据上述公式可得到亚阈值电流

$$I_{\mathrm{D}}=\left(\frac{W}{L}\right)\mu_{\mathrm{n}}\left(\frac{kT}{q}\right)^2\cdot\frac{q}{E_{\mathrm{s}}}n_{\mathrm{p0}}\mathrm{e}^{\varphi_{\mathrm{s}}/V_{\mathrm{t}}}(1-\mathrm{e}^{-V_{\mathrm{DS}}/V_{\mathrm{t}}}) \tag{3.1-47}$$

根据 E_{s} 和 n_{p0}的表达式，亚阈值电流又可以表示为

$$I_{\mathrm{D}}=\left(\frac{W}{L}\right)\mu_{\mathrm{n}}C_{\mathrm{D}}V_{\mathrm{t}}^2\cdot\left(\frac{n_{\mathrm{i}}}{N_{\mathrm{A}}}\right)^2\mathrm{e}^{\varphi_{\mathrm{s}}/V_{\mathrm{t}}}(1-\mathrm{e}^{-V_{\mathrm{DS}}/V_{\mathrm{t}}}) \tag{3.1-48}$$

其中 C_{D} 是半导体表面单位面积耗尽层电容。

式(3.1-48)中表面势不是直接可测量的量，它是由外加电压 V_{GS}和器件参数决定的。

根据
$$V_{\mathrm{GS}}=V_{\mathrm{FB}}+\varphi_{\mathrm{s}}+\frac{|Q_{\mathrm{B}}|}{C_{\mathrm{ox}}} \tag{3.1-49}$$

在亚阈值区
$$|Q_{\mathrm{B}}|=\sqrt{2\varepsilon_0\varepsilon_{\mathrm{si}}\cdot qN_{\mathrm{A}}\varphi_{\mathrm{s}}} \tag{3.1-50}$$

由式(3.1-49)与(3.1-50)得到表面势 φ_{s} 与栅电压 V_{GS}的关系

$$\varphi_{\mathrm{s}}=V_{\mathrm{GS}}-V_{\mathrm{FB}}+\frac{\gamma^2}{2}\left[1-\sqrt{1+\frac{4}{r^2}(V_{\mathrm{GS}}-V_{\mathrm{FB}})}\right] \tag{3.1-51}$$

其中 γ 为体效应因子。这样，根据栅电压由式(3.1-51)计算出表面势 φ_{s}，再代入式(3.1-48)就可以计算出相应的亚阈值电流。

从亚阈值电流表达式看出亚阈值电流有以下特点:

(1) 亚阈值电流随表面势(或栅电压)呈指数变化关系;

(2) 当漏电压 $V_{DS}>3V_t$ 时,$e^{-V_{DS}/V_t}\approx 0$,亚阈值电流基本与漏电压无关,当然这是针对长沟道器件,对短沟道器件亚阈值电流与漏电压有关;

(3) 亚阈值电流与温度有强烈依赖关系。

公式(3.1-48)没有直接给出亚阈值电流与外加栅电压的关系,使用起来不方便,下面推导出直接与栅电压 V_{GS} 有关的亚阈值电流表达式。

由于耗尽层电荷是表面势 φ_s 的函数,在 φ_{s0} 附近对 $Q_B(\varphi_s)$ 做泰勒展开,忽略高次项,得到

$$\begin{aligned} Q_B(\varphi_s) &= Q_B(\varphi_{s0}) + (\varphi_s - \varphi_{s0})\frac{\partial Q_B}{\partial \varphi_s} \\ &= Q_B(\varphi_{s0}) + (\varphi_s - \varphi_{s0})C_D \end{aligned} \tag{3.1-52}$$

同理
$$\varphi_s = \varphi_{s0} + \Delta\varphi = \varphi_{s0} + (\varphi_s - \varphi_{s0}) \tag{3.1-53}$$

这样,式(3.1-49)可改写成

$$V_{GS} = V_{FB} + \varphi_{s0} + \frac{Q_B(\varphi_{s0})}{C_{ox}} + (\varphi_s - \varphi_{s0})\left(1 + \frac{C_D}{C_{ox}}\right) \tag{3.1-54}$$

在亚阈值区 φ_{s0} 应取为 φ_F 和 $2\varphi_F$ 之间的值,但是为了计算方便,在 $\varphi_{s0}=2\varphi_F$ 条件下计算亚阈值电流,因此上式可变为

$$V_{GS} = V_T + (\varphi_s - 2\varphi_F)\left(1 + \frac{C_D}{C_{ox}}\right) \tag{3.1-55}$$

$$\varphi_s = 2\varphi_F + \frac{V_{GS} - V_T}{n} \tag{3.1-56}$$

式中
$$n = 1 + \frac{C_D}{C_{ox}} \tag{3.1-57}$$

它反映了栅与硅表面之间的电容耦合作用,典型值在 1~3。如果 $Si\text{-}SiO_2$ 界面存在较大的界面陷阱,还应该考虑与界面陷阱电荷变化有关的电容 C_{it},这种情况下

$$n = 1 + \frac{C_{it}}{C_{ox}} + \frac{C_D}{C_{ox}} \tag{3.1-58}$$

在 SPICE 的 LEVEL=2 和 LEVEL=3 的模型中包括了参数 NFS,$C_{it}=q\mathrm{NFS}$,只有给出 NFS 才考虑亚阈值电流。

把式(3.1-56)代入前面的电流公式(3.1-48),则得到

$$\begin{aligned} I_D &= \frac{W}{L}\mu_n C_D V_t^2 \exp\left(\frac{V_{GS} - V_T}{nV_t}\right)(1 - e^{-V_{DS}/V_t}) \\ &= I_0 \exp\left(\frac{V_{GS} - V_T}{nV_t}\right) \end{aligned} \tag{3.1-59}$$

式中 I_0 为 $V_{GS}=V_T$ 时的电流。

当 $V_{GS}>V_T$,器件进入强反型区,这个电流公式不再适用。根据 V_{DS} 的大小,器件可以

工作在线性区或饱和区。对长沟道器件，不同 V_{DS} 的亚阈值电流近似相等，而强反型后的电流不同，如图 3.1-11 所示[16]。另外，衬底偏压 V_{BS} 对亚阈值特性也有影响。上述推导中假定 $V_{BS}=0$，若 $V_{BS}\neq 0$（对 NMOS $V_{BS}<0$），则公式(3.1-48)中的 φ_s 用 $(\varphi_s\text{-}V_{BS})$ 代替。图中也给出不同 V_{BS} 对应的亚阈值电流特性。

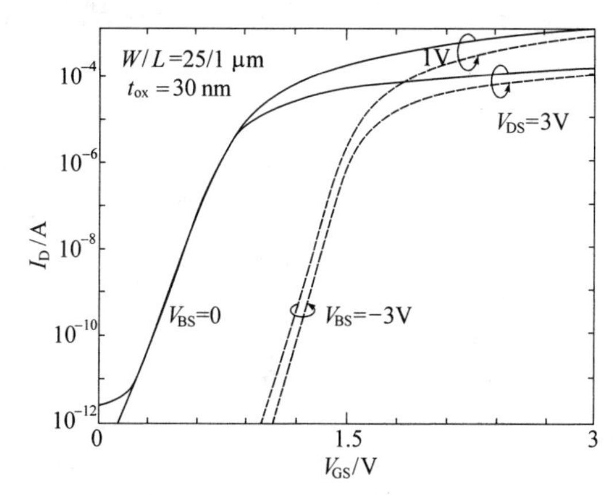

图 3.1-11　不同 V_{DS} 和 V_{BS} 下的亚阈值电流和导通电流

在分区推导 MOS 晶体管电流时，对亚阈值区（弱反型区）只考虑了扩散电流，而在强反型后的线性区与饱和区只考虑了漂移电流。这种近似是符合实际的，但是这种分区推导使得两个区域电流模型不能平滑过渡。在电路模拟时需要两个区域电流能平滑过渡，即电流值及其导数都连续。为此，在 SPICE 中引入一个导通电压 V_{on} 的参数，使两个区域电流在 V_{on} 处连续。定义

$$V_{on}=V_T+nV_t \tag{3.1-60}$$

它对应于 $I_D \sim V_{GS}$ 曲线中直线部分和曲线部分相切的一点，如图 3.1-12[17]。当 $V_{GS}<V_{on}$ 时是弱反型，当 $V_{GS}\geqslant V_{on}$ 后才真正进入强反型区。n 是大于 1 的系数，因此 V_{on} 比阈值电压 V_T 大几个 V_t，因为只有当表面势超过 $2\varphi_F$ 几个 V_t 后，反型载流子数量才足够多，器件才真正导通。

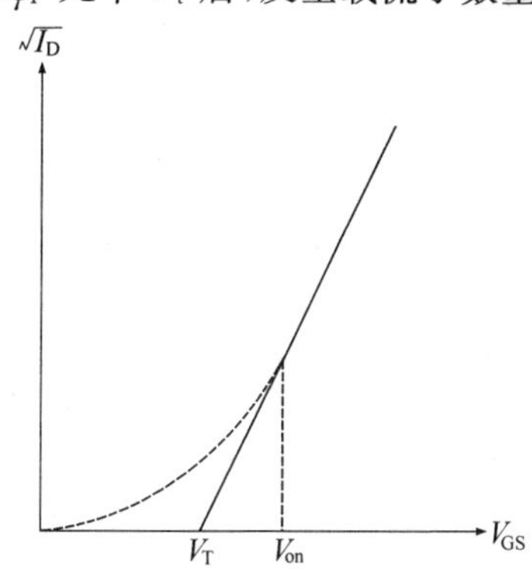

图 3.1-12　导通电压和阈值电压

用 V_{on} 代替式(3.1-59)中的阈值电压 V_T，得到的亚阈值电流与强反型区电流在 V_{on} 处连续。这样，MOS 晶体管的亚阈值电流可表示为

$$I_D = I_{on}\exp\left(\frac{V_{GS}-V_{on}}{nV_t}\right) \tag{3.1-61}$$

其中 I_{on} 是 $V_{GS}=V_{on}$ 时的电流，它可以根据强反型区的电流公式计算。

2. 亚阈值斜率

反映 MOS 晶体管亚阈值区特性的一个关键参数是亚阈值摆幅，即亚阈值电流减小一个数量级所对应的栅电压的变化。亚阈值摆幅又叫作亚阈值斜率，用 S 表示，它实际上是亚阈值区半对数坐标中 I_D-V_{GS} 曲线斜率的倒数。亚阈值斜率反映了 MOS 晶体管从导通态到截止态的转换特性，因此对数字电路特别是低压、低功耗电路，这个参数很重要。根据定义

$$S = \frac{dV_{GS}}{d(\lg I_D)} \tag{3.1-62}$$

根据公式(3.1-61)和(3.1-62)得到

$$S = \frac{1}{d(\lg I_D)/dV_{GS}} = (\ln 10)nV_t$$

则

$$S=V_t(\ln 10)\left(1+\frac{C_D}{C_{ox}}\right) \tag{3.1-63}$$

在室温下亚阈值斜率的最小值是 $S=V_t(\ln 10)\approx 60\text{mV/dec}$。由于 C_D 与衬底偏压 V_{BS} 有关，亚阈值斜率 S 也与 V_{BS} 有关，增大 V_{BS} 使 C_D 减小，S 减小，增大 C_{ox} 也使 S 减小，另外温度、衬底掺杂浓度也对 S 有影响，图 3.1-13 给出了不同栅氧化层厚度，不同衬底偏压情况下亚阈值斜率与体效应系数的关系[12]。

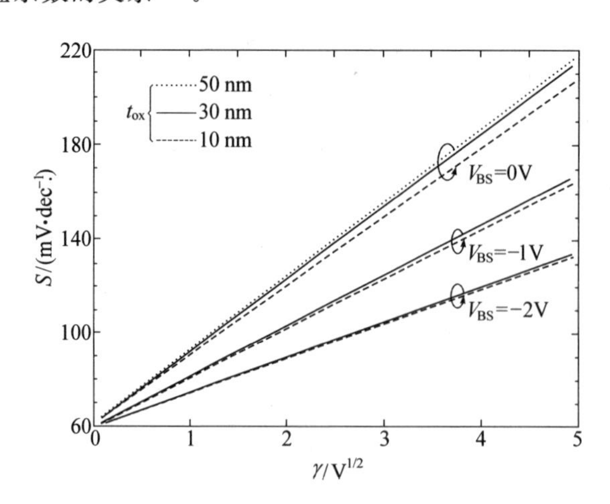

图 3.1-13　亚阈值斜率与体效应系数的关系

3.1.4 MOS晶体管的瞬态特性

当加在MOS晶体管各端点的电压随时间变化时，会引起MOS晶体管内部电荷的相应变化，从而表现出电容特性。与MOS晶体管有关的电容决定了它的瞬态特性。MOS晶体管的电容分为本征电容和寄生电容两部分。

1. MOS晶体管的本征电容

MOS晶体管的本征电容是与本征工作区即沟道区电荷变化相联系的电容，它是由沟道区的氧化层电容和半导体电容串联构成。漏电压使沟道区内从源到漏电荷是不均匀分布，因此MOS晶体管的本征电容与MOS二极管电容不同，是一个分布电容。在一般电路分析中把它等价为各个电极之间的集总电容。图3.1-14说明了MOS晶体管的本征区和非本征区以及对应的本征电容和寄生电容[12]。

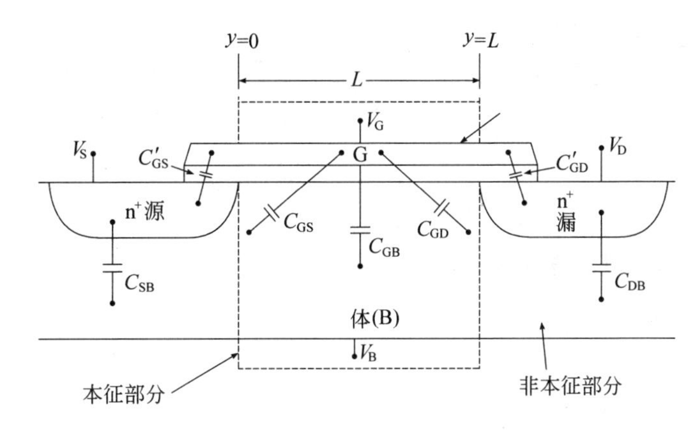

图3.1-14 MOS晶体管的本征区和非本征区及对应的本征电容和寄生电容

Meyer提出了一个计算本征电容的模型[18]，他把栅对整个沟道区的分布电容等效为栅-源、栅-漏和栅-衬底电容，如图3.1-14所示。

根据静电平衡条件有

$$\Delta Q_{GT} = -(\Delta Q_{CT} + \Delta Q_{BT}) \tag{3.1-64}$$

式中Q_{GT}，Q_{CT}，Q_{BT}分别是总的栅电荷、总的反型层电荷和总的耗尽层电荷（体电荷）。当MOS晶体管导通后，反型层电荷占主导地位，耗尽层电荷基本不再随栅电压变化，因此有

$$\Delta Q_{GT} = -\Delta Q_{CT} \tag{3.1-65}$$

MOS晶体管导通后本征电容表现为与反型层电荷变化相联系的栅-源和栅-漏电容，由于反型层电荷屏蔽了外电场对体电荷的影响，栅-衬底电容为零。

根据微分电容定义

$$C_{GS}=\frac{\partial Q_{GT}}{\partial V_{GS}}=-\frac{\partial Q_{CT}}{\partial V_{GS}} \tag{3.1-66}$$

$$C_{GD}=\frac{\partial Q_{GT}}{\partial V_{GD}}=-\frac{\partial Q_{CT}}{\partial V_{GD}} \tag{3.1-67}$$

只要计算出总的反型层电荷,代入上面的公式求微商就得到了栅-源和栅-漏电容。采用准静态近似,在外加电压变化比较缓慢时,可以用前面推导的静态电荷形式来计算对应某一时刻电压的电荷值。根据前面给出的沟道中某点的反型层电荷面密度公式(3.1-19),沿整个沟道积分就得到总的反型层电荷,

$$\begin{aligned}Q_{CT}&=-WC_{ox}\int_0^L(V_{GS}-V_T-V_c)\mathrm{d}y\\&=-WC_{ox}\int_0^{V_{DS}}(V_{GS}-V_T-V_c)\cdot\frac{\mathrm{d}y}{\mathrm{d}V_c(y)}\cdot\mathrm{d}V_c\end{aligned} \tag{3.1-68}$$

用变量替换并根据简单电流方程积分得到

$$Q_{CT}=-\frac{2}{3}WLC_{ox}\frac{(V_{GS}-V_T)^3-(V_{GS}-V_T-V_{DS})^3}{[2(V_{GS}-V_T)-V_{DS}]V_{DS}} \tag{3.1-69}$$

为了计算电容时微商方便,把上式改写成

$$Q_{CT}=-\frac{2}{3}WLC_{ox}\frac{(V_{GS}-V_T)^3-(V_{GD}-V_T)^3}{(V_{GS}-V_T)^2-(V_{GD}-V_T)^2} \tag{3.1-70}$$

由于式(3.1-70)是根据线性区电流公式得到的,利用式(3.1-70)微商就得到线性区的 C_{GS} 和 C_{GD} 电容。

$$\begin{aligned}C_{GS}&=\frac{\partial Q_{GT}}{\partial V_{GS}}=-\frac{\partial Q_{CT}}{\partial V_{GS}}\\&=\frac{2}{3}WLC_{ox}\left\{1-\frac{(V_{GS}-V_T-V_{DS})^2}{[2(V_{GS}-V_T)-V_{DS}]^2}\right\}\end{aligned} \tag{3.1-71}$$

$$\begin{aligned}C_{GD}&=\frac{\partial Q_{GT}}{\partial V_{GD}}=-\frac{\partial Q_{CT}}{\partial V_{GD}}\\&=\frac{2}{3}WLC_{ox}\left\{1-\frac{(V_{GS}-V_T)^2}{[2(V_{GS}-V_T)-V_{DS}]^2}\right\}\end{aligned} \tag{3.1-72}$$

当 $V_{DS}\to 0$,反型层电荷沿沟道均匀分布,整个沟道区的分布电容可以平均分到栅-源和栅-漏之间,因此有 $C_{GS}=C_{GD}=\frac{1}{2}WLC_{ox}$。

随着 V_{DS} 增大,漏端反型层电荷减少,使 C_{GD} 减小,C_{GS} 增大。当 $V_{DS}=V_{Dsat}=V_{GS}-V_T$ 时,沟道在漏端夹断,使 C_{GD} 减小到零,C_{GS} 达到最大值。因此,MOS 晶体管在饱和区的本征电容为:

$$\begin{aligned}C_{GS}&=\frac{2}{3}WLC_{ox}\\C_{GD}&=0\end{aligned} \tag{3.1-73}$$

图 3.1-15 画出了本征电容 C_{GS}和 C_{GD}随漏电压 V_{DS}的变化[19]。对于短沟道器件，由于二维电场的作用，在饱和区 C_{GD}并不为零。

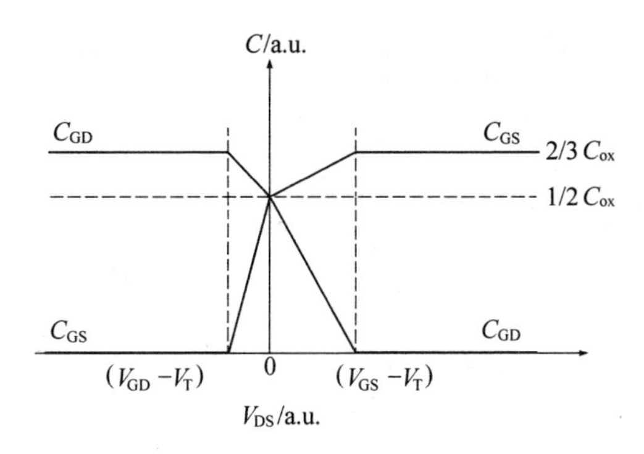

图 3.1-15　本征电容 C_{GS}和 C_{GD}随 V_{DS}的变化

当 MOS 晶体管截止时，不存在反型沟道，与反型层电荷变化相联系的栅-源和栅-漏电容都为零。这时存在与耗尽层电荷变化相联系的栅-衬底电容 C_{GB}。C_{GB}的值与半导体表面状况有关。

(1) 当 $V_{GS}<V_{FB}$是表面积累状态，栅极相对衬底的电容是由栅极和半导体表面积累层构成的平行板电容。

$$C_{GB}=WLC_{ox} \tag{3.1-74}$$

(2) 当 $V_{FB}\leqslant V_{GS}<V_T-\varphi_F$ 是表面耗尽状态，栅极相对衬底的电容是由栅氧化层电容与半导体表面耗尽层电容串联组成。

$$\begin{aligned}C_{GB}&=WL\left(\frac{1}{C_G}+\frac{1}{C_D}\right)^{-1}\\&=\frac{WLC_{ox}}{[1+4(V_{GS}-V_{FB})/\gamma^2]^{1/2}}\end{aligned} \tag{3.1-75}$$

(3) 当 $V_T-\varphi_F<V_{GS}<V_T+nV_t$ 是表面弱反型状态，尽管半导体表面已经存在反型载流子，但是反型载流子还很少，耗尽层电荷仍然占主导。作为简化处理，可以忽略反型层电荷，则 C_{GB}和前面相同。

(4) 当 $V_{GS}\geqslant V_T+nV_t$ 后半导体表面强反型，反型层电荷屏蔽了栅和衬底之间的耦合，耗尽层电荷不再变化，则 $C_{GB}=0$。半导体表面真正达到强反型时，表面势要比 $2\varphi_F$ 大几个 V_t。不过由于热电势很小，在室温下 $V_t\approx0.026$V，系数 n 可以近似取为 1，因此一般认为表面势达到 $2\varphi_F$，即 $V_{GS}=V_T$ 时 C_{GB}电容降到 0。

图 3.1-16 示意说明 MOS 晶体管在不同工作区时的本征电容。图 3.1-17 给出了归一化本征电容随栅电压的变化[20]。要注意的是，当 $V_{GS}\leqslant V_T$ 后，C_{GS}电容并不是立即降为 0，而是到源端半导体表面达到本征时才是零。另外，公式(3.1-75)得到的 C_{GB}与强反型后的 $C_{GB}=0$ 不连续。为了使弱反型区和强反型区的本征电容 C_{GS}及 C_{GB}连续，一般在弱反型区

采用修正的公式,使 C_{GB} 及 C_{GS} 电容有个渐变。

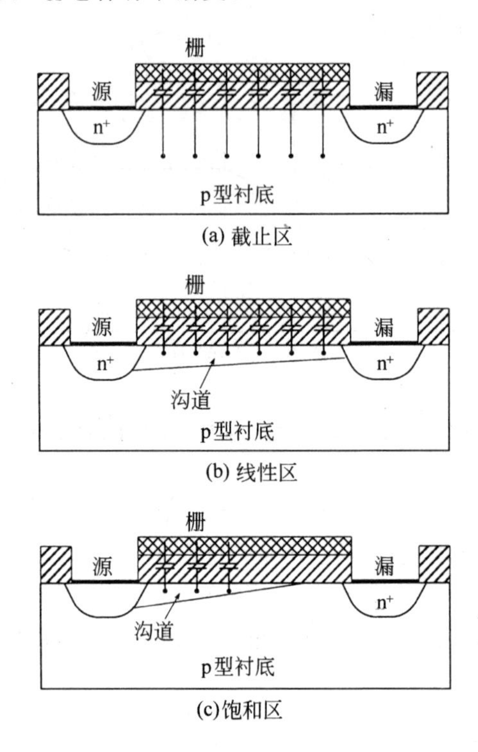

图 3.1-16　MOS 晶体管在不同工作区时的本征电容

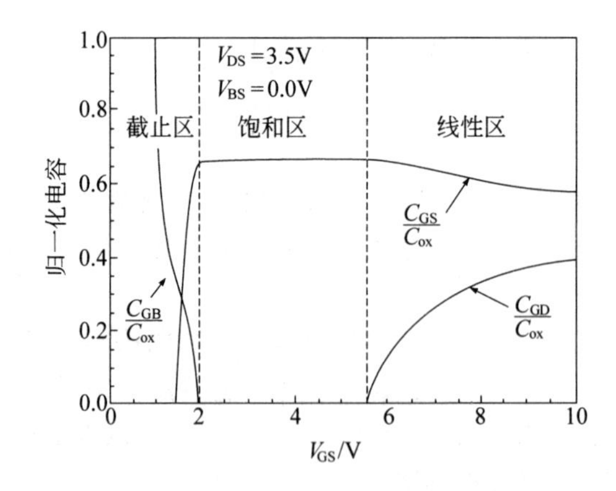

图 3.1-17　归一化本征电容随栅电压的变化

Meyer 电容模型得到的公式比较简单直观,物理图像清晰。但是存在电荷不守恒的问题,因此在有些电路模拟中误差很大,例如对电荷存储效应起主要作用的动态电路[20]。

Dutton 等人提出了基于电荷守恒的电容模型[21,22,23]。流入 MOS 晶体管各端点的瞬态电流直接与各端点的总电荷变化相联系，即

$$i_{\mathrm{G}}=\frac{\mathrm{d}Q_{\mathrm{GT}}}{\mathrm{d}t},\quad i_{\mathrm{B}}=\frac{\mathrm{d}Q_{\mathrm{BT}}}{\mathrm{d}t}$$

$$i_{\mathrm{S}}=\frac{\mathrm{d}Q_{\mathrm{ST}}}{\mathrm{d}t},\quad i_{\mathrm{D}}=\frac{\mathrm{d}Q_{\mathrm{DT}}}{\mathrm{d}t} \tag{3.1-76}$$

这里用小写字母 i 表示瞬态电流。i_{S} 和 i_{D} 表示与沟道反型载流子电荷变化相联系的充放电电流，不等于直流导通电流。Q_{ST} 和 Q_{DT} 是总的反型层电荷在源、漏端的分配，即

$$Q_{\mathrm{ST}}+Q_{\mathrm{DT}}=Q_{\mathrm{CT}} \tag{3.1-77}$$

实际上很难严格划分 Q_{ST} 和 Q_{DT}。一般可以用一个简单的经验公式计算 Q_{ST} 和 Q_{DT}，

$$Q_{\mathrm{DT}}=X_{\mathrm{QC}}\cdot Q_{\mathrm{CT}};\quad Q_{\mathrm{ST}}=(1-X_{\mathrm{QC}})\cdot Q_{\mathrm{CT}} \tag{3.1-78}$$

其中 X_{QC} 是一个经验参数，且 $0<X_{\mathrm{QC}}<0.5$。

为保证电荷守恒，在瞬态分析时以电荷为状态变量建立微分方程，采用梯形近似，则

$$Q(n+1)=Q(n)+\frac{h(n)}{2}[i(n+1)+i(n)] \tag{3.1-79}$$

其中$[i(n+1)+i(n)]/2$ 是电荷平均变化率，$h(n)=t(n+1)-t(n)$为时间间隔，是个小量，从而 Q 不会发生突变，保证电荷守恒。根据上式得到某一时刻流入器件某一端点的充放电电流，

$$i_x(n+1)=-i_x(n)+\frac{2}{h(n)}[Q_x(n+1)-Q_x(n)] \tag{3.1-80}$$

x 表示器件的某一端点。在数值计算时采用迭代求解，上述瞬态电流的迭代式可表示为

$$\begin{aligned} i_x^{k+1}(n+1)=&-i_x(n)+\frac{2}{h(n)}[Q_x^k(n+1)-Q_x(n)]\\ &+\sum_{x\neq y}\frac{2}{h(n)}\frac{\partial Q_x^k}{\partial V_{xy}^k}[V_{xy}^{k+1}(n+1)-V_{xy}^k(n+1)] \end{aligned} \tag{3.1-81}$$

式中 x,y 是器件的端点，$k,k+1$ 表示迭代次数。

定义：

$$C_{xy}^k=\frac{\partial Q_x^k}{\partial V_{xy}^k},\quad x\neq y \tag{3.1-82}$$

则瞬态电流方程可以简单表示为

$$i_x^{k+1}(n+1)=-i_{x,\mathrm{eq}}^k+\sum_{x\neq y}\frac{2}{h(n)}C_{xy}^k\cdot V_{xy}^{k+1}(n+1) \tag{3.1-83}$$

其中，$i_{x,\mathrm{eq}}^k=-i_x(n)+\frac{2}{h(n)}[Q_x^k(n+1)-Q_x(n)]-\sum_{x\neq y}\frac{2}{h(n)}C_{xy}^k\cdot V_{xy}^k(n+1)$ 是上一次迭代结果。把式(3.1-83)代入节点的导纳矩阵可以解出 $V_{xy}^{k+1}(n+1)$。

可以看出，电荷守恒的瞬态分析模型中，电容只是电流展开式中的系数，并不具有真正电容的意义，因为这些电容不具有互易性，即

$$C_{xy} \neq C_{yx} \tag{3.1-84}$$

根据式(3.1-82)可定义12个非互易的本征电容,由于电荷守恒定律的限制,只有9个是独立的。图3.1-18说明了电荷守恒模型中的9个本征电容随外加电压V_{DS}的变化,从图中可以看出电容的非互易性[12]。在通用电路模拟软件SPICE中如果给出参数X_{QC},在瞬态分析时采用电荷守恒的电容模型,如果不给出参数X_{QC},则用Meyer电容模型计算MOS晶体管本征电容。

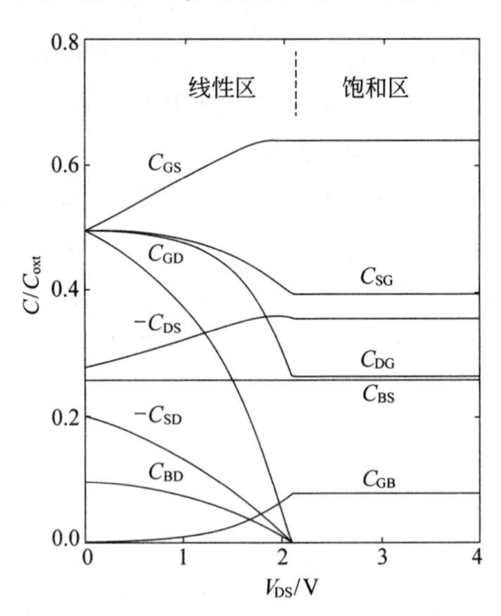

图3.1-18 用电荷守恒模型计算的MOS晶体管本征电容

2. MOS晶体管的覆盖电容

尽管采用硅栅自对准工艺,但是由于源、漏区的横向扩散,使多晶硅栅和源、漏区之间仍有一定的覆盖,形成栅-源和栅-漏覆盖电容,如图3.1-19所示。显然,

$$C'_{GS} = C'_{GD} = WL_D \frac{\varepsilon_0 \varepsilon_{ox}}{t_{ox}} \tag{3.1-85}$$

其中L_D是源、漏区的横向扩散长度,它与源、漏区的结深成比例。覆盖电容是个固定电容,与工作电压无关。在通用电路模拟软件SPICE中定义了两个模型参数C_{GSO}和C_{GDO}用于计算栅-源和栅-漏覆盖电容

$$C_{GSO} = C_{GDO} = L_D C_{ox} \tag{3.1-86}$$

如果给出这两个模型参数,则按下式计算栅-源和栅-漏覆盖电容

$$C'_{GS} = WC_{GSO}$$
$$C'_{GD} = WC_{GDO} \tag{3.1-87}$$

随着工艺水平提高,L_D随之减小,在这种情况下边缘效应的影响加大,完全按平行板电容计算覆盖电容就不够精确了[24]。在栅和源、漏区之间存在两种边缘效应:一是栅极侧壁发出的电力线经过氧化层穿透到源、漏区;二是栅极的部分电力线经过栅氧化层和沟道中的耗尽

层穿透到源、漏区侧壁，如图 3.1-20 所示[15]。通过求解拉普拉斯(Laplace)方程，并采用简化条件，可以得到这两部分边缘电容，

$$C_{\mathrm{of}}=\frac{2\varepsilon_0\varepsilon_{\mathrm{ox}}W}{\pi}\ln\left(1+\frac{t_{\mathrm{G}}}{t_{\mathrm{ox}}}\right) \tag{3.1-88}$$

$$C_{\mathrm{if}}=\frac{2\varepsilon_0\varepsilon_{\mathrm{si}}W}{\pi}\left(1+\frac{x_{\mathrm{j}}}{2t_{\mathrm{ox}}}\right) \tag{3.1-89}$$

式中 t_{G} 表示多晶硅栅的厚度。

要注意的是，由于场区氧化层的"鸟嘴"影响，使覆盖区的栅氧化层要比 t_{ox} 大一些。另外，源、漏区内侧的边缘电容只有在沟道区表面耗尽时才存在。

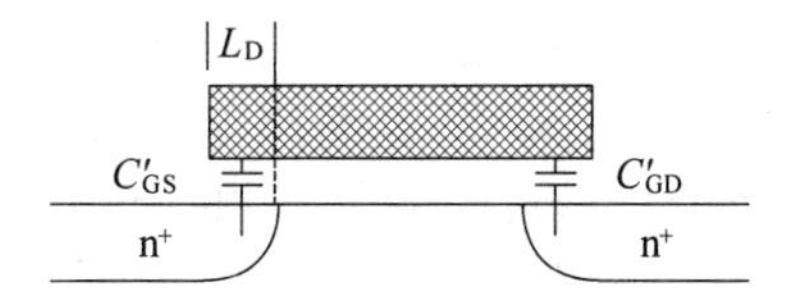

图 3.1-19　MOS 晶体管的覆盖电容

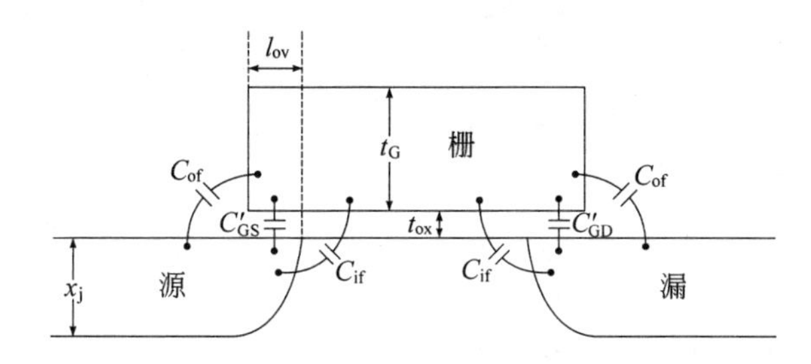

图 3.1-20　边缘效应对覆盖电容的影响

由于在版图设计中要求多晶硅栅要伸出有源区一定距离，伸出部分通过场氧化层与衬底形成栅-衬底覆盖电容，如图 3.1-21 所示。

$$C'_{\mathrm{GB}}=C_{\mathrm{GBO}}L \tag{3.1-90}$$

C_{GBO}是单位沟道长度的栅-衬底覆盖电容，它决定于场氧化层厚度和栅伸出有源区的距离，在软件 SPICE 仿真时，如果给出 C_{GBO}参数，则计入栅-衬底覆盖电容。

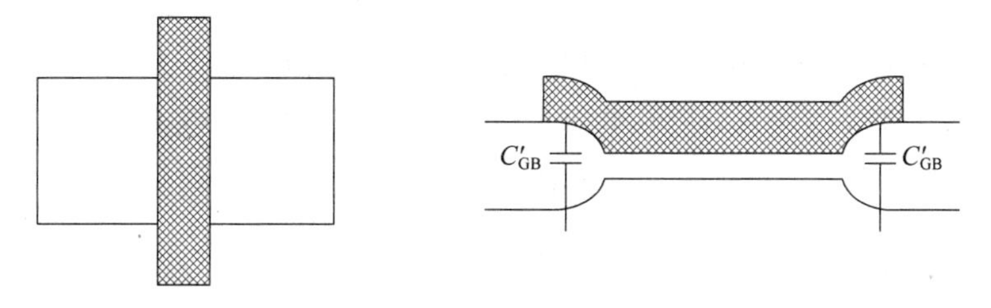

图 3.1-21　栅-衬底覆盖电容示意图

3. MOS晶体管的源、漏区pn结电容

由于源、漏区和衬底形成pn结,因此存在寄生的源-衬和漏-衬pn结电容。pn结电容是与电压有关的,但是与本征电容不同,pn结电容只与其两端的电压有关,而本征电容不仅与该电容两端电压有关,还与MOS晶体管其他端电压有关。

正常工作时,MOS晶体管的源、漏区和衬底之间的pn结处于零偏或反偏,因此源-衬和漏-衬寄生电容主要是pn结势垒电容。考虑到源、漏区的形状,源-衬和漏-衬pn结电容应包括:底部电容,如图3.1-22中的A区;侧壁电容,如图3.1-22中的B,C,D,E区;拐角电容,如图3.1-22中的F,G,H,J区[19]。因此,可以用下式计算源-衬和漏-衬pn结电容

$$C_{SB}=A_S C_{jA}+P_S C_{jP}+nC_{jC}, \tag{3.1-91}$$

$$C_{DB}=A_D C_{jA}+P_D C_{jP}+nC_{jC}, \tag{3.1-92}$$

其中,A_S和P_S是源区面积和周长,A_D和P_D是漏区面积和周长,C_{jA}是单位面积的pn结底部电容,C_{jP}是单位周长的pn结侧壁电容,C_{jC}是一个拐角的电容,n是拐角数目。

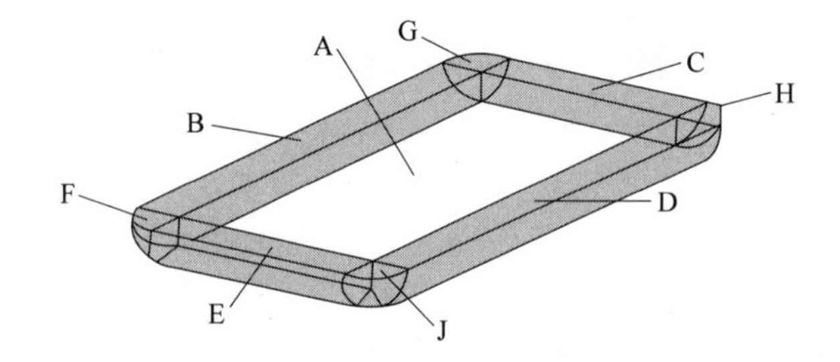

图3.1-22 MOS晶体管源、漏区结构

pn结底部电容可以按单边突变结处理,即

$$C_{jA}=C_{j0}\left(1+\frac{V}{V_{bi}}\right)^{-m_1} \tag{3.1-93}$$

其中,V是pn结上反向偏压的绝对值,m_1是指数因子,一般取为0.5,C_{j0}是零偏压时单位面积的势垒电容,V_{bi}是pn结自建势,C_{j0}和V_{bi}是由掺杂浓度决定的。

$$C_{j0}=\sqrt{\frac{\varepsilon_0\varepsilon_{si}qN_A}{2V_{bi}}} \tag{3.1-94}$$

$$V_{bi}=\frac{kT}{q}\ln\left(\frac{N_A N_D}{n_i^2}\right) \tag{3.1-95}$$

这里假定衬底是p型,掺杂浓度为N_A,源、漏区是n型,掺杂浓度为N_D。

由于有沟道区和场区注入,使源、漏区周围的衬底掺杂浓度不是均匀的,因此对侧壁电容不适合用突变结近似。单位周长的pn结侧壁电容可用下式计算

$$C_{jP}=C_{jP0}\left(1+\frac{V}{V_{bi}}\right)^{-m_2} \tag{3.1-96}$$

对源、漏区侧壁pn结可以按线性缓变结处理,m_2作为缓变因子近似取为1/3。C_{jP0}为零偏

压时单位长度的势垒电容，由下式决定：

$$C_{\mathrm{jP0}} = C_{\mathrm{j0}} \cdot x_{\mathrm{j}} \tag{3.1-97}$$

式(3.1-96)，(3.1-97)中 V_{bi} 和 C_{j0} 的计算应该用源、漏区侧壁的平均衬底掺杂浓度 N_{A}' 代替 pn 结底部衬底掺杂浓度 N_{A}，一般 N_{A}' 要大于 N_{A}。

由于源、漏区拐角处形状复杂，又是非均匀掺杂，而且有边缘场影响，很难给出 pn 结拐角电容 C_{jC} 的精确表达式。在一般分析中可以忽略拐角电容，但是当源、漏区面积和周长缩小到很小时，就必须考虑拐角电容的贡献。

在工作中 pn 结上的偏压要发生变化，为了分析方便可以在工作电压范围内取结电容的平均值[25]。pn 结单位面积的平均底部电容为

$$\begin{aligned} C_{\mathrm{jA,av}} &= C_{\mathrm{j0}}\left(\frac{2V_{\mathrm{bi}}}{V_2 - V_1}\right)\left(\sqrt{1+\frac{V_2}{V_{\mathrm{bi}}}} - \sqrt{1+\frac{V_1}{V_{\mathrm{bi}}}}\right) \\ &= C_{\mathrm{j0}} \cdot K_1 \end{aligned} \tag{3.1-98}$$

pn 结单位周长的平均侧壁电容为

$$\begin{aligned} C_{\mathrm{jP,av}} &= C_{\mathrm{jP0}}\,\frac{3V_{\mathrm{bi}}}{2(V_2 - V_1)}\left[\left(1+\frac{V_2}{V_{\mathrm{bi}}}\right)^{2/3} - \left(1+\frac{V_1}{V_{\mathrm{bi}}}\right)^{2/3}\right] \\ &= C_{\mathrm{jP0}} \cdot K_2 \end{aligned} \tag{3.1-99}$$

式中 V_1，V_2 都是 pn 结偏压的绝对值，且 $V_2 > V_1$。

如果忽略拐角电容，则源、漏区 pn 结电容可近似表示为：

$$C_{\mathrm{SB}} = A_{\mathrm{S}} C_{\mathrm{j0}} K_1 + P_{\mathrm{S}} C_{\mathrm{jP0}} K_2 \tag{3.1-100}$$

$$C_{\mathrm{DB}} = A_{\mathrm{D}} C_{\mathrm{j0}} K_1 + P_{\mathrm{D}} C_{\mathrm{jP0}} K_2 \tag{3.1-101}$$

K_1 和 K_2 是对结偏压求平均的系数。考虑到电压最大变化范围是 0 到 V_{DD}，则系数 K_1 和 K_2 由下式决定

$$K_1 = \frac{2V_{\mathrm{bi}}}{V_{\mathrm{DD}}}\left[\left(1+\frac{V_{\mathrm{DD}}}{V_{\mathrm{bi}}}\right)^{1/2} - 1\right] \tag{3.1-102}$$

$$K_2 = \frac{3V_{\mathrm{bi}}}{2V_{\mathrm{DD}}}\left[\left(1+\frac{V_{\mathrm{DD}}}{V_{\mathrm{bi}}}\right)^{2/3} - 1\right] \tag{3.1-103}$$

4. MOS 晶体管大信号瞬态分析的等效电路

在大信号瞬态分析时，MOS 晶体管可以等效为图 3.1-23 所示的电路。图中虚线连接的电容表示本征电容，实线连接的是寄生电容。R_{S} 和 R_{D} 是源、漏区寄生的串联电阻。在直流和瞬态分析时，还应考虑流过 pn 结的电流，图中用 I_{SB} 和 I_{DB} 表示。由于正常工作时，源、漏区和衬底之间的 pn 结处于零偏或反偏，I_{SB} 和 I_{DB} 是源、漏区 pn 结反向泄漏电流，

$$I_{\mathrm{SB}} = I_{\mathrm{DB}} = I_{\mathrm{s}}(\mathrm{e}^{-qV/kT} - 1) \tag{3.1-104}$$

式中 I_{s} 是 pn 结反向饱和电流，V 是 pn 结反向偏压的绝对值。

考虑到源、漏区串联电阻的存在，在直流和瞬态分析时应该用有效偏压 V_{GS}' 和 V_{DS}' 代替外加电压 V_{GS} 和 V_{DS}。

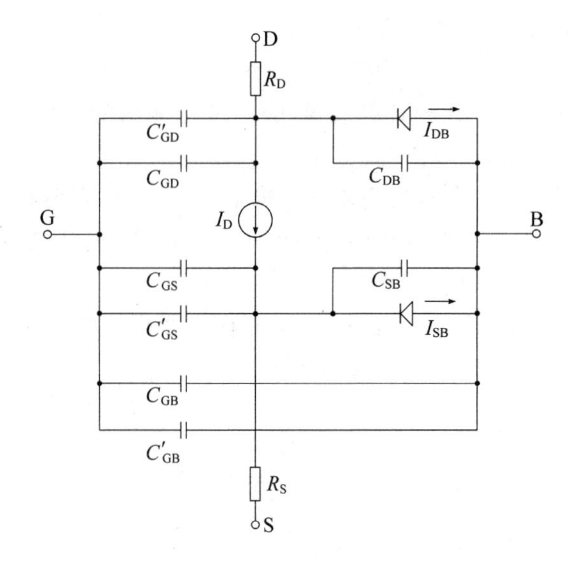

图 3.1-23 MOS 晶体管大信号瞬态分析的等效电路

$$V'_{GS} = V_{GS} - I_D R_S \tag{3.1-105}$$

$$V'_{DS} = V_{DS} - I_D(R_S + R_D) \tag{3.1-106}$$

随着器件尺寸减小,沟道区本征电阻减小,但是源、漏区串联电阻不能按比例减小,从而使源、漏区串联电阻影响增大,使有效工作电压下降。

MOS 晶体管源、漏区串联电阻实际由四部分组成:源、漏区扩散层的电阻 R_{sh},引线孔的接触电阻 R_{c0},栅极下方的积累层电阻 R_{ac} 和扩展电阻 R_{sp},如图 3.1-24 所示[26]。扩散层电阻 R_{sh} 与源、漏区掺杂浓度和结深,源、漏区的宽度以及电流经过的距离等参数有关。在用软件 SPICE 做模拟时如果给出源、漏区的方块数 NSH 和源、漏区的薄层电阻(方块电阻)RSH,则用下式计算源、漏区串联电阻

$$R_S = R_D = \mathrm{NSH} \times \mathrm{RSH} \tag{3.1-107}$$

这里忽略了源、漏区串联电阻中其他三部分的作用。一般扩散层的薄层电阻随结深的减小而增大。在器件尺寸减小时结深也按比例减小,这将使源、漏区串联电阻增大,不过,采用先进的工艺技术,可以使 R_{sh} 在器件按比例缩小过程中基本保持不变。引线孔的接触电阻 R_{c0} 与接触面积和接触电阻率有关。随着特征尺寸减小,引线孔面积也相应减小,从而使接触电阻 R_{c0} 增加。积累层电阻 R_{ac} 和扩展电阻 R_{sp} 与冶金结附近的杂质分布剖面及冶金结形状密切相关,而且与栅电压有关[27]。这两部分电阻的计算非常复杂,但是它们基本上随沟道长度减小而减小。图 3.1-25 给出了这四部分电阻随器件尺寸缩小的变化趋势[26]。从图中看出,对小尺寸器件减小引线孔的接触电阻率 ρ_c 是非常重要的。在先进的 CMOS 工艺中采用 Salicide 结构,一方面减小了扩散层电阻 R_{sh},另一方面极大减小了接触电阻率。例如,用 $TiSi_2$ Salicide 结构,可以使接触电阻率减小到 $10^{-9}\,\Omega \cdot cm^2$ 左右。

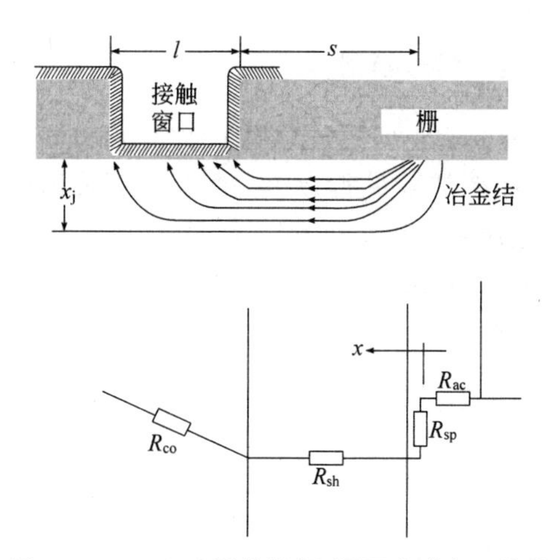

图 3.1-24　MOS 晶体管源、漏区串联电阻结构

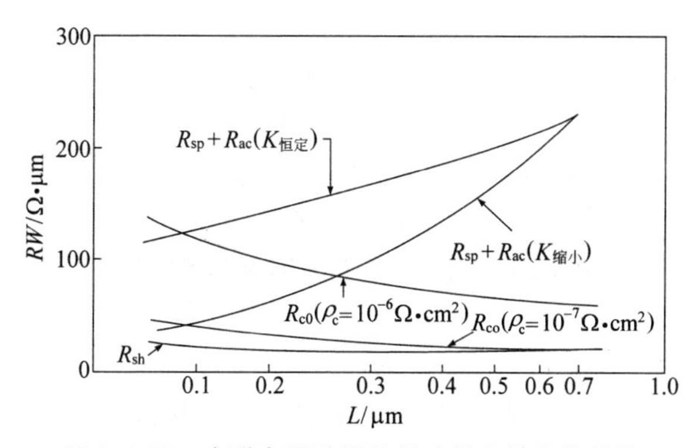

图 3.1-25　串联电阻随器件尺寸缩小的变化趋势

MOS 晶体管在工作时一般是以栅极为输入端，以漏极为输出端，源极作为公共端。在这种情况下，MOS 晶体管的本征电容和寄生电容可以等效为输入电容和输出电容，如图 3.1-26 所示。作为简单分析，输入、输出电容可以近似取为

$$C_{in} \approx C_G = WLC_{ox}, \tag{3.1-108}$$

$$C_{out} \approx C_{DB} = K_1 A_D C_{j0} + K_2 P_D C_{jP0}。 \tag{3.1-109}$$

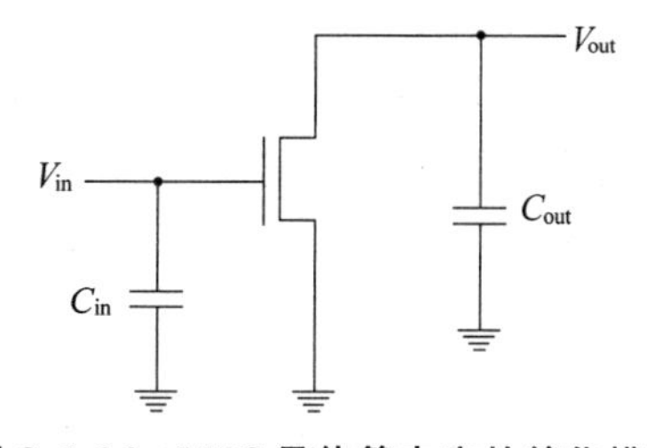

图 3.1-26　MOS 晶体管电容的简化模型

3.1.5 MOS 晶体管交流小信号模型*

前面讨论的 MOS 晶体管模型主要是针对用于数字电路的大信号模型，当 MOS 晶体管用于模拟电路时，其作用是对小信号进行放大，因此必须采用交流小信号模型[28]。考虑 MOS 晶体管加有直流偏置电压 V_{GS}，V_{DS} 和 V_{BS}，且 $V_{GS}>V_T$，$V_{DS}>V_{GS}-V_T$，使 MOS 晶体管工作在饱和区，因为在饱和区 MOS 晶体管有很好的放大特性，当各端点电压有微小的变化时会引起漏极电流发生变化。

$$\Delta I_D=\frac{\partial I_D}{\partial V_{GS}}\Delta V_{GS}+\frac{\partial I_D}{\partial V_{DS}}\Delta V_{DS}+\frac{\partial I_D}{\partial V_{BS}}\Delta V_{BS} \tag{3.1-110}$$

如果器件电流能跟上交流小信号电压的变化，则可以把上式微分量表示为交流量，

$$i_D=g_m v_{GS}+g_d v_{DS}+g_{mb} v_{BS} \tag{3.1-111}$$

式中 i_D 和 v_{GS}，v_{DS}，v_{BS} 分别表示交流小信号电流和电压。公式中 g_m，g_d 和 g_{mb} 是 MOS 晶体管交流小信号模型中的 3 个重要参数。

g_m 是 MOS 晶体管的跨导，定义为

$$g_m=\frac{\partial I_D}{\partial V_{GS}} \tag{3.1-112}$$

根据简单电流方程，当 MOS 晶体管工作在线性区时，

$$g_m=2KV_{DS} \tag{3.1-113}$$

其中 K 是 MOS 晶体管的导电因子。如果不考虑饱和区沟道长度调制效应，当 MOS 晶体管工作在饱和区时，

$$g_m=2K(V_{GS}-V_T) \tag{3.1-114}$$

显然，MOS 晶体管的跨导在饱和区达到最大值，因此 MOS 晶体管在饱和区有很好的放大性能。由于在模拟电路中 MOS 晶体管一般都工作在饱和区，所以说到 MOS 晶体管的跨导时就是指饱和区跨导。

MOS 晶体管的跨导还可以表示为

$$g_m=\sqrt{2K'\frac{W}{L}I_D} \tag{3.1-115}$$

从上式看出 MOS 晶体管的跨导不仅与工作电流有关，而且与器件尺寸和本征导电因子(W,L,K')有关。另外，在相同工作电流下 MOS 晶体管的跨导比双极晶体管小很多，或者说 MOS 晶体管具有较小的跨导/电流比。这是 MOS 晶体管与双极晶体管的性能差别，也是 MOS 晶体管用于模拟电路时遇到的挑战。

g_d 是 MOS 晶体管的沟道电导或漏电导，定义为

$$g_d=\frac{\partial I_D}{\partial V_{DS}} \tag{3.1-116}$$

当 MOS 晶体管工作在线性区时，

$$g_d=2K(V_{GS}-V_T-V_{DS}) \tag{3.1-117}$$

根据简单电流方程，当MOS晶体管工作在饱和区时 $g_d=0$。实际上，由于饱和区沟道长度调制效应，使饱和区电流随漏电压增加而略有增大，因此，饱和区漏电导不是0。在饱和区

$$g_d = I_{Dsat}\lambda = K(V_{GS}-V_T)^2\lambda \tag{3.1-118}$$

式中 λ 是饱和区沟道长度调制因子，在小尺寸MOS晶体管的二级效应中将讨论饱和区沟道长度调制效应。在实际应用中MOS晶体管一般都是以栅极作为输入端，漏极作为输出端，因此漏电导就是MOS晶体管的输出电导，也就是输出电阻的导数。MOS晶体管是绝缘栅器件，在低频下输入电阻趋于无穷，这是MOS晶体管优于双极晶体管的特性。

g_{mb}是MOS晶体管的背栅跨导或叫体跨导，定义为

$$g_{mb} = \frac{\partial I_D}{\partial V_{BS}} \tag{3.1-119}$$

背栅跨导反映了衬底偏压对MOS晶体管电流的影响，在一定的栅压下，改变衬底偏压将改变MOS晶体管的阈值电压，因而会改变MOS晶体管的电流。因此有

$$g_{mb} = \frac{\partial I_D}{\partial V_T}\frac{\partial V_T}{\partial V_{BS}} \tag{3.1-120}$$

根据饱和区电流公式得到

$$g_{mb} = -K'\frac{W}{L}(V_{GS}-V_T)\frac{\partial V_T}{\partial V_{BS}} \tag{3.1-121}$$

且

$$\frac{\partial V_T}{\partial V_{BS}} = -\frac{-\gamma}{2\sqrt{2\varphi_F - V_{BS}}} \tag{3.1-122}$$

把式(3.1-121)和(3.1-122)代入式(3.1-120)得到背栅跨导

$$g_{mb} = \frac{\gamma K'(W/L)(V_{GS}-V_T)}{2\sqrt{2\varphi_F - V_{BS}}} = \gamma\sqrt{\frac{K'(W/L)I_D}{2(2\varphi_F - V_{BS})}} \tag{3.1-123}$$

对模拟电路 g_{mb}/g_m 也是一个重要的性能指标，根据上述公式得到

$$\frac{g_{mb}}{g_m} = \frac{\gamma}{2\sqrt{2\varphi_F - V_{BS}}} = \xi \tag{3.1-124}$$

参数 ξ 反映了阈值电压随衬底偏压的变化率，它的典型值在0.1～0.3范围内，也就是说MOS晶体管的跨导大约是背栅跨导的3～10倍。

为了说明交流小信号模型的应用限制，从大信号模型出发分析栅-源电压的变化引起的漏极电流的变化。如图3.1-27所示，MOS晶体管工作在饱和区，有稳态电流 I_D。考虑有一个交流小信号电压 v_{GS}加到直流偏压 V_{GS}上，MOS晶体管的漏电压恒定在 V_{DD}，衬底偏压为零，v_{GS}引起电流变化 i_D，则总的漏极电流是

$$I_d = I_D + i_D \tag{3.1-125}$$

其中 I_D 是对应直流偏压 V_{GS}的饱和区电流，I_d 是栅压为$(V_{GS}+v_{GS})$的饱和区电流，因此有

$$\begin{aligned} I_d &= K(V_{GS}+v_{GS}-V_T)^2 \\ &= \frac{1}{2}K'\frac{W}{L}\left[(V_{GS}-V_T)^2 + 2(V_{GS}-V_T)v_{GS} + v_{GS}{}^2\right] \end{aligned} \tag{3.1-126}$$

因为

$$I_D = K(V_{GS}-V_T)^2$$

比较式(3.1-125)和(3.1-126)可以得到

$$i_D = K' \frac{W}{L}(V_{GS} - V_T) v_{GS} \left[1 + \frac{v_{GS}}{2(V_{GS} - V_T)} \right] \tag{3.1-127}$$

如果小信号输入电压 v_{GS} 远小于 $2(V_{GS}-V_T)$,则上式可简化为

$$i_D = g_m v_{GS} \tag{3.1-128}$$

这正是小信号模型。一般认为只要 $|v_{GS}|=|\Delta V_{GS}|$ 小于过驱动电压 $(V_{GS}-V_T)$ 的 20%,就可以应用小信号模型,这种情况下小信号模型的误差可以小于 10%。图 3.1-28 是一个 NMOS 共源连接的交流小信号模型的等效电路,这个模型也叫作混合-π 模型[29]。

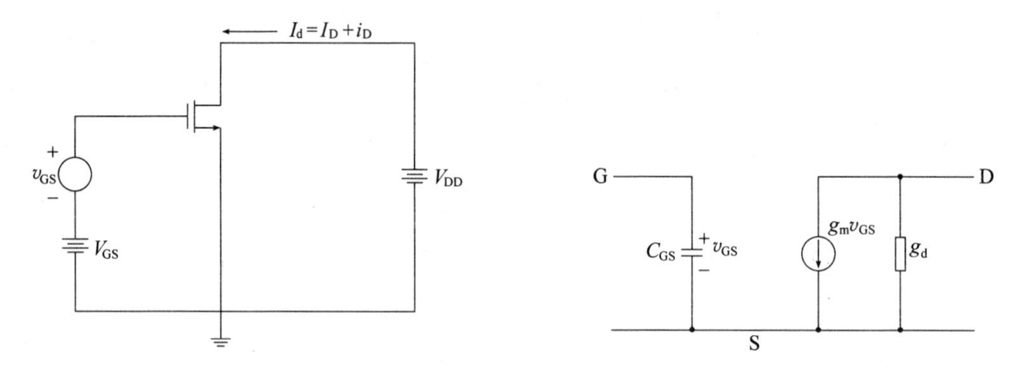

图 3.1-27 MOS 晶体管小信号输入情况

图 3.1-28 NMOS 共源交流小信号模型

在电路分析中一个通用的 MOS 晶体管的小信号等效电路如图 3.1-29 所示,等效电路中综合考虑了 MOS 晶体管的几个电流源、MOS 晶体管的本征电容和寄生电容。图中 C_{GS},C_{GD} 和 C_{GB} 是 MOS 晶体管的本征电容,C'_{GS} 和 C'_{GD} 是 MOS 晶体管的寄生电容,R_S 和 R_D 是源、漏区串联电阻,C_{DB} 和 C_{SB} 是源、漏区 pn 结电容,g_{bs} 和 g_{bd} 反映源、漏区 pn 结泄漏电流的影响。

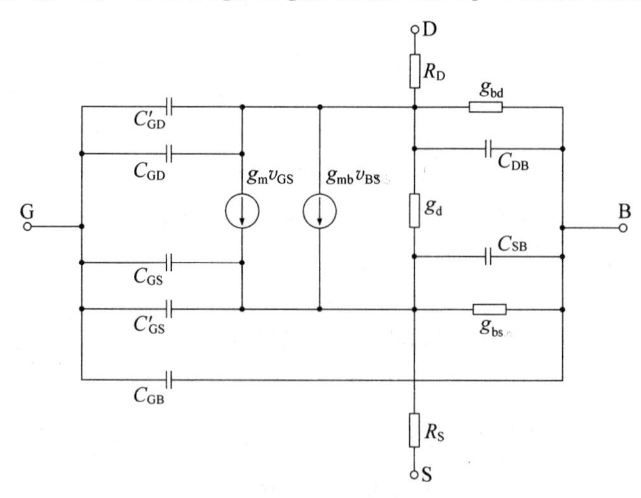

图 3.1-29 MOS 晶体管小信号分析的等效电路

3.1.6　MOS 晶体管的特征频率

在直流情况下，MOS 晶体管的输入电流即栅电流可以忽略，但是，当输入信号变化时，要对输入电容充放电，输入电流不为零。随着工作频率提高，电容的容抗减小，用于对电容充放电的电流加大。当用于对输入电容充放电的电流和 MOS 晶体管的输出电流相等时，所对应的频率就是允许的最高工作频率。类似于双极晶体管的特征频率，定义 MOS 晶体管的特征频率为交流输出短路时共源电流增益为“1”对应的频率。根据

$$\alpha = \frac{i_{\mathrm{D}}}{i_{\mathrm{i}}} = 1 \tag{3.1-129}$$

可以推导出 MOS 晶体管的特征频率。其中 i_{i} 是输入电流，其数值由下式决定

$$i_{\mathrm{i}} = \omega C_{\mathrm{in}} v_{\mathrm{GS}} \tag{3.1-130}$$

C_{in}是 MOS 晶体管的输入电容，如前面分析，$C_{\mathrm{in}} \approx WLC_{\mathrm{ox}}$。输出电流 i_{D} 由式(3.1-128)给出。将式(3.1-130)和(3.1-128)代入式(3.1-129)，得到使电流增益为 1 对应的角频率

$$\omega = \frac{g_{\mathrm{m}}}{WLC_{\mathrm{ox}}} \tag{3.1-131}$$

则 MOS 晶体管的特征频率为

$$f_{\mathrm{T}} = \frac{\mu_{\mathrm{eff}}}{2\pi L^2}(V_{\mathrm{GS}} - V_{\mathrm{T}}) \tag{3.1-132}$$

从式(3.1-132)看出，MOS 晶体管的特征频率随沟道长度的减小而增加，这也正是器件尺寸不断缩小的一个原因。例如，当 MOS 晶体管的 $L=0.25\mu\mathrm{m}$ 时，特征频率约 40GHz；若沟道长度缩小到 $0.1\mu\mathrm{m}$ 时，特征频率可达到 118GHz[30]，这说明缩小到纳米的 MOS 器件完全可以满足射频电路的要求。

3.2　小尺寸 MOS 器件中的二级效应*

缩小器件尺寸提高集成密度是 MOS 集成电路迅速发展的一个强大推动力。MOS 晶体管的沟道长度已经从早期的十几微米缩小到纳米尺度。随着器件尺寸减小，很多物理效应的影响日益严重。因此，对小尺寸 MOS 晶体管必须考虑二级效应，即在长沟道器件中可以忽略的一些物理问题的影响。下面针对一些主要的二级效应进行分析。

3.2.1　短沟道效应

在前面推导阈值电压公式时，是用栅极下方沟道区内的一个矩形截面积来计算耗尽层电荷的，没有考虑源、漏区和衬底形成的 pn 结耗尽层在沟道区内的扩展，这种近似对长沟道器件的影响很小。但是，当沟道长度缩小时，源、漏区 pn 结耗尽层宽度不能按比例缩小，使 pn 结耗尽层电荷的影响相对加大。实际上沟道区内的耗尽层电荷应由三部分组成：

(1) 栅控耗尽层电荷;

(2) 源-衬底 pn 结耗尽层电荷;

(3) 漏-衬底 pn 结耗尽层电荷。

也就是说,MOS 晶体管沟道区内总的耗尽层电荷同时由栅、源、漏 3 端控制(考虑衬偏效应时,应是栅、源、漏、衬底 4 端控制),这也叫作电荷分享。阈值电压公式中的 Q_{Bm} 是栅压控制的耗尽层电荷。MOS 晶体管沟道越短,源、漏区 pn 结耗尽层电荷在总的沟道区耗尽层电荷中占的比例越大,使实际由栅压控制的耗尽层电荷减少,造成阈值电压随沟道长度减小而下降(threshold voltage roll-off),这就是短沟道效应(short-channel effect,SCE)。很多人对短沟道效应进行了研究,也提出了很多考虑短沟道效应的阈值电压模型公式[31,32]。Yau 基于电荷分享采用简单的几何划分来计算栅压控制的耗尽层电荷,得到一个考虑短沟道效应的阈值电压模型[33]。图 3.2-1 示意说明了短沟道器件中的电荷分享[34],根据梯形近似可以得到由栅压控制的耗尽层电荷为

$$Q'_{Bm} = Q_{Bm}\left(1 - \frac{x_1}{2L} - \frac{x_2}{2L}\right) \tag{3.2-1}$$

其中 Q_{Bm} 是前面阈值电压公式中按矩形截面积计算的栅控耗尽层电荷,x_1,x_2 分别是源、漏区 pn 结耗尽层在沟道区内的扩展长度。根据图 3.2-1,利用三角形 ABC 可求出

$$x_2 = x_j\left(\sqrt{1 + \frac{2x_D}{x_j}} - 1\right) \tag{3.2-2}$$

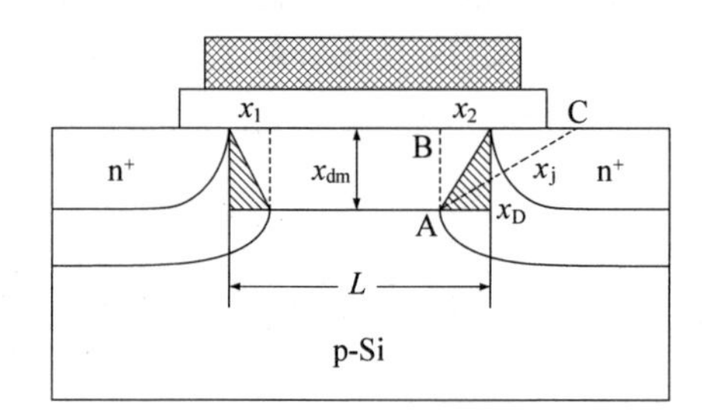

图 3.2-1 短沟道 MOS 晶体管中的电荷分享

同理可得到 x_1。把 x_1,x_2 的表达式带入公式(3.2-1)就可以计算出实际的栅控耗尽层电荷,

$$Q'_{Bm} = -qN_A x_{dm}\left[1 - \frac{x_j}{2L}\left(\sqrt{1 + \frac{2x_S}{x_j}} + \sqrt{1 + \frac{2x_D}{x_j}} - 2\right)\right] \tag{3.2-3}$$

其中 x_S,x_D 分别是源、漏区 pn 结耗尽层宽度,可由下式计算

$$x_S = \left[\frac{2\varepsilon_0\varepsilon_{si}}{qN_A}(2\varphi_F - V_{BS})\right]^{1/2}$$

$$x_D = \left[\frac{2\varepsilon_0\varepsilon_{si}}{qN_A}(2\varphi_F - V_{BS} + V_{DS})\right]^{1/2} \tag{3.2-4}$$

如果不考虑漏电压的影响,可近似取 $x_D = x_S$,更进一步的简化可以近似取 $x_S = x_D = x_{dm}$,则

短沟道效应引起的阈值电压下降为

$$\Delta V_{T(SCE)} = -\gamma \frac{x_j}{L}\left(\sqrt{1+\frac{2x_{dm}}{x_j}}-1\right)\sqrt{2\varphi_F - V_{BS}} \tag{3.2-5}$$

显然，沟道长度越短阈值电压下降越显著。另外，其他器件参数如源、漏区结深、衬底掺杂浓度、栅氧化层厚度也对短沟道效应有影响。图 3.2-2 说明了短沟道效应引起的阈值电压下降，可以看出提高衬底掺杂浓度、减小栅氧化层厚度有利于抑制短沟道效应[35]。图中实线是用模型公式计算的，圆点是二维数值模拟结果。

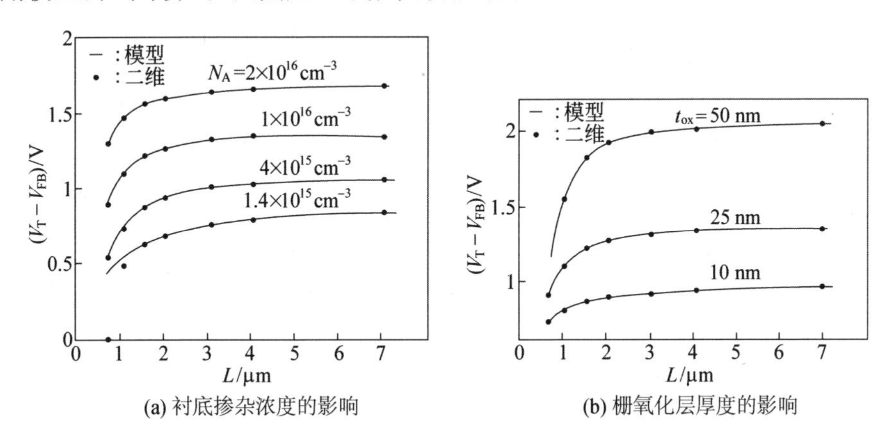

图 3.2-2　短沟道效应引起的阈值电压下降

对短沟道 MOS 晶体管，当漏电压较大时漏 pn 结耗尽层有较大的扩展，如果衬底掺杂浓度也不是很高，可以使漏极发出的电力线经耗尽层直接穿透到源端，导致源和衬底 pn 结势垒降低，使源区电子注入沟道，从而引起器件在低栅压（小于阈值电压）下的泄漏电流。这种现象叫作漏致势垒降低（drain induced barrier lowering，DIBL）效应[36～38]。造成势垒降低的原因有两个：一是源、漏 pn 结靠近，使得它们之间的耦合作用加强；二是漏电场的穿透作用。DIBL 效应使源结势垒降低，导致在低栅压下的器件有较大的漏源电流，相当于降低了器件的阈值电压。

一般用加有 V_{DS} 电压时的 V_T 与很小的 V_{DS} 电压下的 V_T 之差来反映 DIBL 效应的影响，即

$$\Delta V_T(\text{DIBL}) = V_T(V_{DS}) - V_T(V_{DS}\approx 0) = -\sigma V_{DS} \tag{3.2-6}$$

σ 叫作静电反馈因子。沟道长度越短、漏电压越大，DIBL 效应越严重。图 3.2-3 是在零栅压下 MOS 晶体管沿沟道方向的能带图，说明了沟道长度缩短或漏电压增大引起源对沟道的势垒高度下降[36]。对长沟道器件，半导体的表面势在沟道中基本是恒定的，如图中最上面的图线所示。随着沟道长度缩短，表面势不再恒定，出现一个峰值，沟道长度越短、漏电压越大，峰值位置越靠近源端且峰值越低，如图中下面两条曲线。要严格分析 DIBL 效应需要求解二维泊松方程得到二维电势分布。二维数值模拟表明，在不同的漏电压和栅电压下，

DIBL 效应引起的泄漏电流路径可能在沟道表面,也可能在体内。对于较小的漏电压,电流路径在表面,这就是亚阈值电流,DIBL 效应使亚阈值电流增大。对于较大的漏电压,电流路径深入到体内,这就是穿通电流,这种情况下栅极失去对漏极电流的控制作用。对短沟道器件可以在沟道区增加一次较深的注入,提高次表面衬底浓度,抑制漏耗尽区在体内的扩展,从而减小 DIBL 效应引起的穿通电流。另外,减小栅氧化层厚度增强栅极的控制作用,也有利于减小 DIBL 效应。双栅器件和超薄体 SOI 器件就是通过增强栅极的控制作用,有效的抑制了短沟道效应,因此它们是缩小到纳米尺度的新型器件结构。

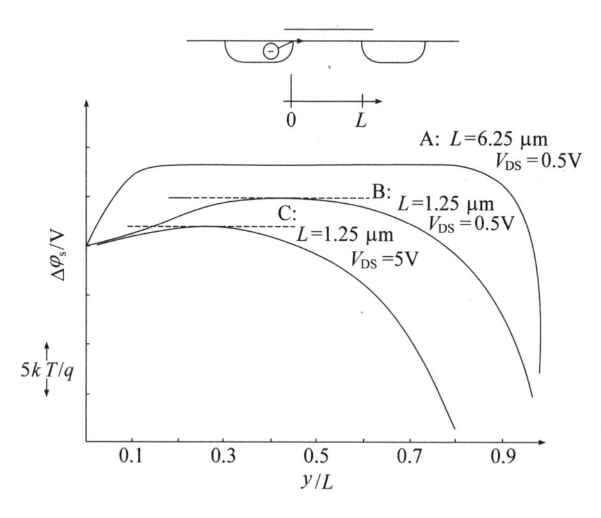

图 3.2-3 短沟道 MOS 晶体管中的 DIBL 效应

合理地设计器件参数,可以使器件尺寸缩小后性能不退化。一般希望器件尺寸缩小后,亚阈值特性基本保持不变,这样不会使导通态电流与截止态电流之比(I_{on}/I_{off})下降。根据广泛的实验研究和二维数值模拟,得到一个器件小型化的指导公式[39],即保证器件缩小后基本能保持长沟道器件亚阈值特性的最小沟道长度应满足

$$L_{min}\approx 0.4[x_j t_{ox}(x_S+x_D)^2]^{1/3} = 0.4\alpha^{1/3}$$

$$\alpha = x_j t_{ox}(x_S+x_D)^2 \tag{3.2-7}$$

3.2.2 窄沟道效应

采用 LOCOS 隔离工艺时,场氧化层会在有源区边缘形成“鸟嘴”,“鸟嘴”不仅使实际沟道宽度减小,还会引起窄沟道效应(narrow-width effect,NWE)。图 3.2-4 画出了沿沟道宽度方向 MOS 晶体管的剖面结构,当加栅电压时,由于边缘场效应使沟道区耗尽层电荷扩展到场氧化层的“鸟嘴”下面[25,40]。按矩形截面积计算的耗尽层电荷没有计算边缘区域的电荷。当沟道宽度较大时,边缘场效应的影响可以忽略。但是对宽度很小的 MOS 晶体管即窄沟道器件,要严格计算阈值电压必须计入边缘区域的电荷。

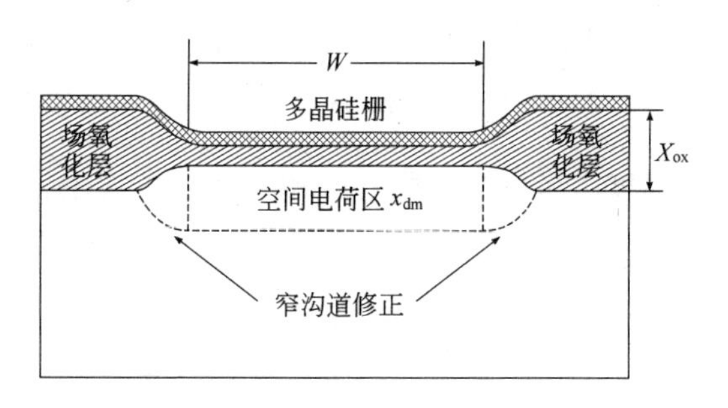

图 3.2-4 沿沟道宽度方向 MOS 晶体管的剖面结构

边缘效应引起耗尽层电荷增加，从而使阈值电压增大，这就是窄沟道（窄宽度）效应。由于边缘区域的耗尽层形状复杂，很难精确计算边缘区域的电荷。另外，在计算边缘区域的电荷时还应考虑场区注入以后杂质横向扩散的影响，使计算更加复杂。一般可以把边缘区域的耗尽层近似看作圆柱体的一部分，因此窄沟道效应引起阈值电压的变化近似用下式计算

$$\Delta V_{\mathrm{T(NWE)}} = \frac{\delta\pi\varepsilon_0\varepsilon_{\mathrm{si}}}{4C_{\mathrm{ox}}W}(2\varphi_{\mathrm{F}} - V_{\mathrm{BS}}) \tag{3.2-8}$$

这个公式是一个近似的经验公式，因此公式中引入一个经验参数 δ，用来拟合边缘处复杂几何形状以及非均匀杂质浓度的影响。沟道宽度越小，阈值电压的修正量越大。图 3.2-5 给出了不同衬底掺杂浓度下，阈值电压随沟道宽度的变化[41]。

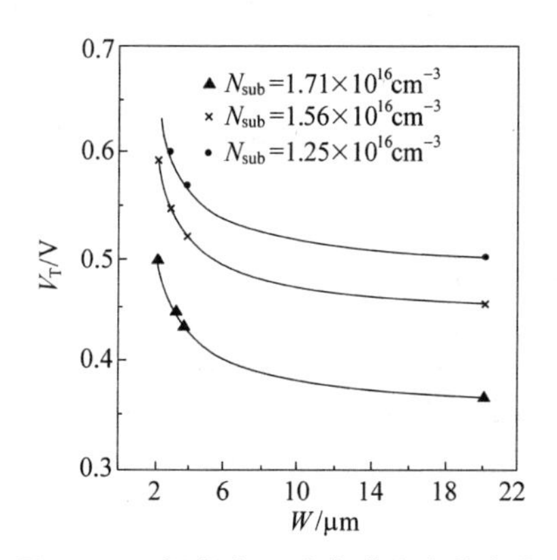

图 3.2-5 阈值电压随沟道宽度的变化

在先进的 CMOS 工艺中，采用浅沟槽隔离，可以形成很陡的沟槽侧壁，不会在有源区边缘形成氧化层的“鸟嘴”，因此可以有效抑制窄沟道效应。研究发现，全凹陷沟槽隔离的 MOS 晶体管会出现相反的窄沟效应，即阈值电压随沟道宽度减小而略有下降[42]。这是因为沿宽度方向的沟道两侧，栅电极的边缘电场引起附加的边缘电容。当沟道宽度小于 3μm 后，边缘电容在总电容中所占比例明显增大，使总的有效栅氧化层电容变为

$$C_{\mathrm{ox,eff}} = C_{\mathrm{ox}}WL(1 + F/W) \tag{3.2-9}$$

其中,F 是边缘效应因子,F 由下式决定

$$F=\left(\frac{4t_{ox}}{\pi}\right)\ln\left(\frac{2t_d}{t_{ox}}\right) \tag{3.2-10}$$

t_d 是沟槽隔离的场氧化层厚度。考虑到总的有效栅氧化层电容增大,在计算沟槽隔离的窄沟道 MOS 晶体管阈值电压时,栅控耗尽层电荷 Q_{Bm} 应该用 Q_{Bm}' 代替,

$$Q_{Bm}'=Q_{Bm}\left(\frac{W}{W+F}\right) \tag{3.2-11}$$

图 3.2-6 画出了沟槽隔离的 MOS 晶体管剖面结构,并比较了 LOCOS 隔离和沟槽隔离的 MOS 晶体管阈值电压与沟道宽度的关系[43]。

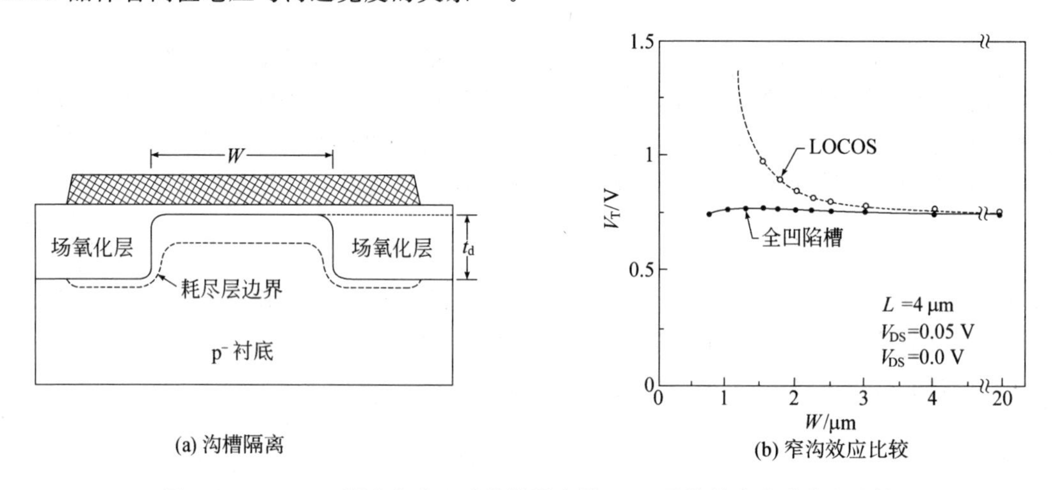

(a) 沟槽隔离　　(b) 窄沟效应比较

图 3.2-6　LOCOS 隔离和全凹陷沟槽隔离的 MOS 晶体管窄沟道效应比较

3.2.3　饱和区沟道长度调制效应

当 $V_{DS}=V_{Dsat}$ 时,沟道在漏端夹断,MOS 晶体管进入饱和区,当 $V_{DS}>V_{Dsat}$ 后,漏耗尽区扩展,夹断点逐渐向源极方向移动,超过 V_{Dsat} 的那部分电压降在漏端的耗尽区(即夹断区)上。随着漏电压的增加,夹断区长度 ΔL 也不断增加,使有效沟道长度减小。因此,饱和区的有效沟道长度为

$$L_{eff}=L-\Delta L \tag{3.2-12}$$

由于饱和区的有效沟道长度随漏电压的增加而减小,使饱和区电流不再恒定,而是随着漏电压的增加而增大,这就是饱和区沟道长度调制效应。严格计算 ΔL 必须在漏端耗尽区求解二维电场、电势分布。一种近似求解方法是把漏端的耗尽区按突变 pn 结耗尽区处理,在耗尽区求解一维泊松方程,当耗尽层上的电压为 $V_{DS}-V_{Dsat}$ 时,得到耗尽区宽度即夹断区长度 ΔL 为

$$\Delta L=\sqrt{\frac{2\varepsilon_0\varepsilon_{si}}{qN_{sub}}(V_{DS}-V_{Dsat})} \tag{3.2-13}$$

其中，N_{sub}是衬底掺杂浓度（即 N_A 或 N_D）。在推导这个公式时，假定在耗尽区的起始点 $y=L-\Delta L$ 处 $E_y=0$；同时假定漏端耗尽区内反型载流子电荷密度为零，即假定在沟道夹断区电场 E_y 趋于无穷，因此这种处理导致在夹断点电场不连续。

Baum 等人提出了一个修正的模型，假定在 $y=L-\Delta L$ 处电场为 E_p，该点电位是 V_{Dsat}，从而消除了电场不连续问题，图 3.2-7 比较了两种模型得到的沿沟道方向电场分布[44]。在上述条件下求解一维泊松方程，得到 ΔL 为

$$\Delta L=\sqrt{\left(\frac{E_p}{2a}\right)^2+\frac{V_{DS}-V_{Dsat}}{a}}-\frac{E_p}{2a} \tag{3.2-14}$$

其中，

$$a=\frac{qN_{sub}}{2\varepsilon_0\varepsilon_{si}} \tag{3.2-15}$$

在电路模拟软件 SPICE 中 LEVEL=3 的模型就采用了上述公式。

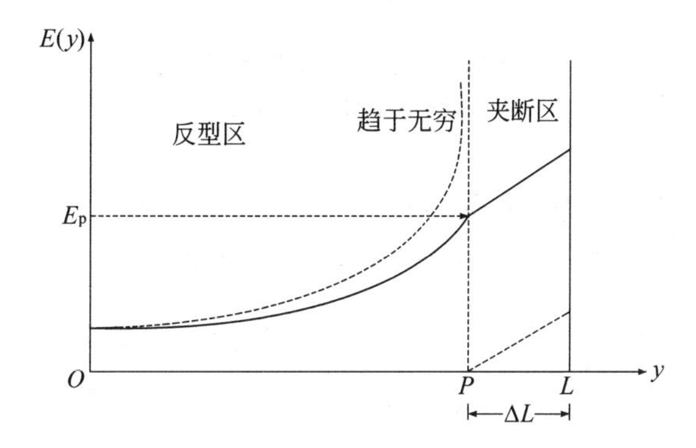

图 3.2-7　两种模型得到的沿沟道方向电场分布

在软件 SPICE 的 LEVEL=1 模型中采用了一种更简单的方法计算 ΔL，假定有效沟道长度的相对减小与漏电压成正比，即

$$\frac{\Delta L}{L}=\lambda V_{DS} \tag{3.2-16}$$

λ 为沟道长度调制因子。则饱和区的有效沟道长度为

$$L_{eff}=L(1-\lambda V_{DS}) \tag{3.2-17}$$

考虑到沟道长度调制效应后，计算饱和区电流时应该用 L_{eff}代替原来电流公式中的 L，按简单电流公式，饱和区电流为

$$I_D=K(V_{GS}-V_T)^2(1+\lambda V_{DS}) \tag{3.2-18}$$

为了使饱和区和线性区电流连续，对线性区也做修正，

$$I_D=K[2(V_{GS}-V_T)-V_{DS}]V_{DS}(1+\lambda V_{DS}) \tag{3.2-19}$$

因为 $\lambda<1$，线性区 V_{DS}较小，修正项影响不大。图 3.2-8 比较了考虑和不考虑饱和区沟道长度调制效应的 MOS 晶体管输出特性曲线[1]。

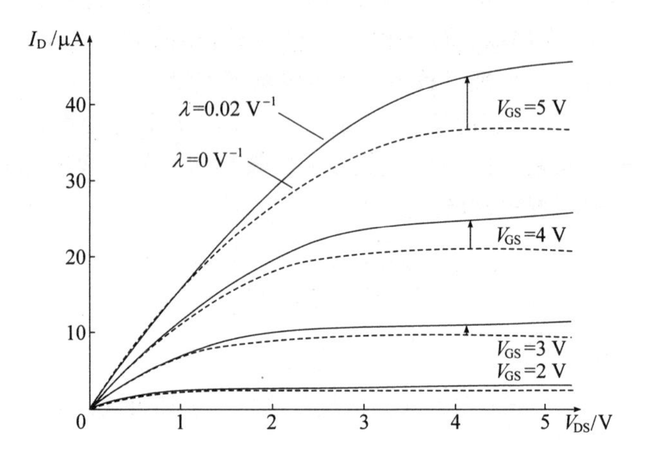

图 3.2-8　有无饱和区沟道长度调制效应的 MOS 晶体管输出特性曲线

由于饱和区沟道长度调制效应,使饱和区电流随 V_{DS} 增加而增大,因此 MOS 晶体管饱和区漏电导不是 0,根据公式(3.2-18)可以求出饱和区漏电导

$$g_{dsat} = \frac{\partial I_D}{\partial V_{DS}} = I_{Dsat}\lambda \tag{3.2-20}$$

其中 I_{Dsat} 是临界饱和电流,即 $V_{DS}=V_{Dsat}$ 时的电流。如果知道了饱和区漏电导就可以根据 MOS 晶体管输出特性曲线求出沟道长度调制因子 λ,如图 3.2-9 所示[17],即

$$\lambda = \frac{g_d}{I_{Dsat}} \tag{3.2-21}$$

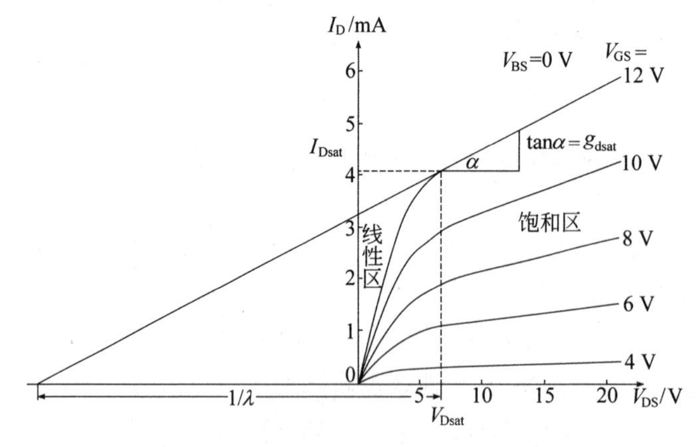

图 3.2-9　根据 MOS 晶体管输出特性曲线求出沟道长度调制因子 λ

也可以类似双极晶体管定义一个厄利(early)电压来描述饱和区电流随漏电压的变化，假定饱和区电流随漏电压线性增加，把饱和区输出特性曲线延长与 X 轴相交，交点就确定了厄利电压 V_A，如图 3.2-9 所示。显然

$$V_A = \frac{1}{\lambda} \tag{3.2-22}$$

饱和区沟道长度调制因子 λ 也可以通过下述测量方法得到。使 MOS 晶体管工作在饱和区，固定 V_{GS} 电压，测量两个不同漏电压 V_{DS1} 和 V_{DS2} 对应的饱和区电流 I_{D1} 和 I_{D2}，则有

$$\frac{I_{D2}}{I_{D1}} = \frac{1+\lambda V_{DS2}}{1+\lambda V_{DS1}} \tag{3.2-23}$$

由测量的电流和电压值可以用上式计算出 λ。图 3.2-10 给出测量电路和原理图[1]。

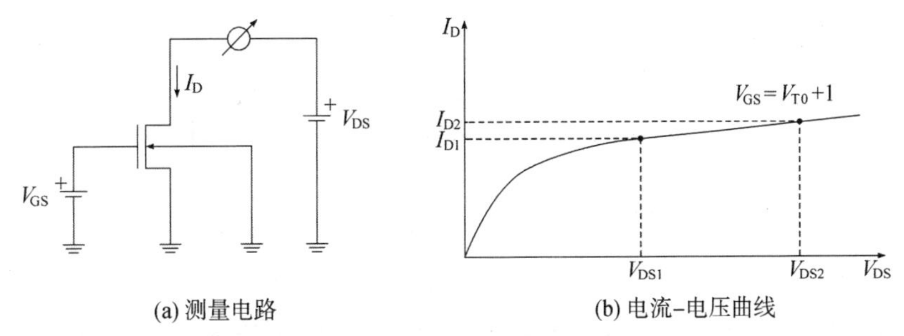

(a) 测量电路　　(b) 电流-电压曲线

图 3.2-10　测量 λ 的电路和原理

3.2.4　迁移率退化和速度饱和

1. 反型载流子的有效迁移率

在 MOS 晶体管中，参与导电的反型载流子被限制在 Si-SiO_2 界面处，近似在一个二维空间运动。反型载流子在运动中不仅像体内载流子那样受到晶格震动引起的声子散射和带电中心引起的库仑散射，而且还要受到 Si-SiO_2 界面不平整引起的界面散射。因此，反型载流子的有效迁移率 μ_{eff} 远低于体内载流子的迁移率 μ_B，而且依赖于硅表面处垂直方向的电场强度 E_x。

考虑到反型载流子受到三种散射，有效迁移率应由下式计算

$$\mu_{eff}^{-1} = \mu_{ph}^{-1} + \mu_{coul}^{-1} + \mu_{sr}^{-1} \tag{3.2-24}$$

其中 μ_{ph} 是由声子散射决定的迁移率，μ_{coul} 是库仑散射决定的迁移率，μ_{sr} 是表面散射决定的迁移率。库仑散射与衬底掺杂浓度有关。声子散射和表面散射与表面处纵向电场有关，另外对温度也有较强的依赖关系。

对于小尺寸器件，由于电压不能完全按比例减小，使器件内部电场增强，当表面纵向电场较强时，声子散射和表面散射是造成反型载流子迁移率退化的主要原因，因此当电场较强时，迁移率随电场强度的变化趋于一个与掺杂浓度无关的“普适曲线”如图 3.2-11[45]。

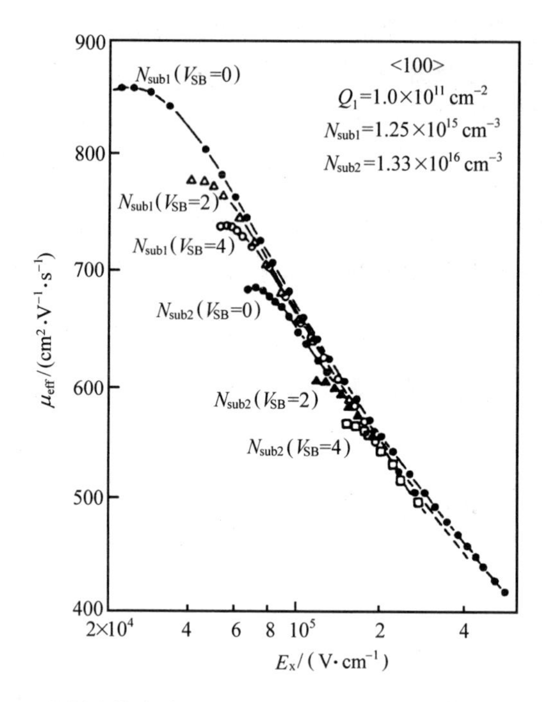

图 3.2-11 不同衬底掺杂浓度的硅中反型层电子迁移率随电场强度的变化

μ_{eff}与电场的关系很难精确推导。根据测量得到的迁移率随纵向电场的变化,可以拟合得到一个有效迁移率随垂直方向有效电场变化的关系[46]

$$\mu_{eff}=\frac{\mu_0}{1+(E_{eff}/E_0)^{C_1}} \tag{3.2-25}$$

其中,E_{eff}是表面处的有效纵向电场,μ_0 是低场下的有效迁移率,E_0 是迁移率开始退化的临界电场强度,C_1 是迁移率修正的指数因子。这些参数与器件结构和工艺有关,可以通过对测量曲线拟合得到。表 3.2-1 给出了拟合得到的参数值[47]。

表 3.2-1 300K 下有效迁移率模型中的参数值

参数	μ_0(cm²/V·s)	E_0(V/cm)	C_1
电子(NMOS)	670	6.7×10^5	1.6
空穴(p+硅栅 PMOS)	160	7.0×10^5	1.0
空穴(n+硅栅 PMOS)	290	3.5×10^5	1.0

一个适合于电路模拟的更简单的迁移率模型是

$$\mu_{eff}=\frac{\mu_0}{1+\alpha E_{eff}} \tag{3.2-26}$$

在漏电压较小时,这个模型与实验数据吻合的比较好[48]。

反型载流子的有效迁移率强烈依赖于有效电场。有效电场可以用反型层中的平均电场表示

$$E_{\mathrm{eff}}=\frac{E_{\mathrm{x1}}+E_{\mathrm{x2}}}{2} \tag{3.2-27}$$

其中 E_{x1} 是 Si-SiO$_2$ 界面处的垂直方向电场，E_{x2} 是表面反型层和耗尽层界面处的垂直方向电场。根据高斯定理可得到

$$E_{\mathrm{x1}}=\frac{Q_{\mathrm{B}}+Q_{\mathrm{c}}}{\varepsilon_0\varepsilon_{\mathrm{si}}} \tag{3.2-28}$$

$$E_{\mathrm{x2}}=\frac{Q_{\mathrm{B}}}{\varepsilon_0\varepsilon_{\mathrm{si}}} \tag{3.2-29}$$

把 E_{x1} 和 E_{x2} 的表达式带入式(3.2-27)得到有效电场为

$$E_{\mathrm{eff}}=\frac{1}{\varepsilon_0\varepsilon_{\mathrm{si}}}\left(Q_{\mathrm{B}}+\frac{1}{2}Q_{\mathrm{c}}\right) \tag{3.2-30}$$

根据式(3.2-30)得到的有效电场用于计算电子的有效迁移率，结果与实验数据符合得很好，但是用于计算空穴的有效迁移率误差较大，如果把 Q_{c} 的系数改为 0.3 则可以得到较好的结果[49]。因此，有效电场可以表示为

$$E_{\mathrm{eff}}=\frac{1}{\varepsilon_0\varepsilon_{\mathrm{si}}}(Q_{\mathrm{B}}+\xi Q_{\mathrm{c}}) \tag{3.2-31}$$

对 NMOS 取 $\xi=0.5$，对 PMOS 取 $\xi=0.3$。

一般认为，在表面有效电场较小时，主要是库仑散射起作用，反型载流子的有效迁移率随衬底掺杂浓度增加而减小。随着表面有效电场增大，声子散射和表面散射作用逐渐加强。在电场不太强如 $E_{\mathrm{eff}}<5\times10^5$ V/cm 时，声子散射起主导作用，反型载流子的有效迁移率与电场的关系基本是 $\mu_{\mathrm{eff}}\propto E_{\mathrm{eff}}{}^{-1/3}$。当表面有效电场接近 10^6 V/cm 时，表面散射成为限制迁移率的主要因素，这种情况下电子的有效迁移率与表面有效电场的关系是 $\mu_{\mathrm{eff}}\propto E_{\mathrm{eff}}^{-2}$，而空穴的有效迁移率与表面有效电场的关系是 $\mu_{\mathrm{eff}}\propto E_{\mathrm{eff}}^{-1}$。图 3.2-12 说明了反型载流子的有效迁移率随表面有效电场的变化规律[50]。

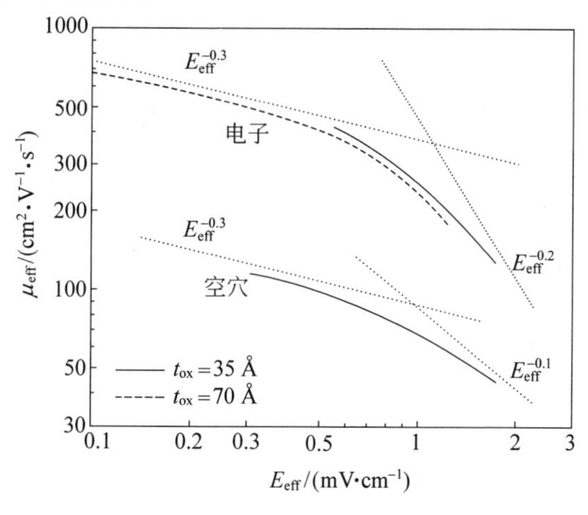

图 3.2-12　电子和空穴有效迁移率随表面有效电场的变化

公式(3.2-31)使用起来并不方便,因为 Q_B 和 Q_c 都不是直接可以得到的物理量。考虑到沟道中的纵向电场与电压($V_{GS}-V_T$)有关,因此,在电路模拟软件 SPICE 中直接根据外加电压计算有效电场,使有效迁移率的计算更简便。

在电路模拟软件 SPICE 的 LEVEL=2 模型中有效迁移率采用一个两段模型,即

$$\mu_{eff}=\mu_0,\quad E_{eff}\leqslant E_0$$

$$\mu_{eff}=\mu_0\left(\frac{E_0}{E_{eff}}\right)^{C_1},\quad E_{eff}>E_0 \tag{3.2-32}$$

也就是说,在低场下近似认为有效迁移率是常数,随着电场增强表面散射加强,有效迁移率随表面有效电场指数降低。有效电场近似用下式计算

$$E_{eff}=\frac{C_{ox}}{\varepsilon_0\varepsilon_{si}}(V_{GS}-V_T-u_tV_{DS}) \tag{3.2-33}$$

把式(3.2-33)代入式(3.2-32)则得到迁移率退化的修正公式

$$\mu_{eff}=\mu_0\left[\frac{\varepsilon_0\varepsilon_{si}E_0}{C_{ox}(V_{GS}-V_T-u_tV_{DS})}\right]^{C_1} \tag{3.2-34}$$

其中,μ_0,E_0,C_1 和 u_t 是模型参数,u_t 叫作横向电场系数,一般取 $u_t=0.5$。在有些电路模拟软件 SPICE 的版本中已经去掉了参数 u_t,即认为 $u_t=0$。

在电路模拟软件 SPICE 的 LEVEL=3 模型中有效迁移率采用更简单的经验公式

$$\mu_{eff}=\frac{\mu_0}{1+\theta(V_{GS}-V_T)} \tag{3.2-35}$$

其中,μ_0,θ 是模型参数。

2. 反型载流子速度饱和

随着沟道长度减小,沿沟道方向的横向电场也在加强,横向电场的增大引起反型载流子漂移速度饱和。载流子在运动中从电场获得能量,另一方面又通过散射损失能量,从而维持动态平衡,在一定的横向电场强度下保持一定的漂移速度。在横向电场较小时,载流子漂移速度随电场强度线性增加,斜率就是反映散射作用的迁移率,即

$$v=\mu_{eff}E_y \tag{3.2-36}$$

随着电场强度增加,不仅使载流子动能增加,也使散射作用加强。当电场强度增大到一定程度,散射作用的加强限制了漂移速度的提高,最终使载流子漂移速度趋于饱和,如图 3.2-13 所示[12],图中 v_S 是载流子的饱和漂移速度,E_{sat} 是漂移速度达到饱和时的临界电场强度。电子的饱和漂移速度在 $6\times10^6\sim1\times10^7$ cm/s 之间,空穴的饱和漂移速度在 $4\times10^6\sim8\times10^6$ cm/s 之间[51,52]。

考虑到载流子漂移速度不是在 $E_y=E_{sat}$ 时突然达到饱和,而是一个渐变过程,对载流子漂移速度与电场的关系可以采用如下分段模型[53]

$$v=\frac{\mu_{eff}E_y}{1+(E_y/E_{sat})}\quad E_y<E_{sat}$$

$$v=v_S\quad E_y\geqslant E_{sat} \tag{3.2-37}$$

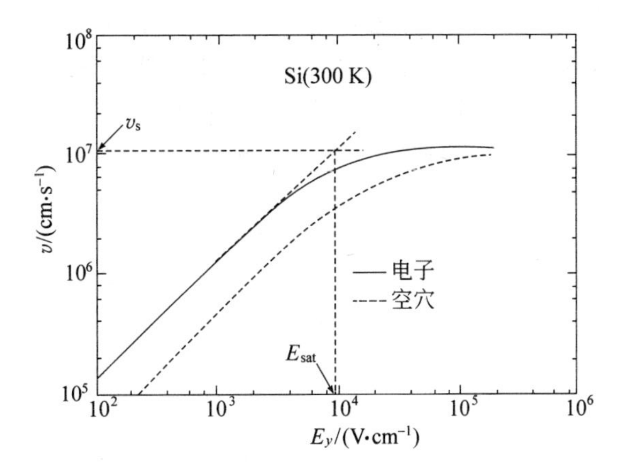

图 3.2-13　载流子漂移速度与横向电场的关系

根据式(3.2-37)得到载流子的饱和漂移速度是

$$v_S = \frac{1}{2}\mu_{eff}E_{sat} \tag{3.2-38}$$

如果知道了反型载流子的漂移速度，则可以根据下式计算沟道中的电流

$$I_D(y) = W|Q_c(y)|v = I_D \tag{3.2-39}$$

由式(3.2-39)得到

$$v = \frac{I_D}{W|Q_c(y)|} = \frac{I_D}{WC_{ox}[V_{GS} - V_T - V_c(y)]} \tag{3.2-40}$$

根据漂移速度分段模型，在达到速度饱和之前

$$v = \frac{\mu_{eff}E_y}{1 + E_y/E_{sat}}$$

代入式(3.2-40)得到

$$E_y = \frac{I_D}{W\mu_{eff}C_{ox}[V_{GS} - V_T - V_c(y)] - I_D/E_{sat}} \tag{3.2-41}$$

利用 $E_y = \frac{dV_c(y)}{dy}$，代入上式积分后得到

$$I_D = \frac{W\mu_{eff}C_{ox}(V_{GS} - V_T - V_{DS}/2)V_{DS}}{L[1 + V_{DS}/(E_{sat} \cdot L)]} \tag{3.2-42}$$

上式是基于反型载流子的漂移速度模型得到的线性区电流公式，它和前面推导的简单电流方程不同，这是由于漂移速度不是简单地用 $v = \mu_{eff}E_y$ 计算。

当 $V_{DS} = V_{Dsat}$ 时，$E_y = E_{sat}$，反型载流子的漂移速度达到饱和，MOS 晶体管进入饱和区。根据公式(3.2-41)和(3.2-42)可以得到使反型载流子漂移速度达到饱和的漏饱和电压，

$$V_{Dsat} = \frac{(V_{GS} - V_T)LE_{sat}}{(V_{GS} - V_T) + LE_{sat}} \tag{3.2-43}$$

当 $V_{DS}>V_{Dsat}$ 后,在沟道中某一点 y_1 达到 $E(y_1)=E_{sat}$,y_1 是载流子漂移速度达到饱和的临界点。在 $y=y_1$ 到 $y=L$ 区间反型载流子以恒定的速度 v_S 漂移到漏极,因此,饱和区电流可以用下式计算

$$I_D = WQ_c(y_1)v_S = WC_{ox}(V_{GS}-V_T-V_{Dsat})v_S \tag{3.2-44}$$

按照简单电流模型,饱和区电流是

$$I_D = \frac{1}{2}\frac{W}{L}\mu_{eff}C_{ox}(V_{GS}-V_T)^2 \propto (V_{GS}-V_T)^2 \tag{3.2-45}$$

从式(3.2-44)看出,按照速度饱和模型,饱和区电流与栅电压是线性关系,即

$$I_D \propto (V_{GS}-V_T) \tag{3.2-46}$$

图 3.2-14 比较了简单电流模型和速度饱和模型得到的 MOS 晶体管的输出特性曲线[54]。显然,对小尺寸 MOS 器件,反型载流子漂移速度饱和造成饱和区电流下降,限制了器件按比例缩小获得的性能改善。

可以引入参数 $F_{\mu,v}$ 反映迁移率退化和速度饱和的影响,$F_{\mu,v}$ 定义为考虑迁移率退化和速度饱和模型计算的电流与简单电流模型结果的比值,即

$$F_{\mu,v} = \frac{\mu_{eff}}{\mu_0}\frac{1}{1+(V_{DS}/E_{sat}L)} \tag{3.2-47}$$

还有一点值得注意,当反型载流子密度比较大时,由于反型载流子之间的散射,将使反型载流子的饱和速度进一步减小。很多测量表明反型载流子的饱和漂移速度大约在 6×10^6 cm/s。图 3.2-15 比较了不同反型载流子密度的情况下,反型载流子漂移速度与横向电场的关系,从中可以看出反型载流子密度对漂移速度的影响[55]。

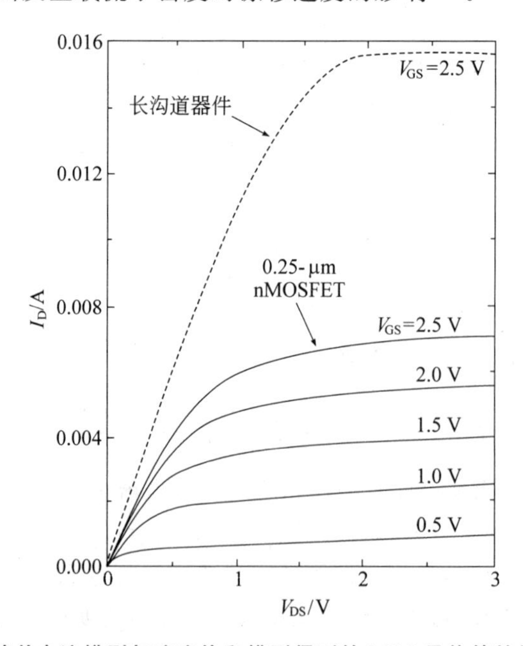

图 3.2-14　简单电流模型与速度饱和模型得到的 MOS 晶体管的输出特性曲线

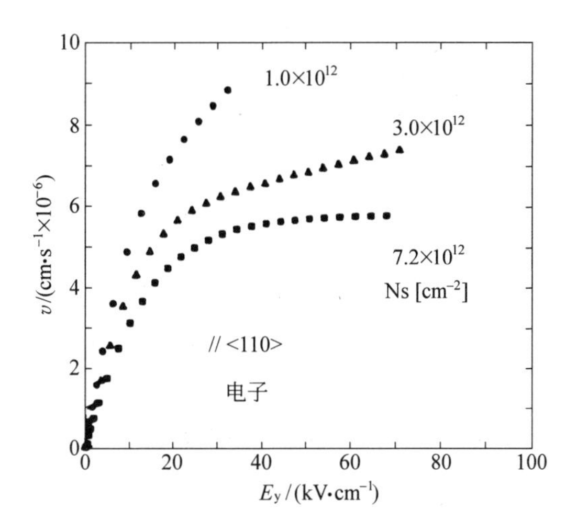

图 3.2-15　不同反型载流子密度情况下，漂移速度与横向电场的关系

3.2.5　热电子效应

由于在器件尺寸缩小过程中，电源电压不可能和器件尺寸按同样比例缩小，这样导致 MOS 器件内部电场增强。当 MOS 器件沟道中的电场强度超过 100kV/cm 时，电子在两次散射之间获得的能量将可能超过它在散射中失去的能量，从而使一部分电子的能量显著高于热平衡时的平均动能而成为热电子。高能量的热电子将严重影响 MOS 器件和电路的可靠性，引起一系列热电子效应。

热电子效应主要表现在以下几个方面：

(1) 热电子向栅氧化层中发射。

高能量的热电子有一定概率越过 Si-SiO_2 势垒发射到栅氧化层中。热电子发射到栅氧化层中的概率是[56]

$$P = A\exp(-X_c/\lambda) \tag{3.2-48}$$

其中 A 是归一化常数，X_c 是 Si-SiO_2 势垒峰到导带边的距离，λ 是电子运动的平均自由程。X_c 决定于 Si-SiO_2 之间的势垒高度以及半导体表面的能带弯曲状况。半导体表面电场增强会使 X_c 减小，从而加剧热电子效应。发射到氧化层中的电子可以被氧化层中或 Si-SiO_2 界面处的陷阱俘获，使氧化层中的固定电荷以及界面态电荷增加。氧化层电荷增加将引起 MOS 器件阈值电压漂移。另外氧化层和界面态电荷增加也会引起载流子迁移率降低。热电子向栅氧化层发射还对氧化层造成损伤，降低了氧化层的击穿电压。热电子发射引起的氧化层电荷会随着时间的积累而增加，造成器件性能退化。图 3.2-16 说明随着时间积累热电子效应引起的阈值电压漂移。

(2) 热电子效应引起衬底电流。

高能量的热电子与晶格碰撞引起碰撞电离，激发出电子-空穴对。电子被漏极收集，有少量电子可以发射到氧化层中，空穴则流向衬底形成衬底电流 I_{sub}。基于等效温度模型，衬

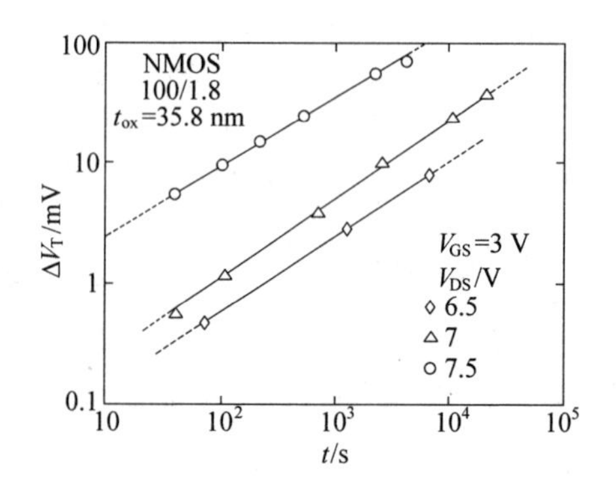

图 3.2-16 热电子效应引起的阈值电压漂移

底电流可表示为

$$I_{sub} = C_1 I_D e^{-\varphi_i/kT_e} \tag{3.2-49}$$

式中 C_1 是经验拟合参数,φ_i 是碰撞电离的阈值能量,T_e 是等效电子温度。由于短沟 MOS 器件中热电子的来源主要是沟道电流中的电子,因此热电子形成的衬底电流与沟道导通电流 I_D 成正比。热电子的等效温度决定于沟道漏端的最大电场强度 E_m,即

$$T_e = \frac{q}{k}\lambda E_m \tag{3.2-50}$$

把式(3.2-50)代入式(3.2-49)得到

$$I_{sub} = C_1 I_D \exp(-\varphi_i/\lambda E_m) \tag{3.2-51}$$

衬底电流构成 MOS 器件的泄漏电流,将增加 CMOS 电路的静态功耗。另外,衬底电流流过衬底时会在体电阻上产生压降。由于 MOSFET 源极通常接地,体电位的抬高使源结正偏,引起寄生双极晶体管效应,使电流增大,进一步增加了热电子的来源,这将造成一个正反馈作用,最终导致极大的漏电流。这是造成短沟道 MOSFET 击穿的一个重要原因[35,57]。这种击穿也叫 snap-back 击穿,它将引起 I-V 曲线的回滞现象,如图 3.2-17 所示[35]。衬底电流造成源结正偏也是在 CMOS 电路中诱发闩锁效应的一个原因。

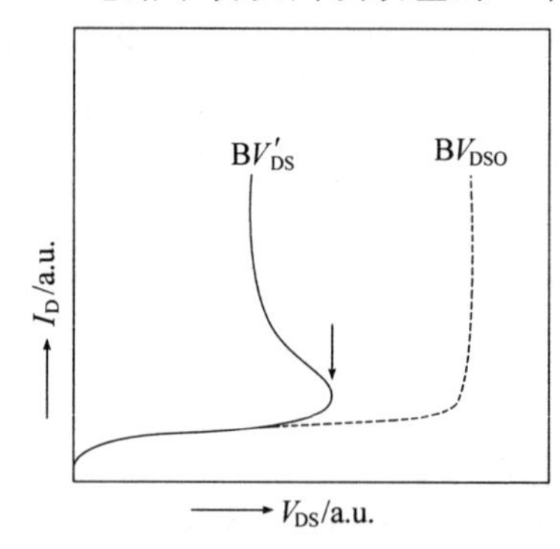

图 3.2-17 短沟道 MOSFET 的击穿特性

(3) 热电子效应引起栅电流。

发射到栅氧化层的热电子一部分被氧化层中的陷阱俘获，而大部分被栅电极收集形成 MOSFET 的栅电流 I_G，栅电流也将增加 CMOS 电路的静态功耗。栅电流的大小决定于热电子的能量以及 Si-SiO_2 势垒高度，即

$$I_g = C_2 I_D \exp(-\varphi_b / q\lambda E_m) \tag{3.2-52}$$

其中 C_2 是与氧化层中的电场有关的系数，φ_b 是 Si-SiO_2 势垒高度，在 $E_{ox}=0$ 时对于电子约为 3.2eV，对于空穴约为 4.9eV。由于 Si-SiO_2 界面的势垒较高，注入栅氧化层中的热电子比碰撞电离产生的热电子要少得多，因此栅电流比衬底电流要小很多个数量级。

(4) 热电子效应引起衬底少子电流。

热电子还可能引起光子的产生，热电子产生的光子可以穿透到硅衬底中激发出电子，形成衬底中的少子电流。热电子产生一个能量为 $h\nu$ 的光子的概率正比于 $\exp(-h\nu/kT_e)$，由此引起的衬底少子电流可以用下式近似计算

$$I_n = C_3 I_D \exp\left(\frac{-1.3\text{eV}}{q\lambda E_m}\right) \tag{3.2-53}$$

式中 1.3eV 是光子的平均能量，系数 $C_3 \approx 6\times10^{-5}$。

衬底中的少子电流可能被高电位的 n^+ 区接受，引起附加的泄漏电流，同时会破坏动态存储结点的高电平信号，造成电路失效。由于光子在硅中有一定的穿透深度，被 n^+ 区收集的 I_n 会随 n^+ 区与发生热电子效应的 MOS 晶体管的距离而变化。

很多人对热电子效应的影响进行了分析[58~60]。图 3.2-18 形象地说明了热电子效应引起的非正常电流。

从式(3.2-50)看出反映热电子能量的等效温度直接决定于沟道中的峰值电场强度 E_m。沟道漏端的最大电场强度可近似用下式计算

$$E_m = \frac{V_{DS} - V_{Dsat}}{l} \tag{3.2-54}$$

其中 V_{Dsat} 是引起载流子漂移速度饱和的漏饱和电压，l 是决定于器件结构的参数。通过二维数值模拟与实验数据拟合得到 $l \approx 0.22 x_j^{1/2} t_{ox}^{1/3}$[59]。但是当器件尺寸缩小到栅氧化层厚度 $t_{ox}<15$nm，沟道长度 $<0.5\mu$m 后，参数 l 应该用下式计算：$l=0.017 x_j^{1/3} t_{ox}^{1/8} L^{1/5}$。由于 E_m 决定于工作电压 V_{DS} 和 V_{GS}，因此热电子效应引起的几种非正常电流 I_{sub}，I_G 和 I_n 也与电压 V_{DS} 和 V_{GS} 有关。显然，V_{DS} 越大，E_m 越大，热电子效应越显著，I_{sub}，I_G 和 I_n 都会增大。这些电流随栅电压变化的曲线基本是钟形，即先随 V_{GS} 增加而增大，达到峰值后又随 V_{GS} 增加而减小。图 3.2-19 给出了 I_{sub} 和 I_G 随 V_{DS} 和 V_{GS} 电压的变化[61]。当 V_{GS} 较大时，V_{GS} 的增加使 V_{Dsat} 增大，对于一定的 V_{DS} 使 E_m 减小，从而使热电子效应引起的 I_{sub} 和 I_G 减小。

由于热电子效应直接依赖于沟道中的最大电场强度 E_m，减小 E_m 可以抑制热电子效应。采用轻掺杂漏(lightly doped drain，LDD)结构可以有效降低 E_m。由于 MOS 器件源、漏区是对称结构，一般在源、漏区两边都增加轻掺杂区。图 3.2-20 说明了 LDD 结构与常规

结构的差别,说明采用 LDD 结构可以使电场的峰值从沟道漏端移到 n^--n^+ 结附近,同时使电场的峰值明显减小[62]。不过采用 LDD 结构将增大源、漏区串联电阻,这将对器件性能造成影响。因此,对 LDD 区的长度、结深和掺杂浓度等参数要进行优化设计。

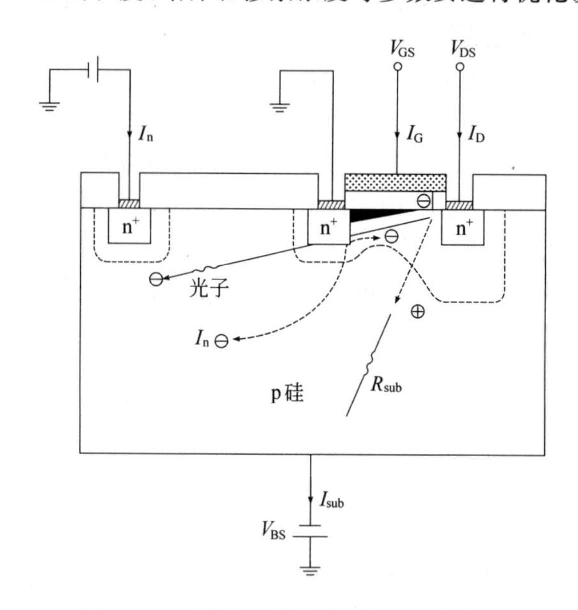

图 3.2-18　热电子效应引起的非正常电流

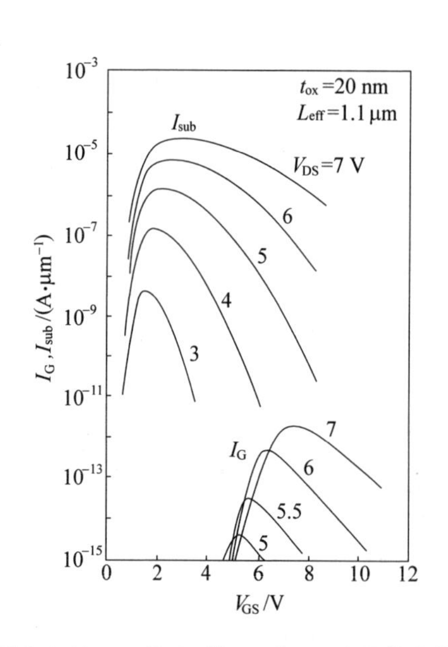

图 3.2-19　I_{sub} 和 I_G 随 V_{DS} 和 V_{GS} 电压的变化

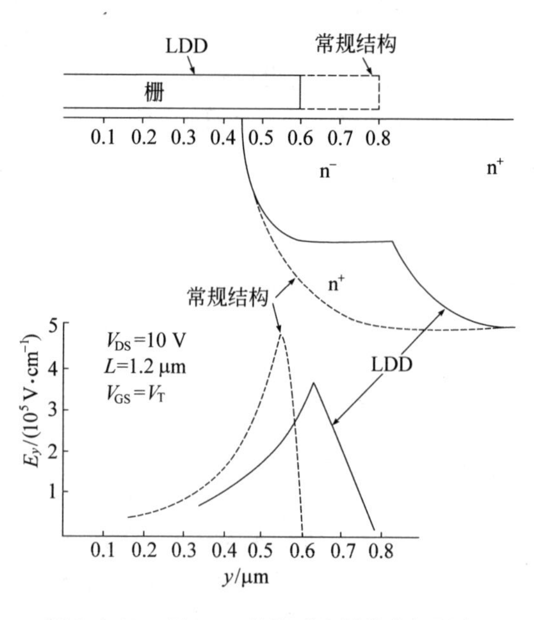

图 3.2-20　用 LDD 结构减小漏端电场强度

以上讨论的主要是 NMOS 器件的热电子效应。由于空穴的碰撞电离率大约比电子低 2～3 个数量级，而且对于空穴的 Si-SiO_2 势垒高度也比电子的要大，因此一般 NMOS 器件中的热载流子效应比 PMOS 器件严重。但是当器件尺寸缩小到深亚微米后，PMOS 器件的热载流子效应也必须引起重视。

3.3　双极型晶体管的器件模型*

双极型晶体管(bipolar junction transistor，BJT)是除了 MOS 场效应晶体管以外重要的集成电路有源器件之一，从历史上说 BJT 的发明要比 MOS 器件的发明大约早十年，由于 MOS IC 有工艺简单、集成密度高、功率低等优势，其逐步取代了双极集成电路。但是 BJT 器件特有的高速、低噪声和高输出功率等性能使其在高频和模拟集成电路等领域还有 MOS 器件不可替代的重要应用。人们自然会想到把 BJT 和 MOS 器件的优势互补起来，这就是本书后面要介绍的 BiCMOS 技术。虽然单纯的双极集成电路基本不用了，但是双极型晶体管在现代集成电路中仍有应用，因此还需要了解 BJT 的工作原理和基本器件模型。

3.3.1　双极型晶体管的基本结构和分类

数字集成电路中的双极型晶体管以 NPN 晶体管为主，其典型结构如图 3.3-1 所示，为了阻断一个芯片中晶体管集电极的自然连通，每个 NPN 晶体管都用 p^+ 隔离墙包围隔离。从纵向看 NPN 型晶体管有三层：n 型发射区、p 型基区和 n 型集电区，由它们分别引出发射极(E)、基极(B)和集电极(C)。晶体管中存在两个 pn 结，n 型发射区和 p 型基区形成发射结；p 型基区和 n 型集电区形成集电结。为了保证晶体管正常工作，要求发射区掺杂浓度足够高，用 n^+ 表示，基区 p 型掺杂浓度适当，集电区掺杂浓度最低用 n^- 表示。n^- 外延层下面增加 n^+ 埋层是为了减小集电极串联电阻改善晶体管性能。另外集电区的引出增加 n^+ 层以便和金属电极形成良好的欧姆接触。

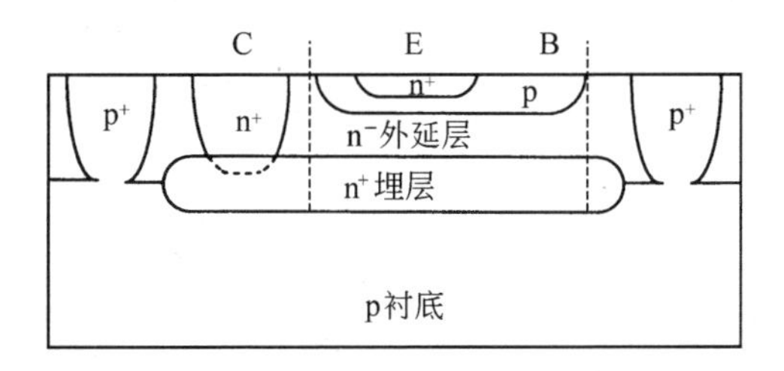

图 3.3-1　集成的 NPN 晶体管剖面结构

为了说明 NPN 晶体管的基本工作原理，把晶体管的本征工作区(如图 3.3-1 中的虚线内区域)转 90 度，用图 3.3-2(a)表示出晶体管中的载流子运动[63]。由于 n^+ 发射区有大量电子，当发射结加正向电压 V_{BE}($V_{BE}>0$)时，会有大量电子在电场作用下注入 p 型基区，注入基区的电子有少量与基区的空穴复合形成基极电流(I_B)的一部分,大部分电子以扩散运动到达集电结,若集电结加反向电压 V_{BC}($V_{BC}<0$),则电子被集电结收集到达集电区,电子在集电区漂移运动流向集电极,形成集电极电流 I_C。在结电压的作用下也会有基区空穴向发射区注入,由于掺杂浓度的差别,空穴注入电流要比电子注入电流小很多,对于现代晶体管空穴注入电流是基极电流的主要部分。从图 3.3-2(b)可以看出,发射极电流 I_E 是基极电流 I_B 与集电极电流 I_C 之和。

$$I_E = I_B + I_C \tag{3.3-1}$$

这就是晶体管中的基本电流关系。

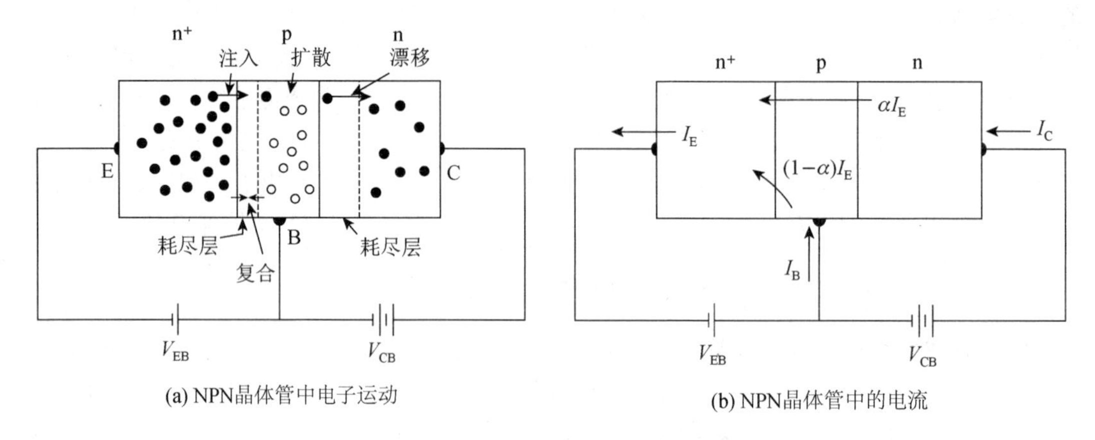

图 3.3-2 NPN 晶体管的基本工作原理

图 3.3-2(b)画出了 NPN 晶体管中的电流,图中箭头表示电流的方向,与电子流动方向相反,其中

$$I_C = \alpha I_E, \quad I_B = (1-\alpha) I_E \tag{3.3-2}$$

式中 α 表示注入基区的电子到达集电极的比例,叫作共基极电流放大系数。

如果以基极电流为参考,则有

$$I_E = I_B/(1-\alpha), \quad I_C = I_B\alpha/(1-\alpha) \tag{3.3-3}$$

引入 $\beta=\alpha/(1-\alpha)$,则有

$$I_C = \beta I_B \tag{3.3-4}$$

β 就是以基极电流为输入、以集电极电流为输出的共发射极电流放大系数。

双极型晶体管还有另一种类型即 PNP 晶体管,顾名思义它是用 p 型发射区、n 型基区和 p 型集电区构成。由于双极集成电路的主流工艺是针对 NPN 晶体管优化的,因此最简单的 PNP 晶体管形式是横向结构,如图 3.3-3 所示[64]。它是用形成 NPN 晶体管基区的工艺形成发射区和集电区,用 n^- 外延层作基区。PNP 晶体管和 NPN 晶体管工作原理类似,只是所加电压极性相反、电流方向相反。由于发射区掺杂浓度不高不能形成大量的载流子(空穴)注入,且空穴迁移率比电子小,这种横向 PNP 晶体管工作电流小,另外,由于基区宽

度大，空穴在基区复合多，使增益(α 和 β)降低。因此，这种 PNP 晶体管性能远不如 NPN 晶体管。不过，随着工艺进步，特征尺寸不断缩小，使基区宽度可以缩小，器件性能可以得到很大提高。

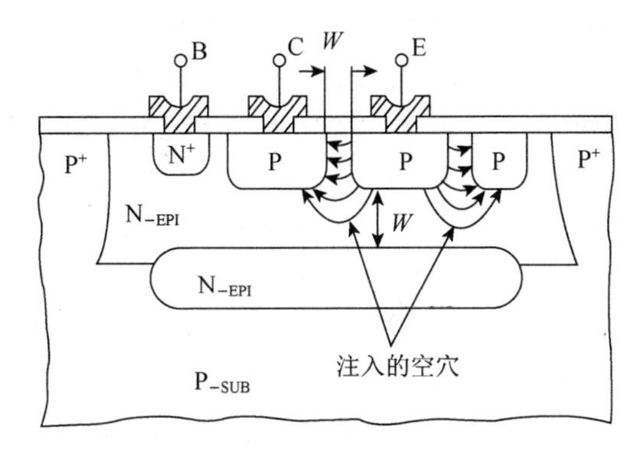

图 3.3-3　横向 PNP 晶体管的剖面结构

如果需要较大工作电流的 PNP 晶体管，可以采用纵向衬底 PNP 晶体管，如图 3.3-4 所示[64]。要注意的是制作这种衬底 PNP 晶体管不能要 n^+ 埋层。由于发射区注入面积比横向 PNP 晶体管大，因此可以有较大的发射极电流，但是其他性能仍无法改进。

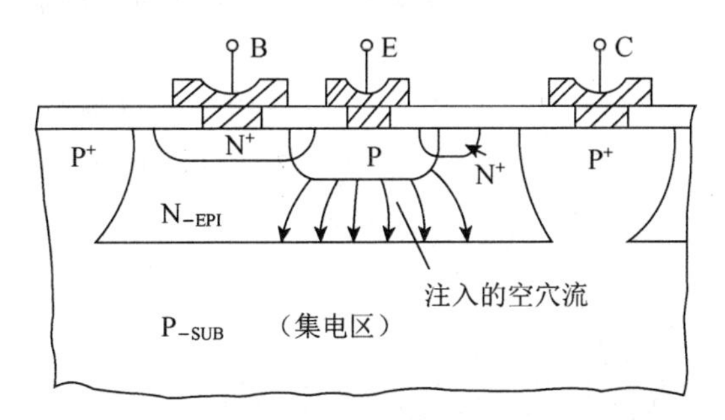

图 3.3-4　纵向衬底 PNP 晶体管的剖面结构

图 3.3-5 给出了 NPN 晶体管和 PNP 晶体管在电路中的表示符号，箭头表示电流方向也用于区分两种晶体管类型。

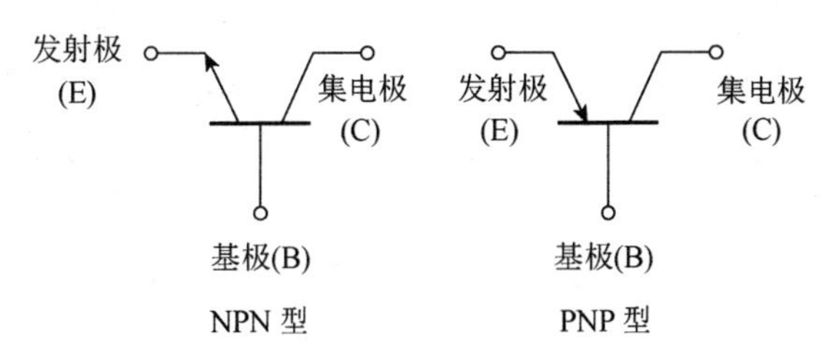

图 3.3-5　双极晶体管的表示符号

图 3.3-1 给出的 NPN 晶体管结构是基于早期的标准埋层集电极(standard buried collector,SBC)工艺,这种结构面积大、集成度低,而且 pn 结隔离带来较大的寄生电容,隔离墙 p 型区引入的 PNP 寄生晶体管还可能导致闩锁效应,这些都会影响集成电路性能的提高。随着集成电路工艺技术的发展,双极型晶体管的结构和性能也不断改进。

基于 LOCOS 工艺的氧化物隔离使晶体管面积大大缩小,因为 pn 结隔离要求隔离墙 p 区和埋层 n^+ 区以及基区保留较大的距离,而氧化物隔离条可以和 n^+ 埋层与基区相连,另外 pn 结隔离墙宽度较大,相比之下,氧化物隔离条可以做得较窄,这两个因素大大减少了氧化物隔离晶体管的尺寸。更重要的是氧化物隔离消除了 PNP 寄生晶体管,而且极大减小了寄生电容,这将有利于提高晶体管和电路的性能,pn 结隔离晶体管特征频率的典型值大约为 1GHz,氧化物隔离晶体管 f_T 的典型值可达 5GHz。氧化物隔离结构虽然比 pn 结隔离结构在面积和性能上都有很大改进,但是其本身还有一些缺点,影响器件尺寸的进一步减小,第一,氧化物隔离结构只是减少了晶体管之间的隔离区面积,不能减少器件发射极、基极和集电极之间的距离,因此单纯的氧化物隔离结构的有源区面积还是比较大。第二,氧化物隔离结构的形成需要长时间的高温氧化,这会引起埋层的杂质反扩而限制了器件的纵向按比例缩小。第三,发射区和基区尺寸的进一步按比例缩小会遇到新的问题,例如减小基区宽度和基区电阻的矛盾。为了解决这一系列问题,双极器件不断进行着技术上的革新。多晶硅自对准工艺(polysilicon self-aligned,PSA)较好地解决了双极器件按比例缩小的问题,它已经成为目前制作双极晶体管的主流工艺。

现代先进的双极晶体管都具有自对准工艺、多晶硅发射极技术和深槽隔离技术这三个关键特征,图 3.3-6 给出了一个先进的高速双极晶体管的基本结构[65]。

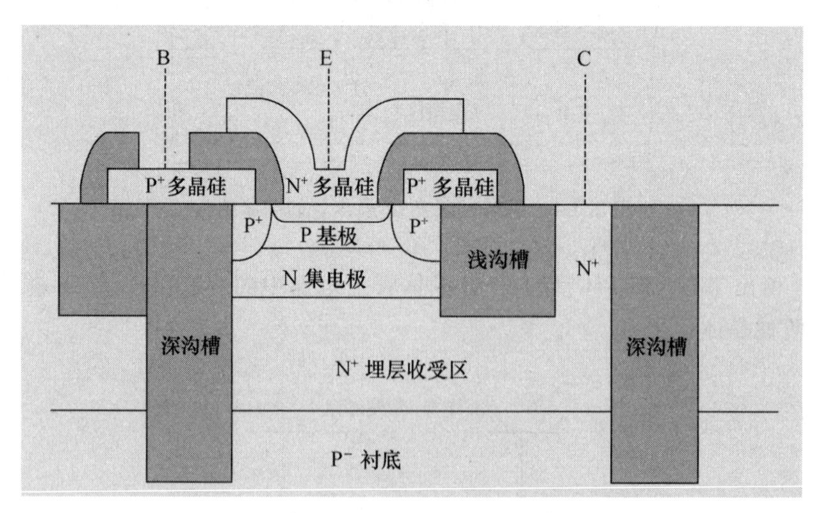

图 3.3-6 先进的高速双极晶体管基本结构

第一个特征是自对准结构，这种晶体管发射极由 n^+ 多晶硅形成，基极电极由 p^+ 多晶硅形成，两层多晶硅之间用氧化层称为侧墙(sidewall spacer)隔开，它保证了晶体管基极和发射极之间的自对准。非自对准器件的发射极和基极电极图形之间要留有足够的光刻套准间距，限制了晶体管基区面积的减小。而自对准器件的发射极图形和基极图形可以“紧密相连”，这大大减少了晶体管基区以及整个有源区的尺寸，自对准结构的基区面积比常规结构的基区面积减小了 3 倍多。

第二个特征是多晶硅发射极结构，多晶硅发射极已成为现代先进双极型晶体管的主流结构。早期的 SBC 结构不能使晶体管纵向尺寸按比例缩小，当发射结结深减少到 200nm 以下时，将导致基极电流增大，电流增益下降。另外，基区宽度减少将导致穿通现象的发生，解决这个问题的可能方法是增加基区的掺杂浓度，但这又引起晶体管电流放大倍数的下降。解决双极晶体管纵向按比例缩小问题的最佳方案之一就是采用多晶硅发射极结构，因为多晶硅发射极晶体管和常规双极晶体管在同等基区掺杂浓度下，其电流增益比后者大了 3～10 倍。在保证与常规晶体管相同 β 的条件下，基区掺杂浓度可以提高，所以克服了穿通现象。常规双极器件的发射区是用离子注入形成，高能量离子直接打在硅表面，产生的缺陷往往在热退火后还难以消除，影响了器件的性能和成品率。用多晶硅作发射极，粒子打在多晶硅上，避免了硅表面损伤和缺陷的产生，实现了完美注入。另外，利用多晶硅形成良好浅结的同时还形成了欧姆接触和发射极引线，这可以避免铝引线造成的尖锥形穿透(spike)问题。

第三个特征是用深槽隔离取代 LOCOS 工艺形成的氧化物隔离。通过 RIE 刻蚀技术形成深的沟槽穿透外延层和埋层直至衬底，沟槽中填充绝缘物，将相邻的晶体管隔开，这就是所谓的深槽隔离技术。由于它既没有 pn 结隔离中的 p^+ 隔离区横向扩散问题，也没有氧化物隔离的“鸟嘴”问题，所以它的隔离条宽和隔离区到有源区的距离都可以做得很小，这极大减小了器件的尺寸，既提高了集成度，又减少了寄生电容，使电路性能大大提高。另外，沟槽隔离省去了氧化物隔离中形成场氧化层的高温过程，避免了埋层向外延层中的杂质反扩，因而可以使外延层厚度按比例减少，对提高电路速度减少晶体管饱和压降都有好处。而且，沟槽的击穿电压高，增强了隔离性能。

为了进一步提高双极晶体管的性能，又发展了一些先进的双极晶体管结构。其中一种是 SiGe-base 双极晶体管，它是用 SiGe 材料代替 Si 形成基区，其他工艺基本与双层多晶硅自对准工艺相同，这种晶体管比起硅基区晶体管可以在模拟和高频应用上使器件参数有很大提高。还有一种 GaAs HBT 结构，对比于 SiGe-base 双极晶体管它有更小的结电容，且基区电阻小 10 倍，所以在相同集电极电流下，GaAs HBT 的截止频率和最大振荡频率更高。在相同的击穿电压下，GaAs HBT 能设计更大的集电极电流密度，因此更有利于缩小器件尺寸。不过，SiGe-base 双极晶体管 真正的好处是它与硅 VLSI 工艺的兼容性，因此成本更低，更容易与 CMOS 器件整合到一块芯片上生产 SiGe-base Bi-CMOS 电路。

以上讲解了双极晶体管的基本结构和基本工作原理，当电路中应用双极晶体管需要做电路分析时,还需要更精确的器件模型来描述双极晶体管的性能。下面就给出电路分析中采用的双极晶体管模型[66-68]。

3.3.2 本征晶体管的 EM 模型

集成电路的分析与设计中,比较有名的双极型器件模型有埃伯尔斯-莫尔模型(Ebers-Moll model)和根梅尔-普恩模型(Gummel-Poon model)等,这些模型对电路设计是非常有用的,只要按照模型的要求,给出准确的模型参数,计算机就能计算出器件的转移特性、输出特性和时间延迟特性等电路设计人员非常关心的数据来。下面用一种简单直观的方法给出双极型器件埃伯斯-莫尔模型的解析表达式和等效电路,并用这个模型说明双极型器件的一些重要性质。

以 NPN 管为例,并把实际晶体管简化为图 3.3-7 所示的结构来说明 EM 模型。

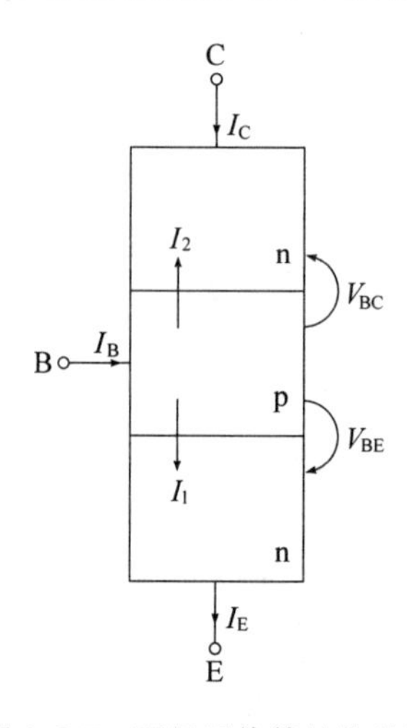

图 3.3-7 双极晶体管结构简图

对于图 3.3-7 所示的结构,称流过晶体管三个电极的电流 I_C,I_B 和 I_E 为端电流,电流的正方向如图中箭头所示,称流过发射结和集电结的电流 I_1 和 I_2 为结电流,加在两个结上的电压 V_{BE}和 V_{BC}为结电压,结电流和结电压的符号由 pn 结正偏或反偏来定,如发射结正偏,则 I_1 和 V_{BE}均为正,否则为负,依此类推。

1. 端电流和结电流关系

由图 3.3-7,根据基尔霍夫定律可得端电流和结电流的关系:

$$\begin{cases} I_E = I_1 \\ I_B = I_1 + I_2 \\ I_c = -I_2 \end{cases} \tag{3.3-5}$$

写成矩阵形式:

$$\begin{pmatrix} I_E \\ I_b \\ I_c \end{pmatrix} = \begin{pmatrix} 1 & 0 \\ 1 & 1 \\ 0 & -1 \end{pmatrix} \begin{pmatrix} I_1 \\ I_2 \end{pmatrix} \tag{3.3-6}$$

2. 结电流和结电压关系

晶体管中通过一个 pn 结的电流，不仅与这个 pn 结所加的偏压有关，还与相邻 pn 结的传输电流有关。以 I_1 为例，I_1 中与 V_{BE}有关的电流为 $I_{ES}(e^{\frac{V_{BE}}{V_T}}-1)$，式中 I_{ES}为发射结的反向饱和电流，V_t 为热电压$\frac{KT}{q}$，这是典型的 pn 结电流公式，I_1 中与相邻的收集结有关的电流为 $AI_{CS}(e^{\frac{V_{BC}}{V_T}}-1)$，其中 I_{CS}为收集结反向饱和电流，A 为小于 1 的常数，代表集电结电流传输到发射结的电流所占比例。综合起来 I_1 为

$$I_1 = I_{ES}(e^{\frac{V_{BE}}{V_T}}-1) + AI_{CS}(e^{\frac{V_{BC}}{V_T}}-1) \tag{3.3-7}$$

同理，通过集电结的电流 I_2 为

$$I_2 = BI_{ES}(e^{\frac{V_{BE}}{V_T}}-1) + I_{CS}(e^{\frac{V_{BC}}{V_T}}-1) \tag{3.3-8}$$

B 代表发射结电流中传输到集电结的电流所占比例。A 和 B 可通过实验测出。

如令晶体管发射结正偏，$V_{BE}>0$，集电结零偏，$V_{BC}=0$，则由式(3.3-8)和式(3.3-7)相除可得

$$B = \frac{I_2}{I_1} = -\frac{I_C}{I_E} = -\alpha_F$$

其中第二个等号后的式子由(3.3-5)式得到，I_C/I_E 正是共基极短路电流放大系数 α_F。

如令晶体管集电结正偏，$V_{BC}>0$，发射结零偏，$V_{BE}=0$，则同理可得

$$A = \frac{I_1}{I_2} = -\frac{I_E}{I_C} = -\alpha_R$$

由这里所设偏置条件可知，此时晶体管反向工作，其集电极电流和发射极电流正好与常规的 I_E，I_C 相反，上式中的 I_E 实际上是反向工作晶体管的集电极电流，I_C 实际上是反向工作晶体管的发射极电流，其比值是晶体管反向工作共基极短路电流放大系数 α_R，由于双极型器件发射区和集电区不对称，α_R 要比 α_F 小很多。把 A，B 的式子代入式(3.3-7)和(3.3-8)得到物理意义明确的结电流与结电压关系为：

$$\begin{cases} I_1 = I_{ES}(e^{\frac{V_{BE}}{V_T}}-1) - \alpha_R I_{CS}(e^{\frac{V_{BC}}{V_T}}-1) & (3.3\text{-}9) \\ I_2 = -\alpha_F I_{ES}(e^{\frac{V_{BE}}{V_T}}-1) + I_{CS}(e^{\frac{V_{BC}}{V_T}}-1) & (3.3\text{-}10) \end{cases}$$

将以上两式写成矩阵形式

$$\begin{pmatrix} I_1 \\ I_2 \end{pmatrix} = \begin{pmatrix} 1, & -\alpha_R \\ -\alpha_F, & 1 \end{pmatrix} \begin{pmatrix} I_{ES}(e^{\frac{V_{BE}}{V_T}}-1) \\ I_{CS}(e^{\frac{V_{BC}}{V_T}}-1) \end{pmatrix} \tag{3.3-11}$$

3. 端电流和结电压的关系

由式(3.3-6)和(3.3-11)可得

$$\begin{pmatrix} I_{\mathrm{E}} \\ I_{\mathrm{B}} \\ I_{\mathrm{C}} \end{pmatrix} = \begin{pmatrix} 1 & 0 \\ 1 & 1 \\ 0 & -1 \end{pmatrix} \begin{pmatrix} 1, & -\alpha_{\mathrm{R}} \\ & \\ -\alpha_{\mathrm{F}}, & 1 \end{pmatrix} \begin{pmatrix} I_{\mathrm{ES}}\left(\mathrm{e}^{\frac{V_{\mathrm{BE}}}{V_{\mathrm{T}}}}-1\right) \\ I_{\mathrm{CS}}\left(\mathrm{e}^{\frac{V_{\mathrm{BC}}}{V_{\mathrm{T}}}}-1\right) \end{pmatrix}$$

$$= \begin{pmatrix} 1, & -\alpha_{\mathrm{R}} \\ (1-\alpha_{\mathrm{F}}), & (1-\alpha_{\mathrm{R}}) \\ \alpha_{\mathrm{F}}, & -1 \end{pmatrix} \begin{pmatrix} I_{\mathrm{ES}}\left(\mathrm{e}^{\frac{V_{\mathrm{BE}}}{V_{\mathrm{T}}}}-1\right) \\ I_{\mathrm{CS}}\left(\mathrm{e}^{\frac{V_{\mathrm{BC}}}{V_{\mathrm{T}}}}-1\right) \end{pmatrix} \tag{3.3-12}$$

式(3.3-12)即为双极晶体管的 EM 模型的数学表达式。由式(3.3-12)可见,只要知道晶体管放大系数 α_{F},α_{R} 和晶体管两个结的反向饱和电流 I_{ES},I_{CS}等参数,就能计算出不同偏置条件 V_{BE},V_{BC}下晶体管电流 I_{E},I_{B} 和 I_{C} 的值。

EM 模型适用于晶体管工作在各个工作区,即正向放大区、饱和区、反向工作区和截止区。下面用 EM 模型分析两个实际问题:晶体管饱和压降和工作电流的关系,晶体管的输出曲线。前者对数字电路设计非常重要,它影响电路输出低电平,最终影响电路的抗干扰能力,后者对确定晶体管的电流放大系数和直流工作点等特性都有重要应用。

4. 本征晶体管饱和压降的确定。

晶体管处于饱和态,其发射结正偏 $V_{\mathrm{BE}}>0$,集电结正偏 $V_{\mathrm{BC}}>0$,本征晶体管饱和压降 V_{CES}为

$$V_{\mathrm{CES}} = V_{\mathrm{BE}} - V_{\mathrm{BC}} \tag{3.3-13}$$

若 EM 模型参数 I_{ES},I_{CS},α_{F} 和 α_{R} 已知,设基极电流为 I_{B},集电极电流为 I_{C},考虑到饱和时 V_{BE}和 V_{BC}均大于 0,由式(3.3-12)简化可得

$$I_{\mathrm{B}} = (1-\alpha_{\mathrm{F}}) I_{\mathrm{ES}} \mathrm{e}^{\frac{\Gamma}{\Gamma}} + (1-\alpha_{\mathrm{E}}) I_{\mathrm{CS}} \mathrm{e}^{\frac{\Gamma}{\Gamma}} \tag{3.3-14}$$

$$I_{\mathrm{C}} = \alpha_{\mathrm{F}} I_{\mathrm{ES}} \mathrm{e}^{\frac{\Gamma}{\Gamma}} - I_{\mathrm{CS}} \mathrm{e}^{\frac{\Gamma}{\Gamma}} \tag{3.3-15}$$

由上面两式提出 $I_{\mathrm{CS}}\mathrm{e}^{\frac{V_{\mathrm{BC}}}{V_{\mathrm{T}}}}$ 得

$$I_{\mathrm{B}} = I_{\mathrm{CS}} \mathrm{e}^{\frac{V_{\mathrm{BC}}}{V_{\mathrm{T}}}} \left[(1-\alpha_{\mathrm{F}}) \frac{I_{\mathrm{ES}}}{I_{\mathrm{CS}}} \mathrm{e}^{\frac{V_{\mathrm{BE}}-V_{\mathrm{BC}}}{V_{\mathrm{T}}}} - (1-\alpha_{\mathrm{R}}) \right] \tag{3.3-16}$$

$$I_{\mathrm{C}} = I_{\mathrm{CS}} \mathrm{e}^{\frac{V_{\mathrm{BC}}}{V_{\mathrm{T}}}} \left[\alpha_{\mathrm{F}} \frac{I_{\mathrm{ES}}}{I_{\mathrm{CS}}} \mathrm{e}^{\frac{V_{\mathrm{BE}}-V_{\mathrm{BC}}}{V_{\mathrm{T}}}} - 1 \right] \tag{3.3-17}$$

由式(3.3-17)和(3.3-16)相除可得($V_{\mathrm{BE}}-V_{\mathrm{BC}}$),即 V_{CES}

$$\frac{I_{\mathrm{C}}}{I_{\mathrm{B}}} = \frac{\alpha_{\mathrm{F}} \dfrac{I_{\mathrm{ES}}}{I_{\mathrm{CS}}} \mathrm{e} \dfrac{V_{\mathrm{CES}}}{V_{\mathrm{T}}} - 1}{(1-\alpha_{\mathrm{F}}) \dfrac{I_{\mathrm{ES}}}{I_{\mathrm{CS}}} \mathrm{e} \dfrac{V_{\mathrm{CES}}}{V_{\mathrm{T}}} - (1-\alpha_{\mathrm{R}})} \tag{3.3-18}$$

由上式得:

$$V_{CES}=V_T\ln\left[\frac{I_{CS}}{I_{ES}}\frac{1+(1-\alpha_R)\dfrac{I_C}{I_B}}{\alpha_F-(1-\alpha_F)\dfrac{I_C}{I_B}}\right] \tag{3.3-19}$$

由于晶体管饱和时集电极电流 I_C 基本不变，由式(3.3-19)可见基极电流 I_B 愈大，V_{CES}越小，这反映出当集电极电流饱和不变后，随 I_B 的增大，V_{BC}的正偏加大，V_{CES}减小，晶体管的饱和深度加大。饱和深度定义为

$$S=\frac{\beta I_B}{I_C} \tag{3.3-20}$$

β是晶体管共发射极电流放大系数，晶体管临界饱和时饱和深度 $S=1$，$S>1$ 时晶体管进入饱和区，当晶体管深饱和即 $S\to\infty$时，式(3.3-19)简化为

$$V_{CES}=V_T\ln\left(\frac{I_{CS}}{I_{ES}}\cdot\frac{1}{\alpha_F}\right) \tag{3.3-21}$$

由晶体管对称性原理

$$\alpha_F I_{ES}=\alpha_R I_{CS} \tag{3.3-22}$$

则式(3.2-21)可简化为

$$V_{CES}=V_t\ln\frac{1}{\alpha_R} \tag{3.3-23}$$

这是晶体管饱和时 V_{CES}的极小值。

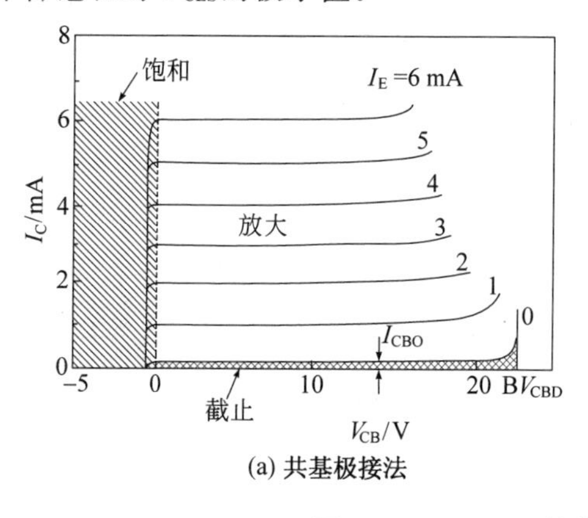

(a) 共基极接法

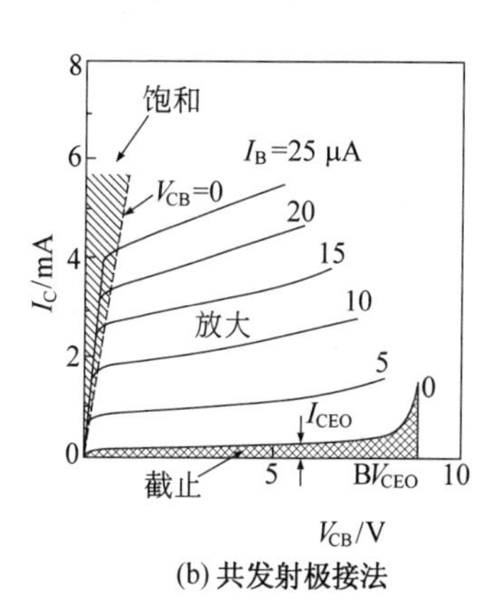

(b) 共发射极接法

图 3.3-8　NPN 晶体管的输出特性

5. 用 EM 模型分析双极型晶体管的输出特性。

图 3.3-8 画出了双极型晶体管共基极接法和共发射极接法的输出特性曲线。下面先用 EM 模型来分析共基极接法的输出特性遵从图 3.3-8(a)所示的规律。对于固定的 I_E(例 $I_E=3$mA，显然这里晶体管 $V_{BE}>0$)，由图可见 $V_{CB}>0$ 时 I_C 基本不随 V_{CB}变化，$V_{CB}<0$ 时 I_C 随 V_{CB}的减小剧烈变小到 0。用 EM 模型来说明上述现象：I_E 不变反映 V_{BE}基本不变，由式(3.3-12)得

$$I_C = \alpha_F I_{ES}(e^{\frac{V_{BE}}{V_T}} - 1) - I_{CS}(e^{\frac{V_{BC}}{V_T}} - 1) \tag{3.3-24}$$

当 $V_{CB}>0$ 也就是 $V_{BC}<0$(如图 V_{CB}变化到 10～20V)时,$\exp\left(\frac{V_{BC}}{V_t}\right) \ll 0$,式(3.2-24)简化为

$$I_C = \alpha_F I_{ES}(e^{\frac{V_{BE}}{V_T}} - 1) + I_{CS} \tag{3.3-25}$$

上式反映在 $V_{CB}>0$ 的条件下集电极电流 I_C 与 V_{CB}(或 V_{BC})无关。而当 $V_{CB}<0$($V_{BC}>0$)时,即集电结正偏,$\exp\left(\frac{V_{BC}}{V_T}\right)$不可忽略,式(3.3-24)简化为

$$I_C = \alpha_F I_{ES} e^{\frac{V_{BE}}{V_T}} - I_{CS} e^{\frac{V_{BC}}{V_T}} \tag{3.3-26}$$

由此可见,$V_{CB}<0$ 条件下,随 V_{CB}的减小(V_{BC}增加)I_C 减小,最后 I_C 可以等于 0。

对于不同的 I_E 均有同样的分析,因此可整体说明共基极接法的输出特性曲线。对于共发射极接法的图 3.3-8(b),其特性与图 3.3-8(a)的基本相同。$V_{CB}=0$ 线的左边代表 $V_{CB}<0$(集电结正偏),I_C 随 V_{CE}的变化很大,属于饱和区特性,$V_{CB}=0$ 线的右边代表 $V_{CB}>0$(集电结反偏),I_C 随 V_{CE}的变化基本不大,属线性区特性,可以用与共基极接法的同样分析来说明。但由图可见,对于固定的 I_B(例如 $I_B=10\mu A$,$V_{BE}>0$),V_{BE}基本不变,但 I_C 却随 V_{CE}的增加而略有增大,这就是“厄利(Early)效应”。下面较深入地分析“厄利效应”,由于 V_{BE}基本不变,则收集结偏压 V_{CB}的变化等于 V_{CE}的变化,随着 V_{CE}的增加晶体管集电结的反偏电压加大,其空间电荷区加长,有效基区宽度 W_b 减小,这个变化情况如图 3.3-9 所示,由图可以得到晶体管集电极电流为

$$I_C = \frac{AqD_n n_i^2}{N_B \cdot W_b} \cdot e^{\frac{V_{BE}}{V_T}} \text{(公式中的 } A \text{ 要改为 } A_E\text{)} \tag{3.3-27}$$

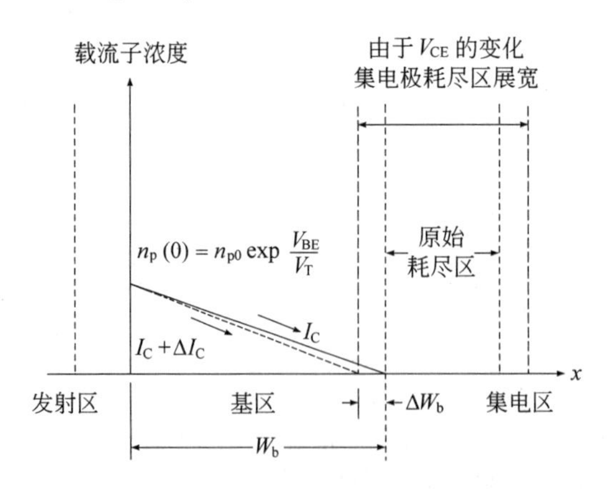

图 3.3-9 V_{CE}增加对 W_b 的影响

式中 A_E 是晶体管发射结面积,D_n 是基区中少子扩散系数,N_B 是基区掺杂浓度(设晶体管为均匀基区)。I_C 随 V_{CE}的变化由式(3.3-27)的微商得到

$$\frac{\partial I_C}{\partial V_{CE}} = -\frac{AqD_n n_i^2}{N_B \cdot (W_b)^2} \cdot e^{\frac{V_{BE}}{V_T}} \cdot \frac{dW_b}{dV_{CE}} = -\frac{I_C}{W_b} \cdot \frac{dW_b}{dV_{CE}} \tag{3.3-28}$$

由于 W_b 随 V_{CE} 增加而减小，所以 $\partial I_C/\partial V_{CE}$ 是正值，一般说来 $\frac{dW_b}{dV_{CE}}$ 应该是 V_{CE} 的函数，但实验表明其随 V_{CE} 的变化很小可视为常数。因此 I_C 随 V_{CE} 的变化主要与集电极电流 I_C 和 W_b 有关，集电极电流 I_C 较大的工作点，I_C 随 V_{CE} 变化大，基区宽度 W_b 小的晶体管，I_C 随 V_{CE} 变化大，这就说明了为什么现代晶体管（W_b 很小）Early 效应更显著的物理原因。I_C 随 V_{CE} 变化的典型曲线如图 3.3-10。由于已经假设晶体管基极电流 I_B 固定和晶体管发射结偏压固定是等同的，所以图中的参变量标为 V_{BE}。这个假定对现代晶体管是很合适的，因为目前晶体管的基区宽度 W_b 愈来愈小，I_B 的主要成分是由基区向发射区注入的空穴电流，这个电流由 V_{BE} 决定而与 V_{CE} 无关。由图 3.3-10 可见，不同 V_{BE} 的输出特性曲线反向延长线交于 V_{CE} 轴上一点，也就是不同 V_{BE} 的输出特性曲线在 V_{CE} 轴上的截距是相等的，把这个截距定义为厄利电压 V_A，实际上 V_A 等于

$$V_A = \frac{I_C}{\partial I_C/\partial V_{CE}} \tag{3.3-29}$$

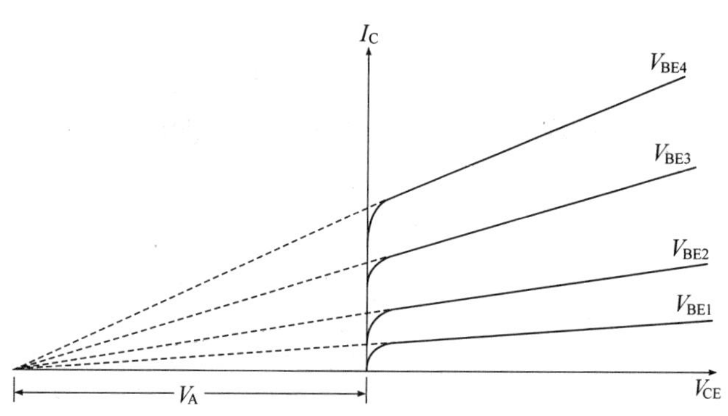

图 3.3-10　I_C 随 V_{CE} 变化曲线

I_C 是不同 V_{BE} 的输出特性曲线上 $V_{CB}=0$ 时的集电极电流，即基区宽度 W_b 没有调制时的集电极电流。将式(3.3-28)代入式(3.3-29)

$$V_A = -W_b \frac{dV_{CE}}{dW_b} \tag{3.3-30}$$

式(3.3-30)表明 V_A 基本与 V_{BE} 无关，即不同 V_{BE} 的输出特性曲线在 V_{CE} 轴上的截距是相等的，因此式(3.3-30)从理论上说明了图 3.3-10 中的输出曲线必然交于一点的原因。对集成电路晶体管 V_A 的典型值是 15～100V。考虑了 Early 效应的影响，对晶体管正向工作区的集电极电流 I_C 可做如下修正

$$I_C = \alpha_F I_{ES} e^{\frac{V_{BE}}{V_T}} \left(1 + \frac{V_{CE}}{V_A}\right) \tag{3.3-31}$$

一般在分析晶体管大电流特性时并不考虑 Early 效应,因为这会大大增加计算复杂性,而在分析高增益电路交流小信号特性时,Early 效应对电路增益有较大影响必须考虑。

3.3.3 本征 EM 模型的等效电路

如果把晶体管发射结注入电流记为 I_F,集电结注入电流记为 I_R,即

$$I_F = I_{ES}(e^{\frac{V_{BE}}{V_T}} - 1) \tag{3.3-32}$$

$$I_R = I_{CS}(e^{\frac{V_{BC}}{V_T}} - 1) \tag{3.3-33}$$

则式(3.3-12)可改写为

$$\begin{pmatrix} I_E \\ I_B \\ I_C \end{pmatrix} = \begin{pmatrix} 1, & -\alpha_R \\ (1-\alpha_F), & (1-\alpha_R) \\ -\alpha_F, & 1 \end{pmatrix} \begin{pmatrix} I_F \\ \\ I_R \end{pmatrix} \tag{3.3-34}$$

由式(3.3-34)画出的等效电路如图 3.3-11(a),称为注入型 EM 模型等效电路。如果把等效电路的传输电流记为 I_{CC}和 I_{EC},即

$$I_{CC} = \alpha_F I_F \tag{3.3-35}$$

$$I_{EC} = \alpha_R I_R \tag{3.3-36}$$

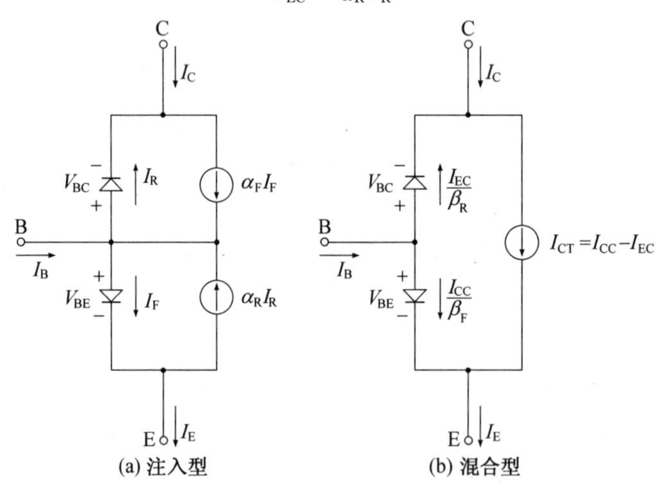

图 3.3-11 EM 模型等效电路

把式(3.3-34)中的自变量换为 I_{CC}和 I_{EC},则方程变为

$$\begin{pmatrix} I_E \\ I_B \\ I_C \end{pmatrix} = \begin{pmatrix} \frac{1}{\alpha_F}, & -1 \\ \frac{1-\alpha_F}{\alpha_F}, & \frac{1-\alpha_R}{\alpha_R} \\ 1, & -\frac{1}{\alpha_R} \end{pmatrix} \begin{pmatrix} I_{CC} \\ I_{EC} \end{pmatrix} \tag{3.3-37}$$

用共基极接法和共发射极接法电流放大系数转换关系

$$\beta_F=\frac{\alpha_F}{1-\alpha_F} \tag{3.3-38}$$

$$\beta_R=\frac{\alpha_R}{1-\alpha_R} \tag{3.3-39}$$

式(3.3-37)转化为

$$\begin{pmatrix}I_E\\ I_B\\ I_C\end{pmatrix}=\begin{pmatrix}1+\dfrac{1}{\beta_F}, & -1\\ \dfrac{1}{\beta_F}, & \dfrac{1}{\beta_R}\\ 1, & -\left(1+\dfrac{1}{\beta_R}\right)\end{pmatrix}\begin{pmatrix}I_{CC}\\ I_{EC}\end{pmatrix} \tag{3.3-40}$$

由式(3.3-40)可得到最常用的 EM 模型等效电路，如图 3.3-11(b)，称为混合 π 模型等效电路。之所以说由式(3.3-40)可以得到混合 π 模型等效电路，因为由等效电路得出的 I_E，I_B 和 I_C 的表达式与解析式(3.3-40)的结果完全一致。

3.3.4　EM2 模型等效电路

在本征 EM 模型的基础上增加反映寄生效应的元件就得到了比较实用的 EM2 模型等效电路，如图 3.3-12 所示，图中 C_{jC}，C_{jE}，C_{DC}，C_{DE}分别表示集电结和发射结的势垒电容和扩散电容，C_{jS}是隔离结势垒电容，r_b，r_c，r_e 分别是基极、集电极和发射极寄生的串联电阻。用 EM2 模型可以较准确地分析器件的直流特性、瞬态特性和开关特性并可计算出器件工作在交流小信号状态下的工作点。

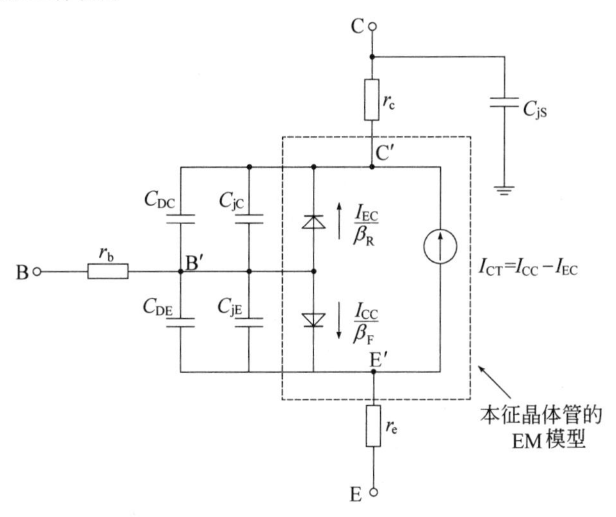

图 3.3-12　NPN 晶体管 EM2 模型等效电路

下面给出 EM2 模型的解析表达式，要注意解析表达式中的偏置电压用内结点表示的

$V_{B'E'}$ 和 $V_{B'C'}$ 代替了用外结点表示的 V_{BE} 和 V_{BC}，这是避免因串联电阻引入使方程复杂化，而把 $V_{B'E'}$，$V_{B'C'}$ 和 V_{BE}，V_{BC} 的转化留给模拟时计算机迭代完成。

等效电路中的电流源

$$I_{CT} = I_{CC} - I_{EC} = \alpha_F I_{ES}(e^{\frac{V_{B'E'}}{KT}} - 1) - \alpha_R I_{CS}(e^{\frac{V_{B'C'}}{KT}} - 1)$$

根据晶体管对称性原理

$$\alpha_F I_{ES} = \alpha_R I_{CS} = I_S \tag{3.3-41}$$

可得

$$I_{CT} = I_S(e^{\frac{V_{B'E'}}{V_T}} - 1) - I_S(e^{\frac{V_{B'C'}}{V_T}} - 1) \tag{3.3-42}$$

式中 I_S 称为传输饱和电流，是一个重要的模型参数。根据图 3.3-12 可得到晶体管发射极、基极和集电极电流为

$$I_E = (I_{CC} - I_{EC}) + \frac{I_S}{\beta_F}(e^{\frac{V_{B'E'}}{V_T}} - 1) + C_{DE}\frac{dV_{B'E'}}{dt} + C_{jE}\frac{dV_{B'E'}}{dt} \tag{3.3-43}$$

$$I_B = \frac{I_S}{\beta_F}(e^{\frac{V_{B'E'}}{V_T}} - 1) + \frac{I_S}{\beta_R}(e^{\frac{V_{B'C'}}{V_T}} - 1) + (C_{DE} + C_{jE})\frac{dV_{B'E'}}{dt} + (C_{DC} + C_{jC})\frac{dV_{B'E'}}{dt} \tag{3.3-44}$$

$$I_C = (I_{CC} - I_{EC}) - \frac{I_S}{\beta_R}(e^{\frac{V_{B'C'}}{V_T}} - 1) - C_{DC}\frac{dV_{B'C'}}{dt} - C_{jC}\frac{dV_{B'C'}}{dt} + C_{jS}\frac{dV_{B'C'}}{dt} \tag{3.3-45}$$

其中：

$$I_{CC} = I_S(e^{\frac{V_{B'E'}}{V_T}} - 1) \tag{3.3-46}$$

$$I_{EC} = I_S(e^{\frac{V_{B'C'}}{V_T}} - 1) \tag{3.3-47}$$

$$C_{DE} = \tau_F \frac{I_{CC}}{V_T} \tag{3.3-48}$$

$$C_{jE} = \frac{C_{jE0}}{\left(1 - \frac{V_{B'E'}}{V_{BEi}}\right)^{m_e}} \tag{3.3-49}$$

$$C_{DC} = \tau_R \frac{I_{EC}}{V_T} \tag{3.3-50}$$

$$C_{jC} = \frac{C_{jC0}}{\left(1 - \frac{V_{B'C'}}{V_{BCi}}\right)^{m_c}} \tag{3.3-51}$$

$$C_{jS} = \frac{C_{jS0}}{\left(1 - \frac{V_{CS}}{V_{CSi}}\right)^{m_s}} \tag{3.3-52}$$

上面模型方程中，除偏压之外的参数都代表模型参数，如：I_S，β_F，τ_F，τ_R，C_{jE0}，V_{BEi}，m_e，C_{jC0}，V_{BCi}，m_C，C_{jS0}，V_{CSi}，m_S 等，在应用 EM2 模型分析问题时，必须给出满足应用条件的准确的模型参数值。

3.4　集成电路中的无源元件*

无源元件可以分为三大类：电阻器、电容器和电感器。从广义上讲，互连线也是一种无源元件。这些无源元件都是采用不同的材料如导体、半导体和绝缘体制作的。以下分别给予介绍。

3.4.1　集成电路中的电阻

1. 电阻类型

首先介绍的无源元件为电阻器。电阻器的功能主要是用来调节电路中的电压和电流的。集成电路中的电阻可以用金属膜、掺杂的多晶硅，或者扩散区形成，如图 3.4-1 所示。这些电阻都是微结构，因此它们只占用很小的面积。电阻和芯片中其他元器件的连接是通过与导电金属形成接触而实现的。与 MOS 工艺兼容的电阻包括扩散电阻、多晶硅电阻和 n 阱(或 p 阱)电阻。金属也能用于制作模拟集成电路中的电阻器，但并不常用。

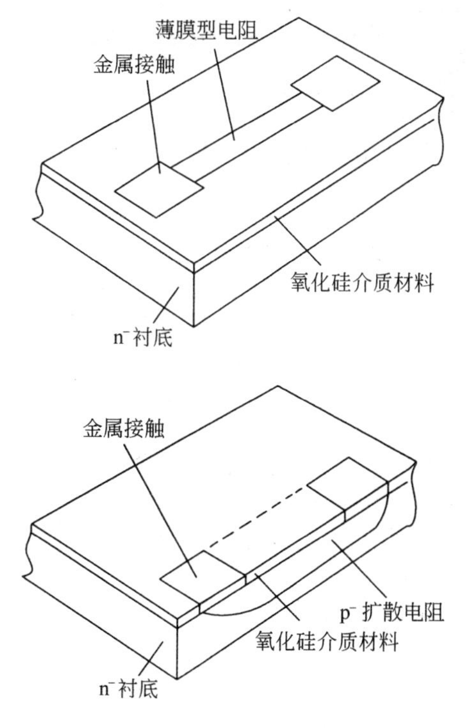

图 3.4-1　集成电路中的电阻

图 3.4-2(a)给出了使用源/漏扩散形成的扩散电阻。这种电阻的方块电阻值通常在 50～150Ω/□的范围(非硅化物工艺)。如果使用硅化物工艺，这一类电阻器的方块电阻为 5～15Ω/□。由于在 MOS 器件中源/漏扩散区需要作为导体使用，这与它作为电阻器使用

是相矛盾的。显然,硅化物工艺的目的是为了使源/漏扩散区获得“类导体”的特性。在这种工艺中,金属硅化物阻止区(salicide block)可以用于掩蔽硅化物薄膜,因此可以获得所需的高电阻的扩散区。这种扩散电阻的电压系数约为 $100\sim500\times10^{-6}$/V。这一类电阻器存在对地的寄生电容,且寄生电容是依赖于电压的。

图 3.4-2(b)为一个多晶硅电阻。这种电阻的周围由厚的二氧化硅所包围,它的方块电阻在 30～200Ω/□的范围内,取决于掺杂的水平,在有些应用中采用低掺杂或不掺杂多晶硅制作高阻值电阻,方块电阻可达到几十至上百兆欧。对于一个多晶硅硅化物工艺,多晶硅的有效方块电阻约为 10Ω/□。图 3.4-2(c)为一个 n 阱电阻器,由一个长条的 n 阱构成,在它的两端为 n^+ 扩散接触。这一类电阻器的方块电阻为 1～10kΩ/□,且具有较高的电压系数值。在一些不需要高精度的应用中,例如负载电阻或保护电阻,这种结构是非常有用的。

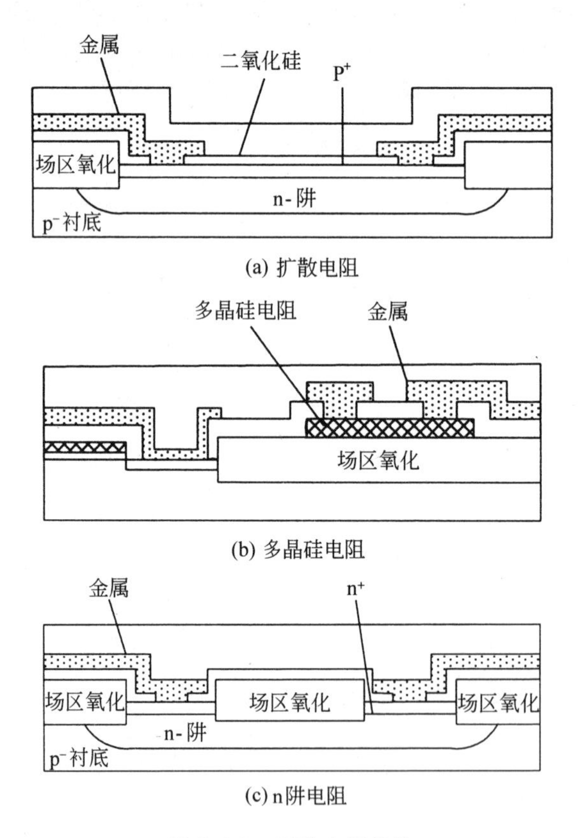

图 3.4-2 三种电阻结构

如果工艺条件改变,也可能会有其他类型的电阻。上述三种电阻代表了在标准的 CMOS 工艺中最常用的类型。在后面的表 3.4-1 中给出了它们的基本特性。

2. 电阻版图

图 3.4-3(a)给出了一个电阻的版图。俯视图是通用的,因为电阻元件既可以代表扩散区(有源区)也可代表多晶硅。侧视图只代表扩散区情况。图 3.4-3(b)代表阱电阻。为理解电阻尺寸大小对其特性的影响,有必要复习一下电阻的关系式。对于一个条形导电材料,如图 3.4-4 所示,电阻 R 可表示为

$$R = \rho L/A \tag{3.4-1}$$

其中 ρ 是电阻率,单位为 $\Omega \cdot \mathrm{cm}$,A 是与电流方向垂直的平面面积,L 是电阻条长度。根据图 3.4-4 给出的尺寸,方程(3.4-1)可写成

$$R = \rho L/(WT) \tag{3.4-2}$$

对于给定的工艺和材料类型,ρ 和 T 的值都是固定的,它们可以组合在一起形成一个新的参数 $R_{\square}$,称为薄层电阻或叫作方块电阻。则式(3.4-2)又可以表示为

$$R = (\rho/T)L/W = R_{\square}L/W \tag{3.4-3}$$

$R_{\square}$ 单位为 $\Omega/\square$。从版图角度上看,电阻器具有的电阻值大小取决于电阻的方块数(L/W)与 $R_{\square}$ 的乘积。

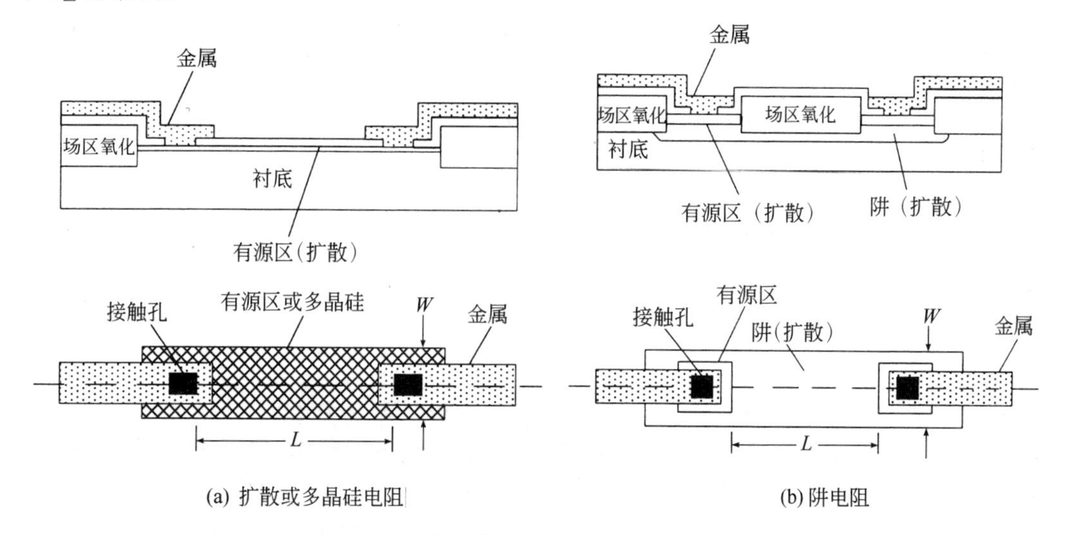

图 3.4-3 电阻的版图示例及各自的剖面图

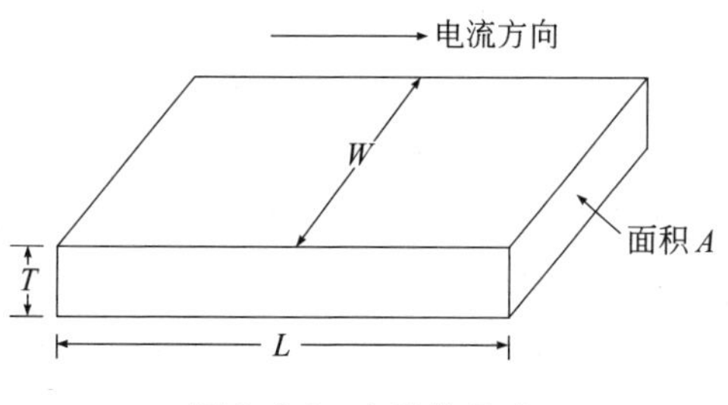

图 3.4-4 电阻的尺寸

再来看图3.4-3,图中每个电阻的大小取决于L/W值和各自的方块电阻。由于实际上电流既不是均匀的也不是单方向的,如何得到L和W的真实值是非常重要的。从图中可以看出测量L和W是很方便的。可以用两个成分来表征总的电阻大小,即电阻的体成分(沿长度L的部分)和接触成分。只要用一致的测量技术来表征,可以采用不同的方法求出电阻。

3. 寄生电阻结构

在集成电路中除了设计者专门设计制作的电阻,还会产生附加的电阻,也就是寄生电阻。因为器件的尺寸、形状、材料类型、掺杂种类以及掺杂数量的原因,寄生电阻始终都存在于器件结构中。寄生电阻并不是设计者需要的,因为它会降低集成电路器件的性能。在前面的3.1.4节中分析了MOS晶体管中的寄生电阻,后面3.4.3节中还将仔细分析互连线的寄生电阻。

3.4.2 集成电路中的电容

两层导电物质间以介质隔离,用来储存可能产生的静电,这就是电容器。一个简单的电容器是由两个分立的导电层被绝缘介质材料隔离开而形成的。芯片制造中的介质材料通常是二氧化硅(SiO_2),也称为氧化层。集成电路中电容器的导电层可由金属薄层、掺杂的多晶硅,或者衬底的扩散区形成。

集成电路中高性能的电容器必须具有以下特点:

(1) 良好的匹配精度;

(2) 低电压系数;

(3) 高的有效电容量和寄生电容量比值;

(4) 高的单位面积电容;

(5) 低的温度依赖性。

1. 电容类型

集成电路中的电容器基本上有三种类型。第一种电容称为MOS电容,由生长在单晶硅上面的一层金属或多晶硅作为电容的顶电极,硅衬底作为底电极,中间用介质材料(二氧化硅层)隔离开。图3.4-5(a)展示了这种类型的电容。为了获得一个低电压系数的电容器,底端的电极必须是重掺杂区(与源、漏区的掺杂浓度相同),这种重掺杂通常不会在多晶硅下方形成,因为在多晶硅生长和刻蚀之后才开始源、漏区的注入步骤。为解决这一问题,在多晶硅生长之前必须增加一步注入工艺。注入的区域作为电容器的底电极。采用这种方法形成的电容器其电容值大小与氧化层厚度成反比。这种电容具有很高的单位面积电容和很好的匹配性能,但是它与衬底间却有一个显著依赖于电压的寄生电容。

第二种类型的电容器由两层多晶硅构成,中间由介质隔离开。图3.4-5(b)显示了这种双层多晶硅的电容,其中的介质是一层薄的二氧化硅。这种电容器满足上面列出的各种标准,是比较理想的电容器。实际上,在所有可能的高性能电容器中,这是最理想的一种电容器[69]。

图3.4-5(c)为第三种电容器,它通过在n沟道MOS器件下放入一个n阱来形成。除了它

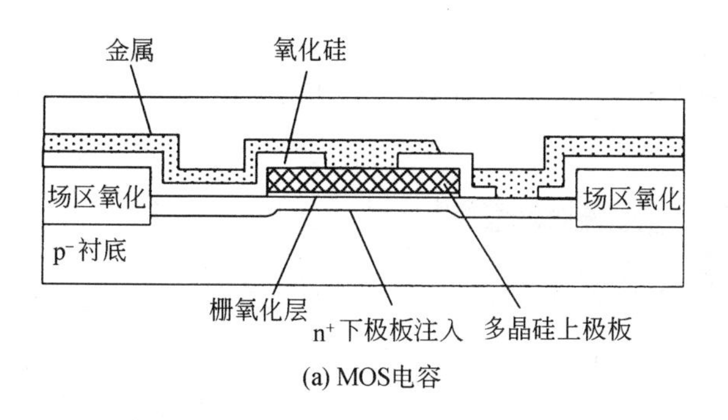

(a) MOS电容

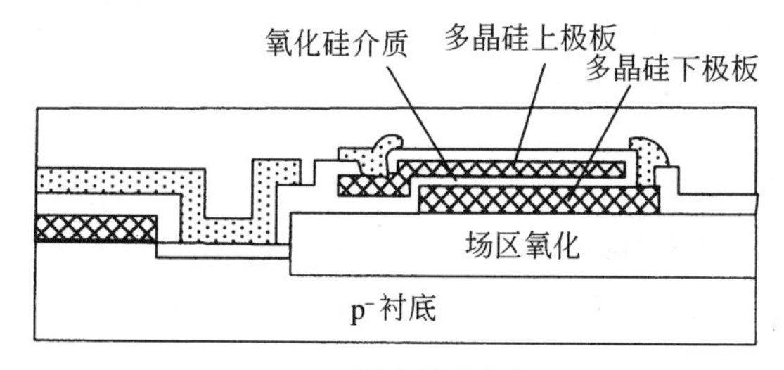

(b) 双层多晶硅电容

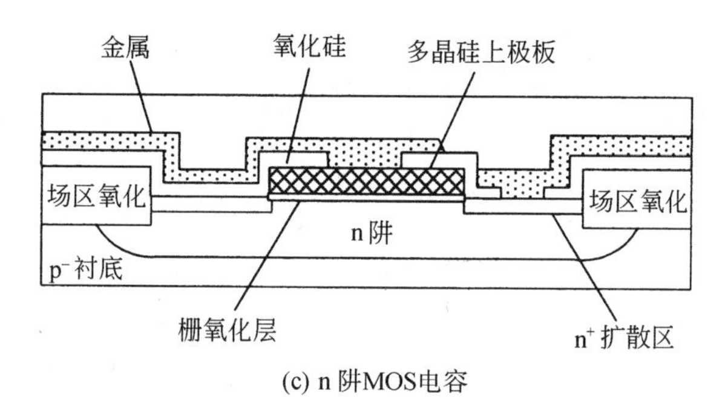

(c) n阱MOS电容

图 3.4-5　集成电路中的电容结构

的底电极(n 阱)具有很高的电阻率外,这种电容器与图 3.4-5(a)中的电容是类似的。由于底电极电阻率高,对于低电压系数非常重要的电路一般不用这种电容器。当电容的一端与地(或 V_{ss})相连的时候,这种电容器可以提供一个非常高的单位面积电容,而且有很好的匹配精度。因为不需要特殊的工艺步骤和掩模,所以这种电容可用于所有的 CMOS 工艺中。

集成电容的电压系数一般在 $0\sim-200\times10^{-6}$/V 间,它依赖于电容器的结构,还依赖于电容器电极的掺杂浓度。集成电容的温度系数在 $20\sim50\times10^{-6}$/℃之间。当考虑同一衬底的两个电容参量比值时,由温度导致的电容变化是可以忽略的。因此,温度变化对电容器的匹配精度几乎没有影响。当电容器切换到不同的电压值时,例如在抽样数据电路中,如果电压系数不能保持在一个最小值,那会对电路产生有害的影响。

2. 电容版图

根据不同的应用和工艺可以用多种方法来制备电容器,这里只介绍两种电容器的版图。

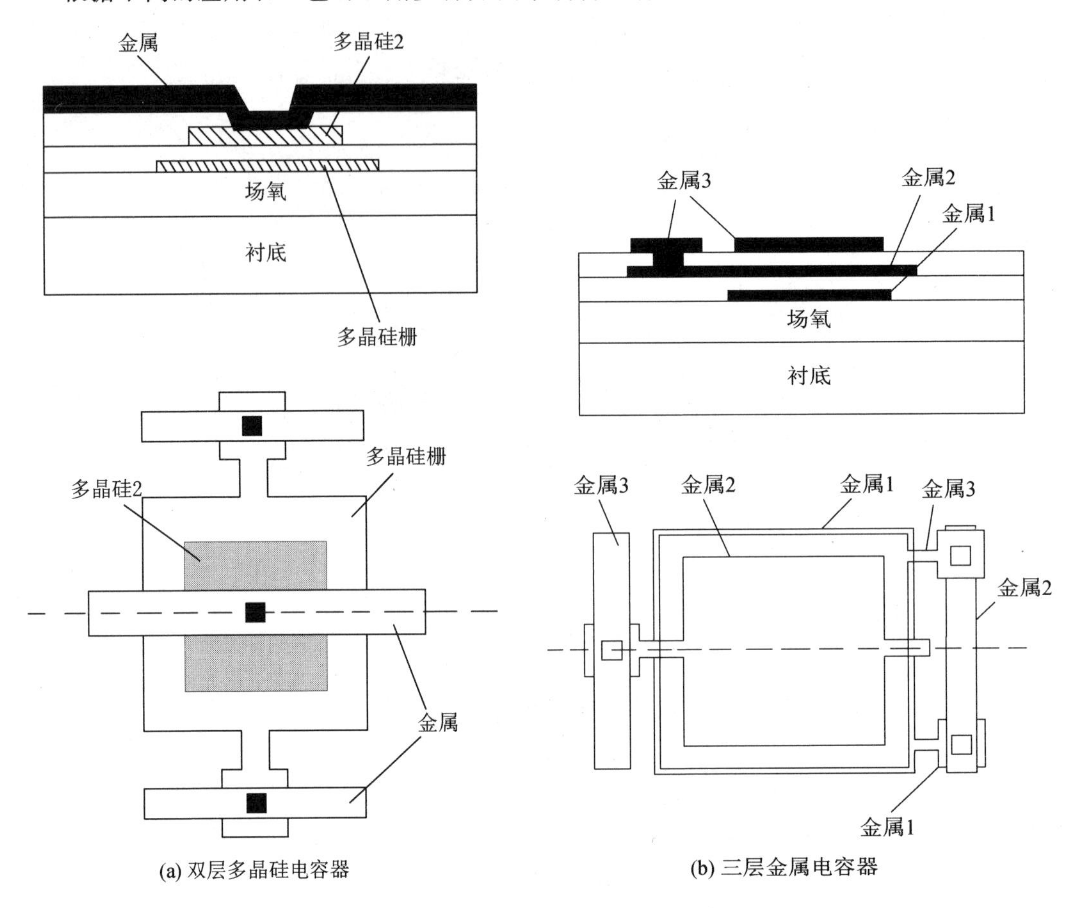

图 3.4-6　电容器的版图及剖面结构

图 3.4-6(a)给出了双层多晶硅电容器。注意到第二层多晶硅的边界完全处于第一层多晶硅(栅)的边界之内。顶电极引出区位于第二层多晶硅图形的中间。这一工艺使顶电极寄生电容减少到最小程度。如果不采用这种结构,那么顶部多晶硅电极与金属接触时必然在多晶硅栅边界之外存在一个通路,这将导致更大的寄生电容。

精密电容一般由双层多晶硅或多层金属制作而成。如果只存在一层金属,就构成了金属一多晶硅电容。对于多层金属工艺,多晶硅仍然可以作为电容器的一个电极。在这种情况下多晶硅与衬底间的电容成为实际的寄生电容,如果可以忽略所产生的寄生电容,那么这种类型的电容器就可以获得更大的单位面积电容值。

图 3.4-6(b)给出了一个三层金属电容器的例子。在这一版图中,电容器的顶电极是第二层金属。底电极由第一层和第三层金属构成。

集成电路电容器的大小可近似写成

$$C = \varepsilon_0 \varepsilon_{ox} A / t_{ox} = C_{ox} A \tag{3.4-4}$$

其中 t_{ox}是氧化层的厚度，A 是电容器的面积。从式(3.4-4)中可以看出电容器的数值依赖于面积 A 和氧化层厚度 t_{ox}。此外，还存在边缘电容，它是电容器周长的函数。因此，两个电容器比值精度的误差既来源于面积比率偏差，又来源于氧化层厚度比值的偏差。面积相关的误差来源于在集成电路的制作中不能精确地控制电容器尺寸。这一点是由于与制版相关的容限误差，在确定电容器电极时材料腐蚀的不均匀以及其他限制因素造成的。电容器最重要的特性之一就是比值精度。

3. 寄生电容结构

在集成电路中会产生很多寄生电容。例如，两个相邻的金属导体和它们之间的绝缘材料就构成了一个简单的电容。前面 3.1.4 节中讨论了 MOS 晶体管中的寄生电容，后面3.4.3节还将分析互连线的寄生电容。寄生电容会影响集成电路的性能，尤其影响电路高速工作的能力。有时寄生电容会引起电路的不稳定，导致寄生振荡，甚至产生不需要的交流信号短路。

举例来说，图 3.4-5 电容器产生的寄生电容会在模拟抽样数据电路中产生一个显著的错误信号。这些电容中具有最小寄生电容的极板被认为是上电极，相反，下电极是具有更大寄生电容的极板。在电容器符号的示意图中，顶电极用直线表示，曲线代表底电极。图3.4-5的电容器中，顶电极的寄生电容主要由制成电容器的互连线产生，而底电极的寄生电容主要是底电极和衬底之间的电容。图 3.4-7 给出了包括顶电极和底电极寄生电容的通用的电容器，这些寄生电容大小依赖于电容的尺寸、版图以及工艺过程，它们都是无法避免的。

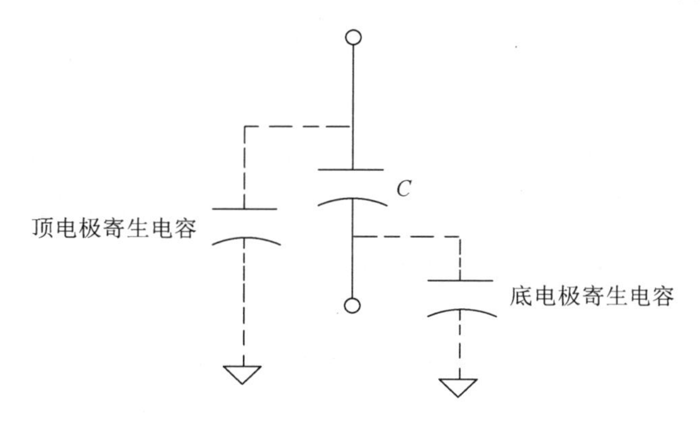

图 3.4-7　集成电容的顶部和底部平板寄生电容模型

3.4.3　集成电路中的互连线

随着集成电路的发展，集成电路芯片上的晶体管数目按指数增长，实现的功能也越来越复杂，因此需要的互连线数目越来越多。对于 VLSI 芯片，互连线所占用的面积远远超过晶体管所占用的面积,一般互连线占用的面积在80%以上。互连线的寄生效应将对电路性能带来严重影响。随着器件尺寸按比例缩小,电路的门延迟时间不断减小,但是由于互连线的寄生参数不能按比例减小,使得互连线的 RC 延迟影响相对加大,因此,对特征尺寸缩小到纳米的 VLSI 芯片的设计,将是面向互连线的设计。

互连线对集成电路性能的影响主要是由互连线的寄生电容、寄生电阻以及寄生电感引起的。总体上说,互连线的这些寄生效应对电路性能有几方面影响:一是增加电路的延迟时间;二是造成信号损失;三是会引入噪声,影响电路的可靠性。

1. 互连线的寄生电容

在金属线和多晶硅线下面都有绝缘层和衬底隔离,互连线相对衬底可以看作一个平行板电容。当互连线宽度比起下面的绝缘层厚度大很多时,互连线相对衬底的寄生电容可用下式计算

$$C_{\mathrm{v}} = \frac{\varepsilon_0 \varepsilon_{\mathrm{ox}}}{H} WL \tag{3.4-5}$$

式中 H 为互连线下面的绝缘层厚度。目前主要是用 SiO_2 作为线间绝缘层,ε_0 是真空电容率,$\varepsilon_{\mathrm{ox}}$是 SiO_2 的相对介电常数,W 和 L 分别是互连线的宽度和长度。集成电路中不同层次互连线下面的绝缘层厚度不同,相对衬底的单位面积电容也不同。另外,集成电路芯片中也常用多晶硅作为一部分互连线,多晶硅线也和衬底之间形成电容。采用多层金属互连时,不同层次互连线相对衬底以及不同层次互连线之间都有寄生电容。图 3.4-8 示意说明一个双层金属 CMOS 电路存在的互连线寄生电容。

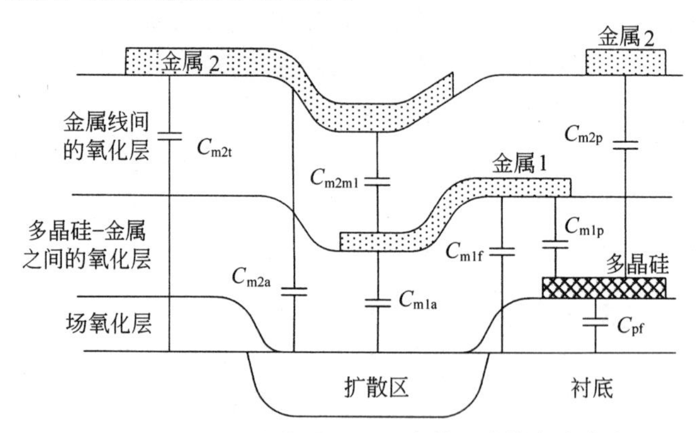

图 3.4-8 双层金属 CMOS 中的互连线寄生电容

在按比例缩小过程中,不仅器件尺寸在减小,互连线的线宽和间距也在减小。一方面线宽 W 减小使得连线侧壁和衬底之间的边缘效应的影响加大,边缘电容变得不可忽略;另一方面互连线之间的间距减小,使得互连线之间的横向线间耦合电容 C_{m} 也变得不可忽略。如果把横向线间耦合电容也近似看作平行板电容,则

$$C_{\mathrm{m}} = \frac{\varepsilon_0 \varepsilon_{\mathrm{ox}}}{S} TL \tag{3.4-6}$$

式中 T 是金属层厚度，S 是互连线之间的间距。因此，计算互连线的寄生电容时，不仅要计算互连线底部和衬底之间的电容，还要计入互连线侧壁之间的耦合电容。图 3.4-9 说明了这两部分寄生电容。当连线宽度很小时，边缘效应的影响相对加大，不能简单地用平行板电容公式计算互连线的寄生电容，必须考虑边缘电场引起的附加的边缘电容。图 3.4-10 说明了边缘效应的影响。

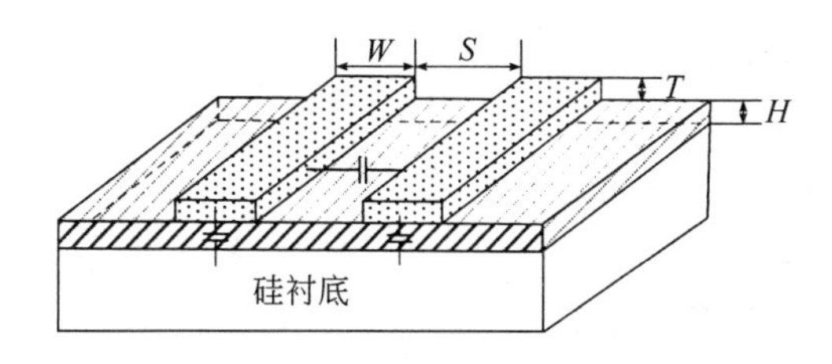

图 3.4-9　互连线的底部电容和侧壁电容

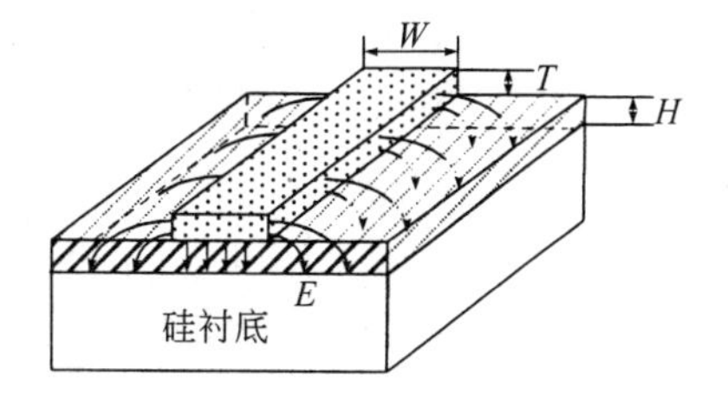

图 3.4-10　边缘效应的影响

分析边缘效应是一个复杂的二维，甚至三维问题，很难给出精确的解析模型。很多人对边缘效应的影响进行了分析，提出了不同的计入边缘效应的电容模型公式[70]。计入边缘电容后，可以用下式近似计算互连线对衬底的电容

$$C_{\mathrm{v}} = \varepsilon_0\varepsilon_{\mathrm{ox}}L\left[1.15\left(\frac{W}{H}\right)+2.8\left(\frac{T}{H}\right)^{0.222}\right] \tag{3.4-7}$$

图 3.4-11 说明随着线宽 W 减小，边缘效应的影响加大，互连线电容与按平行板电容计算的结果偏离越来越大[71]。

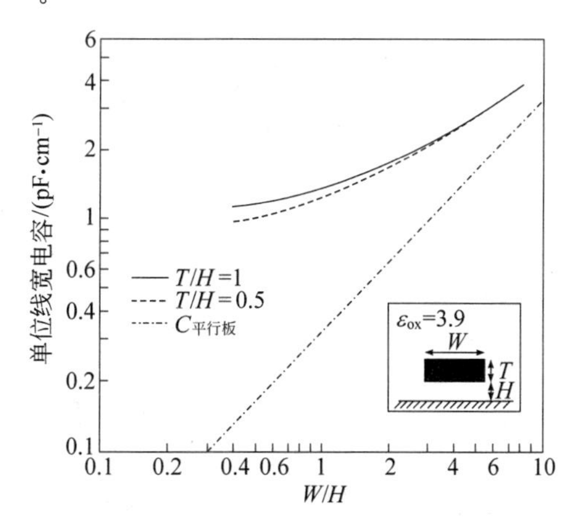

图 3.4-11　考虑边缘效应的互连线电容与平行板电容的差别随线宽减小而加大

对互连线侧壁之间的耦合电容也应考虑边缘效应的影响。由于计入边缘效应的电容公式非常复杂，为了简化计算，可以用一个经验参数 k 作修正，仍使用简单的平行板电容公式。这样，综合考虑互连线的底部电容和侧壁耦合电容，可以用下式估算一条互连线的总电容

$$C_l \approx k(C_v + 2C_m) \tag{3.4-8}$$

其中 C_v 用公式(3.4-5)计算,C_m 用公式(3.4-6)计算,常数 2 是考虑一条互连线与两侧的其他互连线间都有耦合电容,k 是考虑边缘效应的修正因子,$k>1$。图 3.4-12 示意说明了互连线对衬底和互连线之间的平行板电容及边缘电容。

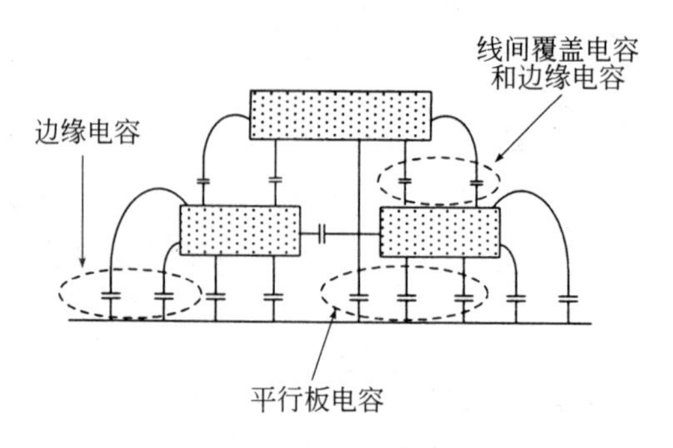

图 3.4-12 不同层次互连线的寄生电容

尽管线宽减小使互连线相对衬底的底部电容减小,但是边缘电容加大,另外,互连线之间的间距减小使线间耦合电容增大。当线宽小于 1.7T,线间耦合电容在总的寄生电容中将占主导地位。图 3.4-13 说明了随着特征尺寸减小,互连线寄生电容的变化情况[71]。该图的结果是针对同一层的一组平行互连线的情况,并假定互连线的金属层厚度 T 及金属层上、下的绝缘层厚度 H 都固定在 1μm,只有线宽 W 和间距 S 变化。

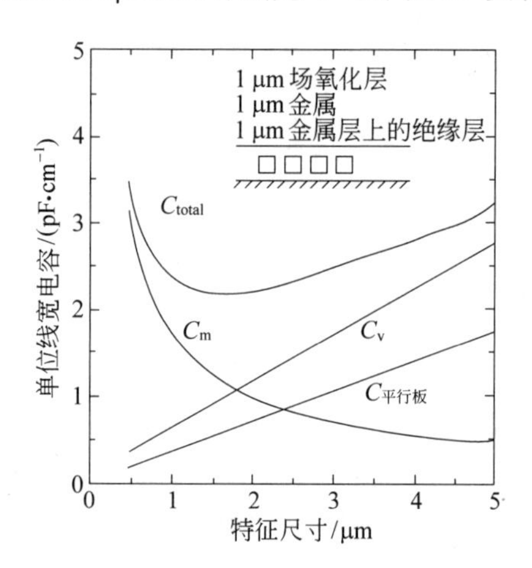

图 3.4-13 互连线寄生电容随特征尺寸减小的变化

互连线的寄生电容一方面增加了电路的负载电容,另一方面产生连线本身的 RC 延迟,从而影响电路的工作速度。互连线之间的耦合电容会引起线间串话,干扰电路的正常工作。对互连线的 RC 延迟和线间串话问题后面将进行分析。

2. 互连线的寄生电阻

在集成电路中主要是用金属作互连线，金属的电阻率尽管很小，但是不为零，因此对互连线的寄生电阻必须加以考虑。互连线的寄生电阻可以用下式计算

$$R_l = \rho \frac{L}{WT} \tag{3.4-9}$$

其中 ρ 是材料的电阻率，对铝线 $\rho=2.8\times10^{-6}\,\Omega\cdot\text{cm}$。在集成电路工艺中对某种一定厚度的材料薄层，常用薄层电阻或叫方块电阻来反映其导电性能，互连线的寄生电阻还可以表示为

$$R_l = R_{\square} \frac{L}{W} \tag{3.4-10}$$

其中

$$R_{\square} = \frac{\rho}{T} \tag{3.4-11}$$

就是薄层电阻。对于固定的材料（ρ 一定）和固定的工艺（T 一定），材料的薄层电阻是常数。由于金属铝的薄层电阻比起高掺杂多晶硅和扩散层的电阻要小得多，因此集成电路中主要是用金属铝做互连线。但是也有少量的局部互连用扩散层或多晶硅实现。应尽量避免用扩散层做互连，不仅是因为它有较大的寄生电阻，而且 n^+，p^+ 扩散层和下面的阱或衬底形成 pn 结，还会有较大的寄生电容。可以用高掺杂多晶硅做局部互连线，但是连线不宜太长，因为多晶硅的薄层电阻比金属大很多。为了减小多晶硅线寄生电阻，要尽量增加多晶硅线的宽度。在有些存储器产品中需要用多晶硅线做很长的字线，为了减小寄生电阻必须采用硅化物技术，即在多晶硅线上再淀积一层硅化物，形成金属硅化物。采用硅化物技术可以使扩散区和多晶硅的寄生电阻极大减小。表 3.4-1 比较了几种硅化物的性质[72]，并和多晶硅及铝的性质进行了比较。

表 3.4-1 几种硅化物的性质

材料	熔点/℃	电阻率/$\mu\Omega\cdot$cm
$MoSi_2$	1980	90
WSi_2	2150	70
$TaSi_2$	2200	35～45
$CoSi_2$	1326	18～20
$TiSi_2$	1540	13～20
n^+ Poly-Si		600～800
Al	660	2.8

互连线的寄生电阻还应考虑引线孔或通孔的接触电阻。金属对 n^+ 扩散区以及高掺杂多晶硅的接触孔电阻大约在 20Ω 左右，金属与金属之间的通孔接触电阻约 0.08～0.3Ω。对不同工艺接触电阻可能会有较大差别。增大接触孔面积有利于减小接触电阻，但是这将影响集成密度。另外，电流的集边效应也使引线孔面积有一个上限。引线孔面积应遵循版图设计规则。为了减小接触电阻，应在面积允许的条件下增加引线孔数目，如图 3.4-14 所

示,用4个孔并联,使接触电阻减小为原来的1/4。考虑到金属电迁移的可靠性问题,一般金属之间每个通孔的电流限制在0.4mA左右。对需要通过大电流的地方,应该用多个孔并联代替单个孔。

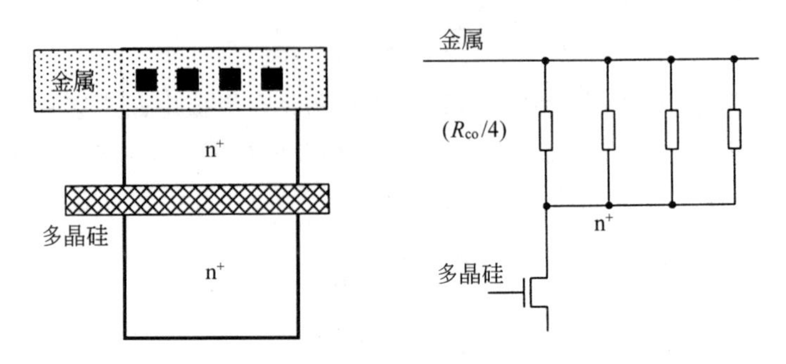

图3.4-14 用多个孔并联减小通孔接触电阻

在按比例缩小过程中,如果互连线的长度、宽度和厚度一起缩小,将使互连线的寄生电阻 k 倍增大,k 是缩小的比例因子,$k>1$。随着集成度提高,芯片面积不断加大,使互连线的平均长度增加。芯片上的全局互连线的长度不是按比例缩小,而是增加,使其寄生电阻 k^3 倍增大。为了减小互连线的寄生电阻,可以采用优化的按比例缩小规则,在器件尺寸和互连线的横向尺寸缩小过程中,互连线的纵向尺寸近似不变或以较小的比例缩小。但是,如果线宽减小而厚度不减小,又会使互连线的边缘电容加大,因此要有一个优化的设计考虑。

互连线的寄生电阻对电路性能有两方面影响:一是引起连线的 RC 延迟;二是连线上的 IR 压降造成信号损失。当有电流流过时,在连线电阻上产生压降。

$$\Delta V = IR \tag{3.4-12}$$

随着器件尺寸减小,工作电压也在减小,使信号电压减小,因此互连线上的 IR 压降的相对影响加大。对于流过大电流的电源线,IR 压降问题更加严重,因为流过电源总线的电流可能高达几十mA至100mA。例如一条长1cm、宽3μm的铝线,其寄生电阻是0.23kΩ,如果流过3mA电流,铝线上将有0.7V的电压降。电源线和地线上的电压降使远离电源引入端的电路逻辑摆幅减小,噪声容限降低。为了减小电源线和地线上的 IR 压降,必须合理设计电源线和地线的分布网,并根据流过的电流大小设计不同的线宽。

对线宽的设计还要考虑金属电迁移阈值电流密度的限制,对铝线一般要求单位宽度电流不大于1mA/μm。对于较大面积的芯片,为了减小电源线和地线上的 IR 压降,可以增加电源和地的引入压点,从而减小电源总线的长度。图3.4-15比较了两个芯片上的电源线和地线的分布,增加电源和地的压点使电源总线长度减小了一半。

3. 线间串话

由于互连线之间存在相互的耦合电容,将会产生线间串话(cross talk)干扰电路的正常工作。特别值得注意的是随着特征尺寸的减小,线间耦合电容不断加大。不仅同一层的平行互连线之间存在线间耦合电容，不同层次互连线之间也存在耦合电容，随着互连层数增加，使串话问题变得更严重，也更复杂。

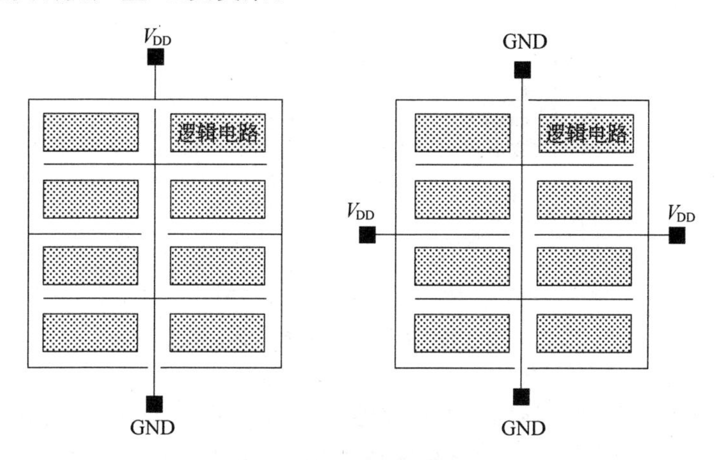

图 3.4-15　采用梳状电源线分布以及增加电源压点

图 3.4-16 比较了两种不同工艺水平的线间耦合电容。图 3.4-16(a)是一个 2 层金属 1μmCMOS 工艺的线间耦合电容的示意图，图 3.4-16(b)说明了一个 6 层金属 0.25μm CMOS 工艺中最下面 3 层互连线之间的耦合电容，从图中明显看出随着特征尺寸减小，线间耦合电容增加。为了说明线间串话的影响，以同一层的 2 条金属线为例，如图 3.4-17 所示[7]，C_m 是 M_1 和 M_2 之间的耦合电容，C_V 是 M_2 对衬底的电容，包括了边缘电容。如果 M_2 保持低电平 0，当 M_1 上有一个变化信号 ΔV_{M_1} 时，将通过耦合电容 C_m 在 M_2 上产生一个干扰信号，

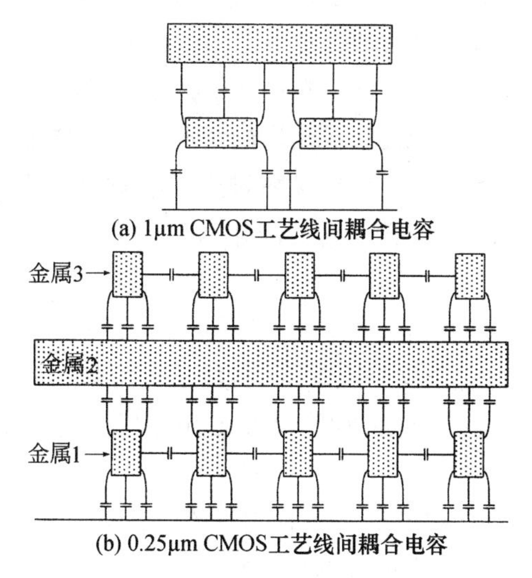

(a) 1μm CMOS工艺线间耦合电容

(b) 0.25μm CMOS工艺线间耦合电容

图 3.4-16　1μm 和 0.25μm CMOS 工艺的线间耦合电容比较

$$\Delta V_{M_2}=\frac{C_m}{C_m+C_V}\Delta V_{M_1} \tag{3.4-13}$$

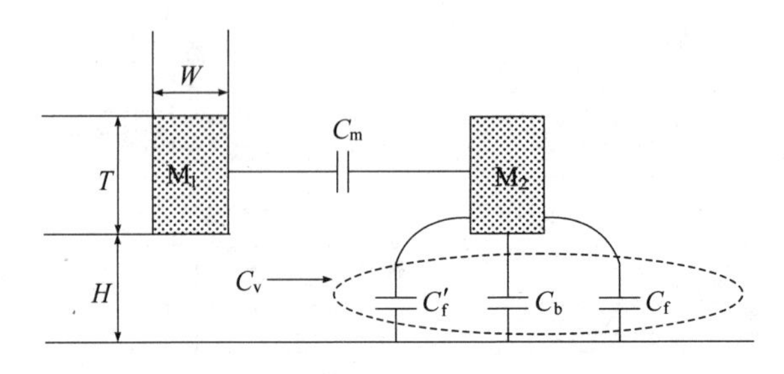

图 3.4-17　线间耦合电容引起串话的模型

下面通过一个例子说明线间串话问题的严重性。对 0.25μm CMOS 工艺,如果 $C_m=80\text{fF/mm}$,$C_V=40\text{fF/mm}$,若 M_1 的信号变化幅度是 2.5V,则在 M_2 上产生的干扰信号是

$$\Delta V_{M_2}=\frac{80}{80+40}\times 2.5=1.67(\text{V})$$

如果 M_2 连接到一个 CMOS 逻辑门的输入端,则干扰信号使输入低电平从 0 抬高到 1.67V,这足以使 CMOS 电路出现逻辑错误。如果 M_2 是被预充到高电平并保持在高电平,则 M_1 的信号变化引起的串话,使 M_2 的高电平跳变到 2.5+1.67=4.17(V)。这个高电位会使 PMOS 的漏 pn 结正偏,从而诱发 CMOS 电路的闩锁效应,还可能引起 NMOS 或 PMOS 中的热载流子效应,从而严重影响电路的可靠工作。

互连线之间的互感引起的线间干扰也是线间串话,只是由于互感很小,引起的干扰比起线间电容引起的干扰要小得多。对于微处理器芯片中传送数据的总线以及存储器芯片中的位线,线间串话将严重影响电路的可靠性,在设计中必须加以考虑并采取措施解决。一般不要使几条主要信号线长距离平行走线。在允许的情况下尽量增加平行信号线之间的间距,减小它们的耦合电容。也可以在两个信号线之间插入电源线或地线作屏蔽,或在两个不同层次的信号线之间插入屏蔽层,即信号层之间用 VDD 或 GND 布线层隔开,如图 3.4-18 所示。

4. 互连线的 *RC* 延迟

由于互连线既存在寄生电容,又存在寄生电阻,当有信号传输时,互连线就构成了一个 *RC* 延迟线,计算互连线 *RC* 延迟的最简单模型是用集总的电阻、电容模型,如图 3.4-19 所示。

假如初始时刻输出是低电平 0,在 $t=0$ 时输入有一个阶跃的上升信号,则经过这个 *RC* 电路使输出信号上升。输出信号随时间的变化为

$$V_{out}(t)=V_{DD}(1-e^{-t/\tau}) \tag{3.4-14}$$

式中

$$\tau = R_1 C_1 \tag{3.4-15}$$

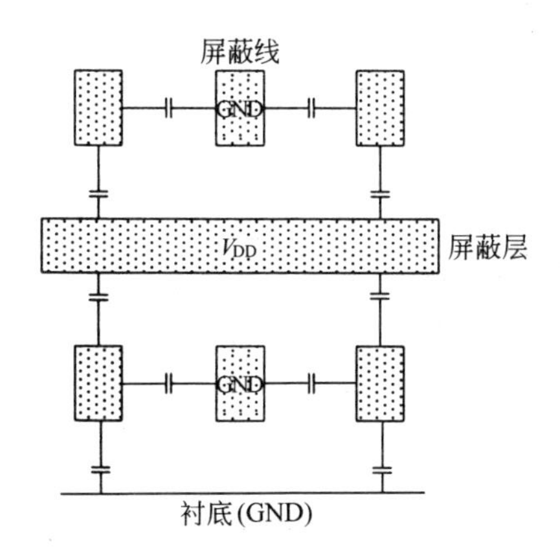

图 3.4-18　用屏蔽线或屏蔽层防止线间串话

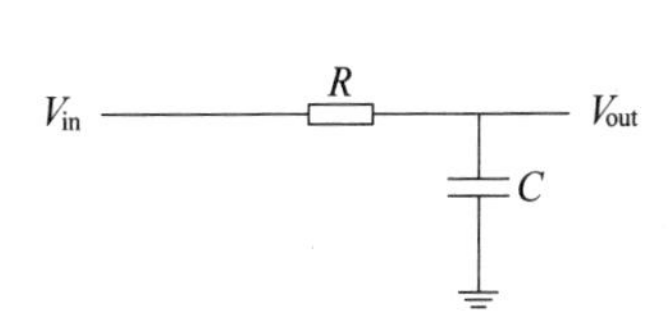

图 3.4-19　互连线的集总 *RC* 模型

其中 R_1 和 C_1 是一条互连线总的寄生电阻和寄生电容。根据式(3.4-14)可得到输出从低电平上升到逻辑摆幅的 50%所经过的传输延迟时间，

$$t_{PLH} = 0.69 R_1 C_1$$

输出波形的上升时间为

$$t_r = 2.2 R_1 C_1$$

同理可得到这个 *RC* 电路在输出下降过程的传输延迟时间和下降时间，显然

$$t_{PHL} = t_{PLH} = 0.69 R_1 C_1 \tag{3.4-16}$$

$$t_f = t_r = 2.2 R_1 C_1 \tag{3.4-17}$$

由于实际互连线的寄生电阻和寄生电容是分布的电阻、电容，用集总的 *RC* 模型不能精确反映互连线在信号传输过程中的瞬态特性，特别是对于较长的互连线。可以把一条互连线分成 *N* 段，用 *N* 个电阻、电容的梯形 *RC* 网络来模拟互连线的瞬态特性，图 3.4-20 说明了互连线的梯形 *RC* 网络模型。对这样的 *RC* 网络，各节点电压变化的瞬态特性由下述微分方程决定

$$C_i \frac{\partial V_i}{\partial t} = \frac{(V_{i+1} - V_i) - (V_i - V_{i-1})}{R_i} \tag{3.4-18}$$

其中 R_i 和 C_i 是每段互连线的寄生电阻和电容，如果是一条均匀的互连线，分成 *N* 段相等的长度，则 $C_i = C_1/N$，$R_i = R_1/N$。

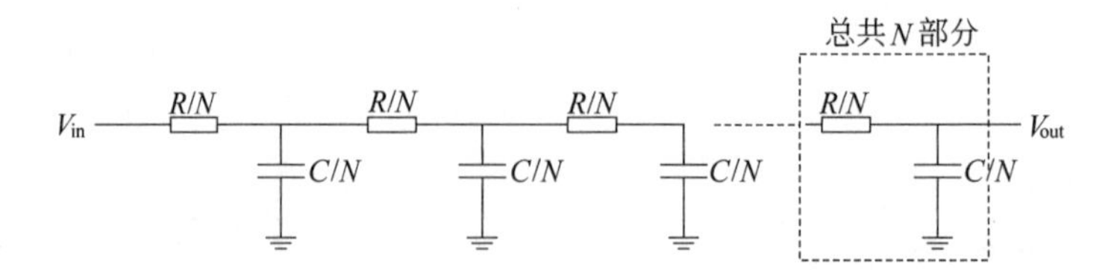

图 3.4-20　互连线的分布 RC 网络模型

对方程(3.4-18)不能求出解析形式的解,可以用数值方法求解,或者近似求解。对这样的 RC 网络输出电压从初始的高电平向低电平转换的瞬态响应可近似表示为

$$V_{out}(t) = V_{DD}e^{-t/\tau}$$

其中,
$$\tau=R_iC_i\left[\frac{N(N+1)}{2}\right] \tag{3.4-19}$$

当 $N\to\infty$时,
$$\tau=\frac{1}{2}R_1C_1 \tag{3.4-20}$$

用分布的 RC 网络得到的时间常数 τ 比集总 RC 模型的时间常数小一半。

对于图 3.4-20 这样的 RC 网络,Elmore 提出了一个简单的计算传输延迟时间的模型[73]。对输入是阶跃信号的情况,节点 N 的响应时间常数为

$$\tau_N = \sum_{i=1}^{N}R_i\sum_{j=i}^{N}C_j = \sum_{i=1}^{N}C_i\sum_{j=1}^{i}R_j \tag{3.4-21}$$

用这个公式可以计算任意一个节点的传输延迟时间,而且 R_i 和 C_j 不一定是均匀的。当每段的 R_i 和 C_j 都相同时,式(3.4-21)的结果和前面的式(3.4-20)相同。

表 3.4-2 比较了互连线的集总 RC 模型和分布的 RC 模型得到的延迟时间的结果。可以看出集总的 RC 模型过高估计了互连线的 RC 延迟。采用分布的 RC 模型时,分的段数越多(N 越大)越接近实际情况。但是,分的段数太多又会增加计算的复杂性和计算时间。在分析互连线的 RC 延迟以及在电路模拟中考虑互连线的分布 RC 参数时,可以用较为简单的 π 模型或 T 模型来代替实际分布的 RC 网络。如果要求精度更高,可以采用 π2、T2 或 π3、T3 模型,一般用到 π3 模型就足够精确了。图 3.4-21 给出了分布的 RC 网络的几种近似模型。

表 3.4-2　用集总 RC 模型和分布 RC 模型得到的互连线的延迟

输出电压变化范围	集总的 RC 模型	分布的 RC 模型
0～50%(t_{PLH},t_{PHL})	$0.69R_1C_1$	$0.38R_1C_1$
0～63%(τ)	R_1C_1	$0.5R_1C_1$
10%～90%(t_r,t_f)	$2.2R_1C_1$	$0.9R_1C_1$

图 3.4-22 比较了用集总 RC 模型和用分成 10 段的分布 RC 模型模拟的一条多晶硅线

的传输延迟[1]。

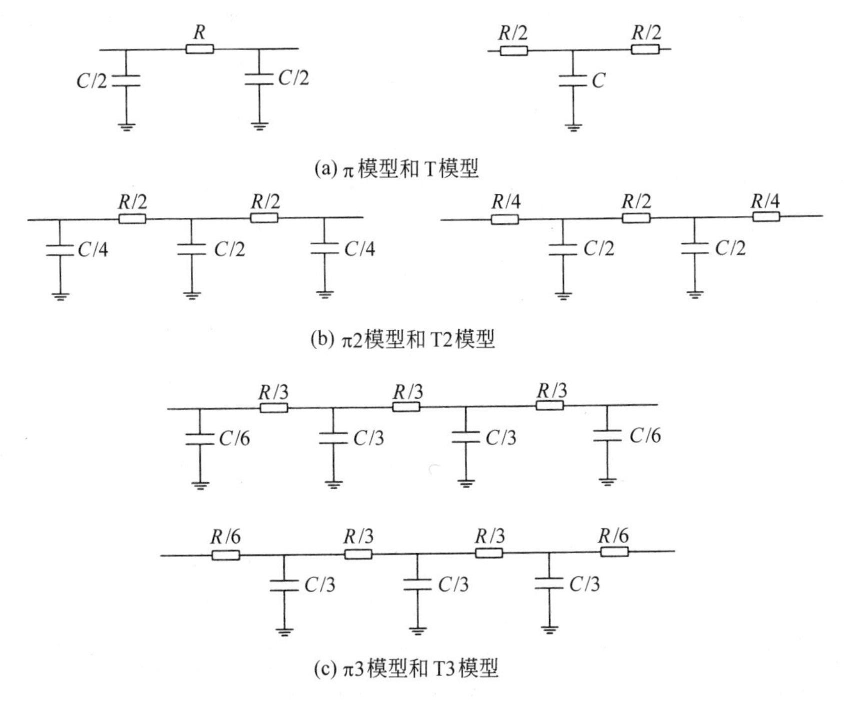

(a) π模型和T模型

(b) π2模型和T2模型

(c) π3模型和T3模型

图 3.4-21　分布的 *RC* 网络的几种近似模型

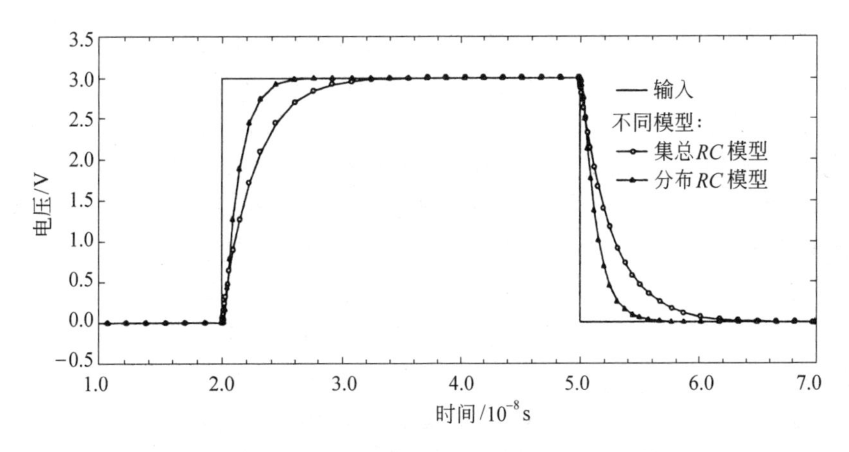

图 3.4-22　用 SPICE 模拟的多晶硅线的传输延迟

在 VLSI 的发展过程中，随着器件尺寸不断缩小，由器件决定的延迟时间缩短，使电路性能不断改善。但是，互连线的寄生电阻、电容不能按比例缩小。特别是随着集成度的提高，芯片面积不断加大，使单元电路或模块之间的互连线的长度增加，芯片中的长互连线的

RC 延迟成为影响 VLSI 工作速度的关键因素。图 3.4-23 说明了随着集成度的提高,芯片上互连线的变化。模块之间的互连线长度随着芯片面积增大而加长,一般近似认为模块间的长连线的平均长度为

$$L_{\mathrm{M}} \approx \frac{\sqrt{A_{\mathrm{D}}}}{2} \tag{3.4-22}$$

其中 A_{D} 为芯片面积。这种长互连线引起的 RC 延迟可用下式估算。

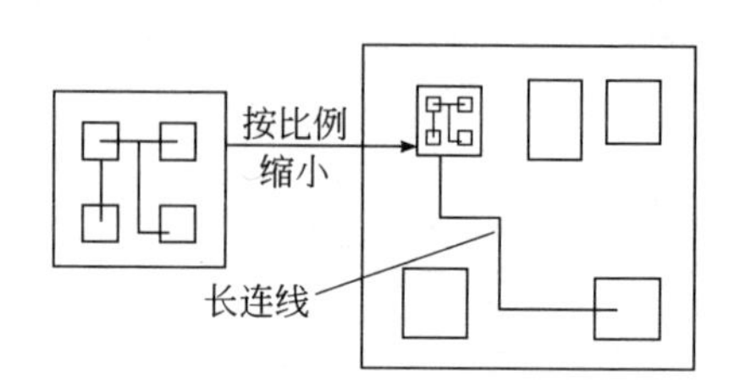

图 3.4-23 随着集成度的提高芯片上互连线的变化

$$\begin{aligned} t_{\mathrm{p}} &= 0.69 R_{\mathrm{l}} C_{\mathrm{l}} \\ &= 0.69 \rho \frac{L_{\mathrm{M}}}{W \cdot T} \cdot k\left(\frac{\varepsilon_0 \varepsilon_{\mathrm{ox}}}{H} W L_{\mathrm{M}} + \frac{\varepsilon_0 \varepsilon_{\mathrm{ox}}}{S} T L_{\mathrm{M}}\right) \end{aligned} \tag{3.4-23}$$

如果线宽 W,间距 S 以及金属层厚度 T 和介质层厚度 H 都随工艺特征尺寸 λ 按一定比例减小,则长互连线的延迟时间为

$$t_{\mathrm{p}} = \alpha \varepsilon_0 \varepsilon_{\mathrm{ox}} \rho \frac{A_{\mathrm{D}}}{\lambda^2} \tag{3.4-24}$$

其中 α 是由工艺决定的系数。因此,随着特征尺寸减小和芯片面积增大,长互连线的延迟时间将急剧增大。从式(3.4-23)看出互连线的延迟时间与其长度的平方成正比,减小互连线长度可以同时减小互连线的寄生电阻和电容,因而可以显著减小延迟时间。采用多层互连可以减小互连线的平均长度,因为多层互连可以使任意两点更容易通过直线连接。集成电路中的互连线有两种。一种是模块内即单元电路内部的互连线,这些互连线占大多数,它们的长、宽和间距都随特征尺寸减小而减小。这些互连线的 RC 延迟不是主要问题。另一种是模块间的互连线以及全局信号线,这些互连线占的比例较小但是它们的长度不是缩小,而是随着芯片面积增大而增大。这些长互连线的 RC 延迟将严重影响器件按比例缩小所带来的电路性能改善。从公式(3.4-23)看出,对长互连线如果适当增大线宽、间距、金属层厚度和线间介质层厚度,则可以减小互连线的 RC 延迟。对多层互连,下层是模块内的局部互连,上层是全局或次全局互连。因此,从性能优化考虑,从底层到上层,线宽、间距、金属层厚度和绝缘层厚度都逐渐增大。这样可以保持每层互连线的单位长度电容不变,而寄生电阻随横截面的增大而减小。图 3.4-24 说明了多层互连的优化设计结构[74]。

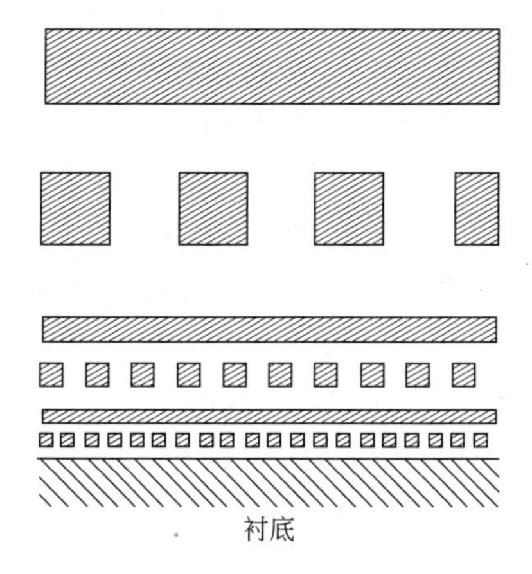

图3.4-24　多层互连的优化设计结构

从公式(3.4-24)可以看出，减小金属材料的电阻率和介质材料的相对介电常数，是减小互连线 *RC* 延迟的有效途径。对铝线二氧化硅介质的互连，当特征尺寸缩小到 180nm 以下，互连线的 *RC* 延迟就会远远超过逻辑门本身的延迟时间。采用铜互连和低 *k*(材料的相对介电常数)线间介质材料已成为纳米 CMOS 技术必然的发展趋势[75,76]。图 3.4-25 比较了铝互连和铜互连的延迟对电路性能的影响[77]。在纳米 CMOS 工艺中开发了很多低 *K* 介质材料，用多孔的有机聚合物材料以及 Si-O 基的多孔材料可以实现性能优良的超低 *k* 介质[78,79]。

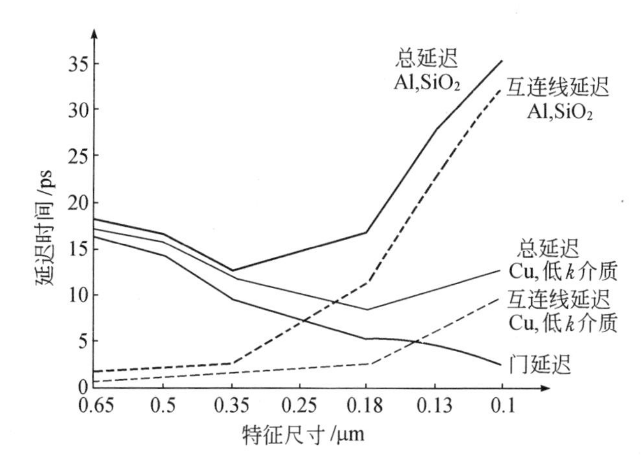

图 3.4-25　铝互连和铜互连的延迟对电路性能的影响

减小互连线的长度是减小延迟时间的关键，发展三维立体集成是提高集成密度同时减小互连线长度的有效途径。可以利用多晶硅或非晶硅再结晶技术实现一个芯片内多个有源层叠置,对于一些关键路径用垂直的层间互连代替平面的长互连线,由于芯片垂直方向的尺度远小于平面尺度,这样可以极大减小互连线的延迟时间。增加叠置的有源层数目,可以极大地减小互连线的 *RC* 延迟[80]。用硅片键合技术把多个芯片垂直叠置再封装起来可以实现三维系统集成(system in package,SIP)。实现多芯片叠置的三维系统集成要解决芯片间的信息传输。最简单的方法是用键合线把不同芯片需要连接的压点焊接起来,这种方法虽然简单且成本低,但是压点和焊接线的寄生效应严重限制了系统的工作带宽。基于硅通孔(through silicon via,TSV)互连技术实现多芯片叠置的三维集成是一个有效途径。TSV 三维集成技术具有互连长度短、延迟小、高带宽以及高集成密度、低功耗的优点。当然这种方法的成本高,可靠性问题也需要进一步解决。还有一种 TCI 技术也有可能成为三维集成系统新的发展方向[81],这种技术是通过电感耦合实现叠置芯片间的无线互连,由于不需要连线,而且是区域内直接传送信号,因此具有延迟小、可靠性高的优点。另外,制作电感不需要额外增加工序,成本也很小。TSV 技术和 TCI 技术都是目前半导体业的研究热点。

用金属实现互连线会受到电磁波传播速度的限制。对二氧化硅介质的情况,电磁波的有限传播速度限制了互连线的最小传输延迟时间是 7ps/cm。对长而细的金属线,*RC* 延迟起主要作用,延迟时间随互连线的长度平方率增长。一旦受制于电磁波的传播速度,延迟时间就随金属线长度线性增长,即使再增大金属线的横截面积也无济于事。图 3.4-26 说明了由电磁波传播速度限制的互连线的延迟特性[82],图中比较了三种不同线宽的互连线,假定金属线的横截面是正方形。射频互连、光互连等有可能成为未来 VLSI 芯片或系统芯片中的新型互连结构。

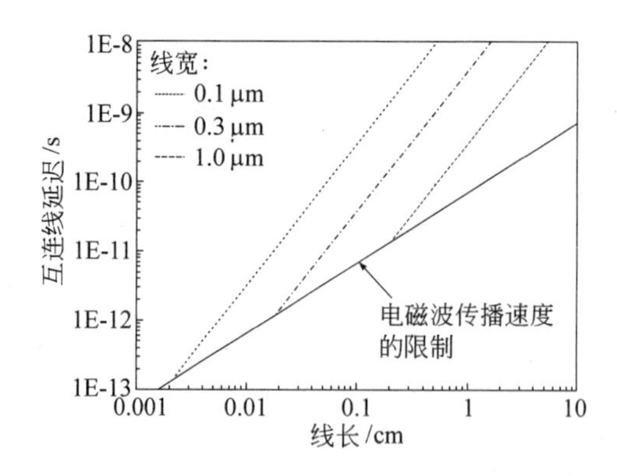

图 3.4-26　由电磁波传播速度限制的互连线的延迟时间

参 考 文 献

[1] Kang S, Leblebigi Y. CMOS Digital Integrated Circuit Analysis and Design (Fourth Edition) [M]. Boston: McGraw-Hill, 2014.

[2] 施敏.半导体器件:物理与工艺 [M]. 王阳元,嵇光大,卢文豪,译.北京:科学出版社,1992.

[3] 张光华，钟士谦．离子注入技术 [M]．北京：机械工业出版社，1982.
[4] Richman P. MOS 场效应晶体管和集成电路 [M]．沈毓沂，译．北京：人民邮电出版社，1980.
[5] Oowaki Y, Noguchi M, Takagi S, et al. A sub-0.1μm circuit design with substrate-over-biasing: IEEE International Solid-State Circuits Conference, February 5-7, 1998[C]. San Francisco.
[6] Assaderaghi F, Sinitsky D, Parke S A, et al. Dynamic threshold-voltage MOSFET (DTMOS) for ultra-Low voltage VLSI [J]. IEEE Transaction on Electron Devices, 1997, 44(3): 414-422.
[7] Veendrick H. Deep-Submicron CMOS ICs, from Basics to ASICs (Second Edition) [M]. Boston: Kluwer Academic Publishers, 2000.
[8] Pao H C, Sah C T. Effects of diffusion current on characteristics of metal-oxide(insulator)-semiconductor transistors [J]. Solid-State Electronics, 1966, 9.
[9] Brews J R. A charge sheet model of MOSFET [J]. Solid-State Electronics, 1978, 21: 345-355.
[10] Sah C T. Characteristics of the Metal-Oxide-semiconductor transistors [J]. IEEE Transaction on Electron Devices, 1964, ED-11: 324.
[11] Y P 希维迪斯．MOS 晶体管的工作原理及建模[M]．叶金官，等译．西安：西安交通大学出版社，1989.
[12] N 艾罗拉．用于 VLSI 模拟的小尺寸 MOS 器件模型：理论与实践 [M]．张兴，等译．北京：科学出版社，1999.
[13] Ihantola H K J, Moll J L. Design theory of a surface field-effect transistor [J]. Solid-State Electronics, 1964, 7: 423-430.
[14] Shur M. Physics of Semiconductor Devices [M]. New Jersey: Prentice-Hall , 1990.
[15] Taur Y, Ning T H. Fundamentals of Modern VLSI Devices [M]. Cambridge: Cambridge University Press, 1998.
[16] Troutman. R R Subthreshold design consideration for insulated gate field-effect transistors [J]. IEEE Journal of Solid-State Circuits, 1974, SC-9(2): 55-60.
[17] 夏武颖．半导体器件模型和工艺模型 [M]．北京：科学出版社，1986.
[18] Meyer J E. MOS models and circuit simulation [J]. RCA Review, 1971, 32: 43.
[19] Annaratone M. Digital CMOS Circuit Design [M]. Boston: Kluwer Academic Publishers, 1986.
[20] Yang P, Epler B D, Chatterjee P K. An Investigation of the Charge Conservation Problem for MOSFET Circuit Simulation [J]. IEEE Journal of Solid-State Circuits, 1983, SC-18(1): 128-138.
[21] Ward D E, Dutton R W. A charge-oriented model for MOS transistor capacitances [J]. IEEE Journal of Solid-State Circuits, 1978, SC-13(5): 703-708.
[22] Liu S, Nagel L W. Small-signal MOSFET models for analog circuit design [J]. IEEE Journal of Solid-State Circuits, 1982, SC-17(6): 983-998.
[23] Chung S S. A Charge-Based Capacitance Model of Short-Channel MOSFET's [J]. IEEE Transaction on Computer Aided Design, 1989, 8(1): 1.
[24] Shrivastava R, Fitzpatrick K. A simple model for the overlap capacitance of a VLSI MOS device [J]. IEEE Transaction on Electron Devices, 1982, ED-29(12): 1870-1875.
[25] Uyemura J P. Circuit Design for CMOS VLSI [M]. Boston: Kluwer Academic Publishers, 1996.

[26] Kwok K NG, William T Lynch. The impact of intrinsic series resistance on MOSFET scaling [J]. IEEE Transaction on Electron Devices, 1987, ED-34(3).

[27] Kwok K NG, William T Lynch. Analysis of the gate-voltage-dependent series resistance of MOSFET's [J]. IEEE Transaction on Electron Devices, 1986, ED-33(7): 965-972.

[28] Allen P E, Holberg D R. CMOS模拟电路设计 [M]. 北京:电子工业出版社,2002.

[29] Gray P R, Hurst P J, Lewis S H, et al. Analysis and Design of Analog Integrated Circuits(Fourth Edition) [M]. New York: John Wiley & Sons ,2001.

[30] Taur Y, Wind S, Mii Y, et al. High performance 0.1 μm CMOS devices with 1.5V power supply: IEEE International Electron Devices Meeting,December 5-8,1993 [C]. Washington DC.

[31] Rantnakumar K N, Meindel J D. Analysis of 2-D Short-channel MOSFET Threshold Voltage Model [J]. IEEE Journal of Solid-State Circuits, 1982, SC-17.

[32] Wu C Y, Yang S Y, Chen H H, et al. An analytic and accurate model for the threshold voltage of short channel MOSFETs in VLSI [J]. Solid-State Electronics, 1984, 27: 651-658.

[33] Yau L D. A simple theory to predict the threshold voltage of short-channel IGFET's [J]. Solid-State Electronics, 1974, 17: 1059-1063.

[34] Akers L A, Sanchez J J. Threshold voltage models of short, narrow and small geometry MOSFET's: A review [J]. Solid-State Electronics, 1982, 25: 621-641.

[35] Toyyabe T, Asai S. Analytical Models of Threshold Voltage and Breakdown Voltage of Short-Channel MOSFET's Derived from Two-Dimensional Analysis [J]. IEEE Journal of Solid-State Circuits, 1979, SC-14.

[36] Troutman R R. VLSI limitations from drain-induced barrier lowering [J]. IEEE Journal of Solid-State Circuits, 1979, SC-14(2): 383-391.

[37] Barnes J J, Shimohigashi K, Dutton R W. Short-channel MOSFET's in the punchthrough current mode [J]. IEEE Transaction on Electron Devices, 1979, ED-26(4): 446-453.

[38] Chamberlain S C, Ramanan S. Drain-induced barrier lowering analysis in VLSI MOSFET devices using two-dimensional numerical simulation [J]. IEEE Transaction on Electron Devices, 1986, ED-33: 1745-1753.

[39] Brews J R, Fichtner W, Nicollian E H, et al. Generalized guide for MOSFET miniaturization : International Electron Devices Meeting, December 03-05,1980[C]. Washington DC.

[40] Arora N D. Semi-empirical model for the threshold voltage of a double implanted MOSFET and Its temperature dependence [J]. Solid-State Electronics, 1987, 30.

[41] Akers L A, Beguwala M M E, Custode F Z. A Model of a Narrow Width MOSFET Including Tapered Oxide and Doping Encroachment [J]. IEEE Transaction on Electron Devices, 1981, ED-28.

[42] Akers L A, Sugino M, Ford J M. Characterization of the inverse-narrow-width effect [J]. IEEE Transaction on Electron Devices, 1987, ED-34.

[43] Kurosawa A, Shibata T, Iozuka H. A new bird's beak free field isolation technology for VLSI devices: IEEE International Electron Devices Meeting,December 7-9,1981[C]. Washington DC.

[44] Baum G, Beneking H. Drift velocity saturation in MOS transistors [J]. IEEE Transaction on Electron

Devices, 1970, ED-17: 481-482.

[45] Sun S C, Plummer J D. Electron mobility in inversion and accumulation layers on thermally oxidized silicon surface [J]. IEEE Transaction on Electron Devices, 1980, ED-27: 1497-1508.

[46] Frohman-Bentchkowsky D. On the effect of mobility and variation on MOS device characteristics [J]. Proceedings of the IEEE, 1968, (2): 217-218.

[47] Liang M S, Chol J Y, P K Ko, et al. Inversion layer capacitance and mobility of very thin gate oxide MOSFET's [J]. IEEE Transaction on Electron Devices, 1986, ED-33: 409-413.

[48] Lee S W. Universality of mobility-gate field characteristics of electrons in the inversion charge layer and its application in MOSFET modeling [J]. IEEE Trans Computer-Aided Design, 1989, CAD-8.

[49] Arora N D, Gildenblat G Sh. A semi-empirical model of the MOSFET inversion layer mobility for low-temperature operation [J]. IEEE Transactions on Electron Devices, 1987, ED-34: 89-93.

[50] Taur Y. , Buchanan D. A, Chen Wei, et al. CMOS scaling into the nanometer regime [J]. Proceedings of the IEEE, 1997, 85(4): 486-504.

[51] Throuber K K. Relation of drift velocity to low field mobility and high field saturation velocity [J]. Journal of Applied Physics. 1980, 51.

[52] Coen W R, Muller R S. IIIa-7 experimental velocity of surface carriers in inversion layers of silicon [J]. IEEE Transactions on Electron Devices, 1977, ED-24: 1201-1202.

[53] Sodini C G, Ko P K, Moll J L. The effect of high fields on MOS device and circuit performance [J]. IEEE Transactions on Electron Devices, 1984, ED-31: 1386-1393.

[54] Taur Y, Hsu C H, Wu B, et al. Saturation transconductance of deep-submicron-channel MOSFET's [J]. IEEE Solid-State Electronics, 1993, 36: 1085-1087.

[55] Takagi S, Toriumi A. New experimental findings on hot carrier transport under velocity saturation regime in si MOSFETs: IEEE International Electron Devices Meeting, December 13-16, 1992[C]. San Francisco.

[56] Cottrell P E, Troutman R R, Ning T H. Hot-electron emission in n-channel IGFET's [J]. IEEE Journal of Solid-State Circuits, 1979, SC-14: 442-455.

[57] Toyabe T, Yamaguchi K, Asai S, et al. A numerical model of avalanche breakdown in MOSFET's [J]. IEEE Transactions on Electron Devices, 1978, ED-25: 825-832.

[58] Chung J E, Jeng M-C, J E Moon, et al. Low-voltage hot-electron currents and degradation in deep-submicrometer MOSFETs [J]. IEEE Transactions on Electron Devices, 1990, 37: 1651-1657.

[59] Ong T-C, Ko P K, Hu C. Hot-carrier current modeling and device degradation in surface-channel p-MOSFET's [J]. IEEE Transactions on Electron Devices, 1990, 37: 1658-1666.

[60] Hu C. Hot-electron effects in MOSFET's: IEEE International Electron Devices Meeting, December 5-7, 1983[C]. Washington.

[61] Takeda E, Kume H, Toyabe T, et al. Submicrometer MOSFET structure for minimizing hot-carrier generation [J]. IEEE Transactions on Electron Devices, 1982, ED-29: 611.

[62] Ogura S, Tsang P J, Walker W W, et al. Design and Characteristics of the Lightly Doped Drain-Source(LDD) Insulated Gate Field-Effect Transistor [J]. IEEE Journal of Solid-State Circuits, 1980,

ED-15: 424-432.

[63] 正田英介. 半导体器件 [M]. 邵志标,译.北京:科学出版社,2001.

[64] 贾松良. 双极集成电路分析与设计基础[M]. 北京:电子工业出版社,1987.

[65] Hu C. Modern Semiconductor Devices for Integrated Circuits [M]. New Jersey: Prentice Hall, 2010.

[66] 林昭炯,韩汝琦. 晶体管原理与设计 [M]. 北京:科学出版社,1979.

[67] Taur Y, Ning T H. Fundamentals of Modern VLSI Devices [M]. Cambridge: Cambridge University Press, 2002.

[68] Lan E. 格特鲁. 双极型晶体管模型 [M]. 北京:科学出版社,1981.

[69] Antinone R J, Brown G W. The modeling of resistive interconnects for integrated circuits [J]. IEEE Journal of Solid-State Circuits, 1983, SC-18(2): 202-203.

[70] Sakurai T, Tamaru K. Simple Formulas for two- and three-dimensional capacitances [J]. IEEE Transaction on Electron Devices, 1983, ED-30(2): 183-185.

[71] Rabaey J M, Chandrakasan A, Nikolic B. Digital Integrated Circuits A Design Perspective(Second Edition) [M]. New Jersey: Prentice Hall, 2003.

[72] Murarka S P. Silicides for VLSI Applications [M]. New York: Academic Press, 1983.

[73] Elmore E. The transient response of damped linear networks with particular regard to wideband amplifiers [J]. Journal of Applied Physics, 1948: 55-63.

[74] Sai-Halasz G A. Performance trends in high-end processors [J]. Proceedings of the IEEE, 1995, 83(1): 20-36.

[75] Singer P. Tantalum , copper and damascene: the future of interconnects [J]. Semiconductor International, 1998, 21(6): 90-92,94,96,98.

[76] Deltoro G, Sharif N. Copper interconnect: migration or bust: Twenty Fourth IEEE/CPMT International Electronics Manufacturing Technology Symposium, October 18-20, 1999 [C]. Austin.

[77] Lavi Lev, Ping Chao. 纳米 IC 的连线设计 [J]. 世界产品与技术, 2003(2): 41-44.

[78] Kikkawa T. Current and future low-k dielectrics for Cu interconnects: IEEE International Electron Devices Meeting, December 10-13, 2000 [C]. San Francisco.

[79] Miyajima H, Watanabe K, Fujita K, et al. Challenge of low-k materials for 130,90,65 nm node interconnect technology and beyond :IEEE International Electron Devices Meeting, December 13-15, 2004 [C]. San Francisco.

[80] Davis J A, Venkatesan R, Kaloyeros A, et al. Interconnect limits on gigascale integration (GSI) in the 21st Century [J]. Proceedings of the IEEE. 2001, 89(3): 305-307.

[81] Kuroda T. Near-field wireless connection for 3D-system integration : IEEE Symposium on VLSI Technology. July 13-15,2012[C]. Honululu.

[82] Taur Y, Buchanan D A, Chen W, et al. CMOS Scaling into the Nanometer Regime [J]. Proceedings of the IEEE, 1997, 85(4): 486-504.

第4章　数字集成电路的基本单元电路

4.1　MOS反相器

反相器是MOS数字集成电路中最基本的单元电路。由于CMOS技术已经发展成为超大规模集成电路的主流技术，因此对数字集成电路的讨论以CMOS结构为主。这一节主要分析CMOS反相器的性能，同时作为对比介绍NMOS反相器的性能，通过对比说明CMOS电路的优越性。

4.1.1　CMOS反相器的直流特性

CMOS反相器是由一个增强型NMOS管和一个增强型PMOS管组成，利用NMOS和PMOS的互补特性获得良好的电路性能。图4.1-1是CMOS反相器的电路图和对应的逻辑符号，图中标出了衬底的连接。对NMOS管，p型衬底和源极共同接最低电位——地；对PMOS管，n阱和源极共同接最高电位——电源V_{DD}。这样可以使$V_{BS}=0$，避免衬偏效应的影响，同时使pn结处于反偏或零偏，防止寄生效应。在CMOS反相器中，NMOS管和PMOS管的栅极连在一起作为输入端，NMOS管和PMOS管的漏极连在一起作为输出端。

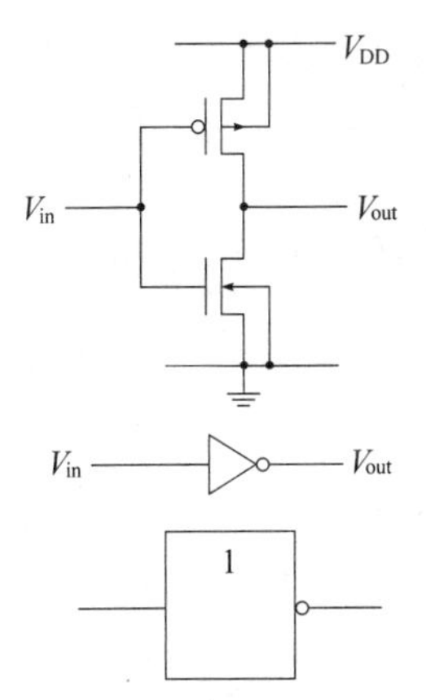

图4.1-1　CMOS反相器的电路图和逻辑符号

当输入低电平时($V_{in}=0$)，NMOS管截止、PMOS管导通，把输出拉到高电平V_{DD}；当输入高电平时($V_{in}=V_{DD}$)，PMOS管截止、NMOS管导通，把输出拉到低电平0。因此，CMOS反相器利用NMOS管和PMOS管轮流导通，使输出和输入反相，即

$$V_{out} = \overline{V_{in}} \tag{4.1-1}$$

图 4.1-2 示意说明 CMOS 反相器的功能。在 CMOS 反相器中 NMOS 管和 PMOS 管都是作为开关器件,NMOS 管导通的作用是把输出拉到低电平,因此可以叫作下拉开关;而 PMOS 管导通的作用是把输出拉到高电平,因此可以叫作上拉开关。另外,可以看出,在稳定的输出高电平或输出低电平状态,CMOS 反相器中只有一个 MOS 管导通,不存在直流导通电流,这正是 CMOS 电路的最大优点。

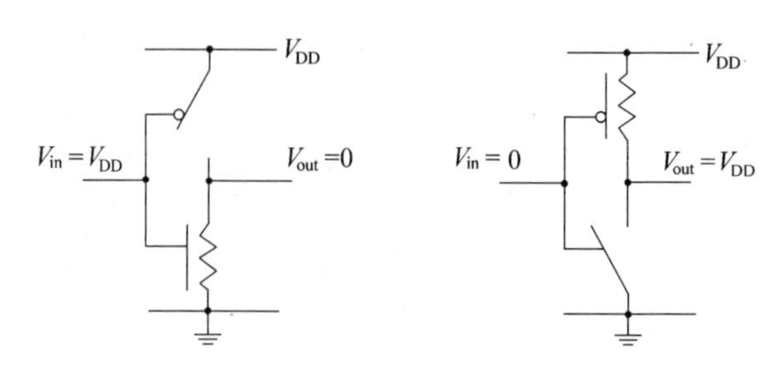

图 4.1-2　CMOS 反相器的开关功能

1. CMOS 反相器的直流电压传输特性

如果输入不是稳定在 V_{DD} 或 0,而是在 0 到 V_{DD} 之间的任一电平值,CMOS 反相器的输出如何?下面将具体分析在稳态情况下,输出电平随输入电平的变化,也就是反相器的直流电压传输特性 $V_{out}=F(V_{in})$。

首先分析 NMOS 管和 PMOS 管在不同输入电平时的工作状态。考虑 V_{in} 从 0 逐渐增大到 V_{DD},NMOS 管经历了截止-饱和-线性三个不同的工作区,而 PMOS 管则经历了线性-饱和-截止三个不同的工作区。图 4.1-3 说明了在 V_{in} 从 0 到 V_{DD} 的变化范围内,CMOS 反相器中的 NMOS 管和 PMOS 管工作状态的变化。图中 N-O 表示 NMOS 处在截止区(off)、N-S 表示 NMOS 处在饱和区(saturation)、N-L 表示 NMOS 处在线性区(linear);类似地 P-O、P-S 和 P-L 分别表示 PMOS 处在截止区、饱和区和线性区。

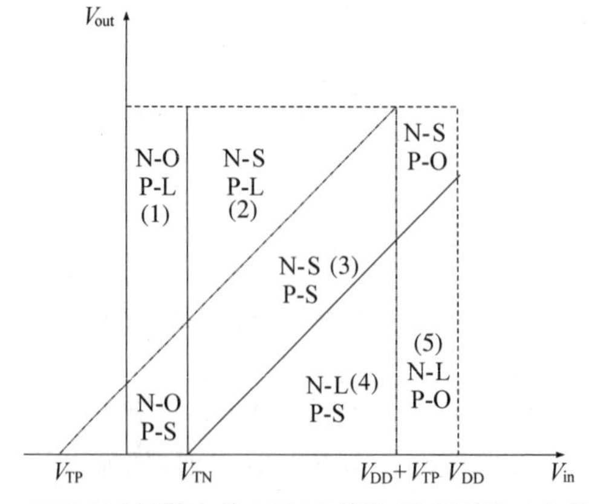

图 4.1-3　CMOS 反相器中的 NMOS 管和 PMOS 管工作状态的变化

如图所示，边长为 V_{DD} 的正方形被两条竖线和两条斜线分割为 7 个区域，两条竖线分别限定了 NMOS 和 PMOS 的截止区和导通（线性区和饱和区）范围；下方的斜线限定了 NMOS 器件的线性区和饱和区范围，这条斜线的上方为 NMOS 饱和区，下方为该器件的线性区域，以该斜线上方为例，有 $V_{out}>V_{in}-V_{TN}$，对于如图 4.1-1 中所示反相器结构，我们易于发现 V_{out} 即为反相器中 NMOS 器件的 V_{DS}，V_{in} 为该器件的 V_{GS}，这个不等式正好是该 NMOS 器件的饱和区条件；同理可以理解上方斜线对 PMOS 器件的线性区和饱和区的限定，该斜线上方为 PMOS 器件的线性区域，下方为该器件的饱和区域。

在图 4.1-3 所示的 7 个区域中，对于左下角和右上角的两个区域，电路中的 NMOS 和 PMOS 器件在实际中无法工作在这两个区域限定的状态。我们以左下角的直角梯形区域为例，按照斜线和竖线的限制条件，该区域中 NMOS 截止，PMOS 饱和；而如图 4.1-2 所示，如果 NMOS 截止，相当于该开关断开，则 V_{out} 电平为 V_{DD}，这样 PMOS 的源漏电压为 0V，而其 V_{GS} 的绝对值为 V_{DD}，其不可能工作在饱和区，而只能在线性区，即 PMOS 器件有导电沟道，沟道两端的电压差为 0，没有沟道电流。同理可以排除右上角的直角梯形区域存在的可能性。通过以上分析，剩余的 5 个区域是实际中器件的工作范围。为了分析方便，我们可以按照从左到右，从上到下的顺序把这些区域定义为 1 区到 5 区，可以观察到这 5 个区域中，NMOS 和 PMOS 器件的工作状态以 3 区为界相互对称。

下面按照图 4.1-3 中的顺序，分区推导 CMOS 反相器在这些区域的输出电平和输入电平的关系，称为直流电压传输特性（voltage transfer characteristic，VTC）。

由于 MOS 电路只有容性负载，在直流状态下没有输出电流，总是满足

$$I_{DN}=I_{DP} \tag{4.1-2}$$

式中下标 N 和 P 分别代表 NMOS 管和 PMOS 管，下面公式中的阈值电压和导电因子的下标也增加 N 或 P 来表示 NMOS 管和 PMOS 管。

(1) $0\leqslant V_{in}\leqslant V_{TN}$。

在这个输入电平范围内，NMOS 管截止，PMOS 管工作在线性区，如图 4.1-3 所示。因此有

$$I_{DN}=I_{DP}=K_P[(V_{in}-V_{TP}-V_{DD})^2-(V_{in}-V_{TP}-V_{out})^2]=0 \tag{4.1-3}$$

由此得到

$$V_{out}=V_{DD},$$

即

$$V_{OH}=V_{DD} \tag{4.1-4}$$

方程(4.1-3)应该有两个解，但是另一个解没有意义。下面一些方程求解也类似。

这就证明了 CMOS 反相器的输出高电平 V_{OH} 等于电源电压 V_{DD}，在输出高电平区，尽管输入电平在一定范围变化，输出不变保持在高电平 V_{DD}。

(2) $V_{TN}<V_{in}<V_{out}+V_{TP}$。

在这个区域，NMOS 管进入饱和区，PMOS 管仍在线性区。根据 NMOS 和 PMOS 电流相等的条件，有

$$K_N(V_{in}-V_{TN})^2=K_P[(V_{in}-V_{TP}-V_{DD})^2-(V_{in}-V_{TP}-V_{out})^2]=0 \tag{4.1-5}$$

由此得到 $$V_{out}=(V_{in}-V_{TP})+[(V_{in}-V_{TP}-V_{DD})^2-K_r(V_{in}-V_{TN})^2]^{1/2} \tag{4.1-6}$$
当 $V_{in}=V_{TN}$时,$V_{out}=V_{DD}$,与(1)区的输出连续。在这个区域,输出电平随输入电平的增加非线性下降,而且下降过程与参数 $K_r=K_N/K_P$ 有关。参数 K_r 叫作反相器的比例因子,它是反相器的重要设计参数,在一定的工艺条件下,MOS 晶体管的本征导电因子是固定的,且沟道长度一般也是固定的,在这种情况下 CMOS 反相器的比例因子主要决定于 NMOS 管和 PMOS 管的宽度比。

(3) $V_{out}+V_{TP}\leqslant V_{in}\leqslant V_{out}+V_{TN}$。

在这个区域,NMOS 管和 PMOS 管都处在饱和区,因此有

$$K_N(V_{in}-V_{TN})^2 = K_P(V_{in}-V_{TP}-V_{DD})^2 \tag{4.1-7}$$

由此得到一个特定的输入电平,

$$V_{in} = \frac{V_{TN}+\sqrt{1/K_r}(V_{DD}+V_{TP})}{1+\sqrt{1/K_r}}$$

对应这个输入电平,输出电平从$(V_{in}-V_{TP})$下降到$(V_{in}-V_{TN})$,传输特性曲线成为一段垂直线。这个输入电平是使 CMOS 反相器的输出发生显著变化的一个转折点,也是对应 $V_{in}=V_{out}$那点的电平,这个特殊的电平叫作反相器的逻辑阈值电平,用 V_{it}表示。因此 CMOS 反相器的逻辑阈值电平是

$$V_{it} = \frac{V_{TN}+\sqrt{1/K_r}(V_{DD}+V_{TP})}{1+\sqrt{1/K_r}} \tag{4.1-8}$$

如果构成 CMOS 反相器的 NMOS 管和 PMOS 管性能完全对称,即 $V_{TN}=-V_{TP}$,$K_N=K_P$,则反相器的逻辑阈值电平刚好在高、低电平中间,也就是 $V_{it}=V_{DD}/2$。

(4) $V_{out}+V_{TN}<V_{in}<V_{DD}+V_{TP}$。

在这个区域内,NMOS 管进入线性区,而 PMOS 管仍在饱和区,因此有

$$K_N[(V_{in}-V_{TN})^2-(V_{in}-V_{TN}-V_{out})^2] = K_P(V_{in}-V_{TP}-V_{DD})^2 \tag{4.1-9}$$

$$V_{out} = (V_{in}-V_{TN})-\left[(V_{in}-V_{TN})^2-\frac{1}{K_r}(V_{in}-V_{TP}-V_{DD})^2\right]^{1/2} \tag{4.1-10}$$

在这个区域输出电平又是随输入电平的增加非线性下降。

(5) $V_{DD}\geqslant V_{in}\geqslant V_{DD}+V_{TP}$。

NMOS 管仍然处在线性区,但是 PMOS 管截止,因此有

$$K_N[(V_{in}-V_{TN})^2-(V_{in}-V_{TN}-V_{out})^2] = 0 \tag{4.1-11}$$

由此得到:$V_{out}=0$,也就是输出低电平为 0,

$$V_{OL} = 0 \tag{4.1-12}$$

根据上面分析的结果可以画出 CMOS 反相器的输出电平随输入电平变化的曲线,即直流电压传输特性曲线,如图 4.1-4 所示。图中 1 是输出高电平区,5 是输出低电平区,2,3,4 是转变区。

图 4.1-4 给出的是一个理想 CMOS 反相器的直流电压传输特性曲线,即反相器中的

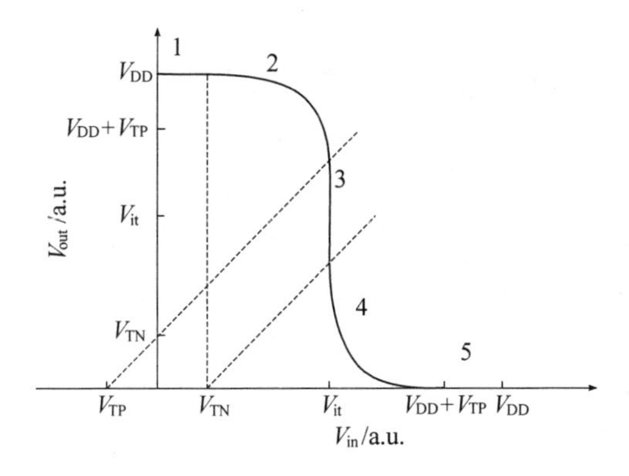

图 4.1-4　CMOS 反相器的直流电压传输特性曲线

NMOS 和 PMOS 参数完全对称，另外不考虑小尺寸器件的二级效应。例如没有考虑器件的导通，因此 1 区和 5 区为平行横坐标的直线段；也没有考虑饱和区长沟调制效应，饱和区电流与漏电压无关，因此在 $V_{in}=V_{it}$ 即 NMOS 和 PMOS 都饱和时传输特性曲线是一段垂直线段。实际上，由于这些二级效应的影响，实际的 CMOS 反相器在 1，3，5 区的电压传输特性是曲线。图 4.1-5 是 SPICE 模拟得到的一个实际 CMOS 反相器的直流电压传输特性曲线。对比基于长沟器件简单电流方程推导的式(4.1-3)到式(4.1-12)画出的图 4.1-4 所示的 VTC 曲线，由于器件的各种二级效应，图 4.1-5 中的曲线的 5 个分区都出现了偏离理想反相器 VTC 的变化趋势。尽管如此，CMOS 反相器仍然是最接近理想反相器的电路结构，后面我们将对比不同反相器结构的直流特性曲线。

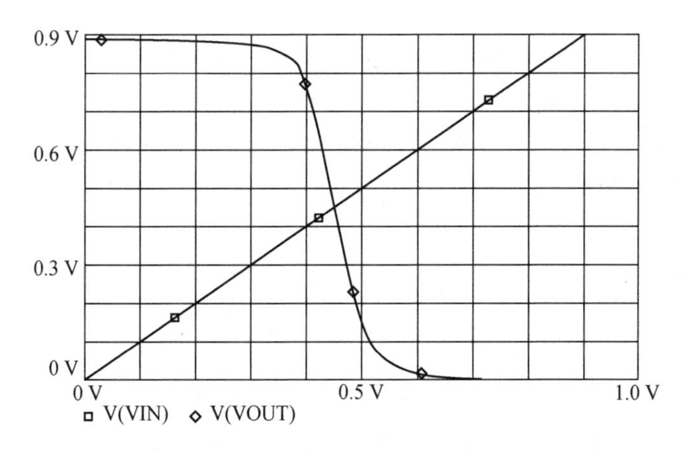

图 4.1-5　SPICE 模拟的某 28nm 工艺 CMOS 反相器的 VTC 曲线

下面我们考察一下电路参数对反相器直流电压传输特性的影响，如图 4.1-4 所示的曲线,易于观察到,电源电压的变化将影响限制曲线轮廓的正方形的边长;阈值电压的变化将影响1区和5区的宽度;此外,影响该曲线形状的关键区域是3区的位置,下面根据公式(4.1-8)分析器件参数对3区位置的影响。

如果构成CMOS反相器的NMOS管和PMOS管参数不对称,则反相器的直流电压传输特性曲线将发生变化。在$V_{TN}=-V_{TP}$的情况下,如果$K_r=1$,则$V_{it}=0.5V_{DD}$;如果$K_r>1$,则$V_{it}<0.5V_{DD}$;如果$K_r<1$,则$V_{it}>0.5V_{DD}$。在$K_N=K_P$的情况下,若$V_{TN}=-V_{TP}$,则传输特性曲线是对称的;若$V_{TN}<-V_{TP}$,则传输特性曲线向左偏移;若$V_{TN}>-V_{TP}$,则传输特性曲线向右偏移。图4.1-6描述了器件参数对CMOS反相器直流电压传输特性曲线的影响。后面我们将用V_{it}点定义反相器的噪声容限,它是数字电路的一个重要设计指标。

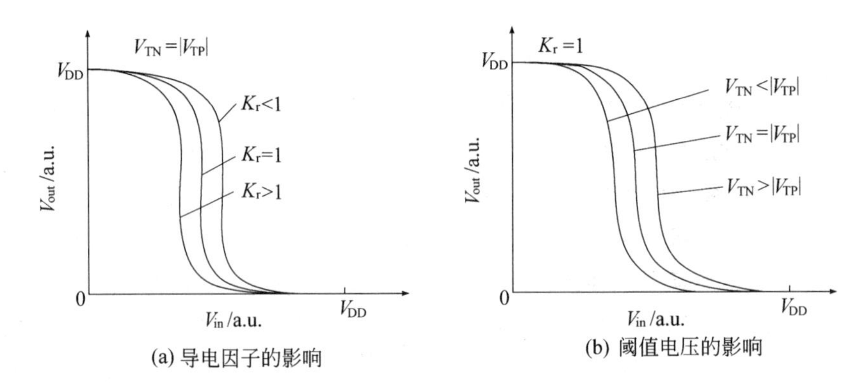

图4.1-6 器件参数对CMOS反相器直流电压传输特性曲线的影响

CMOS反相器在稳定的输出高电平(传输特性曲线的1区)和稳定的输出低电平(传输特性曲线的5区)状态,都有一个MOS管截止,因此没有直流导通电流。但是在$V_{TN}<V_{in}<V_{DD}+V_{TP}$的范围内(传输特性曲线的2,3,4区),NMOS管和PMOS管都导通,CMOS反相器存在直流导通电流。

$$I_{on}=I_{DN}=I_{DP}\neq 0$$

直流导通电流随输入电平的变化而变化,当$V_{in}=V_{it}$时I_{on}最大,即

$$I_{on}=I_{peak}=K_N(V_{it}-V_{TN})^2=K_P(V_{it}-V_{TP}-V_{DD})^2 \qquad (4.1\text{-}13)$$

CMOS反相器的直流导通电流随输入电平的变化关系$I_{on}=F(V_{in})$叫作直流转移特性,图4.1-7画出了CMOS反相器的直流转移特性曲线。通过该曲线,我们可以了解不同输入电平下,反相器的直流短路电流情况,在本章最后一节的CMOS电路功耗部分会有进一步应用。

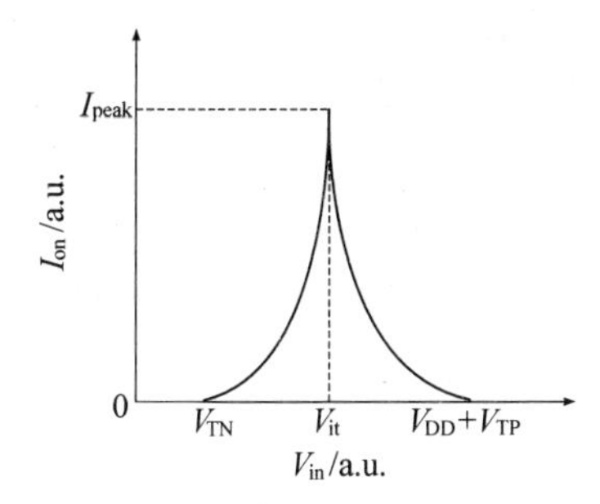

图 4.1-7　CMOS 反相器的直流转移特性曲线

例题 4.1-1　某 90nm 工艺，$V_{DD}=1.2\text{V}$，$V_{TN}=0.3\text{V}$，$V_{TP}=-0.25\text{V}$，$K_N'=\mu_n C_{ox}=450\mu\text{A/V}^2$，$K_P'=\mu_p C_{ox}=125\mu\text{A/V}^2$；反相器中 NMOS 宽长比为 2，PMOS 宽长比为 3；画出该反相器的 VTC 曲线，并给出 5 个分区的四个临界点的坐标值。

解：

根据 CMOS 反相器的逻辑阈值电平计算公式

$$V_{it}=\frac{V_{TN}+\sqrt{1/K_r}(V_{DD}+V_{TP})}{1+\sqrt{1/K_r}}$$

可以求出 CMOS 反相器的逻辑阈值电平 V_{it}，其中 K_r 为反相器的比例因子

$$K_r=\frac{K_N}{K_P}=\frac{\frac{1}{2}K_N'W_N/L_N}{\frac{1}{2}K_P'W_P/L_P}=2.4$$

代入后可以求得 $V_{it}\approx 0.55\text{V}$。反相器的 VTC 曲线如图 L4.1-1 所示。

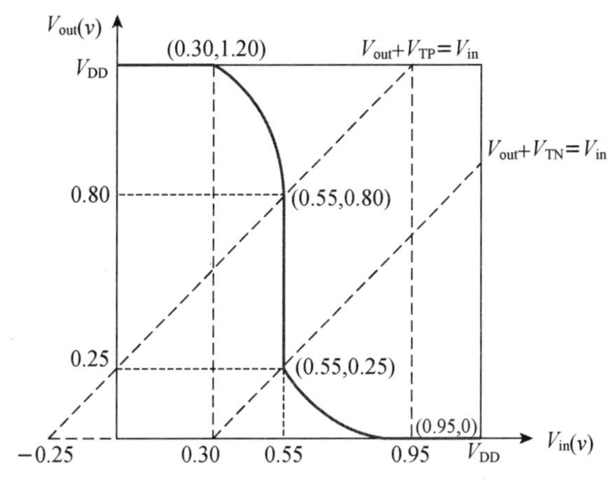

图 L4.1-1

上图中给出了各个分区交界点的坐标值，其中与三个区相关的两个交界点的横坐标即为 V_{it}，而这两个交界点的纵坐标，可以根据图中两个划分区的斜线在坐标轴上的截距计算出来。

通过这个例子我们可以看出，如果 K_r 变化引起 VTC 曲线的左右移动，也就是三个区的垂直线段沿着两条斜虚线组成的轨道，在左右两个垂直虚线之间移动的过程。

2. CMOS 反相器的直流噪声容限

对 CMOS 反相器，理想的输出逻辑电平是：$V_{OH}=V_{DD}$，$V_{OL}=0$，这个理想的逻辑电平作为输入信号加到其他 CMOS 逻辑电路上，可以保证其输出也是理想的逻辑电平。当输入的逻辑电平偏离理想的逻辑电平时，可能会引起输出逻辑电平的变化，输入电平的偏离越大，输出电平的变化越大。为了保证电路能正常工作，一般对电路的输入逻辑电平有一个允许的变化范围，在这个输入电平的变化范围内，可以保证输出逻辑电平正确。允许的输入电平变化范围就是电路的直流噪声容限。直流噪声容限反映了电路的抗干扰能力，它决定于电路所能承受的最差的输入逻辑电平。图 4.1-8 示意说明了逻辑电路的直流噪声容限。

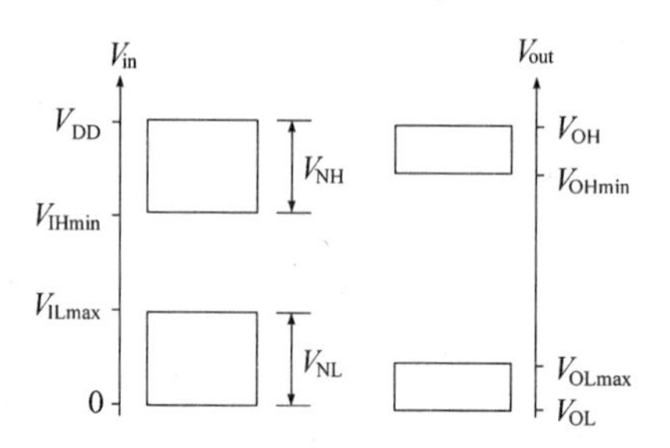

图 4.1-8 逻辑电路的直流噪声容限

对 CMOS 反相器的直流噪声容限有不同的定义方法。

(1) 由极限输出电平定义的噪声容限。

一般可以根据实际工作要求确定电路输出高电平的最小值 V_{OHmin} 和输出低电平的最大值 V_{OLmax}。使输出达到 V_{OHmin} 所对应的输入电平定义为关门电平 V_{off}，使输出达到 V_{OLmax} 所对应的输入电平定义为开门电平 V_{on}。关门电平是电路允许的输入低电平的上限，而开门电平是电路允许的输入高电平的下限。如果知道了反相器的参数以及 V_{OHmin} 和 V_{OLmax}，就可以根据反相器的电压传输特性方程计算出关门电平和开门电平。

关门电平与理想逻辑低电平之间的范围就是输入低电平噪声容限 V_{NL}，理想逻辑高电平与开门电平之间的范围就是输入高电平噪声容限 V_{NH}。对 CMOS 反相器可以得到

$$V_{NL}=V_{off}-0=V_{off} \tag{4.1-14}$$

$$V_{NH}=V_{DD}-V_{on} \tag{4.1-15}$$

图 4.1-9 说明了用关门电平和开门电平确定的 CMOS 反相器的直流噪声容限。用这种方法确定噪声容限必须知道 V_{OHmin} 和 V_{OLmax}，在实际应用中不便于使用，下面利用前面

CMOS 反相器直流特性的知识,介绍一种简单实用的 CMOS 电路的直流噪声容限的定义。

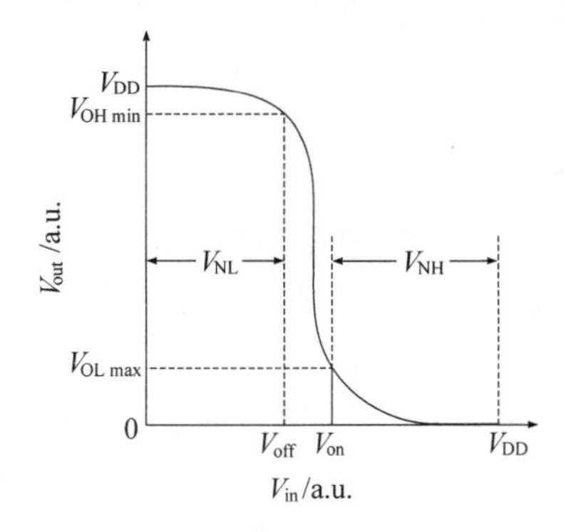

图 4.1-9 由极限输出电平确定的 CMOS 反相器的噪声容限

(2) 由反相器逻辑阈值定义的最大噪声容限。

对 CMOS 反相器,当 $V_{in}<V_{it}$时,$V_{out}>V_{it}$;当 $V_{in}>V_{it}$时,$V_{out}<V_{it}$。因此,可以把 V_{it}作为两种逻辑状态的分界点,把它看作允许的输入高电平和低电平的极限值,由此确定了 CMOS 反相器的最大噪声容限,即

$$V_{NLM}=V_{it}-0=V_{it} \tag{4.1-16}$$

$$V_{NHM}=V_{DD}-V_{it} \tag{4.1-17}$$

显然,当 CMOS 反相器采用对称设计时,$V_{it}=\frac{1}{2}V_{DD}$,则

$$V_{NHM}=V_{NLM}=\frac{1}{2}V_{DD}$$

图 4.1-10 说明了由反相器逻辑阈值定义的最大噪声容限。

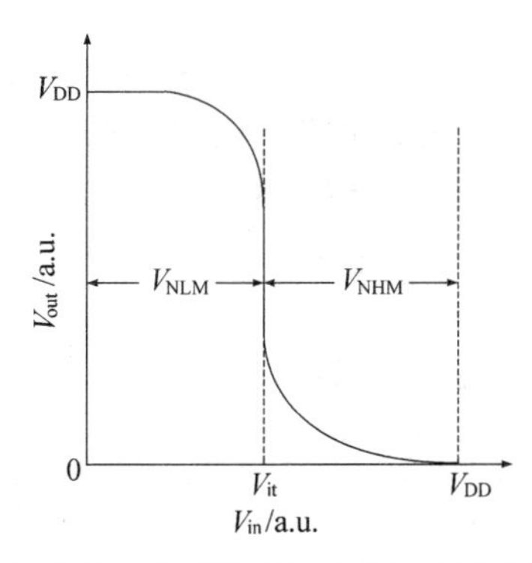

图 4.1-10 由逻辑阈值点确定的 CMOS 反相器的噪声容限

实际上,CMOS 反相器中的 NMOS 和 PMOS 参数很难完全对称,因此 $V_{NHM}\neq V_{NLM}$,它们当中较小的一个决定了电路所能承受的最大直流噪声容限。一般情况下,CMOS 反相器

的最大噪声容限小于$\frac{1}{2}V_{DD}$。提高 NMOS 和 PMOS 参数的对称性,将有利于增大 CMOS 电路的噪声容限。

3. 可恢复逻辑电路

只要求电路有较大的噪声容限还不够。因为如果多级电路串联,若第一级输入噪声的干扰使它的输出偏离理想的逻辑电平值,这个偏差迭加到第二级电路的输入噪声中,使第二级输出更差,这样噪声引起的输出电平的偏差一级级传下去并迭加起来,最终可能使电路输出发生错误。不过对于具有可恢复逻辑性的数字电路不会出现这种情况。

MOS 电路属于可恢复逻辑电路,它能使偏离理想电平的信号经过几级电路逐渐收敛到理想工作点,即最终达到合格的逻辑电平。例如 n 级相同的 CMOS 反相器串联,n 是偶数,若初始的 $V_{in} \leqslant V_{it}$,则最终 $V_{out}=0$,若 $V_{in} \geqslant V_{it}$,则最终 $V_{out}=V_{DD}$。图 4.1-11 用电压传输特性曲线说明 CMOS 反相器具有可恢复逻辑性[1]。

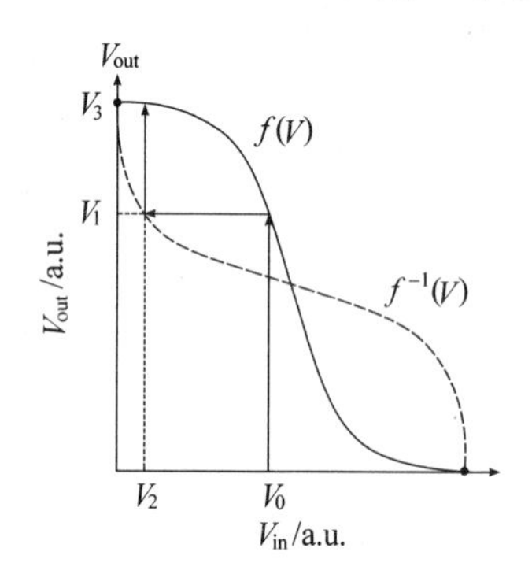

图 4.1-11　可恢复逻辑特性

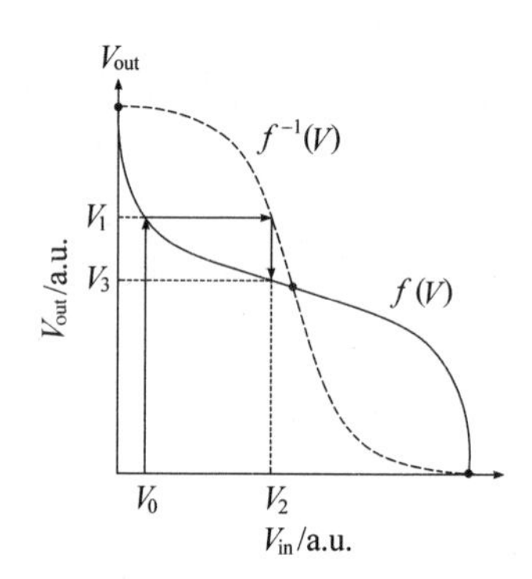

图 4.1-12　不可恢复逻辑特性

CMOS 反相器具有可恢复逻辑性是因为 CMOS 反相器的电压传输特性曲线具有这样的特点:在稳定的输出高电平或输出低电平区,电路的增益很小,而在逻辑状态转变区电路的增益很大。如果电路在稳定的输出高电平或输出低电平区有很高的增益,而在转变区增益很小,则这样的电路不具有可恢复逻辑性,如图 4.1-12 所示。对这样的电路当输入一个偏离理想逻辑电平的信号,经过几级电路,输出电平与理想逻辑电平的偏离越来越大,最终电路将不能正常工作。

由于数字电路具有可恢复逻辑性,因而在信息传输和处理过程中具有很好的抗干扰能力,这正是数字化技术得到越来越广泛应用的一个重要原因。

例题 4.1-2　采用 100nm 工艺,$V_{DD}=1.1\text{V}$,$V_{TN}=0.3V$,$V_{TP}=-0.3\text{V}$,$K_N'=\mu_n C_{ox}=450\mu\text{A/V}^2$,$K_P'=\mu_p C_{ox}=125\mu\text{A/V}^2$;反相器中 NMOS 宽长比为 2,PMOS 宽长比为 4;(1) 计算该反相器的逻辑阈值点;(2) 一个由三个反相器串联组成的电路,如果在第一个反相器的输入端有一个 0.6V 的直流电平(可以认为是带有 0.5 V 噪声的高电平信号),则请计算在各个反相器的输出端的直流电平各为多少?

解：

(1) 根据 CMOS 反相器的逻辑阈值电平计算公式

$$V_{it} = \frac{V_{TN} + \sqrt{1/K_r}(V_{DD} + V_{TP})}{1 + \sqrt{1/K_r}}$$

可以求出 CMOS 反相器的逻辑阈值电平 V_{it}，其中 K_r 为反相器的比例因子

$$K_r = \frac{K_N}{K_P} = \frac{\frac{1}{2}K_N'W_N/L_N}{\frac{1}{2}K_P'W_P/L_P} = 1.8$$

代入后可以求得 $V_{it} \approx 0.51\text{V}$。

(2) 3 个反相器串联组成的电路如图 L4.1-2 所示。

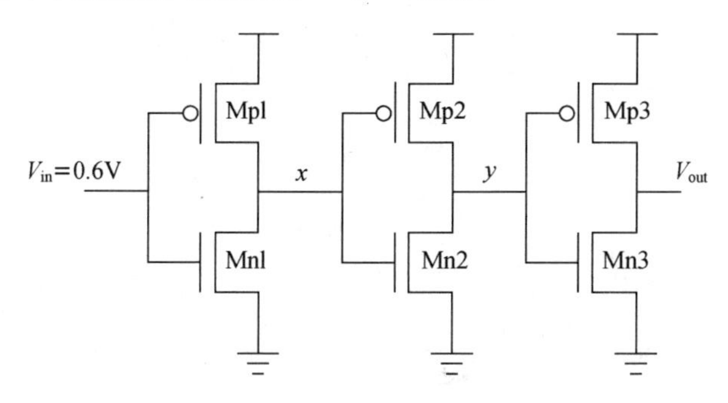

图 L4.1-2

当输入电压为 0.6V 时，此时 $V_{TN} + V_{out} < V_{in} < V_{DD} + V_{TP}$，NMOS 处于线性区，PMOS 处在饱和区，反相器的 VTC 曲线在第 4 个区域。根据输出电压随输入电压变化的公式

$$V_{out} = (V_{in} - V_{TN}) - \left[(V_{in} - V_{TN})^2 - \frac{1}{K_r}(V_{in} - V_{TP} - V_{DD})^2\right]^{1/2}$$

将 $V_{in} = 0.6\text{V}$ 带入到上式，可以得到 x 点的电压值约为 0.04V。

对于第二个反相器来说，输入电压 $0.04V < V_{TN}$，在 VTC 曲线的 1 区，y 节点电平为 V_{DD}，即 1.1V。V_{out} 为 0V。

综上，$V_x = 0.04\text{V}$，$V_y = 1.1\text{V}$，$V_{out} = 0\text{V}$。

从这个例子可以看出 CMOS 反相器具有良好的电平恢复特性，有较大噪声的电平经过有限级反相器以后就可以恢复为理想电平。

4.1.2　CMOS 反相器的瞬态特性

当电路的输入信号随时间变化时，输出信号也要发生变化，由于 MOS 电路的输出节点存在容性负载，输出信号要变化必须对输出节点电容充放电，因此输入信号变化不能使输出信号立刻随之变化，需要一定的瞬态响应时间。

1. CMOS反相器的上升时间和下降时间

当输入信号从低电平跃变到高电平，输出电平不能立即反相，因为输出要从原来的高电平变为低电平，必须对负载电容放电，这将使电路有一段输出下降时间。类似地，当输入信号从高电平跃变到低电平，也需要一段上升时间完成对负载电容的充电，输出才能变为高电平。图4.1-13给出了输出下降时间 t_f 和上升时间 t_r 的定义，其中 $V_L = V_{OH} - V_{OL}$ 是逻辑摆幅。对CMOS反相器 $V_L = V_{DD}$，因此，一般定义上升时间 t_r 是输出从 $0.1V_{DD}$ 上升到 $0.9V_{DD}$ 所需要的时间；下降时间 t_f 是输出从 $0.9V_{DD}$ 下降到 $0.1V_{DD}$ 所需要的时间。

为了推导出CMOS反相器输出上升时间和下降时间的解析表达式，采用如下近似，① 输入波形是理想方波，也就是阶跃输入；② 忽略MOS管本身的弛豫时间；③ 把与输出节点相连的所有电容等价为一个常值电容。

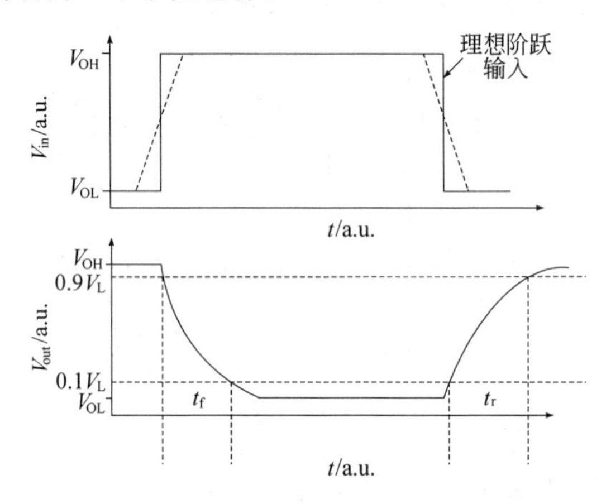

图4.1-13　下降时间和上升时间的定义

(1) 上升时间。$t=0$ 时 V_{in} 从高电平跃变为低电平，使NMOS截止、PMOS导通，PMOS对负载电容充电。图4.1-14给出了分析上升时间的等效电路，其中 C_L 是集总的负载电容。PMOS的导通电流就是对负载电容充电的电流，即

$$C_L \frac{dV_{out}}{dt} = i_{DP} \tag{4.1-18}$$

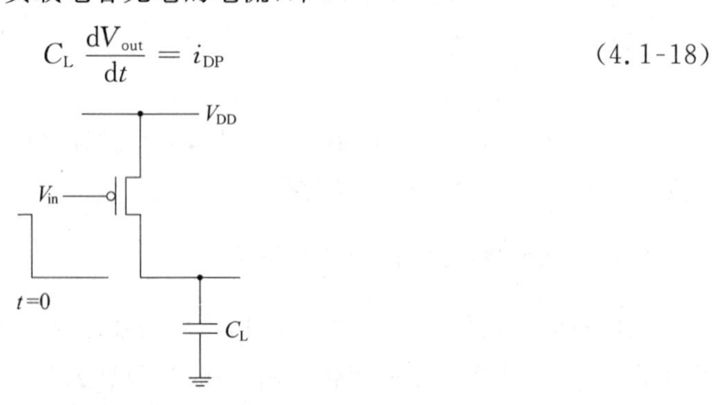

图4.1-14　分析上升时间的等效电路

由于 $V_{in}=0$ ，PMOS 管的栅-源电压恒定在 $V_{GS}=-V_{DD}$，但是随着输出电平上升 PMOS 管的漏-源电压变化，使 PMOS 从初始的饱和区进入线性区。

① $V_{out}\leqslant -V_{TP}$。PMOS 管工作在饱和区，上述充电的微分方程可以表示为

$$C_L\frac{dV_{out}}{dt}=K_P(-V_{TP}-V_{DD})^2 \tag{4.1-19}$$

引入归一化电压

$$u=\frac{V_{out}}{V_{DD}},\quad \alpha_P=\frac{-V_{TP}}{V_{DD}},\quad \alpha_N=\frac{V_{TN}}{V_{DD}} \tag{4.1-20}$$

则方程(4.1-19)简化为

$$\frac{du}{dt}=\frac{1}{\tau_r}(1-\alpha_P)^2 \tag{4.1-21}$$

其中

$$\tau_r=\frac{C_L}{K_PV_{DD}} \tag{4.1-22}$$

称为上升时间常数。

在 u 从 u_1 上升到 α_P 这段时间 PMOS 工作在饱和区，求解方程(4.1-21)可以得到饱和区充电时间

$$t_1=\frac{t_r(\alpha_P-u_1)}{(1-\alpha_P)^2} \tag{4.1-23}$$

② $V_{out}>-V_{TP}$。PMOS 管进入线性区，根据线性区电流公式可以得到用归一化电压表示的充电的微分方程

$$\frac{du}{dt}=\frac{1}{\tau_r}[(1-\alpha_P)^2-(u-\alpha_P)^2] \tag{4.1-24}$$

求解方程(4.1-24)得到 u 从 α_P 上升到 u_2 的时间，即线性区充电时间：

$$t_2=\frac{\tau_r}{2(1-\alpha_P)}\ln\left(\frac{1+u_2-2\alpha_P}{1-u_2}\right) \tag{4.1-25}$$

总的上升时间包括饱和区充电时间和线性区充电时间两部分，根据上升时间定义 $u_1=0.1$，$u_2=0.9$，可以得到

$$t_r=\tau_r\left[\frac{\alpha_P-0.1}{(1-\alpha_P)^2}+\frac{1}{2(1-\alpha_P)}\ln\left(\frac{1.9-2\alpha_P}{0.1}\right)\right],(0.1\leqslant\alpha_P\leqslant 0.9) \tag{4.1-26}$$

一般来说，器件阈值电压的绝对值约为电源电压的 20%，即 α 约为 0.2，上式可以成立。

若 $\alpha_P<0.1$，始终满足 $u>\alpha_P$，则完全是线性区充电；若 $\alpha_P>0.9$，始终满足 $u<\alpha_P$，则完全是饱和区充电，上式需要相应修改。

(2) 下降时间。在 $t=0$ 时 V_{in} 从 0 跃变到 V_{DD}，PMOS 管截止、NMOS 管导通，NMOS 管对负载电容放电，使输出电平下降。图 4.1-15 画出了输出下降过程的等效电路，由此得到负载电容放电的微分方程

$$C_L\frac{dV_{out}}{dt}=-i_{DN} \tag{4.1-27}$$

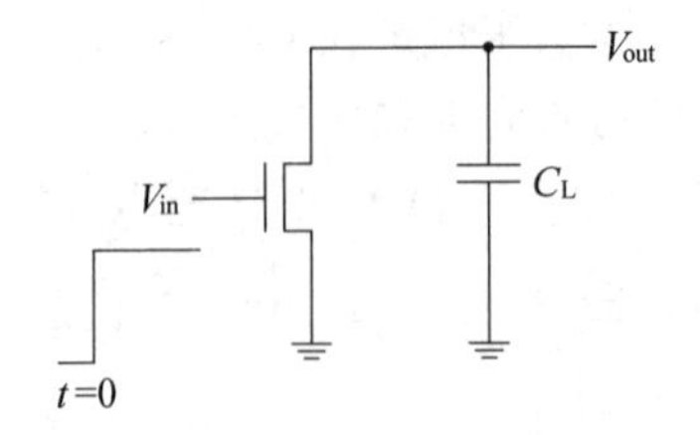

图 4.1-15 分析下降时间的等效电路

由于 $V_{GSN}=V_{DD}$，初始时 $V_{DSN}=V_{DD}$，NMOS 工作在饱和区，随着输出电平下降，V_{DSN} 减小，NMOS 将进入线性区。类似上升时间的推导，根据 NMOS 管的工作状态，分两个区域求解负载电容放电的微分方程。引入归一化电压后，有

① $V_{out}\geqslant V_{DD}-V_{TN}(u\geqslant 1-\alpha_N)$，NMOS 工作在饱和区

$$(1-\alpha_N)^2=-\tau_f\frac{du}{dt} \tag{4.1-28}$$

其中

$$\tau_f=\frac{C_L}{K_N V_{DD}} \tag{4.1-29}$$

叫作下降时间常数。

② $V_{out}<V_{DD}-V_{TN}(u<1-\alpha_N)$，NMOS 工作在线性区

$$(1-\alpha_N)^2-(1-\alpha_N-u)^2=-\tau_f\frac{du}{dt} \tag{4.1-30}$$

综合求解方程(4.1-28)和(4.1-30)，并根据下降时间的定义，得到

$$t_f=\tau_f\left[\frac{\alpha_N-0.1}{(1-\alpha_N)^2}+\frac{1}{2(1-\alpha_N)}\ln\left(\frac{1.9-2\alpha_N}{0.1}\right)\right],(0.1\leqslant\alpha_N\leqslant 0.9) \tag{4.1-31}$$

同理，若 $\alpha_N<0.1$，则在 $u=0.9$ 时 NMOS 管也在线性区，完全是线性区放电过程；若 $\alpha_N>0.9$，则在 $u=0.1$ 时 NMOS 管也在饱和区，完全是饱和区放电过程。

可以看出，CMOS 反相器的上升时间和下降时间的表达式类似，当 CMOS 反相器中的 NMOS 管和 PMOS 管参数对称时，即 $K_N=K_P$，$\alpha_N=\alpha_P$，则反相器的上升时间和下降时间相等。

(3) 非阶跃输入情况。在实际级连的 CMOS 电路中，前一级电路的输出直接作为下一级的输入，由于电路的输出波形有上升时间和下降时间，因此，实际电路的输入信号都不是理想方波。

对非阶跃输入情况，存在 NMOS 管和 PMOS 管都导通的情况，对负载电容充放电的电流是 NMOS 管和 PMOS 管电流之差，因此，充、放电的微分方程为

$$C_L\frac{dV_{out}}{dt}=i_{DP}-i_{DN} \tag{4.1-32}$$

例如，考虑输出下降的过程。V_{in} 在 $t=0$ 时开始上升，在 $t=\tau$ 时达到高电平 V_{DD}，τ 近似为输入波形的上升时间。当 $V_{in}>V_{TN}$ 后 NMOS 导通，输出开始下降，此时 PMOS 仍然导

通，直到 $V_{in} \geqslant V_{DD} + V_{TP}$ 后 PMOS 才能截止，近似认为 $0 \leqslant t \leqslant \tau$ 阶段 PMOS，NMOS 都导通，$t > \tau$ 后只有 NMOS 导通。

则

$$C_L \frac{dV_{out}}{dt} = i_O(t) \tag{4.1-33}$$

$$i_O(t) = \begin{cases} i_{DP}(t) - i_{DN}(t) & (t \leqslant \tau) \\ -i_{DN}(t) & (t > \tau) \end{cases} \tag{4.1-34}$$

其中 $i_{DP}(t)$ 和 $i_{DN}(t)$ 都是与 V_{out} 有关的函数，且应考虑随着 V_{out} 的变化，工作区不同。由于函数关系复杂，很难求出解析形式的解。在非阶跃输入情况下，反相器的上升时间和下降时间不仅与负载电容和驱动管的参数有关，还与输入波形的上升时间和下降时间有关。

2. CMOS 反相器的传输延迟时间

电路的工作速度决定于信号通过电路的传输延迟时间，同上升、下降时间相比，延迟时间是更为重要的电路瞬态特性。图 4.1-16 说明了传输延迟时间的定义。传输延迟时间有两种情况：

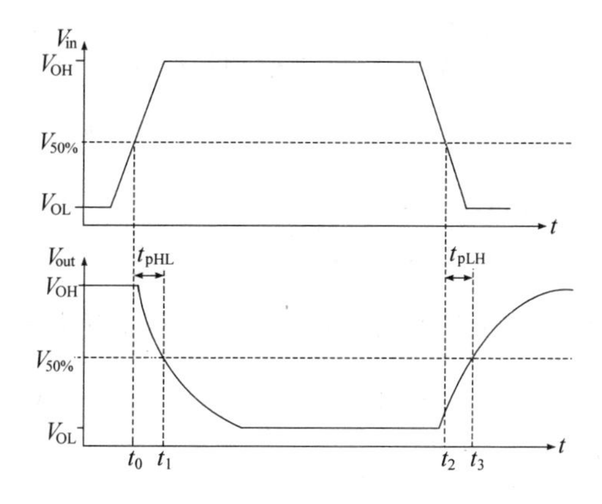

图 4.1-16　传输延迟时间的定义

t_{pHL} 表示从输入信号上升边的 50% 到输出信号下降边的 50% 所经过的延迟时间，也叫作输出从高向低转换的传输延迟时间，简称下降延迟时间；t_{pLH} 表示从输入信号下降边的 50% 到输出信号上升边的 50% 所经过的延迟时间，也叫作输出从低向高转换的传输延迟时间，简称上升延迟时间。图中 $V_{50\%} = V_{OL} + 0.5(V_{OH} - V_{OL})$，对 CMOS 电路 $V_{50\%} = 0.5V_{DD}$。

为了描述方便，定义电路的平均传输延迟时间为

$$t_p = \frac{t_{pHL} + t_{pLH}}{2} \tag{4.1-35}$$

在阶跃输入近似下，采用之前推导上升时间和下降时间的方法，利用公式(4.1-23)和(4.1-25)，取 $u_1 = 0$，$u_2 = 0.5$，得到上升延迟时间公式

$$t_{\mathrm{pLH}}=\frac{C_{\mathrm{L}}}{K_{\mathrm{P}}(V_{\mathrm{DD}}+V_{\mathrm{TP}})}\left[\frac{-V_{\mathrm{TP}}}{V_{\mathrm{DD}}+V_{\mathrm{TP}}}+\frac{1}{2}\ln\left(\frac{4(V_{\mathrm{DD}}+V_{\mathrm{TP}})}{V_{\mathrm{DD}}}-1\right)\right]$$

$$=\tau_{\mathrm{r}}\left[\frac{\alpha_{\mathrm{P}}}{(1-\alpha_{\mathrm{P}})^2}+\frac{1}{2(1-\alpha_{\mathrm{P}})}\ln(3-4\alpha_{\mathrm{P}})\right] \tag{4.1-37}$$

类似地可以得到阶跃输入近似下的下降延迟时间公式

$$t_{\mathrm{pHL}}=\frac{C_{\mathrm{L}}}{K_{\mathrm{N}}(V_{\mathrm{DD}}-V_{\mathrm{TN}})}\left[\frac{V_{\mathrm{TN}}}{V_{\mathrm{DD}}-V_{\mathrm{TN}}}+\frac{1}{2}\ln\left(\frac{4(V_{\mathrm{DD}}-V_{\mathrm{TN}})}{V_{\mathrm{DD}}}-1\right)\right]$$

$$=\tau_{\mathrm{f}}\left[\frac{\alpha_{\mathrm{N}}}{(1-\alpha_{\mathrm{N}})^2}+\frac{1}{2(1-\alpha_{\mathrm{N}})}\ln(3-4\alpha_{\mathrm{N}})\right] \tag{4.1-36}$$

考虑实际非阶跃输入情况,可以用如下近似公式计算传输延迟时间,

$$t_{\mathrm{pHL}}=\frac{C_{\mathrm{L}}\Delta V_{\mathrm{HL}}}{I_{\mathrm{av,HL}}}$$

$$t_{\mathrm{pLH}}=\frac{C_{\mathrm{L}}\Delta V_{\mathrm{LH}}}{I_{\mathrm{av,LH}}} \tag{4.1-38}$$

对 CMOS 电路 $\Delta V_{\mathrm{HL}}=\Delta V_{\mathrm{LH}}=\frac{1}{2}V_{\mathrm{DD}}$。如果忽略输出转换过程中 CMOS 反相器的直流电流,则有

$$I_{\mathrm{av,HL}}=\overline{i_{\mathrm{DN}}}\approx\frac{1}{2}K_{\mathrm{N}}(V_{\mathrm{DD}}-V_{\mathrm{TN}})^2 \tag{4.1-39}$$

也就是近似认为对负载电容放电的平均电流等于 NMOS 管的平均导通电流,即最大饱和电流的一半。类似地,可以得到输出从低向高转换过程中对负载电容充电的平均电流,

$$I_{\mathrm{av,LH}}\approx\frac{1}{2}K_{\mathrm{P}}(-V_{\mathrm{DD}}-V_{\mathrm{TP}})^2 \tag{4.1-40}$$

把式(4.1-39),(4.1-40)带入(4.1-38),可以得到

$$t_{\mathrm{pHL}}=\frac{C_{\mathrm{L}}V_{\mathrm{DD}}}{K_{\mathrm{N}}(V_{\mathrm{DD}}-V_{\mathrm{TN}})^2}=\tau_{\mathrm{f}}\frac{1}{(1-\alpha_{\mathrm{N}})^2} \tag{4.1-41}$$

$$t_{\mathrm{pLH}}=\frac{C_{\mathrm{L}}V_{\mathrm{DD}}}{K_{\mathrm{P}}(V_{\mathrm{DD}}+V_{\mathrm{TP}})^2}=\tau_{\mathrm{r}}\frac{1}{(1-\alpha_{\mathrm{P}})^2} \tag{4.1-42}$$

以上两个公式比公式(4.1-36)和(4.1-37)更加简洁,在本书的后续部分中应用较多。

值得注意的是,在上述瞬态分析中都是采用的简单电流方程,饱和区电流是平方率关系,但是对缩小到深亚微米及纳米的 CMOS 器件,在较大的工作电压下会出现速度饱和。一旦出现载流子漂移速度饱和,饱和区电流不再是平方率关系。可以用下式近似计算载流子漂移速度饱和后的电流

$$I_{\mathrm{Dsat}}=kW(V_{\mathrm{GS}}-V_{\mathrm{T}})\approx kW(V_{\mathrm{DD}}-V_{\mathrm{T}}) \tag{4.1-43}$$

式中 k 是与沟道长度、饱和速度以及沟道中速度饱和的程度等因素有关的系数,按上述饱和区电流公式计算传输延迟时间,则

$$t_{\mathrm{pHL}} \approx \frac{C_{\mathrm{L}}(V_{\mathrm{DD}}/2)}{kW(V_{\mathrm{DD}}-V_{\mathrm{T}})} \tag{4.1-44}$$

在这种情况下，不仅延迟时间增大，而且延迟时间与电源电压的依赖关系极大减弱[2]。对纳米 CMOS 电路，要得到更精确的延迟时间，可以利用 SPICE 仿真器，基于考虑二级效应的精确电流模型进行计算。

3. CMOS 反相器的负载电容

图 4.1-17 画出了一个级连的 CMOS 反相器的有关电容，其中与输出节点相连的电容，即输出负载电容包括

$$C_{\mathrm{L}} = C'_{\mathrm{GDN}} + C'_{\mathrm{GDP}} + C_{\mathrm{DBN}} + C_{\mathrm{DBP}} + C_{\mathrm{l}} + C_{\mathrm{in}} \tag{4.1-45}$$

上式中的 C'_{GDN} 和 C'_{GDP} 是 MOS 管的栅-漏覆盖电容，一般近似计算的时候可以忽略。

影响第一个反相器的瞬态特性的是输出节点 V_{out} 的电容，包括两个 pn 结电容、互连线电容和下级反相器的输入电容，这些电容一般可以认为是并联的，这样处理起来方便。

公式中的 C_{l} 为本级输出节点到下一级电路输入节点之间的互连线的寄生电容。对大部分功能块内部的电路，它们之间的互连线很短，可以忽略互连线的寄生电容 C_{l}，但是对长连线则不能忽略互连线寄生电容。

与输出节点相连的还有两个 MOS 管的漏-衬底 pn 结电容 C_{DBN} 和 C_{DBP}，这两个电容值是依赖于 pn 结上的电压，因此随输出电压变化，为了简化，可以用平均结电容代替，即

$$C_{\mathrm{DBN}} = A_{\mathrm{DN}} C_{\mathrm{jA,av}} + P_{\mathrm{DN}} C_{\mathrm{jP,av}} \tag{4.1-46}$$

$$C_{\mathrm{DBP}} = A_{\mathrm{DP}} C_{\mathrm{jA,av}} + P_{\mathrm{DP}} C_{\mathrm{jP,av}} \tag{4.1-47}$$

式中 A_{DN}，P_{DN} 和 A_{DP}，P_{DP} 分别是 NMOS 管和 PMOS 管的漏区面积和周长，$C_{\mathrm{jA,av}}$，$C_{\mathrm{jP,av}}$ 分别是在一定电压范围内求平均的单位面积 pn 结底部电容和单位周长 pn 结侧壁电容。对于反相器来说，这两个结电容与具体工艺和设计规则有关。作为一般近似，反相器中单个器件的结电容大体上可以认为等于其栅电容，一般来说不能忽略。

C_{in} 是下一级电路的输入电容，也就是下一级电路的 NMOS 管和 PMOS 管的栅电容。在输出上升和下降过程中，近似认为 NMOS 管和 PMOS 管一个在截止区、一个在饱和区，根据器件部分的知识，截止区和饱和区器件的栅电容公式是不同的，但是在电路分析中作为近似，可以认为都等于栅的面积乘以单位面积的栅氧化层电容。

一个电路的输出信号不只是接到一个反相器或逻辑门的输入端，还要根据实际驱动的逻辑门的数目，即根据电路的扇出系数，来计算下一级电路的输入电容。图 4.1-18 说明了电路的扇出系数和扇入系数。电路的负载电容主要是本级输出端的漏-衬底 pn 结电容和下一级 MOS 管的栅电容。若电路扇出系数为 N，则总的负载电容近似为

$$\begin{aligned} C_{\mathrm{L}} &= C_{\mathrm{DBN}} + C_{\mathrm{DBP}} + \sum_{i=1}^{N}(C_{\mathrm{GN}i} + C_{\mathrm{GP}i}) \\ &= C_{\mathrm{DBN}} + C_{\mathrm{DBP}} + \sum_{i=1}^{N}(W_{\mathrm{N}} + W_{\mathrm{P}})_i L C_{\mathrm{ox}} \end{aligned} \tag{4.1-48}$$

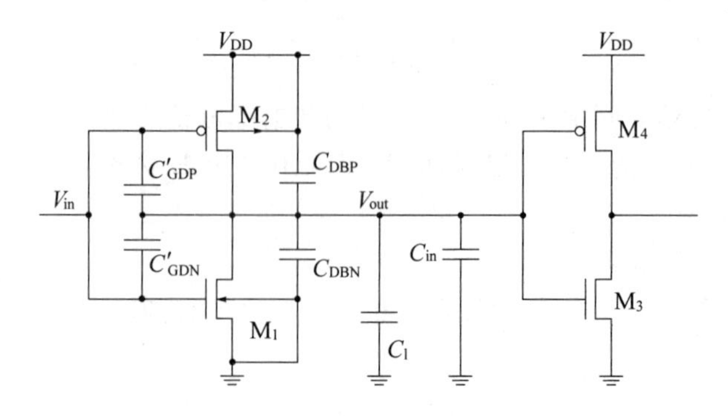

图 4.1-17　CMOS 反相器的负载电容

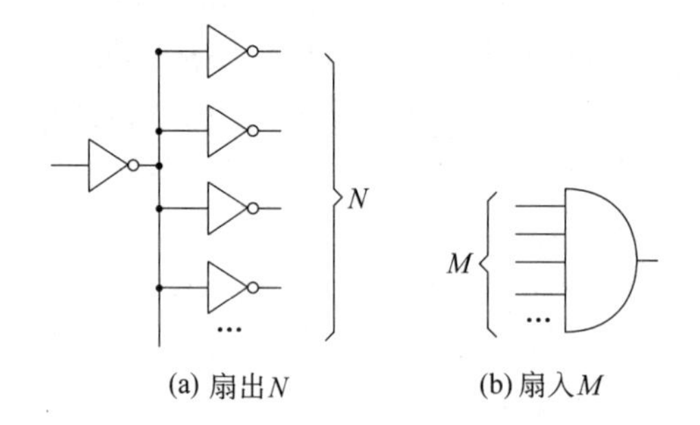

图 4.1-18　电路的扇出系数和扇入系数

逻辑门的扇入主要影响串并联器件的数目,我们在后面的分析中介绍。

例题 4.1-3　某 100nm 工艺,$V_{DD}=1.1\text{V}$,$V_{TN}=0.3\text{V}$,$V_{TP}=-0.3\text{V}$,$K'_N=\mu_n C_{ox}=450\mu\text{A/V}^2$,$K'_P=\mu_p C_{ox}=125\mu\text{A/V}^2$,$C_{ox}=1.8\mu\text{F/cm}^2$,反相器中 NMOS 的宽长比为 2,PMOS 宽长比为 4;由一个反相器组驱动两个反相器组成的负载,即扇出系数为 2 的结构。(1) 忽略 pn 结电容,请计算第一个反相器的延迟时间;(2) 如果单位沟道宽度的结电容为单位沟道宽度栅电容的 0.9 倍,则第一个反相器的延迟时间变为多少?

解:

由一级反相器驱动两个反相器组成负载的电路结构如图 L4.1-3 所示:

(1) 忽略 pn 结电容。第一级反相器的负载电容由 2 个 PMOS 和 NMOS 的栅电容之和组成,即

$$C_L=2\times(W_N+W_P)\cdot L\cdot C_{ox}=2\times(2L+4L)\cdot L\cdot C_{ox}=2.16\text{fF}$$

根据

$$t_{pHL}=\tau_f\frac{1}{(1-\alpha_N)^2}=\frac{C_L}{K_N V_{DD}}\frac{1}{(1-\alpha_N)^2}$$

$$t_{pLH}=\tau_r\frac{1}{(1-\alpha_P)^2}=\frac{C_L}{K_P V_{DD}}\frac{1}{(1-\alpha_P)^2}$$

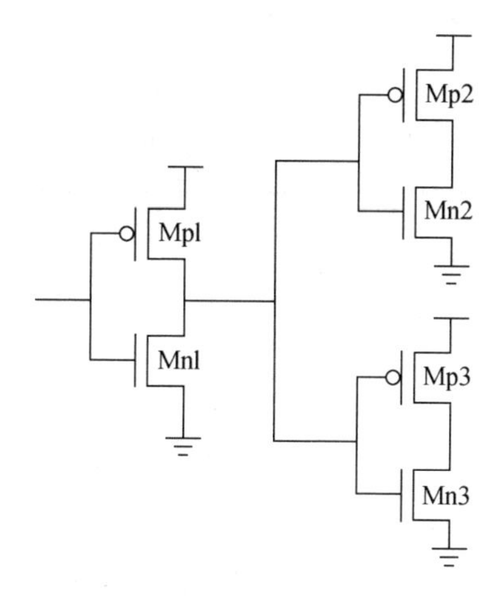

图 L4.1-3

其中 $\alpha_P=\dfrac{-V_{TP}}{V_{DD}}$，$\alpha_N=\dfrac{V_{TN}}{V_{DD}}$，求得反相器的延迟时间为

$$t_p=\frac{1}{2}(t_{pHL}+t_{pLH})\approx\frac{1}{2}(8.25+14.85)\text{ps}=11.55\text{ps}$$

(2) 考虑 pn 结电容。第一级反相器的负载电容由栅电容和结电容组成，即

$$C_L'=C_L+C_j=2.16+1.08*0.9=3.132\text{fF}$$

同样根据反相器的延迟时间计算公式，求得 $t_{pHL}=11.96\text{ps}$，$t_{pLH}=21.53\text{ps}$，则第一级反相器的延迟时间变为

$$t_p'=\frac{1}{2}(t_{pHL}+t_{pLH})=16.745\text{ps}$$

通过这个例题，我们可以看出 pn 结电容对实际电路瞬态特性的影响，在电路后仿真过程中，可以通过寄生参数提取，考虑包括结电容的寄生电容等对电路瞬态特性的影响。在本书的一些例题中，为了计算方便，忽略 pn 结电容，但是我们应该知道这只是为了手工计算方便而进行的近似。

4. 环形振荡器

用奇数个反相器首尾相接可以构成一个特殊功能的电路，称作环形振荡器。如图 4.1-19(a)所示，3 个相同的反相器级连，第 3 个反相器的输出接到第 1 个反相器的输入，形成一个环状连接。这个电路没有稳定的直流工作点，因为唯一的直流工作点是所有输入、输出都等于反相器的逻辑阈值 V_{it}，但是这是不稳定的工作点。一旦任何一个反相器的输入或输出稍稍偏离 V_{it}，电路就会振荡。

图 4.1-19(b)给出了三级环振电路的振荡波形[2]，其周期是

$$T=t_{pHL2}+t_{pLH3}+t_{pHL1}+t_{pLH2}+t_{pHL3}+t_{pLH1}=6t_p \tag{4.1-49}$$

如果测量出 n 级环形振荡器的工作频率为 f，则每级 CMOS 反相器的延迟时间是，

$$t_p = \frac{1}{2nf} \tag{4.1-50}$$

其中 n 是反相器的级数。

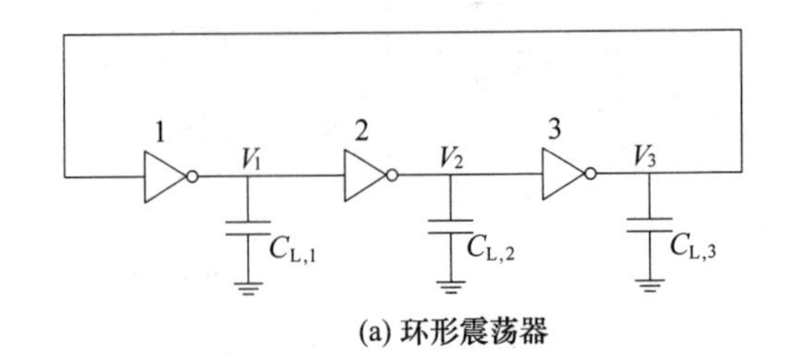

(a) 环形震荡器

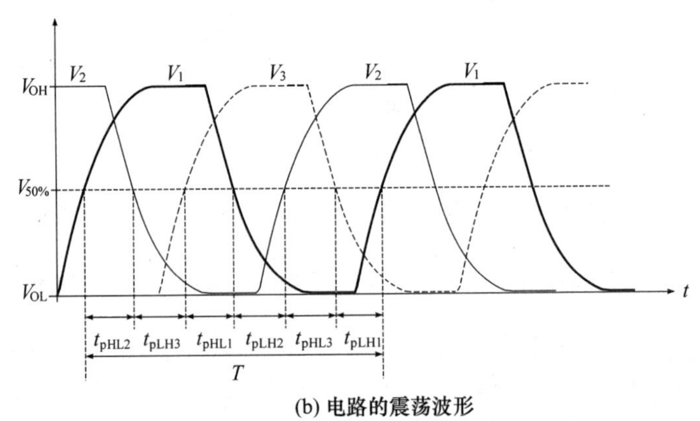

(b) 电路的震荡波形

图 4.1-19　用环形振荡器测量 CMOS 反相器的延迟时间

例题 4.1-4　采用某代工厂 100nm 工艺，$V_{DD}=1.1\text{V}$，$V_{TN}=0.3\text{V}$，$V_{TP}=-0.3\text{V}$，$K_N'=\mu_n C_{ox}=450\mu\text{A/V}^2$，$K_P'=\mu_p C_{ox}=125\mu\text{A/V}^2$，$C_{ox}=1.8\mu\text{F/cm}^2$，反相器中 NMOS 的宽长比为 2，PMOS 宽长比为 4；忽略 pn 结电容，则由相同反相器组成的五级环形振荡器的振荡周期为多少？如果环形振荡器中某个反相器上并联一个相同的反相器，则振荡周期变为原来的多少倍？

解：(1) 环形振荡器输出方波的频率由构成环形振荡器的反相器的延迟时间决定，所以先分别求出一级反相器的上升延迟时间和下降延迟时间。忽略结电容，则反相器的负载电容为 PMOS 和 NMOS 的栅电容之和，即

$$C_L = (W_N + W_P)\cdot L\cdot C_{ox} = (2L+4L)\cdot L\cdot C_{ox} = 1.08\text{fF}$$

根据

$$t_{pHL} = \tau_f \frac{1}{(1-\alpha_N)^2} = \frac{C_L}{K_N V_{DD}}\cdot\frac{1}{(1-\alpha_N)^2}$$

$$t_{pLH} = \tau_r \frac{1}{(1-\alpha_P)^2} = \frac{C_L}{K_P V_{DD}}\frac{1}{(1-\alpha_P)^2}$$

其中 $\alpha_{\mathrm{P}}=\frac{-V_{\mathrm{TP}}}{V_{\mathrm{DD}}}$，$\alpha_{\mathrm{N}}=\frac{V_{\mathrm{TN}}}{V_{\mathrm{DD}}}$，求得一级反相器的延迟时间为

$$t_{\mathrm{p}}=\frac{1}{2}(t_{\mathrm{pHL}}+t_{\mathrm{pLH}})\approx\frac{1}{2}(4.125+7.425)\mathrm{ps}=5.775\mathrm{ps}$$

所以五级环形振荡器的振荡周期为

$$T=2nt_{\mathrm{p}}=10t_{\mathrm{p}}=32.75\mathrm{ps}$$

（2）将环形振荡器中一个反相器并联一个相同反相器，如图 L4.1-4 所示，假设在反相器 I_5 上并联一个反相器。

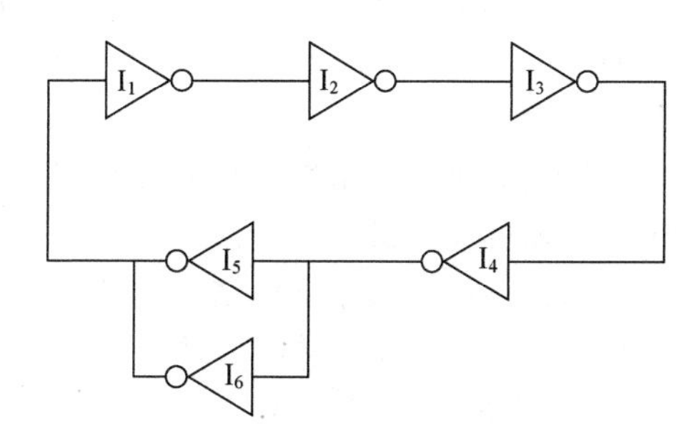

图 L4.1-4

对于反相器 I_4，其负载电容增大为原先的 2 倍，所以延迟时间 $t'_{p4}=2t_{p4}$。对于反相器 I_5，相当于两个相同的器件并联对原负载电容进行充放电，故有 $K'=2K$，所以延迟时间 $t'_{p5}=0.5t_{p5}$。而反相器 I_1，I_2，I_3 的延迟时间不变，所以总的延迟时间为

$$T'=2(3t_p+2t_p+0.5t_p)=11t_p=1.1T$$

即新环形振荡器的振荡周期为原来结构的 1.1 倍。

5. CMOS 反相器的设计

CMOS 反相器的电路结构是固定的，反相器的设计主要是确定其中两个器件的沟道参数，即沟道宽度和沟道长度，从器件的知识我们知道，器件的导通电流与器件的宽长比成正比，增加沟道长度会减小电流，不是性能优化的方向，而沟道长度的下限一般由具体工艺的特征尺寸决定。因此 CMOS 反相器的设计主要就是确定两个器件的沟道宽度。

为了使 CMOS 反相器有最佳性能，常采用全对称设计，例如，如果要使反相器中的 NMOS 管和 PMOS 管性能对称，即：$V_{\mathrm{TN}}=-V_{\mathrm{TP}}$，$K_{\mathrm{N}}=K_{\mathrm{P}}$。

由于长沟道器件中电子迁移率大约是空穴迁移率的 2 倍，在同样沟道长度情况下取 $W_{\mathrm{P}}=2W_{\mathrm{N}}$，可以满足 $K_{\mathrm{N}}=K_{\mathrm{P}}$。这种全对称设计的反相器逻辑阈值刚好在高、低电平之间，即

$$V_{\mathrm{it}}=\frac{1}{2}V_{\mathrm{DD}},$$

因此可以获得最大的噪声容限

$$V_{\mathrm{NLM}} = V_{\mathrm{NHM}} = \frac{1}{2}V_{\mathrm{DD}}。$$

而且这个时候,反相器的瞬态特性中上升/下降时间和上升/下降延迟时间也相等,这样有利于提高速度。如果上升/下降延迟时间不等,则较大的一个将成为限制电路工作频率的决定因素。

然而,在实际工艺中很难严格控制 NMOS 和 PMOS 的阈值电压数值完全相同。因此,实际上不可能获得完全对称的设计。速度、噪声容限和面积等可以作为 CMOS 反相器设计的约束条件,一般来说,只要利用两个约束条件列出方程,就可以求解出 NMOS 和 PMOS 的沟道宽度,完成一个满足要求的设计。

如果反相器接受的输入信号较差,则要考虑根据噪声容限的要求进行设计。如果反相器驱动的负载电容较大,则应根据速度要求进行设计。

如果以减小面积为主要目标,在性能要求不高的情况下,可以取

$$L_{\mathrm{N}} = L_{\mathrm{P}} = \lambda,$$

$$W_{\mathrm{N}} = W_{\mathrm{P}} = W_{\mathrm{A}}$$

其中 λ 是工艺中能实现的最小多晶硅线条宽度,W_{A} 是最小有源区宽度,可以近似取为 λ。

例题 4.1-5 如果要求反相器在驱动 100fF 负载电容时上升时间和下降时间不超过 0.1ns。100nm 工艺的 $V_{\mathrm{DD}}=1.1\mathrm{V}$,$V_{\mathrm{TN}}=0.3\mathrm{V}$,$V_{\mathrm{TP}}=-0.3\mathrm{V}$,$K_{\mathrm{N}}'=\mu_{\mathrm{n}}C_{\mathrm{ox}}=450\mu\mathrm{A/V^2}$,$K_{\mathrm{P}}'=\mu_{\mathrm{p}}C_{\mathrm{ox}}=125\mu\mathrm{A/V^2}$。忽略 pn 结电容。

解: 根据上升时间计算公式

$$t_{\mathrm{r}} = \tau_{\mathrm{P}}\left[\frac{\alpha_{\mathrm{P}}-0.1}{(1-\alpha_{\mathrm{P}})^2} + \frac{1}{2(1-\alpha_{\mathrm{P}})}\ln\left(\frac{1.9-2\alpha_{\mathrm{P}}}{0.1}\right)\right]$$

其中 $\alpha_{\mathrm{P}}=\dfrac{-V_{\mathrm{TP}}}{V_{\mathrm{DD}}}$,要求 $t_{\mathrm{r}}=0.1\mathrm{ns}$ 则

$$\tau_{\mathrm{P}} = 0.0472\mathrm{ns}$$

又根据 $\tau_{\mathrm{P}}=C_{\mathrm{L}}/K_{\mathrm{P}}V_{\mathrm{DD}}$,得到

$$K_{\mathrm{P}} = 19.26 \times 10^{-4}\,\mathrm{A/V^2}$$

因此要求 PMOS 的宽长比满足

$$\left(\frac{W}{L}\right)_{\mathrm{P}} = \frac{2K_{\mathrm{P}}}{K_{\mathrm{P}}'} = \frac{2\times 19.26\times 10^{-4}}{125\times 10^{-6}} = 30.8$$

同理可得到对 NMOS 管宽长比的要求,即

$$\left(\frac{W}{L}\right)_{\mathrm{N}} = \frac{2K_{\mathrm{N}}}{K_{\mathrm{N}}'} = \frac{2\times 19.26\times 10^{-4}}{450\times 10^{-6}} = 8.6$$

取 $L_{\mathrm{N}}=L_{\mathrm{P}}=100\mathrm{nm}$,则要求

$$W_{\mathrm{N}} = 860\mathrm{nm},\quad W_{\mathrm{P}} = 3080\mathrm{nm}$$

如果考虑工艺加工精度,两个器件的宽度可以取整为 900nm 和 3100nm。

这道例题比较简单，用了瞬态特性中的上升时间和下降时间作为约束条件，瞬态特性中比上升/下降时间更为重要的是传输延迟时间，最坏情况下的上升/下降延迟时间通常被用来表示数字电路的速度。

4.1.3　CMOS 和 NMOS 反相器性能比较*

为了说明 CMOS 电路为什么会取代 NMOS 电路而成为 VLSI 芯片的主流技术，以反相器为例比较 CMOS 和 NMOS 电路的性能，前面已经详细分析了 CMOS 反相器的性能，作为对比，下面简单分析 NMOS 反相器的性能。NMOS 反相器的基本结构如图 4.1-20 所示，是由一个增强型 NMOS 管和一个负载元件构成，增强型 NMOS 管作为开关器件，叫作输入管或驱动管。当输入是低电平时，驱动管截止，依靠负载元件把输出拉到高电平；当输入是高电平时，驱动管导通，由驱动管和负载元件的分压比决定反相器的输出低电平。因此，NMOS 反相器叫作有比反相器，为了保证输出低电平合格，要求反相器的比例因子 $K_r>1$。另外，在输出低电平时由于驱动管和负载元件都导通，存在直流导通电流，造成 NMOS 反相器有较大的静态功耗，这是限制 NMOS 电路发展的主要因素。

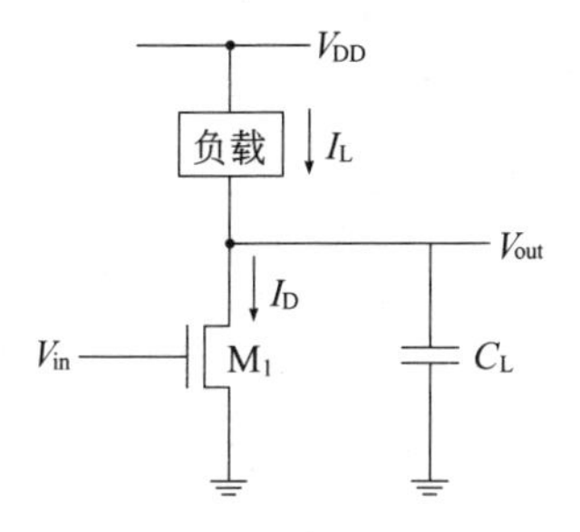

图 4.1-20　NMOS 反相器的基本结构

NMOS 反相器根据其负载元件特性又有几种不同类型：饱和增强型负载、非饱和增强型负载、耗尽型负载和电阻负载。下面简单介绍这几种反相器的直流特性。

1. 饱和增强型负载 NMOS 反相器

图 4.1-21 是饱和增强型负载 NMOS 反相器的电路，M_1 和 M_2 都是增强型 NMOS，M_1 是驱动管，M_2 是负载管。M_1 的工作状态和 CMOS 反相器中的 NMOS 管一样，随着输入信号从低电平向高电平变化，M_1 从截止进入饱和区最后工作在线性区。M_2 是增强型器件且始终工作在饱和区，因此叫作饱和增强型负载反相器，简称为饱和负载反相器。

可以类似于 CMOS 反相器的分析方法，根据直流条件下 $I_{D1}=I_{D2}$，得到饱和负载反相器的直流电压传输特性，这里不做详细讨论。图 4.1-22 给出了饱和负载反相器的直流电压传输特性曲线。

当 $V_{in}<V_T$ 时（V_T 是 M_1 和 M_2 的阈值电压），M_1 截止，M_2 导通把输出拉到高电平。根据

$$I_{D2} = K_2(V_{DD} - V_T - V_{out})^2 \tag{4.1-51}$$

可知,当 $V_{out}=V_{DD}-V_T$ 时 $I_{D2}=0$,因此输出电平最高只能达到$(V_{DD}-V_T)$,即

$$V_{OH} = V_{DD} - V_T \tag{4.1-52}$$

饱和负载反相器的输出高电平比电源电压减少了一个阈值电压,叫作阈值损失。

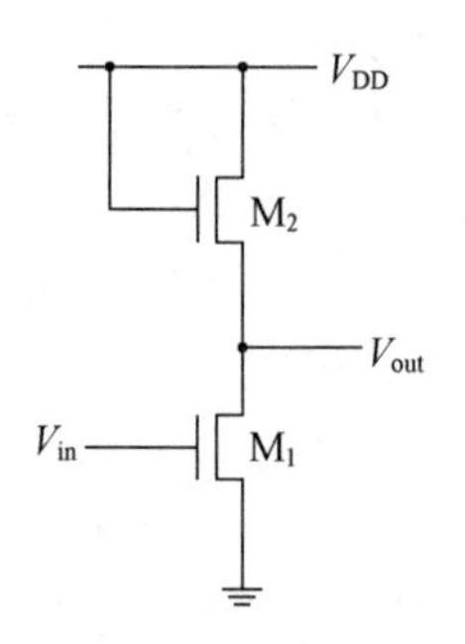

图 4.1-21 饱和负载反相器

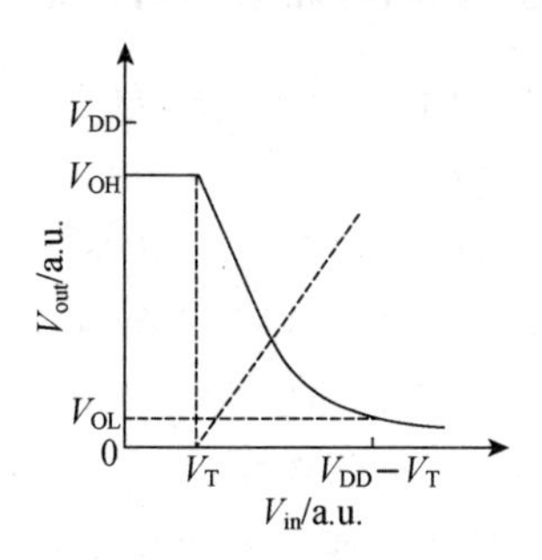

图 4.1-22 饱和负载反相器的 VTC 曲线

当 $V_{in}=V_{OH}=V_{DD}-V_T$ 时,这里 V_{OH} 表示前一级同类型电路的输出高电平,M_1 和 M_2 都导通,根据 $I_{D1}=I_{D2}$ 的条件可以得到输出低电平,

$$V_{OL} \approx \frac{V_{OH}^2}{2K_r(V_{OH} - V_T)} \tag{4.1-53}$$

其中 $K_r=K_1/K_2$ 是反相器的比例因子。饱和负载反相器的输出低电平不是 0,为了使输出低电平足够小,要求 $K_r \gg 1$,若要求 $V_{OL}<V_T$,则要求

$$K_r > \frac{V_{OH}^2}{2V_T(V_{OH} - V_T)} \tag{4.1-54}$$

由于输出低电平时 M_1 和 M_2 都导通,存在直流导通电流,

$$I_{on} = K_2(V_{DD} - V_T - V_{OL})^2 \tag{4.1-55}$$

这将构成反相器的静态功耗。

2. 非饱和增强型负载 NMOS 反相器

为了克服饱和负载反相器输出高电平有阈值损失的缺点,可以把负载管 M_2 的栅极接一个更高的电压 V_{GG},且 $V_{GG}>V_{DD}+V_T$,则使负载管 M_2 从饱和区变为线性区。由于 M_2 始终在非饱和状态,因此叫作非饱和负载反相器。

根据 M_2 的电流方程

$$I_{D2} = K_2[(V_{GG} - V_T - V_{out})^2 - (V_{GG} - V_T - V_{DD})^2] \tag{4.1-56}$$

当 $V_{out}=V_{DD}$时才使 $I_{D2}=0$,因此非饱和负载反相器的输出高电平达到 V_{DD}。对非饱和负载反相器的其他特性不再分析。由于非饱和负载反相器需要增加一个电源电压 V_{GG},给使用带来不便。

3. 电阻负载 NMOS 反相器

为了降低功耗,可以采用高阻多晶硅电阻作负载元件,构成电阻负载 NMOS 反相器,如

图 4.1-23 所示。M_1 仍然是增强型 NMOS 器件，负载电阻 R_L 是用高电阻率的多晶硅形成，一般阻值可达到几百 MΩ。

当 $V_{in} \leqslant V_T$ 时 M_1 截止，靠负载电阻 R_L 把输出拉到高电平。由于

$$I_{RL} = \frac{V_{DD} - V_{out}}{R_L} \tag{4.1-57}$$

当 $V_{out} = V_{DD}$ 时电流才为 0，因此电阻负载反相器的输出高电平可以达到 V_{DD}，即

$$V_{OH} = V_{DD} \tag{4.1-58}$$

当 $V_{in} > V_T$ 以后 M_1 导通，输出开始下降，根据 M_1 的工作状态和 $I_{D1} = I_{RL}$ 的条件可以得到电阻负载反相器的直流电压传输特性，图 4.1-24 给出了电阻负载反相器的直流电压传输特性曲线，并说明了反相器参数 K_r 对直流电压传输特性的影响。对电阻负载反相器比例因子 $K_r = V_{DD} R_L K_1$。

当 $V_{in} = V_{DD}$ 时，M_1 工作在线性区，根据

$$\frac{V_{DD} - V_{out}}{R_L} = K_1[(V_{in} - V_T)^2 - (V_{in} - V_T - V_{out})^2] \tag{4.1-59}$$

把 $V_{in} = V_{DD}$ 代入上式，就可以得到电阻负载反相器的输出低电平，即

$$V_{OL} = \frac{V_{DD}^2}{2K_r(V_{DD} - V_T)} \tag{4.1-60}$$

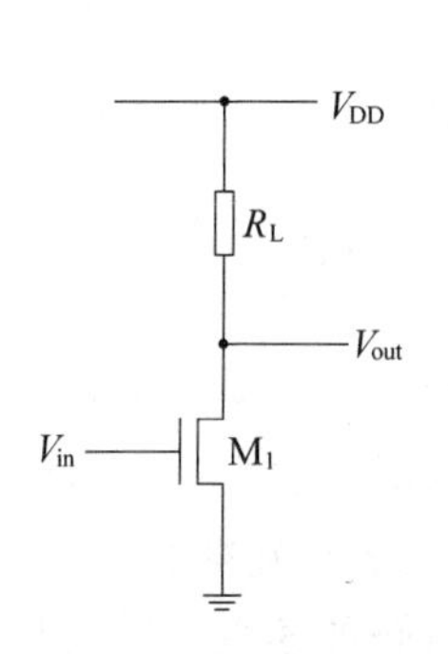

图 4.1-23　电阻负载反相器

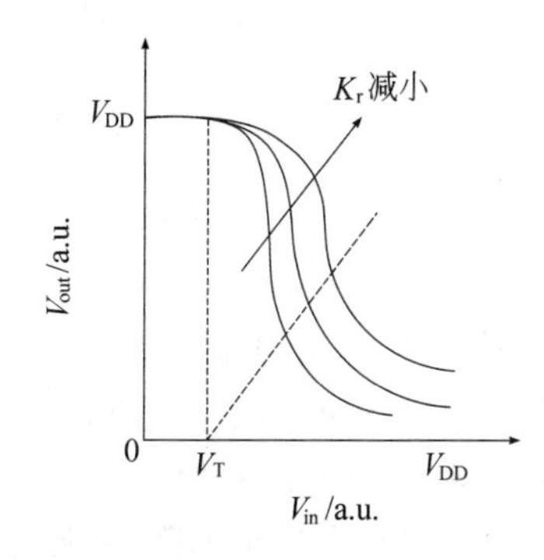

图 4.1-24　电阻负载反相器 VTC 曲线

显然，要使低电平合格，必须有足够大的 K_r，增大电阻的阻值、增大 M_1 的导电因子都可以增大 K_r。电阻负载反相器在输出低电平状态也存在直流导通电流，

$$I_{on} = \frac{V_{DD} - V_{OL}}{R_L} \approx \frac{V_{DD}}{R_L} \tag{4.1-61}$$

增大电阻 R_L 不仅可以改善低电平，还有利于降低电路的静态功耗，因此，电阻负载反相器一般都采用低掺杂或不掺杂的多晶硅作为电阻，这样，可以用很小的面积获得较大的阻值。但是，R_L 的阻值太大，将影响电路的瞬态特性。

4. CMOS 与 NMOS 反相器比较

如果把 CMOS 反相器中的 PMOS 管作为负载元件，则 CMOS 反相器和几种 NMOS 反

相器的性能差别主要是负载元件的性能差别引起的。

从直流特性看,由于 NMOS 反相器中的负载元件是常导通的,因此输出低电平决定于电路的分压比,是有比反相器,达不到最大逻辑摆幅,而且有较大的静态功耗。CMOS 反相器中的 PMOS 管是作为开关器件,在输出高电平时只有 PMOS 管导通,在输出低电平时只有 NMOS 导通,因此是无比电路,可以获得最大逻辑摆幅,而且不存在直流导通电流,有利于减小静态功耗。NMOS 反相器转变区增益有限,噪声容限小。CMOS 反相器可以采用对称设计,使 $V_{\mathrm{NLM}}=V_{\mathrm{NHM}}=\frac{1}{2}V_{\mathrm{DD}}$,从而可以获得最大的直流噪声容限。有文献比较了几种反相器的负载电流[3],其中饱和负载反相器的特性最差,而 CMOS 反相器的特性最好,图 4.1-25 比较了几种反相器的直流电压传输特性曲线,CMOS 反相器的直流传输特性曲线最接近于理想反相器。

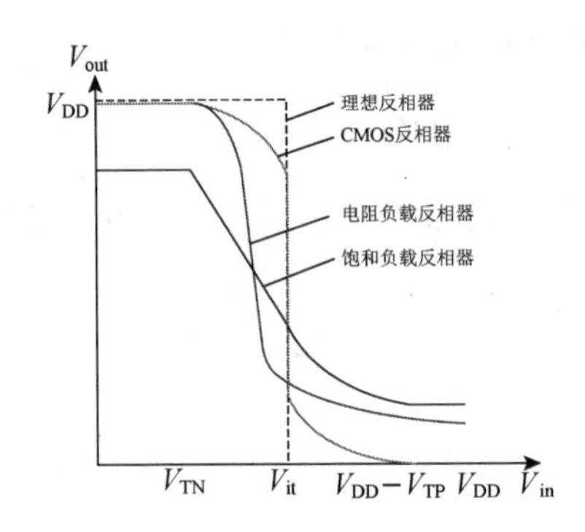

图 4.1-25　各种反相器的直流电压传输特性曲线

而各种 NMOS 反相器同 CMOS 反相器相比的主要优势在于面积小(饱和负载反相器虽然也用了两个 NMOS 器件,但是由于两个 NMOS 器件可以放在同一个阱区里,占用的面积要小于 CMOS 反相器),但是在 CMOS 工艺按照摩尔定律按比例缩小的过程中,电路设计中面积的重要性在逐步下降,在保证噪声容限的前提下,电路的速度和功耗成为主要的设计指标。

NMOS 电路在瞬态特性(速度)方面对 CMOS 电路没有优势。而相对 NMOS 电路,CMOS 电路低功耗的优点对提高集成密度非常有利。CMOS 电路的静态功耗非常小,只有泄漏电流引起的静态功耗,因而极大减小了芯片的维持功耗,更加符合发展便携式设备的需求。另外,CMOS 电路有全电源电压的逻辑摆幅,可以在低电压下工作,因而更适合于纳米工艺发展的要求。

4.2　静态 CMOS 逻辑电路

静态 CMOS 逻辑门是在 CMOS 反相器基础上扩展而成,只是把单个的 NMOS 管和

PMOS 管换成一定串、并联关系的 NMOS 逻辑块和 PMOS 逻辑块。NMOS 逻辑块又称为下拉开关网络（pull-down net，PDN），PMOS 逻辑块又称为上拉开关网络（pull-up net，PUN）。由于 NMOS 和 PMOS 的互补性能，无论在什么输入条件下，上拉开关网络和下拉开关网络都不会同时形成导通通路。因此，静态 CMOS 逻辑门和 CMOS 反相器一样可以获得最大的逻辑摆幅，在稳态情况下没有直流通路。

4.2.1　CMOS 与非门

图 4.2-1 是一个两输入 CMOS 与非门电路以及对应的逻辑符号。当 2 个输入信号 A 和 B 都是高电平时，两个 NMOS 管都导通，两个 PMOS 管都截止，因此输出被下拉到低电平 0。当 A，B 中有一个是低电平或者都是低电平时，至少有一个 NMOS 管截止，且至少有一个 PMOS 管导通，因此输出被上拉到高电平 V_{DD}。图 4.2-2 是一个两输入 CMOS 与非门电路的等效开关电路图。表 4.2-1 为与非门的真值表，对应开关等效电路图中的四种情况。

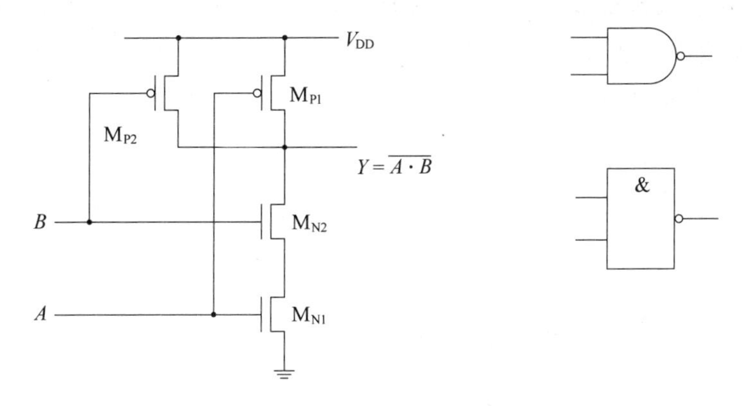

图 4.2-1　两输入 CMOS 与非门电路以及对应的逻辑符号

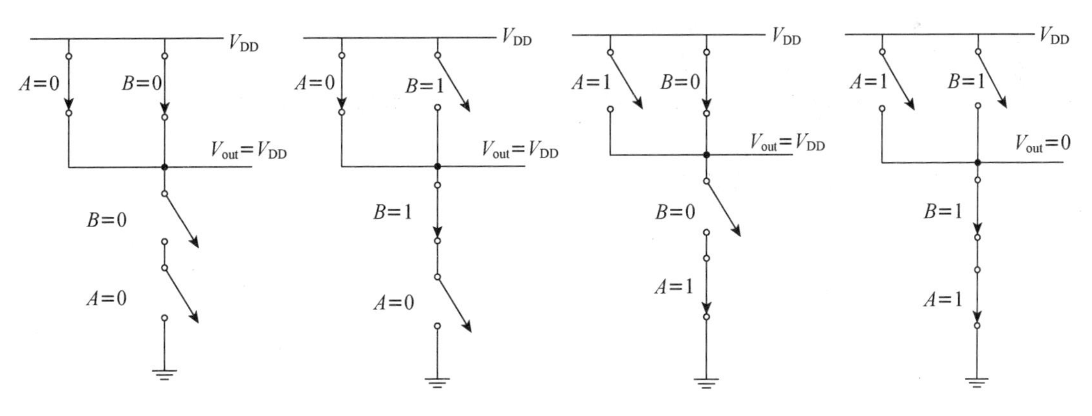

图 4.2-2　两输入 CMOS 与非门等效开关电路图

表 4.2-1　两输入与非门的真值表

输入		输出
A	B	Y
0	0	1
0	1	1
1	0	1
1	1	0

要实现多输入的 CMOS 与非门,只要增加串联的 NMOS 管和对应的并联的 PMOS 管。CMOS 与非门和 CMOS 反相器的工作原理类似,都是利用了 NMOS 和 PMOS 的互补性能。

1. 与非门的直流特性

对 CMOS 与非门可以等效成反相器进行分析。当两个输入信号完全相同时,可以把 2 个串联的 NMOS 管等效为一个导电因子是 K_{Neff} 的 NMOS 管,而 2 个并联的 PMOS 管也可以等效成一个导电因子是 K_{Peff} 的 PMOS 管,如图 4.2-3 所示。若 2 个 NMOS 管的阈值电压相同,导电因子都是 K_{N},则

$$K_{\text{Neff}} = K_{\text{N}}/2,$$

类似地

$$K_{\text{Peff}} = 2K_{\text{P}}$$

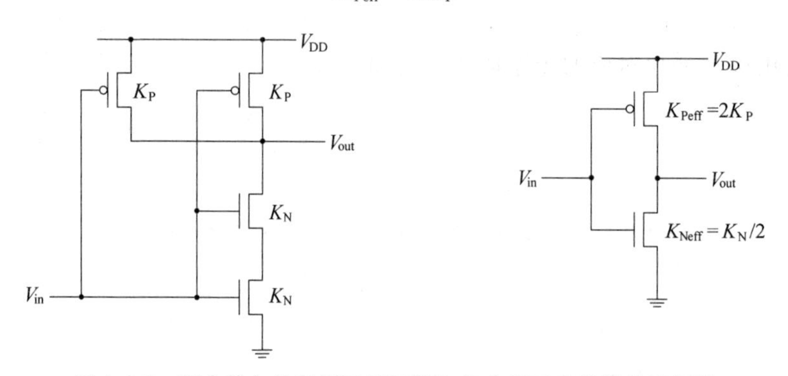

图 4.2-3　两个输入信号相同时两输入与非门对应的等效反相器

与非门的逻辑阈值电平就是等效反相器对应的逻辑阈值电平,即

$$V_{\text{it}} = \frac{V_{\text{TN}} + \sqrt{\dfrac{K_{\text{Peff}}}{K_{\text{Neff}}}}(V_{\text{DD}} + V_{\text{TP}})}{1 + \sqrt{\dfrac{K_{\text{Peff}}}{K_{\text{Neff}}}}}$$

$$= \frac{V_{\text{TN}} + 2\sqrt{1/K_{\text{r}}}(V_{\text{DD}} + V_{\text{TP}})}{1 + 2\sqrt{1/K_{\text{r}}}} \qquad (4.2\text{-}1)$$

其中 $K_{\text{r}} = K_{\text{N}}/K_{\text{P}}$ 是与非门中 NMOS 管与 PMOS 管的导电因子之比。若 $K_{\text{N}} = K_{\text{P}}$,且

$V_{TN}=-V_{TP}$，则

$$V_{it}=\frac{2V_{DD}-V_{TN}}{3}$$

由于一般来说 $V_{TN}<\frac{1}{2}V_{DD}$，因此 $V_{it}>\frac{1}{2}V_{DD}$。这说明在所有 MOS 晶体管的参数相同的条件下，与非门的直流电压传输特性曲线比反相器的向右偏移，也就是说在 NMOS 和 PMOS 取对称参数（$V_{TN}=-V_{TP}$，$K_N=K_P$）时，CMOS 反相器可以获得对称的直流电压传输特性，而与非门并不能得到对称的直流电压传输特性。根据式(4.2-1)可知，要使与非门的逻辑阈值电平刚好在高、低电平之间，即 $V_{it}=\frac{1}{2}V_{DD}$，在 $V_{TN}=-V_{TP}$条件下要求 $K_N/K_P=4$。

当 2 个输入信号不同时，可以假定一个信号固定在高电平 V_{DD}，考察输出随另一个输入信号的变化。若 $B=V_{DD}$，A 变化，则由于 M_{P2} 截止，等效反相器中 $K_{Peff}=K_p$，$K_{Neff}\approx K_N/2$。因此，这种情况下与非门的逻辑阈值电平为

$$V_{it}=\frac{V_{TN}+\sqrt{2/K_r}(V_{DD}+V_{TP})}{1+\sqrt{2/K_r}} \tag{4.2-2}$$

若 $A=V_{DD}$，B 变化，则情况稍有不同，因为 M_{N2} 的源和衬底电位不同，要受到衬偏效应的影响，其阈值电压会发生变化。另外，只有当 $V_{GS2}=V_{in}-V_{DS1}\geqslant V_{TN2}$ 时 M_{N2} 才能导通，输出电平才开始下降。图 4.2-4 是两输入与非门在不同输入状态下的直流电压传输特性。可以看出，A 变化和 B 变化对应的传输特性不同，但差别较小，在近似分析中可以不考虑它们的差别。

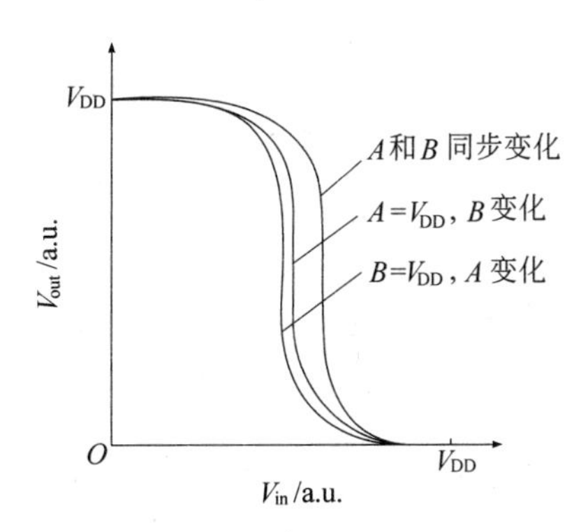

图 4.2-4　不同输入状态下与非门的直流电压传输特性

对 n 输入与非门，n 是其扇入系数，同样可以用等效反相器分析。考虑到 n 个输入信号的不同情况，如 n 个输入信号完全同步，或者一个输入信号固定在高电平 V_{DD}，其余$(n-1)$个输入信号变化，或者两个输入信号固定在高电平 V_{DD}，其余$(n-2)$个输入信号变化，……，或者$(n-1)$个输入信号都是高电平 V_{DD}，只有一个输入信号变化，即使不考虑衬偏效应，n 输入与非门也将有 n 个不同的逻辑阈值电平，对应 n 个不同的直流电压传输特性曲线。考

虑最坏情况，n 输入与非门的输入低电平噪声容限应该由最左边的电压传输特性曲线决定，而输入高电平噪声容限应该由最右边的电压传输特性曲线决定。图 4.2-5 说明了最坏情况下 n 输入与非门的直流噪声容限。

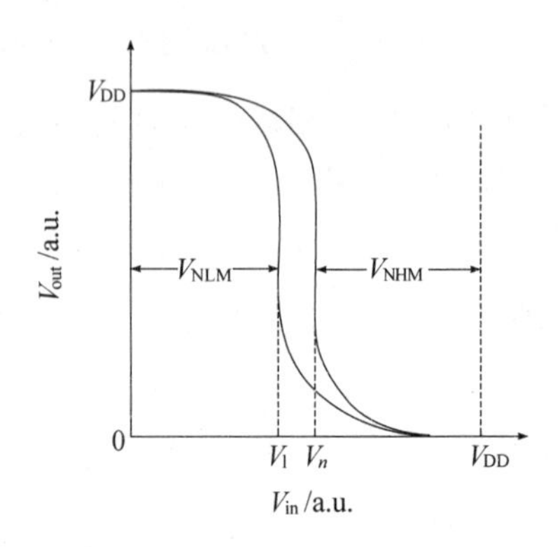

图 4.2-5　n 输入与非门的直流噪声容限

为了获得最佳的直流特性，应该使

$$V_{NLM} = V_{NHM}, \tag{4.2-3}$$

其中

$$V_{NLM}=V_1, V_{NHM}=V_{DD}-V_n。 \tag{4.2-4}$$

V_1 是一个输入变化，其余$(n-1)$个输入固定在高电平 V_{DD}的情况，与非门对应的逻辑阈值电平；V_n 是 n 个输入信号完全同步情况对应的逻辑阈值电平。根据等效反相器分析方法可得到

$$V_1 = \frac{V_{TN} + \sqrt{n/K_r}(V_{DD} + V_{TP})}{1 + \sqrt{n/K_r}} \tag{4.2-5}$$

$$V_n = \frac{V_{TN} + n\sqrt{1/K_r}(V_{DD} + V_{TP})}{1 + n\sqrt{1/K_r}} \tag{4.2-6}$$

根据式(4.2-3)，(4.2-4)，(4.2-5)和(4.2-6)可知，为了获得最佳的直流特性与非门中 NMOS 管和 PMOS 管的导电因子比例应满足下面条件

$$K_r = \frac{K_N}{K_P} = n^{3/2} \tag{4.2-7}$$

2. 与非门的瞬态特性

对与非门的瞬态特性分析仍然可以用等效反相器分析。输出上升时间决定于 PMOS 管对负载电容充电的时间，输出下降时间决定于 NMOS 管对负载电容放电的时间。因此，只要用等效导电因子代替原来反相器中的导电因子，就可以套用 4.1.2 节得到的 CMOS 反相器的计算公式。对于两输入与非门，如果 2 个 PMOS 管都导通，则 $K_{Peff}=2K_P$。从最坏情况考虑，可能只有一个 PMOS 管导通对负载电容充电，因此计算上升时间应取 $K_{Peff}=K_P$。由于只有当 2 个串联的 NMOS 管都导通时才能对负载电容放电，计算下降时间应取

$K_{Neff}=K_N/2$。

对 n 输入与非门，从最坏情况考虑，上升时间决定于一个 PMOS 管对负载电容充电所需的时间，因此仍然取 $K_{Peff}=K_P$。下降时间则决定于 n 个串联的 NMOS 管对负载电容放电的时间，因此 $K_{Neff}=K_N/n$。

在套用 CMOS 反相器的公式计算与非门的上升时间和下降时间时，除了用等效导电因子代替单个 MOS 管的导电因子外，还要考虑到负载电容的差别。n 输入与非门的负载电容可近似用下式计算

$$C_L = C_{DBN} + nC_{DBP} + C_{in} + C_1 \tag{4.2-8}$$

其中 C_{DBN} 是接到输出结点的 NMOS 管的漏区 pn 结电容，C_{DBP} 是单个 PMOS 管的漏区 pn 结电容，由于 n 个 PMOS 管漏区都连接到输出结点，因此必须把 n 个 PMOS 管的漏区 pn 结电容都计入，C_{in} 是下一级电路的输入电容，C_1 是连线的寄生电容。在计算负载电容时要考虑实际情况，如果 PMOS 管之间有共用的漏区，则按实际接到输出端的漏区计算。对下级电路的输入电容要根据电路实际的扇出计算。

从瞬态特性考虑，希望电路在最坏情况下的上升时间和下降时间近似相等，在 $V_{TN}=-V_{TP}$ 条件下就要求

$$K_{Peff} = K_{Neff}$$

因此对 n 输入与非门，应设计管子的导电因子满足

$$K_r = K_N/K_p = n \tag{4.2-9}$$

与(4.2-7)式相比，说明直流特性和瞬态特性的要求是不同的。由于 CMOS 逻辑电路具有可恢复逻辑特性、噪声容限很大，一般 CMOS 电路的设计主要是考虑速度和面积的要求。

另外，在希望准确计算下降时间时还应考虑串联支路的中间结点电容的影响。由于串联 MOS 管之间存在源、漏区 pn 结电容，在输出电平下降过程中，不仅要对输出结点电容放电，所有中间结点电容都要放电。这个放电过程可以等效成一个 RC 网络放电，电阻就是 MOS 管的导通电阻。不考虑衬偏效应，如果所有 MOS 管的导电因子相同，则所有电阻的阻值相等。若所有结点在输出电平下降过程开始前都被充电到高电平 V_{DD}，则第 n 个结点电容放电的时间可近似表示为

$$V_n(t) = V_{DD}e^{-t/\tau} \tag{4.2-10}$$

其中

$$\tau = \sum_{i=1}^{n}\tau_i, \quad \tau_i = \left(\sum_{j=1}^{i}R_j\right)C_i \tag{4.2-11}$$

例如对 3 个输入的与非门，$\tau=R_1C_1+(R_1+R_2)C_2+(R_1+R_2+R_3)C_L$，其中 C_L 是输出节点的负载电容。前面给出的用等效导电因子方法计算下降时间，只计算了 3 个串联 MOS 管的等效导通电阻对负载电容 C_L 放电的时间，没有计入中间结点电容 C_1 和 C_2 放电的时间。为了避免中间结点电容对下降时间的影响，应该使晚来的信号接到最靠近输出结点的

MOS 管上。这样先来的信号使下面的 MOS 管导通,先对中间结点电容放电。从式(4.2-11)还看出,越靠近接地端的管子其导通电阻的影响越大,因此,从电路性能优化考虑,从输出端到接地端串联 MOS 管的导电因子应逐渐增大。

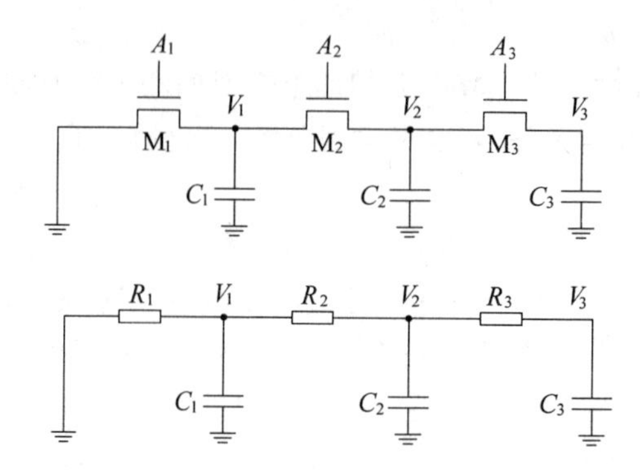

图 4.2-6 串联 MOS 管等效 RC 电路

在与非门的分析和设计中,一般可以认为串联的 NMOS 是等价的,而并联的 PMOS 是等价的,即 NMOS 可以取相同的宽长比,PMOS 可以取相同的宽长比,这样可以简化分析和设计过程。在结电容的处理方面,作为近似分析,串联支路的中间节点电容一般可以忽略,如果扇出较多,后级的负载电容较大,也可以忽略输出节点的结电容。更准确地分析结果可以通过 SPICE 软件仿真获得。

例题 4.2-1 采用某 100nm 工艺,$V_{DD}=1.1\text{V}$,$V_{TN}=0.3\text{V}$,$V_{TP}=-0.3\text{V}$,$K_N'=\mu_n C_{ox}=450\mu\text{A/V}^2$,$K_P'=\mu_p C_{ox}=125\mu\text{A/V}^2$,$C_{ox}=1.8\mu\text{F/cm}^2$,如果一个 2 输入与非门中 NMOS 的宽长比为 2,PMOS 宽长比为 4,请计算该与非门驱动 10fF 电容时候的最大上升和下降延迟时间。(忽略结电容和衬偏效应)

解:

(1) 最大下降延迟时间,当两个输入信号都为高电平时,两个 NMOS 串联对输出结点进行放电,此时具有最大的下降延迟时间,根据下降延迟时间计算公式

$$t_{pHL}=\tau_f\frac{1}{(1-\alpha_N)^2}=\frac{C_L}{K_{Neff}V_{DD}}\cdot\frac{1}{(1-\alpha_N)^2}$$

其中 $K_{Neff}=0.5K_N$,求得最大下降延迟时间为 $t_{pHL}=76.39\text{ps}$。

(2) 最大上升延迟时间,当其中一个信号为高电平,另一个信号为低电平时,只有一个 PMOS 对输出结点进行充电,此时具有最大的上升延迟时间,根据上升延迟时间计算公式

$$t_{pLH}=\tau_r\frac{1}{(1-\alpha_P)^2}=\frac{C_L}{K_{Peff}V_{DD}}\cdot\frac{1}{(1-\alpha_P)^2}$$

其中 $K_{Peff}=K_P$,求得最大上升延迟时间为 $t_{pLH}=68.75\text{ps}$。

4.2.2　CMOS 或非门

图 4.2-7 是一个 2 输入 CMOS 或非门的电路及逻辑符号。只有当 2 个输入信号 A 和 B 都是低电平时，电路才能输出高电平，其他情况至少有一个 PMOS 管截止且至少有一个 NMOS 管导通，输出必然是低电平。表 4.2-2 列出了或非门的真值表。

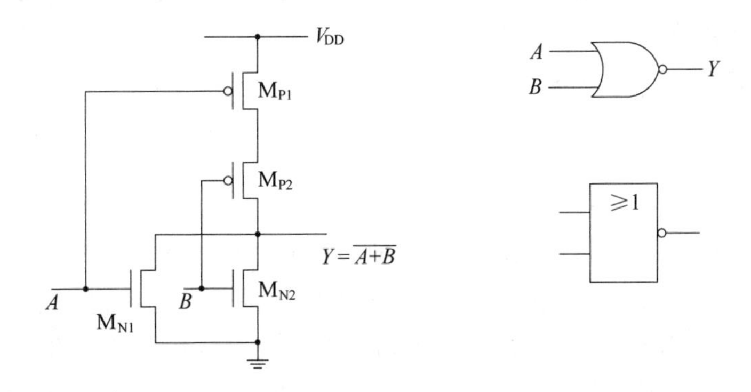

图 4.2-7　两输入 CMOS 或非门电路和逻辑符号

表 4.2-2　或非门真值表

输　入		输　出
A	B	Y
0	0	1
0	1	0
1	0	0
1	1	0

1. 或非门的直流特性

对 CMOS 或非门的分析同样也可以用等效反相器。当 2 个输入信号相同时，等效反相器中 $K_{Peff}=K_P/2$，$K_{Neff}=2K_N$，因此对应的逻辑阈值电平是

$$V_{it}=\frac{V_{TN}+\frac{1}{2}\sqrt{1/K_r}(V_{DD}+V_{TP})}{1+\frac{1}{2}\sqrt{1/K_r}} \tag{4.2-12}$$

其中 $K_r=K_N/K_p$ 是或非门中 NMOS 管与 PMOS 管导电因子之比。当 $V_{TN}=-V_{TP}$，且 $K_N=K_P$ 时，$V_{it}=\frac{V_{DD}+V_{TN}}{3}<\frac{1}{2}V_{DD}$，因此传输特性并不对称，而是向左偏移。要使两输入或非门的逻辑阈值 $V_{it}=\frac{1}{2}V_{DD}$，则在 $V_{TN}=-V_{TP}$条件下要求 $K_r=K_N/K_P=\frac{1}{4}$。

如果 2 个输入信号不同，可以假定一个输入固定在低电平 0，另一个输入变化。这种情况下只有一个 NMOS 管起作用,因此 $K_{\text{Neff}}=K_{\text{N}}$,$K_{\text{Peff}}\approx K_{\text{P}}/2$。不考虑衬偏效应的影响,无论 A 变化还是 B 变化对应的逻辑阈值都是

$$V_{\text{it}}=\frac{V_{\text{TN}}+\sqrt{1/2K_{\text{r}}}(V_{\text{DD}}+V_{\text{TP}})}{1+\sqrt{1/2K_{\text{r}}}} \tag{4.2-13}$$

对 n 输入或非门可以类似地分析。显然,输入状况不同对应的电压传输特性曲线不同,为了在最坏情况下获得最大的直流噪声容限,在 $V_{\text{TN}}=-V_{\text{TP}}$ 条件下或非门中的 NMOS 管和 PMOS 管导电因子之比应满足

$$K_{\text{r}}=\frac{K_{\text{N}}}{K_{\text{P}}}=n^{-3/2} \tag{4.2-14}$$

2. 或非门的瞬态特性

类似于前面与非门的分析,两输入或非门的输出上升时间决定于 2 个串联的 PMOS 管对负载电容充电的时间;输出下降时间决定于 NMOS 管对负载电容放电的时间。考虑最坏情况下可能只有一个 NMOS 管导通,因此 $K_{\text{Neff}}=K_{\text{N}}$,而 $K_{\text{Peff}}=K_{\text{P}}/2$。推广到 n 输入或非门,则 $K_{\text{Neff}}=K_{\text{N}}$,$K_{\text{Peff}}=K_{\text{P}}/n$。用 K_{Neff} 和 K_{Peff} 代替反相器公式中的 K_{N} 和 K_{P} 就可以计算出或非门的瞬态响应时间。对或非门也应考虑输出结点负载电容的变化以及中间结点电容充电时间的影响。为了获得最佳的瞬态特性,希望或非门的上升时间和下降时间相等,在 $V_{\text{TN}}=-V_{\text{TP}}$ 条件下,则要求

$$K_{\text{r}}=K_{\text{N}}/K_{\text{P}}=\frac{1}{n} \tag{4.2-15}$$

显然,同与非门类似,或非门的输入信号越多,即电路的扇入系数越大,电路中串联管子的数目越多,串联支路的等效导电因子越小,电路的瞬态性能会线性退化,如果考虑串联支路中间节点的结电容,与非门和或非门的性能随着扇入系数呈平方退化。因此,电路中串联管子的数目一般不超过 3～4 个。

例题 4.2-2 采用某 100nm 工艺,$V_{\text{DD}}=1.1\text{V}$,$V_{\text{TN}}=0.3\text{V}$,$V_{\text{TP}}=-0.3\text{V}$,$K'_{\text{N}}=\mu_{\text{n}}C_{\text{ox}}=450\mu\text{A}/\text{V}^2$,$K'_{\text{P}}=\mu_{\text{p}}C_{\text{ox}}=125\mu\text{A}/\text{V}^2$,如果电路中 MOS 器件的宽长比均为 2,要求最大噪声容限不小于电源电压的 0.3 倍,则该工艺能够实现的或非门的最大扇入为多少?(忽略衬偏效应)

解答:

低电平噪声容限:n 个输入信号同步变化时,等效反相器的 V_{it} 点,即为或非门的低电平噪声容限。

根据 n 输入信号同步的噪声容限公式

$$V_n=\frac{V_{\text{TN}}+\sqrt{1/n^2K_{\text{r}}}(V_{\text{DD}}+V_{\text{TP}})}{1+\sqrt{1/n^2K_{\text{r}}}}$$

可以求出 n 输入或非门的逻辑阈值电平 V_n,其中

$$K_{r}=\frac{K_{N}}{K_{P}}=\frac{\frac{1}{2}K_{N}'W_{N}/L_{N}}{\frac{1}{2}K_{P}'W_{P}/L_{P}}=3.6$$

根据噪声容限要求，需满足

$$V_{n}>0.3V_{DD}=0.33V$$

带入后求得 $n<8.26$，即低电平噪声容限限制的最大扇入的或非门为 8 输入结构。

高电平噪声容限：当 $n-1$ 个输入均接地，剩余一组输入构成等效反相器的 V_{it} 点到 V_{DD} 的距离为高电平噪声容限。

根据单个输入变化的噪声容限公式

$$V_{1}=\frac{V_{TN}+\sqrt{1/nK_{r}}(V_{DD}+V_{TP})}{1+\sqrt{1/nK_{r}}}$$

将 $n=8$ 带入，得到 $V_{1}=0.5V$，即高电平噪声容限为 0.6V，满足要求。因此满足噪声容限要求的最大扇入或非门为 8 输入结构。

从这个例题可以看出，由于静态 CMOS 结构具有良好的直流特性，一般较容易满足噪声容限要求。

如前所述，过多的 MOS 器件的串联会引起瞬态特性的退化，大扇入逻辑门一般需要分级实现，后面的内容中我们重点分析静态 CMOS 逻辑门的瞬态特性。

4.2.3　CMOS 与非门/或非门的设计

静态 CMOS 与非门和或非门的结构也是固定的，设计过程只需要确定其中器件沟道尺寸，一般来说，与非门/或非门中串联的器件可以取相同的宽长比，这样保证了电路性能，也简化了计算过程。因此，与非门/或非门的设计也就是确定 NMOS 器件的宽长比和 PMOS 器件的宽长比的过程，同反相器一样，沟道长度都取特征尺寸，只需要确定 NMOS 和 PMOS 的沟道宽度即可。

例题 4.2-3　某 100nm 工艺，$V_{DD}=1.1V$，$V_{TN}=0.3V$，$V_{TP}=-0.3V$，$K_{N}'=\mu_{n}C_{ox}=450\mu A/V^{2}$，$K_{P}'=\mu_{p}C_{ox}=125\mu A/V^{2}$，$C_{ox}=1.8\mu F/cm^{2}$，请设计一个 2 输入或非门，使其最大噪声容限不小于 $0.4V_{DD}$，且驱动 10fF 电容时候的上升和下降时间不大于 100ps。（忽略结电容和衬偏效应）

解答

根据上升时间计算公式

$$t_{r}=\tau_{P}\left[\frac{\alpha_{P}-0.1}{(1-\alpha_{P})^{2}}+\frac{1}{2(1-\alpha_{P})}\ln\left(\frac{1.9-2\alpha_{P}}{0.1}\right)\right]$$

其中 $\alpha_{P}=\frac{-V_{TP}}{V_{DD}}$，要求 $t_{r}\leqslant 100ps$ 则

$$\tau_{P}\leqslant 47.2ps$$

又根据 $\tau_P=2C_L/K_PV_{DD}$,得到

$$K_P \geqslant 38.52 \times 10^{-5}\,\text{A/V}^2$$

因此要求 PMOS 的最小宽长比满足

$$\left(\frac{W}{L}\right)_P = \frac{2K_P}{K_P'} = \frac{2\times 18.64\times 10^{-5}}{125\times 10^{-6}} = 6.16$$

同理可得到对 NMOS 管最小宽长比的要求,即

$$\left(\frac{W}{L}\right)_N = \frac{2K_N}{K_N'} = \frac{2\times 9.63\times 10^{-5}}{450\times 10^{-6}} = 0.86$$

根据工艺条件,认为最小沟道长度和宽度均为 100nm,取 $W_N=100\text{nm}$,$W_P=700\text{nm}$。

根据完成的设计,验算是否满足噪声容限要求,两个输入信号同步变化时,或非门的低电平噪声容限最小,所以仅考虑同步变化的情况。

$$V_{it} \geqslant 0.4V_{DD} = 0.44\text{V}$$

根据公式

$$V_{it} = \frac{V_{TN}+\sqrt{1/K_{reff}}(V_{DD}+V_{TP})}{1+\sqrt{1/K_{reff}}}$$

可以求出 2 输入或非门的逻辑阈值电平 V_{it},其中

$$K_{reff} = \frac{K_{Neff}}{K_{Peff}} = \frac{2\cdot\dfrac{1}{2}K_N'W_N/L_N}{\dfrac{1}{2}\cdot\dfrac{1}{2}K_P'W_P/L_P} = 2.06$$

代入后可以求得 $V_{it}=0.51\text{V}$,满足噪声容限要求。

所以,该工艺 2 输入或非门设计 $W_N=100\text{nm}$,$W_P=700\text{nm}$,可以满足速度和噪声容限要求。

如果是设计一个 2 输入与非门,由于电子的迁移率大于空穴迁移率,则在同样性能要求下,采用与非门可以比或非门节省面积。与前面反相器的设计结果比较,可以看出在同样参数条件下,如果要求 2 输入或非门的延迟时间和反相器一样,则或非门中串联支路的 PMOS 管宽长比要比反相器中 PMOS 管的宽长比大一倍。如果是 n 输入或非门,则每个 PMOS 管的宽长比应增大 n 倍。如果是 n 输入与非门,则每个 NMOS 管的尺寸要增大 n 倍。也就是说,与非门和或非门要靠增加面积来保持性能不退化。如果所有 MOS 管采用相同的尺寸,则在面积相同的条件下,CMOS 与非门比 CMOS 或非门性能要好一些。

上面的设计实例是驱动较大负载电容的情况。如果负载电容很小,则应以减小面积为设计目标。为了获得较小面积,可以取 L_N 和 L_P 为工艺特征尺寸,W_N 为最小有源区宽度,考虑到电子迁移率和空穴迁移率的差别,W_P 取为 W_N 的 2 倍。图 4.2-8 给出了按这种原则设计的 2 输入与非门和 2 输入或非门的版图。这是一种简单的布图方法,两个输入信号通过两个平行的直条多晶硅线送入,有源区图形和多晶硅图形都采用规则的矩形。当然,这种

版图对应的电路性能不够优化。另外，图中的版图为了结构紧凑，没有画出衬底接触结构，可以认为当多个逻辑门并排排列，衬底接触可以共享。

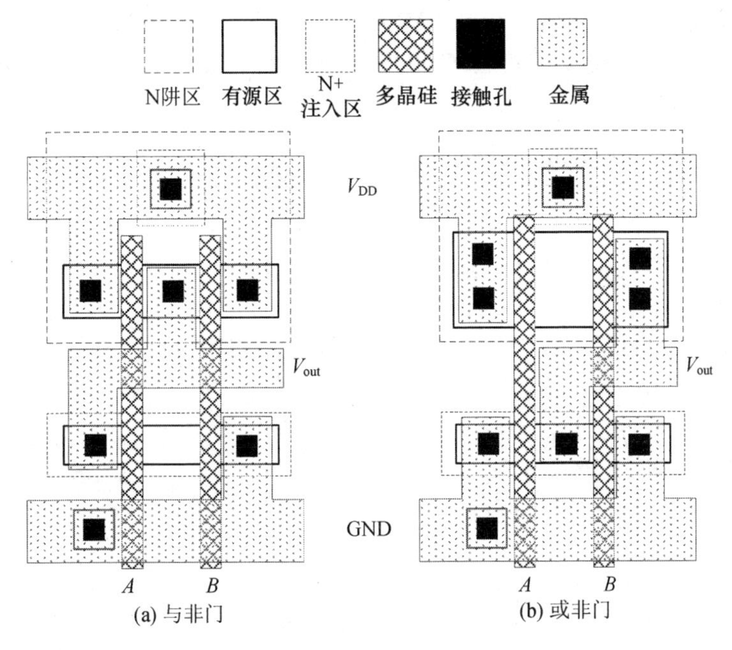

图 4.2-8　2 输入与非门和或非门版图

4.2.4　复杂逻辑门

1. “与或非”门的构成

从前面讨论的与非门和或非门电路可以看出，静态 CMOS 逻辑门是在 CMOS 反相器的基础上扩展而成。把反相器中单个的 PMOS 管用多个 PMOS 管构成的上拉网络代替，把反相器中单个的 NMOS 管用多个 NMOS 管构成的下拉网络代替。这样构成的逻辑门可以实现任意的“与或非”逻辑，即 AOI 门(AND-OR-Inversion)，也可以实现“或与非”，即 OAI 门(OR-AND-Inversion)。

对 NMOS 下拉网络的构成规律是：NMOS 管串联实现“与”操作；NMOS 管并联实现“或”操作。

而 PMOS 上拉网络则是按对偶原则构成，即 PMOS 管串联实现“或”操作；PMOS 管并联实现“与”操作。

简化为两句口诀，即 NMOS“串与并或”，PMOS“串或并与”。单级逻辑门，即只有一个输出节点的 CMOS 电路，只能实现带“非”的逻辑。这是由 CMOS 逻辑门的结构决定的，因为采用 NMOS 实现下拉逻辑网络，PMOS 实现上拉逻辑网络，输入高电平只能使得 NMOS 网络导通对输出节点放电，输出低电平。因此实现的是最终带“非”的逻辑功能。以上串、并联的逻辑特点都是针对正逻辑。

上述规律不仅适用于单个管子的串、并联,还可以推广到子电路块的串、并联。由于每个输入信号要同时接一对 NMOS 管和 PMOS 管,n 输入的静态 CMOS 逻辑门一般由 $2n$ 个 MOS 管构成。图 4.2-9 说明了静态 CMOS 逻辑门的构成特点以及 NMOS 逻辑块的构成规律[4]。

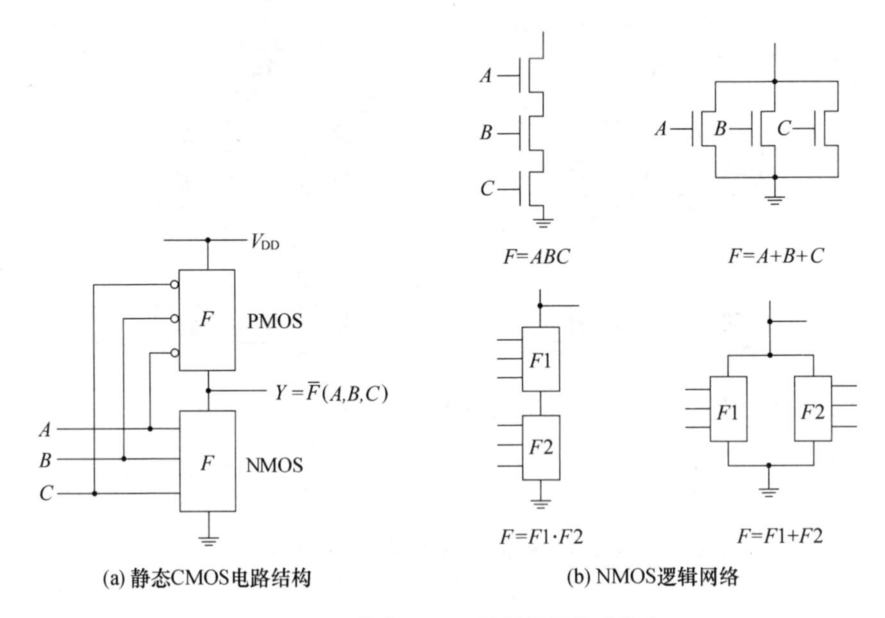

图 4.2-9 静态 CMOS 逻辑门的构成特点

图 4.2-10 给出了根据上述规则实现 $Y=\overline{A(B+C)+DE}$ 对应的 NMOS 和 PMOS 的串、并联连接关系以及实现的电路。

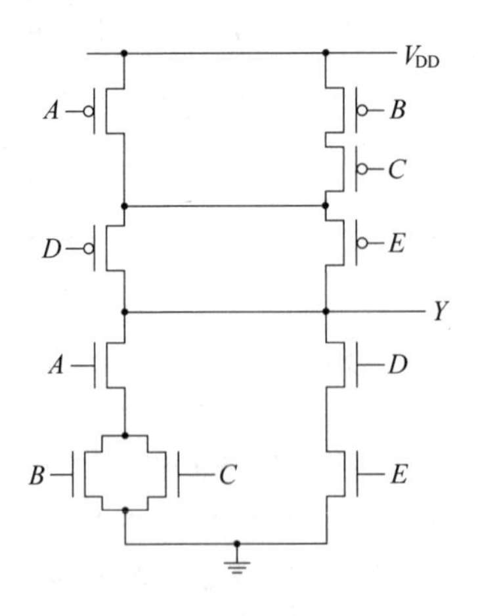

图 4.2-10 实现 $Y=\overline{A(B+C)+DE}$ 的 CMOS 电路

2. “与或非”门的分析与设计

对任意的与或非门仍然可以用等效反相器方法进行分析和设计。以反相器为代表的静态 CMOS 逻辑门具有良好的直流特性，大扇入与非门/或非门中由于串联/并联的器件数目较多，直流特性变差；而 CMOS 与或非门中由于串并联混合结构，直流特性好于与非门/或非门，所以在静态 CMOS“与或非”门的分析和设计过程中，我们主要考虑瞬态特性。

例如图 4.2-10 的电路，若所有输入信号同步变化，则所有 PMOS 管或所有 NMOS 管同时起作用，因此，上拉网络可以等效为一个 PMOS 管，其等效导电因子为

$$K_{\mathrm{Peff}}=\left[\left(\frac{K_{\mathrm{PB}}K_{\mathrm{PC}}}{K_{\mathrm{PB}}+K_{\mathrm{PC}}}+K_{\mathrm{PA}}\right)^{-1}+(K_{\mathrm{PD}}+K_{\mathrm{PE}})^{-1}\right]^{-1} \tag{4.2-16}$$

下拉网络等效为一个 NMOS 管，其等效导电因子为

$$K_{\mathrm{Neff}}=\left(\frac{1}{K_{\mathrm{ND}}}+\frac{1}{K_{\mathrm{NE}}}\right)^{-1}+\left(\frac{1}{K_{\mathrm{NA}}}+\frac{1}{K_{\mathrm{NB}}+K_{\mathrm{NC}}}\right)^{-1} \tag{4.2-17}$$

如果根据对电路性能的要求确定了 K_{Peff} 和 K_{Neff}，则可以设计电路中每个管子的导电因子，根据工艺参数可以确定每个管子的尺寸。考虑到要使最坏情况下电路性能满足要求，则每个管子的导电因子设计为

$$K_{\mathrm{PA}}=\frac{3}{2}K_{\mathrm{Peff}},$$

$$K_{\mathrm{PB}}=K_{\mathrm{PC}}=K_{\mathrm{PD}}=K_{\mathrm{PE}}=3K_{\mathrm{Peff}},$$

$$K_{\mathrm{NA}}=K_{\mathrm{NB}}=K_{\mathrm{NC}}=K_{\mathrm{ND}}=K_{\mathrm{NE}}=2K_{\mathrm{Neff}}。$$

例题 4.2-4　某 100nm 工艺，$V_{\mathrm{DD}}=1.1\mathrm{V}$，$V_{\mathrm{TN}}=0.3\mathrm{V}$，$V_{\mathrm{TP}}=-0.3\mathrm{V}$，$K_{\mathrm{N}}'=\mu_{\mathrm{n}}C_{\mathrm{ox}}=450\mu\mathrm{A/V^2}$，$K_{\mathrm{P}}'=\mu_{\mathrm{p}}C_{\mathrm{ox}}=125\mu\mathrm{A/V^2}$，$C_{\mathrm{ox}}=1.8\mu\mathrm{F/cm^2}$，如图 L4.2-1 所示的与或非门，实现 $Y=\overline{(A+B)C+D}$ 逻辑，如果要求驱动 10fF 电容时候的上升和下降时间不大于 100ps，则请确定器件尺寸，实现一个满足瞬态要求的最小面积的设计。（忽略结电容和衬偏效应）

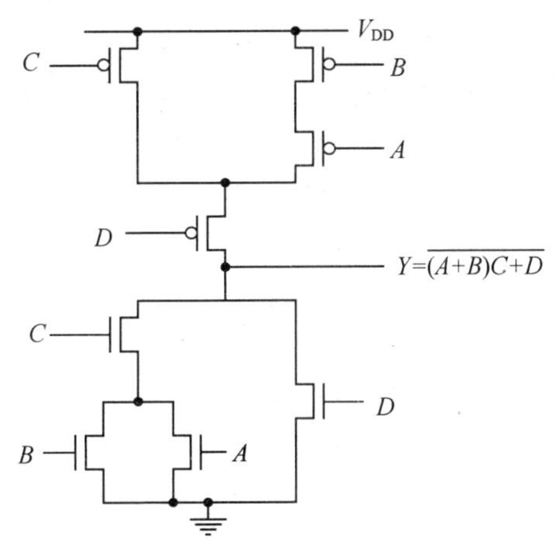

图 L4.2-1

解答：

根据上升和下降时间要求，仅需对关键路径进行分析，当 $A=B=D=0$ 时，上升时间最长，此时 $K_{\text{Peff}}=\frac{1}{3}K_{\text{P}}$ 当 $A=C=1,B=D=0$ 或 $B=C=1,A=D=0$ 时，下降时间最长，此时 $K_{\text{Neff}}=\frac{1}{2}K_{\text{N}}$。根据上升、下降时间计算公式

$$t_{\text{r}}=\tau_{\text{r}}\left[\frac{\alpha_{\text{P}}-0.1}{(1-\alpha_{\text{P}})^2}+\frac{1}{2(1-\alpha_{\text{P}})}\ln\left(\frac{1.9-2\alpha_{\text{P}}}{0.1}\right)\right]$$

$$t_{\text{f}}=\tau_{\text{f}}\left[\frac{\alpha_{\text{N}}-0.1}{(1-\alpha_{\text{N}})^2}+\frac{1}{2(1-\alpha_{\text{N}})}\ln\left(\frac{1.9-2\alpha_{\text{N}}}{0.1}\right)\right]$$

其中 $\alpha_{\text{P}}=\frac{-V_{\text{TP}}}{V_{\text{DD}}}$，$\alpha_{\text{N}}=\frac{V_{\text{TN}}}{V_{\text{DD}}}$，要求 $t_{\text{r}}<100\text{ps}$ 且 $t_{\text{f}}<100\text{ps}$，则

$$\tau_{\text{r}}=47.2\text{ps}$$

$$\tau_{\text{f}}=47.2\text{ps}$$

又根据 $\tau_{\text{f}}=\frac{C_{\text{L}}}{K_{\text{Neff}}V_{\text{DD}}}$，$\tau_{\text{r}}=\frac{C_{\text{L}}}{K_{\text{Peff}}V_{\text{DD}}}$得到 NMOS，PMOS 管宽长比的要求

$$\left(\frac{W}{L}\right)_{\text{P-ABD}}=9.24$$

$$\left(\frac{W}{L}\right)_{\text{N-ABC}}=1.72$$

在 100nm 工艺下，则取 $W_{\text{PA}}=W_{\text{PB}}=W_{\text{PD}}=950\text{nm}$，$W_{\text{PC}}=500\text{nm}$，$W_{\text{NA}}=W_{\text{NB}}=W_{\text{NC}}=200\text{nm}$，$W_{\text{ND}}=100\text{nm}$，即获得可满足瞬态要求的最小面积设计。

4.2.5 逻辑门的级联

无论是单级 AOI 门还是 OAI 门都只能实现最终带“非”的逻辑功能。一般任意的组合逻辑可以表示成一个“与-或”逻辑函数，要实现最终不带“非”的逻辑，则至少要用两级 CMOS 逻辑门级联。以与非门/或非门为例，大扇入的 CMOS 逻辑门会产生多个器件的串联，引起电路瞬态特性的严重退化，因此，复杂逻辑一般也需要用多级逻辑门级联实现。静态 CMOS 电路的输入端都是连接到 MOS 器件的栅极，MOS 器件为绝缘栅结构，如果忽略栅氧化层漏电，可以认为其输入电阻为无穷大，适合于级联使用。

例如要实现 $Y=ABC$，可以用一个三输入与非门加一个反相器，也可以用反码的或非门实现，即

$$Y=ABC=\overline{\overline{ABC}}=\overline{\overline{A}+\overline{B}+\overline{C}} \tag{4.2-18}$$

但是，如果要实现 8 个输入变量的“与”，则不能简单地采用上述实现方法，因为 8 输入的“与非门”或者 8 输入的“或非门”扇入系数太大，电路性能不好。一个逻辑门的延迟时间与它的扇入系数 F_{I} 和扇出系数 F_{O} 的依赖关系可近似表示为

$$t_{\text{d}}=\alpha F_{\text{I}}^2+\beta F_{\text{O}} \tag{4.2-19}$$

F_O 增大只是使电路的负载电容增大，因而对延迟时间的影响是线性关系。F_I 增大一方面使等效导电因子下降，驱动电流减小；另一方面也增大了负载电容，因为并联到输出结点的漏 pn 结电容增加。扇入系数增大也使串联的 MOS 管数目增加，对串联支路中间结点电容的充、放电将增加电路的延迟时间。因此，扇入系数对延迟时间的影响更大。图 4.2-10 说明与非门和或非门电路扇入系数对延迟时间的影响[5]。由于逻辑门的延迟随着扇入的数目平方增加，一般来说与非门/或非门的扇入数不超过四个。那么大扇入的逻辑门如何利用 CMOS 电路实现呢，下面我们通过一个例子介绍。

图 4.2-11 给出了实现 8 输入变量“与”的三种方案，其中的与非门、或非门和反相器均采用静态 CMOS 结构，我们可以计算出器件的数目。容易看出，相同逻辑功能，逻辑门的级数越多，电路中器件数目越多，这也间接对应着电路的面积和功耗开销。瞬态特性我们可以通过电路仿真来观察。图 4.2-12 给出了在两种外部负载电容（1fF 和 100fF）情况下，这三种实现方案的瞬态特性。仿真采用某 28nm 工艺，所有 NMOS 管的宽长比为 4，所有 PMOS 管的宽长比为 8。

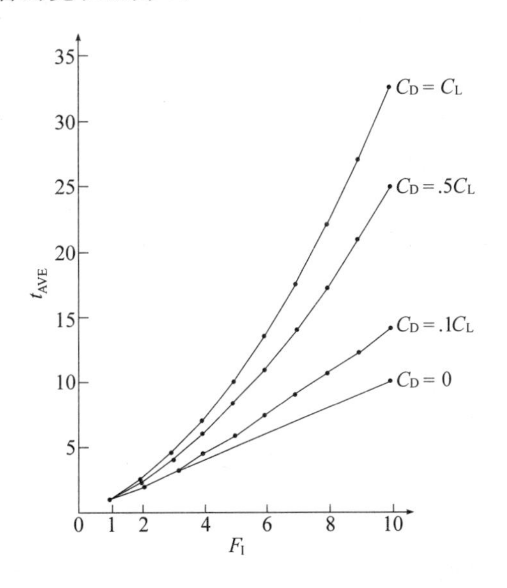

图 4.2-10　电路扇入系数对延迟时间的影响

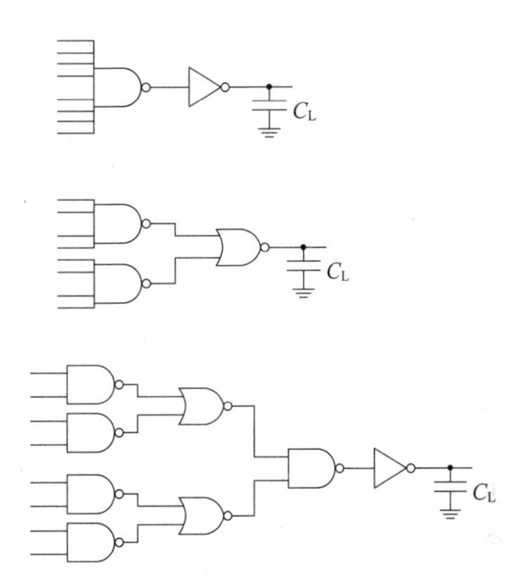

图 4.2-11　实现 8 输入变量“与”的三种方案

在驱动较小的负载电容情况下，由于方案 1 中 8 输入与非门的延迟较大，受到扇入系数的影响电路性能最差，而方案 2 和方案 3 相差不大；在驱动较大的负载电容时，由于方案 2 的最后一级为或非门，两个串联的 PMOS 对负载电容充电引起的上升延迟时间较大，导致性能变差，方案 3 为性能最优。而方案 3 中用到的晶体管的数目最多，可以近似认为面积和功耗最大，实际设计中可以根据设计要求选择方案 2 或者方案 3，方案 1 可能只适合对速度要求很低的情况。

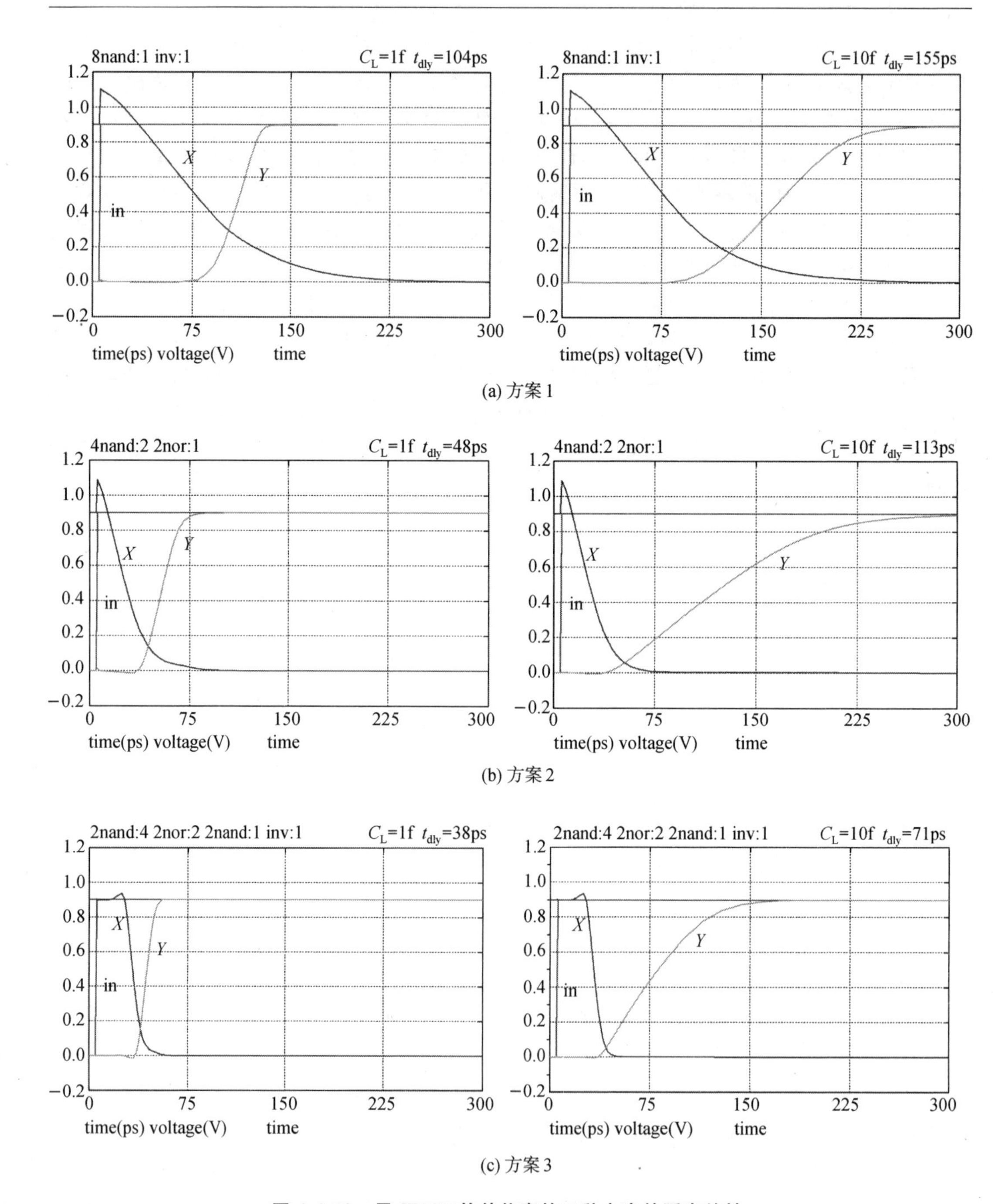

图 4.2-12 用 SPICE 软件仿真的三种方案的瞬态特性

4.2.6　其他常用静态 CMOS 逻辑门

1. 异或门/同或门

"异或"与"同或"电路都是应用广泛的逻辑单元,异或电路在两个输入变量"相异"时输出为高电平,即逻辑 1。同或电路在两个输入变量"相同"时输出为高电平,由于它的功能与异或电路相反,因此又叫作"异或非"电路。图 4.2-13 给出了"异或"与"同或"电路的逻辑符号。

图 4.2-13　"异或"与"同或"电路的逻辑符号

异或电路的功能可以表示为

$$Y = A \oplus B = A\overline{B} + \overline{A}B \tag{4.2-20}$$

如果用 CMOS 逻辑门实现异或电路,需要对上述逻辑表达式进行变换,变换成最终带"非"的逻辑形式,也就是基于"与或非"门实现。根据"异或"与"同或"功能相反的特点,可以得到如下关系

$$Y = A\overline{B} + \overline{A}B = \overline{AB + \overline{A}\,\overline{B}} \tag{4.2-21}$$

图 4.2-14(a)画出了对应的电路图,包括产生输入信号反码的反相器在内,总共需要 12 个 MOS 管。只要把图 4.2-14(a)电路输入信号的连接改变就可以实现"异或非"功能,即同或电路,如图 4.2-14(b)。

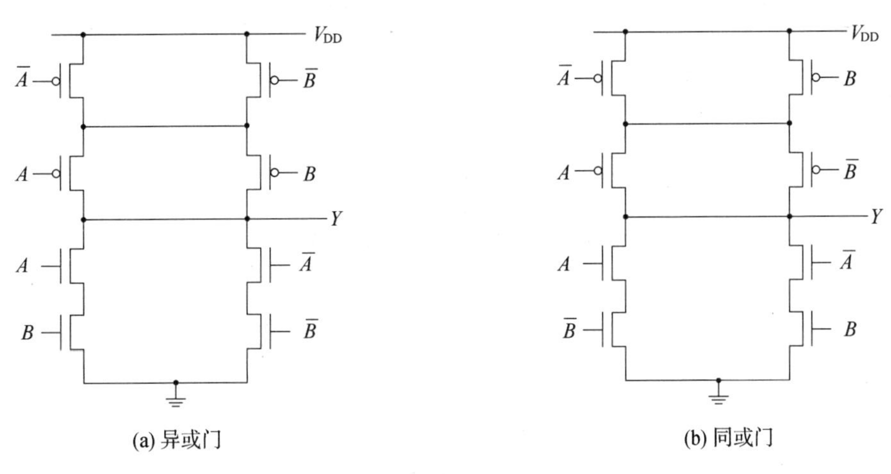

图 4.2-14　用"与或非"门实现异或及同或电路

实现异或电路的另外一种方案是

$$Y = A\overline{B} + \overline{A}B = \overline{AB + \overline{A + B}} \tag{4.2-22}$$

这个方案总共用了 10 个 MOS 管，比前一种方案减少了两个管子。图 4.2-15 给出了第二种方案对应的逻辑图和电路图。这种结构可以看作是两级逻辑门实现的一个异或逻辑，图中的 X 节点为第一级或非门和第二级与或非门之间的中间节点，有兴趣的读者可以分析一下这个结构的最坏情况的上升和下降延迟时间的关键路径。

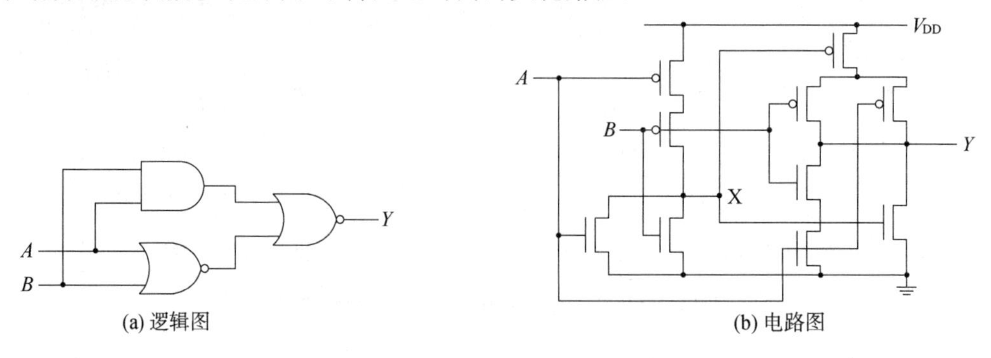

(a) 逻辑图　　(b) 电路图

图 4.2-15　实现异或电路的第二种方案

上面两图可以看出，不同于基本的与或非门，异或门有不同的电路实现方式。后面讨论传输门逻辑电路时还将给出更简化的异或电路。

例题 4.2-5　某 100nm 工艺，$V_{DD}=1.1\text{V}$，$V_{TN}=0.3\text{V}$，$V_{TP}=-0.3\text{V}$，$K_N'=\mu_n C_{ox}=450\mu\text{A/V}^2$，$K_P'=\mu_p C_{ox}=125\mu\text{A/V}^2$，$C_{ox}=1.8\mu\text{F/cm}^2$，下图电路为某系统中的关键路径简化结构；如果其中所有 PMOS 宽长比为 4，NMOS 宽长比为 2，则请用非阶跃传输延迟公式计算，输入到输出最大上升和下降延迟时间（忽略结电容和衬偏效应），如图 L4.2-2(a)所示。（未连接的信号按照最坏情况自己定义逻辑值）

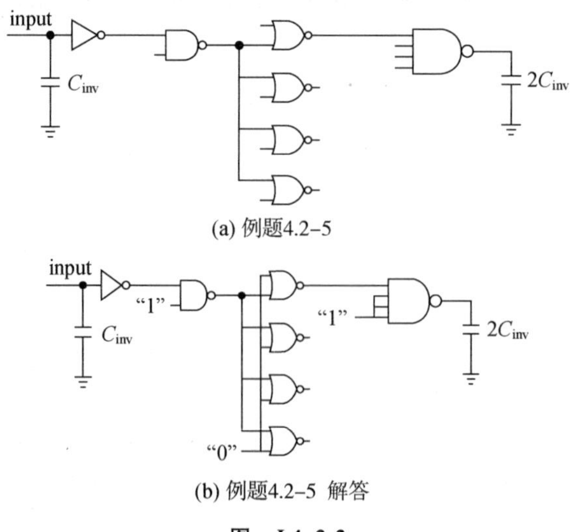

(a) 例题4.2–5

(b) 例题4.2–5 解答

图　L4.2-2

解答：

设题中一个反相器的栅电容为 C_{inv}，计算得到，$C_{inv}=(W_N+W_P)\cdot L\cdot C_{ox}=(2L+4L)\cdot L\cdot C_{ox}=1.08fF$；另外计算，$\frac{1}{(1-\alpha)^2}=1.89$，PMOS 导电因子 $K_P=250\mu A/V^2$，NMOS 导电因子 $K_N=450\mu A/V^2$。

当未连接的信号按照如图 L4.2-2(b)方式连接后，具有最大上升和下降延迟时间。

按照图示连接后，关键路径上逻辑门都可以等效为反相器，根据延迟时间计算公式，计算每一级逻辑门的延迟，累加以后得到整个电路的上升和下降延迟，注意上升和下降延迟交替出现。

$$t_{pHL}=\tau_f\frac{1}{(1-\alpha_N)^2}=\frac{C_{inv}}{K_{Neff}V_{DD}}\cdot\frac{1}{(1-\alpha_N)^2}$$

$$t_{pLH}=\tau_r\frac{1}{(1-\alpha_P)^2}=\frac{C_{inv}}{K_{Peff}V_{DD}}\cdot\frac{1}{(1-\alpha_P)^2}$$

(1) 最大下降延迟时间。

① 反相器上升延迟时间。反相器驱动 2 输入与非门，单管上拉，负载电容为 C_{inv}，算得

$$t_{pLH\text{-}inv}=\frac{C_{inv}}{K_PV_{DD}}\frac{1}{(1-\alpha_P)^2}=7.42\text{ps},$$

② 2 输入与非门下降延迟时间。2 输入与非门驱动 4 个 2 输入或非门，负载电容为 4 倍反相器的栅电容，即 $4C_{inv}$，两管串联下拉，等效导电因子 $K_{Neff}=\frac{1}{2}K_N$，

$$t_{pHL\text{-}nand2}=\frac{4C_{inv}}{\frac{1}{2}K_NV_{DD}}\cdot\frac{1}{(1-\alpha_N)^2}=33\text{ps}$$

③ 2 输入或非门上升延迟时间。2 输入或非门驱动 4 输入与非门，负载电容为 C_{inv}，双管串联上拉，$K_{Peff}=\frac{1}{2}K_P$，

$$t_{pLH\text{-}nor2}=\frac{C_{inv}}{\frac{1}{2}K_PV_{DD}}\frac{1}{(1-\alpha_P)^2}=14.84\text{ps}$$

④ 4 输入与非门下降延迟时间。4 输入与非门驱动负载电容为 $2C_{inv}$，四管串联下拉，$K_{Neff}=\frac{1}{4}K_N$，

$$t_{pHL\text{-}nand4}=\frac{2C_{inv}}{\frac{1}{4}K_NV_{DD}}\cdot\frac{1}{(1-\alpha_N)^2}=33\text{ps}$$

将每级延迟时间相加，可以得到输入到输出的最大下降延迟时间为

$$t_{pHL}=t_{pLH\text{-}inv}+t_{pHL\text{-}nand2}+t_{pLH\text{-}nor2}+t_{pHL\text{-}nand4}=88.26\text{ps}$$

(2) 最大上升延迟时间，分别计算每一级延迟时间。

① 反相器下降延迟时间,单管下拉,负载电容为 C_{inv},算得,

$$t_{pHL\text{-}inv}=\frac{C_{inv}}{K_N V_{DD}}\cdot\frac{1}{(1-\alpha_N)^2}=4.125\text{ps}$$

② 2 输入与非门上升延迟时间,单管上拉,$K_{Peff}=K_P$,负载电容为 $4C_{inv}$,

$$t_{pLH\text{-}nand2}=\frac{4C_{inv}}{K_P V_{DD}}\frac{1}{(1-\alpha_P)^2}=29.68\text{ps}$$

③ 2 输入或非门下降延迟时间,单管下拉,$K_{Neff}=K_N$,负载电容为 C_{inv},

$$t_{pHL\text{-}nor2}=\frac{C_{inv}}{K_N V_{DD}}\frac{1}{(1-\alpha_N)^2}=4.125\text{ps}$$

④ 4 输入与非门上升延迟时间,单管上拉,$K_{Peff}=K_P$,负载电容为 $2C_{inv}$,

$$t_{pLH\text{-}nand4}=\frac{2C_{inv}}{K_P V_{DD}}\cdot\frac{1}{(1-\alpha_P)^2}=14.84\text{ps}$$

将每级延迟时间相加,可以得到输入到输出的最大上升延迟时间为

$$t_{pHL}=t_{pHL\text{-}inv}+t_{pLH\text{-}nand2}+t_{pHL\text{-}nor2}+t_{pLH\text{-}nand4}=52.77\text{ps}$$

例题 4.2-6 某 100nm 工艺,$V_{DD}=1\text{V}$,$V_{TN}=0.2\text{V}$,$V_{TP}=-0.2\text{V}$,$K_N'=\mu_n C_{ox}=500\mu\text{A/V}^2$,$K_P'=\mu_p C_{ox}=250\mu\text{A/V}^2$,$C_{ox}=2\mu\text{F/cm}^2$,设输出端 Y 驱动 2 个并联反相器作为负载。请计算图 L4.2-3 中所示异或门的最大上升和下降延迟时间延迟之比(所有 PMOS 宽长比为 2,NMOS 宽长比为 1,忽略结电容)。

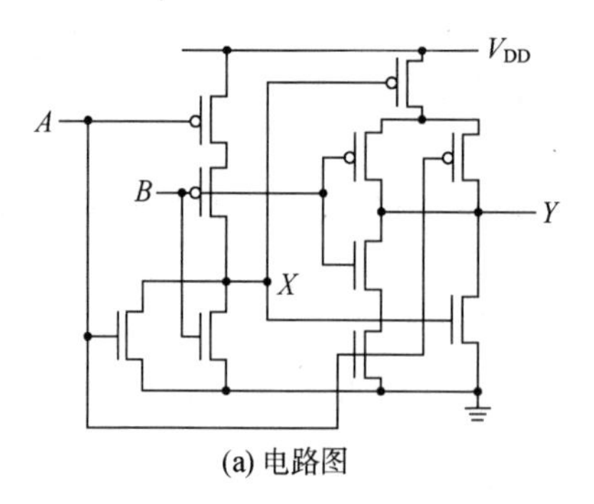

(a) 电路图

A	B	X	Y
0	0	1	0
0	1	0	1
1	0	0	1
1	1	0	0

(b) 真值表

图 L4.2-3

解答:

异或门的电路图和真值表如图 L4.2-3(b)所示,该异或门实际上可以看作是两级结构,第一级是 2 输入或非门,第二级是输入为 A,B 和 X 的与或非门。

为了简化计算,不妨设单个 NMOS 器件导电因子为 K,反相器的输入电容为 C,单个反相器驱动反相器的延迟时间为 t。

(1) 最大上升延迟。根据真值表,当 Y 的前一个值为 0,下一个值为 1,就会产生一个上

升延迟，即真值表中第一行变化为第二行、第三行；或者第四行变化为第二行、第三行。分别计算四种情况的上升延迟，最大值即为所求。

① 第一行变化为第二行：包括 B 到 X 节点的下降延迟 t_1 和 X 到 Y 的上升延迟 t_2 的两级延迟时间之和，易于看出第一级为单管下拉，等效导电因子为 K，负载电容为 C，因此 $t_1=t$；第二级为两管串联上拉，等效导电因子为 $K/2$，负载电容为 $2C$，因此 $t_2=4t$，即上升延迟时间为 $5t$。

② 第一行变化为第三行：包括 A 到 X 节点的下降延迟和 X 到 Y 的上升延迟，易于看出，两部分延迟跟上面的情况一样，总的上升延迟时间也为 $5t$。

③ 第四行变化为第二行：B 一直为逻辑 1，则 X 始终为逻辑 0，输入 A 从 1 变为 0 引起 Y 端的上升过程，因此延迟时间就是第二级的上升延迟，两管串联上拉，等效导电因子为 $K/2$，负载电容为 $2C$，因此上升延迟时间为 $4t$。

④ 第四行变化为第三行：A 一直为逻辑 1，B 变化引起 Y 的上升过程，跟上一种情况类似，上升延迟时间为 $4t$。

综合上升延迟时间的四种情况，最大上升延迟时间为 $5t$。

(2) 最大下降延迟。类似地可以分析下降延迟时间，也分为以下四种情况讨论。

① 第二行变化为第一行：包括 B 到 X 的上升延迟和 X 到 Y 的下降延迟两部分，第一级上升延迟为两管串联上拉，等效导电因子为 $K/2$，负载电容为 C，延迟时间为 $2t$，第二级下降延迟时间，单管下拉，负载电容为 $2C$，延迟时间为 $2t$，总的下降延迟时间为 $4t$。

② 第三行变化为第一行：包括 A 到 X 的上升延迟和 X 到 Y 的下降延迟，跟上一种情况类似，总的下降延迟时间为 $4t$。

③ 第二行变化为第四行：B 一直为逻辑 1，则 X 一直为逻辑 0，A 从 0 变为 1 引起 Y 的下降过程，即为第二级的与或非门的下降延迟，两管串联下拉，等效导电因子为 $K/2$，负载电容为 $2C$，下降延迟时间为 $4t$。

④ 第三行变化为第四行：同上一种情况类似，下降延迟时间为 $4t$。

综合下降延迟时间的四种情况，最大下降延迟时间为 $4t$。

因此，例题图中异或门驱动两个反相器作为负载的最大上升延迟时间和最大下降延迟时间的比值为 5∶4。

从这道例题可以看出，当前后级的信号有依赖关系的时候，延迟时间可能不是简单的相加，需要根据真值表中的情况具体分析。

从前面讨论可以看出，用静态 CMOS 逻辑门可以实现任意的组合逻辑，并且相同的逻辑功能可能有不同的实现方案。对集成电路设计者来说要综合考虑电路的面积、速度和功耗等因素，选择最佳方案。

总体来看，静态 CMOS 电路直流特性好，为信号全摆幅的无比逻辑；具有可恢复逻辑特性，抗噪声干扰能力强；此外，如果忽略亚阈值区，没有静态短路功耗。以上优势使得静态

CMOS 电路成为应用最广泛的逻辑电路实现方式。本书中,主要以静态 CMOS 结构为主介绍数字集成电路的分析与设计原理。

4.3 类 NMOS 逻辑电路*

静态 CMOS 逻辑门利用 NMOS 管和 PMOS 管的互补特性,使上拉通路和下拉通路轮流导通,从而获得良好的直流和瞬态特性。然而这种电路的最大缺点是针对每个输入都需要 NMOS 和 PMOS 两个管子,因而不利于减小面积和提高集成度。在 VLSI 芯片中,对某些性能要求不太高,但是希望面积尽可能小的电路,可以采用类 NMOS 电路形式。

在类 NMOS 电路中只用 NMOS 管串、并联构成的逻辑功能块,而上拉通路用一个常导通的 PMOS 管代替复杂的 PMOS 逻辑功能块,如图 4.3-1 所示。因此,对 n 输入逻辑门,类 NMOS 电路只需要$(n+1)$个 MOS 管,对多输入情况,可以比常规的静态 CMOS 逻辑门节省近一半器件。

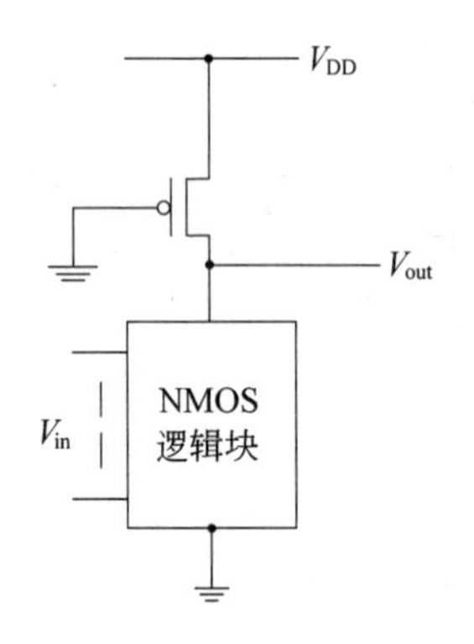

图 4.3-1 类 NMOS 电路结构

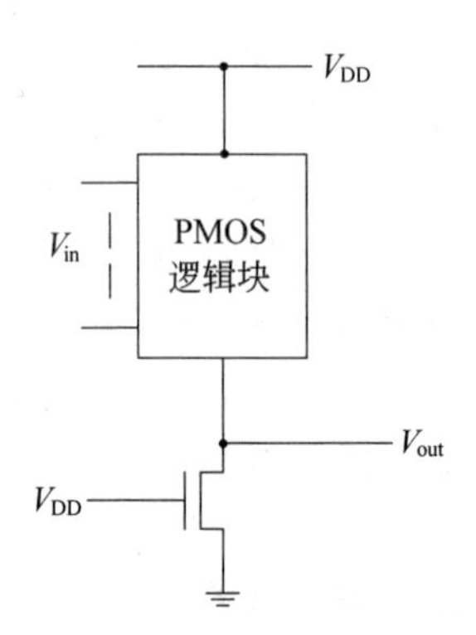

图 4.3-2 类 PMOS 电路结构

类似地,也可以只用 PMOS 逻辑块实现逻辑功能,而把下拉通路的 NMOS 逻辑块用一个常导通的 NMOS 管代替,如图 4.3-2 所示,这种电路就叫作类 PMOS 电路。用类 NMOS 或类 PMOS 电路实现组合逻辑时,构成特点与静态 CMOS 逻辑门中 NMOS 逻辑块或 PMOS 逻辑块的构成特点一样,相当于类 NMOS 取 CMOS 电路中的 NMOS 逻辑块,而类 PMOS 电路取其中的 PMOS 逻辑块。类 NMOS 和类 PMOS 电路也是实现最终带“非”的逻辑功能。图 4.3-3 分别画出了用类 NMOS 和类 PMOS 电路实现 $Y=\overline{AB+C}$ 的电路图。

在分析类 NMOS(或类 PMOS)逻辑电路性能时,也和分析静态 CMOS 逻辑电路一样,把整个 NMOS(或 PMOS)逻辑块等效为一个 MOS 管,用等效反相器分析电路性能。下面以类 NMOS 反相器为例分析这种电路的性能。图 4.3-4 是一个类 NMOS 反相器,其中 NMOS 管和 PMOS 管的导电因子分别为 K_N 和 K_P,阈值电压分别为 V_{TN}和 V_{TP}。

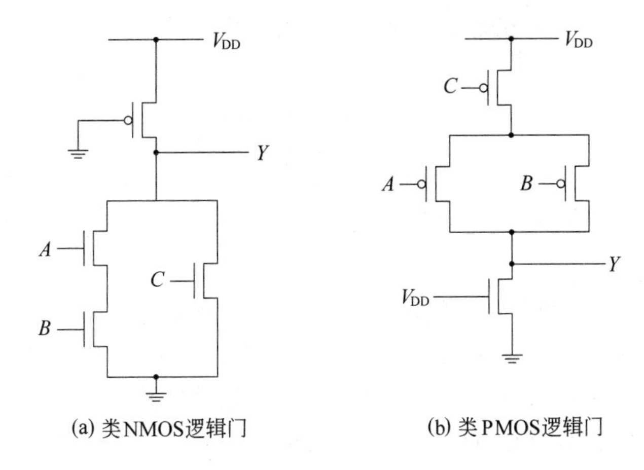

图 4.3-3　用类 NMOS 和类 PMOS 电路实现 $Y=\overline{AB+C}$

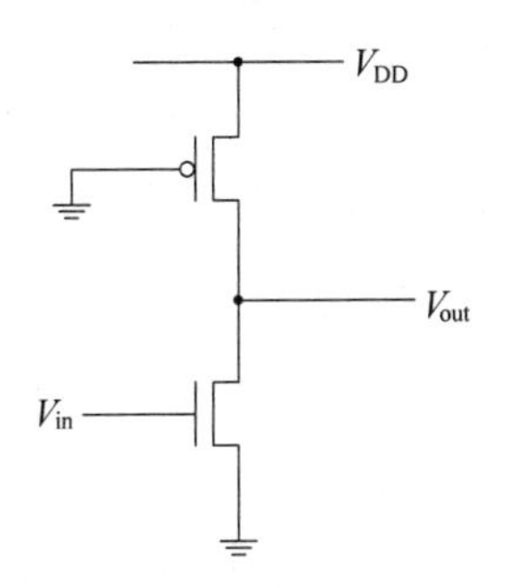

图 4.3-4　类 NMOS 反相器

由于 PMOS 管有恒定的栅-源电压，$V_{GSP}=-V_{DD}$，当 $V_{out}\leqslant -V_{TP}$ 时工作在饱和区，当 $V_{out}>-V_{TP}$ 时工作在线性区。对于 NMOS 管，当 $V_{in}-V_{TN}\leqslant 0$ 时，NMOS 管截止，当 $0<V_{in}-V_{TN}\leqslant V_{out}$ 时，NMOS 管工作在饱和区，当 $V_{in}-V_{TN}>V_{out}$ 时，NMOS 管工作在线性区。

在直流条件下，$I_{DN}=I_{DP}$，根据不同工作区的电流公式，可以得到 V_{out} 随 V_{in} 的变化关系，即直流电压传输特性。

当输入是低电平时应满足 $V_{in}<V_{TN}$，NMOS 管截止，PMOS 管工作在线性区，根据

$$I_{DP}=K_P[(-V_{DD}-V_{TP})^2-(-V_{out}-V_{TP})^2]=0,$$

得到输出高电平

$$V_{out}=V_{OH}=V_{DD}。\tag{4.3-1}$$

当输入是高电平时即 $V_{in}=V_{DD}$ 时，NMOS 管和 PMOS 管都导通，NMOS 管工作在线性区，PMOS 管工作在饱和区，因此有

$$K_N[(V_{in}-V_{TN})^2-(V_{in}-V_{out}-V_{TN})^2]=K_P(-V_{DD}-V_{TP})^2$$

把 $V_{in}=V_{DD}$ 代入,对应的输出就是低电平 V_{OL}。由于 V_{OL} 很小,可以忽略其二次项,根据上式可解出

$$V_{OL}=\frac{(V_{DD}+V_{TP})^2}{2K_r(V_{DD}-V_{TN})} \tag{4.3-2}$$

其中

$$K_r=\frac{K_N}{K_P} \tag{4.3-3}$$

类 NMOS 电路中由于 PMOS 负载管是常导通的,在输出低电平时存在电源到地的直流导通通路,输出低电平不是 0,而是决定于 NMOS 和 PMOS 两个管子导通电阻的分压比。为了保证低电平合格,必须设计合适的比例因子 K_r,这种电路称为有比电路。由于输出低电平时存在直流导通电流,电路有较大的静态功耗,即

$$P_S=K_P(-V_{DD}-V_{TP})^2V_{DD}。 \tag{4.3-4}$$

从直流特性看,为了降低功耗,同时保证输出低电平合格,都不希望 K_P 太大。但是 K_P 太小将使电路的上升时间增加。

类 NMOS 电路的上升时间分析和 CMOS 反相器的上升时间分析完全相同。严格分析类 NMOS 电路的下降时间,必须考虑到常导通的 PMOS 负载管的电流,应根据下述微分方程求解

$$I_{DN}-I_{DP}=-C_L\frac{dV_{out}}{dt} \tag{4.3-5}$$

不过,考虑到 $K_r>1$,可以忽略 PMOS 负载管的电流。在这种近似条件下,类 NMOS 电路的下降时间分析和 CMOS 反相器相同。对复杂逻辑电路采用等效导电因子,则可以套用 CMOS 反相器的公式。由于类 NMOS(或类 PMOS)电路的逻辑摆幅小于 V_{DD},因此套用 CMOS 反相器的公式只是一种近似分析方法。

对类 PMOS 电路同样可以等效成反相器进行分析。类 PMOS 电路的输出低电平是"0",输出高电平与比例因子 $K_r'=K_P/K_N$ 有关。

从以上分析看出,同静态 CMOS 电路相比,类 NMOS 电路虽然结构简单,但直流和瞬态特性均较差。类 NMOS(或类 PMOS)电路尽管比静态 CMOS 逻辑电路减少了器件数目,可以节省一些面积,但是电路性能变差,特别是有较大的静态功耗,限制了这种电路的使用。

4.4 MOS 传输门逻辑电路

MOS 晶体管的源、漏区是完全对称的结构,因此 MOS 晶体管的源、漏极可以互换。MOS 晶体管这种双向导通特性给它的应用带来极大的灵活性。对于源、漏端不固定,可以双向传送信号的这种 MOS 晶体管就叫作传输管(pass transistor,PT)或传输门(transmission gate,TG)。

4.4.1　MOS 传输门的基本特性

1. 传输门的传输特性

先以 NMOS 晶体管为例，分析传输门的性能，对单个 MOS 晶体管作传输门一般叫作传输管。如图 4.4-1 所示，当一个 NMOS 管作为传输门应用时，管子的栅极接一个控制信号 V_c，管子的源极和漏极分别作为输入和输出端。当 V_c 是低电平时 NMOS 管截止，把输入和输出隔开，不传送信号；当 V_c 是高电平时 NMOS 管导通，把输入和输出连通，使输入信号传送到输出端。

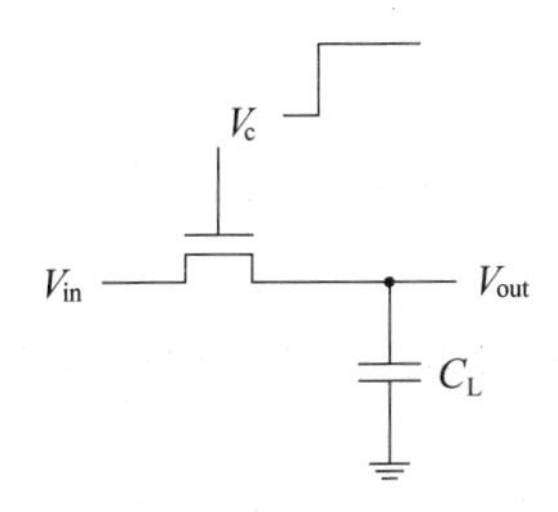

图 4.4-1　NMOS 传输门

如果输入固定在高电平 V_{DD}，当栅极控制信号 V_c 变为高电平时，NMOS 传输门导通，可以对输出端的负载电容充电，使输出上升为高电平。在传输高电平过程中，输入端是 NMOS 管的漏极，输出端是源极。如果控制信号 V_c 的高电平也是 V_{DD}，则 NMOS 管始终工作在饱和区，因此对负载电容充电的电流为

$$I_{DN} = K_N(V_{DD} - V_{TN} - V_{out})^2 \tag{4.4-1}$$

当 $V_{out}=V_{DD}-V_{TN}$ 时，NMOS 管截止，传输高电平过程结束。尽管输入信号和控制信号的高电平都是 V_{DD}，输出高电平只能达到 $V_{DD}-V_{TN}$，NMOS 传输门传输高电平过程中直流电平退化现象，一般称作阈值损失。减小 NMOS 管的阈值电压或提高控制信号电压，可以提高输出高电平。

如果输入是低电平，即 $V_{in}=0$，且输出端初始时是高电平 V_{DD}，当控制信号 V_c 变为高电平时，NMOS 传输门导通，可以对负载电容放电，把输入端的低电平传到输出端。在传输低电平过程中，输入端是 NMOS 管的源极，输出端是 NMOS 管的漏极，因此 NMOS 管工作在恒定的栅源电压下，$V_{GS}=V_{DD}$。随着输出电平下降，NMOS 管从初始的饱和状态最终进入线性区，直到 $V_{DS}=V_{out}-V_{in}=0$ 时电流才为零，使低电平无损失地传送到输出端。图 4.4-2 是模拟的 NMOS 传输门传输高电平和传输低电平的输出波形。负载电容 $C_L=1\text{fF}$，NMOS 晶体管宽长比为 2。

如果用 PMOS 晶体管作传输管，传输管的控制信号 V_c 应是低电平有效。由于 PMOS 管和 NMOS 管的互补性能，PMOS 管可以无损失地传输高电平，但是传输低电平会有阈值损失。如果输入是低电平 $V_{in}=0$，则输出低电平只能达到 $V_{out}=-V_{TP}$，因为这时 PMOS 管

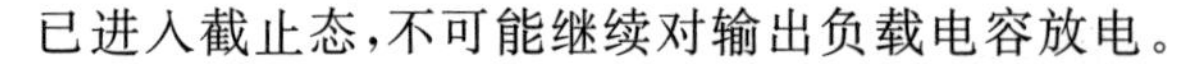
已进入截止态,不可能继续对输出负载电容放电。

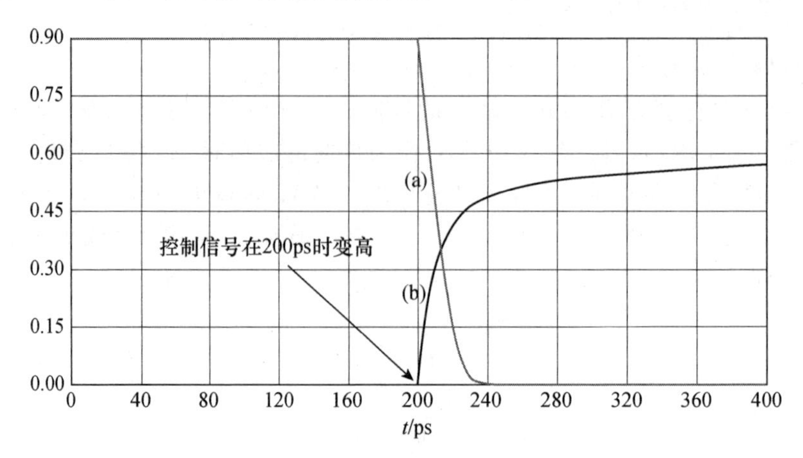

图 4.4-2　NMOS 传输管传输高电平和低电平的仿真波形

为了克服单个 MOS 晶体管作传输门有阈值损失的问题,可以把一个 NMOS 管和一个 PMOS 管并联起来构成 CMOS 传输门。图 4.4-3 给出了 CMOS 传输门的结构和逻辑符号。从图中看出 CMOS 传输门需要一对互补的控制信号 V_c 和 $\overline{V}_c$。当 $V_c=V_{DD}$时,NMOS 管和 PMOS 管都导通,CMOS 传输门导通,可以把输入信号传送到输出端。当 $V_c=0$ 时,NMOS 管和 PMOS 管都截止,CMOS 传输门关断,使输出和输入隔离。

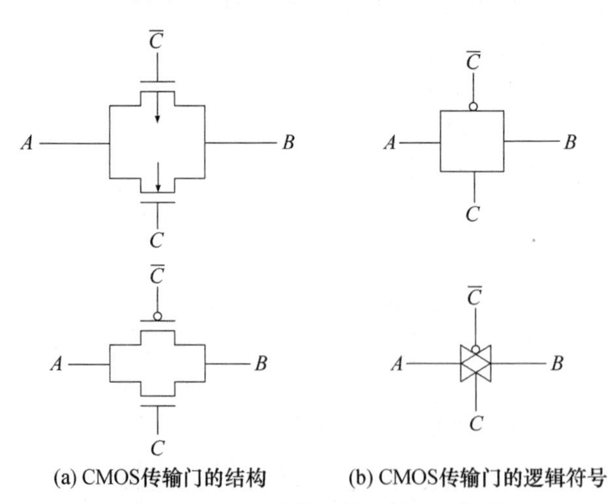

图 4.4-3　CMOS 传输门的结构和逻辑符号

CMOS 传输门传输高电平过程中,NMOS 管始终工作在饱和区,而 PMOS 管是在恒定的栅-源电压下,先工作在饱和区,然后进入线性区。传输高电平过程可以分为三个阶段:

(1) $V_{out} \leqslant -V_{TP}$时，NMOS 管和 PMOS 管都在饱和区；

(2) $-V_{TP} < V_{out} < V_{DD} - V_{TN}$时，NMOS 管饱和，PMOS 管进入线性区；

(3) $V_{out} \geqslant V_{DD} - V_{TN}$时，NMOS 管截止，PMOS 管仍在线性区。

尽管当$V_{out} \geqslant V_{DD} - V_{TN}$后，NMOS 管截止，但传输高电平过程并没有结束，因为 PMOS 管还导通，可以继续对负载电容充电。由于 PMOS 管工作在线性区，直到$|V_{DSP}| = V_{in} - V_{out} = 0$，即$V_{out} = V_{in} = V_{DD}$时，传输过程才结束。因此，CMOS 传输门可以无损失地把高电平传送到输出端。

同理，CMOS 传输门也可以把低电平无损失地传送到输出端。在传输低电平过程中，PMOS 管始终工作在饱和区，而 NMOS 管先工作在饱和区，最后进入线性区。传输低电平过程也可以分为三个阶段：

(1) $V_{out} \geqslant V_{DD} - V_{TN}$时，NMOS 管和 PMOS 管都在饱和区；

(2) $V_{DD} - V_{TN} > V_{out} > -V_{TP}$时，NMOS 管进入线性区，PMOS 管仍在饱和区；

(3) 当$V_{out} \leqslant -V_{TP}$时，NMOS 管仍在线性区，PMOS 管截止。

在传输低电平的后期，尽管 PMOS 管截止，NMOS 管仍在线性区导通，因此直到$|V_{DSN}| = V_{in} - V_{out} = 0$，即$V_{out} = V_{in} = 0$时，传输低电平过程才结束。因此 CMOS 传输门也可以使低电平无损失地传送到输出端。

图 4.4-4 分别给出了传输高电平和传输低电平过程中，NMOS 传输管、PMOS 传输管以及 CMOS 传输门导通电流的变化[6]。可以看出，尽管 NMOS 管和 PMOS 管的电流都是非线性变化，而 CMOS 传输门的总电流近似是线性变化。

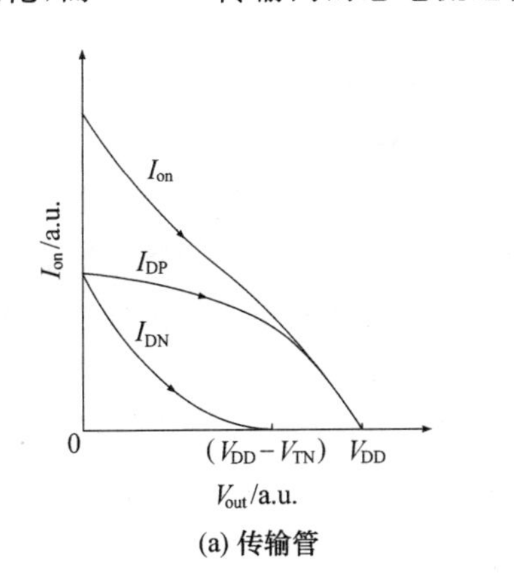

(a) 传输管

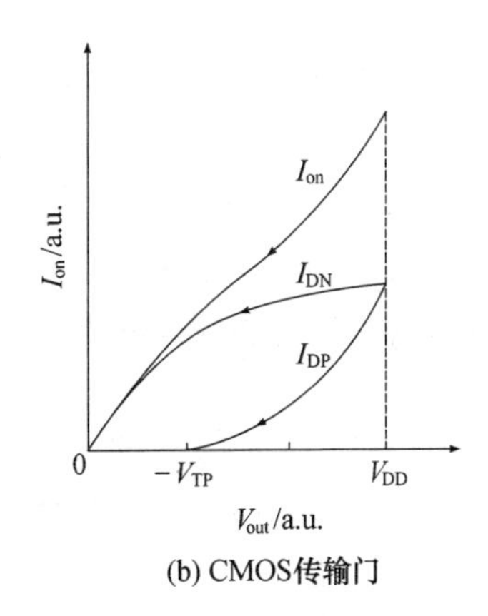

(b) CMOS传输门

图 4.4-4　NMOS 传输管、PMOS 传输管以及 CMOS 传输门导通电流的变化

传输门传输高电平或低电平的延迟时间可近似用下式计算

$$t_p = R_{on} C_L \tag{4.4-2}$$

其中R_{on}是传输门的等效导通电阻，C_L是负载电容。在负载电容不是很大的情况下，传输门电路的延迟时间还必须加上控制信号驱动传输门中 NMOS 管和 PMOS 管输入电容的时间。

CMOS 传输门的导通电阻是 NMOS 管和 PMOS 管导通电阻并联的结果,即

$$R_{on}=(1/R_N+1/R_P)^{-1} \tag{4.4-3}$$

其中,R_N 和 R_P 分别是 NMOS 管和 PMOS 管的导通电阻,它们是随着 MOS 管的工作状态变化而变化的。图 4.4-5 给出了 CMOS 传输门导通电阻 R_{on} 以及 R_N 和 R_P 的变化,可以看出 CMOS 传输门的导通电阻的变化接近线性。如果 NMOS 管和 PMOS 管参数对称,即 $V_{TN}=|V_{TP}|=V_T$,$K_N=K_P=K$,则在 $V_{TN}<V_{in}-V_{out}<V_{DD}+V_{TP}$ 的双管导通区,CMOS 传输门的导通电阻近似恒定为

$$R_{on}=\frac{1}{2K(V_{DD}-2V_T)} \tag{4.4-4}$$

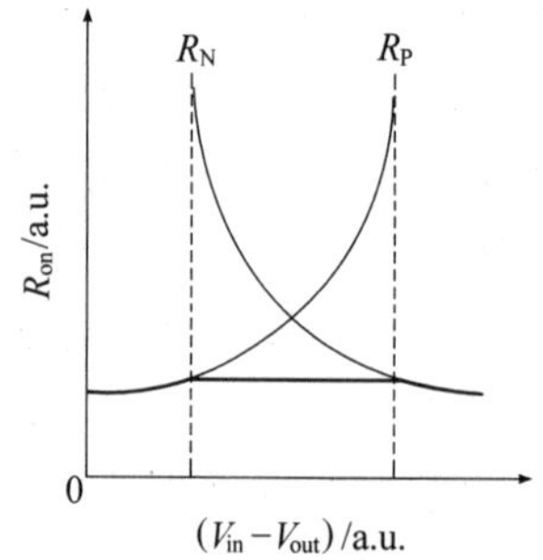

R_N R_P R_{on}/a.u. 0 $(V_{in}-V_{out})$/a.u.

图 4.4-5 CMOS 传输门导通电阻 R_{on} 的变化

从以上分析看出,NMOS 管传输低电平性能好,但传输高电平有阈值损失;而 PMOS 管传输高电平性能好,传输低电平有阈值损失。CMOS 传输门利用了 NMOS 管和 PMOS 管的互补性能获得了比单个传输管更优越的性能。CMOS 传输门的特性更接近理想开关。一个理想的开关,断开时电阻应无穷大,接通后电阻应趋于零。对于 CMOS 传输门,断开时 MOS 管有很大的截止态电阻;接通后有较小的近似线性的导通电阻。因此 CMOS 传输门又叫作模拟开关。

对于作为传输门应用的 MOS 晶体管,还有一个问题值得注意。由于传输门中 MOS 晶体管的源电位是变化的,而 MOS 晶体管的衬底电位是固定的,这就会产生衬底偏压,引起 MOS 晶体管阈值电压变化,从而影响传输门的性能。

2. 传输门的逻辑特点

传输门的特性为 CMOS 逻辑电路设计增加了灵活性。利用传输门的逻辑特性可以简化逻辑电路,有效减少所需的 MOS 晶体管数目,有利于减小面积。

下面仍以 NMOS 传输门为例说明传输门的逻辑特点。分析 CMOS 传输门的逻辑时只要分析其中 NMOS 管的功能即可。对于图 4.4-6(a)所示的 NMOS 传输门,如果栅极控制信号 C 是高电平,则传输门导通,把输入信号 A 传送到输出端 Y;当 C 是低电平时,传输门

关断，输出为高阻态 Z。因此若以 C 和 A 为输入变量，则输出信号 Y 与输入变量的逻辑关系可表示为

$$Y = CA + \overline{C}Z \tag{4.4-5}$$

当 2 个传输门串联时，如图 4.4-6(b)所示，只有当 C_1 和 C_2 都是高电平时，2 个传输门都导通，A 信号才能传送到输出端，否则输出高阻态 Z。因此输出信号 Y 与输入变量 C_1，C_2 和 A 的逻辑关系可以表示为

$$Y = C_1C_2A + \overline{C_1C_2}Z \tag{4.4-6}$$

如果 2 个传输门并联，如图 4.4-6(c)所示，当 C_1 为高电平时把 A 信号传送到输出端，当 C_2 为高电平时把 B 信号传送到输出端。当 C_1 和 C_2 都为高电平，输出端的电平状态取决于 A 和 B 的电平值，如果 A 和 B 同为高电平/低电平，则输出也为高电平/低电平；如果 A 和 B 为不同的电平，输出端相当于两个导通的 MOS 器件连接高低电平的中间节点，具体电平值取决于器件的宽长比，一般情况我们可以认为 $V_{DD}/2$，这个电平无法表示为具体的逻辑值，即输出状态不能确定，称为不定态，用 X 表示，不定态在电路中是一种不正常的状态，应该避免；当 C_1，C_2 均为低电平，输出端为高阻态。因此输出信号 Y 和输入信号 C_1，C_2 以及 A，B 的逻辑关系可以表示为

$$Y = C_1A + C_2B + C_1C_2X + \overline{C_1 + C_2}Z \tag{4.4-7}$$

从以上分析看出，如果能消除输出不定态和高阻态，用传输门串、并联就可以实现输入变量的某种“与-或”逻辑，即实现某种组合逻辑。不过，不同于静态 CMOS 逻辑门，传输门实现的是最终不带“非”的逻辑。另外，在设计传输门逻辑电路时，必须合理安排接到栅极的信号，避免输出不确定状态。易于看出，传输门实现与非门/或非门不如前面介绍的静态 CMOS 结构简捷有效。

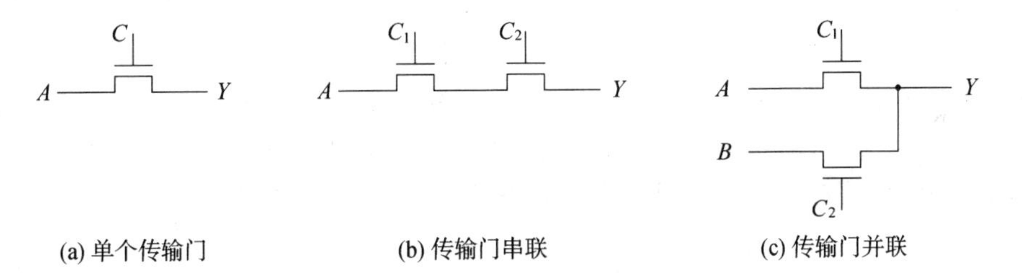

(a) 单个传输门　(b) 传输门串联　(c) 传输门并联

图 4.4-6 传输门的逻辑特点

4.4.2 用传输门实现与或逻辑

如果用常规 CMOS 逻辑门实现 2 个变量的或，即实现 $Y=A+B$，可以有两种实现方法：一是用两输入或非门加一个反相器；二是先把输入信号反相，再用一个两输入与非门。第一种方案需要 6 个 MOS 管，第二种方案需要 8 个 MOS 管。然而，如果用传输门实现，只要 3 个 MOS 管就可以了。若考虑到产生控制信号 $\overline{A}$ 的反相器，总共需要 5 个 MOS 管。图

4.4-7 给出了用传输门实现两输入或门的电路[7]。

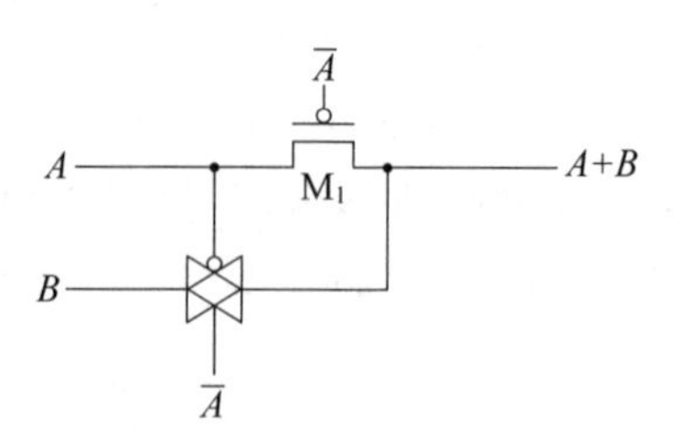

图 4.4-7　用传输门实现两输入或门的电路

当 A 和 B 都是低电平时，传输管 M_1 截止，CMOS 传输门(TG)导通，把 B 信号传送到输出端，使输出也是低电平；若 A 是高电平，B 是低电平，则 M_1 导通，TG 截止，因此 M_1 把 A 信号传送到输出端，使输出为高电平；若 A 是低电平，B 是高电平，则 M_1 截止，TG 导通，把 B 信号传送到输出端，使输出为高电平；若 A 和 B 都是高电平，与第 2 种情况类似，只有 M_1 导通，传送 A 信号，输出仍为高电平。因此，这个电路实现了($A+B$)的功能。从上面分析还可以看出，传送高电平是通过 PMOS 传输管 M_1 或 CMOS 传输门 TG，因此输出高电平没有阈值损失；而传送低电平是通过 CMOS 传输门，因此输出低电平也没有阈值损失。

4.4.3　传输门实现异或/同或和多路器逻辑

传输门结构灵活，用传输门实现“异或”以及“异或非”功能比较方便。如果不考虑产生反码信号的反相器，只要 2 个 MOS 管就可以。图 4.4-8 给出了用 2 个 NMOS 传输管实现 $Y=A\overline{B}+\overline{A}B$ 功能的电路。当 A 是高电平时，M_1 导通，传送 $\overline{B}$；当 A 是低电平时，M_2 导通，传送 B。无论 A 是高电平或低电平，M_1 和 M_2 中必然有一个导通，而且只有一个导通，因此输出不会有不确定状态。不过，这样的电路性能不好。为了避免输出高电平的阈值损失，应该用 CMOS 传输门代替单个 NMOS 传输管。图 4.4-9 给出了用 CMOS 传输门实现二输入“异或”以及“异或非”的电路。电路的工作原理与图 4.4-8 电路类似。

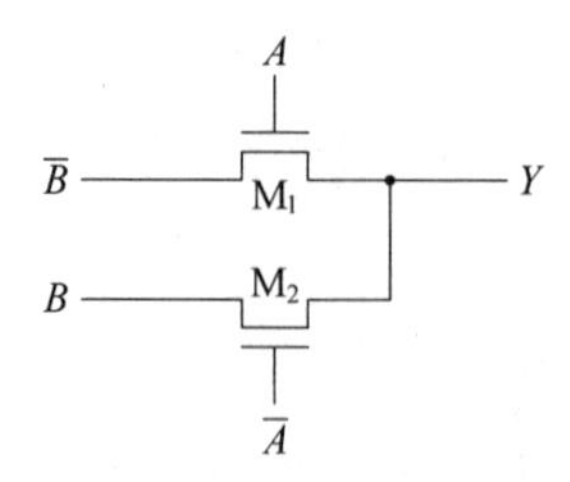

图 4.4-8　用 NMOS 传输管实现“异或”电路

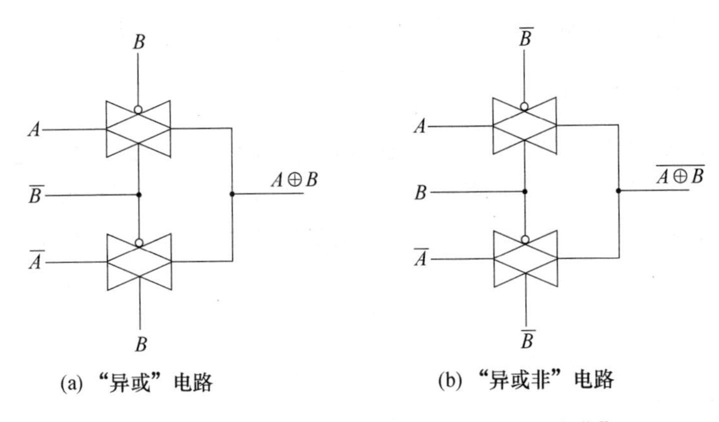

图 4.4-9　用 CMOS 传输门实现“异或”“异或非”

还有一种利用 CMOS 传输门和反相器实现异或功能的电路，不需要反码信号，总共只需要 6 个 MOS 管，比用常规静态 CMOS 逻辑门实现的异或电路(见图 4.2-15)减少了 4 个 MOS 管。如图 4.4-10 所示，当 A 是高电平时，CMOS 传输门截止，第二级反相器正常工作，把 B 信号反相输出，即实现 $Y=A\,\overline{B}$；当 A 是低电平时，CMOS 传输门导通，第二级反相器不能工作，B 信号经传输门直接传送到输出端，即实现 $Y=\overline{A}B$。由于 CMOS 传输门和第二级反相器不会同时起作用，也不会都不起作用，它们的输出可以直接并联在一起实现“或”逻辑，保证输出不会出现不确定状态。因此上述电路实现了 $Y=A\,\overline{B}+\overline{A}B$ 的功能。

利用传输管或者 CMOS 传输门实现异或电路的形式是非常灵活的，还有很多其他形式，这里就不一一列举了。

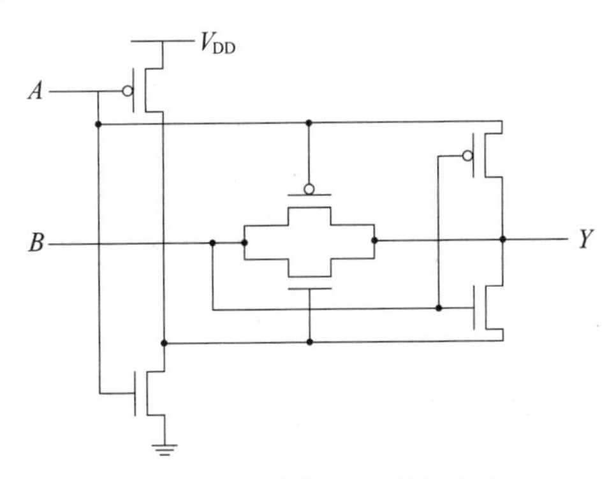

图 4.4-10　用传输门实现异或电路

从以上讨论看出，用传输门实现组合逻辑电路形式非常灵活，而且比常规静态 CMOS 逻辑门简单，减少了需要的 MOS 管数目，这将有利于提高集成密度，降低功耗。但是传输门电路的性能不如常规静态 CMOS 逻辑门，有些传输门电路达不到最大逻辑摆幅，这样的信号如果用来驱动静态 CMOS 逻辑门，会引起直流导通电流，增加电路的静态功耗。传输门电路的输入噪声容限小,而且,输入信号经过传输门再驱动负载电容,其驱动能力要下降。

4.4.4 CPL 和 DPL 电路*

前面介绍的静态 CMOS 结构,利用 NMOS 器件串的与、并、或,PMOS 器件串的或、并、与规则实现各种逻辑功能。这种实现逻辑电路的规则,可以称作逻辑形式,静态 CMOS 就是一种逻辑形式,由于其上拉逻辑网络和下拉逻辑网络的对偶特点,也被称为互补 CMOS 逻辑。

互补传输管逻辑(complementary pass-transistor logic, CPL)[8,9] 和双传输管逻辑(double pass-transistor logic, DPL)[10] 电路是两种基于传输门的逻辑形式。

CPL 电路只用 NMOS 传输管构成的阵列,采用互补输入信号,得到一对互补的输出信号。这种同时产生正、反码输出的电路形式又叫差分 CMOS 逻辑或双轨逻辑。为了克服 NMOS 传输管传输高电平有阈值损失的缺点,CPL 电路的输出要经过静态 CMOS 反相器做缓冲。

图 4.4-11 画出了 CPL 电路中常用的一些基本逻辑门,为了简单起见,没有画出输出反相器。由于在 CPL 电路中输出加反相器是为了改善电路性能,并不是绝对必要的,当用这些基本逻辑门组成复杂电路时,可以去掉中间级的反相器,只保留最终输出的反相器,这样可以减少关键路径的门级数,提高速度。

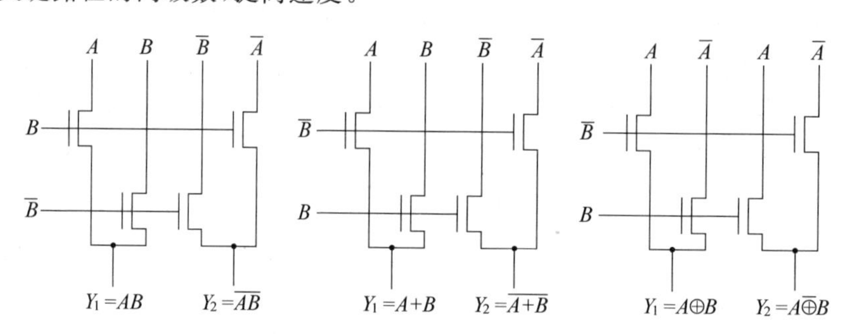

图 4.4-11 基于 CPL 电路的一些基本逻辑门

从图 4.4-11 可以看出,CPL 电路最有吸引力的优点是它具有非常简单而规则的电路形式,同时具有很强的逻辑组合能力,实现不同的逻辑功能只要改变输入信号的接法,而不必改变基本的电路结构。对于二输入逻辑门,只用 4 个 MOS 管就可以实现一对互补的逻辑功能。由于 CPL 电路是用传输管阵列组成的,所以在电路设计时也必须使接到管子栅极的信号满足约束条件,以避免输出不定态。

CPL 电路虽然有很多优点,但是随着工艺发展,当电源电压降低后,噪声容限和速度退化问题必须引起重视。CPL 电路内部结点的高电平有阈值损失,随着器件尺寸缩小,工作电压下降,阈值电压也按比例缩小,工艺起伏造成的阈值电压的相对偏差加大,从而引起 CPL 电路中 CMOS 反相器的逻辑阈值与输入电平的失配,造成 CPL 电路性能退化。对这个问题在电路设计时必须加以考虑。

DPL 是在 CPL 电路基础上发展起来的一种改进型的差分 CMOS 逻辑系列，它更适合于在低电源电压的 VLSI 芯片中采用。

DPL 电路也是要求互补的输入信号，产生一对互补的输出信号。它保持了 CPL 电路灵活的逻辑能力和高速度的优点。图 4.4-12 是几种 DPL 基本逻辑门的结构。与 CPL 电路不同的是，DPL 电路用 NMOS 和 PMOS 两种传输管构成逻辑功能块，用 NMOS 传输管传输低电平，用 PMOS 传输管传输高电平，从而可以获得全电源电压的逻辑摆幅，克服了 CPL 电路只用 NMOS 传输管带来的问题。

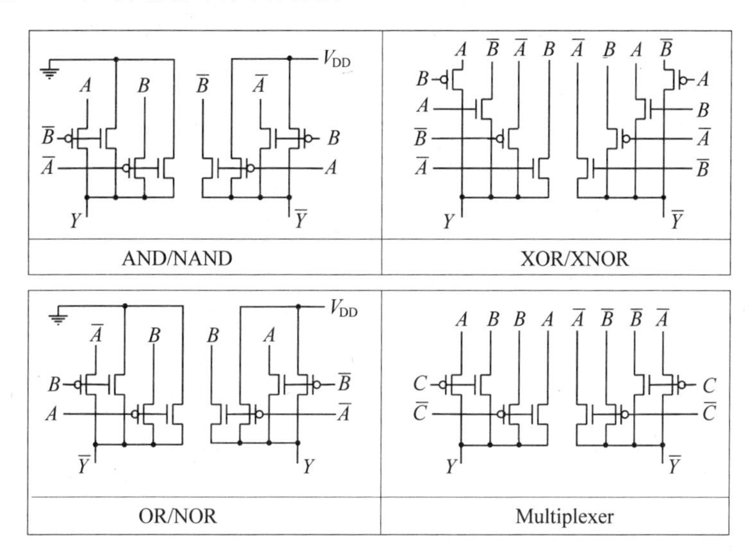

图 4.4-12　几种 DPL 基本逻辑门的结构

CMOS 传输门也是用 NMOS 和 PMOS 两种传输管构成。在 CMOS 传输门中 NMOS 传输管和 PMOS 传输管并联，共同作为一个传输门。DPL 电路和 CMOS 传输门不同，在 DPL 电路中 NMOS 传输管和 PMOS 传输管是互相独立工作的。DPL 电路的最大特点是：不论在什么输入状态下，电路中总是有两个传输通路同时起作用，因而增加了驱动电流，更有利于提高速度。

为了说明 DPL 电路与其他 CMOS 电路的差别及优越性，下面用异或电路做个比较。图 4.4-13 给出了 CPL 电路，CMOS 传输门以及 DPL 电路实现异或电路的结构及操作的真值表。这 3 种电路都是根据传输门逻辑特点构成的。在 CPL 和 CMOS 传输门电路中，两个传输通路分别由 A 和 $\overline{A}$ 控制，在 A 是高电平时传送 $\overline{B}$，在 A 是低电平($\overline{A}$ 是高电平)时传送 B，从而实现了 $A\overline{B}+\overline{A}B$。但是在 DPL 电路中两个 NMOS 传输管由 A 和 $\overline{A}$ 控制，分别传送 $\overline{B}$ 和 B，另外还有两个 PMOS 传输管由 $\overline{B}$ 和 B 控制，分别传送 A 和 $\overline{A}$。当输出是低电平时主要依靠 NMOS 传输管起作用，当输出是高电平时主要依靠 PMOS 传输管起作用。

因此 DPL 电路没有阈值损失的问题。无论输入信号 A 和 B 是什么状态,在 DPL 电路中总是有一个 NMOS 传输管和一个 PMOS 传输管同时导通,与 CMOS 传输门不同的是这两个传输管传送不同的信号,是两个传输通路。另外,与 CMOS 传输门相比,DPL 电路减小了输入电容,因为每个输入信号只接一个 MOS 管的栅极和一个源极,而在 CMOS 传输门中输入信号接两个 MOS 管的栅极。DPL 电路中输入电容非常对称,避免了延迟时间对数据的依赖。这些特点使 DPL 电路可以比 CPL 电路和 CMOS 传输门有更优越的性能。

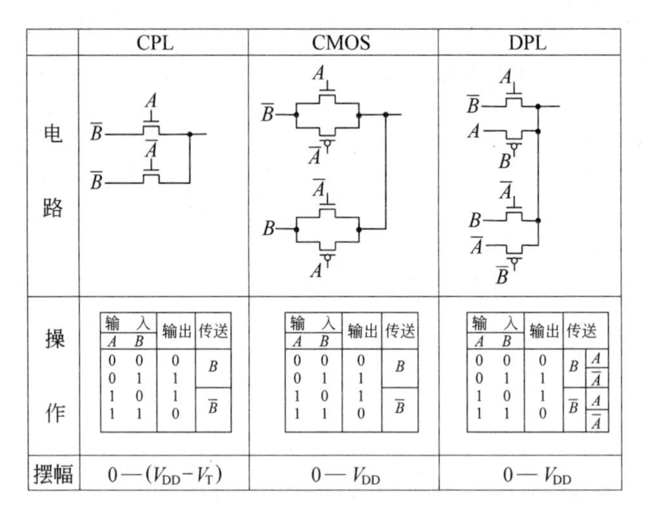

图 4.4-13 CPL,CMOS 传输门和 DPL 实现异或电路的结构及真值表

4.5 动态 CMOS 逻辑电路

4.5.1 动态逻辑电路的特点

静态逻辑电路中依靠稳定的输入信号使 MOS 晶体管保持在导通或截止状态,从而维持稳定的输出状态。只要不断电,输出信息就可以长久保持。之前我们介绍的静态 CMOS 结构和传输门结构都属于静态逻辑电路。

动态电路利用电容的存储效应来保存信息,因此即使输入信号不存在,输出状态也可以保持,但是信息不能长期保持,会由于泄漏电流的存在使存储的信息丢失。

在早期的 NMOS 集成电路中采用动态逻辑电路主要是为了降低功耗,因为动态电路中负载器件不再是常导通的,因此可以减少或消除静态功耗。另外动态电路可以是无比电路有利于减小面积,从而减小了负载电容,使电路的工作速度提高。在 NMOS 动态电路中,还常常利用电容自举技术来提高逻辑高电平。

CMOS 电路本身就是无比电路,静态功耗极低,在 CMOS 电路中采用动态电路主要是为了简化线路，减少器件，从而减小芯片面积。因为在动态 CMOS 逻辑电路中不要求 NMOS 管和 PMOS 管成对出现。另外 CMOS 动态逻辑电路有利于提高速度，这一方面是由于减小了输入电容，另一方面是由于动态逻辑电路采用“预充-求值”的工作方式，在预充期间使输出预先充电到高电平或者放电到低电平，从而避免了上升时间或下降时间对速度的影响。

尽管动态逻辑电路有很多优点，但是也存在很多问题影响电路的可靠性。最主要的是以下三方面问题：

(1) 各种泄漏电流会影响动态结点的信号保持。

(2) 动态逻辑电路工作时会出现“电荷分享”问题，也会造成信号丢失。

(3) 动态电路需要时钟信号控制电路的工作。对时钟信号的产生和时钟信号线的布线要精心设计，防止时钟信号偏移等因素影响电路正常工作。

这些问题需要在设计时引起注意。

4.5.2　预充-求值的动态 CMOS 电路

1. 预充-求值动态电路的构成

预充-求值动态 CMOS 逻辑电路可以说是在类 NMOS 电路的基础上发展起来的。因为它也是只用一个 NMOS(或 PMOS)逻辑网络执行逻辑功能，而把另一个逻辑网络用单个 PMOS 管(或 NMOS 管)代替[11]。预充-求值动态电路和类 NMOS 电路不同的是负载管不是常导通，而是受时钟信号控制，如图 4.5-1 所示的预充-求值动态电路中，PMOS 器件 M_P，就是预充管；为了避免在预充阶段，导通的预充管和下拉逻辑网络形成直流通路，在逻辑网络下面又增加一个受时钟信号控制的 NMOS 管，这个器件在求值阶段导通，也称作求值管。求值管的加入，增加了下拉逻辑网络放电路径的等效串联电阻，增加了求值时间。

图 4.5-1 是一个预充-求值工作方式的动态 CMOS 与非门。为了防止预充阶段形成直流通路，在 NMOS 逻辑网络下面增加一个受时钟控制的 NMOS 管。当 $\varphi=0$ 时电路处于预充阶段，M_P 导通对输出结点电容充电，由于 M_N 截止，下拉通路断开，使输出电平 V_{out} 达到高电平 V_{DD}。当 $\varphi=1$ 时，M_P 截止，上拉通路断开，由于 M_N 导通，使下拉通路可以根据输入信号求值。若 $A=B=1$ 则形成下拉的导通通路，使输出下降到低电平；否则 M_1 和 M_2 中至少有一个管子截止，输出保持预充的高电平。由以上分析看出，这个电路在 $\varphi=1$ 时实现了 $\overline{AB}$ 的功能。这种预充-求值的动态电路用一对受时钟信号控制的 NMOS 管和 PMOS 管使上拉通路和下拉通路不能同时导通，因此是一种无比电路。这个电路中是用 NMOS 逻辑网络实现逻辑功能的，NMOS 管占大多数，因此又叫作富 NMOS 电路。

类似地也可以构成富 PMOS 的动态 CMOS 电路，如图 4.5-2 所示。这个电路也是在 $\varphi=0$ 时预充。由于 $\varphi=0$ 时 $\overline{\varphi}=1$，使 M_N 导通，M_P 截止。M_N 对输出结点电容预放电，使输出下降到 0。当 $\varphi=1$ 时 $\overline{\varphi}=0$，M_P 导通，M_N 截止，PMOS 逻辑网络可以根据输入信号求值，得到需要的输出信号。

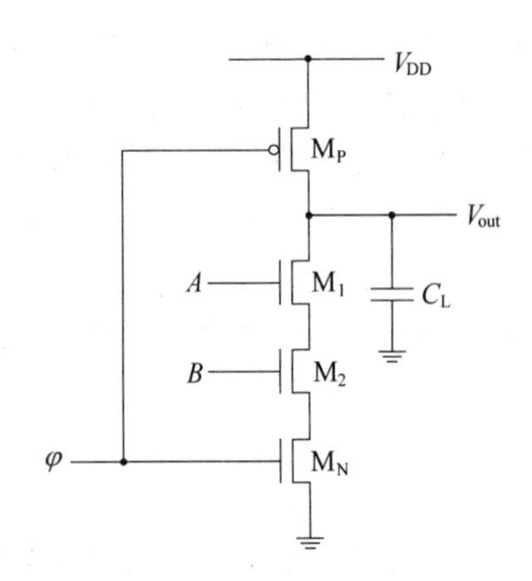

图 4.5-1 预充-求值的动态 CMOS 与非门

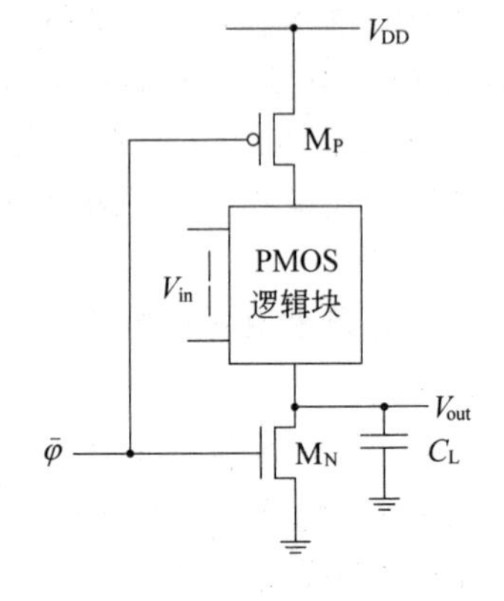

图 4.5-2 富 PMOS 的动态 CMOS 电路

对于富 NMOS 电路,下拉通路串联的管子数目增多,除了 NMOS 逻辑块中的串联管子,还增加一个受时钟信号控制的 NMOS 管,电路的下降时间即求值时间是主要的性能限制因素。对于富 PMOS 电路,上升时间将成为主要限制因素。

2. 预充-求值动态电路中的电荷分享问题

对于预充-求值的动态电路,若输入信号在求值阶段变化,可能会引起电荷分享问题,使输出信号受到破坏。下面以富 NMOS 电路为例说明电荷分享问题的影响。如图 4.5-3 所示的电路,若在求值期间 $A=1,B=0$,则输出为高电平 V_{DD}。如果 A 信号在 $\varphi=1$ 以后才从 0 变到 1,会由于电荷分享使输出高电平下降。

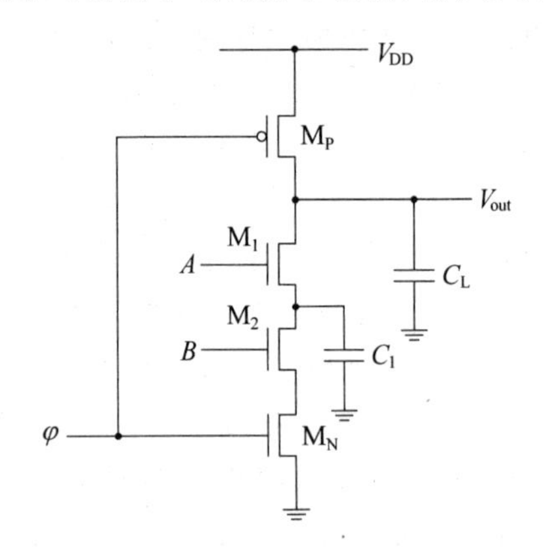

图 4.5-3 富 NMOS 动态电路中的电荷分享

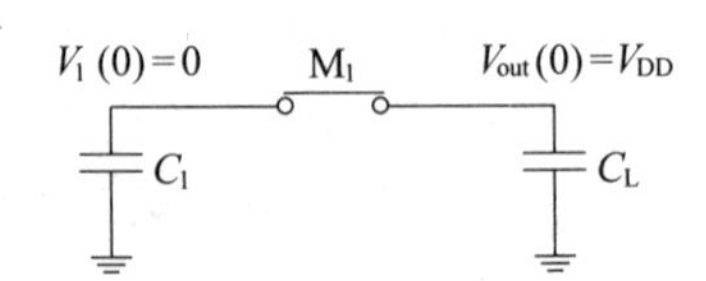

图 4.5-4 电荷分享的等效电路

当 $\varphi=0$ 时,电路处于预充阶段,M_P 导通对输出结点电容充电。此时 $A=B=0$,因此 M_1 和 M_2 都截止,中间结点电容 C_1 不能被充电,M_P 只对 C_L 充电,使 $V_{out}=V_{DD}$。当 $\varphi=1$ 时,电路处于求值阶段,M_P 截止。B 信号仍然为 0,M_2 截止,因此尽管 M_N 导通,下拉通路仍然断开，输出应保持为高电平 V_{DD}。但是在求值阶段 A 信号从 0 变到 1，使 M_1 导通，通过导通的 M_1 把 C_1 和 C_L 并联在一起，如图 4.5-4 所示。在预充阶段 C_L 被充电，$V_{out}=V_{DD}$，而 C_1 没被充电，$V_1=0$。当两个电容并联以后，将使 C_L 上存储的电荷向 C_1 转移，最终达到静电平衡，使 V_1 和 V_{out} 达到一个共同的平衡电平 V_f。由于在求值阶段 M_P 截止，不能对 C_L 再充电，原来 C_L 被预充的电荷现在要由 C_L 和 C_1 两个电容分享，根据电荷守恒定律有

$$C_L V_{DD} = (C_1 + C_L)V_f, \tag{4.5-1}$$

由此得到

$$V_f = \frac{C_L V_{DD}}{C_1 + C_L} = \frac{V_{DD}}{1 + C_1/C_L}。 \tag{4.5-2}$$

电荷分享的结果使输出高电平下降，即 $V_{out}=V_f<V_{DD}$。高电平下降的比例与两个电容的比值 C_1/C_L 有关，若 $C_1=C_L$，最终平衡时输出高电平下降为 $V_{DD}/2$。

式(4.5-2)计算的是达到稳定情况的最终平衡电平。当 M_1 把两个电容并联后，在电荷再分配过程中两个结点电位都是随时间变化的。图 4.5-5 画出了电荷分享过程中两个结点电平随时间的变化[4]。

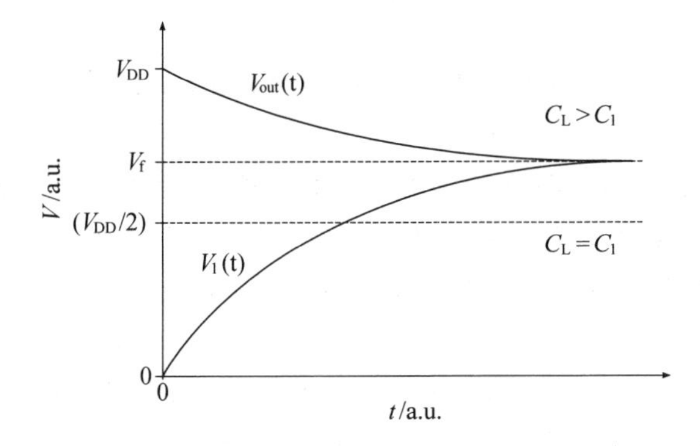

图 4.5-5　电荷分享过程中两个结点电平随时间的变化

如果 $C_1 \ll C_L$，在未达到平衡电平时，C_1 已被充电到$(V_{DD}-V_T)$，此时 M_1 截止，使电荷再分配过程终止。在这种情况下输出电平由下式决定

$$V_{out} = V_{DD} - \frac{C_1}{C_L}(V_{DD} - V_T) \tag{4.5-3}$$

3. 预充-求值动态电路的级联

当用多级动态逻辑门去实现复杂功能时，不能用富 NMOS 与富 NMOS(或富 PMOS 与富 PMOS)电路直接级联。对于富 NMOS 电路，输出结点预充的高电平可以使下一级电路中的 NMOS 管导通，可能引起误操作，破坏电路的正常输出。

图 4.5-6 画出了一个富 NMOS 的动态与非门电路和一个富 NMOS 的动态或非门电路级联的情况。在预充期间，两个电路下拉通路都断开，M_{P1} 和 M_{P2} 都导通，使结点电平 V_1 和

V_2 都预充到高电平 V_{DD}。在求值期间,若 $A=B=1,C=0$,应该使 $V_1=0,V_2=V_{DD}$。但是由于 V_1 从预充的高电平下降到低电平要通过 3 个串联的 NMOS 管放电,需要一定的时间。在 V_1 还没有下降到低于 V_{TN} 以前,M_3 仍然导通,M_3 和 M_{N2} 构成了下拉通路使 V_2 下降。当 V_1 下降到低电平使 M_3 截止后,V_2 停止下降。由于在求值期间,M_{P1} 和 M_{P2} 都截止,V_2 结点存储的电荷得不到补充,V_2 电平下降后不能再恢复到合格的高电平,影响了电路的正常输出。

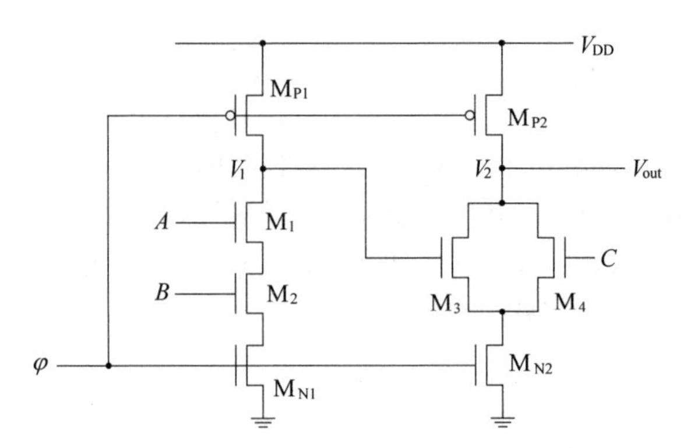

图 4.5-6　富 NMOS 动态电路直接级联

为了避免预充-求值动态电路在预充期间的不真实输出影响下一级电路的逻辑操作,富 NMOS 与富 NMOS(或者富 PMOS 与富 PMOS)电路不能直接级联,而是采取富 NMOS 与富 PMOS 交替级联的方式,或是用静态反相器隔离,即采用多米诺电路。

例题 4.5-1　已知 $V_{DD}=1.1\text{V}, V_{TN}=0.3\text{V}, V_{TP}=-0.3\text{V}, C_L=150\text{fF}, C_1=25\text{fF}, C_2=50\text{fF}$;动态三输入"与非"门经过预充电,进入求值阶段;如果求值阶段,只有最上面的晶体管 M_1 导通。则输出节点的最终电压为多少?如图 L4.5-1 所示(忽略 MOS 器件的泄漏电流)

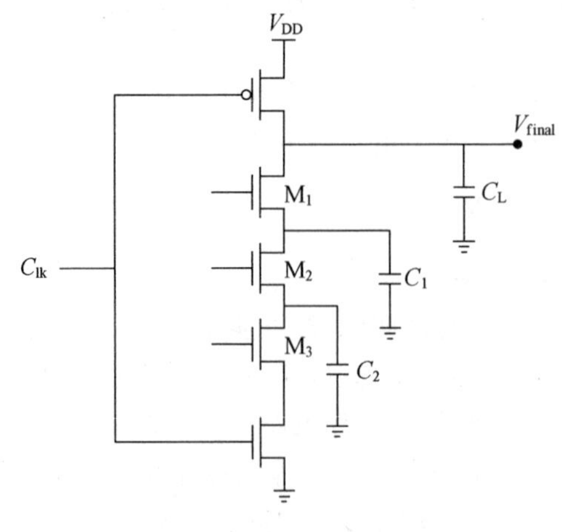

图 L4.5-1

解答：

$$Q_{\text{init}} = C_L V_{DD} = 150\text{fF} \times 1.1\text{V} = 165\text{fC}$$

$$Q_{\text{final}} = Q_{\text{init}} = C_L V_{\text{final}} + C_1 V_{\text{final}}$$

$$165\text{fC} = 150\text{fF} \times V_{\text{final}} + 25\text{fF} \times V_{\text{final}}$$

则

$$V_{\text{final}} = \frac{165\text{fC}}{175\text{fF}} = 0.94\text{V}$$

然而，当 M_1 的源极电压向 0.94V 攀升时，会在 $V_{G1}-V_{TN}=(1.1-0.3)\text{V}=0.8\text{V}$ 处停下。因此，$V_{\text{final}}=0.94\text{V}$ 是不正确的。当 $V_{S1}=0.8\text{V}$ 时，M_1 截止，此时的 $V_{D1}=V_{\text{final}}$，漏极的电荷相比 Q_{init} 减少的部分就是分享到 C_1 的部分。分享的电荷是

$$Q_1 = 0.8\text{V} \times 25\text{fF} = 20\text{fC}$$

则

$$V_{\text{final}} = V_{D1} = \frac{Q_{\text{final}}}{150\text{fF}} = \frac{165\text{fC} - 20\text{fC}}{150\text{fF}} = 0.97\text{V}$$

即求值阶段输出节点的最终电压为 0.97V。

如果求值过程中 M_1 和 M_2 均导通，感兴趣的读者可以重新计算一下经过电荷分享后的输出节点电平值。

4. 动态电路的速度

数字电路的速度就是完成逻辑运算所需的时间，即延迟时间。静态电路的延迟时间是从输入信号变化 50%到输出信号变化 50%所需的时间。而对于预充-求值动态电路来说，由于电路是在时钟的控制下，按照预充-求值的过程工作。动态电路的延迟时间从时钟信号变化开始计算，以富 NMOS 动态电路为例，动态电路的延迟时间一般定义为时钟信号上升变化 50%到输出端信号变化 50%的时间段，即求值时间。

如图 4.5-1 所示的富 NMOS 动态电路，当时钟上升沿到来时，M_P 截止，M_N 导通，电路进入求值阶段。若 NMOS 逻辑块形成导通通路，则使输出结点负载电容放电。忽略中间结点电容放电的影响，下降时间可以套用等效反相器的下降延迟时间的公式

$$t_f = \tau_f \frac{1}{(1-\alpha_N)^2} \tag{4.5-4}$$

其中

$$\tau_f = \frac{C_L}{K_{\text{eff}} V_{DD}}$$

K_{eff} 是 NMOS 逻辑块和求值管 M_N 构成的整个下拉通路的等效导电因子。动态电路的工作速度，即时钟信号的最高频率一般由电路的求值时间决定。

预充-求值动态电路工作过程中在时钟的高低电平期间交替进行求值和预充过程。对于富 NMOS 的动态电路，预充时间的计算可以利用静态反相器的上升延迟时间公式，如果

严格一些考虑,可以利用上升时间公式,即完成预充 90%所需的时间

$$t_r = \tau_r\left[\frac{\alpha_P - 0.1}{(1-\alpha_P)^2} + \frac{1}{2(1-\alpha_P)}\ln\frac{1.9-2\alpha_P}{0.1}\right] \tag{4.5-5}$$

其中

$$\tau_r = \frac{C_L}{K_P V_{DD}}$$

以富 NMOS 为例,电路的预充时间一般不会成为时钟周期的限制条件,因为同求值时间相比,预充时间是由单个 PMOS 器件对输出节点电容充电所需时间决定。此外,对于实现复杂逻辑的多级动态电路来说,各级动态电路的预充过程是同时进行的,即并行预充,通过后面多米诺电路的例子我们会看到,求值的过程逐级顺序进行,因此同求值时间相比,预充时间一般小很多。

富 NMOS 动态电路中,要使电路正常工作,时钟信号为高电平的时间必须大于电路的求值时间,时钟信号为低电平的时间必须大于电路的预充时间。若时钟信号的占空比为 1∶1,则半周期时间由预充、求值时间中较长的一个限制,一般是求值时间的半个周期限制,即

$$\frac{T_{min}}{2} = \max(t_r, t_f) \tag{4.5-6}$$

由此决定了时钟频率的上限,

$$f_{max} = \frac{1}{T_{min}} = \frac{1}{2\max(t_r, t_f)} \tag{4.5-7}$$

如果在求值时 NMOS 逻辑块中不存在导通的通路,输出应保持预充的高电平。由于电路中存在着各种泄漏电流,将使输出结点电容上存储的电荷泄漏。时间越长,电荷泄漏越多,高电平下降越显著。假设如果允许高电平最多下降 20%,由此限定了输出信号最长的保持时间

$$t_h = \frac{C_L \Delta V}{I_{leak}} \tag{4.5-8}$$

式中 $\Delta V = 0.2V_{DD}$,I_{leak}是电路中总的泄漏电流,假定泄漏电流是恒定的。信号的最长保持时间决定了时钟频率的下限,时钟信号的最低频率受存储电荷保持时间的限制。

$$f_{min} = \frac{1}{T_{max}} = \frac{1}{2t_h} \tag{4.5-9}$$

4.5.3 多米诺(Domino)CMOS 电路

1. *多米诺 CMOS 电路的结构特点*

多米诺 CMOS 电路由一级预充-求值的动态逻辑门加一级静态 CMOS 反相器构成。由于经过反相器输出,提高了输出驱动能力,另外也解决了富 NMOS 与富 NMOS 动态电路(或富 PMOS)不能直接级联的问题[12,13]。增加了一级反相器,使多米诺电路实现的是不带

“非”的逻辑。如图 4.5-7 所示的电路就是一个多米诺 CMOS 逻辑门，它是由一级动态与非门加一级反相器构成的，最终输出是 A，B 信号的“与”。

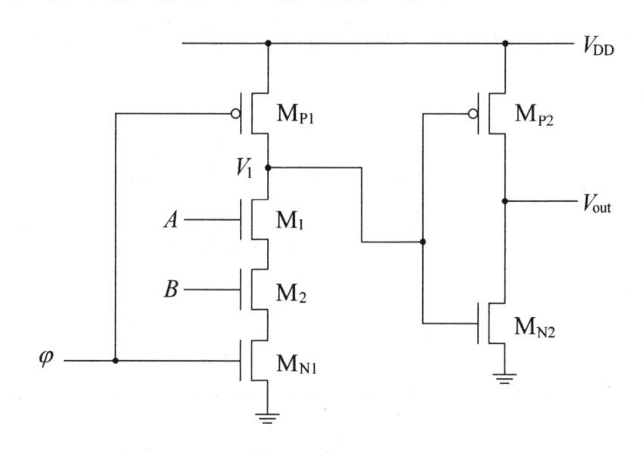

图 4.5-7　多米诺 CMOS 逻辑门

$\varphi=0$ 是预充阶段，使 V_1 为高电平，经反相器后，输出为低电平。当 $\varphi=1$ 时，若 $A=B=1$，则 M_1，M_2 和 M_{N1} 构成的下拉通路导通，使 V_1 放电到低电平，反相后输出为高电平。若两个输入信号不全是高电平，则 M_1 和 M_2 中至少有一个截止，下拉通路不能导通，因此 V_1 保持预充的高电平，输出则保持为低电平。

由于富 NMOS 的多米诺电路在预充期间的输出为低电平，它不会使下级 NMOS 管导通，因此富 NMOS 的多米诺电路直接级联不会影响下一级电路正常工作。同样，富 PMOS 的多米诺电路也可以直接级联。图 4.5-8 画出了富 NMOS 的多米诺电路级联情况。当 $\varphi=0$ 时，所有 PMOS 预充电管都导通，使每一级动态电路的输出结点都被充电到高电平，即

$$V_1=V_2=V_3=V_4=V_{DD}$$

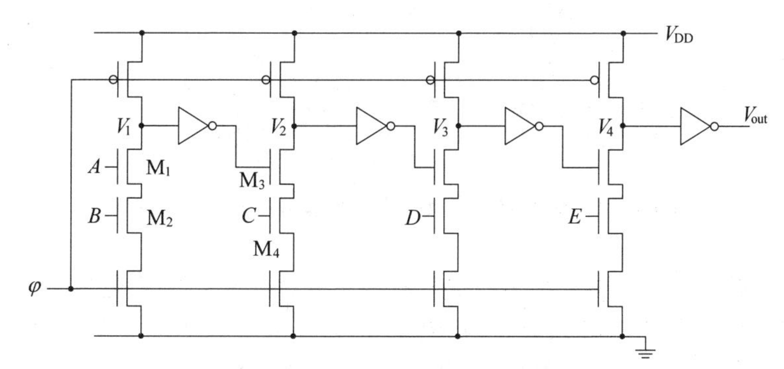

图 4.5-8　富 NMOS 的多米诺电路级联

当 $\varphi=1$ 时，多米诺电路根据输入信号求值。若输入信号是 $A=B=C=D=E=1$，第 1 级下拉通路导通，使 V_1 下降到 0；V_1 的低电平经反相器反相后使第 2 级的 M_3 导通，由于 $C=1$，

M_4 也导通,第 2 级下拉通路接通,使 V_2 下降到 0;V_2 的低电平反相后加到第 3 级的输入管,又使第 3 级下拉通路导通,引起 V_3 下降。如此一级级连锁反应,就像推倒多米诺骨牌一样,这也正是电路名称的由来。图 4.5-9 示意说明了富 NMOS 电路中的连锁放电效应,即级联求值过程。

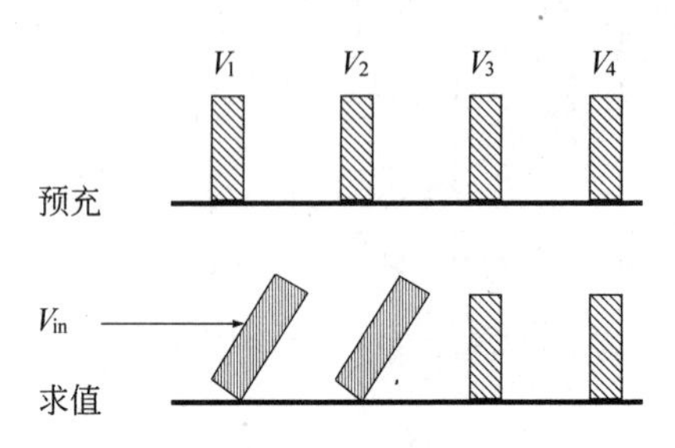

图 4.5-9　富 NMOS 多米诺电路中的级联求值示意

多米诺电路通过增加输出端的反相器解决了动态电路的级联问题,但是这个反相器的加入也增加了电路的延迟时间,相当于每一级动态电路都增加了一个反相器的延迟,影响电路性能。富 NMOS 可以直接同富 PMOS 级联,形成混合级联的形式,这种动态电路也称为 NP-CMOS。如图 4.5-10 所示,当富 NMOS 电路的输出送入富 PMOS 电路时(或者相反)不用加反相器。

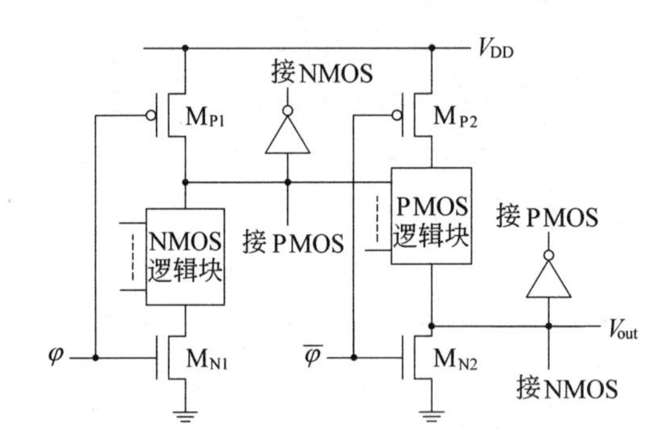

图 4.5-10　富 NMOS 和富 PMOS 混合级联的多米诺电路

为了克服电荷分享以及电荷泄漏引起的动态电路输出结点的高电平下降,可以在多米诺电路输出端增加一个 PMOS 反馈管,如图 4.5-11 所示[14]。当结点 V_1 应保持高电平时,多米诺电路输出为低电平,使反馈管 M_f 导通,对输出结点继续充电,防止泄漏电流引起 V_1 的高电平下降。由于 M_f 导电因子不能太大,对电容充电的速度非常缓慢,对电荷再分配引起的 V_1 下降的改善不是太显著。但是对提高电路的保持时间有明显作用,在较低的时钟频率下可以维持输出电平的稳定。如果在求值阶段,V_1 应该下降到低电平,由于 M_f 在 V_1 下降的初期仍然导通,为了不使动态电路的速度受到影响,一般要求

$$r=\frac{(W_{\mathrm{f}}/L_{\mathrm{f}})}{W_{\mathrm{N}}/mL_{\mathrm{N}}}<0.2 \tag{4.5-10}$$

其中 W_{f} 和 L_{f} 是反馈管的沟道宽度和长度，W_{N} 和 L_{N} 是 NMOS 管沟道宽度和长度，且假定动态电路中所有 NMOS 管都取同样尺寸，m 是 V_1 放电通路中总的串联管子的数目。

对于中间结点电容较大的情况，应增加对中间结点预充电的管子，即采用多个预充电管的多米诺电路结构，如图 4.5-12 所示[14]。多个充电管结构可以更有效地克服电荷分享带来的危害。实际多米诺 CMOS 电路中可以根据需要增加反馈管和预充管。

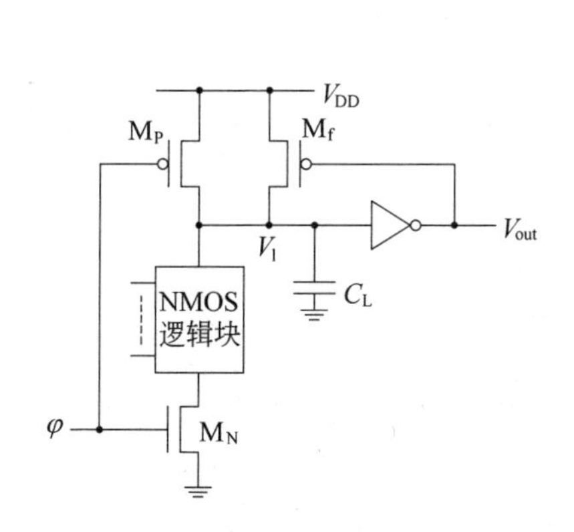

图 4.5-11　增加反馈管的多米诺电路

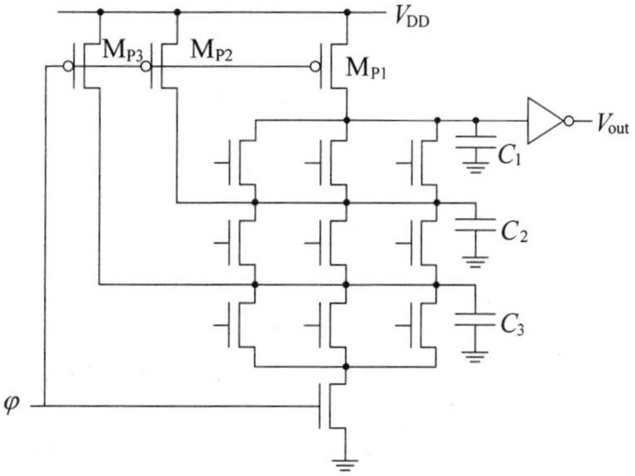

V_{DD}　$\mathrm{M_{P3}}$　$\mathrm{M_{P2}}$　$\mathrm{M_{P1}}$　V_{out}　C_1　C_2　C_3　φ

图 4.5-12　增加预充电管的多米诺电路

例题 4.5-2　采用某 100nm 工艺，$V_{\mathrm{DD}}=1.1\mathrm{V}$，$V_{\mathrm{TN}}=0.3\mathrm{V}$，$V_{\mathrm{TP}}=-0.3\mathrm{V}$，$K_{\mathrm{N}}'=\mu_{\mathrm{n}}C_{\mathrm{ox}}=450\mu\mathrm{A/V^2}$，$K_{\mathrm{P}}'=\mu_{\mathrm{p}}C_{\mathrm{ox}}=125\mu\mathrm{A/V^2}$，$C_{\mathrm{ox}}=1.8\mu\mathrm{F/cm^2}$。图 L4.5-2 中所示 Domino 电路，如果输出端 V_{out} 驱动 1fF 负载电容，所有器件的宽长比均为 1，请计算这个电路可以正常工作的最大时钟频率(忽略结电容)。

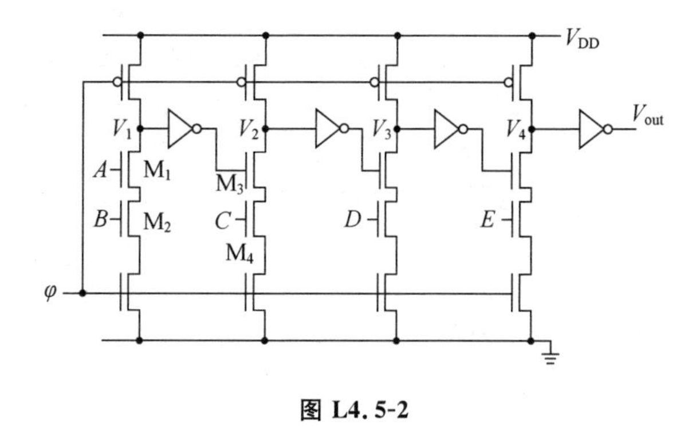

图 L4.5-2

解答：

动态电路可以工作的最大时钟频率取决于求值电路的关键路径长度。当 $\varphi=0$ 时进行预充,V_1,V_2,V_3,V_4 点均被预充至高电平。当 $\varphi=1$ 时进行求值,若此时 $A=B=C=D=E=1$,则路径最长,决定最大时钟频率。根据延迟时间计算公式

$$t_{pHL}=\tau_f\frac{1}{(1-\alpha_N)^2}=\frac{C_{inv}}{K_NV_{DD}}\cdot\frac{1}{(1-\alpha_N)^2}$$

$$t_{pLH}=\tau_r\frac{1}{(1-\alpha_P)^2}=\frac{C_{inv}}{K_PV_{DD}}\cdot\frac{1}{(1-\alpha_P)^2}$$

分别计算每一级延迟时间,其中 C_{inv} 是 CMOS 反相器的输入电容。

首先计算 V_1,V_2,V_3,V_4 结点的下降延迟时间。NMOS 的栅电容为

$$C_{GN}=W_N\cdot L\cdot C_{ox}=L\cdot L\cdot C_{ox}=0.18\text{fF}$$

反相器的栅电容为 2 倍的 NMOS 的栅电容,即 $C_{inv}=0.36\text{fF}$,3 个 NMOS 串联放电的负载电容为 CMOS 栅电容,同时 $K_{Neff}=\frac{1}{3}K_N$,则

$$t_{pHL1}=\frac{C_{inv}}{\frac{1}{3}K_NV_{DD}}\cdot\frac{1}{(1-\alpha_N)^2}=8.25\text{ps}$$

然后计算前 3 级反相器的上升延迟时间。反相器中 PMOS 对输出结点充电的负载电容为 NMOS 的栅电容,同时 $K_{Peff}=K_P$,则

$$t_{pLH1}=\frac{C_{GN}}{K_PV_{DD}}\frac{1}{(1-\alpha_P)^2}=4.95\text{ps}$$

最后计算最后一级反相器驱动负载电容的上升延迟时间。此时负载电容为 $C_L=1\text{fF}$,同样 $K_{Peff}=K_P$,则

$$t_{pLH2}=\frac{C_L}{K_PV_{DD}}\frac{1}{(1-\alpha_P)^2}=27.5\text{ps}$$

将每一级电路的延迟时间相加,得到关键路径上的延迟时间为

$$t_p=4t_{pHL1}+3t_{pLH1}+t_{pLH2}=75.35\text{ps}$$

最后,可以计算一下预充时间,利用等效反相器的上升时间公式来计算即可

$$t_r=\tau_r\left[\frac{\alpha_P-0.1}{(1-\alpha_P)^2}+\frac{1}{2(1-\alpha_P)}\ln\frac{1.9-2\alpha_P}{0.1}\right]$$

如前所述,同求值过程相比,动态电路的预充过程并行进行,单管 PMOS 预充,导电因子为 K_P,负载电容为每一级输出反相器的栅电容 $C_{inv}=0.36\text{fF}$,得到预充时间

$$t_{pre}=11.04\text{ps}$$

可以看出该电路的预充时间不是电路最小时钟周期的限制因素,所以这个电路可以正常工作的最大时钟频率为

$$f_{max}=\frac{1}{2t_p}=6.64\text{GHz}$$

2. 多输出多米诺电路

根据逻辑电路的组成规律,一个复杂的逻辑功能块可以看作由多个子逻辑块串、并联组

成。在多米诺CMOS电路中，不仅可以把动态电路中整个逻辑块的结果经反相器输出，还可以把其中子逻辑块的结果也经过反相器输出，这样就可以用一个电路得到多个不同功能的输出，这就是多输出多米诺CMOS电路[15,16]。多输出多米诺CMOS电路比常规多米诺电路有更高的芯片利用率和更高的速度。为了使每个子功能块的输出结点都按预充-求值的方式操作，对每个子功能块的输出结点都必须有充电的路径。图4.5-13是有两个输出的多米诺CMOS电路，因此用两个预充电管。整个NMOS逻辑块的功能 $F=f_1f_2$，利用这个电路同时还引出一个子逻辑块的功能 $F_1=f_1$。如果用两个电路实现 F_1 和 F 两种功能，则要重复构造 f_1 逻辑块，这将浪费芯片面积。

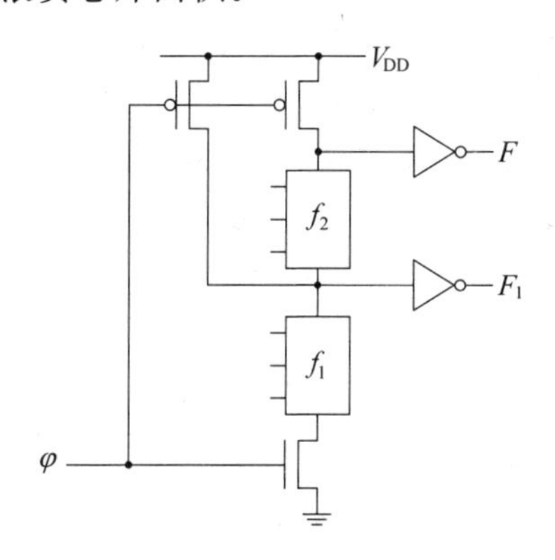

图4.5-13　多输出的多米诺电路结构

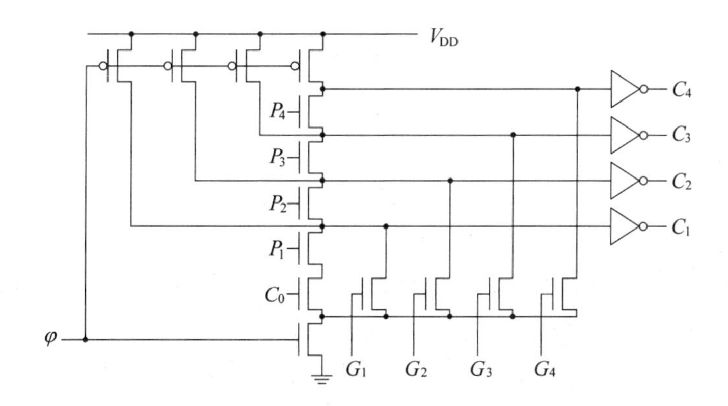

图4.5-14　实现4位进位链的多输出多米诺CMOS电路

构造多输出多米诺CMOS电路的主要指导思想是最大限度地利用电路中的NMOS逻辑网络。图4.5-14是一个实现4位进位链的多输出多米诺CMOS电路[17]。

采用多输出多米诺CMOS电路实现特定电路可以节省芯片面积。因为即使只实现 C_4 的功能，也需要这样的电路。若用单输出多米诺电路，则还要另外构成实现 C_1，C_2 和 C_3 的电路。另外,在实现复杂功能的单输出多米诺电路中,为了克服电荷分享问题,也需要增加对中间结点预充电的管子。现在用一个实现 C_4 的电路,同时产生了 C_1,C_2 和 C_3 的输出,提高了芯片效率。但是由于增加了对中间结点预充管以及中间节点的输出反相器,使得对于时钟到 C_4 端的关键路径的延迟时间增加。

4.5.4 时钟同步 CMOS(C^2MOS)电路*

时钟同步 CMOS 电路是在静态 CMOS 逻辑门的基础上,在上拉通路和下拉通路中各增加一个受时钟控制的 MOS 管,从而可以用时钟信号控制电路的工作时序。图 4.5-15 就是一个时钟同步的 CMOS 反相器。这种时钟 CMOS 电路和前面分析的动态电路工作原理不同,不是按照“预充-求值”的方式工作,而是“求值-保持”的工作方式。当时钟 $\varphi=1$ 时,M_{P1} 和 M_{N1} 都导通,反相器正常工作,使 $V_{out}=\overline{V}_{in}$,也就是说,电路根据输入信号求值。当时钟 $\varphi=0$ 时,M_{P1} 和 M_{N1} 都截止,电路依靠结点电容保持原来的信息,这就是电路的保持阶段。

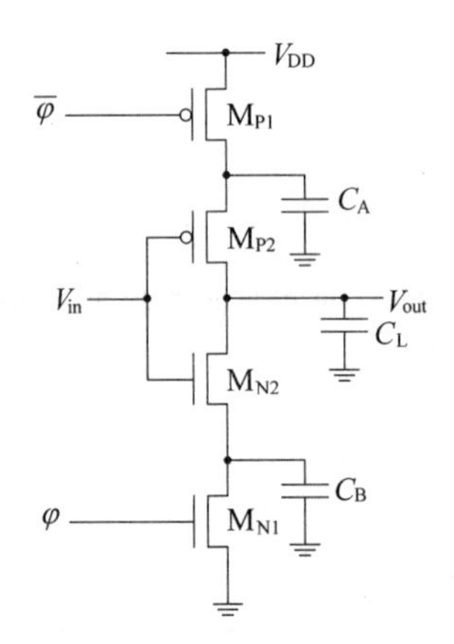

图 4.5-15 时钟同步的 CMOS 反相器

和其他动态电路一样,时钟 CMOS 电路也会出现电荷分享问题。若 $\varphi=1$ 时 $V_{in}=0$,则 $V_{out}=V_{DD}$,输出结点电容 C_L 被充电。由于 M_{N1} 导通,M_{N2} 截止,中间结点电容 C_B 被放电到 0。当 $\varphi=0$ 时,靠 C_L 上的存储电荷保持输出高电平。若 $\varphi=0$ 时 V_{in} 从 0 变到 V_{DD},则使 M_{N2} 导通,引起 C_L 和 C_B 之间电荷再分配,从而使输出高电平下降。类似地,C_L 和 C_A 之间电荷再分配会使输出低电平上升。为了避免电荷分享问题,时钟 CMOS 电路中要把被时钟控制的一对 MOS 管接到输出结点上,如图 4.5-16 所示。时钟同步电路也可以在静态逻辑门的输入端增加时钟控制的传输门,如图 4.5-17 所示。

对时钟 CMOS 电路,上拉通路和下拉通路都增加了一个串连的 MOS 管,因此电路性能将受到影响,在电路设计时必须考虑到这个问题。当时钟 CMOS 电路级联时,要使后级电路求值时前级电路处在保持阶段,从而避免信号竞争问题。

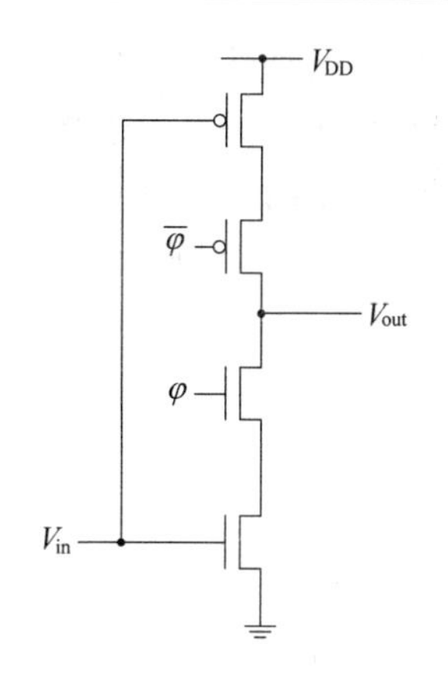

图 4.5-16　C²MOS 反相器电路

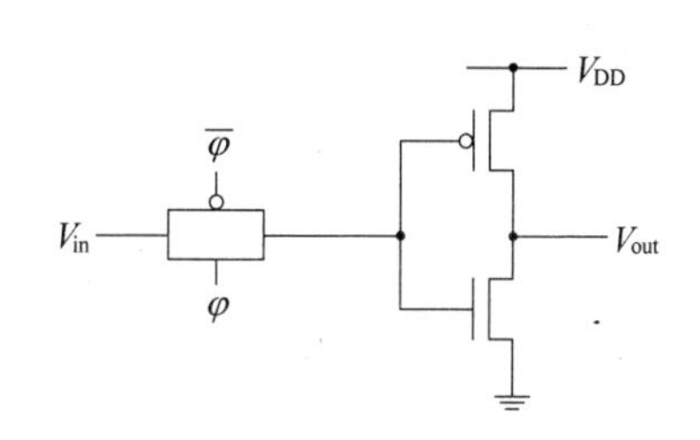

图 4.5-17　时钟 CMOS 电路的另一种形式

4.5.5　时钟信号的产生*

φ 和 $\overline{\varphi}$ 两相时钟偏移会引起信号竞争问题。由于时钟信号延迟引起各部分电路工作不同步，这个问题对时序电路设计是很重要的一个问题。对于小的局部电路模块，时钟信号线的 RC 延迟很小，影响不大。但是，对于整个芯片来说，时钟信号线的 RC 延迟将变得不可忽略，会严重影响整个数字系统的可靠工作。因此对时钟信号线布线要精心设计。由于时钟信号要用来控制芯片上各部分电路工作，因此时钟信号的扇出系数非常大。为了提高时钟信号的驱动能力，并避免由于负载不均匀引起到达各个电路的时钟信号延迟不一致，时钟信号必须经过多级反相器构成的缓冲器，而且采用树状结构的缓冲器使负载均匀分布。图 4.5-18 示意说明了一个时钟信号从信号源经过三叉树状缓冲器分布到各个电路。为了避免时钟布线路径不同引起的各个局部电路时钟信号不同步，时钟信号线常采用 H 形布线送到芯片各部分电路。

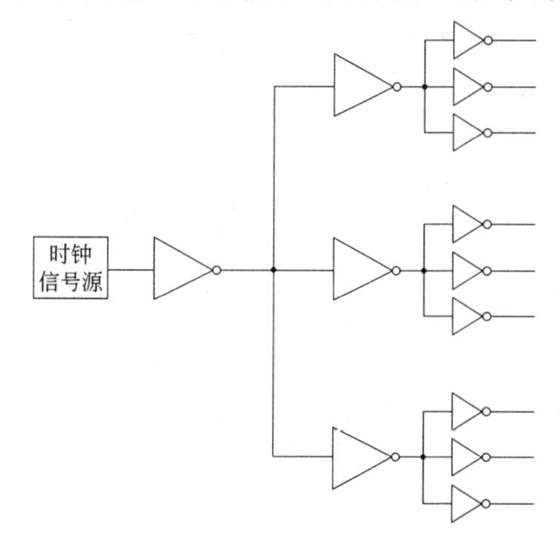

图 4.5-18　树状时钟缓冲器

时钟信号源可以是芯片内的时钟发生器电路产生的,也可以是从芯片外送入的时钟信号。简单的片内时钟发生器可以用环形振荡器电路实现,形振荡器的工作原理我们之前介绍了。如图 4.5-19 所示是一个基于形振荡器的时钟发生器示意图。但是这种电路产生的时钟信号频率会受到工艺的影响,不够稳定。如果对时钟信号要求很精确,应采用基于锁相环时钟生成系统。

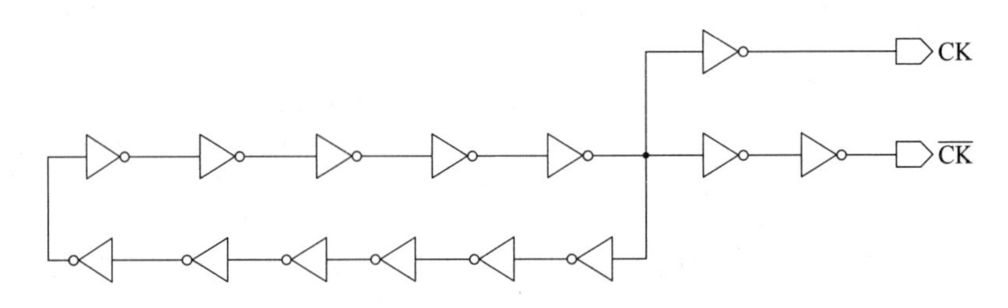

图 4.5-19　环形振荡器构成的时钟发生器

4.6　CMOS 逻辑电路的功耗

随着 CMOS VLSI 集成度不断提高,芯片的功耗和功耗密度问题变得越来越突出。功耗密度的增加将引起芯片温度升高,严重影响电路的可靠性。若芯片温度升高 10℃,将使器件寿命减小一半。另外,各种靠电池供电的便携式设备以及航空航天设备,都需要低功耗电路以便延长电池的使用时间。因此,降低功耗是 VLSI 发展的需要,低功耗设计已成为 VLSI 设计的一个重要研究方向。

4.6.1　CMOS 逻辑电路的功耗来源

CMOS 逻辑电路的功耗由三部分组成:动态功耗 P_{d}、开关过程中的短路功耗 P_{sc} 和静态功耗 P_{s}。

动态功耗是电路在开关过程中对输出结点的负载电容充、放电所消耗的功耗,因此也叫作开关功耗。对于 CMOS 逻辑电路,当输出结点出现从低电平向高电平的转换时,将从电源吸取能量。如图 4.6-1 所示[18],假设开关过程中没有附加的直流电流,则在输出从 0 到 V_{DD} 的开关过程中电源提供的能量为

$$E_{\mathrm{supply}} = \int_0^T V_{\mathrm{DD}} i_{\mathrm{supply}}(t)\,\mathrm{d}t \tag{4.6-1}$$

其中

$$i_{\mathrm{supply}}(t) = C_{\mathrm{L}} \frac{\mathrm{d}V_{\mathrm{out}}}{\mathrm{d}t} \tag{4.6-2}$$

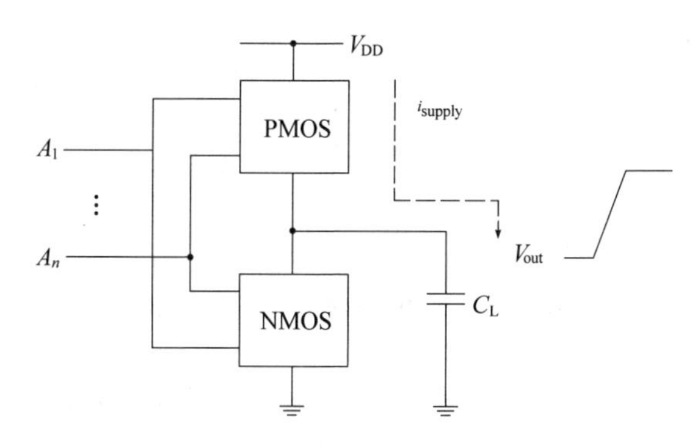

图 4.6-1　CMOS 逻辑电路开关过程中从电源吸取能量

把式(4.6-2)代入式(4.6-1)，有

$$E_{supply} = V_{DD}\int_0^{V_{DD}} C_L dV_{out} = C_L V_{DD}^2 \tag{4.6-3}$$

式(4.6-3)说明，对 CMOS 逻辑门只要输出结点出现一次 0 到 V_{DD} 的转换，就要消耗 $C_L V_{DD}^2$ 这么多的能量，这个能量的大小与逻辑门的功能以及输出波形的形状无关。这个能量一部分消耗在 PMOS 管构成的上拉网络中，还有一部分暂时存储在负载电容上，即

$$\begin{aligned} E_c &= \int_0^T V_{out} i_c(t) dt \\ &= \int_0^{V_{DD}} C_L V_{out} dV_{out} = \frac{1}{2} C_L V_{DD}^2 \end{aligned} \tag{4.6-4}$$

在输出结点的电位从高电平向低电平转换的开关过程中，存储在负载电容上的能量将消耗在 NMOS 管构成的下拉网络中。因此，在开关过程中电源提供的能量一半消耗在 PMOS 器件中，一半消耗在 NMOS 器件中。

如果一个周期内 CMOS 电路有一次开关活动，则电路的平均动态功耗是

$$P_d = \frac{E_{supply}}{T} = f C_L V_{DD}^2 \tag{4.6-5}$$

式中 f 是工作频率，C_L 是输出结点的集总负载电容，V_{DD} 是电源电压，也是 CMOS 电路的逻辑摆幅。

在有些情况下电路的逻辑摆幅不是 V_{DD}，如 NMOS 传输门。由于 NMOS 传输高电平有阈值损失，使其逻辑摆幅减小，因此开关过程中消耗的能量也相应减少。如图 4.6-2 所示的 NMOS 传输门，在输出从低电平向高电平转换的过程中，对负载电容充电所消耗的动态功耗应由下式决定

$$P_d = f C_L V_{DD}(V_{DD} - V_{TN}) \tag{4.6-6}$$

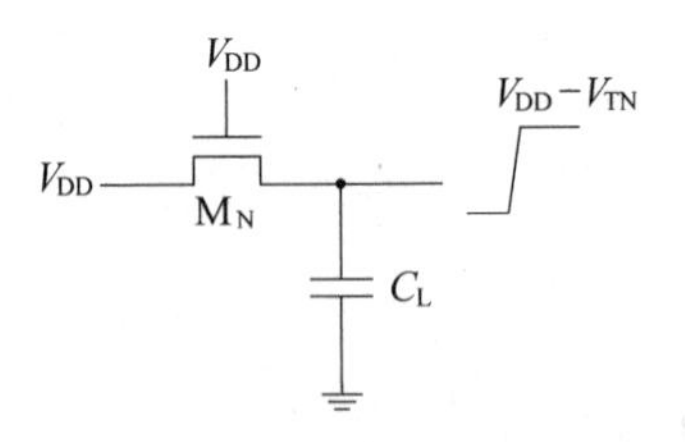

图 4.6-2 NMOS 传输门的开关功耗

在 VLSI 芯片中每个电路节点都存在电容,因此每个节点在逻辑电平转换过程中都消耗功耗。CMOS 逻辑电路总的开关功耗应由下式决定

$$P_d = \sum_{i=1}^{N} f a_i C_i V_i V_{DD} \tag{4.6-7}$$

其中 a_i 是电路第 i 个节点的开关活动因子,在大部分情况下开关活动因子小于 1;C_i 是第 i 个节点的负载电容;V_i 是第 i 个节点的逻辑摆幅。

以上计算的动态功耗只考虑了开关过程中对负载电容充、放电消耗的功耗。实际上,由于输入波形不满足阶跃输入条件,总是有一定的上升时间和下降时间。在输入信号上升或下降过程中,在 $V_{TN}<V_{in}<V_{DD}+V_{TP}$ 范围内将使 NMOS 管和 PMOS 管都导通,出现从电源到地的直接导通电流,引起开关过程中附加的短路功耗[19,20]。图 4.6-3 说明了开关过程中的短路功耗及短路电流的变化。可以用下式近似计算短路功耗

$$P_{sc} = I_{mean} \cdot V_{DD} \tag{4.6-8}$$

其中 I_{mean} 是平均短路电流。

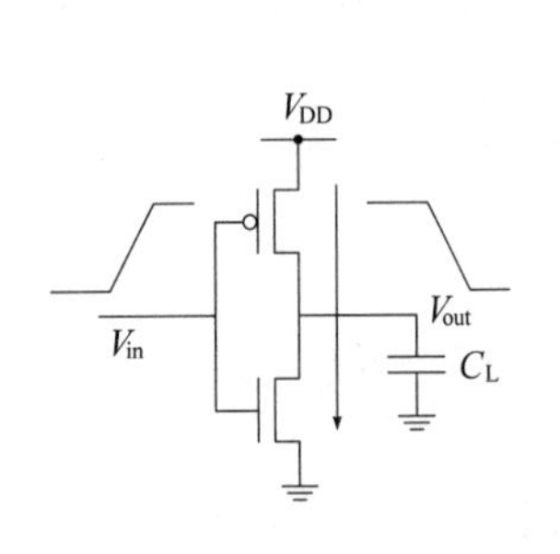

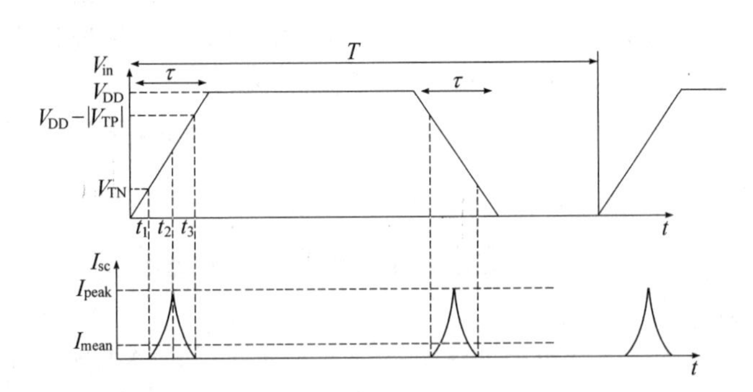

图 4.6-3 开关过程中的短路功耗及短路电流的变化

在对称设计情况下,$V_{TN}=-V_{TP}=V_T$,$K_N=K_P=K$,当 $V_{in}=V_{DD}/2$ 时电流达到峰值,由此可以计算出平均短路电流,

$$I_{mean} = 2 \cdot \frac{2}{T}\int_{t_1}^{t_2} I(t)\,dt$$

$$= \frac{4}{T}\int_{t_1}^{t_2} K[V_{in}(t) - V_T]^2 dt \tag{4.6-9}$$

假定输入波形的上升边和下降边是线性变化，即

$$V_{in}(t) = \frac{V_{DD}}{\tau}t \tag{4.6-10}$$

其中 τ 是输入信号的上升边和下降边所对应的时间。式(4.6-9)中的 t_1 和 t_2 分别由下式决定

$$t_1 = \frac{V_T}{V_{DD}} \cdot \tau \tag{4.6-11}$$

$$t_2 = \tau/2 \tag{4.6-12}$$

将式(4.6-10)，(4.6-11)和(4.6-12)代入式(4.6-9)积分后得到

$$I_{mean} = \frac{1}{6}\frac{K}{V_{DD}}(V_{DD} - 2V_T)^3 \frac{\tau}{T} \tag{4.6-13}$$

由此可以计算出短路功耗

$$P_{sc} = \frac{1}{6} fK(V_{DD} - 2V_T)^3 \tau \tag{4.6-14}$$

对于常规 CMOS 逻辑电路，在稳态时不存在直流导通电流，理想情况下静态功耗是零。但是由于各种泄漏电流的存在，使得实际 CMOS 电路的静态功耗不为零。由泄漏电流导致的静态功耗是

$$P_s = I_{leak} V_{DD} \tag{4.6-15}$$

对 CMOS 电路，泄漏电流主要是两部分：反偏 pn 结电流和 MOS 晶体管的亚阈值电流，即

$$I_{leak} = I_j + I_{ST} \tag{4.6-16}$$

其中

$$I_j = I_s(e^{V/V_t} - 1) \tag{4.6-17}$$

是流过 pn 结的电流，I_s 是 pn 结反向饱和电流，V 是加在 pn 结上的电压，V_t 是热电压。由于一般 CMOS 器件中各个 pn 结都处于反偏，流过 pn 结的电流基本等于反向饱和电流。

MOS 晶体管的亚阈值电流[21]可以表示为

$$I_{ST} = I_0 e^{(V_{GS}-V_T)/nV_t}(1 - e^{-V_{DS}/V_t}) \tag{4.6-18}$$

其中 I_0 是定义阈值电压的电流。$V_{GS}=0$ 所对应的亚阈值电流就构成电路的泄漏电流。

对于缩小到纳米尺度的 MOS 器件，还存在很多二级效应引起的附加泄漏电流，如薄栅氧化层的隧穿电流 I_G，DIBL 效应引起的源、漏穿通电流 I_{pt}，热电子效应引起的衬底电流 I_B 以及栅-漏覆盖区的薄氧化层隧穿电流 I_{GIDL} 等，这些泄漏电流都将增加电路的静态功耗[22]。图 4.6-4 示意说明深亚微米及纳米 MOS 器件中存在的各种泄漏电流。

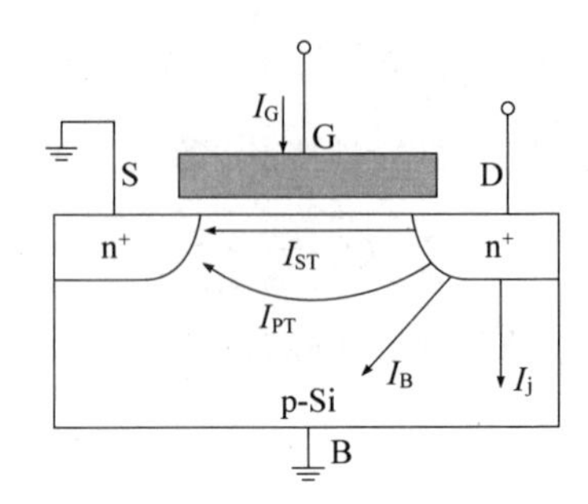

图 4.6-4　小尺寸 MOS 器件中存在的各种泄漏电流

4.6.2　影响功耗的主要因素

1. 影响动态功耗的主要因素

从式(4.6-7)看出，减小动态功耗的最有效措施是降低电源电压，因为降低电源电压将使动态功耗平方率下降。但是，对于一定的工艺水平，MOS 晶体管的阈值电压一般有确定的值。如果阈值电压保持不变，降低电源电压将使 MOS 晶体管导通电流下降，从而严重影响电路性能。因此，对电源电压的选择要有一个综合考虑。从提高电路速度考虑，希望在保证器件可靠性的前提下采用尽可能高的电压。然而，在很高电压下电路速度几乎与电源电压无关，这是因为在较高电压下强电场引起载流子漂移速度饱和，使驱动电流与电源电压成为线性关系。可以提出一个针对工艺的临界电压[23] V_c，

$$V_c = 1.1E_{sat}L_{eff} \tag{4.6-19}$$

E_{sat}是引起载流子速度饱和的临界电场强度。对低功耗设计，可以把 V_c 作为电源电压的上限。CMOS 电路电源电压的下限是 $V_{DDmin} \geqslant V_{TN} + |V_{TP}|$，电源电压低于这个下限，电路将不能进行开关转换。图 4.6-5 说明了 CMOS 反相器的直流电压传输特性与电源电压的关系[24]。从降低功耗考虑，针对一定工艺又希望采用尽可能低的电源电压。为了解决功耗和速度的矛盾，可以在一个 VLSI 芯片内采用多种电压，对影响速度的关键路径采用较高电压，对大部分非关键电路则采用较低的电压。

减小负载电容是降低动态功耗的重要途径。改进电路结构，减少所需 MOS 管数目，可以减小总的负载电容。例如常规静态 CMOS 电路需要互补的 NMOS 和 PMOS 逻辑块共同实现一定的逻辑功能，而 CPL 电路只用 NMOS 管构成，省去了 PMOS 逻辑块，从而使总的 MOS 管数目极大减少，使负载电容减小。另外，CPL 电路内部结点的逻辑摆幅小于 V_{DD}，因此，CPL 电路可以比常规 CMOS 电路的动态功耗低。

对于 VLSI 电路，减小各种寄生电容，特别是连线的寄生电容，对提高电路速度和降低功耗都是至关重要的。SOICMOS 由于增加埋氧化层把工作区和硅衬底隔开，从而极大减小了器件和互连线的寄生电容，不仅有利于提高电路的速度，也极大降低了电路的动态功

耗。另外薄膜全耗尽 SOI 器件可以获得接近理想的亚阈值斜率，而且减小了源、漏区 pn 结面积，从而减小了泄漏电流，也使电路的静态功耗极大减小。图 4.6-6 是在同样工艺水平下得到的 SOI 和体硅 CMOS 环形振荡器电路的功耗和延迟时间，可以看出在同样性能下 SOI CMOS 比体硅 CMOS 电路的功耗小 3 倍多[25]。

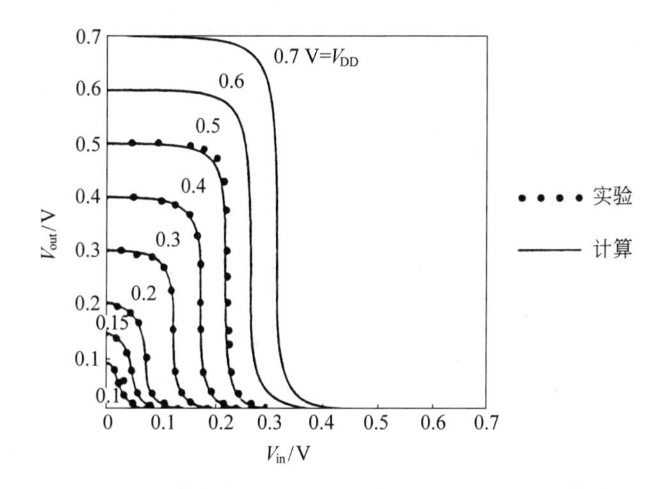

图 4.6-5 CMOS 反相器的直流电压传输特性与电源电压的关系

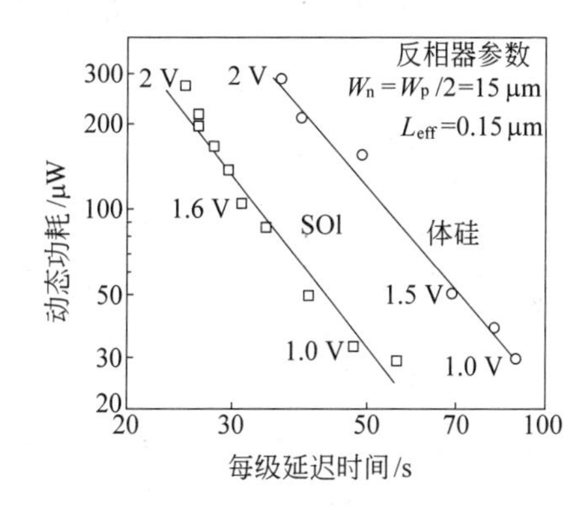

图 4.6-6 SOI 和体硅 CMOS 环形振荡器电路功耗和延迟时间的比较

另外，优化的布局布线可以缩短连线路径，减小连线的寄生电容。合理的晶体管的版图结构可以减小器件的寄生电容。因此，版图级的优化设计对降低功耗也是非常重要的。

在动态 CMOS 电路中，电荷分享问题将造成输出结点的高电平下降，这也将增加电路的开关功耗。对于图 4.6-7 所示的动态电路，如果求值期间 $B=0$，则输出应保持在高电平 V_{DD}，这样下一个周期中的预充阶段就无须再对负载电容充电。但是如果求值阶段出现 C_1 和 C_L 电荷分享，使输出结点的高电平下降 ΔV，则下一个周期的预充阶段，就需要再对 C_L

充电补充其损失的电荷,由此增加的功耗为

$$P'_{d} = \frac{1}{T}C_{L}V_{DD} \cdot \Delta V \tag{4.6-20}$$

其中 ΔV 是电荷分享引起输出高电平的下降,可以由下式计算

$$\Delta V = V_{DD} - \frac{C_1}{C_1 + C_L}V_{DD} \tag{4.6-21}$$

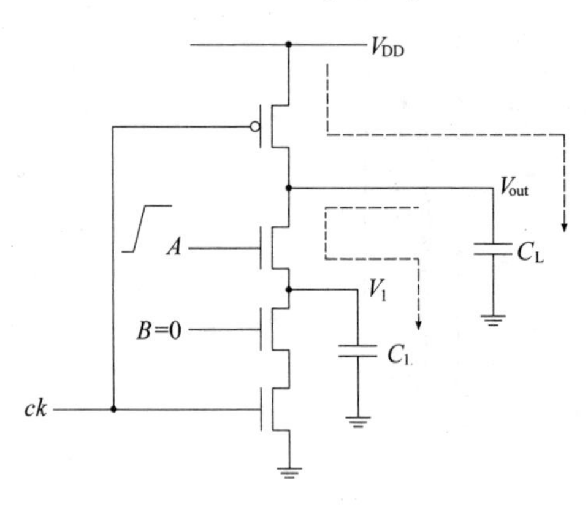

图 4.6-7 电荷分享引起动态 CMOS 电路开关功耗增加

把式(4.6-21)代入(4.6-20)得到由于电荷分享引起动态 CMOS 电路增加的开关功耗,

$$P'_{d} = \frac{1}{T}C_{L}V_{DD}^{2}\frac{C_1}{C_1 + C_L} \tag{4.6-22}$$

因此,对动态电路采取措施防止电荷分享也是降低功耗的一个努力方向。

从式(4.6-7)看出,电路的动态功耗还与电路结点的开关活动因子有关,因为只有当输出结点出现"0"到"1"的逻辑转换时才从电源吸取能量。电路结点的开关活动有静态成分和动态成分。静态成分主要决定于电路的拓扑结构以及输入信号的统计分布;动态成分与电路的时序行为有关。

对静态逻辑电路,静态开关活动决定于电路执行的逻辑功能。假定输入信号是独立均匀分布的,则一个 N 输入逻辑门在一个周期内输出从"0"到"1"转换的概率由下式决定

$$P_{0\text{-}1} = P_{0}P_{1} = P_{0}(1 - P_{0}) = \frac{N_{0}(2^{N} - N_{0})}{2^{2N}} \tag{4.6-23}$$

其中 P_0 是输出为逻辑"0"的概率,P_1 是输出为逻辑"1"的概率,N_0 是真值表中输出为"0"的数目。对于"与非门",真值表中输出为"0"的数目只有一个。对于"或非门"真值表中输出为"1"的数目也只有一个,因此有

$$P_{0\text{-}1} = \frac{(2^{N} - 1)[2^{N} - (2^{N} - 1)]}{2^{2N}} = \frac{(2^{N} - 1)}{2^{2N}} \tag{4.6-24}$$

显然,电路扇入越大(N 越大),开关活动因子越小。对于二输入"与非门"和"或非门",可以

算出 $P_{0-1}=3/16$。但是二输入"异或门"的开关活动因子是 1/4，要大于与非门和或非门。

动态逻辑电路的开关活动因子与静态电路不同。例如对富 NMOS 的动态逻辑电路，若求值期间输出通过 NMOS 网络放电，则下一个预充阶段输出就有"0"到"1"的转换，因此转换概率为

$$P_{0-1}=P_0=\frac{N_0}{2^N} \tag{4.6-25}$$

由此可以算出，2 输入动态或非门电路的开关活动因子是 3/4，而 2 输入动态与非门电路的开关活动因子是 1/4。

以上计算中认为每个输入都是独立的，为"0"和为"1"是均匀分布的。计算开关活动因子必须考虑到实际输入信号的统计分布以及输入信号之间的相关性。如果各个输入信号的开关活动概率不同，应把活动频繁的信号接到靠近输出结点的管子上，这样有助于减少中间结点电容的充放电，从而有助于降低电路总的动态功耗。

对电路结点的开关活动因子还应考虑其动态成分。开关活动的动态成分与电路的时序行为密切相关。输入信号之间的时序错位(skew)，信号的竞争和冒险等都可能使输出结点出现假转换(glitch transition)，从而使开关活动因子大于 1。例如一个 16 位行波进位加法器，若每一位的输入信号 $B_i=0$，而每一位的 A_i 信号和最低位进位信号 C_{in} 都从 0 变为 1，按照逻辑功能每一位的全加和输出都应是 0。但是由于高位的求和运算要等待低位产生的进位信号，从而使很多位都出现了从 0 到 1 又从 1 到 0 的多次转换，这将增加电路的动态功耗。图 4.6-8 是用 SPICE 软件仿真的 16 位加法器的输出结果[18]。可以看出，从第 3 位以后都出现了假转换，从而引起额外的开关功耗。出现假转换的数目与输入信号的组合有关，与内部状态分配、信号延迟关系以及逻辑深度有关。

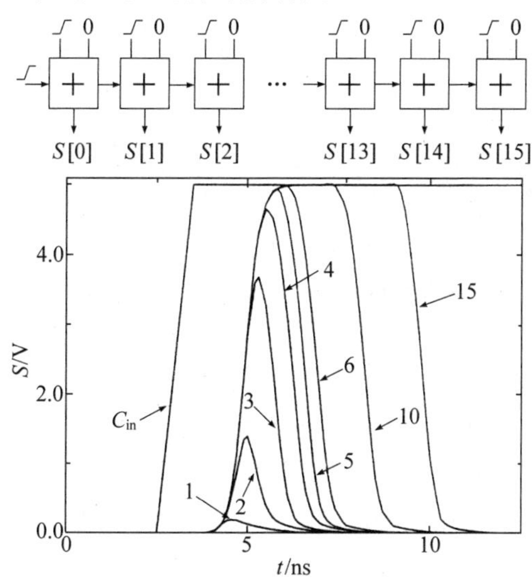

图 4.6-8　用 SPICE 软件仿真的 16 位加法器的输出结果

实际电路结点的开关活动是非常复杂的,因此很难计算每个结点的开关活动因子。但是从以上分析看出,选择合适的电路类型和逻辑结构,合理安排输入信号都将有助于降低电路的动态功耗。

高层次设计改进对降低动态功耗有重要的作用。采用优化的算法可以极大减少操作步骤,从而降低功耗。例如用 VQ(vector quantization)编码压缩图像数据,可以用全搜索、树形搜索或差分-树形搜索方法实现 VQ 编码。表 4.6-1 比较了三种不同算法完成每个输入矢量 VQ 编码所需要的运算量[18],由此说明算法级改进的重要性。

表 4.6-1　VQ 编码的不同算法所需运算量

算法	访问存储器次数	乘法次数	加法次数	减法次数
全搜索	4096	4096	3840	4096
树形搜索	256	256	240	264
差分-树形搜索	136	128	128	0

体系结构的优化设计对降低动态功耗同样有重要作用。采用并行结构和流水线结构可以在较低电源电压或较低的时钟频率下达到同样的电路性能,从而有效降低功耗。当然这样可能要牺牲一些面积。表 4.6-2 比较了不同结构数据通道的功耗和面积[26]。

表 4.6-2　不同结构数据通道的功耗比较

结构	电源电压(V)	归一化面积	归一化功耗
简单结构	5	1	1
并行结构	2.9	3.4	0.36
流水线结构	2.9	1.3	0.39
并行加流水线结构	2.0	3.7	0.2

2. 影响短路功耗的主要因素

开关过程中的短路功耗与输入信号的上升、下降时间密切相关,而且与输出波形的上升边和下降边也有关系。对于一个 CMOS 反相器,当输入信号从低电平向高电平转换时,输出将从高电平向低电平转换。如果反相器的负载电容很小,输出信号的下降时间比输入信号的上升时间还小,即输出很快达到低电平“0”,这将使得在输入信号上升过程中 PMOS 管的漏-源电压基本是 V_{DD},即 $|V_{DSP}|=V_{DD}$,从而使 PMOS 管有最大的导通电流,相应的输入信号变化过程中对应的短路电流也增大。反之,如果反相器的负载电容很大,在输入信号上升过程中输出电平还没能下降,则使 PMOS 管的漏-源电压基本是 0,因此使输入信号变化过程中对应的短路电流基本是 0。图 4.6-9 说明了一个 CMOS 反相器的短路电流与负载电容的关系,输入信号的上升时间固定为 5ns[19]。输出波形的上升、下降边远大于输入波形的上升、下降边可以基本消除短路功耗,但这将影响电路速度。另外,在级联的电路中,前一级的输出信号就是下一级的输入信号,这样又可能引起下一级电路的短路电流增大。因此,从

提高整个电路速度和减小总的短路电流考虑，希望每一级电路有近似相同的延迟时间，即希望输入波形和输出波形有基本相同的上升和下降时间。随着输入上升或下降时间的增加，短路功耗将增加。在输入信号和输出信号的上升/下降时间相等的条件下，短路功耗将小于动态功耗的 10%，这种情况下可以忽略开关过程中的短路功耗。

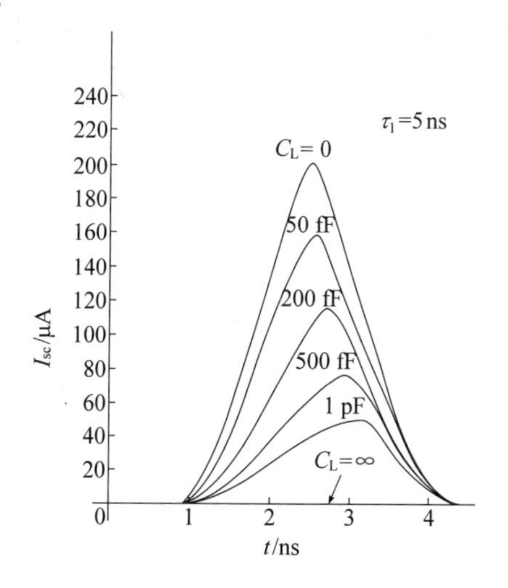

图 4.6-9　CMOS 反相器的短路电流与负载电容的关系

短路功耗还与电源电压和器件的阈值电压有关。如果电源电压 $V_{DD} \leqslant V_{TN} + |V_{TP}|$，可以使短路功耗基本消除。但是考虑到电路的性能，总是要保证 $V_{DD} > V_{TN} + |V_{TP}|$。从降低短路功耗考虑，应尽可能增大器件的阈值电压。图 4.6-10 给出了保证短路功耗小于动态功耗 10%所允许的阈值电压与电源电压的比例关系[27]。

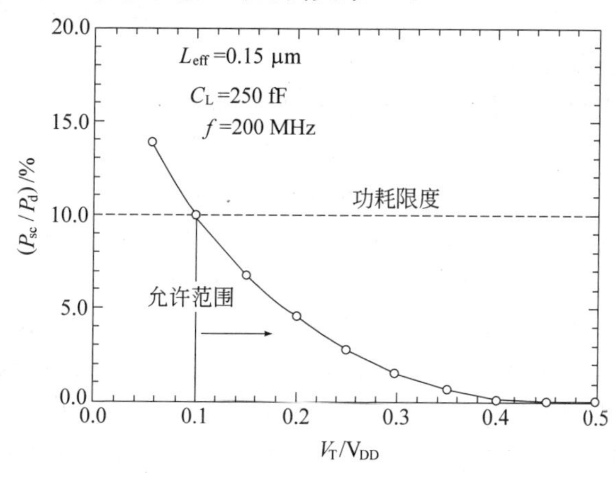

图 4.6-10　保证短路功耗小于动态功耗 10%所允许的阈值电压与电源电压的比例关系

3. 影响静态功耗的主要因素

对CMOS电路,静态功耗主要是由各种泄漏电流引起的,其中MOS晶体管的亚阈值电流有很大影响。对深亚微米MOS器件,为了防止高电场引起的各种二级效应,电源电压必须降低,当器件尺寸缩小到100nm以下电源电压将降到1V左右。为了保证电路性能不退化,器件的阈值电压也要随之减小。但是MOS晶体管的亚阈值斜率不能按比例缩小,这将使截止态MOS晶体管亚阈值电流随阈值电压的减小成指数增长。

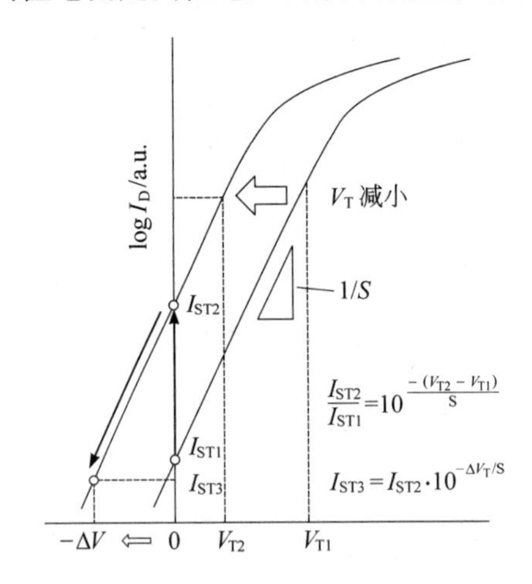

图 4.6-11 MOS晶体管亚阈值电流与阈值电压的关系

如图4.6-11所示,当MOS晶体管阈值电压从V_{T1}减小到V_{T2},将使截止态($V_{GS}=0$)的亚阈值电流变为

$$I_{ST2} = I_{ST1} \times 10^{(V_{T1}-V_{T2})/S} \tag{4.6-26}$$

其中I_{ST1}和I_{ST2}分别对应阈值电压为V_{T1}和V_{T2}的截止态亚阈值电流。如果亚阈值斜率S保持不变,则阈值电压减小将使亚阈值电流增大$10^{\Delta V_T/S}$倍,$\Delta V_T=V_{T1}-V_{T2}$。减小亚阈值电流是降低功耗的一个重要设计考虑。对纳米CMOS电路必须综合考虑速度和功耗因素,合理设计器件的阈值电压。从图4.6-11还可以看出,如果使截止态MOS晶体管有一个很小的反偏栅压,即对NMOS管有一个小的负栅-源电压($-\Delta V$),则可以使亚阈值电流从I_{ST2}减小到I_{ST3}。用一个开关控制的源极串联电阻可以实现负的栅偏压。

图4.6-12示意说明用可开关的源极电阻减小亚阈值电流的原理[28]。当NMOS管导通时,开关Ss接通,使串联电阻短路,保证电路正常工作。当NMOS管截止时,开关Ss断开,电阻Rs串联到管子的源和地之间。由于截止态的亚阈值电流流过Rs,在Rs上产生压降V_{SL}。电压V_{SL}有两个作用:一是使NMOS管的栅-源有一个反偏压$-V_{SL}$;二是给NMOS管加一个负的衬底偏压,使其阈值电压抬高。这两方面的作用使NMOS管的亚阈值电流减小为

$$I_{ST} = I_0 \times 10^{-[V_{SL}+V_{T0}+\gamma(\sqrt{2\varphi_F+V_{SL}}-\sqrt{2\varphi_F})]/S} \tag{4.6-27}$$

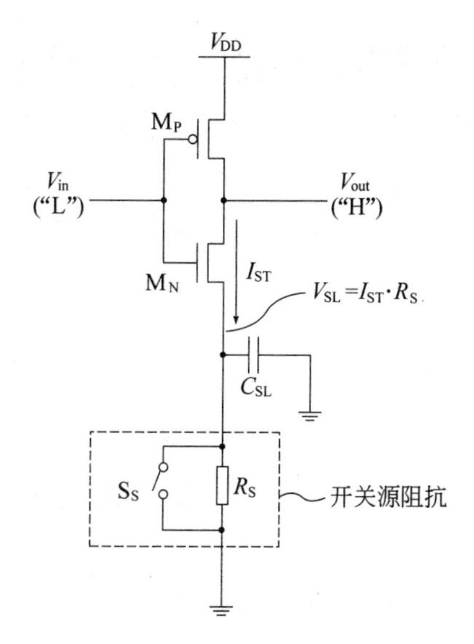

图 4.6-12　用可开关的源极电阻减小亚阈值电流

其中 I_0 是 $V_{GS}=V_{T0}$ 对应的电流，V_{T0} 是没有衬底偏压的阈值电压，γ 是体效应系数。电压 V_{SL} 的大小由流过 M_N 的亚阈值电流与流过电阻 R_s 的电流达到平衡来决定，即

$$I_{ST}=\frac{V_{SL}}{R_S} \tag{4.6-28}$$

联立求解方程(4.6-27)和(4.6-28)可以得到 V_{SL}。

实际应用时可开关的电阻 S_S 和 R_S 是用一个 MOS 管实现的，R_S 就是 MOS 管截止态的电阻。这种技术同样可以用来减小 PMOS 管截止态亚阈值电流，原理是类似的。

采用多阈值[29](MTMOS)和动态阈值[30,31](DTMOS)技术也是减小静态功耗的有效措施。对电路中影响速度的关键路径采用低阈值电压的 MOS 管，而对非关键路径的 MOS 管采用较高阈值电压，从而减小亚阈值电流。另外，通过改变 MOS 晶体管的衬底偏压可以实现动态阈值。当 MOS 晶体管工作时使其有较小的阈值电压，而当电路处于维持状态时增大 MOS 管的阈值电压，从而降低电路的静态功耗。图 4.6-13 说明采用动态阈值技术的作用，通过改变衬底偏压来改变器件的阈值电压，使导通电流有 1.8 倍提高而截止态电流降低了 4 个数量级[32]。

对 CMOS 电路，如果输入信号不是理想逻辑电平，也会引起电路直流导通电流，产生静态功耗。例如 NMOS 电路传输门的输出高电平送入一个 CMOS 反相器，不仅使反相器中的 NMOS 管导通，同时也会使 PMOS 管弱导通，从而产生电源到地的直流电流。一些非常规的 CMOS 电路，如类 NMOS 电路，也存在直流导通电流引起的静态功耗。

影响 CMOS 电路功耗的因素非常多，这里只是进行一些简单分析。要减小电路的功耗需要各个设计层级的努力，也需要工艺技术和其他方面的改进。一般情况下越高层级优化设计起的作用越大。表 4.6-3 说明了不同设计层级的优化对降低功耗的作用[33]。

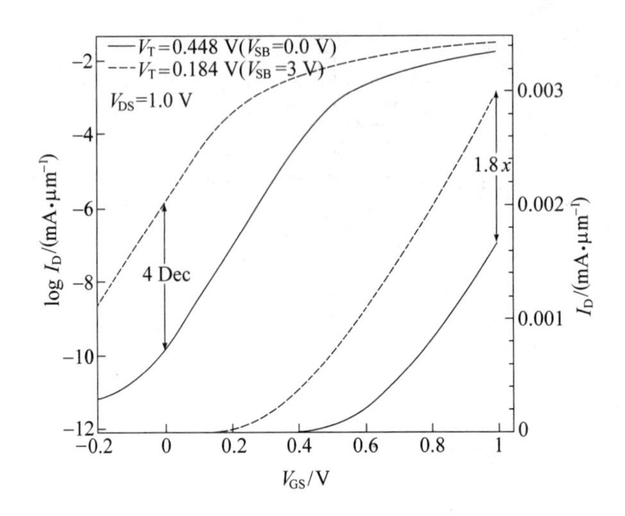

图 4.6-13　采用动态阈值技术的作用

表 4.6-3　不同设计层级进行功耗优化的作用

设计层级	改进方法	降低功耗的作用
算法级	选择优化算法	几个数量级
功能块级	并行结构	几倍
RTL 级	时钟控制优化	10%～90%
逻辑级	逻辑结构	10%～15%
	布尔函数分解	15%
	提取公因子	15%
晶体管级	晶体管尺寸调整	20%
版图级	布局布线	20%

4.7　BiCMOS 逻辑电路*

4.7.1　BiCMOS 反相器[4,34～37]

BiCMOS 逻辑门普遍采用 CMOS 逻辑功能块配上双极晶体管的输出驱动电路构成。图 4.7-1 是一个典型的 BiCMOS 反相器，其中 MOS 晶体管 M_p，M_N 是实现逻辑控制，双极晶体管 Q_1 和 Q_2 做推挽驱动输出，M_1 和 M_2 是下拉器件，控制 Q_1 和 Q_2 的基极放电。

它的工作原理是这样的：当 V_{in} 为低电平时，M_p 导通为 Q_1 提供基极电流，使 Q_1 导通，同时使 M_2 导通，对 Q_2 基极放电。因此 Q_1 导通、Q_2 截止。Q_1 对负载电容 C_L 充电，使输出上升为高电平。反之，若 V_{in} 为高电平，则使 M_N 和 M_1 导通，M_1 对 Q_1 基极放电使 Q_1 截止，

M_N 为 Q_2 提供基极电流使 Q_2 导通，负载电容 C_L 通过 Q_2 放电，使输出下降为低电平。由于 Q_1 和 Q_2 轮流导通，推挽式工作降低了功耗。另一方面，导通的 Q_1 或 Q_2 把 M_P 或 M_N 的电流放大 β 倍，从而极大地提高了电路的驱动能力。

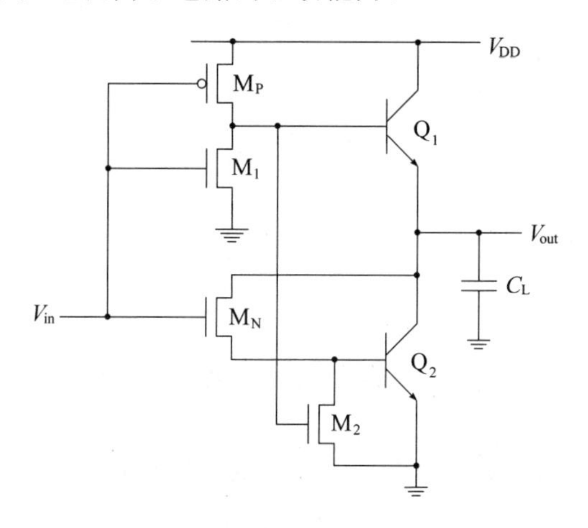

图 4.7-1　一个典型的 BiCMOS 反相器

不过，这种 BiCMOS 反相器还存在一个问题，它的逻辑摆幅不是 CMOS 的全电源电压摆幅。由于输出高电平时 Q_1 导通，

$$V_{OH} = V_{DD} - V_{BE1} \tag{4.7-1}$$

同理，输出低电平为

$$V_{OL} = V_{BE2} \tag{4.7-2}$$

V_{BE1} 和 V_{BE2} 分别是 Q_1 和 Q_2 发射结电压。

为了实现全摆幅的 BiCMOS 反相器，可以增加电阻元件，如图 4.7-2 所示，这个反相器在输出高电平达到 $V_{DD}-V_{BE1}$ 以后 Q_1 截止，然后靠 PMOS 管 M_1 和电阻 R_1 把输出高电平拉到 V_{DD}；在输出低电平时，靠 NMOS 管 M_2 和电阻 R_2 把输出低电平最终拉到 0。

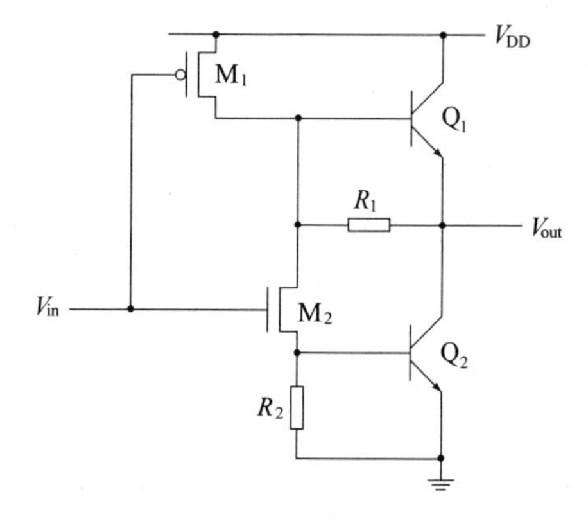

图 4.7-2　全摆幅的 BiCMOS 反相器

下面分析一下 BiCMOS 反相器的瞬态特性。由于 Q_1 和 Q_2 是轮流导通的,因此,上升时间只决定于 Q_1,下降时间决定于 Q_2。图 4.7-3 是输出上升过程的等效电路。上升过程可以分成两个阶段。

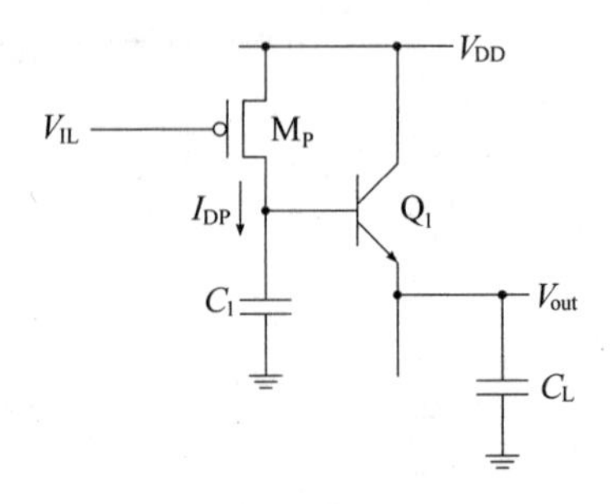

图 4.7-3　输出上升过程的等效电路

M_P 导通对 Q_1 基极充电,使 Q_1 达到导通。这段时间用 t_1 表示,则

$$t_1 = \frac{C_1 V_{BE(on)}}{I_{DP}} \tag{4.7-3}$$

其中 $V_{BE(on)} \approx 0.7V$,是 Q_1 的导通电压。C_1 是 Q_1 基极结点的寄生电容,I_{DP}是 M_P 的导通电流,由下式决定

$$I_{DP} = \frac{K_P}{2}(V_{DD} - V_{IL} - |V_{TP}|)^2 \tag{4.7-4}$$

其中 V_{IL}是输入低电平。因为开始充电时 Q_1 基极电位还比较低,故 M_P 工作在饱和区。

当 Q_1 的发射结电压达到 $V_{BE(on)}$时,Q_1 开始导通。Q_1 导通后对负载电容 C_L 充电,充电微分方程可表示为

$$I_E = C_L \frac{dV_{out}}{dt} \tag{4.7-5}$$

为了简化,假定 I_E 是恒定的,这在 Q_1 完全导通后是合理的。对上式直接积分得到这段充电时间 t_2,

$$t_2 \approx \frac{C_L}{I_E} V_L \tag{4.7-6}$$

其中 V_L 是逻辑摆幅,$V_L = V_{DD} - 2V_{BE}$。

反相器的上升时间由上述两段时间决定,即

$$t_r = t_1 + t_2 = \frac{C_1}{I_{DP}} V_{BE(on)} + \frac{C_L}{I_E} V_L \tag{4.7-7}$$

由于 $C_1 V_{BE(on)}$ 比起 $C_L V_L$ 小得多,因此 t_1 这段时间不起主要作用,故 BiCMOS 反相器的上升时间主要由 Q_1 对负载电容的充电时间决定。

当 I_E 很大时,Q_1 可能进入饱和区,Q_1 饱和后对负载电容的充电电流将受到收集极串联电阻 r_c 的限制,在这种情况下总的上升时间为

$$t_r = t_1 + t_{sat} + t_3 \tag{4.7-8}$$

其中，t_{sat}为 Q_1 导通后到 Q_1 饱和时对负载电容充电的时间，也就是 V_{out}从低电平上升到 V_{sat} 所用的时间，V_{sat}是 Q_1 开始进入饱和区时对应的输出电平。t_3 是 Q_1 饱和后的充电时间，通过求解下面的微分方程得到

$$C_L \frac{dV_{out}}{dt} = \frac{V_{DD} - V_{CES} - V_{out}}{r_c}$$

$$t_3 = r_c C_L \ln\left[\frac{V_{DD} - V_{CES} - V_{sat}}{V_{DD} - V_{CES} - V_{OH}}\right] \tag{4.7-9}$$

类似地可以推导出 BiCMOS 反相器的下降时间。图 4.7-4 是对输出结点放电的等效电路。所以放电过程也分为两段，第一段是 M_N 导通对 Q_2 基极充电，使 Q_2 导通，这段时间用 t_4 表示，同理得到

$$t_4 = \frac{C_2}{I_{DN}} V_{BE(on)}$$

C_2 是 Q_2 基极结点的寄生电容，I_{DN}是 M_N 的导通电流。在这个阶段 NMOS 管处于饱和区，所以

$$I_{DN} = \frac{K_N}{2}(V_{GS} - V_{TN})^2 \approx \frac{K_N}{2}(V_{IH} - V_{TN})^2 \tag{4.7-10}$$

当 Q_2 导通后，开始对负载电容放电，放电的微分方程是

$$I_{DN} + I_C = -C_L \frac{dV_{out}}{dt}。\tag{4.7-11}$$

因为 $I_{DN} = I_B = I_C/\beta$，

因此得到这段放电时间为

$$t_5 = \frac{C_L}{I_C(1 + 1/\beta)} V_L \tag{4.7-12}$$

其中 β 为双极晶体管共发射极电流放大系数。

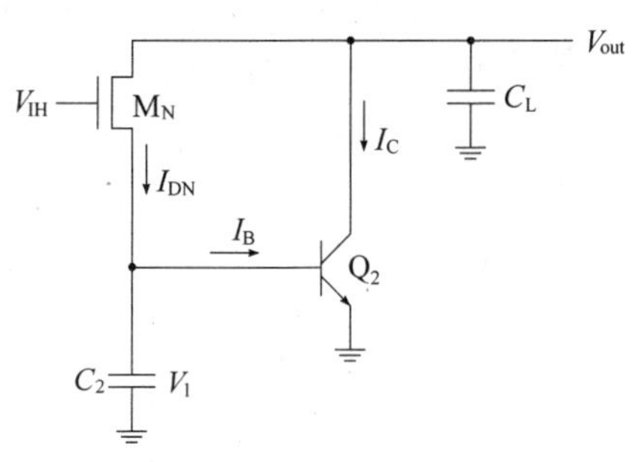

图 4.7-4　输出下降过程的等效电路

所以输出从高电平下降到低电平所用的时间是

$$t_f = t_4 + t_5 = \frac{C_2}{I_{DN}} V_{BE(on)} + \frac{C_L}{I_c(1 + 1/\beta)} V_L \tag{4.7-13}$$

因为 $I_C(1+1/\beta)=I_C+I_B=I_E$，如果 Q_1 和 Q_2 是完全相同的设计，BiCMOS 反相器的上升时间和下降时间基本相等。

4.7.2 BiCMOS 基本逻辑门[4,37,38]

BiCMOS 基本逻辑门如与非门、或非门的构成和反相器类似，由 CMOS 逻辑块和双极晶体管驱动输出级构成。图 4.7-5 是一个 BiCMOS 与非门，其中 M_{NA}，M_{NB}和 M_{PA}，M_{PB}是实现"与非"功能的逻辑块，与一般 CMOS 与非门结构一样。Q_1 和 Q_2 是双极晶体管组成的推挽输出级，用来提供大的驱动电流。M_1，M_2 和 M_3 是用来对 Q_1 和 Q_2 基极放电的下拉器件。为了实现"与非"功能，Q_1 基极放电必须在两个输入都是高电平的情况，故用 M_2 和 M_3 串联控制。这个电路的逻辑电平及其瞬态特性等，都和图 4.7-1 的反相器类似，只是对 Q_1 和 Q_2 基极充、放电不是通过单个 MOS 管，而是通过一些串、并联的 MOS 管。

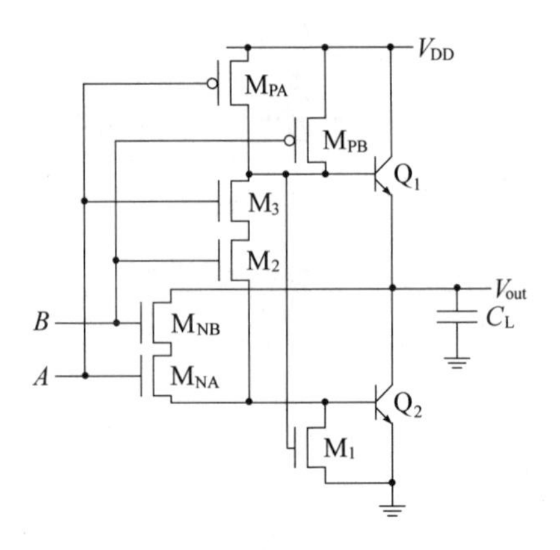

图 4.7-5　一个 BiCMOS 与非门

为了实现全电源电压的逻辑摆幅，也可以和图 4.7-2 的反相器类似，采用两个电阻元件，如图 4.7-6 就是一种实现全摆幅的 BiCMOS 与非门。

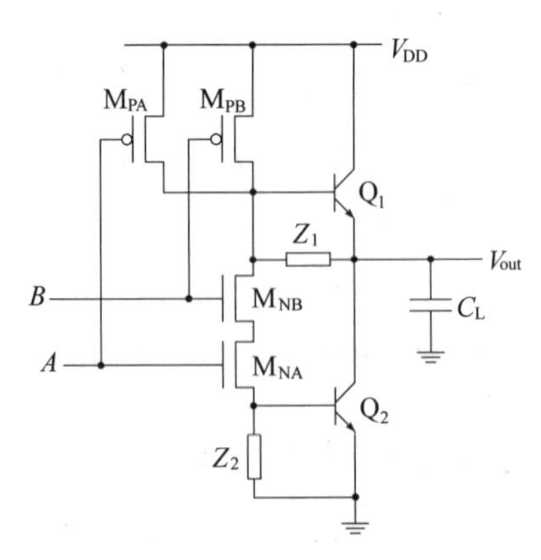

图 4.7-6　一种实现全摆幅的 BiCMOS 与非门

BiCMOS 或非门也是用 CMOS 或非门加上两个双极晶体管做驱动输出级构成，同时增加对 Q_1 和 Q_2 基极放电的下拉管。对 Q_1 放电的下拉管和 PMOS 管形成互补逻辑性能。图 4.7-7 是一个 2 输入的 BiCMOS 或非门。按照与非门、或非门这种设计原则，可以组成任意的 BiCMOS“与或非”门。

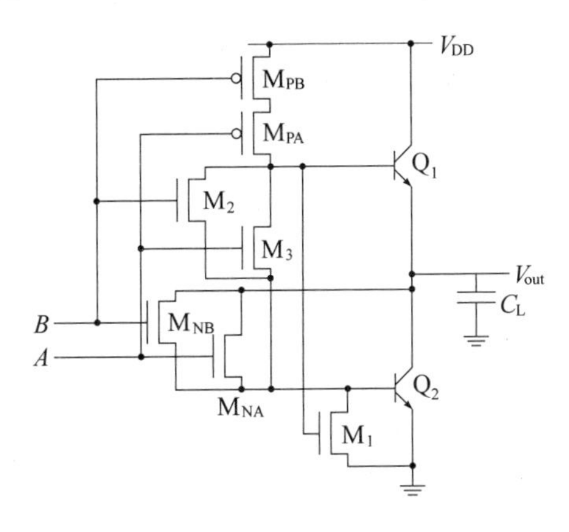

图 4.7-7　一个 BiCMOS 或非门

BiCMOS 逻辑门由于增加了双极晶体管驱动输出，可以提供大的驱动电流，因而改善了速度。然而 BiCMOS 的代价是增加了电路器件，不仅是增加了两个双极晶体管，还有很多下拉管。当逻辑功能很复杂时，需要的下拉管很多，这对提高集成度是很不利的。从前面分析看出，BiCMOS 逻辑门中 CMOS 逻辑块只起控制逻辑功能作用，对电路输出电平和速度等性能几乎没什么影响，如果能简化这部分电路，也可以简化 BiCMOS 电路。可以用类似 NMOS 电路代替互补 CMOS 逻辑块，来简化电路。图 4.7-8 就是用类 NMOS 逻辑块加上 BiCMOS 反相器实现 BiCMOS“三或”门，这也是实现 BiCMOS 逻辑门的一种途径。

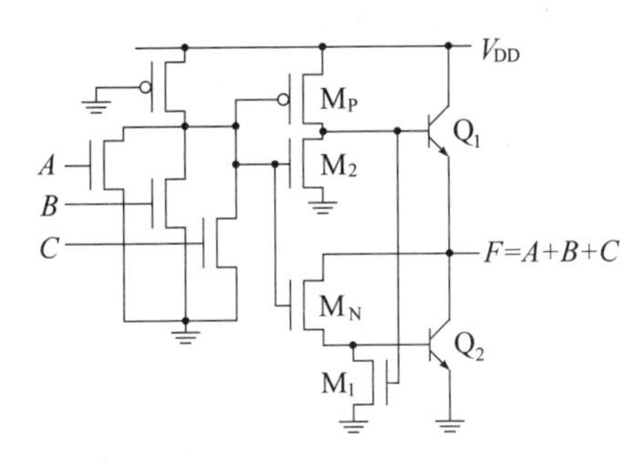

图 4.7-8　用类 NMOS 逻辑块加上 BiCMOS 反相器实现或门

当用 BiCMOS 作最终输出级时，需要有三态控制。图 4.7-9 是一个 BiCMOS 三态输出缓冲器。

当 $E=1$ 时，M_{P2}，M_1 和 M_2 总是导通，使电路结构等效为正常输出。

当 $E=0$ 时，M_{P2} 截止，Q_1 没有基极电流来源，不能导通，同时，由于 M_{N2} 导通给 Q_2 基极放电，使 Q_2 也截止，因此输出处于高阻态。

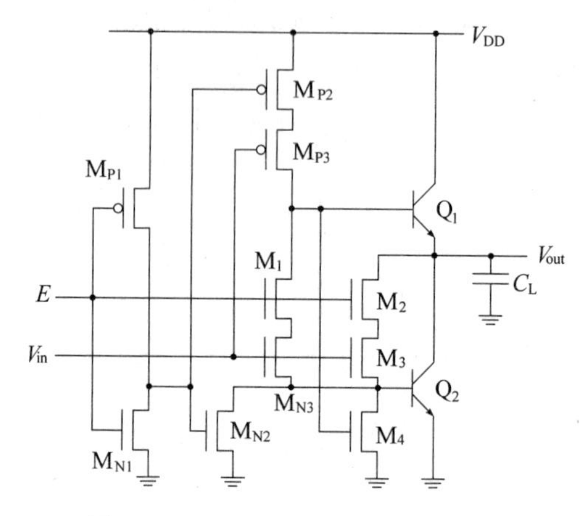

图 4.7-9　BiCMOS 三态输出缓冲器

4.7.3　BiCMOS 和 CMOS 电路性能的比较[38~40]

以反相器为例比较 BiCMOS 和 CMOS 电路的性能差别。CMOS 电路的最大优点是结构简单，所用器件数目少，因而有利于提高集成密度，而 BiCMOS 电路需要的器件数目多，占用面积大。CMOS 电路没有静态功耗，可以实现全电源电压的逻辑摆幅。但是，一般 BiCMOS 电路不是全电压逻辑摆幅。不过，由于 BiCMOS 电路中输出驱动级是推挽式工作，也消除了静态功耗。BiCMOS 电路采用 CMOS 输入，还保持了 CMOS 电路噪声容限大、输入阻抗高的优点。BiCMOS 电路的主要优越性是可以提供大的驱动电流，因而有利于提高速度。CMOS 电路结构简单寄生电容小，而 BiCMOS 电路结构复杂寄生电容大，如图 4.7-10 所示[4]。

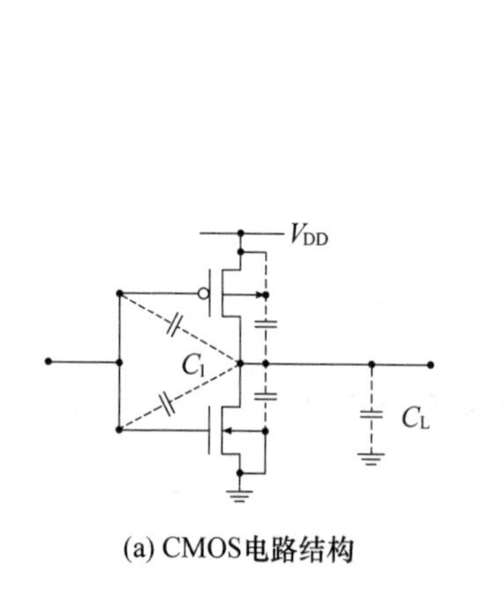

(a) CMOS电路结构

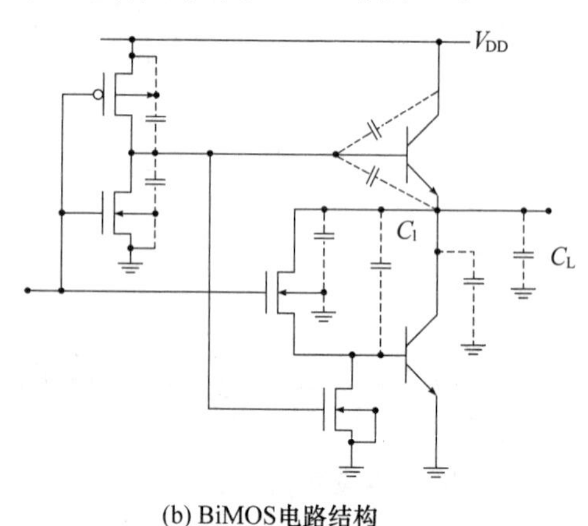

(b) BiMOS电路结构

图 4.7-10　CMOS 和 BiCMOS 反相器的比较

对 CMOS 反相器，可以用下式作为平均门延迟时间的近似表达式，

$$t_p \approx t_0 + \frac{V_L}{I_D} C_L \tag{4.7-14}$$

其中 V_L 是电路的逻辑摆幅。t_0 是电路内部电容引起的本征门延迟时间，C_L 为外部负载电容，如下级输入电容和连线电容等。

根据前面分析的 BiCMOS 反相器的瞬态特性，可以得到 BiCMOS 平均门延迟时间的近似表达式

$$t_p \approx t_1 + \frac{V_L}{\beta I_D} C_L, \tag{4.7-15}$$

其中 t_1 是对电路内部电容充放电的时间。

由于 BiCMOS 电路可以提供放大 β 倍的驱动电流，因而有利于提高速度，减小门延迟时间，特别是在驱动大的外部负载电容 C_L 的情况下。图 4.7-11 比较了 CMOS 电路和 BiCMOS 电路的延迟时间与负载电容 C_L 的关系[40]。可以看出，在同样工艺水平下，CMOS 电路的 t_0 比 BiCMOS 电路的 t_1 小，因为 CMOS 电路简单，所以它的内部电容小，但是 CMOS 电路延迟时间增长的斜率大，斜率为 $\frac{V_L}{I_D}$，而 BiCMOS 电路延迟时间随负载电容增长的斜率小，为 $\frac{V_L}{\beta I_D}$。因此，当负载电容比较大时，BiCMOS 电路明显优于 CMOS 电路。两条曲线的交点以及 t_0，t_1 的大小决定于电路的设计尺寸及工艺参数。

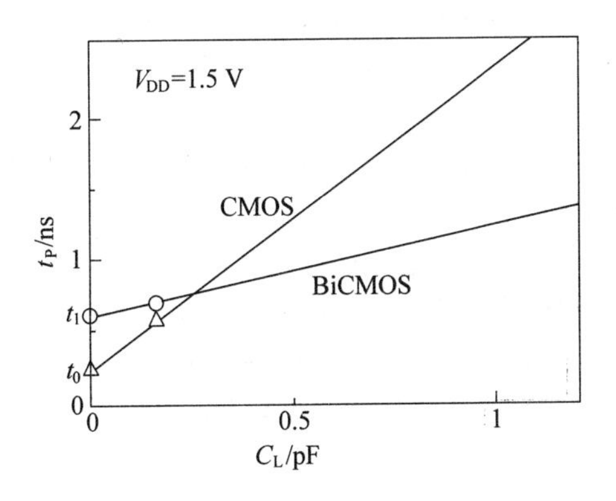

图 4.7-11　CMOS 电路和 BiCMOS 电路的延迟时间与负载电容 C_L 的关系[40]

BiCMOS 电路尽管在驱动大负载时有利于提高速度，但是 BiCMOS 增加了工艺制作成本，限制了其应用。

参 考 文 献

[1] Rabaey J M, Chandrakasan A, Nikolic B. Digital Integrated Circuits A Design Perspective (Second Edition)[M]. New Jersey: Prentice Hall, 2003.

[2] Kang Sung-Mo, Leblebigi Yusuf. CMOS Digital Integrated Circuit Analysis and Design (Second Edition) [M]. Boston: McGraw-Hill, 1999.

[3] Veendrick Harry. Deep-Submicron CMOS ICs, from Basics to ASICs (Second Edition) [M]. Boston: Kluwer Academic Publishers, 2000.

[4] Uyemura J P. Circuit Design for CMOS VLSI [M]. Boston: Kluwer Academic Publishers, 1992.

[5] Weste N H E, Eshraghian K. Principles of CMOS VLSI Design [M]. Menlo Park: Addison-Wesley Publishing. 1985.

[6] Morant M J. Integrated Circuit Design and Technology [M]. London: Chapman and Hall, 1990.

[7] Baker R J, Li H W, D E Boyce. CMOS Circuit Design, Layout, and Simulation [M]. New York: IEEE Press, 1998.

[8] Yano K, Yamanaka T, Nishida T, et al. A 3.8ns CMOS 16×16-b multiplier using complementary pass-transistor logic [J]. IEEE Journal of Solid-State Circuits, 1990, 25(2).

[9] Shimohigashi K, Seki K. Low-voltage ULSI design [J]. IEEE Journal of Solid-State Circuits, 1993, 28(4): 408-413.

[10] Uzuki M S, Ohkubo N, Shinbo T, et al. A 1.5ns 32-b CMOS ALU in double pass-transistor logic [J]. IEEE Journal of Solid-State Circuits, 1993, 28(11): 1145-1151.

[11] Friedman V, Liu S. Dynamic logic CMOS Circuits [J]. IEEE Journal of Solid-State Circuits, 1984, SC-19(2): 263-266.

[12] Krambeck R H, Lee C M, Law H S. High-speed compact circuits with CMOS [J]. IEEE Journal of Solid-State Circuits, 1982, SC-17: 614-619.

[13] Murphy B T, Edwards R. A 32-bit single chip cmos microprocessor: IEEE International Solid-State Circuits , February 18-20,1981 [C]. New York.

[14] Pretorius J A, Shubat A S, Salama C A T. Charge redistribution and noise margins in domino CMOS logic [J]. IEEE Journal of Circuits and System, 1986, CAS-33(8): 786-793.

[15] Oklobdzija V G, Montoye R K. Design-performance trade-offs in CMOS-domino logic [J]. IEEE Journal of Solid-State Circuits, 1986, SC-21(2): 304-306.

[16] Jha N K, Tong Q. Testing in multiple-output domino logic(MODL) CMOS circuits [J]. IEEE Journal of Solid-State Circuits, 1990, 25(3): 800-805.

[17] Hwang I S, Fisher A J. Ultrafast compact 32-bit CMOS adders in multiple-output domino logic [J]. IEEE Journal of Solid-State Circuits, 1989, 24(2): 358-369.

[18] Chandrakasan A P, Brodersen R W. Low Power Digital CMOS Design[M]. Boston: Kluwer Academic Publishers, 1995.

[19] Veendrick H J M. Short-circuit dissipation of static CMOS circuitry and its impact on the design of

buffer circuits [J]. IEEE Journal of Solid-State Circuits, 1984, SC-19(4): 468-473.

[20] Rabe D, Nebel W. Short circuit power consumption of glitches :Proceedings of the International Symposium on Low power Design, August 12-14, 1996[C]. Monterey.

[21] Sze S M. Physics of Semiconductor Devices [M]. New York: John Wiley & Sons, 1981.

[22] Gu R X, Elmasry M I. Power Dissipation in Deep Submicrometer MOSFET's : Proceedings of the International Symposium on Circuits and System, April 28- May 3, 1995[C]. Seattle.

[23] Kakuma M, Kinugawa M. Power-supply voltage impact on circuit performance for half and lower submicrometer CMOS LSI [J]. IEEE Transactions on Electron Devices, 1990, 37(8): 1902-1908.

[24] Swanson R M, Meindl J D. Ion-implanted complementary MOS transistors in low-voltage circuits : IEEE International Solid-State Circuits Conference, February 16-18,1972[C]. Philadelphia.

[25] Shahidi G G, Ning T H, Dennard R H, et al. SOI for low-voltage and high-speed CMOS :International Conference on Solid-State Devices and Materials, August 23-26, 1994[C]. Yokohama.

[26] Chandrakasan A P, Sheng S, Brodersen R W. Low power CMOS digital design [J]. IEEE Journal of Solid-State Circuits, 1992, 27(4): 473-484.

[27] Oyamatsu H, Kinugawa M, Kakumu M. Design Methodology of Deep Submicron CMOS Devices for 1V Operation [J]. IEICE Transactions on Electrics, 1996, E79-C(12): 1720-1725.

[28] Horiguchi M, et al. Switched-source-impedance CMOS circuit for low standby subthreshold current giga-scale LSI's [J]. IEEE Journal of Solid-State Circuits, 1993, 28(11): 1131-1135.

[29] Mutoh S, Douseki T, Matsuya Y, et al. 1-V Power Supply High-Speed Digital Circuit Technology with Multithreshold-Voltage CMOS [J]. IEEE Journal of Solid-State Circuits, 1995, 30(8): 847-854.

[30] Oowaki Y, Noguchi M, Takagi S, et al. A sub-0.1μm circuit design with substrate-over-biasing : IEEE International Solid-State Circuits Conference, February 5-7,1998[C]. San Francisco .

[31] Assaderaghi F, Sinitsky D, Parke S A, et al. Dynamic threshold-voltage MOSFET (DTMOS) for ultra-low voltage VLSI [J]. IEEE Transactions on Electron Devices, 1997, 44(3): 414-422.

[32] Yang I Y, Vieri C, Chandrakasan A, et al. Back-gated CMOS on SOIAS for dynamic threshold voltage control [J]. IEEE Transactions on Electron Devices. 1997, 44(5): 822-831.

[33] Iman S, Pose M Pedram. POSE: power optimization and synthesis environment : 33rd Design Automation Conference Proceedings, June 3-7,1996[C]. Las Vegas.

[34] Yeo Kiat-Seng, Rofail Samir S, Goh Wang-Ling. CMOS/BiCMOS ULSI :Low Voltage, Low Power [M]. New Jersey : Prentice Hall , 2002.

[35] lvarez A R . BiCMOS Technology and Applications(Second Edition) [M]. Boston: Kluwer Academic Publishers, 1993.

[36] Rofail S S, Elmasry M I. Analytical and numerical analysis of delay time of BiCMOS structures [J]. IEEE Journal of Solid-State Circuits, 1992, 27(5): 834-839.

[37] Fang W, Brunnschweiler A, Ashburn P. An accurate analytical BiCMOS delay expression and its application to optimizing high-speed BiCMOS circuits [J]. IEEE Journal of Solid-State Circuits, 1992, 27(2): 19-2021.

[38] Iwai H, Sasaki G, Unno Y, et al. 0.8μm Bi-CMOS technology with high f ion-implanted emitter bipolar transistor :IEEE International Electron Devices Meeting, December 6-9, 1987[C]. Washington DC.

[39] Kubo M, Masuda I, Miyata K, et al. Perspective on BiCMOS VLSI's [J]. IEEE Journal of Solid-State Circuits, 1988, 23(1): 5-11.

[40] Nagano T, Shukuri S, Hiraki M, et al. What Can Replace BiCMOS at Lower Supply Voltage Regime? : IEEE International Electron Devices Meeting, December 3-6, 1992[C]. San Francisco.

第 5 章　数字集成电路中的基本模块

5.1　组合逻辑电路

在数字系统中大量用到组合逻辑电路来执行运算和逻辑操作。组合逻辑电路中不存在反馈回路，没有记忆功能，因此，组合逻辑电路的输出只与当前的输入状态有关，而与电路过去的状态无关。图 5.1-1 是表示组合逻辑电路的框图，若电路有 m 个输入 $X_1, X_2, \cdots X_m$，产生 n 个输出信号 $Y_1, Y_2, \cdots Y_n$，则输出与输入之间的关系可以表示为

$$\boldsymbol{Y} = F(\boldsymbol{X}) \tag{5.1-1}$$

其中

$$Y=\begin{pmatrix} Y_1 \\ Y_2 \\ \vdots \\ Y_n \end{pmatrix} \quad X=\begin{pmatrix} X_1 \\ X_2 \\ \vdots \\ X_m \end{pmatrix} \tag{5.1-2}$$

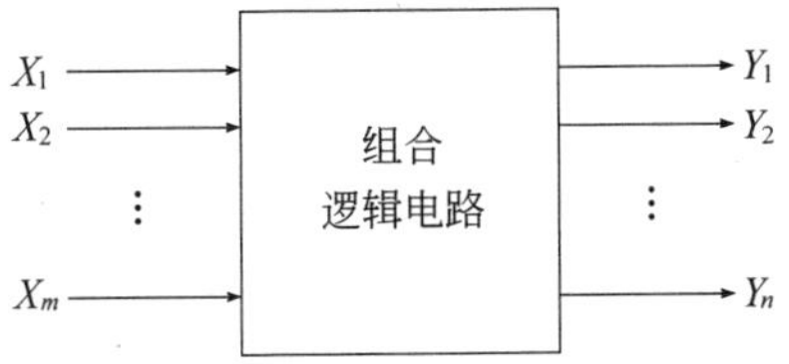

图 5.1-1　组合逻辑电路

组合逻辑电路单元设计的基本过程是：

(1) 根据对电路功能的要求列出电路的真值表；

(2) 根据真值表写出每个输出变量的逻辑表达式；

(3) 通过逻辑变换和化简，找到适当的结构形式；

(4) 画出逻辑图和电路图；

(5) 根据对电路性能的要求确定每个器件的参数，对 CMOS 电路就是在给定工艺条件下确定每个 MOS 晶体管的尺寸；

(6) 再通过仿真验证电路的功能和性能。

在实际设计中可能要在(3)、(4)、(5)、(6)步骤中多次反复，进行优化。值得注意的是由于组合逻辑电路中会出现竞争冒险，在逻辑化简中并不一定要得到最简的“与-或”表达式或者“或-与”表达式。在很多情况下增加冗余项有助于消除电路的竞争冒险。这些问题在很

多数字逻辑电路或数字系统设计的书中都有详细讨论。

下面以 CMOS 电路为例,讨论常用的几种基本逻辑功能部件。

5.1.1 多路器和逆多路器

多路器(multiplexer,MUX)和逆多路器(demultiplexer,DEMUX)是数字系统中常用的功能部件。多路器又叫多路复用器或数据选择器,它的功能是通过控制信号从多个数据来源中选择一个传送出去。逆多路器又叫数据分配器,它的功能刚好相反,是根据控制信号把一个数据送到多个输出端中的某一个。

图 5.1-2 是多路器和逆多路器的框图。实际的多路器和逆多路器中输入和输出一般是多位信息,如果对 m 个 n 位数据进行选择,则需要 n 位 m 选一多路器。为了保证选择的唯一性和确定性,控制信号(或叫选择信号)必须满足一定的约束条件。如果对 m 个数据进行 m 选一,则 m 个控制信号必须满足

$$\sum_{i=1}^{m} C_i = 1 \qquad (5.1\text{-}3)$$

$$\sum^{i \neq j} C_i C_j = 0$$

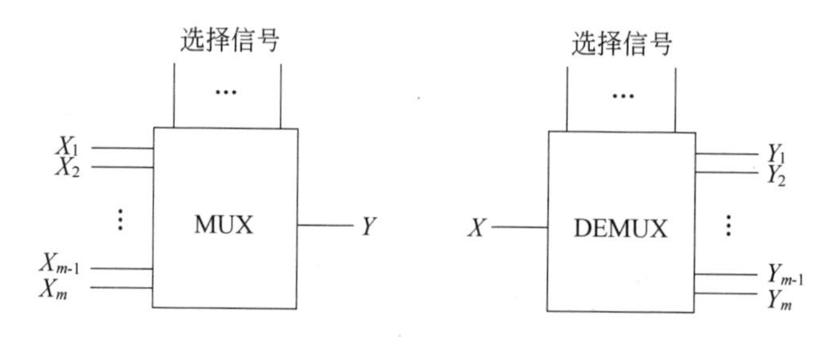

图 5.1-2 多路器和逆多路器

最简单的多路选择器是二选一结构。逻辑表达式为:$Y=\overline{S}D_0+SD_1$,D_0 和 D_1 是输入的数据信号,S 为选择信号,当 S 为低电平,D_0 被选中输出到 Y 端,反之 D_1 被输出。

表 5.1-1 二选一多路器的真值表

输入 S	输出 Y
0	D_0
1	D_1

表 5.1-1 所示为二选一多路器的真值表,图 5.1-3 所示为门级电路图,图 5.1-4 所示为一种静态 CMOS 结构二选一多路器。选择信号 S 经过一级反相器生成 $\overline{S}$ 信号,第一级 CMOS 逻辑门的输出经过反相器后输出 Y。第一级可以看作一个 4 输入与或非门,其中

NMOS 下拉逻辑网络实现$\overline{\overline{S}D_0+SD_1}$，PMOS 上拉逻辑网络实现$\overline{(D_0+S)(D_1+\overline{S})}$，变形后可以得到同上拉逻辑网络相同的表达式

$$(D_0+S)(D_1+\overline{S})=D_0D_1+\overline{S}D_0+SD_1=D_0D_1(S+\overline{S})+\overline{S}D_0+SD_1=\overline{S}D_0+SD_1$$

该逻辑电路的左右两个部分也可以各看作一个三态门，三态门的内容我们在第 6 章中进一步介绍。

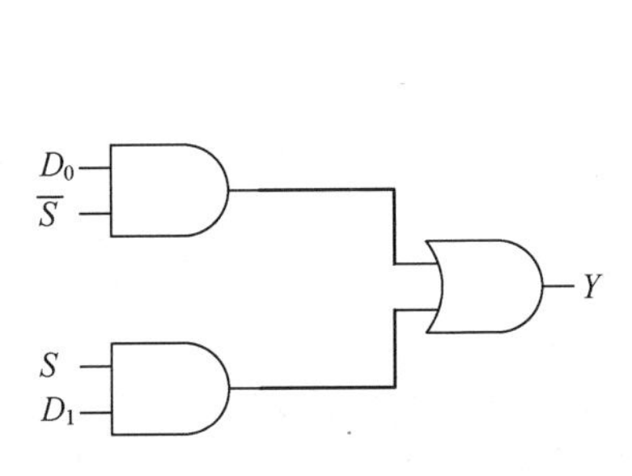

图 5.1-3　二选一多路器逻辑图

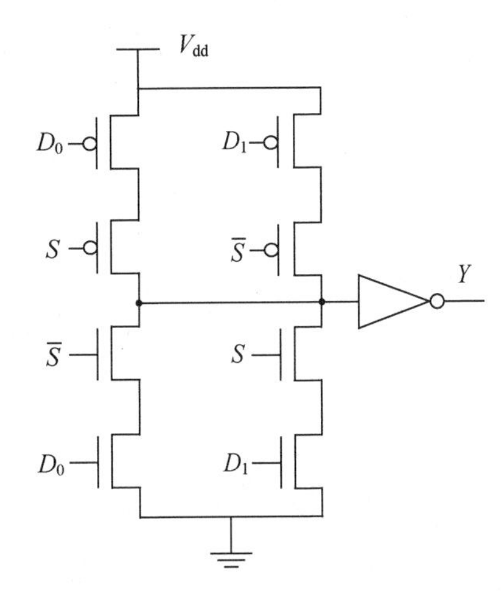

图 5.1-4　静态 CMOS 结构二选一多路器

多路选择器的逻辑表达式类似于同或/异或逻辑，也比较适合于用传输门逻辑实现。如图 5.1-5 所示为用 CMOS 传输门实现的二选一多路器结构，上下两个支路分别是两个三态门；同静态 CMOS 结构相比，其结构简单，器件数目少。

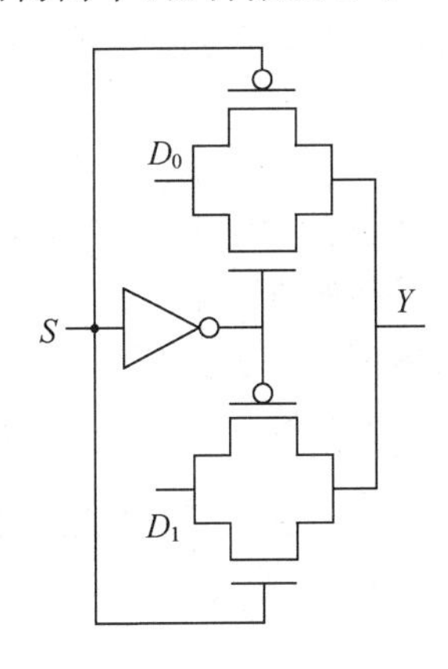

图 5.1-5　用传输门实现二选一多路器电路

图 5.1-6 给出了 4 位二选一多路器和逆多路器的原理图[1]。

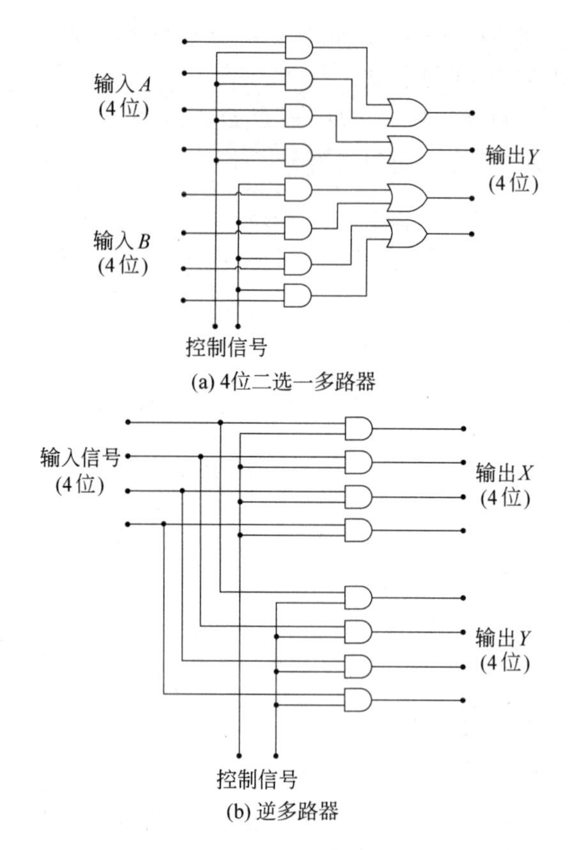

图 5.1-6　4 位二选一多路器和逆多路器的原理图

可以用一组二进制代码构成控制信号,则控制代码的位数 i 与数据个数 m 之间应满足如下关系

$$2^i = m \tag{5.1-4}$$

例如,要实现四选一多路器,应该用 2 位二进制变量 S_1S_0 组成 4 个控制信号,控制 4 个数据的选择。表 5.1-2 列出了四选一多路器的真值表,不论 S_1S_0 取什么值,每次只能选中一个数据而且必须选中一个数据送到输出端。根据真值表可以得到输出变量的逻辑表达式,即

$$Y = \overline{S_1}\,\overline{S_0}D_0 + \overline{S_1}S_0D_1 + S_1\overline{S_0}D_2 + S_1S_0D_3 \tag{5.1-5}$$

表 5.1-2　四选一多路器真值表

S_1	S_0	Y
0	0	D_0
0	1	D_1
1	0	D_2
1	1	D_3

对逻辑表达式进行变换，可以找到多种不同的电路结构实现四选一多路器的功能。最直接的实现方式是用一个与或非门加一个反相器，即

$$Y = \overline{\overline{\overline{S_1}\,\overline{S_0}D_0 + \overline{S_1}S_0D_1 + S_1\overline{S_0}D_2 + S_1S_0D_3}} \tag{5.1-6}$$

这种实现方案的有利之处是用反相器作输出级有较好的输出驱动能力；不利之处是第一级的AOI门扇入系数太大，影响电路速度。可以对式(5.1-5)进行逻辑变换，通过变换可以得到

$$Y = \overline{\overline{(\overline{S_0}D_0 + S_0D_1)} \cdot \overline{S_1} + \overline{(\overline{S_0}D_2 + S_0D_3)} \cdot S_1} \tag{5.1-7}$$

式(5.1-7)可以看作是3个二选一多路器组成，第一级的2个二选一多路器在S_0的控制下，选择4个输入中的2个输出到第二级的二选一多路器，由S_1选择其中的一个输出到Y端。图5.1-7是按式(5.1-7)实现四选一多路器的逻辑图。这个电路用了3个相同的与或非门实现的二选一结构。由于减少了与或非门的输入端数，使线路得到简化，有利于提高速度。这个电路的缺点是用与或非门做输出级，不利于提高输出驱动能力。这个思想跟我们在第4章中讨论的对应大扇入逻辑门采用多级实现限制扇入的方法是一致的。

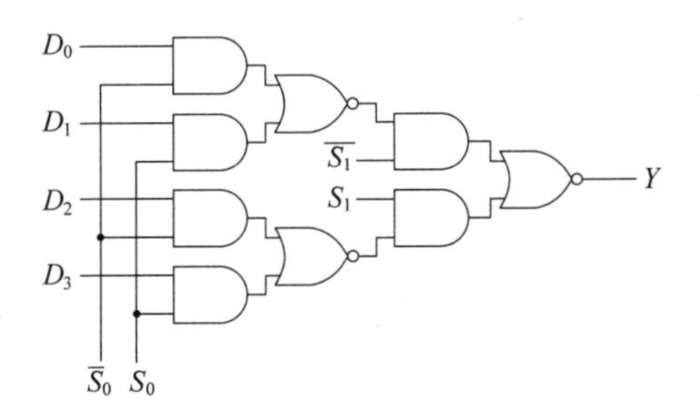

图5.1-7　实现四选一多路器的逻辑图

对于不同方案的直观比较是看所用MOS管数目的多少，所用逻辑门的复杂程度以及最终输出信号经过几级门延迟等。要确切比较不同方案实现的性能，可以通过电路仿真来进行。

多路器不仅是构成VLSI的一种常用的功能电路，还可以单独作为中规模集成电路产品。下面介绍一个实际的CMOS结构4位二选一电路。表5.1-3列出了该电路的逻辑功能。由于4位数据的选择电路是完全一样的，所以此处只讨论其中一位的情况。从真值表看出，$\overline{E}$是输出允许控制，只有$\overline{E}=0$时多路器才能正常输出，否则输出总是维持低电平；S是数据选择控制，当允许输出时，若$S=1$，则选择B信号送到输出端，若$S=0$，则选择A信号送到输出端。根据真值表可以得到每一位输出数据的逻辑表达式

$$Y_i = E(\overline{S}A_i + SB_i) \tag{5.1-8}$$

这是最终不带“非”的表达式，必须通过逻辑变换，找出适当的实现方案。考虑到电路的输入、输出信号要和芯片外相连，希望用反相器做输入、输出缓冲器，因此最终实现的方案是按

下面逻辑表达式

$$Y_i=\overline{\overline{E}\cdot\overline{(\overline{S}\,\overline{A_i}+S\,\overline{B_i})}}. \tag{5.1-9}$$

图 5.1-8 画出了这个电路的逻辑图和电路图。

表 5.1-3 4 位二选一多路器真值表

控制信号		输出
$\overline{E}$	S	$Y_3\sim Y_0$
1	1	0
1	0	0
0	1	$B_3\sim B_0$
0	0	$A_3\sim A_0$

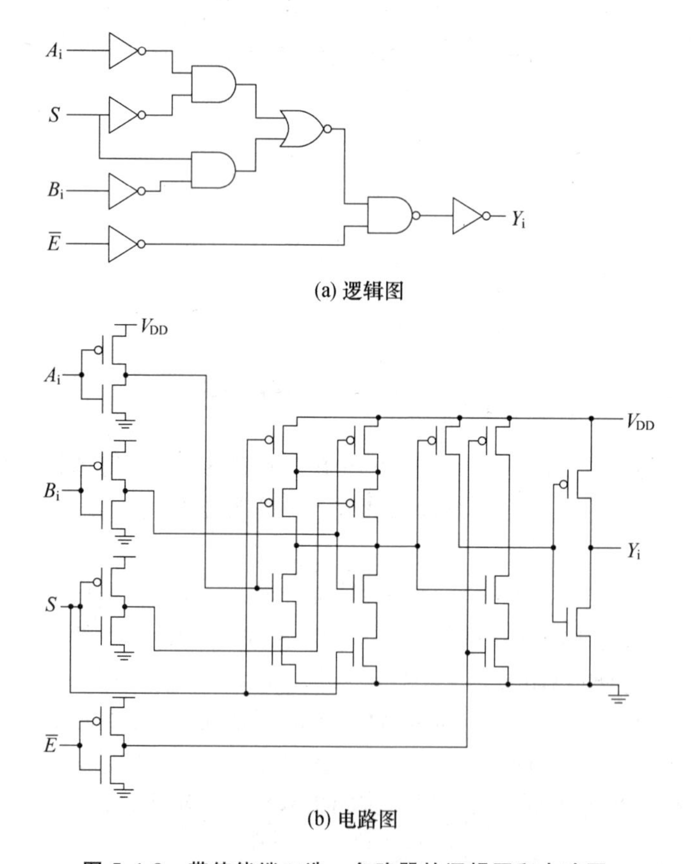

(a) 逻辑图

(b) 电路图

图 5.1-8 带使能端二选一多路器的逻辑图和电路图

用传输门实现组合逻辑可以获得非常简化的线路。要实现式(5.1-5)的四选一多路器功能，可以用 2 个传输门串联实现 3 个变量的“与”；4 个乘积项的“或”可以用 4 路传输门并联实现。因此用 4 路两两串联的传输门（或传输管）构成的传输门阵列就可以实现四选一多路器，图 5.1-9 画出了用 NMOS 传输管串、并联阵列实现的电路。为了获得更好的性能，应该用 CMOS 传输门代替单个的 NMOS 传输管，图 5.1-10 给出了用 CMOS 传输门阵列实现四选一多路器的电路。由于传输门具有双向导通特性，因此用传输门阵列实现四选一多路器的电路同时也可以作为四选一逆多路器，只是要把输入端和输出端反过来使用。

对图 5.1-9 的电路还可以进一步简化，可以把 S_0 控制的两个 MOS 管合二为一，同样把 $\overline{S_0}$ 控制的两个 MOS 管合二为一，这样只用 6 个 MOS 管就可以实现四选一多路器/逆多路器功能，如图 5.1-11 所示[2]。这个例子再次说明了传输门逻辑在实现多路器结构方面的优势。

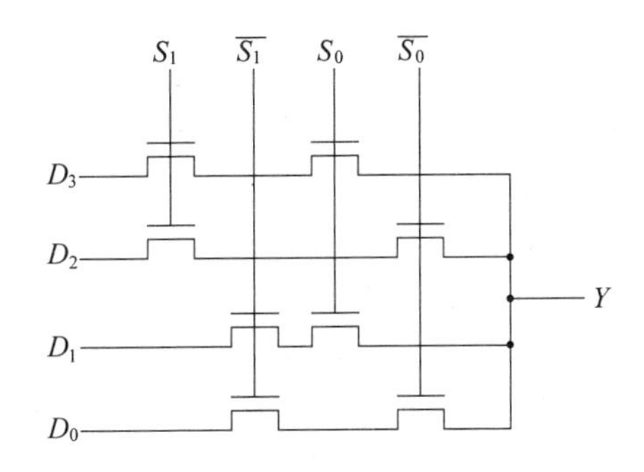

图 5.1-9　用 NMOS 传输管阵列实现四选一多路器/逆多路器

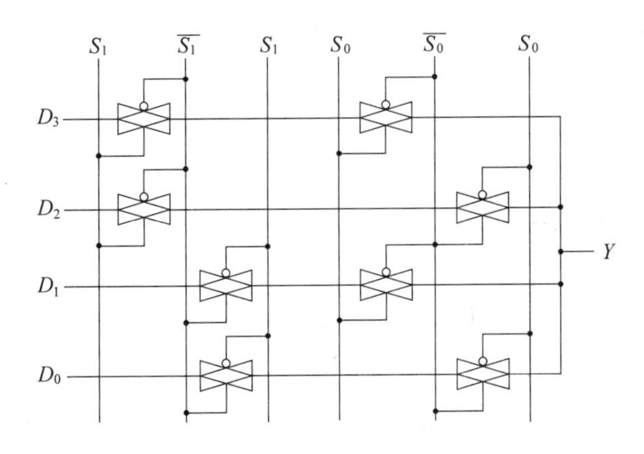

图 5.1-10　用 CMOS 传输门阵列实现四选一多路器/逆多路器

图 5.1-12 中所示为另一种四选一多路器/逆多路器结构，该结构引入了一个 2-4 译码器，根据两位选择信号 S_1S_0 产生 4 个控制信号 $C_{3\sim0}$，分别控制四个传输门的通断，总是把 4

个数据信号 $D_{3\sim0}$ 中的一个连接到 Y 端。由于引入了一个译码器,整体结构比基于图 5.1-11 的结构复杂,但是下图结构中从 Y 到 $D_{3\sim0}$ 的路径只有一个传输门,对比图 5.1-11 结构中的两个传输门,具有速度优势。传输门结构多路器在存储器中一般被用作列译码器,我们在第 7 章中还会介绍。

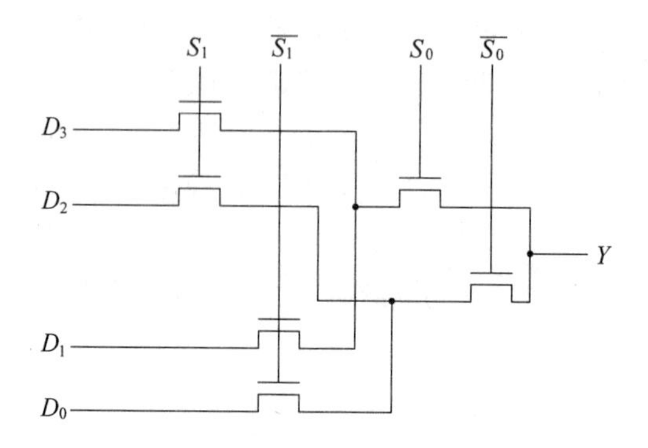

图 5.1-11　根据图 5.1-9 得到的简化电路

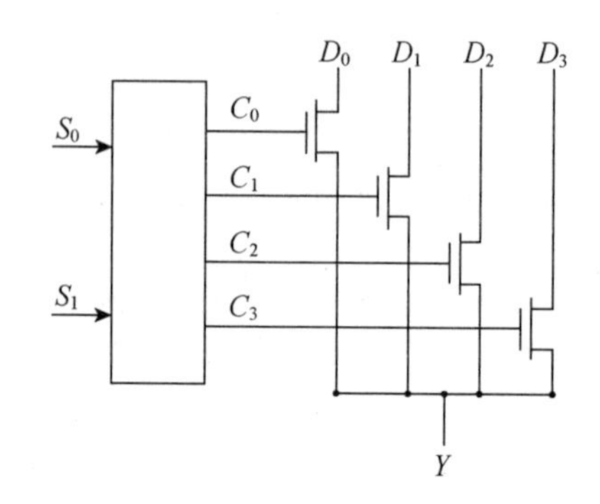

图 5.1-12　另一种四选一多路器/逆多路器结构

5.1.2　编码器和译码器

数字电路只能处理由“0”“1”组成的二进制信息,然而外部世界的信息是多种多样的,例如计算机键盘上的英文字母 A,B,C…;我们日常采用的十进制数 0,1,2…。这些信息只有转换成二进制代码才能送入数字系统进行运算、存储等操作。编码器(encoder)就是实现这种转换的电路。编码器把一组 m 个输入信号用一组 n 位($2^n \geqslant m$)二进制代码表示,使它们之间一一对应。例如把十进制数按二进制编码,表 5.1-4 列出了这个编码器的真值表。这种表示十进制数的 4 位二进制代码又叫 BCD 码,十进制数的每一位用一个 4 位 BCD 码表示,图 5.1-13 给出了实现的原理图[3]。在实际实现时还必须考虑到电路性能、面积等各方面要求,找到适当的逻辑电路形式。这种 BCD 编码器也叫作 10-4 编码器,它应该有 10 条输入线，4 条输出线。但实际上只用了 9 条输入线，因为“0”信号可以用 9 条输入线都为 0 表示。

表 5.1-4 十进制数的 BCD 编码

十进制数	二进制数			
	$Y_3(2^3)$	$Y_2(2^2)$	$Y_1(2^1)$	$Y_0(2^0)$
0	0	0	0	0
1	0	0	0	1
2	0	0	1	0
3	0	0	1	1
4	0	1	0	0
5	0	1	0	1
6	0	1	1	0
7	0	1	1	1
8	1	0	0	0
9	1	0	0	1

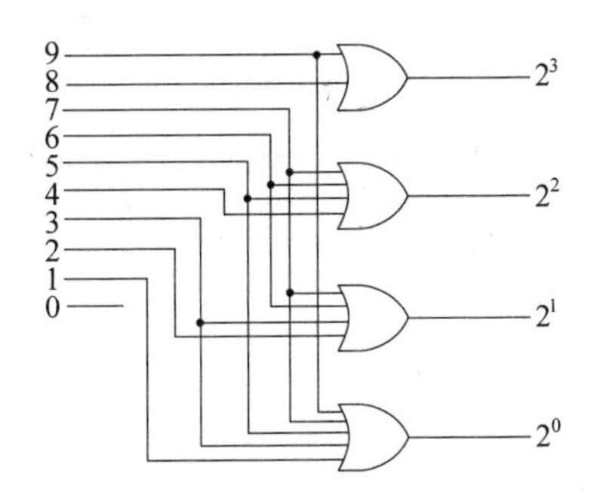

图 5.1-13 实现 BCD 编码的原理图

这种编码器可以作为数字系统中的一个逻辑功能部件，也可以单独作为中规模集成电路产品，图 5.1-14 是实现 10-4 编码器的逻辑图。注意这个电路要求输入信号以反码输入，即输入低电平有效，输出信号也是反码。从图中看出，当 9 个输入都为高电平时，实际对应十进制“0”的情况，输出$\overline{Y_3}\,\overline{Y_2}\,\overline{Y_1}\,\overline{Y_0}$都为高电平，这就是十进制“0”对应的 BCD 码(0000)的反码。当 9 个输入中的某一个为低电平时，输出就是这个十进制代码对应的 BCD 码的反码。这个编码器是优先编码器，当多个输入信号同时出现，即该电路中可以有多个输入同时为低电平，这种情况下优先编码器按优先级对其中某一个信号编码输出。图 5.1-14 的编码器是大数优先的优先编码器。如果对输入信号有约束，保证任何情况下只有一个输入起作用(如对高电平有效的电路只有一个输入为高电平)，这种编码器就是单输入编码器。表 5.1-5 比较了单输入 4-2 编码器和大数优先的 4-2 编码器的真值表，从中可以看出它们的差别[4]。显然，实现这两种 4-2 编码器的电路结构不同。

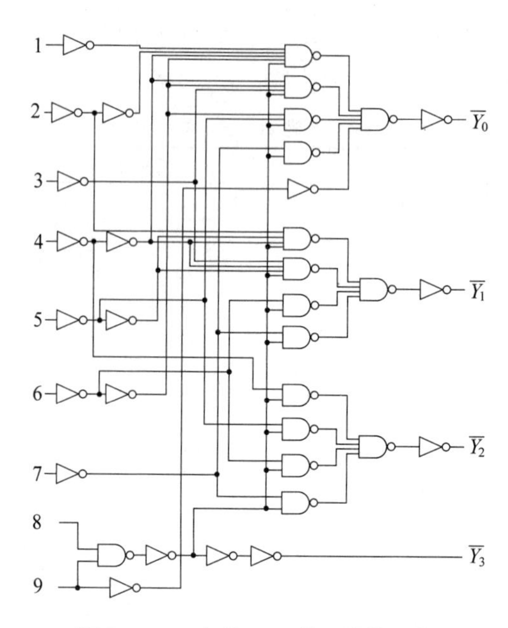

图 5.1-14　实现 10-4 编码器的逻辑图

表 5.1-5　单输入编码和大数优先编码的 4-2 编码器

(a) 单输入编码

输入				输出	
X_3	X_2	X_1	X_0	Y_1	Y_0
0	0	0	0	0	0
0	0	0	1	X	X
0	0	1	0	0	1
0	0	1	1	X	X
0	1	0	0	1	0
0	1	0	1	X	X
0	1	1	0	X	X
0	1	1	1	X	X
1	0	0	0	1	1
1	0	0	1	X	X
1	0	1	0	X	X
1	0	1	1	X	X
1	1	0	0	X	X
1	1	0	1	X	X
1	1	1	0	X	X
1	1	1	1	X	X

(b) 大数优先编码

输入				输出	
x_3	x_2	x_1	x_0	y_1	y_0
0	0	0	0	0	0
0	0	0	1	0	0
0	0	1	0	0	1
0	0	1	1	0	1
0	1	0	0	1	0
0	1	0	1	1	0
0	1	1	0	1	0
0	1	1	1	1	0
1	0	0	0	1	1
1	0	0	1	1	1
1	0	1	0	1	1
1	0	1	1	1	1
1	1	0	0	1	1
1	1	0	1	1	1
1	1	1	0	1	1
1	1	1	1	1	1

译码器(decoder)又叫解码器,它和编码器的作用刚好相反。它的功能是解读输入的二进制代码。根据输入代码的值在一组输出中相应的一个输出线上产生输出信号。译码器种类很多,在数字系统中常用的有二进制变量译码器、码制变换译码器和显示译码器等。二进制变量译码器的功能是:当输入一个 n 位二进制变量时,在 m 个输出线中只有一个是高电平(输出高电平有效)或是低电平(输出低电平有效),$2^n=m$。这种译码也叫完全译码,也就是说二进制译码器的每个输出分别对应输入变量的一个最小项。因此,二进制译码器也叫最小项发生器。二进制变量译码器可以作为 VLSI 中的一个功能部件,如存储器中的地址译码器。另外也可以作为单独的集成电路产品,如 2-4 译码器、3-8 译码器和 4-16 译码器等。表 5.1-6 是一个 3-8 译码器的真值表。根据真值表可以得到每一个输出对应的逻辑表达式,都是一系列最小项的和。可以用一系列与非门或者一系列或非门实现。要注意用或非门实现时,或非门的输入是真值表中对应的输入代码的反码。图 5.1-15 给出了用或非门实现 3-8 译码器的逻辑图[5]。

表 5.1-6　3-8 译码器的真值表

输入			输出							
X_2	X_1	X_0	Y_0	Y_1	Y_2	Y_3	Y_4	Y_5	Y_6	Y_7
0	0	0	1	0	0	0	0	0	0	0
0	0	1	0	1	0	0	0	0	0	0
0	1	0	0	0	1	0	0	0	0	0
0	1	1	0	0	0	1	0	0	0	0
1	0	0	0	0	0	0	1	0	0	0
1	0	1	0	0	0	0	0	1	0	0
1	1	0	0	0	0	0	0	0	1	0
1	1	1	0	0	0	0	0	0	0	1

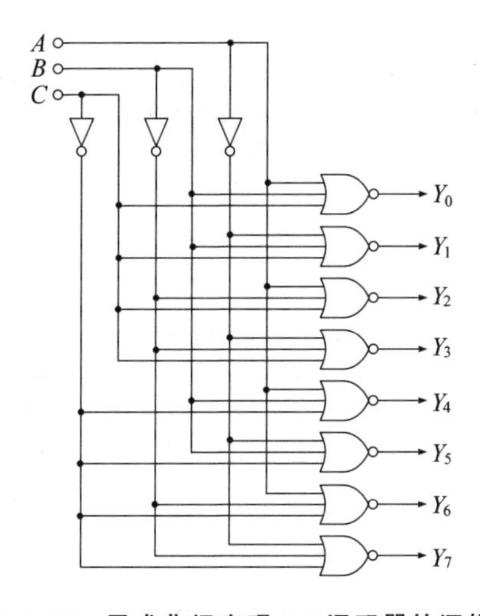

图 5.1-15　用或非门实现 3-8 译码器的逻辑图

存储器中的地址译码器是用很多个“与非门”或者“或非门”构成的译码阵列。为了节省芯片面积，一般不用常规的静态 CMOS 逻辑门，而是采用类 NMOS 电路或动态电路的形式。图 5.1-16 比较了用静态 CMOS 逻辑门和动态 CMOS 逻辑门实现译码器的差别[6]。图(a)中 12 根输入线分别对应 6 位地址码的正、反码。6 位地址码译码产生 64 个输出，这只是对应其中一个输出的电路，地址译码器总共需要 64 个这样的电路。如果采用图(b)的动态电路，需要增加一根时钟信号线 φ，但是每个电路减少了 4 个 PMOS 管，则总的地址译码器可以减少 256 个 PMOS 管，这将节省很多面积。

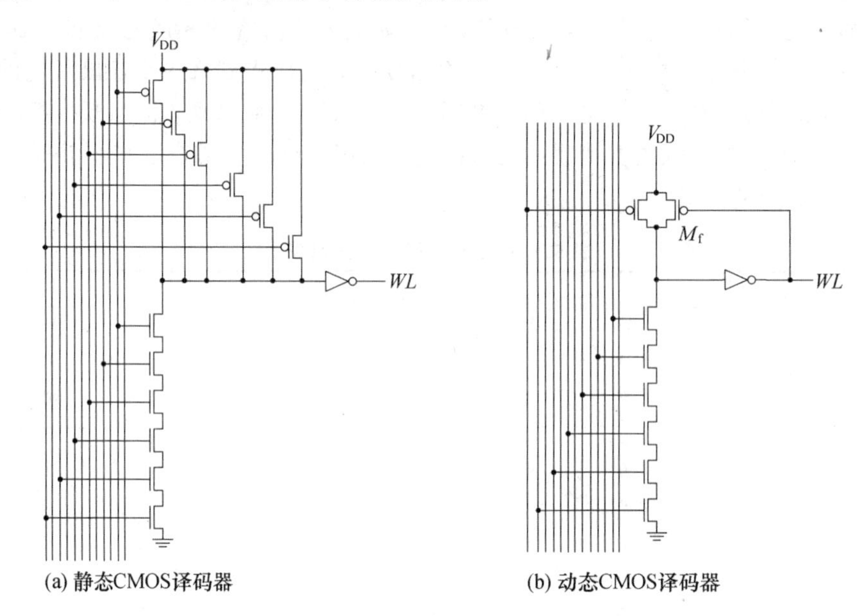

图 5.1-16　用静态 CMOS 逻辑门和动态 CMOS 逻辑门实现译码器的差别

码制变换译码器主要用来进行不同码制代码的转换。例如可以把 4 位二进制代码翻译成格雷码。表 5.1-7 列出了这个代码转换译码器的真值表。根据真值表可以得到输出与输入之间的逻辑关系。

表 5.1-7　4 位代码转换的真值表

二进制码				格雷码			
B_3	B_2	B_1	B_0	G_3	G_2	G_1	G_0
0	0	0	0	0	0	0	0
0	0	0	1	0	0	0	1
0	0	1	0	0	0	1	1
0	1	1	1	0	0	1	0

续表

二进制码				格雷码			
B_3	B_2	B_1	B_0	G_3	G_2	G_1	G_0
1	0	0	0	0	1	1	0
0	1	0	1	0	1	1	1
0	1	1	0	0	1	0	1
0	1	1	1	0	1	0	0
1	0	0	0	1	1	0	0
1	0	0	1	1	1	0	1
1	0	1	0	1	1	1	1
1	0	1	1	1	1	1	0
1	1	0	0	1	0	1	0
1	1	0	1	1	0	1	1
1	1	1	0	1	0	0	1
1	1	1	1	1	0	0	0

$$
\begin{aligned}
G_0 = {} & \overline{B}_3\overline{B}_2\overline{B}_1B_0 + \overline{B}_3\overline{B}_2B_1\overline{B}_0 + \overline{B}_3B_2\overline{B}_1B_0 + \overline{B}_3B_2B_1\overline{B}_0 \\
& + B_3\overline{B}_2\overline{B}_1B_0 + B_3\overline{B}_2B_1\overline{B}_0 + B_3B_2\overline{B}_1B_0 + B_3B_2B_1\overline{B}_0, \\
G_1 = {} & \overline{B}_3\overline{B}_2B_1\overline{B}_0 + \overline{B}_3\overline{B}_2B_1B_0 + \overline{B}_3B_2\overline{B}_1\overline{B}_0 + \overline{B}_3B_2\overline{B}_1B_0 \\
& + B_3\overline{B}_2B_1\overline{B}_0 + B_3\overline{B}_2B_1B_0 + B_3B_2\overline{B}_1\overline{B}_0 + B_3B_2\overline{B}_1B_0, \\
G_2 = {} & \overline{B}_3B_2\overline{B}_1\overline{B}_0 + \overline{B}_3B_2\overline{B}_1B_0 + \overline{B}_3B_2B_1\overline{B}_0 + \overline{B}_3B_2B_1B_0 \\
& + B_3\overline{B}_2\overline{B}_1\overline{B}_0 + B_3\overline{B}_2\overline{B}_1B_0 + B_3\overline{B}_2B_1\overline{B}_0 + B_3\overline{B}_2B_1B_0, \\
G_3 = {} & B_3\overline{B}_2\overline{B}_1\overline{B}_0 + B_3\overline{B}_2\overline{B}_1B_0 + B_3\overline{B}_2B_1\overline{B}_0 + B_3\overline{B}_2B_1B_0 \\
& + B_3B_2\overline{B}_1\overline{B}_0 + B_3B_2\overline{B}_1B_0 + B_3B_2B_1\overline{B}_0 + B_3B_2B_1B_0
\end{aligned}
$$

可以看出，每个输出都是一系列最小项之和，因此可以用一个 4-16 的二进制译码器和 4 个“或门”来实现。对这种多输入、多输出的“与-或”逻辑，用 ROM 或 PLA 实现是非常方便的。用 ROM 实现要产生全部最小项，即符合完全译码的规律，而用 PLA 实现则要通过逻辑化简把乘积项数目减到最少，这样可以节省芯片面积。

例题 5.1-1　某 100nm 工艺，$V_{DD}=1.0\text{V}$，$V_{TN}=0.2\text{V}$，$V_{TP}=-0.2\text{V}$，$K'_N=\mu_n C_{ox}=400\mu\text{A/V}^2$，$K'_P=\mu_p C_{ox}=200\mu\text{A/V}^2$，$C_{ox}=2\mu\text{F/cm}^2$，如图 L5.1-1 所示的 2-4 译码器结构，如果所有 PMOS 宽长比为 4，NMOS 宽长比为 2，每个输出端驱动两个并联反相器作为负载，忽略结电容和衬偏效应；请计算输入信号到输出信号的最大上升延迟和最大下降延迟的比值。

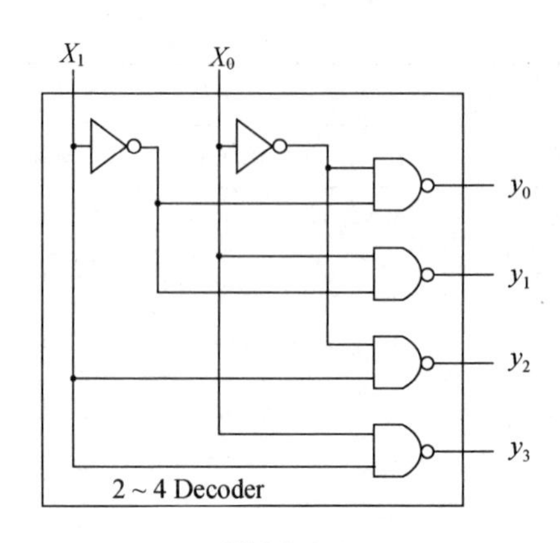

图 L5.1-1

解答:

为了简化计算量,根据题意,不妨设单个 MOS 的导电因子为 K,反相器的输入端电容为 C,反相器驱动一个反相器作为负载的延迟时间为 t。

(1) 最大上升延迟。译码器的真值表如表 L5.1-1 所示,当输入从第一行变为第二行,从 x_0 到 y_0 端产生的上升延迟为最大上升延迟,包括输入信号到反相器的下降延迟,然后到与非门的上升延迟,二者之和就是最大上升延迟。

反相器的导电因子为 K,负载电容为 $2C$,因此延迟时间为 $2t$;与非门单管上拉等效导电因子为 K,负载电容为 $2C$,上升延迟时间为 $2t$;即该译码器的最大上升延迟为 $4t$。

表 L5.1-1

x_1	x_0	y_3	y_2	y_1	y_0
0	0	1	1	1	0
0	1	1	1	0	1
1	0	1	0	1	1
1	1	0	1	1	1

(2) 最大下降延迟。当真值表的第四行变为第三行,从输入 x_0 到 y_2 端产生的下降延迟为最大下降延迟,包括反相器的上升延迟和与非门的下降延迟,反相器的延迟为 $2t$,与非门两管串联下拉,等效导电因子为 $K/2$,负载电容为 $2C$,下降延迟为 $4t$;即该译码器的最大下降延迟为 $6t$。

因此该译码器的最大上升延迟和最大下降延迟之比为 2∶3。

5.1.3 加法器

加法器是构成运算器的核心电路,是计算机实现加、减、乘、除等运算的基本执行部件,是数字系统中非常重要的一个基本功能电路。一位加法器也称做全加器,表 5.1-8 给出了一位全加器的真值表，其中 A,B,C 是 3 个输入信号，分别代表加数、被加数和进位输入信号，S 是产生的全加和输出，C_O 是产生的进位输出。按照组合逻辑电路的设计规律，应根据真值表写出 S 和 C_O 的逻辑表达式，并进行适当的逻辑变换和化简，最终确定电路的逻辑图和具体实现的电路。再根据电路性能要求确定电路中每个 MOS 管的尺寸，最后完成电路的版图设计。

表 5.1-8　全加器真值表

A	B	C	S	C_O
0	0	0	0	0
0	0	1	1	0
0	1	0	1	0
0	1	1	0	1
1	0	0	1	0
1	0	1	0	1
1	1	0	0	1
1	1	1	1	1

从真值表，可以得到输出信号 S 和 C_O 的逻辑表达式

$$S = A\overline{B}\,\overline{C} + \overline{A}B\overline{C} + \overline{A}\overline{B}C + ABC = A \oplus B \oplus C \tag{5.1-10}$$

$$C_O = AB + BC + CA \tag{5.1-11}$$

从真值表看出，当 A,B 和 C 中只有一个是“1”或者 3 个输入都是“1”时，全加和输出是“1”，且在 A,B,C 只有一个是“1”时，进位输出是“0”，由此可以得到全加和 S 的另一种逻辑表达式

$$S = (A + B + C)\,\overline{C_O} + ABC \tag{5.1-12}$$

对比公式(5.1-10)，可以看出公式(5.1-12)中将进位输出信号作为一个输入，这样计算进位输出信号的这部分逻辑在计算“全加和”信号的过程中实现了资源复用，可以节省硬件资源。图 5.1-17 是按照逻辑表达式(5.1-11)和(5.1-12)实现的全加器逻辑图。根据逻辑图就可以得到对应的静态 CMOS 结构电路图，如图 5.1-18 所示。

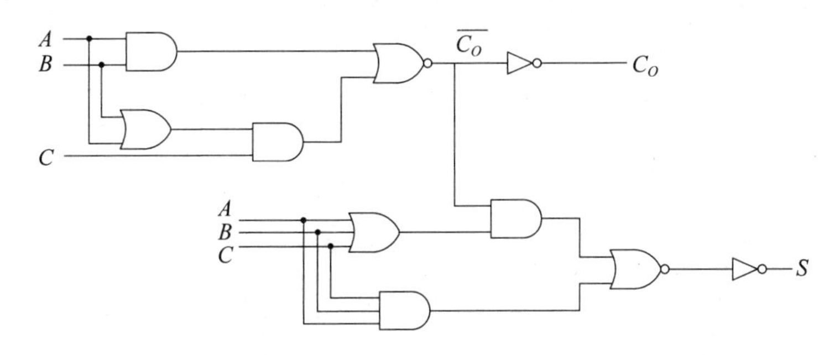

图 5.1-17　实现全加器的逻辑图

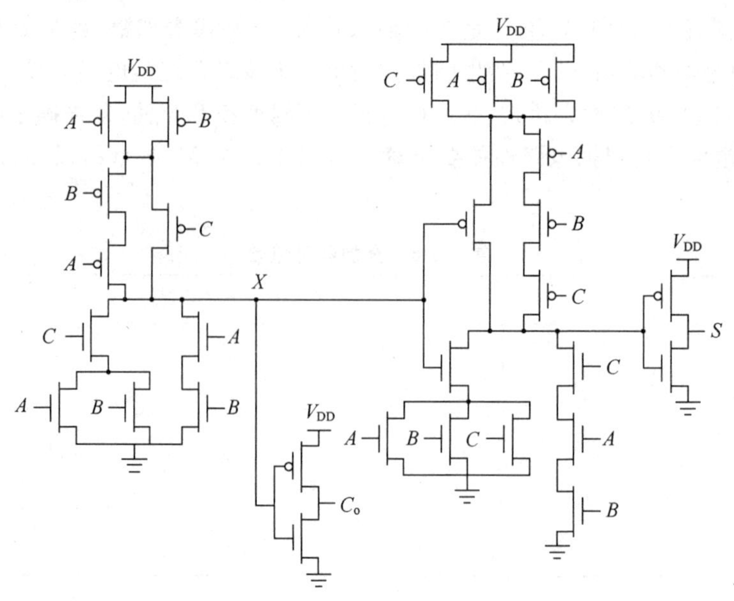

图 5.1-18　对应图 5.1-17 逻辑图的 CMOS 电路图

进一步观察公式(5.1-11)和(5.1-12),这两个公式可以变形为以下形式。

$$AB + (A + B)C = (A + B)(AB + C) \tag{5.1-13}$$

$$(A + B + C)\overline{C_O} + ABC = (ABC + \overline{C_O})(A + B + C) \tag{5.1-14}$$

这两个公式的等号两端的形式具有对偶特性,即"逻辑与""逻辑或"互换,观察全加器的真值表,我们会发现其真值表的前四行和后四行具有对称性,这种对称性造成了其逻辑表达式的对偶特性。将图 5.1-18 中两个上拉逻辑网络用公式(5.1-13)和(5.1-14)中等号右侧的逻辑实现,即为图 5.1-19 中所示的镜像结构全加器。两个电路用到的器件数目相同,但是镜像结构中串联的最多 PMOS 数目减少为 3 个,有利于提高速度。

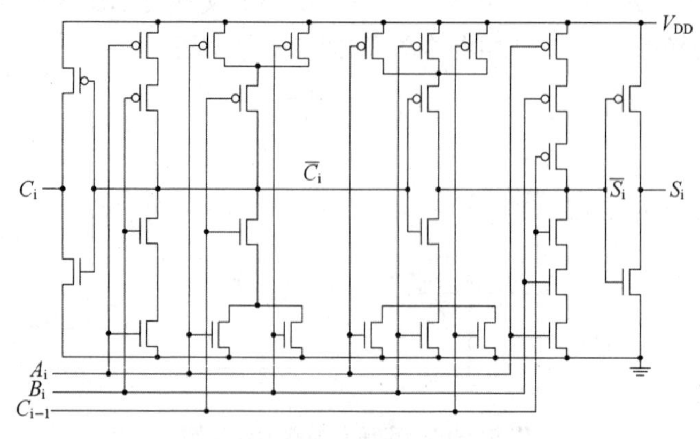

图 5.1-19　镜像结构 CMOS 全加器

镜像全加器是一种经典电路结构，由 28 个 MOS 器件组成，该结构利用资源复用减少了器件数目，利用逻辑变形减少了串联 PMOS 的数目。

例题 5.1-2　某代工厂 100nm 工艺，$V_{DD}=1.1V$，$V_{TN}=0.3V$，$V_{TP}=-0.3V$，$K_N'=\mu_n C_{ox}=450\mu A/V^2$，$K_P'=\mu_p C_{ox}=125\mu A/V^2$，$C_{ox}=1.8\mu F/cm^2$，如图 5.1-19 所示的镜像全加器结构，如果所有器件宽长比均为 1，输出端负载电容 1fF，忽略结电容和衬偏效应；请计算进位输入信号到进位输出信号的最大上升延迟和最大下降延迟。

解答：

首先计算上升延迟时间。当 $A_i=C_{i-1}=1$ 时，两个 NMOS 串联对结点$\overline{C_i}$进行放电，此时负载电容为两个反相器的栅电容；一个 PMOS 导通对输出结点 C_i 进行充电，此时负载电容为 C_L。假设一个反相器的输入电容为 C_{inv}，即

$$C_{inv}=(W_N+W_P)\cdot L\cdot C_{ox}=(L+L)\cdot L\cdot C_{ox}=0.36fF$$

根据延迟时间计算公式

$$t_{pHL}=\tau_f\frac{1}{(1-\alpha_N)^2}=\frac{C_{inv}}{K_N V_{DD}}\cdot\frac{1}{(1-\alpha_N)^2}$$

$$t_{pLH}=\tau_r\frac{1}{(1-\alpha_P)^2}=\frac{C_{inv}}{K_P V_{DD}}\cdot\frac{1}{(1-\alpha_P)^2}$$

其中 $\alpha_P=\dfrac{-V_{TP}}{V_{DD}}$，$\alpha_N=\dfrac{V_{TN}}{V_{DD}}$，求得上升延迟时间为

$$t_{pLH}=\frac{2C_{inv}}{1/2K_N V_{DD}}\cdot\frac{1}{(1-\alpha_N)^2}+\frac{C_L}{K_P V_{DD}}\cdot\frac{1}{(1-\alpha_P)^2}=20.9ps$$

同理求得下降延迟时间为

$$t_{pHL}=\frac{2C_{inv}}{1/2K_P V_{DD}}\cdot\frac{1}{(1-\alpha_P)^2}+\frac{C_L}{K_N V_{DD}}\cdot\frac{1}{(1-\alpha_N)^2}=42.4ps$$

我们观察公式(5.1-10)，该公式为一个 3 输入异或门，因此全加器也比较适合用传输门实现。可以通过逻辑变换将公式(5.1-10)和(5.1-11)变形为如下形式，变形后的进位逻辑是二选一多路器，选择信号是 A 和 B 的异或/同或逻辑，均适合传输门逻辑实现。

$$S=(A\overline{\oplus}B)C+(A\oplus B)\overline{C} \tag{5.1-15}$$

$$CO=(A\oplus B)C+(A\overline{\oplus}B)A \tag{5.1-16}$$

利用第 4 章给出的传输门电路可以实现 A 和 B 的"异或"，只要把这个电路中接到传输门和第 2 个反相器的 A 和 $\overline{A}$ 信号对调，就可以实现 A 和 B 的"同或"。以这个电路为基础构成一个基于 CMOS 传输门的全加器，如图 5.1-20 所示。这个电路总共只用了 20 个 MOS 管，比镜像全加器的电路更简化。

由于全加器是基本的逻辑门，对全加器电路设计研究得比较多，还有很多其他形式的电路，这里不能一一讲解。根据不同的要求，可以选择不同的电路形式。

在数字系统中的算术逻辑单元等模块中一般需要实现多位数据的并行加法，如 4 位加

法器。多位加法器可以用多个全加器电路串接,如图 5.1-21 所示。

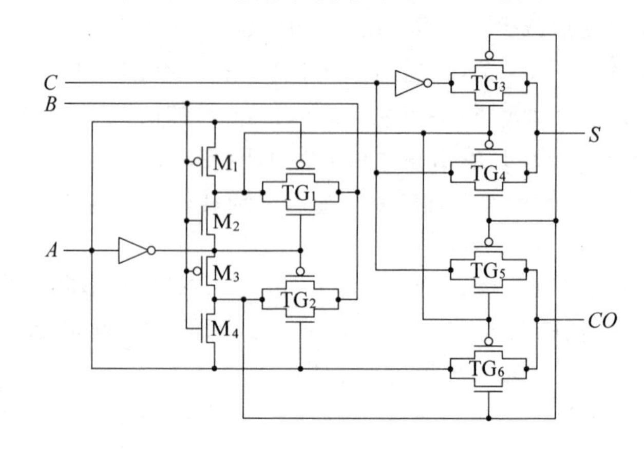

图 5.1-20　基于 CMOS 传输门的全加器

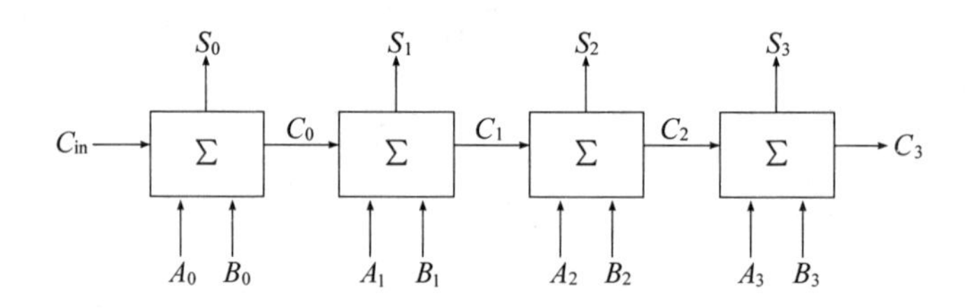

图 5.1-21　行波进位的并行加法器

例题 5.1-3　如图 5.1-21 所示的 4 位行波进位加法器结构,如果每个 FA 的 A,B 输入到进位输出 C_o 的延迟时间为 1.5ns,A,B 到"和输出"S 信号延迟时间为 2ns,进位输入 C_{in} 到进位输出 C_o 的延迟时间为 1.2ns,进位输入 C_{in} 到"和输出"S 信号的延迟为 1.8ns。则请计算该加法器完成 4 位加法运算所需的最大延迟时间。

解答: 完成一次 4 位加法运算的时间是从被加数和加数及进位信号到达的时间开始,直到输出正确的 4 位 S 信号和 C_{out} 信号为止。

假设在 0 时刻,9 个输入信号同时到达,则在 1.5ns 输出正确的中间信号 C_0,2.0ns 输出正确的 S_0 信号;然后,在 2.7ns 输出正确的中间信号 C_1,3.3ns 输出正确的输出信号 S_1;其后,在 3.9ns 输出正确的中间信号 C_2,在 4.5ns 输出正确的输出信号 S_2;最后在 5.1ns 输出正确的输出信号 C_3,在 5.7ns 输出正确的输出信号 S_3。至此,4 位行波进位加法器根据 9 个输入信号,计算出 5 位输出信号,完成了一次加法运算,最大耗时 5.7ns。

最长的路径延迟是从 A_0,B_0 经过 C_0,C_1,C_2 到 S_3 的关键路径。

从这个例子可以看出,因为高位运算要等待低位的进位输出结果,这种行波进位加法器的最大问题是速度慢。为了提高并行加法器的速度,对多位加法器可以配置超前进位链

(carry look ahead,CLA)。考虑 n 位加法器,第 i 位全加器的进位输出可表示为

$$C_i = A_iB_i + (A_i \oplus B_i)C_{i-1}$$
$$= G_i + P_iC_{i-1} \tag{5.1-17}$$

其中 $G_i = A_iB_i$ 为进位产生函数,$P_i = A_i \oplus B_i$ 为进位传递函数。因为当 $G_i = 1$ 时不管低位的进位是什么值,本位的进位输出都是"1";当 $P_i = 1$ 时则把低位的进位输出 C_{i-1} 直接作为本位的进位输出传送下去。一般多位加法器可以 4 位作为一组配一个进位链电路,进位链电路根据每位的 G_i 和 P_i 值直接产生每一位的进位输出,并得到组进位产生函数 GG 和组进位传递函数 GP,利用 GG 和 GP 以及最低位进位输入直接产生组进位输出,这样可以显著提高并行加法器的速度。对于 4 位一组的进位链可得到

$$C_0 = G_0 + P_0C_{\text{in}}$$
$$C_1 = G_1 + P_1C_0 = G_1 + P_1G_0 + P_1P_0C_{\text{in}}$$
$$C_2 = G_2 + P_2C_1 = G_2 + P_2G_1 + P_2P_1G_0 + P_2P_1P_0C_{\text{in}}$$
$$C_3 = G_3 + P_3C_2 = G_3 + P_3G_2 + P_3P_2G_1 + P_3P_2P_1G_0 + P_3P_2P_1P_0C_{\text{in}}$$
$$= GG + GPC_{\text{in}}$$

其中:

$$GG = G_3 + P_3G_2 + P_3P_2G_1 + P_3P_2P_1G_0$$
$$GP = P_3P_2P_1P_0$$

图 5.1-22 给出了用逻辑门实现进位链的逻辑图。

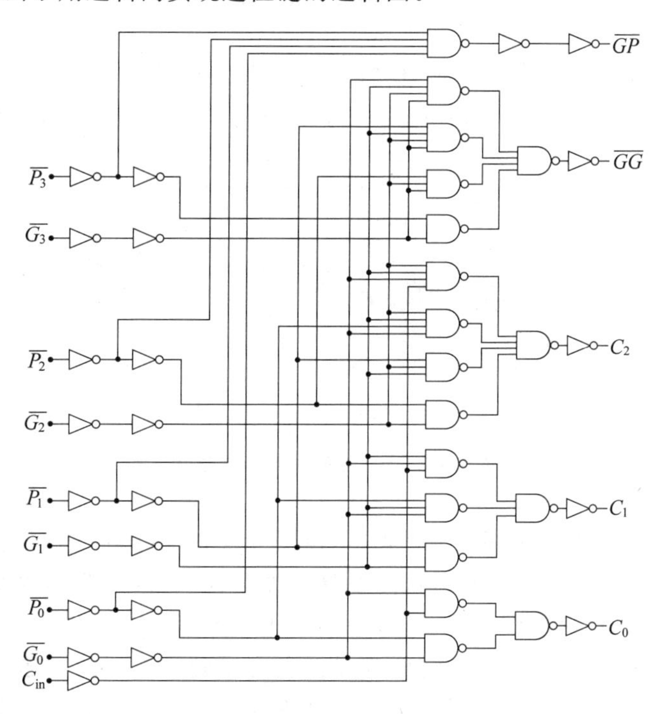

图 5.1-22　用逻辑门实现进位链的逻辑图

第 4 章中我们介绍了多输出多米诺电路构建的 4 位进位链,可以产生一组进位链中的 4 个进位输出信号。

行波进位加法器具有结构简单的特点,配合动态电路可以提高速度。曼彻斯特进位链是一种基于动态电路和传输门结构的行波进位加法器进位链结构,具有线路简单、速度快的优点,因而在数据通道设计中得到普遍应用。图 5.1-23 是 CMOS 曼彻斯特进位链中某一位的实现电路。这是一种动态电路,M_P 为 PMOS 预充电管。当 $\varphi=0$ 时 M_P 导通使输出预充电到高电平。当 $\varphi=1$ 时 M_P 截止,若 $P_i=1$,则 M_1 导通,直接把低位的进位信号 C_{i-1} 传送到输出端;若 $K_i=1$ 则 M_2 导通使 C_i 放电到 0。$K_i=\overline{A}_i\overline{B}_i$ 叫作进位消除函数,显然当 $K_i=1$ 时进位输出必定是 0。如果 $\varphi=1$ 时 P_i 和 K_i 都是 0,则进位输出一定是 1,此时依靠反馈管 M_f 导通维持输出的高电平。

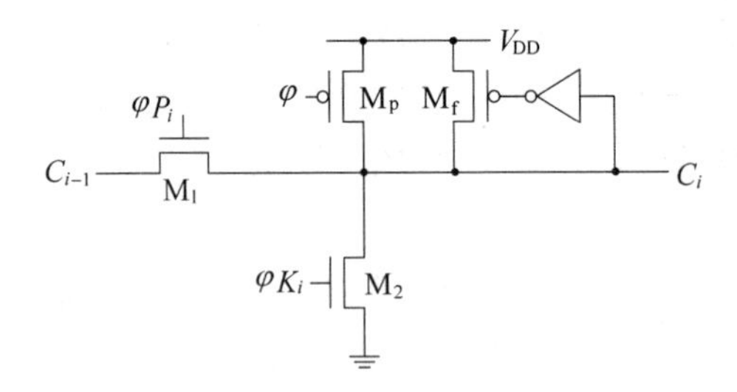

图 5.1-23　CMOS 曼彻斯特进位链

图 5.1-24 所示是一个 5 位一组的曼彻斯特进位链结构,第一级可以看作是一个动态电路实现的反相器,后面是五级曼彻斯特进位链,最后经过反相器输出进位信号。

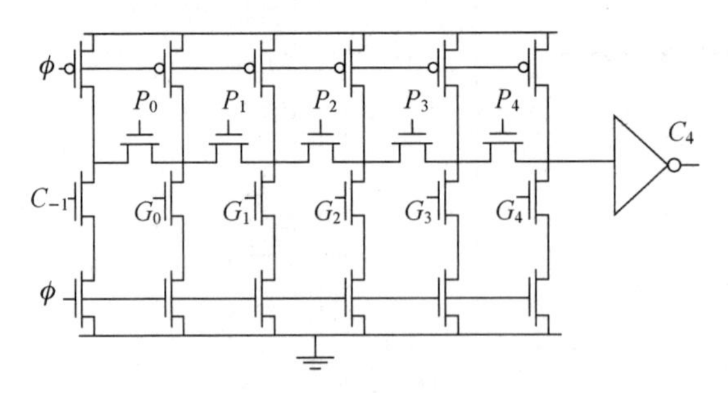

图 5.1-24　多位曼彻斯特进位链

例题 5.1-4　如果某工艺的 $K_N'=2K_P'$,如图 5.1-24 所示的进位链结构,如果所有 PMOS 宽长比为 NMOS 宽长比的 2 倍,输出端驱动两个并联反相器作为负载,忽略结电容和衬偏效应,请计算该电路的最长路径延迟是第二长路径延迟的多少倍?

解答: 该结构为动态电路,延迟时间为时钟上升沿到输出端的延迟,我们先看最大延迟,当 5 个进位传递信号 P 均为 1,而 5 个进位产生信号 G 均为 0,在求值阶段,该电路产生最大延迟。第二长的路径延迟是 $P_0=0$，$G_0=1$，其他的 P 均为 1，其他的 G 均为 0，在求值阶段产生的路径延迟。

不妨设单个 NMOS 的导电因子为 K，根据题意单个 PMOS 的导电因子也为 K；设反相器的输入电容为 C；则反相器驱动单个反相器的延迟时间为 t。

该电路的最大延迟时间为包括求值管的 7 个 NMOS 串联对输出反相器的输入电容放电的下降延迟时间，加上输出反相器的上升延迟时间。第一部分延迟，7 个 NMOS 串联的等效导电因子为 $K/7$，负载电容为 C，因此该部分延迟时间为 $7t$；反相器驱动两个反相器作为负载，延迟时间为 $2t$；可以得到该进位链的最大延迟时间为 $9t$；第二长的延迟时间为包括求值管的 6 个 NMOS 串联放电的下降延迟 $6t$ 和输出反相器的上升延迟 $2t$，共 $8t$。二者之比为 1.125。

超前进位链速度快但是面积和功耗开销大，行波进位加法器的串行进位链硬件开销小，但是速度慢。人们研究了各种结构的进位链来进行速度和硬件开销的折中。

旁路加法器，也称进位跳跃加法器，通过在行波进位加法器的串行进位链上增加旁路提高进位传递速度。

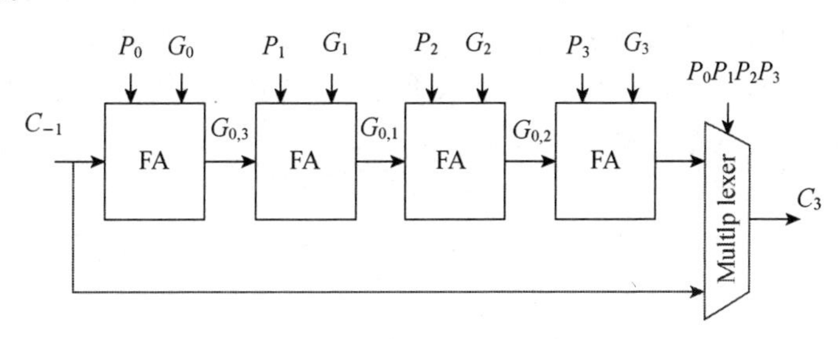

图 5.1-25　旁路加法器进位链

如图 5.1-25 所示，4 位一组的旁路加法器进位链结构中，在行波进位加法器的基础上增加了一个二选一多路器，将组内的所有进位传递信号逻辑相与作为选择信号，当所有的 P 均为 1，表明进位输入信号将会被串行进位链传递到进位输出信号，则多路器选择旁路支路直接将进位输入信号传递到进位输出信号，从而缩短了路径延迟；当 4 个 P 中至少有一个为 0，表明进位输出信号将从组内产生，多路器选择串行进位链的输出作为进位输出信号。

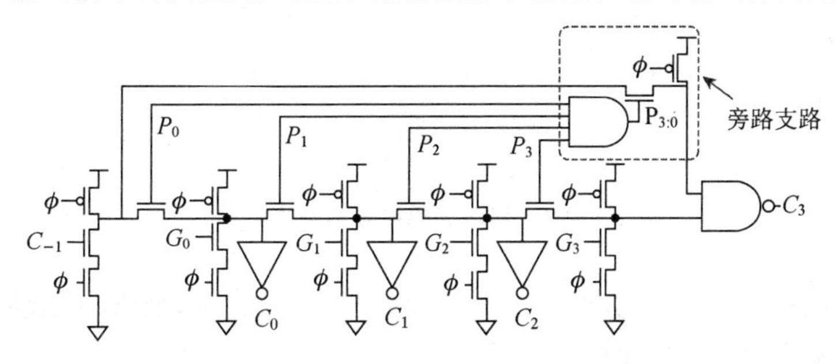

图 5.1-26　基于曼彻斯特进位链的旁路结构

图 5.1-26 所示为一个基于曼彻斯特进位链的旁路加法器的进位链电路实现[10]，当组内的 P 均为 1，NMOS 传输管将进位输入信号的反相值直接传递到与非门的一个输入端，这个时候与非门的另一个输入端为预充的高电平，所以与非门相当于反相器，将进位信号输出到 C_3；当组内的 4 个进位传递信号中至少有一个为 0，旁路 NMOS 传输管断开，旁路支路中的预充管将与非门的一个输入置为逻辑 1，与非门相当于反相器将曼彻斯特进位链支路来的进位信号取反后输出到 C_3。曼彻斯特进位链的 3 个中间节点经过反相器后输出组内的进位信号，同进位输入信号一同用于计算组内 4 位的加法和。

5.2 时序逻辑电路

前一节讨论的组合逻辑电路没有对工作状态的记忆功能，电路的输出只决定于当前的输入变量，也就是说电路的输出完全由输入变量的布尔函数决定。

另外一类逻辑电路叫作时序逻辑电路，它的输出不仅与当前的输入变量有关，还与系统原来的状态有关。这种电路中必须有存储元件用来记忆电路前一时刻的工作状态。图 5.2-1给出了时序逻辑电路的基本结构，它是由组合逻辑电路和存储元件组成的。时序逻辑电路又叫作可再生电路，存在输出到输入的反馈路径；而组合逻辑电路是非再生电路，不存在反馈回路。时序逻辑电路的输出可以表示为

$$Y(n) = f_1(X(n), Z(n)) \tag{5.2-1}$$

其中 $X(n)$ 是当前的输入变量，$Z(n)$ 是当前的状态变量。根据当前的输入变量和状态变量又决定了下一时刻的状态 $Z(n+1)$，即

$$Z(n+1) = f_2(X(n), Z(n)) \tag{5.2-2}$$

对下一时刻的操作 $Z(n+1)$ 又成为当前状态。式(5.2-1)叫作输出方程，式(5.2-2)叫作状态方程。

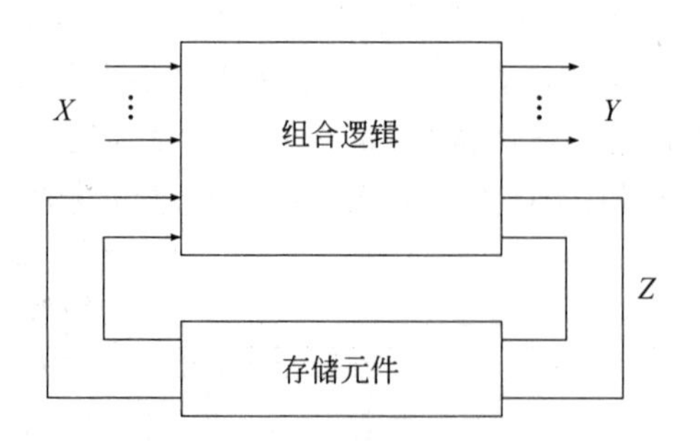

图 5.2-1　时序逻辑电路的基本结构

图中的组合逻辑我们已经介绍过了，本节将介绍存储元件，最常用的存储元件是寄存器，即多位触发器组成的存储元件。

5.2.1　时序电路的特性

图 5.2-2 所示为一个基于 D 触发器的时序逻辑电路，也称为有限状态机。由组合逻辑和作为存储元件的一组 D 触发器组成。图中 D 触发器为上升沿有效，在时钟的上升沿到来后，触发器中存储的现态数据同输入一起进入组合逻辑，经过组合逻辑的计算以后，一部分作为状态机输出，另一部分作为新态保存在触发器中等待下一个周期与新的输入数据一起进入组合逻辑。上述计算过程要在时钟的两个上升沿之间的一个时钟周期内完成。D 触发器的建立时间 t_s 和延迟时间 t_p，同组合逻辑的最坏情况下的延迟时间 t_{comb} 一起决定了这个时序逻辑电路能够正常工作的最小时钟周期和最大时钟频率，有限状态机的最大工作频率通常用来描述这个电路的速度。有限状态机的最小时钟周期的限制条件如公式(5.2-3)所示。

$$T \geqslant t_p + t_{comb} + t_s \tag{5.2-3}$$

这是数字系统设计中的一个重要公式，它包含了时序逻辑设计的核心概念[7]。建立在这个公式基础上的同步时序逻辑的设计方法，由于可以得到电子设计自动化工具的支持，可以实现自顶向下的设计流程。目前在数字集成电路设计领域主流的 ASIC 设计方法和 SOC 设计方法都是属于自顶向下的设计方法。

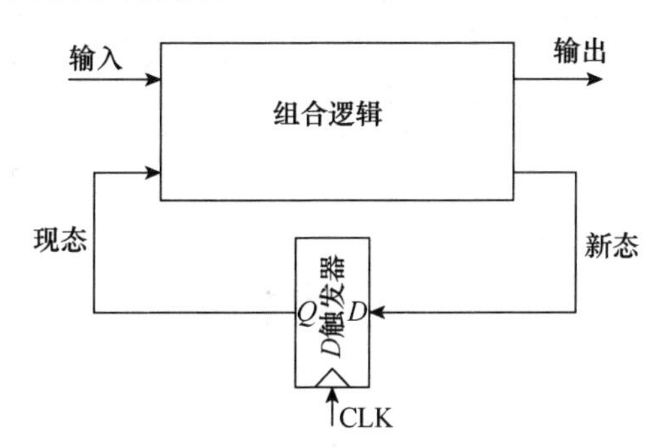

图 5.2-2　基于 D 触发器的有限状态机

公式(5.2-3)中，组合逻辑的延迟时间我们之前已经介绍了，触发器的建立时间和延迟时间我们在本节稍后介绍。时序电路中的存储元件可以分为时钟电平敏感的锁存器和时钟沿敏感的触发器等。下面我们从具有存储特性的双稳态电路开始介绍各种存储元件的基本结构和工作原理。

5.2.2　双稳态电路

在时序逻辑电路中作为状态记忆的部件，主要是采用双稳态(bistable)电路。顾名思义，双稳态电路具有两个稳定的工作状态。用两个反相器输入、输出交叉耦合就构成了基本的双稳态电路，如图 5.2-3 所示。对于反相器 F_1，输入信号是 V_1，输出信号是 V_2；对于反相

器 F_2 则相反,V_2 是输入信号,V_1 是输出信号。若 F_1 和 F_2 中器件参数完全相同,它们的电压传输特性曲线形状应完全相同。以 V_1 作为横轴,V_2 作为纵轴,把这两个反相器的直流电压传输特性曲线画在一个坐标系内,可得到图 5.2-4 的曲线。可以看出,两条曲线有 3 个交点:A 点对应于 $V_1=V_{DD}$,$V_2=0$;B 点对应于 $V_1=0$,$V_2=V_{DD}$;C 点对应于 $V_1=V_2=V_{it}$。其中,A 和 B 是两个稳定的工作点。如果电路初始时处于其中某一个工作点,则只要不断电,它将一直保持在这个状态,除非有足够大的外加电压,才能迫使它的状态改变。而 C 点是亚稳态。因为在 C 点两个反相器的电压增益都趋于无穷,只要任意一个输入有很小的干扰信号,就会被循环放大,直到电路进入到某一个稳定工作点。例如,对图 5.2-4 的电路,处于 C 点时,由于实际电路中器件参数不可能严格相同,另外也会有外界干扰信号的存在,因此 V_1 或 V_2 可能偏离 $V_{it}=\frac{1}{2}V_{DD}$。若 V_1 受到干扰使 V_1 略大于 V_{it},则反相器 F_1 的输出必然小于 V_{it},即 $V_2<V_{it}$。这个信号加到第 2 个反相器 F_2,经 F_2 放大后使 V_1 更大,再经过 F_1 使 V_2 更趋于低电平。如此反复循环,最终 V_1 将稳定在高电平 V_{DD},V_2 将稳定在低电平 0。

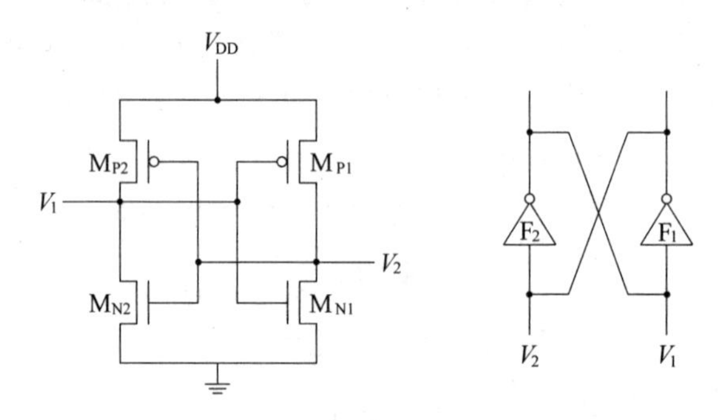

图 5.2-3 双稳态电路

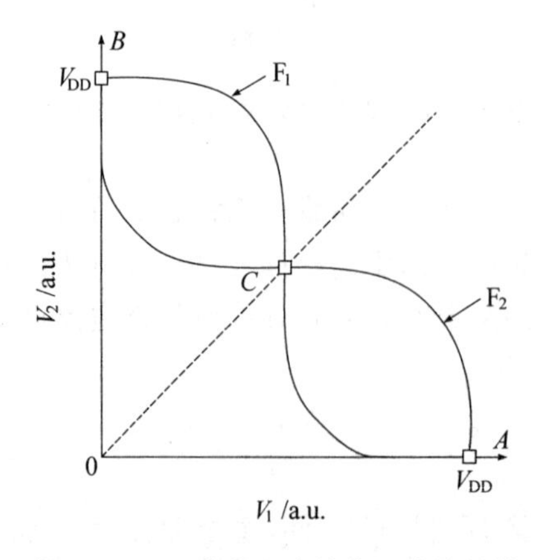

图 5.2-4 双稳态电路的电压传输特性

前面第 4 章曾指出反相器是一种可恢复逻辑，很差的逻辑电平经过若干级反相器可以恢复为合格的高电平或低电平。双稳态电路从亚稳态向稳定工作点转换的过程，可以看作是一个接近 V_{it} 的初始信号经过一定级数的反相器链传递。如果信号在双稳态电路中经过 n 次循环放大最终达到稳定，这相当于一个在 V_{it} 附近的信号经过 $2n$ 级反相器构成的反相器链，经过时间 T 最终被恢复为合格逻辑电平。图 5.2-5 说明了这个过程，图中 A 表示双稳态电路的循环增益[8]。

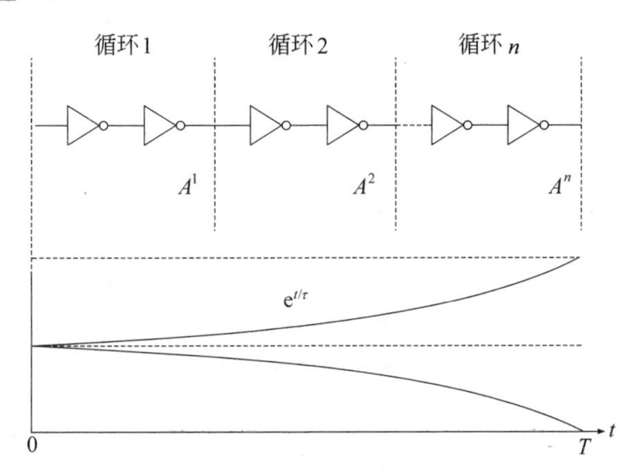

图 5.2-5　双稳态电路从亚稳态向稳定工作点转换的过程

5.2.3　触发器

双稳态电路的两个稳定工作点可以分别表示二进制的"0""1"两种信息。但是仅用双稳态电路还无法实现信息存储，因为双稳态电路所处的状态是随机的，无法控制。在双稳态电路的基础上，配上适当的输入控制电路就可以构成实用的存储部件，即各种触发器。

1. *R-S* 锁存器和 *R-S* 触发器

把构成双稳态电路的反相器换成两个或非门，就构成了基本的 *R-S* 锁存器(latch)，图 5.2-6 给出了 *R-S* 锁存器的逻辑图和对应的 CMOS 电路。用两个或非门比用两个反相器增加了两个输入端，这两个输入端就用来作为输入控制。以 Q 端的信号代表双稳态电路的存储状态，也就是锁存器的输出端，$\overline{Q}$ 是反码输出端，R 和 S 是输入端。

当 $R=S=0$ 时，R 和 S 输入端对或非门的输出没有影响，电路等价为两个反相器构成的双稳态电路，因此电路处于保持状态。若 $R=1$，$S=0$，或非门 1 有一个输入是高电平，输出必然是低电平；或非门 2 的两个输入都是低电平，输出必然是高电平。因此，不管 *R-S* 锁存器原来是什么状态，只要 $R=1$，$S=0$，输出必然是 $Q=0$，$\overline{Q}=1$，这就是置"0"操作。因此 R 输入端又叫作置"0"端或叫复位端(reset)。若 $R=0$，$S=1$，则或非门 2 的输出必然是低电平，或非门 1 的输出为高电平，即 $Q=1$，$\overline{Q}=0$，这就是置"1"操作。因此 S 输入端又叫作置"1"端或叫置位端(set)。当 $R=S=1$ 时，则两个或非门输出都为低电平，但是一旦 R 和 S

都变为低电平,Q 和 $\overline{Q}$ 的状态将无法确定,器件参数的不对称性以及外界干扰这些无法控制的因素将决定锁存器最终稳定在"1"状态或"0"状态。对 R-S 锁存器要避免 R 和 S 输入都为"1"的情况。图 5.2-7 说明 R 和 S 同时起作用,可能造成输出状态不确定[9]。表 5.2-1 列出了 R-S 锁存器的真值表。

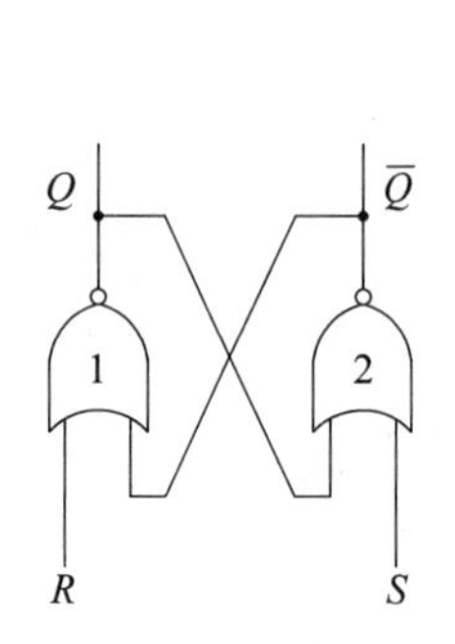

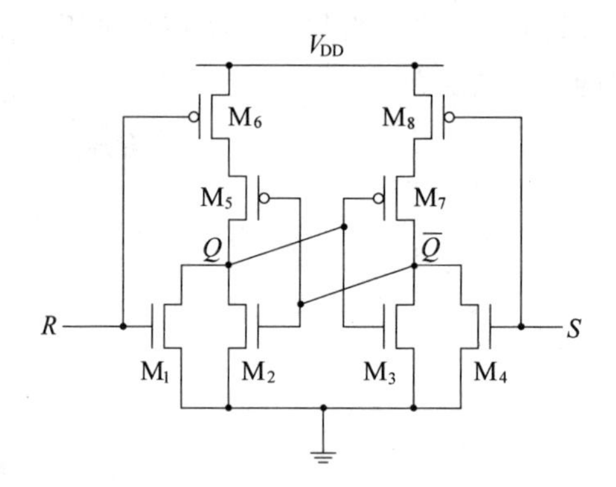

图 5.2-6 **R-S 锁存器**

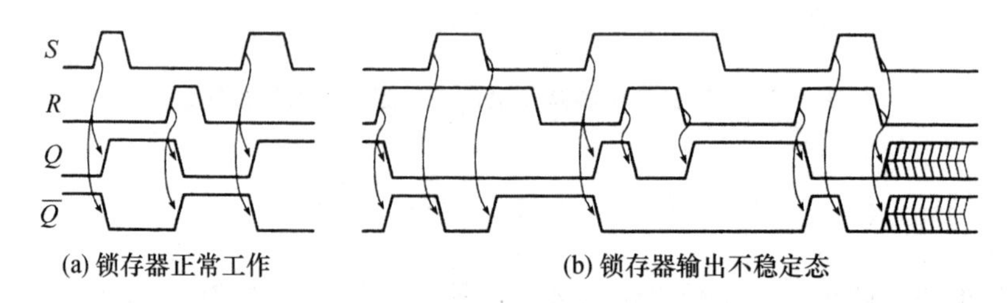

(a) 锁存器正常工作　　(b) 锁存器输出不稳定态

图 5.2-7 **R 和 S 同时起作用可能造成输出状态不确定**

表 5.2-1 **R-S 锁存器真值表**

S	R	Q	$\overline{Q}$	工作状态
0	0	Q	$\overline{Q}$	保持
0	1	0	1	复位
1	0	1	0	置位
1	1	0	0	不允许

根据真值表可以写出 Q 和 $\overline{Q}$ 输出信号的逻辑表达式

$$Q=\overline{R+\overline{S+Q}},\quad \overline{Q}=\overline{S+\overline{R+\overline{Q}}},\tag{5.2-4}$$

这个逻辑关系就对应于图 5.2-6 的结构。

根据表 5.2-1 的真值表还可以得到 Q 和 $\overline{Q}$ 的另一种形式的逻辑表达式

$$Q=\overline{\overline{S}\cdot\overline{\overline{R}Q}},\quad \overline{Q}=\overline{\overline{R}\cdot\overline{\overline{S}Q}},\tag{5.2-5}$$

图 5.2-8 给出了对应于上述逻辑表达式的 R-S 锁存器的逻辑图。这是用 2 个与非门构成的，其工作原理类似，只是对与非门输入信号是低电平有效，因此用 $\overline{R}$，$\overline{S}$ 控制锁存器翻转。

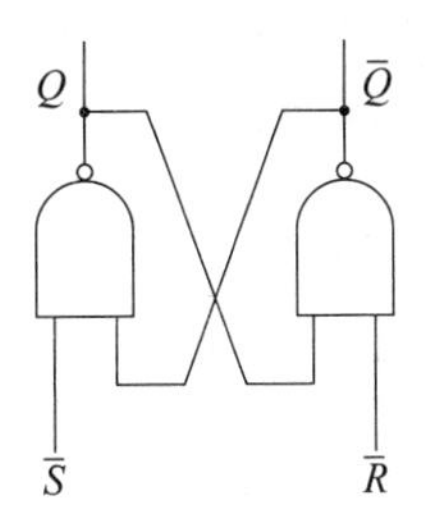

图 5.2-8　用与非门构成的 R-S 锁存器

在时序逻辑电路中应用最普遍的是同步时序逻辑，也就是要求所有电路用一个同步时钟信号 ck 控制，锁存器或触发器的翻转也应在同步时钟的控制下操作。图 5.2-9 给出了时钟同步的 R-S 锁存器的结构。当 $ck=0$ 时，输入信号不起作用，锁存器处于保持状态。当 $ck=1$ 时，锁存器的输出决定于输入信号 R 和 S。换句话说，锁存器在 $ck=1$ 时求值，在 $ck=0$ 时保持。不过它和动态 CMOS 电路如 C^2MOS 电路的保持原理不同，在 C^2MOS 电路中输出信号是靠节点电容保持，是动态保持，保持时间短暂，因此时钟频率不能太低；而在时钟同步的 R-S 锁存器中是靠双稳态电路保持输出状态，这是一种静态保存方式，只要不断电输出状态可以长期保持，因此对时钟频率的下限没有限制。但是时钟频率的上限仍受到电路延迟时间的限制。

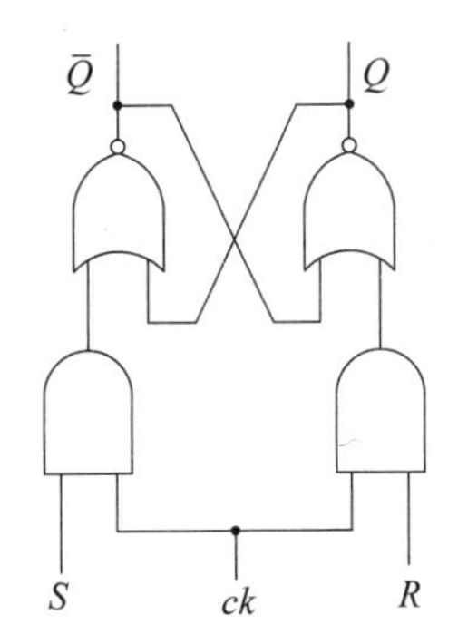

图 5.2-9　时钟同步的 R-S 锁存器

图 5.2-9 的电路存在一个问题，就是在 $ck=1$ 期间输出一直随输入信号变化，可能造成一个时钟周期内输出状态多次翻转，即“空翻”问题。采用主从结构的 R-S 触发器就可以避免“空翻”，图 5.2-10 说明了主-从 R-S 触发器的构成原理。它是把两个图 5.2-8 的锁存器电

路结合在一起,分别用两相相反时钟控制。前一个电路直接接受外部送入的 R,S 信号,是主动变化的,叫主锁存器;后一个电路受主锁存器的输出状态控制,是从属变化的,叫从锁存器,它们是一种主-从(master-slave)关系。如图 5.2-10 所示,当 $ck=1$ 时,主锁存器根据 R 和 S 信号求值;此时$\overline{ck}=0$,从锁存器处于保持阶段。当 $ck=0$ 时,主锁存器处于保持阶段;此时$\overline{ck}=1$,从锁存器求值。由于从锁存器求值时主锁存器的输出保持不变,从而保证最终输出 Q 和 $\overline{Q}$ 在一个时钟周期内只能变化一次。

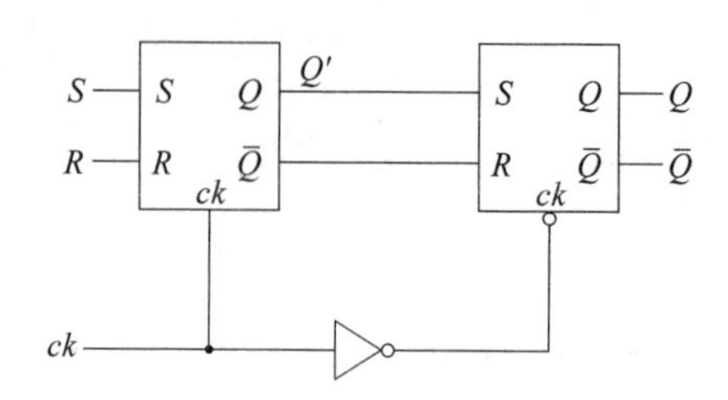

图 5.2-10 主从结构的 *R-S* 触发器

锁存器(latch)的输出直接跟随输入信号变化,因此即使一个窄脉冲或者假信号,只要脉宽大于电路的延迟时间,都会引起输出状态变化。而触发器(flip-flop)的输出状态在一个时钟周期内只能变化一次,它的输出状态决定于有效时钟边沿处(如图 5.2-10 是时钟 ck 下降边)的输入状态。因此这种主从结构的电路也叫边沿触发的触发器。图 5.2-11 给出了图 5.2-10 电路中 Q' 和 Q 与时钟和输入信号 R,S 的关系,由此说明锁存器和触发器的差别[8]。

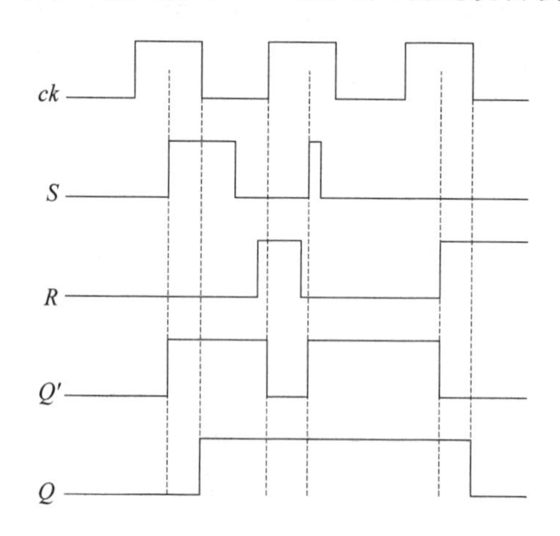

图 5.2-11 *R-S* 锁存器和触发器的差别

2. *D* 锁存器和 *D* 触发器

对 R-S 锁存器或触发器要避免 R 和 S 都是"1"的情况,一个解决办法是使 $S=\overline{R}=D$,这样只用一个输入信号 D 就可以控制电路的输出状态。图 5.2-12 是在 R-S 锁存器的基础

上构成的 D 锁存器，当 $ck=1$ 时 Q 输出将随 D 信号变化，也就是说经过一定延迟 D 信号传送到输出。因此这种电路可以作为数据(data)锁存或延时(delay)部件。

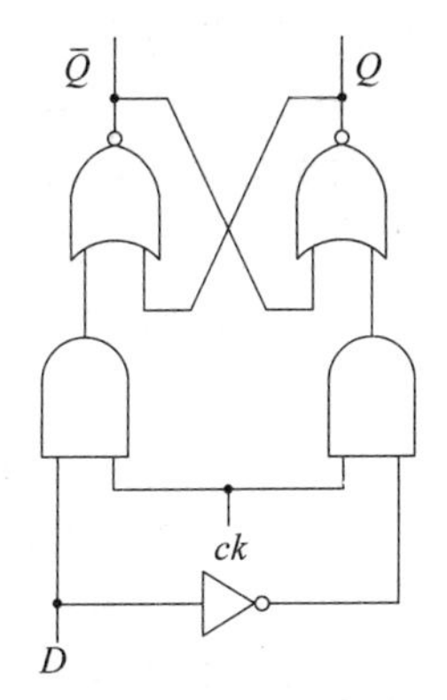

图 5.2-12　在 *R-S* 锁存器的基础上构成的 *D* 锁存器

D 锁存器和 D 触发器是时序逻辑电路中应用非常广泛的部件。在实际的集成电路设计中很少采用图 5.2-12 的电路结构，因为它的电路复杂、用的器件多、面积大。一种基于传输门和反相器构成的 D 锁存器是 VLSI 中更常用的电路结构，如图 5.2-13 所示。当 $ck=1$ 时传输门 TG_1 导通，TG_2 断开，输入数据 D 经过两级反相器输出；当 $ck=0$ 时传输门 TG_1 断开，外部信号不起作用，TG_2 导通，使两个反相器输入、输出交叉耦合，构成一个双稳态电路保持原来的数据。这个电路只用了 8 个 MOS 管，而图 5.2-12 的结构若采用常规 CMOS 逻辑门则需要 14 个 MOS 管。图 5.2-13 的形式既简化了电路节省了面积，又保证了信息存储稳定可靠。

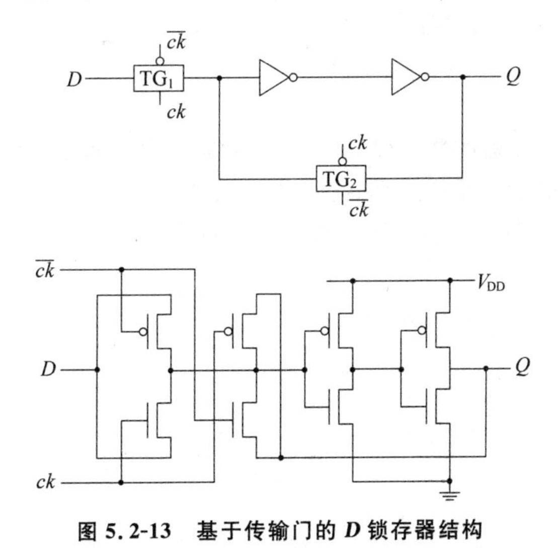

图 5.2-13　基于传输门的 *D* 锁存器结构

基于图 5.2-13 的电路可以构成主从结构的 D 触发器，图 5.2-14 给出了电路结构。这是一个时钟上升沿触发的 D 触发器。为了保证触发器的输出真实反映所需要的数据,必须使有效数据在时钟脉冲的触发边沿(如上升边)到来之前就准备好,即需要一定的数据建立时间 t_s,从而保证在时钟脉冲的触发边沿到来之前数据能从输入端传送到 A 点,这个时候主锁存器中第二个传输门两端的逻辑值相同,时钟上升沿到来传输门开关闭合,交叉耦合反相器可以可靠地进入两个双稳态之一,即采样正确的数据;与之相反,如果建立时间不满足,相当于 D 端的数据还没有传递到 A 点,这个过程中如果时钟有效沿到来闭合传输门开关,则主锁存器中的交叉耦合反相器结构可能错误进入到另一个双稳态,即采样错误数据。根据图 5.2-14 可知

$$t_s \geqslant t_{p(TG)} + 2t_{p(inv)} \tag{5.2-6}$$

其中 $t_{p(TG)}$ 是传输门的延迟时间,$2t_{p(inv)}$ 是两级反相器的延迟时间。

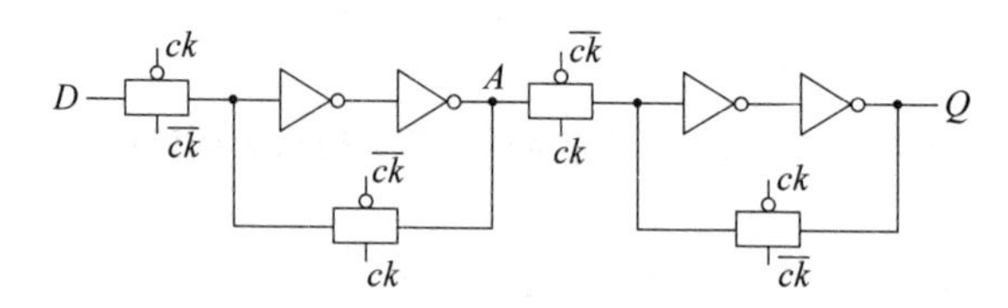

图 5.2-14　主从结构的 D 触发器

另外,数据在时钟脉冲的触发边沿到来后还应保持一段时间不变,即需要一定的数据保持时间 t_h。数据保持一定时间是为了保证触发器工作可靠,防止时钟信号 ck 和 $\overline{ck}$ 偏移引起信号竞争,在图 5.2-14 结构中的保持时间可以认为是时钟反相器的延迟时间。

触发器的延迟时间是从时钟有效沿到来开始,到数据传输到输出端的时间,对应图 5.2-14,这个上升沿有效 D 触发器的延迟时间是 A 点的数据在 ck 信号变为高电平后,经过传输门和两级反相器到达 Q 端的传输延迟。

$$t_p = t_{p(TG)} + 2t_{p(inv)} \tag{5.2-7}$$

图 5.2-15 说明了触发器的数据建立时间 t_s、数据保持时间 t_h 以及延迟时间 t_p 的定义。公式(5.2-3)中对同步时序电路的最小时钟周期的限制条件中,触发器的建立时间和延迟时间都是影响因素,而保持时间虽然不决定最小时钟周期,但是影响电路工作的可靠性。

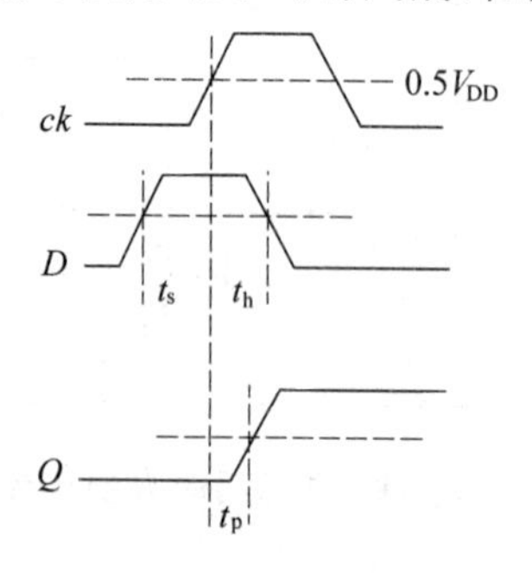

图 5.2-15　触发器的数据建立时间 t_s、数据保持时间 t_h 以及延迟时间 t_p 的定义

例题 5.2-1　已知时钟下降沿触发 D 触发器如图 L5.2-1 所示。如果构成该触发器的门电路的延迟时间如表 5.2-1 所示，则请计算该触发器的建立时间和延迟时间。

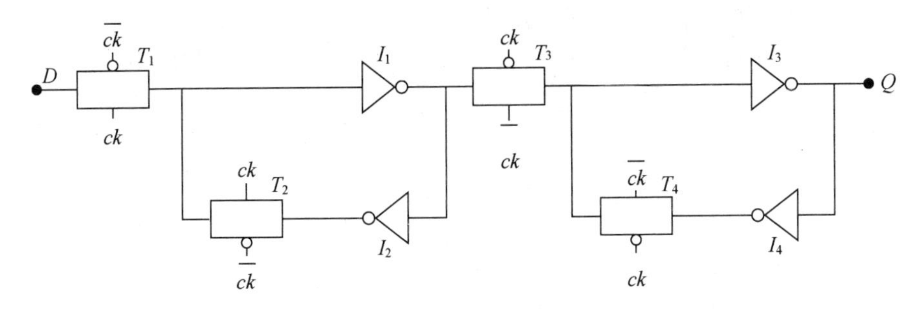

图 L5.2-1

已知：图中传输门和反相器的延迟时间如表 L5.2-1 所示。

表 L5.2-1

	延迟(ns)
T_1	2
T_2	1
T_3	2
T_4	1
I_1	1
I_2	2
I_3	1
I_4	2

解答：

建立时间：时钟有效沿到来之前(主锁存器透明期间)，数据传递到反相器 I_2 的输出端的时间，即 $t_s=(T_1+I_1+I_2)=(2+1+2)\text{ns}=5\text{ns}$

延迟时间：时钟有效沿到来之后，主锁存器中的数据经过传输门 T_3 和反相器 I_3 传递到 Q 端的时间，即 $t_p=(T_3+I_3)=(2+1)\text{ns}=3\text{ns}$

图 5.2-16 给出了一个实际的中规模集成电路产品中的 D 触发器结构。在这个电路中把反相器改为或非门，这样可以增加直接置位(S_D)和直接复位(R_D)控制。为了减小数据建立时间和电路的延迟时间，把主锁存器和从锁存器的输出端位置改变。另外，触发器的最终输出用反相器做缓冲器，以提高电路的输出驱动能力。表 5.2-2 列出了这个电路的真值表。

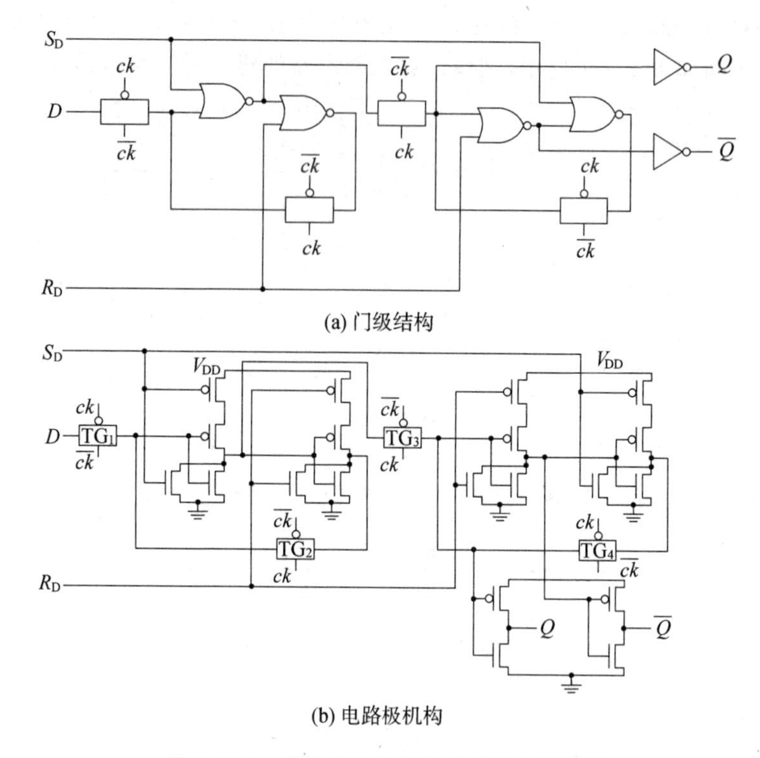

图 5.2-16 具有置位和复位功能的 D 触发器

表 5.2-2 带直接置位/复位的 D 触发器真值表

ck	S_D	R_D	D	Q	$\overline{Q}$
×	1	0	×	1	0
×	0	1	×	0	1
↑	0	0	0	0	1
↑	0	0	1	1	0
↓	0	0	×	$Q(0)$	$\overline{Q}(0)$

这里用"↑"和"↓"表示时钟的上升沿和下降沿,$Q(0)$和$\overline{Q}(0)$表示触发器原来的状态。

上面给出的 D 锁存器和触发器都是采用两相相反时钟控制。为了避免时钟信号 ck 和 $\overline{ck}$偏移引起的可靠性问题,可以采用真正的单相时钟逻辑电路。在数字系统中如果不要求数据保持较长时间,可以采用真正的单相时钟的 D 触发器,这种 D 触发器可以用于流水线结构中作为数据暂时寄存的部件。图 5.2-17 给出了正边沿触发和负边沿触发的单相时钟的 D 触发器的实际电路[7]。对图 5.2-17(a)的电路,φ 为时钟信号,在 $\varphi=0$ 时,第一级把 D 信号反相传送到 X 节点,此时第二级处在预充阶段,使 Y 节点为高电平,因此第三级上拉和下拉通路都断开,处于保持阶段。在 $\varphi=1$ 时,第一级处于保持阶段,第二级和第三级处于求值阶段，第二级再把 X 信号反相（即 D 信号）输出到 Y，第三级电路再把 Y 反相，因此输出是 $\overline{Q}=\overline{D}$。在 $\varphi=1$ 时若 D 信号变化，只能使 X 出现 1→0 的变化，而不会使 X 出现 0→1 的变化，因此对第二级没有影响。这个电路不会出现空翻问题。但是为了保证电路工作正常，D 信号相对时钟的正边沿也要有一定的建立时间和保持时间。图 5.2-17(b)电路的工作原理类似，只是时序相反。这种 D 触发器具有线路简单，工作可靠，速度快的优点。但是这种电路是动态保持，电荷保持时间短。

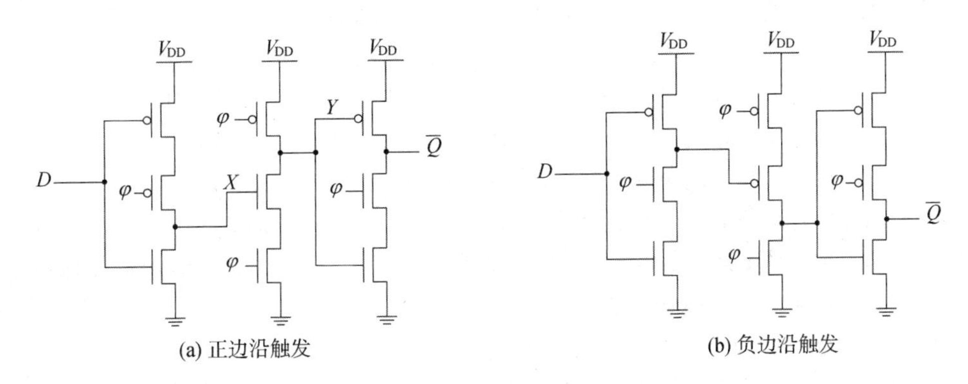

图 5.2-17　正边沿触发和负边沿触发的 TSPC D 触发器

例题 5.2-2　如图 L5.2-2 所示为一个串行加法器，每个周期完成一位加法运算；如果全加器为 28T 镜像结构；触发器的建立时间为 0.5ps，延迟时间为 1ps，触发器 D 端输入电容为 1fF；全加器采用镜像结构，器件宽长比均为 1，忽略结电容；基于 100nm 工艺，$V_{DD}=1.1V$，$V_{TN}=0.3V$，$V_{TP}=-0.3V$，$K_N'=\mu_n C_{ox}=450\mu A/V^2$，$K_P'=\mu_p C_{ox}=125\mu A/V^2$，$C_{ox}=1.8\mu F/cm^2$；则请计算该加法器的最大工作频率。（可以直接利用例题 5.1-2 的结果）

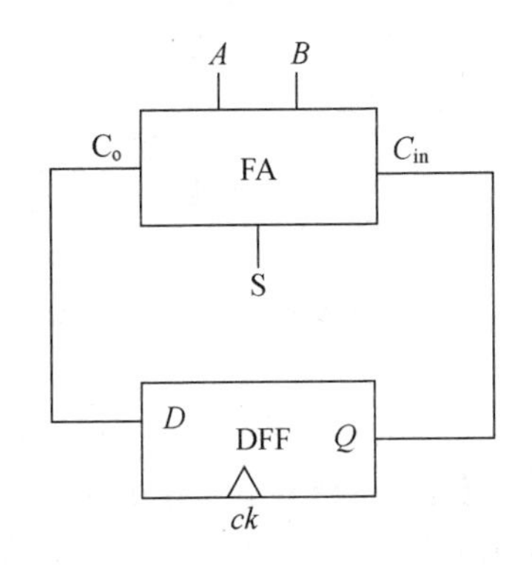

图 L5.2-2

解答： 由例题 5.1-2 可知，全加器的下降延迟时间大于上升延迟时间，因此下降延迟时间决定了最大工作频率，该全加器的最大下降延迟时间为 42.4ps；此外，根据题目可知触发

器的建立时间 $t_s=0.5\text{ps}$,延迟时间 $t_p=1\text{ps}$,所以该加法器的最大时钟周期为

$$t_{ck}=t_{pHL}+t_s+t_p=43.9\text{ps}$$

可得,最大工作频率为:$f_{max}=\dfrac{1}{t_{ck}}=22.78\text{GHz}$

3. *J-K* 锁存器和 *J-K* 触发器

为了避免 *R-S* 锁存器或触发器的 *R* 和 *S* 信号都为“1”造成输出不确定状态,可以把输出信号反馈到输入,使之在 2 个输入信号都为“1”时状态翻转,这样就在 *R-S* 锁存器或触发器的基础上构成了 *J-K* 锁存器或触发器。图 5.2-18 说明了在 *R-S* 锁存器基础上增加反馈线实现 *J-K* 锁存器的原理,其中与非门 1 和 2 是实现输入转换控制,与非门 3 和 4 构成 *R-S* 锁存器。在 $ck=0$ 时,与非门 1 和 2 的输出都是高电平,使 *R-S* 锁存器处于保持状态。当 $ck=1$ 时,若 $J=K=0$,与非门 1 和 2 仍输出高电平,使锁存器输出保持不变。若 $J=0,K=1$,且原来 $Q=1,\overline{Q}=0$,则与非门 2 输出为低电平,与非门 1 输出是高电平,从而对 *R-S* 锁存器置“0”;若 $J=0,K=1$ 且原来 $Q=0,\overline{Q}=1$,则与非门 1 和 2 都输出高电平,使输出保持不变。因此只要 $J=0,K=1$,一定使输出为 $Q=0,\overline{Q}=1$。同理,若 $J=1,K=0$,不管原来状态如何则一定使 $Q=1,\overline{Q}=0$。若 $J=K=1$,且原来 $Q=0,\overline{Q}=1$,则与非门 1 的输出是低电平,与非门 2 的输出是高电平,对 *R-S* 锁存器置“1”;反之,若原来 $Q=1,\overline{Q}=0$,则与非门 1 输出是高电平,与非门 2 输出是低电平,对 *R-S* 锁存器置“0”。所以在 $J=K=1$ 时,*R-S* 锁存器的输出必定发生翻转。由于锁存器的输出在时钟的高电平期间一直随输入信号变化,若 *J* 和 *K* 恒为高电平,则在时钟为高电平期间输出状态不断翻转,将出现振荡,因为一般与非门电路的延迟时间要远小于系统时钟的脉宽。

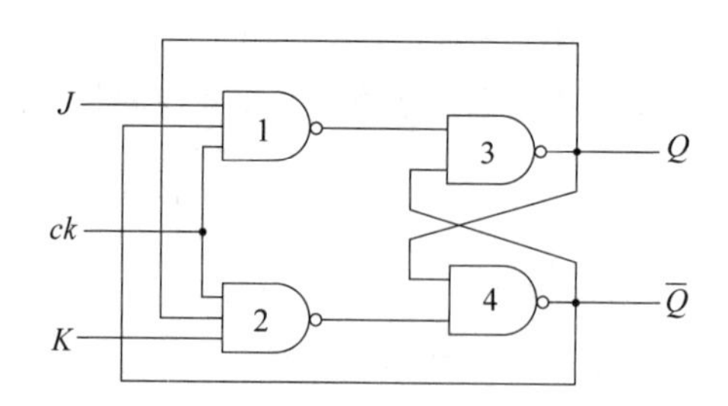

图 5.2-18 在 *R-S* 锁存器基础上增加反馈线实现 *J-K* 锁存器

为了避免输出空翻问题,可以采用主从结构,实现时钟边沿触发的 *J-K* 触发器。图 5.2-19 是用与非门实现的 *J-K* 触发器,最终输出是受时钟下降边触发。这个电路中还增加了直接置位和直接复位控制。因为是用与非门,所以直接置位/复位控制是低电平有效,用 $\overline{S_D}$ 和 $\overline{R_D}$ 表示。若 $\overline{S_D}=0,\overline{R_D}=1$,则直接置“1”,使 $Q=1,\overline{Q}=0$;若 $\overline{S_D}=1,\overline{R_D}=0$,则直接置“0”,使 $Q=0,\overline{Q}=1$。一般工作时,$\overline{S_D}=\overline{R_D}=1$,这两个信号不起作用,当 $ck=1$ 时主锁存器求值,从锁存器保持,在 *ck* 下降边主锁存器进入保持状态,从锁存器根据主锁存器保持的信息决定输出状态。对于时钟边沿触发的 *J-K* 触发器,如果 *J* 和 *K* 保持为高电平,则每来一

个时钟脉冲输出状态翻转一次，这种情况下 J-K 触发器就可以实现一个计数器或分频器的功能。图 5.2-20 给出了在 $J=K=1$ 条件下 J-K 触发器的输出波形。

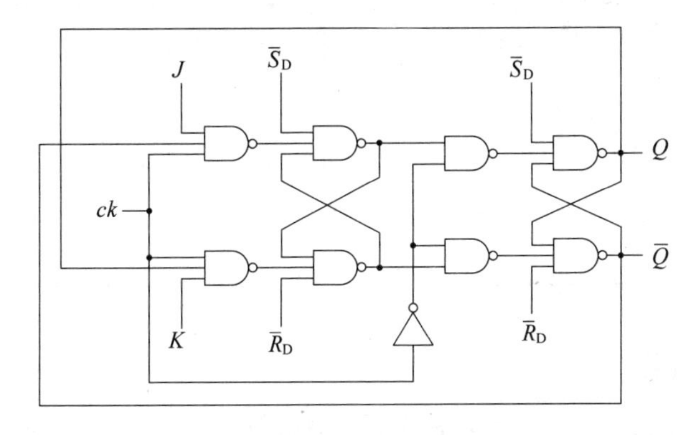

图 5.2-19　用与非门实现的 J-K 触发器

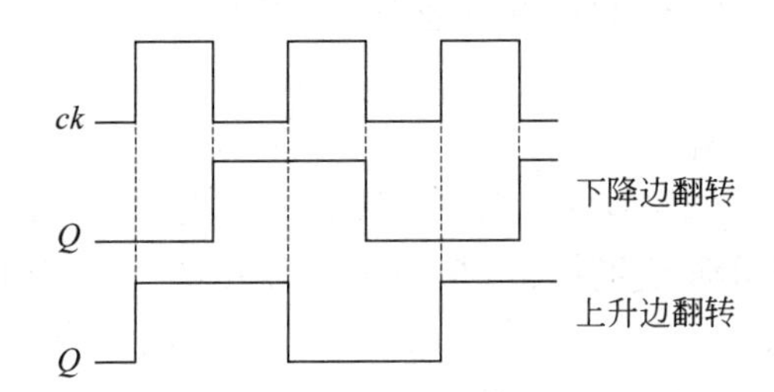

图 5.2-20　在 $J=K=1$ 条件下 J-K 触发器的输出波形

以上讨论的 J-K 触发器是在 R-S 触发器基础上增加反馈线实现的。同样也可以在 D 触发器基础上实现 J-K 触发器。图 5.2-21 给出了在 D 触发器基础上构成的 J-K 触发器，这种实现方案在 CMOS 集成电路中更普遍采用。这里 D 触发器是用与非门和传输门构成，因此直接置位/复位信号同样是低电平有效。表 5.2-3 列出了这个电路的逻辑功能。

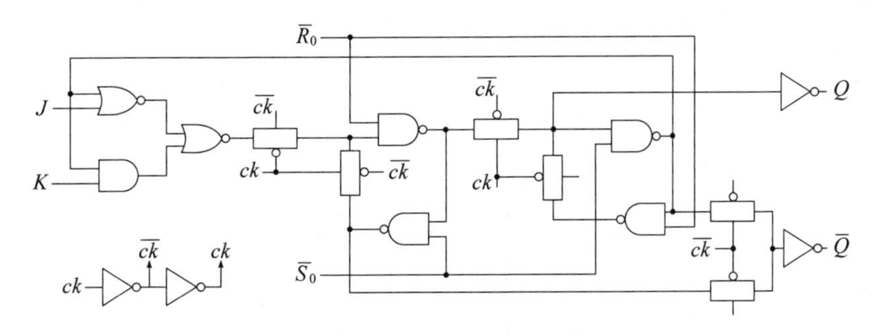

图 5.2-21　在 D 触发器基础上构成的 J-K 触发器

表 5.2-3　带直接置位/复位的 J-K 触发器真值表

$\overline{S_D}$	$\overline{R_D}$	ck	J	K	Q	$\overline{Q}$
0	1	×	×	×	1	0
1	0	×	×	×	0	1
1	1	↓	0	0	$Q(0)$	$\overline{Q}(0)$
1	1	↓	0	1	0	1
1	1	↓	1	0	1	0
1	1	↓	1	1	$\overline{Q}(0)$	$Q(0)$
1	1	↑	×	×	$Q(0)$	$\overline{Q}(0)$

5.2.4　移位寄存器*

移位寄存器(shift register)是对数据进行移位操作和寄存的功能部件。移位寄存器可以对数据进行左移、右移,数据的输入或输出方式可以是串入-串出、串入-并出、并入-串出或并入-并出。根据对数据的移位方向和数据输入、输出方式可以构成多种不同的移位寄存器。

1. 单向串入-串出移位寄存器

由于移位寄存器需要有寄存功能,因此一般是以触发器为基础构成的。如果只要求对数据短暂的寄存,可以采用动态电路构成单向串入-串出移位寄存器,这样有利于简化线路。图 5.2-22 是一种最简单的动态移位寄存器,这里是其中一位的电路。如果要对数据移动 n 位,则需要 n 个这样的单元电路串联。当 $ck=1$ 时,第一个传输门导通,第二个传输门关断,输入数据经过第一个传输门和第一个反相器到达 A 点,以数据反码的形式暂时存储在 A 点。当 $ck=0$ 时,第一个传输门关断,输入数据不能送入;此时第二个传输门导通,使刚才存储在 A 点的数据经第二个反相器再次反相后送到输出端。因此经过一个时钟周期,数据移动一位,并以动态存储方式暂时寄存。如果要使数据移动 n 位,则要经过 n 个时钟周期。因此利用单向串入-串出移位寄存器可以使输入信号延迟 n 个时钟周期后输出。

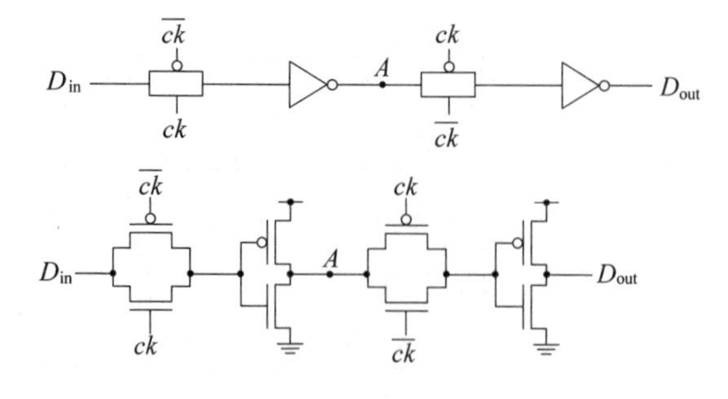

图 5.2-22　动态移位寄存器

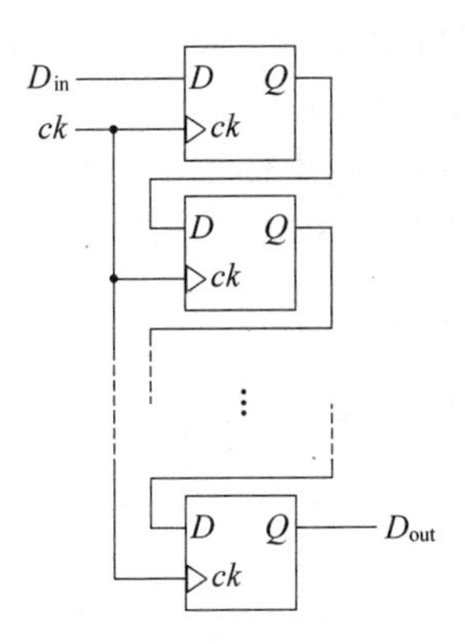

图 5.2-23　基于 D 触发器的串入-串出移位寄存器

采用动态电路形式简单、节省面积，且速度快，但是数据寄存时间短暂，可靠性差。为了使数据可靠保存，可以用 D 触发器构成单向移动的串入-串出移位寄存器，如图 5.2-23 所示。图中的方框符号代表图 5.2-14 的 D 触发器电路结构，在触发器的框图中用符号"＞"表示是时钟边沿触发的触发器。

2. 串入-并出移位寄存器

只要把图 5.2-23 的串入-串出移位寄存器中每个 D 触发器的 Q 信号都引出，就可以实现并行输出。但是这种情况下输出信号没有控制，不能使 n 位一组的数据正确地并行输出。

实际的串入-并出移位寄存器需要对并行输出加以控制，使得 n 位数据串行移入 n 位寄存器后再并行输出。图 5.2-24 是一个实际的集成电路产品 CD4094BC 实现 8 位串入-并出移位寄存器的逻辑图。这个电路的并行输出数据经过三态输出缓冲器送出，当三态控制信号 $E=0$ 时输出处于高阻态，当 $E=1$ 时允许数据并行输出。实现串入-并出转换是通过增加一组 D 锁存器，即图 5.2-24 上面一排的 8 个 D 锁存器。这些 D 锁存器的时钟信号是一个控制信号 Strobe，用 S 表示。当 $S=0$ 时这 8 个 D 锁存器处于保持状态，当 $S=1$ 时，8 位寄存器的 8 个数据分别送入这 8 个 D 锁存器，并经三态输出缓冲器输出。图中下面一排 D 触发器是实现数据串行输入及移位操作，最后一级的串行输出端 Q_s 是为了位数扩展时和其他电路级联使用。数据是在时钟的上升沿实现移位操作，经过 8 个时钟周期后 8 位数据串行移入 8 个 D 触发器，这时施加一个正脉冲控制信号 S，在使能信号 E 有效的情况下，8 位数据并行输出到 $Q_{7\sim 0}$。

3. 并入-串出和并入-并出移位寄存器

在常规的 D 触发器的输入端增加 2 个传输门，就可以控制 2 个数据来源，分别作为串行输入数据或并行输入数据。图 5.2-25 给出了可以实现并入-串出的 8 位移位寄存器的逻辑图以及每一位的单元电路结构，这是 CMOS 集成电路产品 CD4014BC 采用的方案。用控制信号 PS 控制每一位触发器的数据来源。当 $PS=0$ 时，8 位数据并行送入 8 个触发器。

然后 $PS=1$,使每个触发器接受串行数据来源,这样使数据移位且串行输出。由于输入数据经过一个反相器作缓冲,因此数据输出端也要增加一个反相器做输出缓冲器。

如果把图中的每一个触发器的输出信号都引出,就可以实现并入-并出移位寄存器。例如可以使 8 位数据并行送入,然后移动 2 位,再并行送出,从而实现对数据的移位操作和寄存。

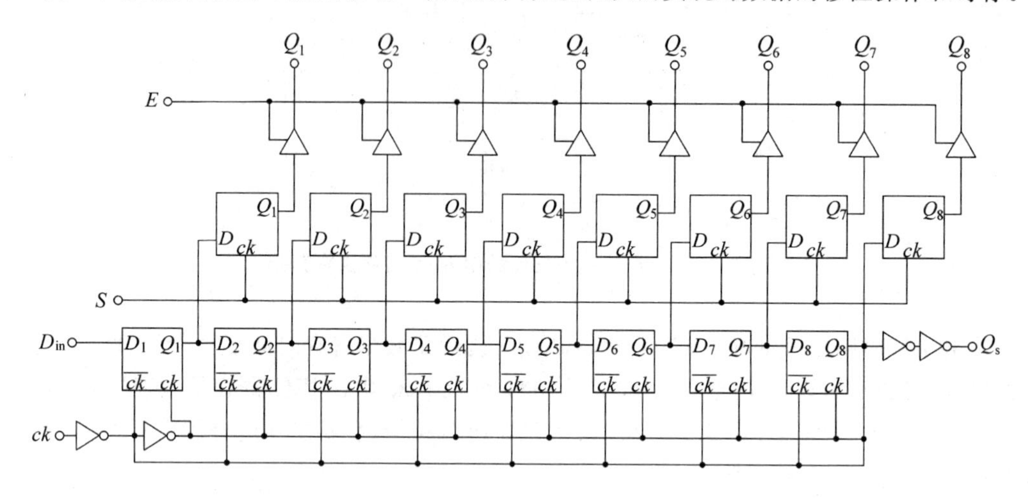

图 5.2-24 一个实际的 8 位串入-并出移位寄存器的逻辑图

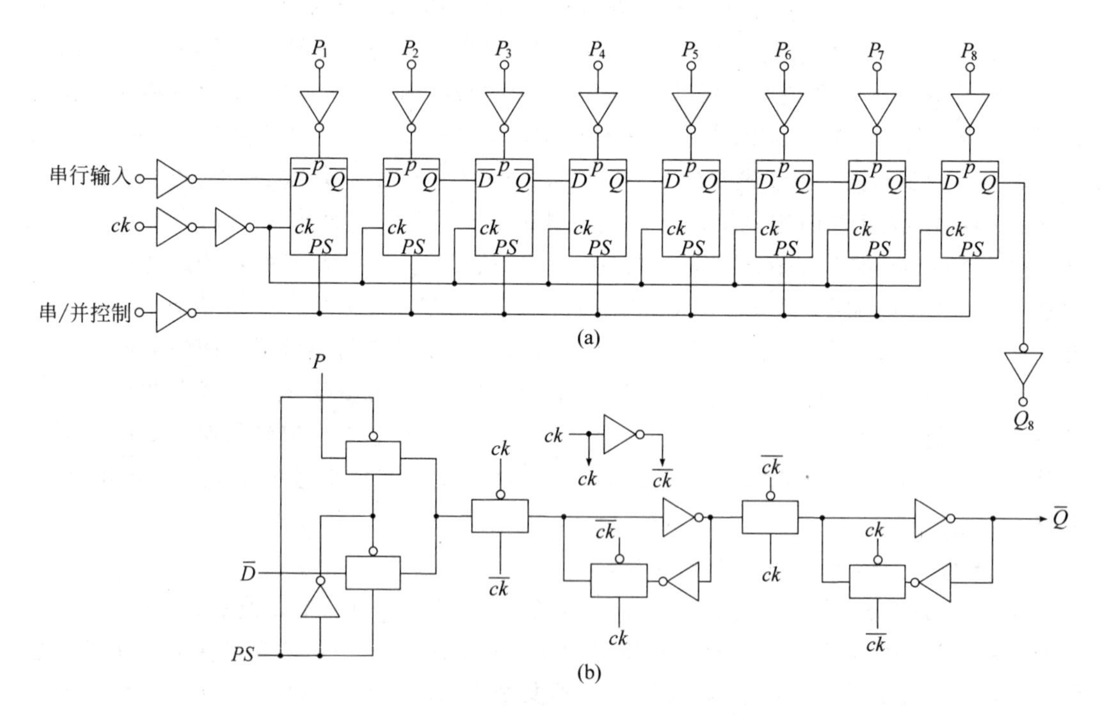

图 5.2-25 并入-串出和并入-并出移位寄存器

并入-串出和串入-并出移位寄存器在通信系统的数据传送中广泛使用。例如，通过在数据发送模块中利用并入-串出移位寄存器，可以把 n 位并行数据转换成串行数据送出，串行数据经过一条信号线传送到接收模块(或系统)中，再经过串入-并出移位寄存器把接收的串行数据恢复为 n 位并行数据。采用串行数据传送可以避免信号之间相互干扰，实现高速数据通信，目前计算机中的 USB 和 Display Port 等串行接口已经逐步取代了传统的并行数据和显示接口。

4. 通用移位寄存器

以上讨论的移位寄存器只能对数据进行单向移位操作，或者从低位向高位移动(把这个移动方向叫作右移)，或者从高位向低位移动(左移)。很多情况下需要能双向移动的移位寄存器，同时需要多种输入、输出方式。通用移位寄存器就可以实现多种不同的工作模式，因而在数字系统中得到广泛应用。

有很多不同的通用移位寄存器产品。下面以一个四位通用移位寄存器产品为例，说明通用移位寄存器的结构和工作原理。表 5.2-4 列出了通用移位寄存器的真值表，这是以带直接复位控制的 R-S 触发器为基本单元构成的，触发器在时钟上升边翻转。控制信号 S_1，S_0 组成控制代码，控制移位寄存器的工作模式。A,B,C,D 为并行输入端，D_{SL} 为左移串行输入，D_{SR} 为右移串行输入。

表 5.2-4　通用移位寄存器真值表

操作	输入										输出			
	$\overline{r}$	ck	S_1	S_0	D_{SL}	D_{SR}	A	B	C	D	Q_A	Q_B	Q_C	Q_D
复位	0	×	×	×	×	×	×	×	×	×	0	0	0	0
保持	1	0	×	×	×	×	×	×	×	×	$Q_{A(0)}$	$Q_{B(0)}$	$Q_{C(0)}$	$Q_{D(0)}$
	1	↑	0	0	×	×	×	×	×	×	$Q_{A(0)}$	$Q_{B(0)}$	$Q_{C(0)}$	$Q_{D(0)}$
右移	1	↑	0	1	×	1	×	×	×	×	1	Q_A	Q_B	Q_C
	1	↑	0	1	×	0	×	×	×	×	0	Q_A	Q_B	Q_C
左移	1	↑	1	0	1	×	×	×	×	×	Q_B	Q_C	Q_D	1
	1	↑	1	0	0	×	×	×	×	×	Q_B	Q_C	Q_D	0
并入	1	↑	1	1	×	×	a	b	c	d	a	b	c	d

根据上述真值表可以得到每一位触发器的输出状态与控制信号和输入数据的关系。即

$$Q_A=\overline{S_1}\,\overline{S_0}Q_{A(0)}+\overline{S_1}S_0D_{SR}+S_1\,\overline{S_0}Q_B+S_1S_0A$$

$$Q_B=\overline{S_1}\,\overline{S_0}Q_{B(0)}+\overline{S_1}S_0Q_A+S_1\,\overline{S_0}Q_C+S_1S_0B$$

$$Q_C=\overline{S_1}\,\overline{S_0}Q_{C(0)}+\overline{S_1}S_0Q_B+S_1\,\overline{S_0}Q_D+S_1S_0C$$

$$Q_D=\overline{S_1}\,\overline{S_0}Q_{D(0)}+\overline{S_1}S_0Q_C+S_1\,\overline{S_0}D_{SL}+S_1S_0D$$

根据上述逻辑表达式可以得到每个 R-S 触发器的输入控制电路。图 5.2-26 给出了实现四位通用移位寄存器的逻辑图。当然实际电路的实现还要考虑面积和速度等性能要求选

择合适的电路结构,一般不用扇入系数太大的 AOI 门。

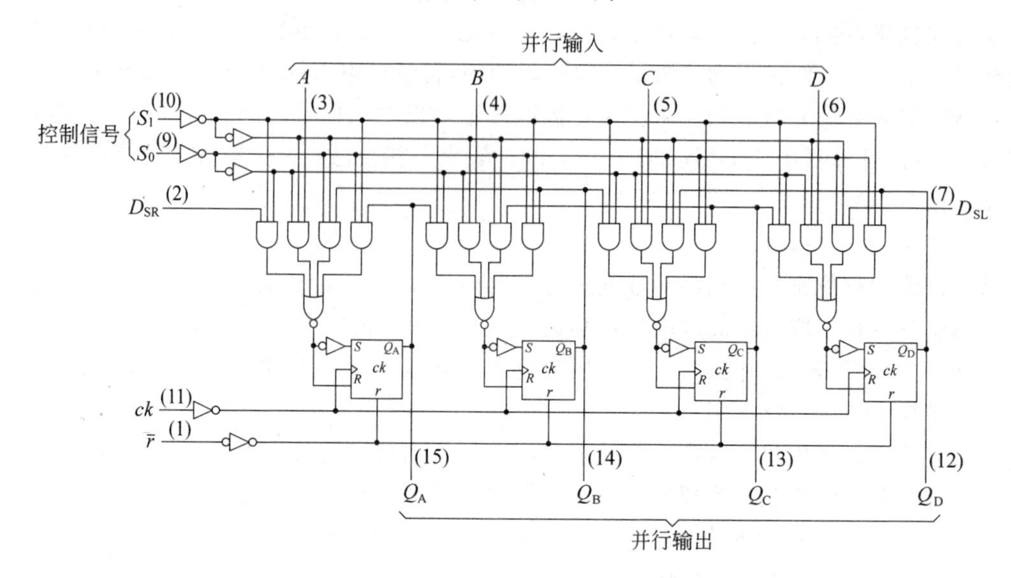

图 5.2-26　四位通用移位寄存器的逻辑图

5.2.5　计数器*

计数器(counter)是用来记录输入脉冲数目的电路,广泛用于数字系统中。在状态流图中包含有一个循环的时序电路都可以称为计数器。在一个循环中所包含的状态数目就是计数器的模。计数器也是以触发器为基本单元构成的。由于每个触发器有 2 个独立状态,由 n 个触发器构成的计数器最多有 2^n 个独立状态,因此可以构成模为 $N(N=2^n)$的计数器,这种计数器是二进制计数器。如果计数器的模 $M<2^n$,则是 M 进制计数器,或叫作模为 M 计数器,有时也称为 M 分频计数器(divide-by-M counter)。计数器按照其状态变化规律又分为加法(up)或减法(down)计数,也可以是双向可逆变化。另外按照时钟控制方式又分为同步计数器和异步计数器。

1. 异步二进制加法计数器

异步计数器中各个触发器的工作时序不同。图 5.2-27 是用 4 个 T 触发器构成的 4 位异步二进制加法计数器[9]。T(Toggle)触发器有很多实现方案,可以用 D 触发器或 J-K 触发器实现 T 触发器,如图 5.2-28(a)所示。这里 T 作为触发器的时钟信号,因此触发器状态在 T 信号的上升沿翻转。如果不希望 T 触发器在每个时钟触发边沿都翻转,可以采用加使能控制的 T 触发器,只有当使能信号 $EN=1$ 时 T 信号才能使触发器翻转,图 5.2-28(b)是增加使能控制信号的 T 触发器实现方案。

对于图 5.2-27 的计数器,第 1 个 T 触发器在每个时钟上升边都翻转,而第 2 个 T 触发器是在第 1 位的状态从 1 变为 0 后翻转,第 3 个 T 触发器是在第 2 位的状态从 1 变为 0 后翻转，依此类推。这相当于按二进制加法，每一位的输出从 1 变为 0 后向高位送入一个进位信号使高位计数(即状态翻转)。由于进位信号像波浪一样逐位向前传递，因此这种计数器也叫作行波计数器。

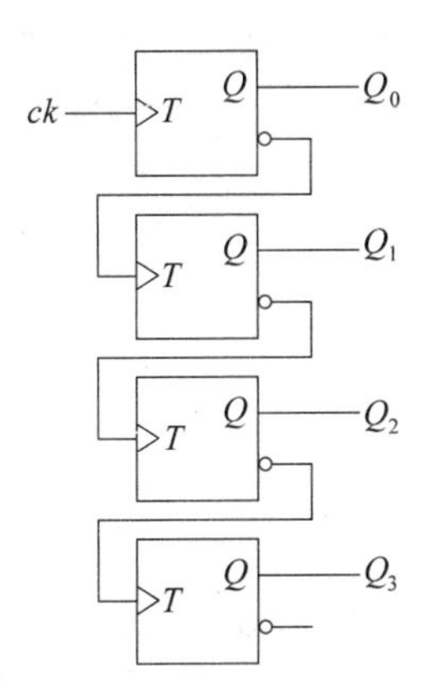

图 5.2-27　用 4 个 T 触发器构成的 4 位异步二进制加法计数器

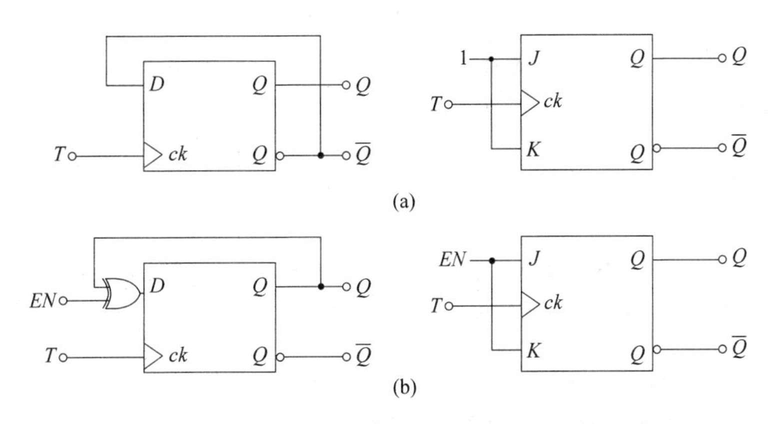

图 5.2-28　几种 T 触发器实现方案

2. 同步二进制加法计数器

上述异步二进制计数器结构简单，需要的元件少，但是速度慢，因为高位的变化要等待低位的输出信号。更常用的是同步计数器，即所有触发器受同一个时钟信号控制，触发器的输出同时变化。当然由于实际电路中每个触发器的输出相对时钟触发边沿的延迟时间可能不完全相同，但这个差别相对时钟周期时间是很小的。

图 5.2-29 是用带使能控制的 T 触发器构成的同步 4 位二进制加法计数器[9]。每个计数位的 T 触发器都是在使能信号 $EN=1$ 且所有低位都计到 1 后才能发生翻转。因此是按二进制加法规律变化。这种结构的同步计数器又叫作同步串行计数器，因为高位触发器的

翻转仍然要受低位信号控制。由于第 4 位的使能信号要经过 3 级与门传送,如果时钟周期太短,最低位的变化可能来不及在同一周期时间内传送到最高位。

采用同步并行计数器可以解决上述问题。图 5.2-30 是用 4 个并行使能控制的 T 触发器构成的同步并行 4 位二进制计数器。这样每个触发器的使能信号仅受外部输入信号 EN 和前一位触发器的输出信号控制,因此只经过一级逻辑电路的延迟。这是一种速度最快的二进制计数器结构。

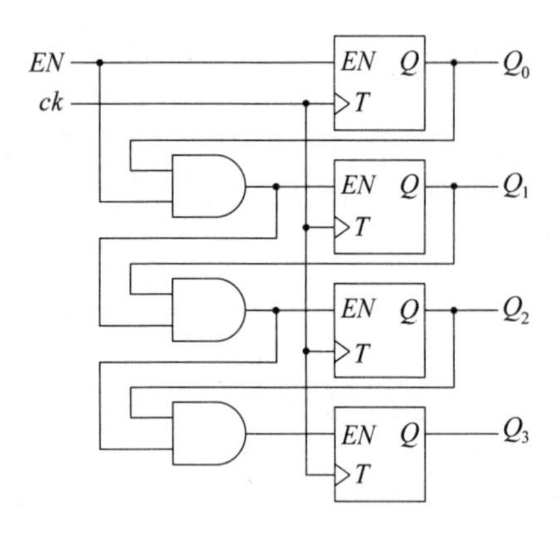

图 5.2-29　同步串行 4 位二进制计数器

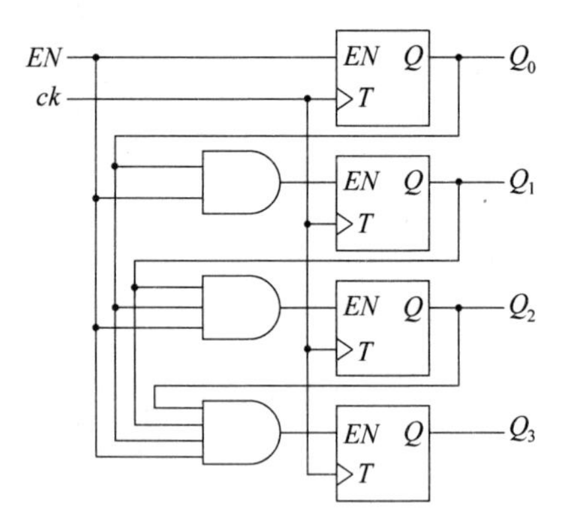

图 5.2-30　同步并行 4 位二进制计数器

参 考 文 献

[1] 内山明治,堀江俊明. 图解数字电路[M]. 曹广益,译. 北京:科学出版社,2000.

[2] Barker R J, Li H W, Boyce D E. CMOS Circuit Design, Layout, and Simulation[M]. New York: IEEE Press, 1998.

[3] 雨宫好文,小柴典居. 数字电路[M]. 白玉林,译. 北京:科学出版社,2002.

[4] 龙忠琪、贾立新. 数字集成电路教程[M]. 北京:科学出版社,2001.

[5] 荒井英辅. 集成电路 B[M]. 邵春林,蔡凤鸣,译. 北京:科学出版社,2000.

[6] Stewart R G. High-density CMOS ROM arrays[J]. IEEE Journal of Solid-State Circuits, 1977, SC-12 (5): 502-506.

[7] Rabaey J M. 数字集成电路:设计透视[M]. 北京:清华大学出版社,1999.

[8] Kang Sung-Mo, Leblebigi Yusuf. CMOS Digital Integrated Circuits Analysis and Design(Second Edition)[M]. Boston: McGraw-Hill, 1999.

[9] Wakerly J F. 数字设计原理与实践(原书第 3 版)[M]. 林生,等译. 北京:机械工业出版社,2003.

第 6 章　CMOS 集成电路的 I/O 设计

一块集成电路芯片是通过输入/输出(Input/Output,I/O)端口和外界联系的。通常来讲,芯片从片外接收输入信号,并把输出信号传送出去,驱动片外的负载。为了使片内和片外的信号匹配,满足电平和驱动能力的要求,在集成电路中要设计专门的输入/输出缓冲器。

6.1　输入缓冲器

输入缓冲器有两个方面的作用:一个是电平转换的接口电路;另一个是改善输入信号的驱动能力。

在 CMOS 集成电路中,一般可以用两级反相器做输入缓冲器,第一级反相器兼有电平转换的功能。考虑到外界噪声和其他因素影响,在 5V 工作电压下要求 CMOS 电路能接受的最坏情况输入电平范围是:$V_{\text{IHmin}}=2.0\text{V}$,$V_{\text{ILmax}}=0.8\text{V}$。这样的电平如果直接送入 CMOS 电路的输入端,可能使电路无法正常操作,因为 V_{ILmax} 会使 NMOS 管导通,而 V_{IHmin} 也会使 PMOS 管导通。因此需要一个电平转换电路,把很差的输入电平转换成合格的 CMOS 逻辑电平,再送入其他 CMOS 电路。一个特殊设计的 CMOS 反相器可以实现电平转换,只要把它的逻辑阈值设计在输入高、低电平之间,即

$$V_{\text{it}}=\frac{V_{\text{IHmin}}+V_{\text{ILmax}}}{2}=1.4\text{V} \tag{6.1-1}$$

若 $V_{\text{DD}}=5\text{V}$,$V_{\text{TN}}=-V_{\text{TP}}=0.8\text{V}$,则要求输入级反相器中 NMOS 管和 PMOS 管的导电因子比例为

$$K_{\text{r}}=\frac{K_{\text{N}}}{K_{\text{p}}}=21.7$$

由于 $\mu_{\text{n}}\approx 2\mu_{\text{p}}$,这就要求 $W_{\text{N}}/W_{\text{p}}\approx 11$。也就是说输入级反相器中的 NMOS 管要取较大的宽度,这样可以使 CMOS 反相器的直流电压传输特性曲线更快地下降,使输入为 V_{IHmin} 时,输出有较低的低电平。图 6.1-1 画出了作为电平转换电路的 CMOS 反相器的电压传输特性。这个电路由于需要较大的 NMOS 管,要增加电路的面积,另外,当输入是 V_{IHmin} 电平时,PMOS 管也导通,将引起电路的静态功耗。

为了降低输入级的逻辑阈值电平,还可以采用另一种输入缓冲器电路,如图 6.1-2 所示[1]。这个电路在输入级反相器的 PMOS 管源极上面增加了一个二极管,使加到反相器上的有效电源电压降低,另外使 PMOS 管有一定的衬底偏压,增大其阈值电压的绝对值。这两方面的作用都有利于降低输入级的逻辑阈值电平,因此可以选择较小的 NMOS 管和

PMOS管的导电因子比例。但是引入二极管使这级反相器输出高电平变差，为了改善其输出高电平可以再增加一个PMOS反馈管，如图中的M_{P2}。这种输入缓冲器电路在一些CMOS集成电路产品中采用。

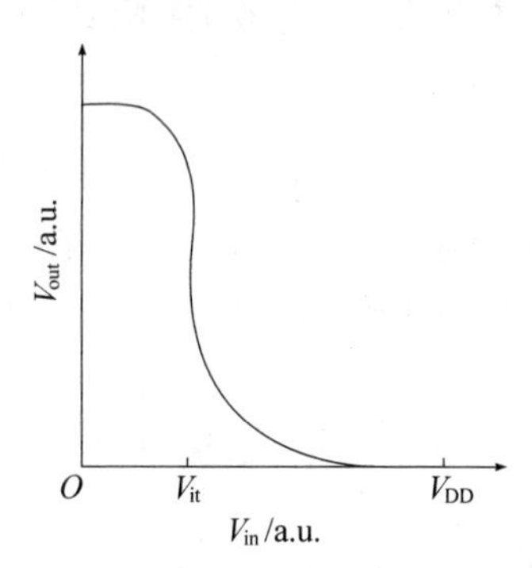

图6.1-1　实现电平转换的输入级CMOS反相器特性

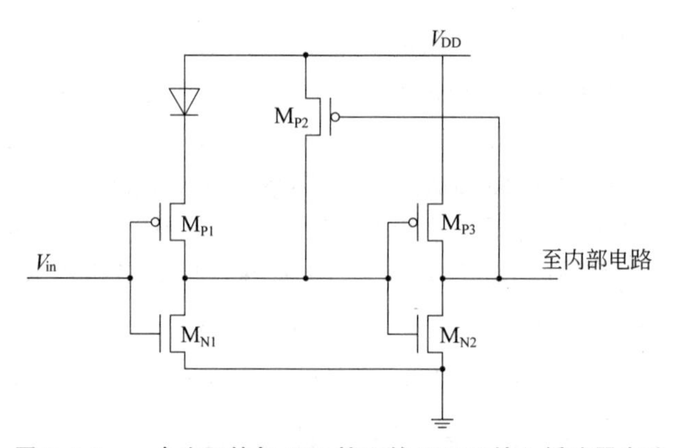

图6.1-2　一个实际的与TTL接口的CMOS输入缓冲器电路

也可以用CMOS史密特触发器做输入缓冲器。史密特触发器(Schmitt trigger)是一种阈值转换电路，它有两个阈值电平。当输入信号从低电平向高电平变化输出时，输入必须大于阈值电平V^+才能使输出电平变低；当输入信号从高电平向低电平变化输出时，输入必须小于阈值电平V^-才能使输出电平变高。图6.1-3说明了一种史密特触发器的电压传输特性和对应的逻辑符号。

图6.1-4是一个CMOS史密特触发器电路。这个电路以输入、输出线为界分成上、下两部分，上半部分是PMOS，下半部分是NMOS，两部分电路镜像对称，性能互补。

首先考虑V_{in}从低电平向高电平变化。当$V_{in}=0$时，M_{N1}和M_{N2}都截止。当$V_{in}\geqslant V_{TN}$时，M_{N1}开始导通，但M_{N2}仍截止，直到

$$V_{in}=V_{TN}+V_x=V^+ \tag{6.1-2}$$

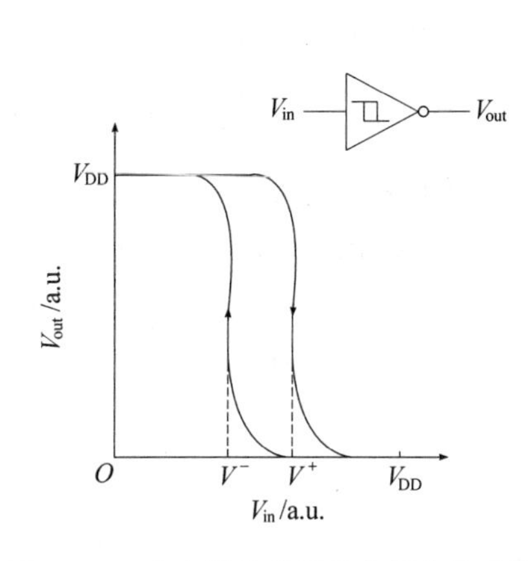

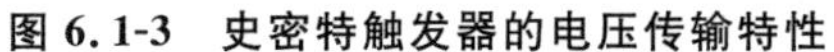
图 6.1-3　史密特触发器的电压传输特性

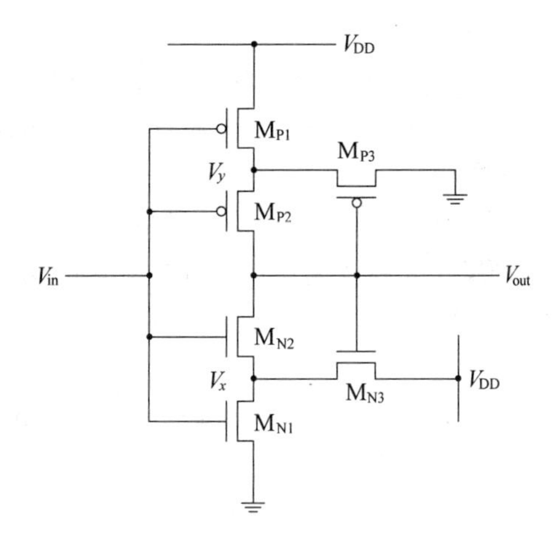

图 6.1-4　一种 CMOS 史密特触发器电路

时，M_{N2}才开始导通。在 M_{N2}没有导通时，输出保持为高电平 V_{DD}，因此使 M_{N3}导通。M_{N1}和 M_{N3}的分压比决定了 V_x。由于此时 M_{N1}和 M_{N3}都处在饱和区，因此有

$$K_{N1}(V_{in}-V_{TN})^2 = K_{N3}(V_{DD}-V_{TN}-V_x)^2 \tag{6.1-3}$$

这个关系式一直到 $V_{in}=V^+$ 都成立。由式(6.1-3)可得到正向阈值电平 V^+，或叫正向触发电平

$$V^+=\frac{V_{DD}+\sqrt{K_r}V_{TN}}{1+\sqrt{K_r}} \tag{6.1-4}$$

其中

$$K_r = K_{N1}/K_{N3} \tag{6.1-5}$$

选择合适的参数 K_r 和 V_{TN}，可以得到所需的正向阈值电平 V^+。例如，$V_{DD}=5V$，$V_{TN}=0.8V$，$K_{N1}=K_{N3}$，则有 $V^+=2.9V$。

类似地可以推导出输出从高电平向低电平变化所对应的反向阈值电平 V^-，

$$V^-=\frac{\sqrt{K_r'}(V_{DD}+V_{TP})}{1+\sqrt{K_r'}} \tag{6.1-6}$$

其中

$$K_r' = K_{P1}/K_{P3} \tag{6.1-7}$$

若 $V_{DD}=5V$，$V_{TP}=-0.8V$，$K_{P1}=K_{P3}$，则 $V^-=2.1V$。

用史密特触发器做输入缓冲器，只要 $V_{IL}<V^+$，$V_{IH}>V^-$，输出就是合格的 CMOS 逻辑电平。史密特触发器的作用相当于增大了输入噪声容限。对 CMOS 史密特触发器，输入高电平和输入低电平的最大噪声容限为

$$V_{NHM}=V_{DD}-V^-$$

$$V_{NLM} = V^+ \tag{6.1-8}$$

因此 CMOS 史密特触发器比常规 CMOS 反相器的噪声容限增大。

史密特触发器的 2 个逻辑阈值的差叫作它的回滞电压 V_H,即

$$V_H = V^+ - V^- \tag{6.1-9}$$

显然,回滞电压越大史密特触发器的噪声容限越大。利用史密特触发器的回滞电压可以有效抑制输入噪声。例如一个缓慢变化的输入信号,它有较长的上升时间和下降时间,另外信号中有大约 0.5V 大小的噪声,如图 6.1-5(a)所示。这样的信号送入普通的反相器,则输出信号受到噪声干扰出现无规则变化,如图 6.1-5(b)所示。但是由于噪声幅度小于史密特触发器的回滞电压,使它能抑制输入噪声干扰得到正常逻辑输出,如图 6.1-5(c)[2]。

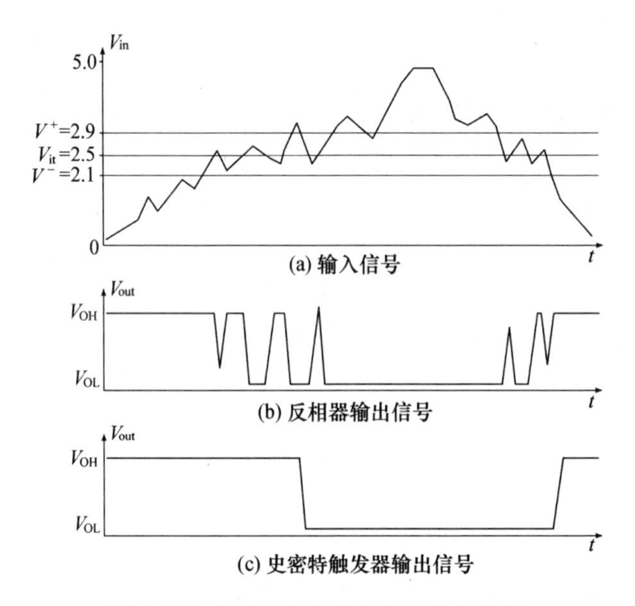

图 6.1-5 用史密特触发器抑制输入噪声

6.2 输出缓冲器

对于接到片外的最终输出级电路,需要驱动包括压点、封装管壳以及印刷电路板的寄生电容,这些电容的总和可能达到几十 pF 甚至上百 pF。当一个电路的输出要驱动一个很大的负载电容时,为了保证电路的工作速度,必须使输出级能提供足够大的驱动电流。在一定工艺条件下,要增大驱动电流必须增大 MOS 管的宽长比,然而,输出级 MOS 管的尺寸增大,又将使前一级电路的负载电容增大,使前一级的延迟时间加长。因此,在驱动很大的负载电容时(不仅针对连接片外的输出级,也包括扇出很大的电路,如时钟发生器电路等),需要一个设计合理的输出缓冲器,缓冲器要能提供所需要的驱动电流,同时又要使缓冲器的总

延迟时间最小。在 CMOS 集成电路中，一般是用多级反相器构成的反相器链做输出缓冲器。下面讨论这种反相器链的设计。

使反相器链逐级增大相同的比例，这样每级反相器有近似相同的延迟时间，这样对减小缓冲器的总延迟时间有利。模拟表明，当反相器输入波形的上升、下降时间与输出波形的上升、下降时间基本相等时，反相器的充放电电流为一个三角形波形，电流的峰值就是 MOS 管的最大饱和电流。如果输入波形的上升、下降时间比输出波形的大，则电流峰值下降，也就是说这种情况下没有发挥出 MOS 管的最大驱动能力。如果输入波形的上升、下降时间比输出波形的小，则充放电电流波形从三角形变为梯形，这说明充放电时间加长。图 6.2-1 给出了一个 CMOS 反相器驱动不同负载电容时，输出电压波形与输入电压波形的关系，以及充放电电流的变化[3]。这个模拟结果也证明了使反相器链中各级反相器有近似相同的延迟时间，即输入波形和输出波形的上升、下降时间近似相等，这种设计有利于提高速度。

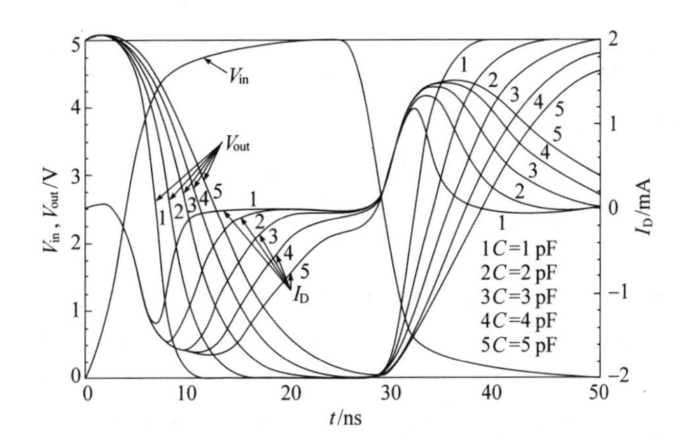

图 6.2-1　驱动不同负载电容时反相器的电压波形和电流波形

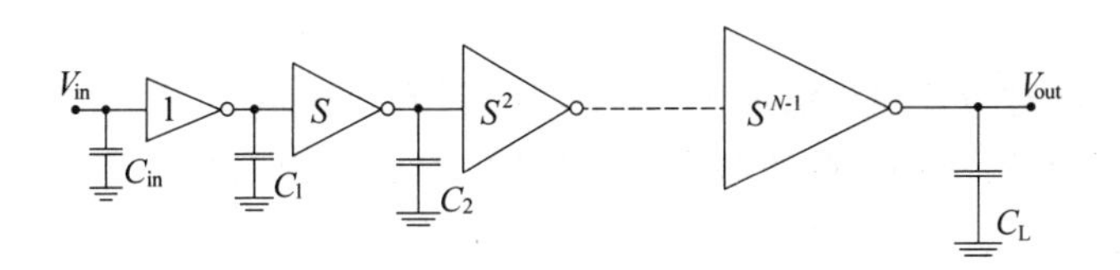

图 6.2-2　反相器链做输出缓冲器

考虑一个逐级增大 S 倍的反相器链，如图 6.2-2 所示。以第一级反相器尺寸为单位 1，则第二级反相器中 NMOS 和 PMOS 的宽度都比第一级增大 S 倍，第三级比第一级增大 S^2 倍，如此类推，第 N 级反相器比第一级增大 S^{N-1} 倍。如果忽略连线寄生电容和各个结点的 pn 结电容，则图 6.2-2 的反相器链中有

$$C_1 = SC_{in},$$

$$C_2 = S^2 C_{in},$$

……

$$C_L = S^N C_{in}.$$

这里把 C_L 看作依次增大尺寸的第 $N+1$ 级反相器的输入电容,因此有

$$S^N = C_L / C_{in} \tag{6.2-1}$$

如果一个反相器驱动一个和它相同的反相器的延迟时间应为 t_{p0},则上述反相器链中每级的延迟时间均为 St_{p0},则总的延迟时间 t_p 为

$$t_p = NSt_{p0} \tag{6.2-2}$$

由式(6.2-1)可知

$$S = (C_L / C_{in})^{1/N} \tag{6.2-3}$$

把式(6.2-3)代入式(6.2-2),得到

$$t_p = N(C_L / C_{in})^{1/N} t_{p0} \tag{6.2-4}$$

如果知道了 t_{p0} 和 C_{in} 以及最终要驱动的负载电容 C_L,则可以找到一个合适的 N 值,使输出缓冲器总的延迟时间 t_p 最小。可以得到:

$$N = \ln(C_L / C_{in}) \tag{6.2-5}$$

把式(6.2-5)代入式(6.2-3),可得到优化的比例因子 S,

$$S = (C_L / C_{in})^{1/N} = \mathrm{e} \approx 2.72 \tag{6.2-6}$$

这就是说,如果要使尺寸较小的电路(C_{in}很小)驱动一个很大的负载电容 C_L,必须通过一个缓冲器,理想情况下,缓冲器由 N 级逐级增大 e 倍的反相器链组成,这样可以使总延迟时间最小。

上述设计规则仅仅是从速度优化考虑。在驱动很大的负载电容时,为了减小延迟时间,缓冲器中反相器的级数较多,这将使总面积很大,而且也将增大缓冲器的功耗。在实际设计中应在满足速度要求的前提下,尽量减少反相器链的级数,适当增大比例因子 S,这样可以使总面积和总功耗减少。

很多情况下往往对最终输出级的上升、下降时间有一定的要求。在这种情况下应根据给定的上升、下降时间要求和实际负载电容,设计出最终输出级反相器的尺寸,再综合考虑速度、面积和功耗等因素设计缓冲器的前几级电路。

例如要设计一个输出缓冲器驱动 10pF 负载的电容,要求最终输出级的上升、下降时间是 1ns,采用 0.25μm 工艺。第一级反相器按内部电路尺寸设计,取 $\left(\frac{W}{L}\right)_P = 4.8$,$\left(\frac{W}{L}\right)_N = 1.2$。最后一级反相器尺寸根据上升、下降时间要求确定为 $\left(\frac{W}{L}\right)_P = 480$,$\left(\frac{W}{L}\right)_N = 120$。如果仅考虑延迟时间最小,则缓冲器用六级反相器,逐级增大的递增因子 $S=2.5$。为了减小缓冲器的面积和功耗,应减少反相器级数,适当加大递增因子 S。图 6.2-3 给出了三种设计方案的缓冲器结构[4]。通过模拟比较了这三种缓冲器的延迟时间、功耗和最大电流变化率等。

表 6.2-1 列出了这三种缓冲器的性能。这个结果说明，实际缓冲器的设计不能简单套用式(6.2-6)的结果，应从速度、功耗和面积综合考虑。

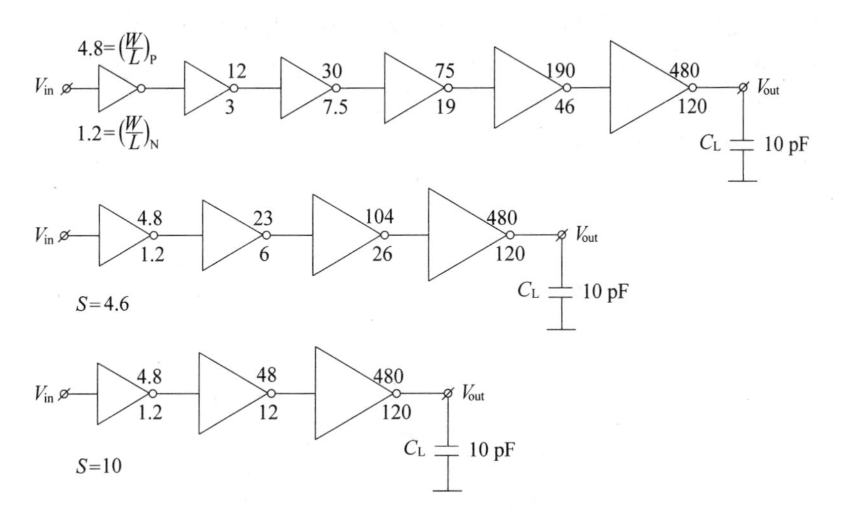

图 6.2-3　三种设计方案的缓冲器结构

表 6.2-1　三种缓冲器的性能比较

性能	电路 1	电路 2	电路 3
尺寸增大比例 S	2.5	4.6	10
反相器级数 N	6	4	3
总功耗(相对值)	1.14	1.11	1
总面积(相对值)	1.55	1.21	1
$\mathrm{d}I/\mathrm{d}t$(A/s)	2.8×10^8	1.8×10^8	0.6×10^8
总延迟时间(ns)	0.92	0.88	0.94

从以上分析看出，为了驱动很大的负载电容，输出级 MOS 管必须有很大的宽长比，有的输出级 MOS 管的宽长比要达到几百甚至上千。对于宽长比很大的 MOS 晶体管应该采用梳状结构或叫叉指状结构，一方面可以减少管子占用的面积，另一方面可以减小多晶硅线的 RC 延迟时间。由于细长的多晶硅栅线条有较大的寄生电阻，又由于薄栅氧化层有较大的电容，使输入信号经过多晶硅栅产生一个 RC 延迟。采用梳状结构，把很长的多晶硅线分成几段较短的线条，从而减小了多晶硅线的 RC 延迟时间。这相当于把一个宽度很大的 MOS 管变成多个并联的小管子。图 6.2-4 是一个输出级梳状结构 MOS 晶体管的版图[5]。从节省面积角度考虑，尽量使有源区为正方形图形。为了说明输出级 MOS 晶体管结构对电路性能的影响，模拟了两级反相器构成的驱动器，前置级反相器是相同的尺寸和结构；最

后一级反相器中 MOS 晶体管有三种结构：1 个宽度为 W 的 MOS 晶体管，4 个宽度为 $W/4$ 的 MOS 晶体管并联，以及 8 个宽度为 W/8 的 MOS 管并联。图 6.2-5 给出了模拟结果[6]，可以看出，用一个宽度很大的 MOS 晶体管作输出级使延迟时间明显增大。采用 4 个 $W/4$ 宽度的 MOS 晶体管并联使延迟时间有很大改善，但是用 8 个 $W/8$ 宽度的 MOS 晶体管并联，延迟时间并没有明显的进一步改善。因此，在设计输出级 MOS 晶体管时要综合考虑面积、速度和功耗，选择合适的结构。

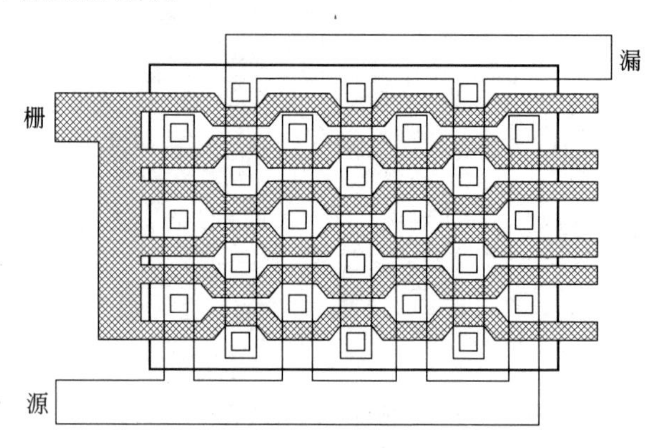

图 6.2-4　输出级梳状结构 MOS 晶体管

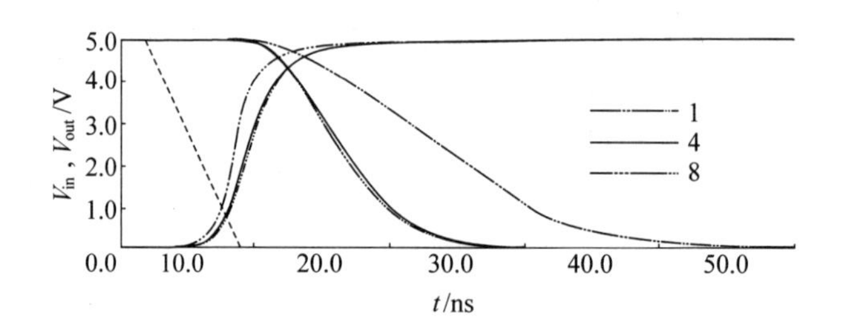

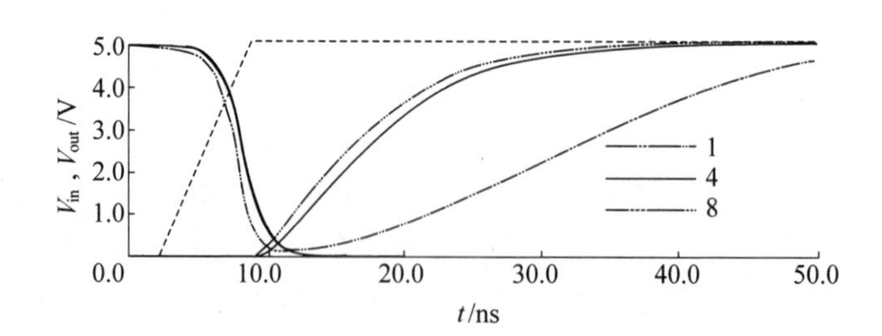

图 6.2-5　不同结构输出级 MOS 晶体管对电路速度的影响

6.3　ESD 保护电路

静电放电(electrostatic discharge,ESD)现象是指当两个带有不相等静电势的物体靠近或者接触时,二者之间发生静电荷转移的瞬态过程。当 ESD 现象发生时,会产生一个上升时间很短(约 100ps～10ns)、峰值电流很大(约几个安培)的电流脉冲,并会伴随大量的焦耳热。当 ESD 脉冲出现在芯片的 I/O 时,造成内部电路的栅氧化层击穿和 pn 结热击穿,最终导致集成电路产品的失效。通常栅氧化层的击穿电压要远远低于 pn 结的热击穿电压,所以 MOS 集成电路越来越薄的栅氧化层已成为整个芯片中最容易发生 ESD 损伤的区域。据统计大约 40%的集成电路失效问题与 ESD 相关的。

随着 CMOS 工艺的不断发展,集成电路的特征尺寸正在逐渐减小,当集成电路发展到纳米工艺,器件的栅长、栅氧化层厚度、结深、外延层厚度都会变得很小,再加上漏区轻掺杂(lightly-doped drain,LDD)技术和硅化物工艺,这些制造工艺的改进在大幅度提高电路性能和集成度的同时,也使得内部电路更容易遭受 ESD 冲击而失效,从而造成集成电路的可靠性大大降低。

图 6.3-1 中给出了各种先进工艺对芯片抗 ESD 能力的影响[7-10]。

(1) MOS 晶体管是绝缘栅器件,栅极通过薄氧化层和其他电极之间绝缘。如果栅氧化层上有很大的电压,会造成氧化层击穿,使器件永久破坏。因此,MOS 晶体管承受 ESD 冲击时,栅氧化层提前发生击穿是最重要的失效原因。如图 6.3-1(a)中所示,栅氧化层厚度的变薄使得 MOSFET 的栅氧击穿电压降低,这也就意味着其抗 ESD 能力变差。

(2) 外延层厚度决定着衬底电阻(即 ESD 泄放通路上电阻)的大小。同等掺杂浓度,外延层越厚,衬底电阻越小,泄放能力越强。如图 6.3-1(b)中所示,外延层厚度的变薄同样使得器件的抗 ESD 能力变差。

(3) LDD 技术是用来抑制热载流子效应的,能够明显提高器件的热载流子寿命。但是发生 ESD 冲击时,由于 LDD 结构处的 n^- 掺杂结的结深较浅,电流密度过大,热能会在此处局部集中,从而造成 ESD 失效。如图 6.3-1(c)中所示,LDD 技术使得器件抗 ESD 能力下降。

(4) 自对准硅化物技术是纳米 CMOS 工艺下用来抑制短沟效应的,但是同时自对准硅化物技术对器件的抗 ESD 能力也造成了很大的影响。第一,源漏扩散区的金属化使得源漏接触孔到栅边界的电阻大大减小。该电阻在 ESD 泄放过程中有着限流的作用,阻值的减小意味着限流作用的失效。第二,自对准硅化物技术大大减小了源漏结的结深。结深变浅,电流密度过大,热能集中容易造成 ESD 失效。如图 6.3-1(d)中所示,自对准硅化物技术也使得器件抗 ESD 能力大大降低,特别是当 MOSFET 管用作 ESD 保护器件时。

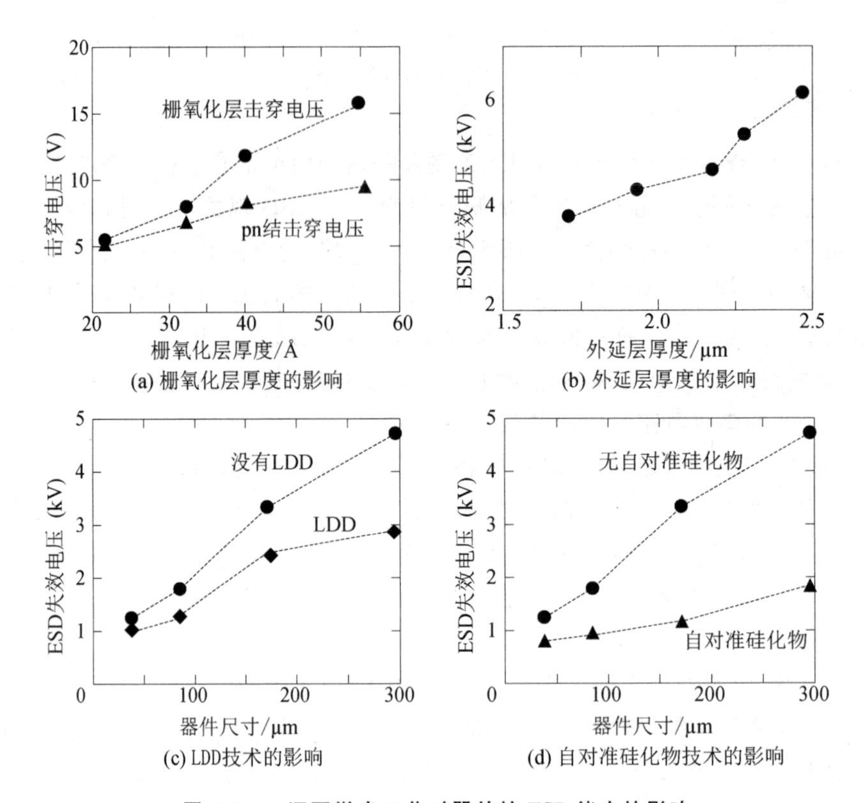

图 6.3-1　深亚微米工艺对器件抗 ESD 能力的影响

集成电路和外界相连的 I/O 端比内部器件更容易受到 ESD 损伤。一般电路的 I/O 端 ESD 应力有四种模式：某一个 I/O 端对地的正脉冲电压(PS)或负脉冲电压(NS)；某一个 I/O端相对 V_{DD}端的正脉冲电压(PD)或负脉冲电压(ND)。图 6.3-2 说明了这四种 ESD 应力模式[11]。防止集成电路芯片输入、输出端受到 ESD 应力损伤的方法是在芯片的 I/O 端增加 ESD 保护电路。保护电路的作用主要是两方面，一是提供 ESD 电流的放电通路，二是电压钳位，防止过大的瞬态电压施加到内部电路的 MOS 器件上。

实际上，芯片级 ESD 冲击可能会发生在芯片的任意两个引脚之间，这些脉冲的极性也具有不确定性，所以芯片上 ESD 保护设计需要为任意两个引脚间的正向和负向脉冲都提供低阻的泄放通路，并确保在泄放 ESD 电流的过程中内部的功能电路不受到物理损伤，这便是全芯片 ESD 保护设计的概念。目前比较流行的全芯片 ESD 保护设计多采用二极管加 ESD 电源钳位(power-rail clamp)电路的方案，如图 6.3-3 所示[11]。

图 6.3-3 所示的全芯片 ESD 保护方案包含了输入端 ESD 保护、输出端 ESD 保护和电源钳位电路三部分[11]。其中，在芯片的输入端，二极管 $D_1 \sim D_4$ 与电阻 R_b 构成两级 ESD 保护结构，该结构可以在 ESD 冲击下降低输入级反相器的栅氧化层被瞬态过压击穿的风险。

以输入端对 V_{DD} 发生正向冲击模式为例，二极管 D_1 为主要泄放器件，将输入端的 ESD 电荷及时泄放到 V_{DD}；二极管 D_3 为钳位器件，保证 M_{N1} 和 M_{P1} 形成输入反相器的栅压不超过其击穿电压；电阻 R_b 主要起限流作用。

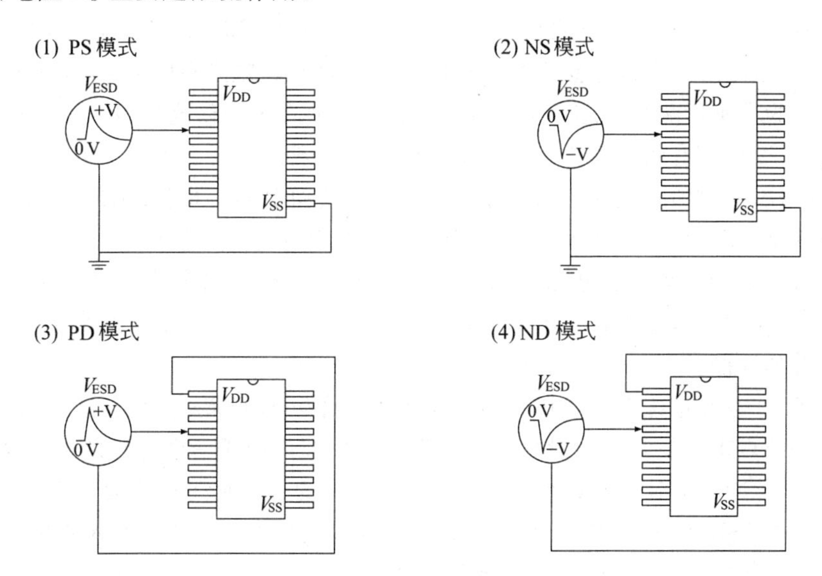

图 6.3-2　某一个输入或输出管脚相对电源和地管脚的 4 种 ESD 应力模式

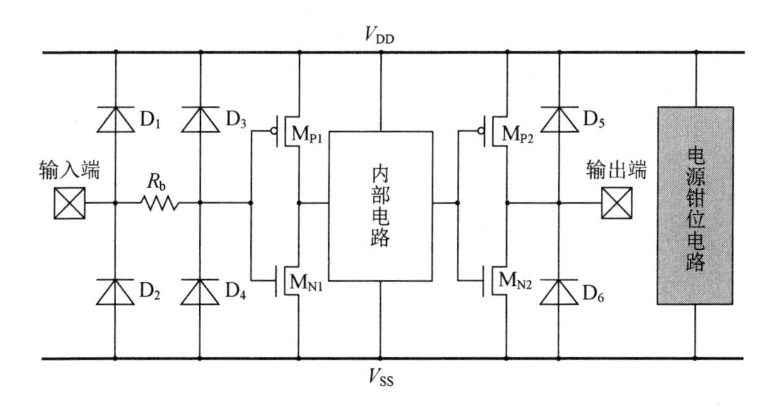

图 6.3-3　全芯片 ESD 保护方案

在芯片的输出端，二极管 D_5 和 D_6 构成输出端 ESD 保护结构。与输入端不同，输出端连接的是 MOS 管的源、漏端，并非栅氧化层。此外输出端通常都带有驱动缓冲电路(output buffer)，为了获得较大的驱动能力，驱动缓冲电路的 MOS 晶体管尺寸都比较大，这些 MOS 晶体管的漏区和衬底形成的 pn 结就相当于一个大尺寸的寄生二极管，可以起到 ESD 保护作用。图 6.3-3 中 D_5 和 D_6 也可以看作是 M_{P2} 和 M_{N2} 的漏端寄生二极管。当然,当芯片的输出级 MOS 晶体管尺寸不够大或者对可靠性要求很高的情况,也要在输出端额外增加保护二极管。

输入、输出端的 ESD 保护电路在考虑 ESD 保护能力的同时,还要考虑保护电路自身带来的寄生电容、电阻对于内部电路性能的影响。因此,输入、输出端的 ESD 保护电路一般尺寸不能过大。为了不影响整个芯片 ESD 保护能力,需要在 V_{DD} 和地之间设计高性能的电源钳位电路,一方面可以有效地提供全芯片 ESD 保护,实现任意两个管脚之间的 ESD 电流泄放,另一方面可以及时消除电源/地总线上电压电流波动对内部电路的威胁。ESD 电源钳位电路的特性是:V_{DD} 和地之间出现 ESD 脉冲或者电压波动时,电源钳位电路被及时触发并导通,V_{DD} 和地之间出现低阻通路,泄放 ESD 电流到地电平;当电路正常工作时,V_{DD} 和地之间电平处于正常范围,电源钳位电路应该处于关闭状态,而且泄漏电流要足够的小,不能影响内部电路的性能。

常用的 ESD 电源钳位电路如图 6.3-4 所示[11],根据 ESD 脉冲的上升时间比正常上电信号快很多的特点来触发其低阻泄放通路。设计的关键是选择一个适当的 RC 常数。人体放电模型 ESD 脉冲的上升时间约为 10ns,保护电路中的 RC 时间常数设计在 0.1~1μs 左右。当 V_{DD} 出现 ESD 冲击时,ESD 电压将通过电阻 R 对电容 C 充电,使 A 点电平上升。但是由于 RC 时间常数大,A 点电平上升比 V_{DD} 的电位上升慢很多,反而使 M_P 导通。M_P 使 V_G 电平上升,BigFET 由此被触发,提供了 ESD 电流通路,并限制了 V_{DD} 到地的电压,从而有效保护了内部电路。进一步调节 RC 常数,使 BigFET 满足 ESD 应力的放电要求。在正常工作条件下,V_{DD} 电平上升的时间在 ms 量级,此时,A 点可以跟上 V_{DD} 的电平上升,从而保持 M_P 截止,使 M_N 导通,V_G 被下拉到 0V,保证 BigFET 截止,不影响电路正常工作。

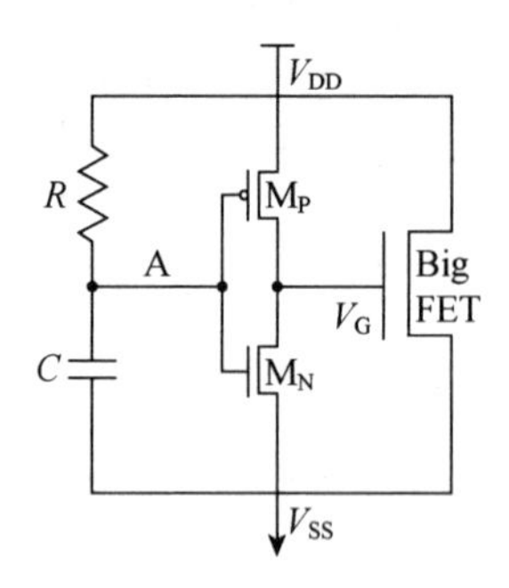

图 6.3-4　常用的 ESD 电源钳位电路

芯片级 ESD 保护面临的最坏情况一般是电流泄放路径上泄放器件数目最多的情况,因为在这样的情况下,正向冲击端的钳位电压通常是最高的。具体到图 6.3-3 中,输入端对输出端的正向和负向冲击模式便是该图中需要考虑的最坏情况,它们泄放路径的主要组成分别为:二极管 D_1、电源钳位电路、二极管 D_6 和二极管 D_5、电源钳位电路、二极管 D_2,对应地，这两种最坏情况冲击模式下，过压应力最大的点分别是：输入级晶体管 M_{N1} 的栅氧化层与输出级晶体管 M_{N2} 漏端到体端的反向 pn 结。有效的片上 ESD 保护设计要求上述两个过压应力点在最坏情况的 ESD 冲击下不受到物理损伤，即是说，上述两个过压应力点的击穿电压中较小的值定义了 ESD 保护设计窗口的上边界。

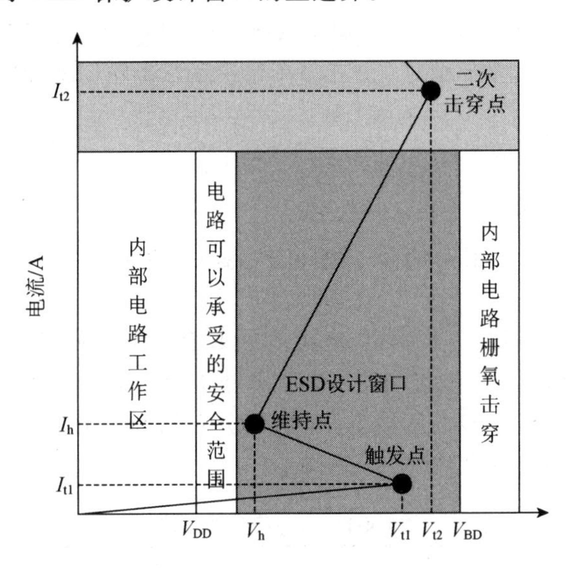

图 6.3-5　ESD 保护设计窗口

图 6.3-5 给出了 ESD 保护设计窗口，主要参数包括：触发点的电压 V_{t1}、电流 I_{t1} 和维持点的电压 V_h、电流 I_h 以及二次击穿点电压 V_{t2}、电流 I_{t2}。而触发电压 V_{t1} 和二次击穿电流 I_{t2} 是最关键的两项。触发电压 V_{t1} 决定了 ESD 保护电路开始工作的初始条件，过低的 V_{t1} 容易导致 ESD 保护电路误触发，影响内部电路正常工作；过高的 V_{t1} 会导致 ESD 保护电路无法及时开启泄放 ESD 电荷，造成内部电路损伤。通常 V_{t1} 必须设置在芯片电源电压 V_{DD} 和芯片内部电路的栅氧化层击穿电压 V_{BD} 之间。二次击穿电流 I_{t2} 决定了 ESD 保护电路能够承受的最大冲击电压，称为 ESD 失效电压。通用工业标准人体带电模型的 ESD 失效电压达到 2kV 是工业界对集成电路芯片产品可靠性的基本要求。

6.4　三态输出的双向 I/O 缓冲器

在电子系统中信号都是通过总线传送的。数据总线是连接很多电路输出的公共通路。连接到总线上的不同电路可能处于不同的输出状态。如果它们的输出信号同时送到总线上，则可能引起信号短路，破坏电路的正常工作。

为了使总线和所有接到总线上的电路都能正常工作，各个电路必须按照一定的时序向总线传送信号。这就要求电路的输出有三态控制，使电路可以有三种输出状态，即：

输出高电平状态——有电流流出;

输出低电平状态——有电流流入;

高阻态——既不能有电流流出,也不能有电流流入。

为了实现三态输出,可以用一个输出使能信号 E(或 $\overline{E}$)控制电路的输出级,当 $E=1$($\overline{E}=0$) 时,允许电路正常输出高电平或输出低电平;当 $E=0$($\overline{E}=1$)时,使输出级处于高阻态,不会影响其他电路传送输出信号。图 6.4-1 给出了三态输出缓冲器的逻辑符号。

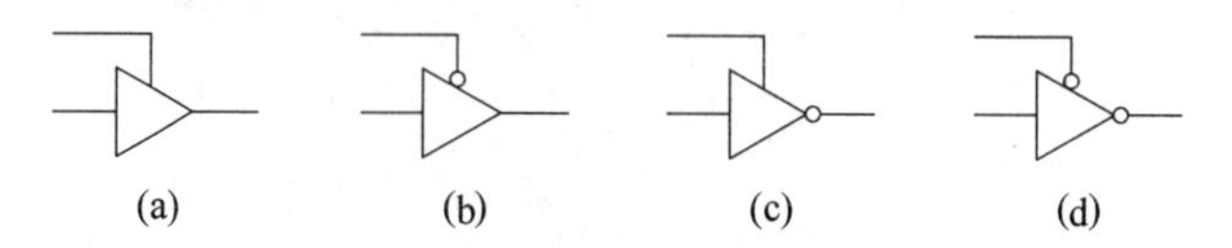

图 6.4-1　三态输出缓冲器的逻辑符号

三态门的真值表如表 6.4-1 所示,当使能信号 E 有效的时候,输入信号 A 反相后输出到 Y 端,当使能信号无效时,Y 输出高阻态。高阻态是数字电路中除了高电平和低电平之外的另一种状态,表示输出节点既不被上拉,也不被下拉,为一个悬浮节点,其电平值可能位于 $0\sim V_{DD}$之间的任意值,一般用 Z 来表示高阻态。

表 6.4-1　三态门的真值表

输入 E	输出 Y
0	高阻
1	$\overline{A}$

对于 CMOS 电路实现三态输出有很多方式,最简单的办法是在正常输出级反相器中串联一对用 $\overline{E}$ 控制的 PMOS 管和 E 控制的 NMOS 管,也可以用输出使能信号控制一个 CMOS 传输门向外传送数据,如图 6.4-2 所示。这两种电路虽然比较简单,但是输出驱动能力太差,因为上拉和下拉通路都要经过两个管子串联。为了有较强的输出驱动能力,又实现三态输出控制,可以用逻辑门控制输出级反相器,图 6.4-3 是 CMOS IC 中常用的三态输出电路。

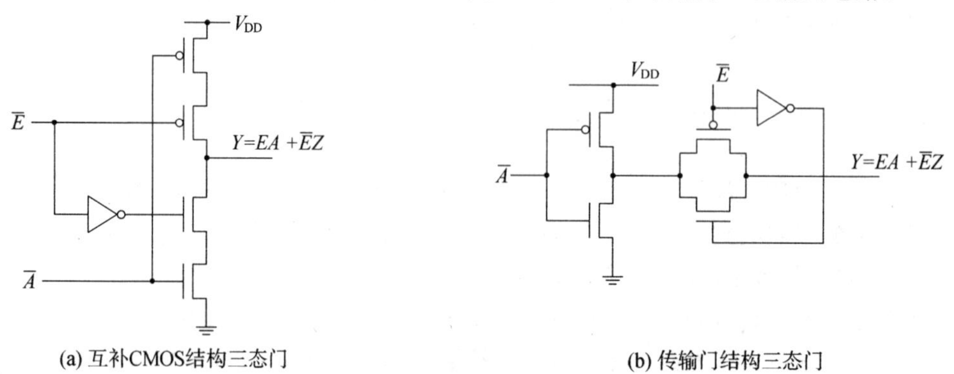

图 6.4-2　两种实现三态输出的电路

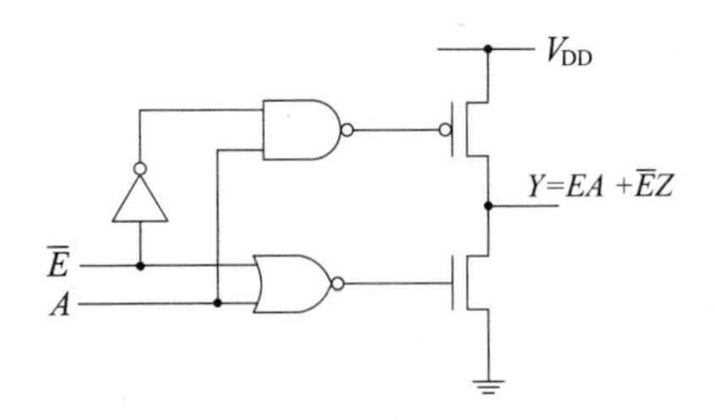

图 6.4-3　常用的 CMOS 三态输出电路

在 VLSI 芯片中，如微处理器芯片中，各功能电路要经过总线交换信息。如果每个电路输出都加三态控制，将增加很多面积。在 VLSI 芯片中可以对总线进行控制，而不要求每个接到总线上的电路都有三态输出。为了提高整个系统的工作效率，总线一般采用预充电的工作方式，只有当某一个功能电路向总线传送低电平时总线才放电到低电平，否则总线一直保持高电平。图 6.4-4 就是一个预充电的总线结构。图中 $\overline{E}_i$ 是允许电路 i 输出的控制信号，D_i 是电路 i 的输出数据。$V_p=0$ 时总线处在预充电阶段，$V_p=1$ 时总线根据控制信号 $\overline{E}_i$ 接受某个电路的数据。若电路输出是低电平，则使总线放电到 0，若电路输出是高电平，总线依靠反馈管 M_f 保持预充的高电平。

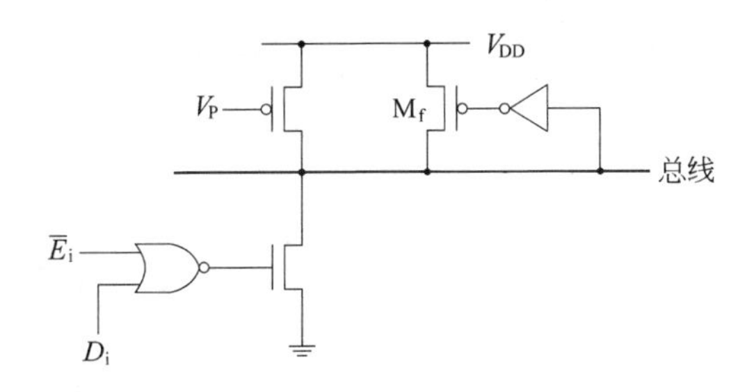

图 6.4-4　总线结构

为了减少 VLSI 芯片的封装管脚，在 VLSI 芯片中常常将输入和输出信号共用一个压点，在这种情况下需要双向缓冲器控制信号的输入和输出，并作为片内和片外信号之间的接口。图 6.4-5 是一个 CMOS 双向缓冲器电路[12]。E 是控制信号，当 $E=1$ 时电路可以输出信号，压点作为输出端使用；当 $E=0$ 时，输出级 M_N 和 M_P 都截止，电路处于高阻态，不能向外传送信号，此时压点作为输入端使用，外界输入信号经过输入缓冲器送到内部电路。双二极管和电阻构成 I/O 端 ESD 保护电路。

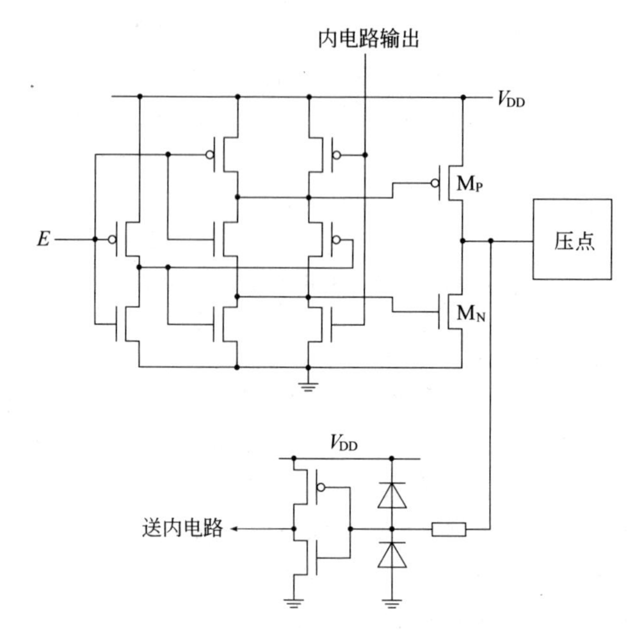

图 6.4-5 一种 CMOS 双向缓冲器

参 考 文 献

[1] 龙忠琪,贾立新. 数字集成电路教程[M]. 北京:科学出版社,2001.

[2] 韦克利. 数字设计原理与实践(原书第 3 版)[M]. . 林生,等译. 北京:机械工业出版社,2003.

[3] Lee C M, Soukup H. An Algorithm for CMOS Timing and Area Optimization[J]. IEEE Journal of Solid-State Circuits, 1984, SC-19(5): 781-787.

[4] Veendrick Harry. Deep-Submicron CMOS ICs, from Basics to ASICs(Second Edition)[M]. Boston: Kluwer Academic Publishers, 2000.

[5] Glasser L A, Dobberpuhl D W. The Design and Analysis of VLSI Circuits[M]. Reading: Addison-Wesley , 1985.

[6] Annaratone M. Digital CMOS Circuit Design[M]. Boston: Kluwer Academic Publishers, 1986.

[7] Amerasekera A, Gupta V, Vasanth K, et al. Analysis of Snapback Behavior on the ESD Capability of Sub-0. 20μm nMOS: IEEE International Reliability Physics Symposium Proceedings, March 23-25, 1999[C]. San Diego.

[8] Voldman S, Gross V, Hargrove M J, et al. Shallow trench isolation double-diode electrostatic discharge circuit and interaction with DRA output circuitry[J]Journal of Electrostatics, 1993, 237-262.

[9] Duvvury C, McPhee R, BagleeD, et al. ESD Protection Reliability in 1-μm CMOS Technologies: 24th International Reliability Physics Symposium, April 01-03,1986[C]. Anaheim.

[10] Amerasekera A, McNeil V, Rodder M. Correlating drain junction scaling, silicide thickness, and lat-

eral npn behavior with the ESD/EOS performance of a 0. 25μm CMOS process: International Electron Devices Meeting, December 08-11,1996[C]. San Francisco.

[11] Ker Ming-Dou. Whole-chip ESD protection design with efficient VDD-to-VSS ESD clamp circuits for submicron CMOS VLSI[J]. IEEE Transcations on Electron Devices, 1999, 46(1): 173-183.

[12] Uyemura J P. Circuit Design for CMOS VLSI[M]. Boston: Kluwer Academic Publishers, 1992.

第 7 章　MOS 存储器

半导体存储器是以 MOS 技术为主，MOS 存储器作为 VLSI 的典型代表产品，发展非常迅猛，目前存储器市场占到整个集成电路市场四分之一左右。MOS 存储器的发展一直遵循着摩尔定律，集成度以每三年 4 倍的速度增长。计算机的发展和普及对大容量存储器的需求越来越高，正是这个巨大市场的推动，使存储器产品不断更新换代。通过提高集成度，降低存储器的成本，提高产品竞争力，从而吸引更多投资开发新技术、新产品。这样就形成了一个良性循环的机制，使存储器产品不断向前发展。存储器产品的发展反过来又促进了计算机的发展和升级。随着信息技术的发展，对存储器的需求量不断扩大。MOS 存储器将继续通过缩小特征尺寸，增大芯片面积以及改进单元结构，来不断提高集成密度。根据国际半导体技术蓝图(ITRS)的预测，2030 年左右将实现 Tb 规模的 DRAM[1]。再过几十年将可能出现存储容量超过人脑的 Pb 规模的半导体存储器。

MOS 存储器发展迅速，种类繁多，这一章将对 MOS 存储器的分类、存储器的总体结构和单元电路的基本原理做一个简单介绍。

7.1　MOS 存储器的分类

MOS 存储器主要分为两大类：随机存取存储器(random access memory，RAM)和只读存储器(read only memory，ROM)。随机存取存储器又叫作挥发性存储器，因为一断电它的存储内容就不存在了。而只读存储器又叫作不挥发性存储器，它的存储内容可以长期保持，至少保持 10 年以上。

RAM 又分为动态随机存取存储器(dynamic random access memory，DRAM)和静态随机存取存储器(static random access memory，SRAM)。DRAM 依靠电容存储信息，因此信息保持时间短暂，为防止存储信息丢失，必须定期刷新。DRAM 的优点是单元电路简单，面积小，因而有利于提高集成密度。由于 DRAM 集成度高、功耗低，适合于计算机的内存。SRAM 采用静态存储方式，依靠双稳态电路存储信息，信息存储可靠，只要不断电存储信息就不会丢失。SRAM 单元电路复杂，占用面积大，因此集成度不如 DRAM 高。由于 SRAM 工作速度快，常用来做高速缓冲存储器(cache)。

ROM 产品又有很多种类。一类是掩模编程的只读存储器(mask ROM)，它是真正意义的只读存储器，因为它的存储信息是由制作时的某一块掩模版确定，产品生产出来存储内容就不能再改变。这类 ROM 产品适合于存储固定程序、常数、字符等固定内容。另一类是基于熔丝或反熔丝的可编程只读存储器(programmable ROM，PROM)。它的存储内容由用户编程确定，一般只能编程一次。因此也相当于是固定内容的只读存储器，但是比 Mask ROM 在应用上有一定的灵活性。第三类是可擦除的可编程只读存储器(erasable and programmable ROM，EPROM)。严格说这类存储器不再是“只读”的，可以随机改写它的存储内容。只是擦除和写入操作需要的时间较长，消耗的能量较大，不像 RAM 的写入那样方便，因此归入只读存储器类。根据对原来存储信息的擦除方式，又分为紫外光擦除和电擦除两类。一般说到 EPROM 就是指紫外光擦除，也有文献用缩写词 UVEPROM(ultra-violet EPROM)强调是紫外光擦除。电擦除的可编程只读存储器缩写为 EEPROM 或 E^2PROM(electrical EPROM)。紫外光擦除的 EPROM 只能在断电情况下全片统一擦除。而 EEPROM 可以在使用中按位擦除和改写。1984年桀冈富士堆(Fujio Masuoka)等人提出一种新的可全片或按扇区快速擦除的E^2PROM，这就是闪存或叫闪速存储器(flash memory)[2]。由于闪存的单元面积小、集成度高(已接近 DRAM)、擦写速度快，已经得到了越来越广泛的应用。存储器产品中 DRAM 占到 80%，SRAM 占 10%，不挥发性只读存储器占到 10%，其中一半以上是闪存。

近些年来利用阻变材料、铁电材料和磁性材料制作不挥发性随机存取存储器(RRAM、FeRAM 和 MRAM)受到越来越多的关注。RRAM(resistive random access memory)、FeRAM(ferroelectric random access memory)和 MRAM(magnetic random access memory)具有 DRAM 高密度和 RAM 随机读/写的特点，而且有不挥发性，信息保持时间长，耐久性好，并且具有功耗小、工作电压低、读写速度快以及抗辐射、抗干扰等一系列的优点，被认为是未来存储器技术领域特别是非挥发性存储器技术领域非常有发展前途的器件。目前只是制作成本还比较高，另外和常规集成电路工艺的兼容性还有待进一步解决。如果它们的成本能降下来，将会成为取代硬盘实现大容量存储器的有效途径。图7.1-1中总结了 MOS 存储器的分类。

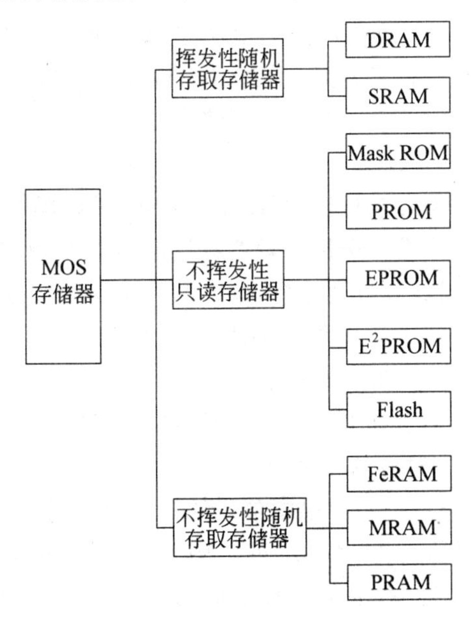

图7.1-1 MOS存储器的分类

7.2 存储器的总体结构

存储器的总体结构如图 7.2-1 所示。从图中看出一个存储器一般由下面几个部分电路组成。

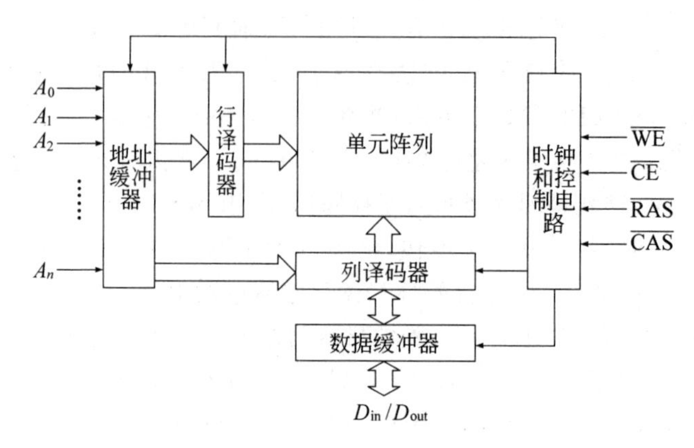

图 7.2-1 存储器总体结构

1. 存储单元阵列

存储单元阵列构成存储器的核心。每个存储单元可以存储 1 位二进制信息。存储器的集成度就是指存储单元的数量，也就是存储器的容量。一般存储单元都排成方阵。例如 1 个 4Kb 的存储器有 4096 个存储单元，这些单元可以排成 64 行×64 列的方阵。存储器容量一般都是 4 倍数的增长。有些存储器是一字多位的存储方式，如一个 1K×4b 的存储器可以存储 1024 个字，每个字有 4 位。因此总的存储容量仍是 4096。

2. 译码器

要对存储器的某个存储单元进行读/写操作，必须通过译码器选中要操作的单元。存储器中译码器的作用就是对单元进行选择。对大容量存储器一般都是二维译码，通过行译码器进行行选择，再通过列译码器进行列选择，选中的行和列交叉处的单元就是选中的单元。译码器的原理如第 5 章所介绍的。例如上面提到的 4Kb(每字一位)存储器有 64 行，每行 64 个单元。行译码器就是一个 6-64 二进制译码器。由 6 个行地址 $A_0 \sim A_5$ 组成 64 组二进制代码，每一组代码对应一行，当给出一组 6 位行地址码就选中相应的一行。然后再用一组 6 位列地址码，从 64 列中选出对应的一个单元。如果是一字多位的存储器，若存储 N 个字，根据 $N=2^n$，则总共需要 n 位地址。再根据单元的排列确定行地址和列地址的数目。例如 1K×4b 的存储器，单元仍是排成 64 行、64 列。1024 个字总共需要 10 个地址，6 个行地址($A_0 \sim A_5$)，从 64 行中选中一行，再用 4 个列地址($A_6 \sim A_9$)进行 16 选 1，4 个 16 选 1 多路器从 64 列中每次选中 4 列，也就是一个字的 4 位。图 7.2-2 示意说明单元阵列的排列[3]。

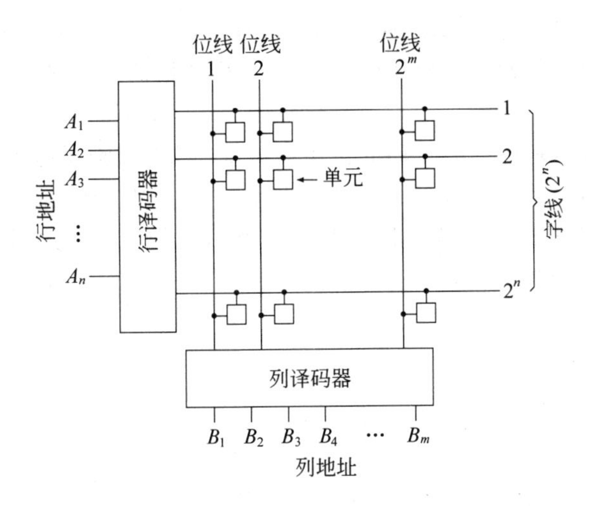

图 7.2-2　存储单元阵列的示意图

行译码器是选择某一条字线，列译码器是选择某一条(对一字多位是选中几条)位线。行译码器结构参考 5.1.2 节中译码器内容。可以基于与非门或者或非门实现。列译码器基于多路选择器结构，一般采用传输门结构的多路器，可以参考 5.1.1 节中的内容。图 7.2-3 中所示为一个 16K×1b 的存储器中的列译码器结构，可以根据两位列地址 A_1A_0 的值选择 4 个位线信号 $B_{3\sim0}$ 中的一个进行读写。图中的列译码器是基于第 5 章中图 5.1-9 所示的四选一多路器/逆多路器结构。

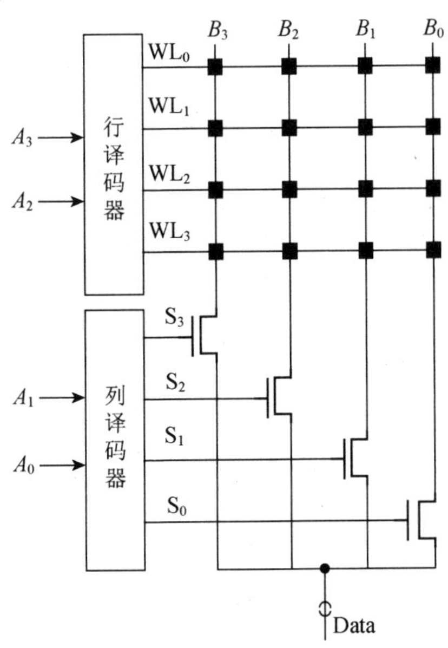

图 7.2-3　基于传输门的列译码器结构

例题 7.2-1 设存储单元的版图为正方形,如果设计 128K×8b(即按照字节读写)存储阵列版图为正方形,请为其分配行列地址,并画出行列译码器电路图。

解答:

单元版图为正方形,则正方形阵列的排布应为 32×32,且总的地址为 7 位 $A_6 \sim A_0$,所以设置行地址为 5 位,为其分配 $A_6 \sim A_2$,列地址为 2 位,为其分配 $A_1 A_0$。

(1) 基于与门结构的行地址译码器由 32 个 5 输入与门组成,每个与门的输出对应一个最小项,电路如图 L7.2-1(a)所示。

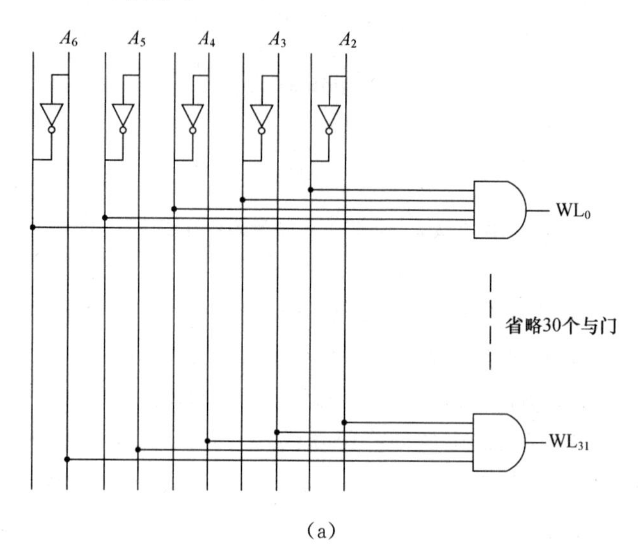

(a)

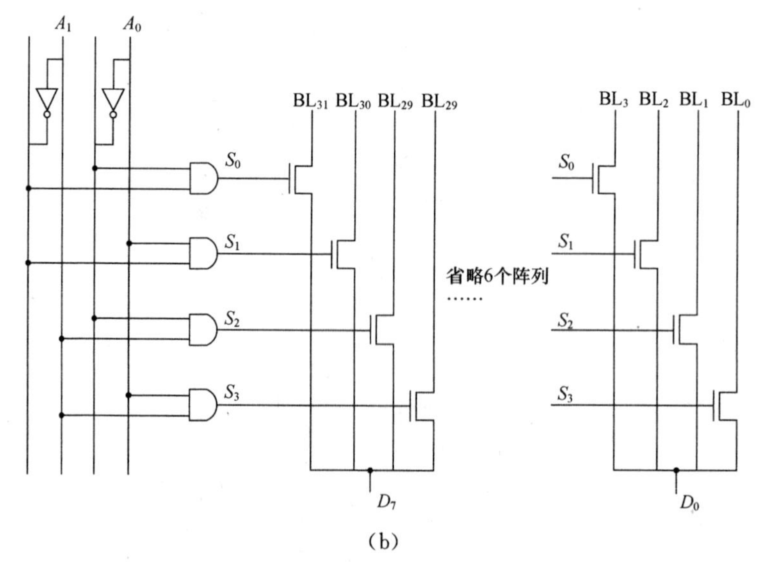

(b)

图 L7.2-1

(2) 列地址译码器为基于传输门的四选一多路器/逆多路器结构，如图 L7.2-1(b)所示为一个基于 NMOS 传输管的结构；由于一个字含有 8 位，列译码器需用到 8 个 NMOS 传输门阵列结构，每个多路器从 4 个数据中选择一个连接到一位数据输入/输出 D 端，组成一个 8 位数据进行读写。

如果存储容量很大，地址码很多，则每个与非门或者或非门的扇入系数就很大，这将严重影响电路性能。因此在大容量存储器中常采用多级译码和层次化译码。例如一个 1Mb 存储器单元排成 1024 行×1024 列。行译码器需要 1024 个 10 输入的与非门，这样不仅使译码器占用很大面积，而且每个与非门中有 10 个 MOS 管串联，将严重影响电路性能。如果采用两级译码，可以简化线路，改善性能。如图 7.2-4 所示，第一级用 5 个 2 输入与非门把 10 个行地址分成 5 组译码，得到的输出再组合送入 1024 个 5 输入与非门译码[4]。这样使译码器总共需要的 MOS 管数目几乎减少一半。由于行译码器要驱动很长的字线和字线上所有单元中的门管，因此负载很重，延迟时间较长，而且随着单元数量增加功耗增大。为了提高速度、降低功耗，可以采用字线分割和层次化译码结构，如图 7.2-5 所示[5]。把一条长字线上的单元分成几组，如一行 1024 个单元分成 4 组，每组 256 个单元由一段子字线控制。还可以再增加层次，把 256 个单元的子字线再分成 4 段，每段局部字线只带 64 个单元。这样每次激活的单元数目极大减少，从而有效改善了存储器的性能。

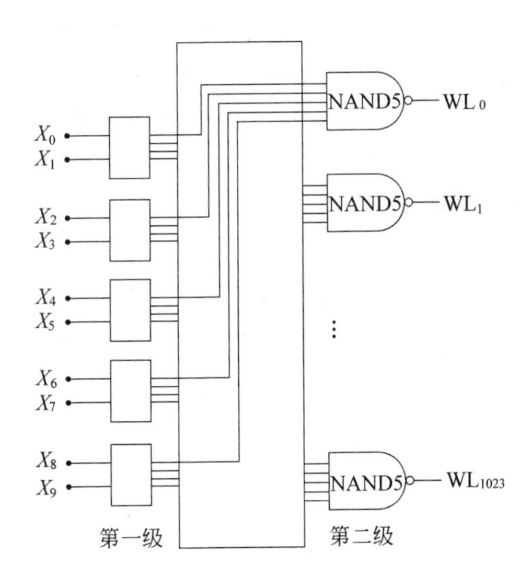

图 7.2-4　两级译码的行译码器结构

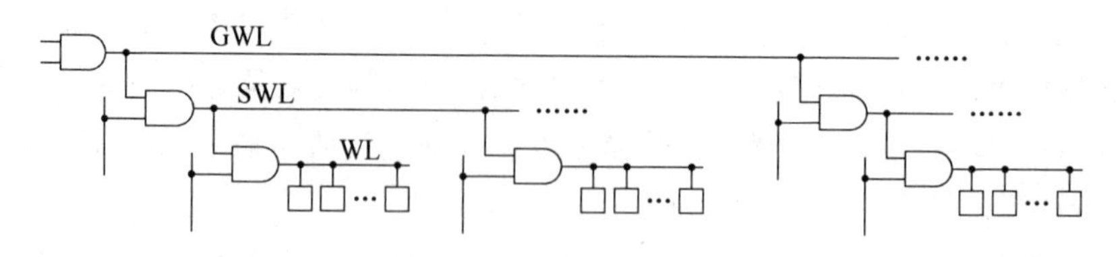

图 7.2-5　层次化译码结构

3. 输入/输出缓冲器

输入/输出缓冲器包括地址缓冲器和数据缓冲器,它们作为存储器与外部交换信息的接口电路。地址缓冲器除了有输入信号缓冲的作用,还要产生地址信号的正、反码,送入译码器。另外地址缓冲器的输出要有足够大的驱动能力,带动译码器中的多个逻辑门。例如用 6 位地址 $A_0 \sim A_5$ 控制行译码器的 64 个与非门,则每个地址缓冲器的正、反码输出要分别接到 32 个与非门的输入。如果译码器中的与非门采用常规静态 CMOS 电路,则要驱动 64 个 MOS 管的栅电容。因此,为了节省译码器占用面积的同时减轻地址缓冲器的负载,一般都采用动态或类 NMOS 电路形式的译码器,如第 5 章中图 5.1-16(b)所示。

随着存储容量增大,地址码的数目增加,需要的封装管脚数也相应增加。为了降低封装成本,大容量存储器中都采用分时送址的方式,使行地址码和列地址码共用管脚。先送行地址,再送列地址。在这种情况下,要求地址缓冲器还要有地址锁存功能,使外部送入的地址在整个读/写周期内都起作用。图 7.2-6 是一个地址缓冲器电路[6](这里没有画出地址反码的引出)。电路的第一级是输入采样,在时钟信号 CAB 的控制下接收外部送入的地址信号,CAB 是由$\overline{\text{RAS}}$或$\overline{\text{CAS}}$控制产生的内部时钟信号。地址信号送入后经过一级反相器作缓冲送入双稳态电路构成的锁存器,保持地址信号不变直到新的地址码送入。最后一级反相器起到输出驱动作用。如果负载很大,还可以用多级反相器作驱动,如第 6 章所讨论的。

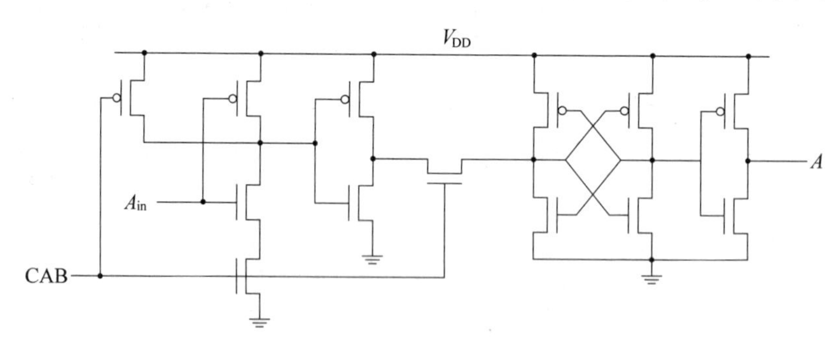

图 7.2-6　一个地址缓冲器的电路

在 SRAM 中每个单元接一对互补的位线 BL 和$\overline{\text{BL}}$,因此数据输入缓冲器不仅有输入缓冲的作用,还要把单端输入信号 D_{in}变成双端信号 D_{in}和$\overline{D_{in}}$,经过内部 I/O 总线和列译码器送到选中的一对位线上，如图 7.2-7 所示。

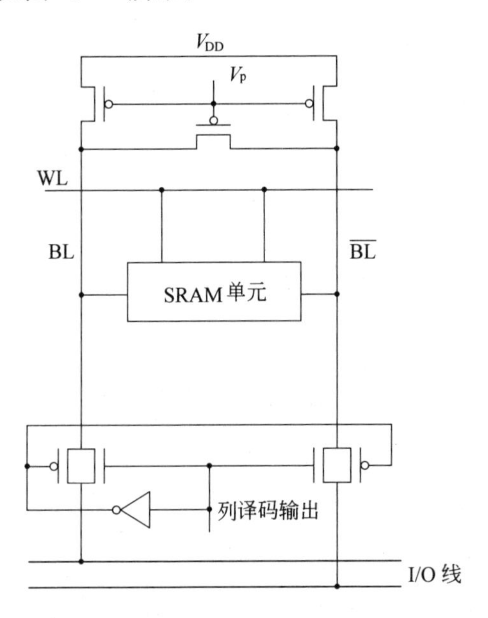

图 7.2-7 SRAM 的位线结构

数据从位线输出后先经过放大器把位线传出的微弱信号放大，再经过输出缓冲器提高输出驱动能力。对放大器电路和工作原理这里不进行讨论。输出缓冲器中还应包括三态输出控制。

4. 时钟和控制电路

存储器各部分的工作要按照一定的时序进行，因此要有一系列内部时钟信号控制各部分电路。内部时钟信号是由外部送入的几个主要控制时钟产生的。存储器的读或写操作受$\overline{WE}$控制，当$\overline{WE}=0$ 时进行写操作，$\overline{WE}=1$ 时进行读操作。考虑到一般要用多个存储器芯片构成一个存储体，因此每个存储器芯片要受片选信号$\overline{CE}$控制，只有当$\overline{CE}=0$ 时才允许这个存储器芯片正常操作。对大容量存储器用$\overline{RAS}$和$\overline{CAS}$控制行地址和列地址分时送入。由于行地址缓冲器和行译码器的负载大，延迟时间长，因此要先送入行地址，再送入列地址。用$\overline{RAS}=0$ 的信号激活行地址缓冲器和行译码器，用$\overline{CAS}=0$ 的信号激活列地址缓冲器和列译码器。图 7.2-8 说明分时送址的控制，图中 A_R 表示行地址，A_C 表示列地址，φ_x 是控制行译码器的时钟，φ_y 是控制列译码器的时钟。

在实际的存储器中，还有很多内部产生的控制信号。不同产品设计不同，电路结构不同，需要的控制信号也不同。

在存储器芯片中单元阵列一般放在中间，占据大部分芯片面积，而其他电路则放在单元阵列周围，因此除单元阵列以外的电路统称为外围(peripheral)电路。

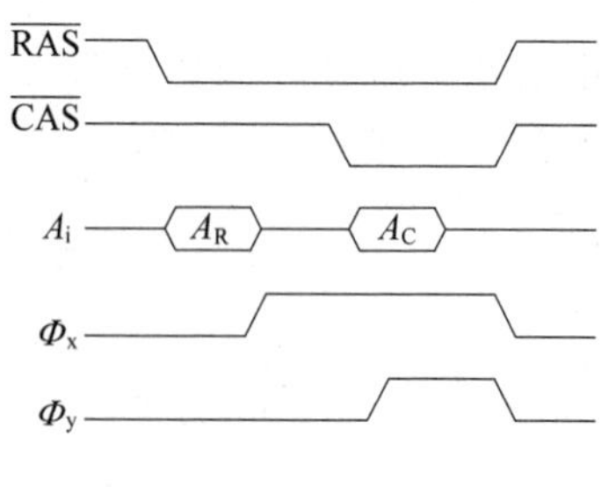

图 7.2-8 分时送址控制

7.3 存储器的单元结构

7.3.1 DRAM 单元结构和工作原理

最早的 DRAM 单元是 4 管单元,以后发展到 3 管单元。Intel 做出的第 1 块 1024 位 DRAM Intel 1103 就是采用 3 管单元[7]。1968 年罗伯特·丹纳德(Robert Dennard)提出了单管单元结构[8],仅用一个 MOS 晶体管和一个电容(1T1C)构成一个存储单元,从而使 DRAM 单元有了一个突破性变革,促进了 DRAM 的发展。图 7.3-1 是 DRAM 单元电路和剖面结构[9]。MOS 晶体管是对单元进行操作的控制开关,叫作门管或选择管。门管的栅极接字线(WL)受行译码器控制,漏极接位线(BL)。用来存储信息的电容实际由两部分组成:氧化层电容和 pn 结电容。电容的上极板(P)是金属或多晶硅,接固定电压,一般是 V_{DD},使极板下面的硅表面形成反型层。用反型层作为存储电容的下极板,和门管的源区相连,如图中的 S 点,这就是存储结点。存储电容的大小可由下式计算

$$C_S = A(C_{ox} + C_j) \tag{7.3-1}$$

其中 A 是存储电容的面积,C_{ox} 是单位面积氧化层电容,C_j 是单位面积 pn 结电容,由于 C_{ox} 远大于 C_j,因此存储电容主要是氧化层电容。

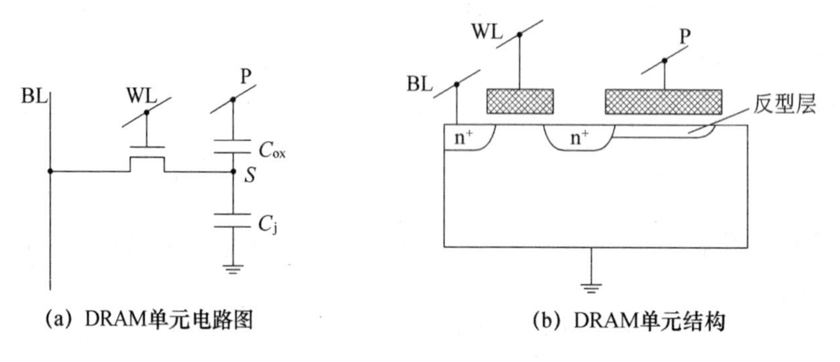

图 7.3-1 DRAM 单元电路和剖面结构

对于所有未选中的单元，其字线是低电平，门管截止，使单元存储电容和外界隔离，靠电容保持原来的信息。各种泄漏电流会使电容存储的电荷丢失，因此 DRAM 单元存储的高电平只能保持很短的时间。存储结点的高电平下降 20%就认为存储信息丢失。DRAM 单元的保持时间由下式决定

$$t_h = \frac{0.2V_{OH}C_S}{I_{leak}} \tag{7.3-2}$$

其中 V_{OH} 是单元存“1”时的高电平，I_{leak} 是总的泄漏电流。显然增大存储电容的容量，减少泄漏电流可以使得保持时间更长。

当需要对某个单元写入信息时，使单元连接的字线为高电平，从而使单元门管导通，使存储电容和位线连通。如果要写入“1”，则位线是高电平 V_{DD}，通过门管向存储电容充电，使 S 点达到高电平。若字线高电平也是 V_{DD}，则存储结点的高电平是

$$V_{S1} = V_{DD} - V_{TN} \tag{7.3-3}$$

如果要写入“0”，则位线是低电平 0，通过门管对存储电容放电。因为 NMOS 管传输低电平没有损失，因此单元存储的低电平是 0，即

$$V_{S0} = 0 \tag{7.3-4}$$

如果要读取某个单元的信息，也要选中单元连接的字线。读操作需要先对位线预充电，一般位线预充到参考电平 V_R，

$$V_R = \frac{V_{S1} + V_{S0}}{2} \tag{7.3-5}$$

由于位线存在一定的寄生电容 C_B，因此读出过程实际是存储电容和位线电容电荷分享的过程，如图 7.3-2 所示。若单元存“0”，则读出后位线和单元的信号变为

$$V_{B0} = \frac{V_R C_B + V_{S0} C_S}{C_B + C_S} < V_R \tag{7.3-6}$$

若单元存“1”，则读出后位线和单元的信号变为

$$V_{B1} = \frac{V_R C_B + V_{S1} C_S}{C_B + C_S} > V_R \tag{7.3-7}$$

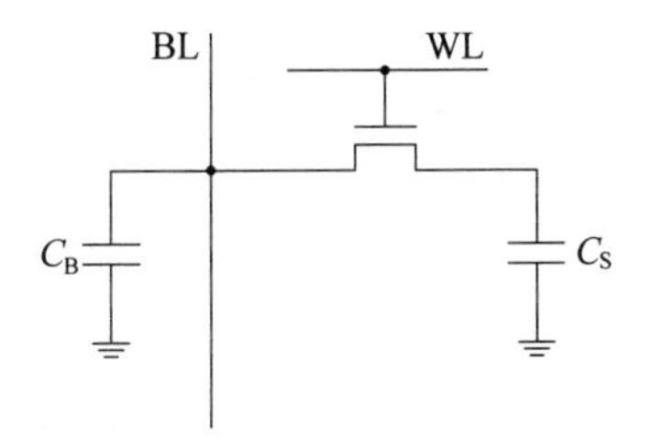

图 7.3-2　DRAM 单元存储电容和位线电容电荷分享

一般 C_B 比 C_S 大至少十几倍，因此读出的信号非常微弱。为了反映 DRAM 单元读出特性，

引入单元电荷传输效率的参数 T

$$T=\frac{\Delta V_{B}}{\Delta V_{S}}=\frac{V_{B1}-V_{B0}}{V_{S1}-V_{S0}}=\frac{C_{S}}{C_{B}+C_{S}} \tag{7.3-8}$$

由于位线电容比存储电容大很多,因此电荷传输效率远小于1。

DRAM 单元具有结构简单、面积小、有利于提高集成度的优点。但是也存在两个严重问题,一是存储信息不能长期保持,会由于泄漏电流而丢失。二是单元读出信号微弱,而且读出后单元原来存储的信号也被改变,也就是破坏性读出。为了解决第一个问题,采用定期刷新的办法,按照单元信息保持时间安排对所有单元刷新,就是在存储信息丢失前,使单元的存储信息得到恢复。解决第二个问题的方法是设置灵敏/再生(sense/restore,S/R)放大器,S/R 可以放置在位线中间,如图 7.3-3 所示。读操作时,S/R 一侧的位线有一个单元选中,如选中 W_i 连接的单元,使位线电平发生变化。而 S/R 另一侧位线没有单元选中保持预充的参考电平 V_R,因而使 S/R 得到一个差分信号。

读"1"时

$$\Delta V_{S/R}=V_{B1}-V_{R}=\frac{1}{2}T\Delta V_{S} \tag{7.3-9}$$

读"0"时

$$\Delta V_{S/R}=V_{R}-V_{B0}=-\frac{1}{2}T\Delta V_{S} \tag{7.3-10}$$

这个微小信号差被 S/R 放大,若读"1"则放大后 BL 为高电平,$\overline{\mathrm{BL}}$为低电平,若读"0"则相反。然后再通过门管把合格的高(或低)电平写回单元。刷新过程实际上是一种特殊安排的读操作,通过 S/R 使单元信息恢复。

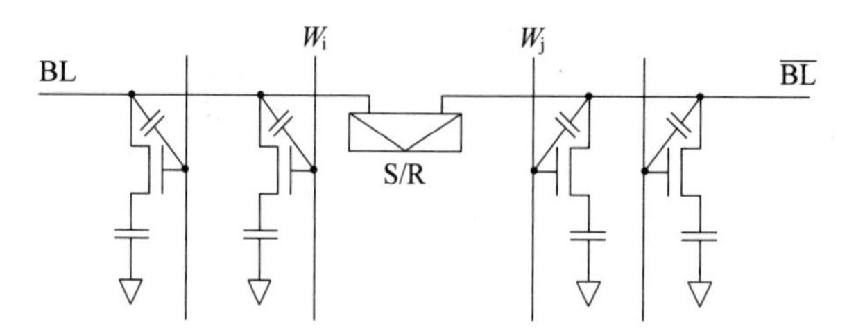

图 7.3-3 DRAM 单元阵列中的 S/R

DRAM 单元设计时要考虑两个因素:一是面积,二是性能。在一定工艺水平下单元面积可表示为

$$A=N\lambda^{2} \tag{7.3-11}$$

λ 是工艺特征尺寸,N 作为单元的面积优值,要通过设计尽量减小 N。单元的性能优值可以用电荷传输效率 T 表征,要提高 T 必须增大 C_S。综合这两方面因素,DRAM 单元设计就是如何在尽可能小的单元面积上做出足够大的存储电容。为了缩小单元面积、提高性能,主要从三个方面努力。第一个方面是工艺技术的改进,不断缩小特征尺寸以及减小氧化层厚度,

提高单位面积电容量;第二个方面是单元结构的改进;第三个方面是材料的变革。早期 Kb 规模 DRAM 单元是平面晶体管、平面电容结构。图 7.3-4 是商用的 4Kb 至 16Kb 乃至 64Kb DRAM 采用的单层多晶硅工艺制作的单元结构[9]。字线和电容极板线都是多晶硅,位线是金属线。只用 4 块掩模版,工艺简单,但是面积大。发展到 MB 规模 DRAM 在单元设计上的重要改进是把平面电容改为立体电容,从而在很小的平面面积内做出足够大的电容。立体电容的一种结构是把电容极板向下折叠,做成沟槽电容[10,11](trench capacitor, TRC)结构,如图 7.3-5 所示。立体电容的另一种结构是把电容极板向上折叠,形成叠置电容[12,13](stacked capacitor, STC)结构,如图 7.3-6 所示。随着存储容量增加,电容的结构越来越复杂,使加工步骤增加,成本提高。因此,对 Gb 规模 DRAM 不能仅仅在电容结构上改进,还必须在 MOS 晶体管结构以及材料上变革。Gb 规模 DRAM 中单元的门管也采用了立体结构,用垂直 MOS 晶体管进一步减小单元面积,如图 7.3-7 所示[14]。减小单元面积的另一个有效途径是采用新的高介电常数的材料作电容介质,从而极大提高了单位面积电容量。这样用较简单的单元结构就可以满足面积和存储容量的要求[15]。表 7.3-1 比较了几种高 K 介质材料的介电常数以及用它们代替 SiO_2 介质可获得的面积缩小的比例。电路设计上的改进也是重要的努力方向,如采用多值存储[16]以及 NAND 单元结构[17]等。

表 7.3-1 不同介质材料的性质

材料	相对介电常数(25℃)	等效 SiO_2 面积
SiO_2	3.8	100%
Ta_2O_5	23	17%
Nb_2O_5	40	10%
BST($BaSrTiO_3$)	200～2 000	2%～0.2%

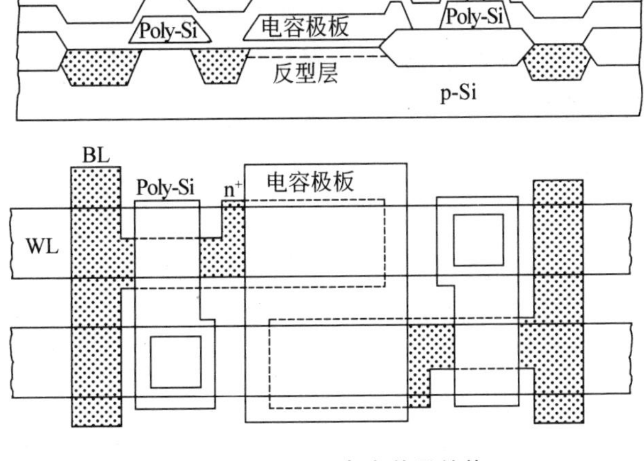

图 7.3-4 平面电容单元结构

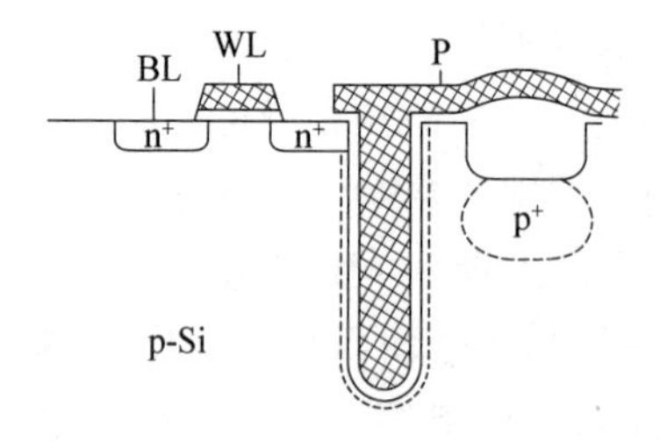

图 7.3-5 沟槽电容单元结构

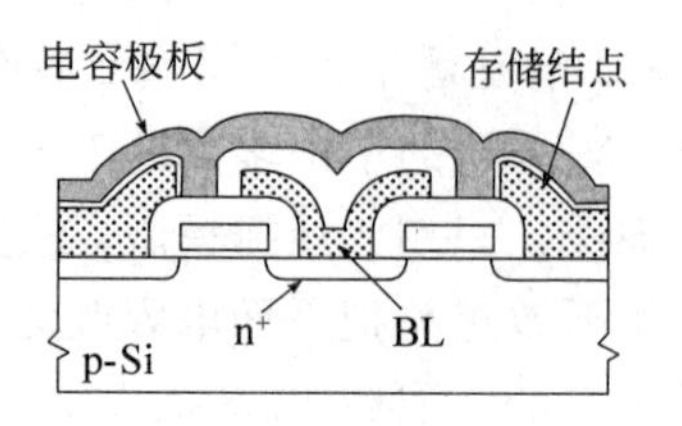

图 7.3-6 叠置电容单元结构

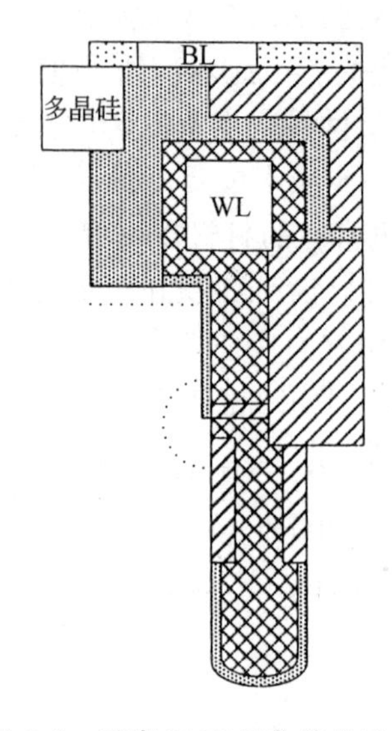

图 7.3-7 垂直 MOS 晶体管单元结构

例题 7.3-1 某 100nm 工艺,$V_{DD}=1.1V$,$V_{TN}=0.3V$,$V_{TP}=-0.3V$,$K_N'=450\mu A/V^2$,$K_P'=125\mu A/V^2$,$C_{ox}=1.8\mu F/cm^2$,如图 L7.3-1 所示为 1T1C 结构 DRAM,位线预充结构为动态预充,预充电压为 $V_{DD}/2$;(1) 请计算读 1 操作中位线电平(忽略泄漏电流);(2) 计算这个 DRAM 单元的电荷传输效率 T。

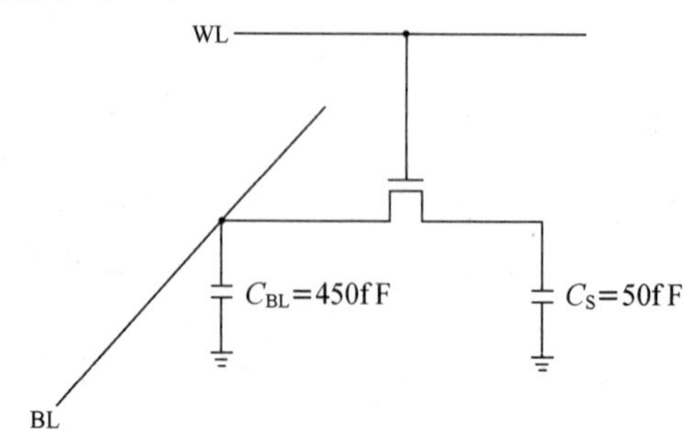

图 L7.3-1

解答：

(1) 根据读 1 操作中位线电平计算公式

$$V_{B1} = \frac{V_R C_B + V_{S1} C_S}{C_B + C_S}$$

其中预充电平 $V_R = \frac{V_{DD}}{2} = 0.55V$，$V_{S1} = V_{DD} - V_{TN} = 0.8V$，代入后可以求得 $V_{B1} = 0.575V$。

(2) 根据电荷传输效率计算公式

$$T = \frac{\Delta V_B}{\Delta V_S} = \frac{\Delta V_{B1} - V_{B0}}{\Delta V_{S1} - V_{S0}} = \frac{1}{1 + C_B/C_S}$$

将位线电容和存储电容同时带入，得电荷传输效率为：T=0.1。

7.3.2　SRAM 单元结构和工作原理

SRAM 是采用双稳态电路存储信息，因此信息存储可靠，只要不断电存储信息可以长期保持。双稳态电路是由 2 个反相器构成，需要 4 个 MOS 晶体管，再加上控制单元存取的 2 个门管，SRAM 单元一般是 6 个 MOS 晶体管，因此单元面积远比 DRAM 单元大。

早期 SRAM 采用的饱和负载 NMOS 6 管单元，由于饱和负载反相器输出高电平有阈值损失，影响 SRAM 单元的性能；为此又发展了耗尽型负载的 NMOS 单元，用耗尽型负载反相器构成双稳态电路，如图 7.3-8(a)所示；随着存储容量增加，单元阵列的静态功耗增加，为了降低功耗发展起高阻多晶硅电阻负载的 SRAM 单元，如图 7.3-8(b)所示。采用高阻多晶硅电阻负载，也使单元面积进一步减小，这种单元在 Kb 规模 SRAM 产品中用得非常普遍[18]。为了减小单元的导通电流，负载电阻要足够大，一般在几十至百 MΩ。对电阻负载的 SRAM 单元，导通电流由下式决定

$$I_{on} = \frac{V_{DD} - V_{OL}}{R_L} \approx \frac{V_{DD}}{R_L} \qquad (7.3\text{-}12)$$

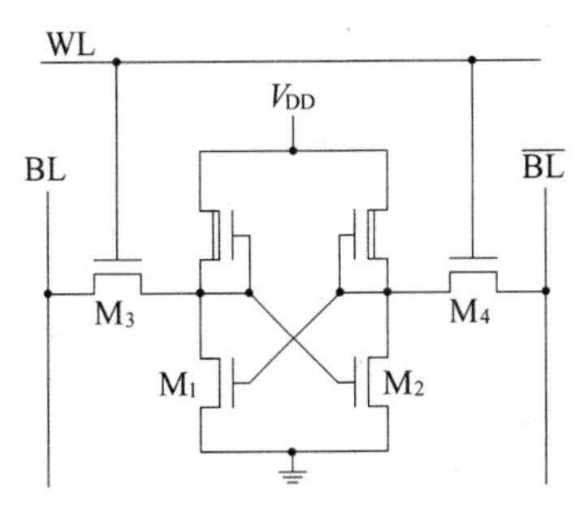

(a) 耗尽型负载

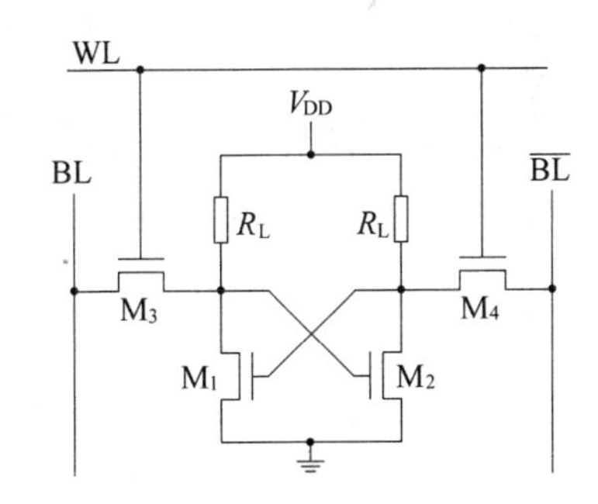

(b) 高阻多晶硅电阻负载

图 7.3-8　耗尽型负载和高阻多晶硅电阻负载的 SRAM 单元

若 $V_{DD}=5V$，$R_L=50M\Omega$，则 $I_{on}=1\times10^{-7}A$。如果存储器容量是 1Mb，由单元导通电流引

起的静态功耗将达到 0.5W。要降低功耗必须增大负载电阻的阻值,但是进一步增大阻值有两方面的限制,一是工艺上制作小面积极高阻值的电阻将很困难,二是阻值太高将严重影响单元存储信息的可靠性。如果能做到 $R_L=10^{12}\Omega$,则 $I_{on}=5pA$,而电路中的泄漏电流也在 pA 量级,也就是说靠负载电阻提供的充电电流无法避免泄漏电流引起的存"1"结点高电平下降,因而会造成存储信息丢失。

采用 CMOS 存储单元可以解决电阻负载单元中功耗和可靠性的矛盾[19]。目前 SRAM 普遍采用 CMOS 单元。图 7.3-9 是 CMOS 单元电路 ,其工作原理如下:对没选中的单元,字线是低电平,2 个门管截止,单元和外界隔离,靠双稳态电路保持信息。若单元存"1",则 $V_1=V_{OH}=V_{DD}$,$V_2=0$;若单元存"0"则相反。需要对某个单元写入信息时,该单元的字线为高电平,使门管 M_5 和 M_6 导通。若写"1"则 $V_{BL}=V_{DD}$,$V_{\overline{BL}}=0$,使 V_1 充电到高电平,V_2 放电到低电平,从而写入信息。读操作时,位线 BL 和$\overline{BL}$都预充电到高电平 V_{DD},同时通过行译码器使该单元字线为高电平。若读"1",$V_1=V_{OH}$,$V_2=0$ 使 M_1 截止,位线 BL 不能放电;而另一侧由于 M_2 和 M_6 都导通,对位线$\overline{BL}$放电。若读"0"则位线$\overline{BL}$保持高电平,而 BL 通过 M_1 和 M_5 放电。由于单元中 MOS 管尺寸很小,导通电流小,对位线放电速度很慢。为了提高读出速度,一般只要一侧位线电位略有下降,形成几百 mV 信号差就立刻把信号传送到公共 I/O 线,再经过读出放大器放大到合格的高、低电平。

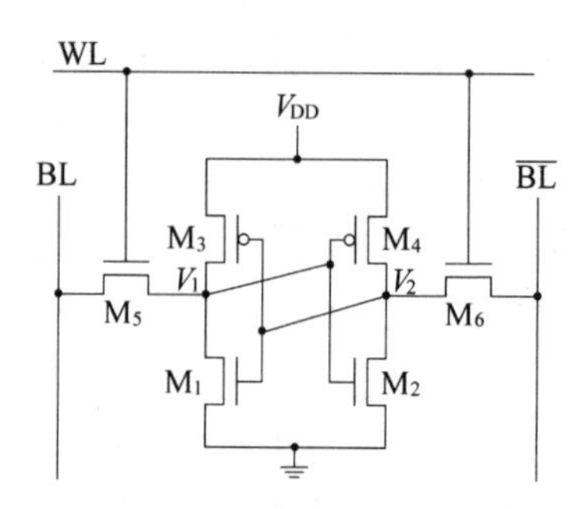

图 7.3-9 CMOS 单元电路

由于 CMOS 反相器中不存在直流导通电流,因而单元阵列只有泄漏电流引起的静态功耗。例如一个 4Mb SRAM 采用 CMOS 单元,在 3V 电源电压下整个芯片的静态电流只有 0.2μA[20]。采用 CMOS 单元可以保证单元存储信息可靠,因为靠导通的 PMOS 管补充存"1"结点的电荷,而 PMOS 的导通电流可以比泄漏电流大几个数量级。对 CMOS 单元一个突出问题就是如何减小单元面积。如果采用常规 CMOS 工艺需要占用很大面积。为了进一步减小 SRAM 单元面积,可以采用薄膜晶体管(thin film transistor,TFT)做负载管,这样使 PMOS 管可以放置在 NMOS 管上方,形成一个叠置的立体结构的 CMOS 单元,如图 7.3-10 所示[21]。

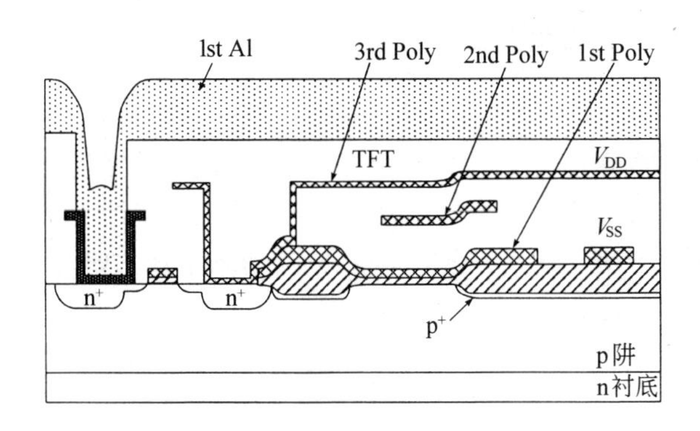

图 7.3-10　TFT 负载的 CMOS 单元剖面结构

要进一步减小单元面积，还应该简化单元电路。早在 1987 年就提出了无负载的 4 管 SRAM 单元的设计，但是它需要特殊的字线驱动电路来保持单元信息[22]。为了适应高密度、低电压操作的嵌入式 SRAM 发展的需要，提出一种新概念的无负载的 CMOS 4 管单元，并用 0.18μm 工艺实现，单元面积只有 1.9μm²，比同样工艺水平制作的 CMOS 6 管单元面积减小 35%。在 1.8V 电压下工作有很高的稳定性。图 7.3-11 是这种 4 管单元的电路[23]。单元的 2 个门管是 PMOS 管，2 个驱动管是 NMOS 管，单元的写入和读出操作的原理与一般 6 管 SRAM 单元一样，不过，由于用 PMOS 当做门管，写入高电平没有阈值损失，因而更适于在低电压下工作。4 管单元在保持状态时，字线是高电平 V_{DD}=1.8V，两条位线也充电到 V_{DD}，2 个 PMOS 管截止。由于截止态的 NMOS 管有亚阈值泄漏电流，会使存储的高电平信号衰减，这个单元设计的关键是使 PMOS 管的亚阈值电流远大于 NMOS 管的亚阈值电流，这样 PMOS 管在保持状态下起到负载管的作用，可以对存储高电平的结点充电，保证存储信息稳定可靠。在制作时通过设计不同的阈值电压，使 V_{GS}=0 条件下 PMOS 管的亚阈值电流大约比 NMOS 管大 2 个数量级。这种小面积、高性能的单元可以用于 Gb 规模 SRAM 中。

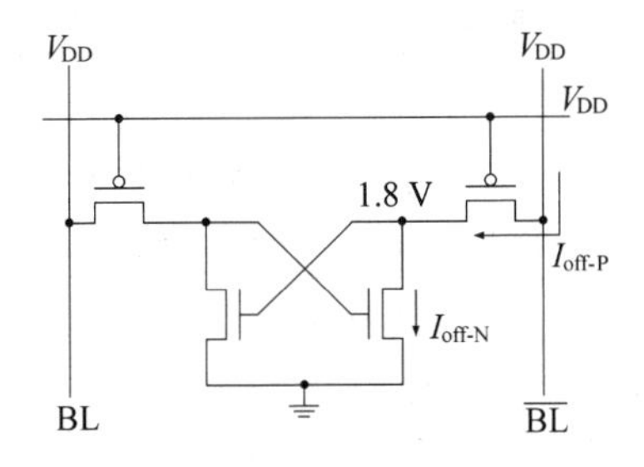

图 7.3-11　4 管 SRAM 单元电路

7.3.3 ROM 存储单元结构和工作原理

1. 掩模式 ROM 单元

掩模式 ROM 的存储单元就是一个 MOS 晶体管,MOS 晶体管的栅极接字线,漏极接位线,源极接地。单元存“1”还是存“0”决定于读操作时位线是否能通过单元管放电。单元的存储内容由制作时的某一次光刻掩模版决定。可以用离子注入掩模版编程,也可以用有源区掩模版或引线孔掩模版编程。

图 7.3-12 是一个离子注入编程的 ROM 单元阵列的部分版图,这里是 4 行×4 列单元。每个单元是一个 MOS 晶体管,画注入框的单元管额外增加一次沟道区注入,使 NMOS 晶体管的阈值电压增大到 V_{T1},表示存“1”。没有注入框的 NMOS 晶体管阈值电压为 V_{T0},表示存“0”。读操作时字线加电压 V_{WL},

$$V_{T0} < V_{WL} < V_{T1} \tag{7.3-13}$$

若单元存“0”则单元管导通,对位线放电读出低电平;若单元存“1”则单元管截止,不能对位线放电,读出高电平。单元存“1”和存“0”的定义也可以相反。

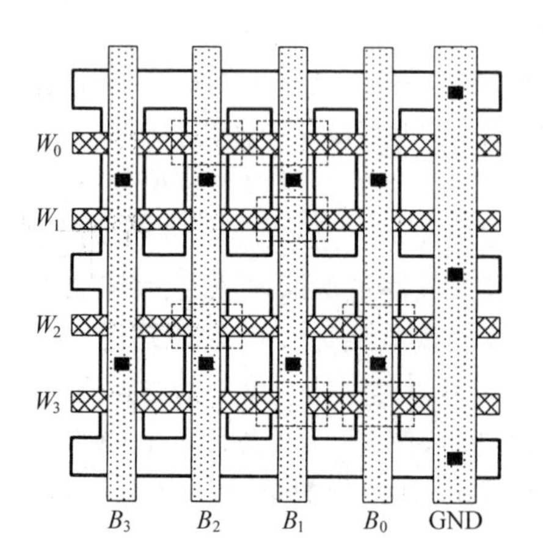

图 7.3-12 离子注入编程的 ROM 单元

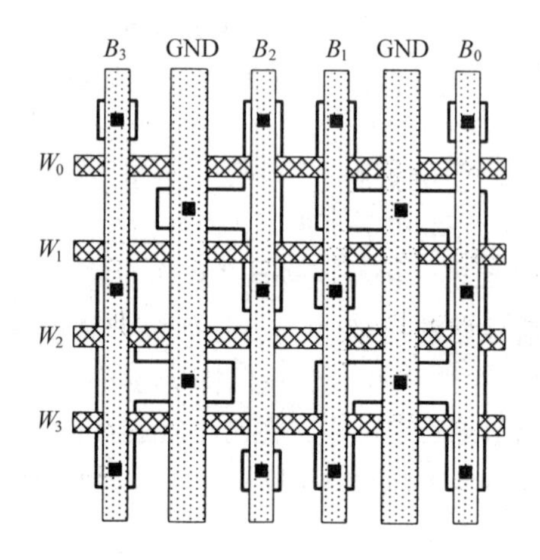

图 7.3-13 有源区编程的 ROM 单元

图 7.3-13 是有源区编程的 ROM 单元版图。对硅栅工艺,只要多晶硅线和有源区交叉就形成一个 MOS 晶体管。因此,可以用有源区版图编程使有的单元形成 MOS 晶体管,表示存“1”;而有的单元不形成 MOS 晶体管,表示存“0”。读操作时存“1”的单元可以对位线放电,而存“0”单元没有放电通路。

图 7.3-14 是用引线孔编程的 ROM 单元版图。若单元管的漏区通过引线孔和位线相连,则读操作时可以对位线放电;若单元管没有引线孔和位线相连,读操作时位线就不能通过单元管放电。

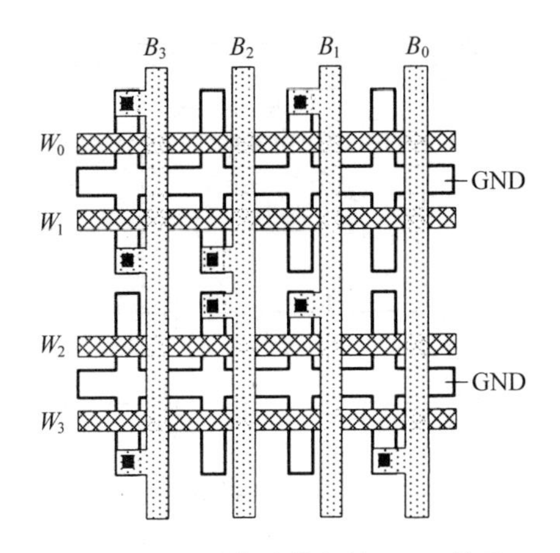

图 7.3-14　引线孔编程的 ROM 单元

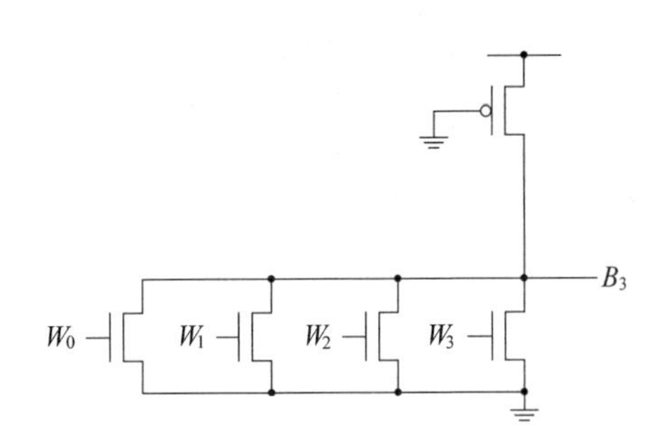

图 7.3-15　对应 B_3 位线的等效电路

掩模式 ROM 的实际版图结构多种多样，为了节省面积，图形也比较复杂，这里只是示意地加以说明。

图 7.3-15 画出图 7.3-12 中对应 B_3 位线的等效电路，位线上方的 PMOS 管是对位线预充电的上拉管，在图 7.3-12 的版图中没有画出位线预充电器件。由于存储阵列中的单元管是并联到位线上，这种结构叫并联式。

图 7.3-16 所示为一个 4×4 的并联式 ROM 结构图，上拉管的作用相当于一个大电阻，PMOS 器件可以采用倒比例的宽长比，即宽长比小于 1 的器件尺寸。读出的时候，选中的一根字线为高电平，其余未选中的字线均为低电平；如果选中字线与位线交叉处有器件，导通的 NMOS 管相当于小电阻，跟上拉管等效电阻进行分压，使得位线输出接近 GND 的低电平；如果选中的字线与位线交叉处没有器件，则上拉 PMOS 管将位线拉高为 V_{DD}。因此，对于图中结构，第一行存储的数据为“1001”，其他三行分别为“0110”“1010”和“1111”。

并联式 ROM 的读出信号大，读出速度较快，但是占用面积大。在大容量 ROM 中普遍采用串联式结构，即把单元管串联，一串单元中只有最上面一个单元管的漏区需要接位线的引线孔，从而可以节省很多面积。显然，串联单元数目越多，节省的面积越多。

图 7.3-17 所示为一个 4×4 的串联式 ROM 结构图，上拉管的作用同上。读出的时候，选中的一根字线为低电平，其余未选中的字线均为高电平；如果选中某根位线上串联的 NMOS 器件均导通，则导通的 NMOS 单元跟上拉管等效电阻分压后，在位线输出接近 GND 的低电平；如果某根位线上串联的 NMOS 器件没有完全导通，则上拉 PMOS 管将位线拉高为 V_{DD}。因此，对于图中结构，第一行存储的数据为“0110”，其他三行分别为“1001”“0101”和“0000”。注意并联和串联两种结构的 ROM 在行译码器输出信号的差别。

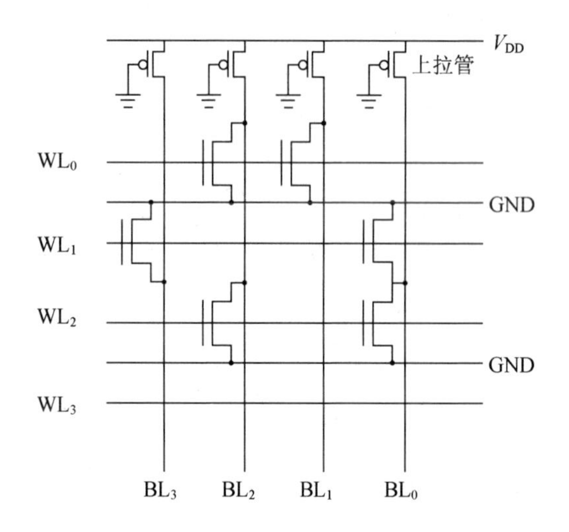

图 7.3-16　4×4 并联式 ROM 结构

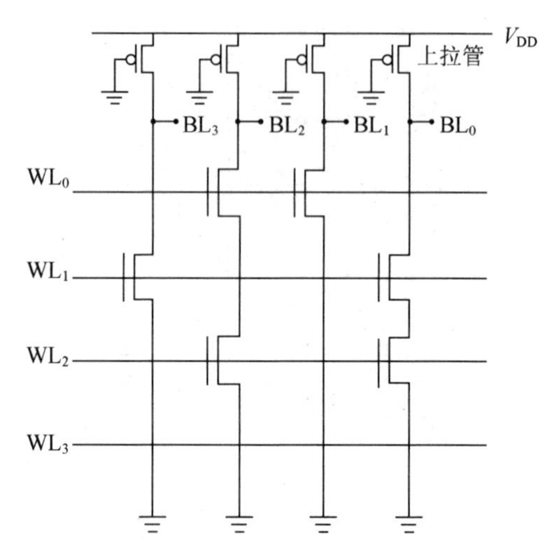

图 7.3-17　4×4 串联式 ROM 结构

不过串联 MOS 管的数目也不能太多,因为位线要通过多个串联的 MOS 管放电,会影响速度和位线的信号摆幅。实际上大容量 ROM 阵列是采用串、并联结合的方式,如图 7.3-18 所示,把一根位线上的单元分成几串。例如一个 1Mb ROM,每根位线上有 1 024 个单元,采用串并联结构,把单元分成 32 串,每串 32 个单元。在每串单元中还应增加一个选择控制管,如图 7.3-18 中受选择信号 $S_1, S_2, \cdots\cdots, S_n$ 控制的 MOS 管。

2. PROM 单元

在集成电路中可以利用高阻多晶硅电阻率的转换作为编程方式,实现可编程的只读存储器。它比一般熔丝式 PROM 的编程电压低、电流小,而且和常规的硅栅工艺兼容。图 7.3-19 是一个多晶硅电阻编程的 PROM 单元版图和对应的电路[24]。存储单元是由一个多晶硅负载电阻和一个 MOS 管组成的。MOS 管的栅极接字线,控制单元的选择,MOS 管的源极通过列译码器控制接公共地线。多晶硅电阻一端接位线,另一端接 MOS 管漏极。多晶硅电阻的初始电阻率很高($>10^3\,\Omega\cdot$cm)。当多晶硅电阻上所加的电压较小时,电流和电压近似为线性关系,随着电压增大,电流迅速增加,电流和电压不再是线性关系。当电阻上的电压超过一定的临界电压 V_c,高阻多晶硅变为低阻态,这个过程是不可逆的。在低阻态电流和电压完全是线性关系。图 7.3-20 说明了多晶硅电阻率转换的特性。若单元中的多晶硅电阻是高阻态,则在读操作时单元流过的电流非常小,不能使位线放电;若单元中的多晶硅电阻是低阻态,则在读操作时可以有较大的电流对位线放电。这样就可以用多晶硅电阻的两种状态表示存“1”或存“0”两种信息。

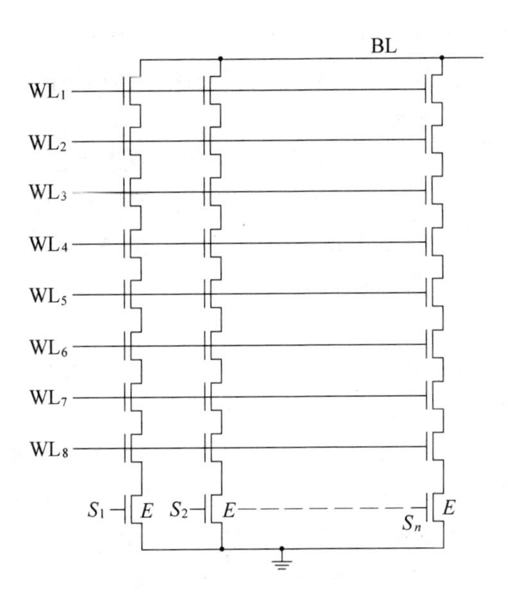

图 7.3-18　串并联结构的 ROM 单元

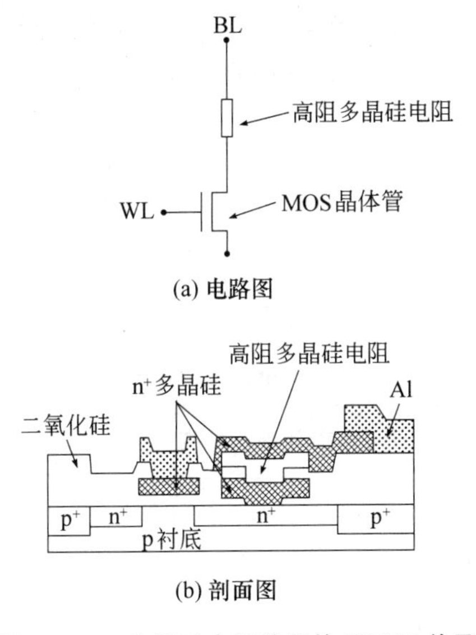

图 7.3-19　多晶硅电阻编程的 PROM 单元

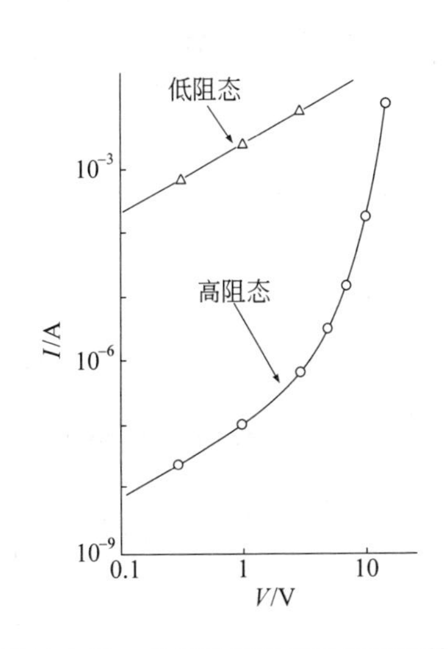

图 7.3-20　多晶硅电阻率转换的特性

这种 PROM 出厂时所有单元的多晶硅电阻都是高阻态。在使用时由用户根据需要在选中单元的位线上加较大的编程电压，同时字线上也加较大的电压使 MOS 管可以提供足够大的编程电流。这样就使选中单元的多晶硅电阻变为低阻态，而未选中单元仍保持为高阻态。

PROM 比掩模式 ROM 在使用上有一定的灵活性,可以根据用户要求写入信息。但是 PROM 编程要消耗大的功耗,而且一般只能编程一次。编程后的信息可以永久保存。

3. EPROM 和 E^2PROM 单元

EPROM 和 E^2PROM 比起掩模式 ROM 在应用上有更大的灵活性,因为它们的存储内容可以被擦除,因而可以多次编程。一般擦/写周期数都在 10^6 以上。

EPROM 和 E^2PROM 包括 Flash 的基本单元结构是一个叠栅 MOS 管。叠栅 MOS 管有两层多晶硅栅,在常规 MOS 管的硅栅下面又增加一层多晶硅栅。这层硅栅不和外界相连,完全被二氧化硅和周围隔离,这层硅栅就叫浮栅(floating-gate),因此这种结构的 MOS 管也叫浮栅管。图 7.3-21 分别给出了 EPROM,E^2PROM 和 Flash 存储器中采用的浮栅管结构[25]。浮栅管上面的硅栅是控制栅,接字线,用来控制单元的选择;下面的硅栅是浮栅,用来存储信息;浮栅管的漏极接位线,源极接公共源线或接地。浮栅管利用浮栅存储的电荷改变控制栅对应的阈值电压,从而改变单元的存储信息。对控制栅而言,浮栅上的电荷相当于 MOS 管栅氧化层中的固定电荷。若浮栅上没有存储电子电荷,则控制栅对应一个较低的阈值电压 V_{T0};当浮栅上存储了一定的电子电荷 Q_{FG}($Q_{FG}<0$),将使控制栅的阈值电压增大 ΔV_T。

$$\Delta V_T = -Q_{FG}/C_{eq} \tag{7.3-14}$$

其中 C_{eq} 是浮栅相对控制栅的等效电容。用低阈值电压的浮栅管表示存"1",高阈值电压的浮栅管表示存"0",这样就根据浮栅上有无电荷决定了单元的存储内容。

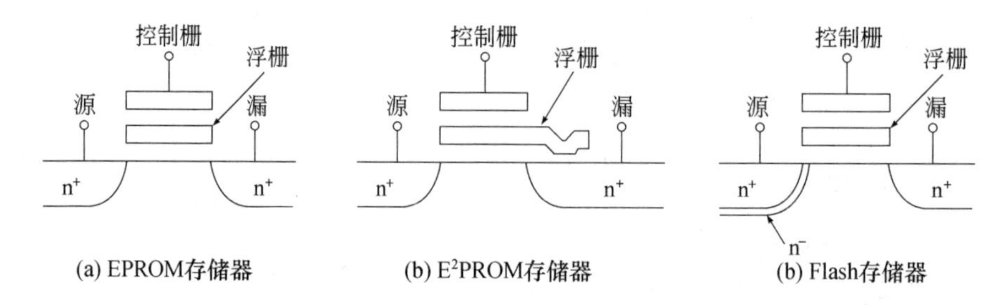

图 7.3-21　EPROM,E^2PROM 和 Flash 存储器采用的浮栅管结构

读操作时,选中单元的字线加电压 V_R,且

$$V_{T0} < V_R < V'_T \tag{7.3-15}$$

$$V'_T = V_{TO} - \frac{Q_{FG}}{C_{eq}} \tag{7.3-16}$$

若单元存"1",则浮栅管导通,对位线放电;若单元存"0",则浮栅管截止,位线保持预充的高电平。单元存"1"和存"0"定义也可以反过来。图 7.3-22 说明了单元存"1"和存"0"的特性[26]。

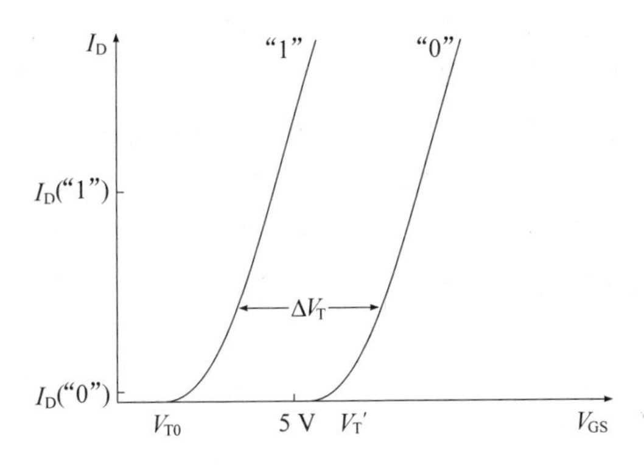

图 7.3-22　浮栅管单元存"1"和存"0"的特性

编程或写操作是向浮栅注入电子电荷,常用的编程方法是沟道热电子(CHF)发射。编程时,选中的字线加较大的编程电压 V_{PP},位线加电压 V_{DD},浮栅管源极接地。浮栅管上较大的漏-源电压使沟道产生热电子,在控制栅形成的强大的纵向电场作用下热电子向浮栅发射。经过一定时间,使浮栅上积累足够的电子电荷,使浮栅管阈值电压达到要求的值。一般编程时间在 1～10μs。

EPROM,E^2PROM 和 Flash 的信息存储和编程以及读操作的原理基本相同,但是擦除的方式不同。EPROM 是用紫外光擦除[27],擦除时不能带电。用紫外光照射芯片,使浮栅上的电子吸收紫外光的能量(约 4.9eV),从而使电子有足够大的能量克服 Si-SiO_2 势垒(3.2eV)返回到硅衬底中。这种光擦除是全片擦除。为了使紫外光能照射到芯片上封装管壳必须采用透明的石英盖,因此封装成本高。另外芯片在使用中容易受到日光、灯光的干扰引起信号丢失。E^2PROM 和 Flash 是利用薄氧化层的隧穿效应实现电擦除。这就需要在浮栅下面形成高质量的超薄氧化层(<10nm),以便产生穿越氧化层的隧穿电流。1988 年 Intel 公司提出了电子隧道氧化层的器件结构[28]。这种浮栅管也叫 FLOTOX(Floating-gate Tunnel Oxide),即浮栅隧道氧化层 MOS 晶体管。对于很薄的氧化层,当加有较大电压时可以在氧化层中形成足够大的电场(～10^7V/cm),使电子有较高的概率穿越二氧化硅禁带进入硅的导带。F-N 隧穿电流与氧化层上的电场成指数关系,因此氧化层越薄隧穿电流越大。对 20nm 厚的氧化层,电压每增加 0.8V 将使隧穿电流增大一个数量级。E^2PROM 的擦除是按位进行,在擦除时位线加较大的电压,而控制栅接地,源极悬浮,浮栅上的电子通过浮栅和漏区之间一个隧道氧化层区从浮栅返回到硅衬底。Flash 与 E^2PROM 不同,是按扇区或整片同时擦除,电子是通过浮栅和源区之间的薄氧化层从浮栅返回到硅衬底,擦除时使浮栅管源极接一个正电压、控制栅接地,漏极悬浮,因此所有共源连接的浮栅管是同时擦除的。

由于隧穿电流的方向决定于氧化层上电压的极性,因此 E^2PROM 和 Flash 也可以利用隧穿效应向浮栅注入电子,实现编程。用沟道热电子编程需要 MOS 晶体管有较大的导通电流，而且由于沟道电子中只有少数热电子可以发射到浮栅上，注入效率低，功耗大。隧穿效应可以使冷电子穿越势垒，而且发射效率高，所有隧穿电子几乎都对编程有贡献。但是要有足够大的隧穿电流必须在氧化层上加很高的电压，这将影响氧化层的可靠性。实际的隧穿电流还是比较小的，因此用 F-N 隧穿效应编程比沟道热电子编程速度慢，但功耗低。

对可擦写的可编程 ROM 除了密度、速度、功耗等还有两个很重要的性能指标。一个是数据保持特性，另一个是擦/写的耐久性。EPROM，E^2PROM 和 Flash 都是用浮栅存储信息。在不进行擦/写操作时应保证浮栅上的电荷不会丢失。但是各种泄漏电流，特别是薄氧化层的 F-N 隧穿电流会造成存储的电荷损失。一般浮栅电容只有 1fF，如果损失 1fF 的电荷就会引起阈值电压有 1V 的漂移。一般要求浮栅管的数据保持时间在 10 年以上，这就意味着每天允许丢失的电子必须少于 5 个，因此必须保证氧化层的绝缘性能非常好。图 7.3-23 给出了一个 E^2PROM 的数据保持特性[29]。图中测量数据是在室温下最坏的读干扰条件下得到的，图中的实线是基于理论模型预测的结果。由于编程和擦除过程都是通过高能量电子发射，高能量电子穿越氧化层会造成氧化层损伤，导致泄漏电流增大，最终会导致器件失效。因此，EPROM，E^2PROM 和 Flash 都有一个允许的擦/写周期数，也就是器件的擦/写耐久性。图 7.3-24 是对一个 Flash 单元测量得到的擦/写耐久性[30]。目前的工艺水平可以制作出高质量的很薄的隧道氧化层，保证擦/写周期达到 10^6 以上。

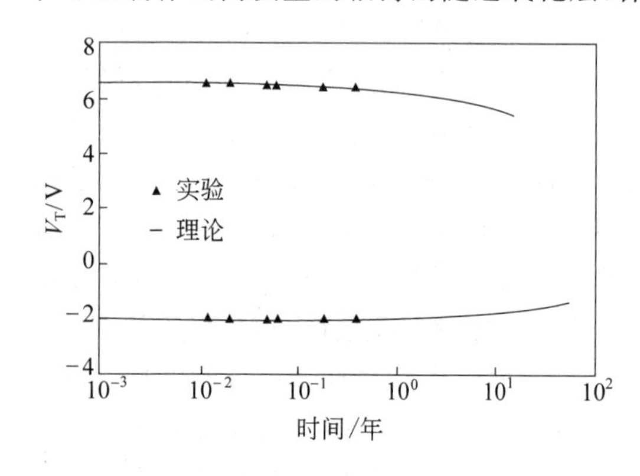

图 7.3-23　一个 E^2PROM 的数据保持特性

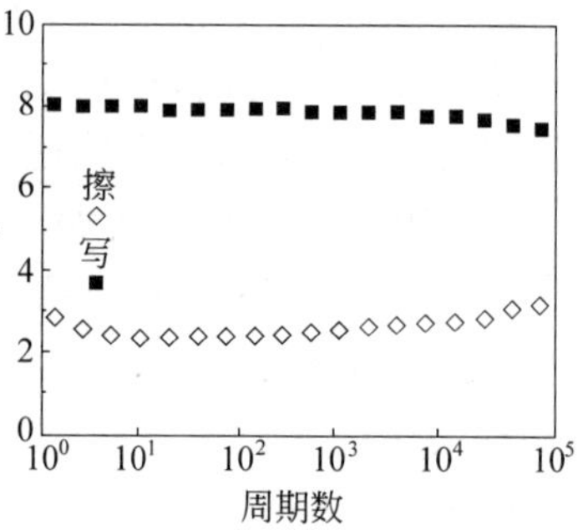

图 7.3-24　一个 Flash 单元的擦/写耐久性

例题 7.3-2　如图 L7.3-2(a)所示为一个 ROM 电路图。

(1) 写出 ROM 中每行存储的 6 位数据(Y_5：Y_0)；

(2) 如果将该 ROM 作为一块组合逻辑使用，写出输出 Y_5：Y_0 对于 A_1，A_0 的逻辑表达式；

(3) 如果电压 5V，阈值电压 1V，电子迁移率为空穴迁移率的二倍，阵列中 NMOS 宽长比为 1，上拉管 PMOS 宽长比为 0.2，其他所有 PMOS 宽长比为 4，NMOS 宽长比为 2，输出端 D 的负载为两个并联反相器，则该存储器读 1 过程的延迟时间是反相器驱动反相器延迟的多少倍？

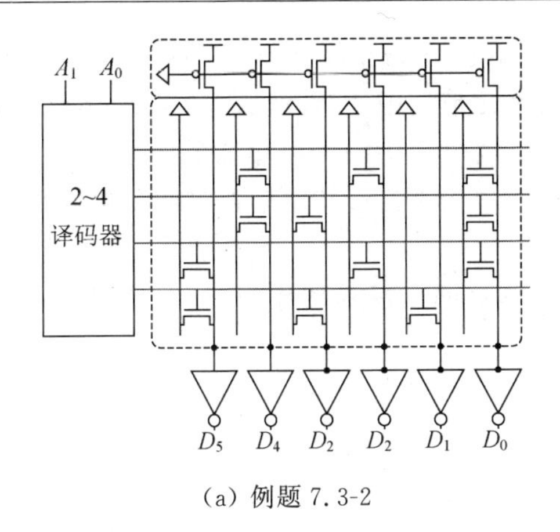

(a) 例题 7.3-2

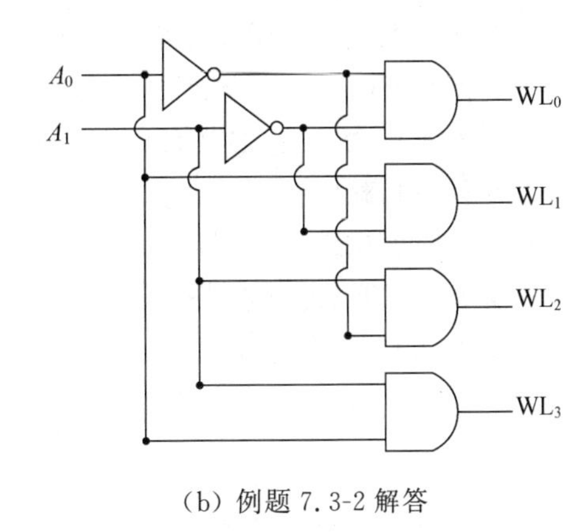

(b) 例题 7.3-2 解答

图 L7.3-2

解答:

(1) 根据图中结构,选中的字线输出高电平,单元中的 NMOS 对位线放电形成下拉,经过反相器输出高电平,因此阵列中有 MOS 器件表示存 1,没有器件表示存 0,这样第一行的数据为“010101”,第二行到第四行依次为“011001”“100101”和“101010”。

(2) ROM 实现组合逻辑的内容我们在第 5 章中做过介绍,这里通过这个例题练习一下,行译码器作为固定的与阵列,每一行输出一个 A_1A_0 最小项,ROM 阵列作为可编程或门阵列,其中有器件的位置将相应的最小项取逻辑或非,经过反相器后输出一组与或表达式,完成相应的逻辑功能。以 D_5 这一列为例,ROM 阵列中第三行和第四行的两个器件分别连接两个最小项为 $A_1\overline{A_0}$ 和 A_1A_0,化简后即为 A_1,类似可以得到 $Y_4=\overline{A_1}$,$Y_3=A_0$,$Y_2=\overline{A_0}$,$Y_1=A_1A_0$,$Y_0=\overline{A_1}+\overline{A_0}$。

(3) ROM 的读出时间是从地址到来以后开始到数据传递到输出端的延迟时间,对于图示的 ROM 结构,读出数据 1 的延迟时间包括译码器的上升延迟时间、存储单元对位线放电的下降延迟时间和输出反相器的上升延迟时间组成。下面我们分别分析这三部分延迟。为了计算方便,定义单个宽长比为 2 的 NMOS 的导电因子为 K,栅电容为 C;定义反相器驱动反相器的延迟时间为 t,即导电因子为 K 的单管上拉/下拉,驱动 3C 电容的延迟时间。

① 译码器的延迟:假设采用如图 L7.3-2(b)所示行译码器结构,译码器的延迟包括一级反相器的上升延迟和与门中一级二输入与非门的下降延迟和一级反相器的上升延迟组成。第一级反相器的上升延迟,单管上拉导电因子为 K,负载为两个与非门,负载电容为 6C,则上升延迟时间为 $2t$;二输入与非门的下降延迟,两个 NMOS 串联下拉,导电因子为 $K/2$,负载为 1 个反相器,负载电容为 3C,则下降延迟时间为 $2t$;译码器中最后一级反相器的上升延迟,单管上拉导电因子为 K,负载电容的情况,考虑到 ROM 阵列结构中无论电路图中有没有器件,实际上都是有栅结构的,因此按照每行 6 个宽长比为 1 的 MOS 的栅电容

计算,负载电容共为 3C;则反相器的上升延迟为 t。因此,译码器部分的总延迟共为 $5t$。

② 单元的延迟:字线变为高电平以后,相应的单元被选中,对位线放电,形成一个下降延迟时间,宽长比为 1 的 NMOS 导电因子为 $K/2$,负载电容为一个反相器的栅电容 3C;上拉 PMOS 器件的宽长比为 0.2,跟单元中 NMOS 相比电流较小,其对延迟时间的影响可以忽略;则读出过程中单元的下降延迟为 $2t$。

③ 输出反相器的延迟:根据题意,输出反相器驱动两个反相器作为负载,负载电容为 6C,单管上拉导电因子为 K,则该反相器的上升延迟为 $2t$。

综上,该结构 ROM 读 1 的上升延迟时间为 $9t$,即为反相器驱动反相器延迟时间的 11 倍。

7.3.4 新型存储器技术*

1. FeRAM 单元[31-33]

铁电存储器(ferroelectric random access memory,FeRAM,FRAM)是利用铁电材料具有自发极化以及在电场作用下极化可以反转的特性进行信息存储。FeRAM 作为新一代存储器兼容了 DRAM 和 Flash 两者的优点,它具有 DRAM 高集成密度的优点,又具有 Flash 不挥发性的特点。由于铁电材料具有较高的介电常数,可以用较小的面积得到较大的电容,因此更有利于减小存储单元面积,提高集成密度。与 Flash 和 E^2PROM 等非挥发性存储器相比,FeRAM 具有功耗小、工作电压低、读写速度快、信息保持时间长以及抗辐射、抗干扰等一系列的优点。

FeRAM 单元的存储电容和常规电容不同,是用铁电材料作电容介质。常规电介质在电场作用下出现极化电荷,但是电场去掉后极化电荷也消失。而铁电材料有一个自发的极化,即使没有电场存在极化也不会消失。常用的铁电材料有 PZT($PbZr_xTi_{1-x}O_3$)或 SBT($SbBi_2Ta_2O_3$)等。图 7.3-25 是反映铁电材料性质的电滞回线。电滞回线的形成可以用电畴(domain)的变化来解释。铁电材料中有正、负两种电畴。在没有外加电压的初始状态下,正、负电畴数目相等,整个晶体的极化强度等于零。

当施加一个小的正向电压,极化强度 P 随着电压 V 作线性变化,即相当于 OA 段,很弱的电压不足以改变任何电畴。但如果不断增大电压,就会有一些负电畴转向正方向,极化强度将沿正方向迅速增大(AB 段),直到所有的电畴都沿正方向排列为止,达到正向“饱和”状态,当电压进一步增大时,极化强度不再变化(BC 段),此时极化强度为饱和极化强度 P_s。与 B 点对应的电压为饱和电压 V_s,外加电压只有大于 V_s,极化方向才能完全翻转。此时如果减小电压,极化强度也随之减小,沿着 C-D 曲线方向变化。然而,即使电压减小到零,总极化强度仍然为正,此时的极化强度称为剩余极化强度,用 P_r 表示。只有当电压反向并达到一定数值时,极化强度才能为零,这一电压称为矫顽电压 V_c。如果外加电压沿反方向继续增大,则所有电畴最终达到沿负方向排列(F 点),进入负饱和状态。此后,当电压再朝正方向变化时,极化强度则沿 $F-E-G$ 曲线变化。于是形成了一个电滞回线($CDFGC$)。

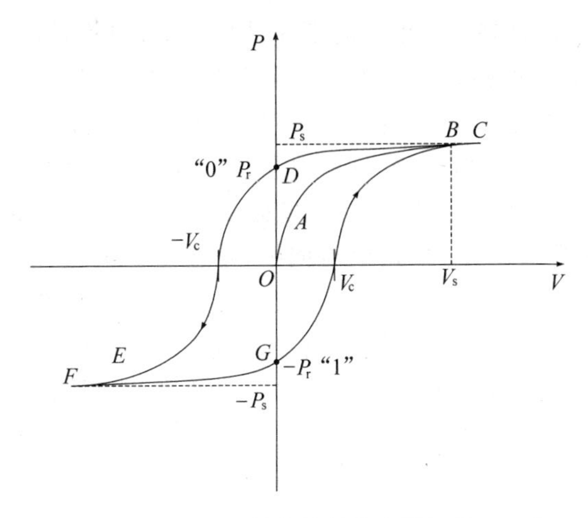

图 7.3-25 铁电材料的电滞回线

FeRAM 正是利用了铁电材料的电滞回线特征，用两个极化状态（图中的 D,G）来存储数据"0"和"1"。没有外加电压时，存储电容处在两个可能的稳定态之一，若处在"0"状态则电容上的电荷为 Q_r，若处在"1"状态极化方向相反，电荷为 $-Q_r$。在电容上加正电压可以使铁电电容由"1"状态转换到"0"状态，反之加负电压可以使它由"0"状态转换到"1"状态。在 FeRAM 中，剩余极化强度越大，"0"和"1"两状态的电荷差就越大，就越容易分辨。而饱和电压（或是矫顽电压）越小则工作电压也会减小。

FeRAM 单元和 DRAM 类似，也是由一个 MOS 管和一个电容构成，MOS 管的栅极接字线（WL），漏极接位线（BL），源极接存储电容，如图 7.3-26 所示。与 DRAM 不同的是电容上极板（PL）不是接固定的高电平，而是接脉冲信号。当然最根本的差别是存储电容性质不同。MOS 管仍是控制单元和位线联系的门管，也起到阻断干扰的作用。对于没选中的单元，门管截止，铁电电容上没有外加电压，电容的初始极性不会受到影响，因此可以可靠地保存数据。

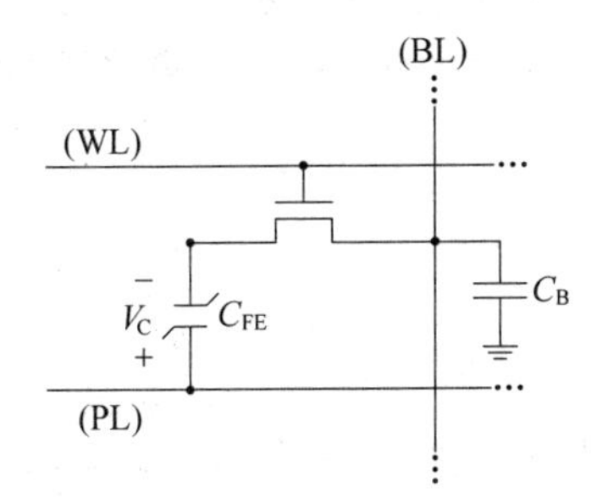

图 7.3-26 FeRAM 单元电路

当对某个单元进行写操作时,该单元的字线是高电平,门管导通,使铁电电容和位线相接。若写“1”则位线是高电平 V_{DD},为了避免门管的阈值损失,字线高电平应提升到 $V_{DD}+V_{TN}$。这样就使电容上加有电压 V_{DD},这个电压应达到 V_s。与位线相接的是铁电电容的下极板,因此加在电容上的是一个负电压,铁电材料被负电压推到负饱和状态。然后在电容极板线 PL 上加一个幅度为 V_{DD} 的正脉冲,最后极板线和位线电位都降为 0。当 PL 和 BL 都降为 0V 时,电容上的电压变为零,根据电滞回线,存储电容的极化状态停在 $-P_r$ 处,即写入了“1”状态。因此不管电容原来是什么状态,都强迫它为“1”状态。单元的信息写入后字选信号也去掉。若写“0”,位线是低电平 0,当极板线 PL 加有正脉冲时给电容加一个正电压,铁电材料被正电压推到正饱和状态,使电容变为“0”状态。图 7.3-27 说明了单元的写操作原理。

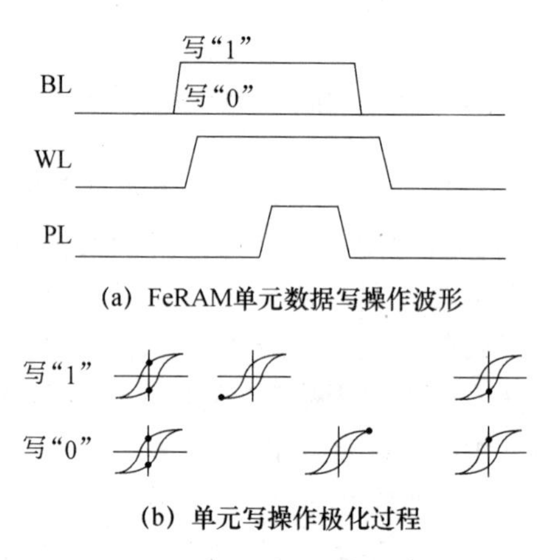

(a) FeRAM单元数据写操作波形

(b) 单元写操作极化过程

图 7.3-27 单元的写操作原理

读操作的原理如图 7.3-28 所示。读操作前位线预放电到 0V,然后选中单元的字线上升为 $V_{DD}+V_{TN}$,门管导通,使存储电容(C_{FE})和位线电容(C_B)串联在 PL 和地之间。在读操作初期 PL 是高电平 V_{DD},因此 C_{FE} 和 C_B 分压决定了位线的读出信号。

若铁电电容存“0”状态的等效电容为 C_0,存“1”状态的等效电容为 C_1,则读“0”和读“1”时的位线信号为

$$V_{B0}=\frac{C_0}{C_0+C_B}V_{DD} \tag{7.3-17}$$

$$V_{B1}=\frac{C_1}{C_1+C_B}V_{DD} \tag{7.3-18}$$

与 DRAM 读操作类似,由于位线电容较大,读出信号很小,因此必须通过灵敏放大器把信号放大。若读“1”经过灵敏放大器使位线电位上升到 V_{DD},若读“0”经过灵敏放大器使位线电位降为“0”。读操作过程结束,存储单元上的电压降为 0V,它的电荷只会停留在 $+Q_r$ 处,即“0”状态处,如果单元以前存“1”的话,存储信息就发生了翻转,形成了破坏性读出。所以,

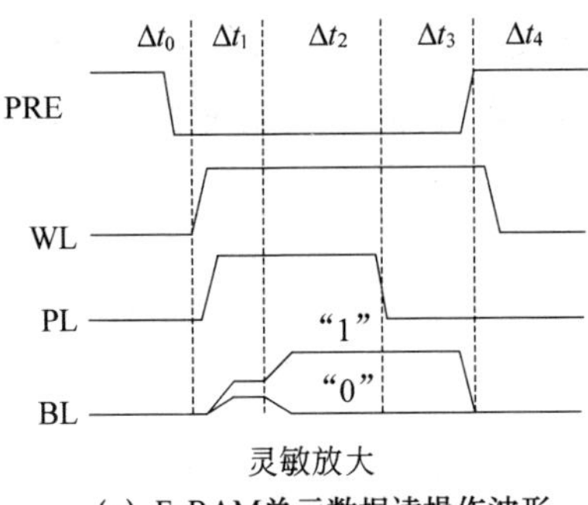

(a) FeRAM单元数据读操作波形

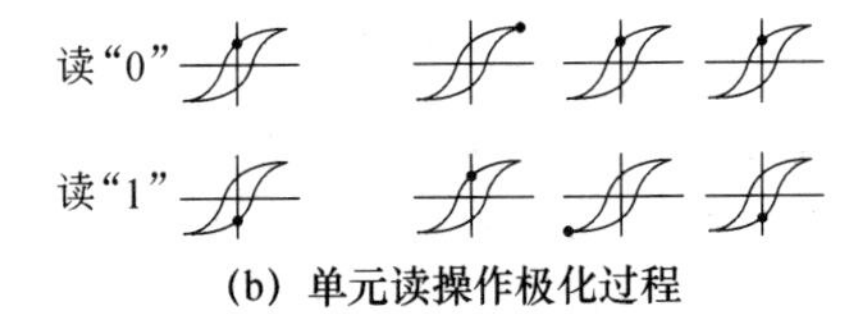

(b) 单元读操作极化过程

图 7.3-28　单元的读操作原理

同 DRAM 一样，FeRAM 在读操作后也需要有个数据再生的过程。

图 7.3-29 是一种 FeRAM 的单元剖面结构[33]，它是在常规 CMOS 工艺基础上增加制作铁电电容的工序。这种单元把存储电容叠置在通孔上方，有利于减小单元面积。

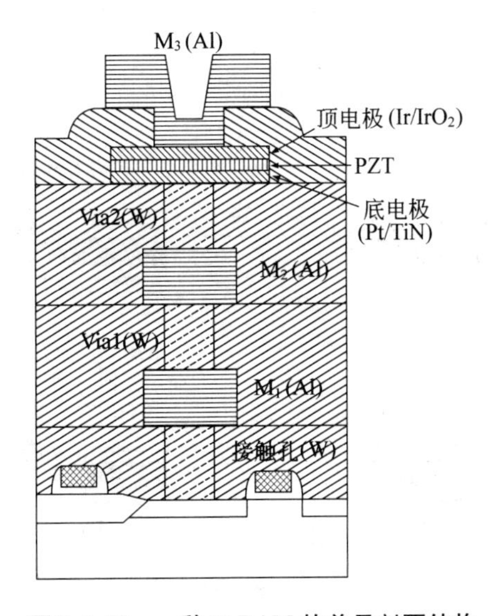

图 7.3-29　一种 FeRAM 的单元剖面结构

FeRAM 与目前的不挥发性存储器相比具有更优越的性能，它将成为 Flash 和 E^2PROM 的最有力的竞争者。只是目前 FeRAM 的制作工艺还不够成熟，制作成本也比较高。但是，FeRAM 具有的可快速读写和数据长期可靠保存的优点使它越来越受到重视并将在很多方面得到广泛应用。

2. MRAM 单元

磁性随机存取存储器(magnetic random access memory，MRAM)具有与 SRAM 一样的快速读写的能力，又具有 DRAM 的高集成度，而且是不挥发性存储器，可以不限次数的重写。MRAM 是在 1980 年初开始被提出的新的 RAM 结构。1988 年研制出一种使用巨磁阻(giant magneto-resistance，GMR)薄膜技术的 MRAM。但由于读/写时间太长，且集成度低，没有得到推广。近些年对 MRAM 的研究又引起很多半导体公司的关注，因为大家看到了存储器产品的巨大市场潜力，而且一些人认为 MRAM[34]将会取代 DRAM。

MRAM 利用两个强磁性薄膜的磁化方向来存储信息，两个磁性薄膜之间用介质材料隔离。一个磁性材料层的磁化方向固定，叫作固定层；另一个磁性材料层的磁化方向可以改变，叫作自由层。当两个磁性薄膜的磁化方向相同时表现出低阻，代表存“0”；若两个磁性薄膜的磁化方向相反则是高阻，这种状态表示存“1”。图 7.3-30 说明了 MRAM 利用磁场写入，利用电压信号读取的原理[35]。利用电流产生磁场使上层磁性薄膜材料按要求的方向磁化，就写入了信息，如图 7.3-30(a)所示。读取时电流垂直通过存储体，若存“0”则由于电阻很小得到的输出电压 V_0 也很小，若存“1”则得到较大的输出电压 V_1，如图 7.3-30(b)所示。MRAM 采用类似 DRAM 的单元结构，用一个 MOS 晶体管作隔离开关，MOS 晶体管和磁存储体串联构成一个存储单元。写操作时 MOS 晶体管截止，读操作时 MOS 晶体管导通，可以有电流流过磁存储体。

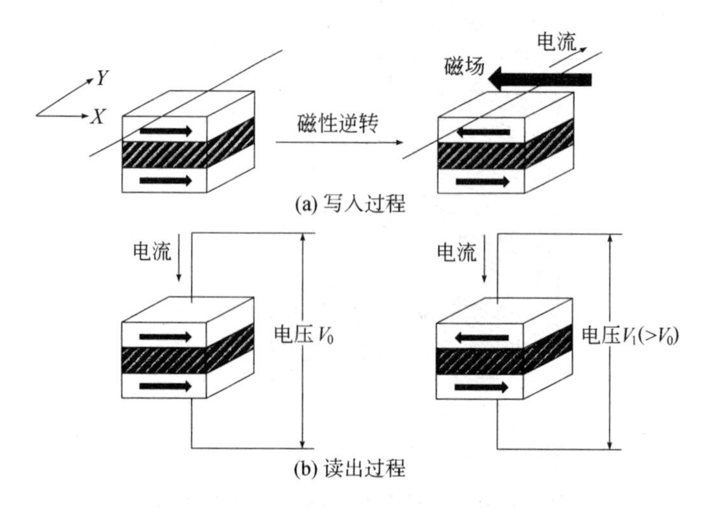

图 7.3-30　MRAM 的写入和读取原理

采用巨磁阻薄膜制作的 MRAM 读取时间长，集成度也低，远未达到预期的性能。这主要是因为单元存“1”和存“0”状态的磁阻差别太小，读出信号很微弱，为了保证可靠性一般要重复读取 2 次，因而影响了读操作速度。另外为了使串联的 MOS 晶体管和巨磁阻薄膜的阻抗匹配，MOS 晶体管的尺寸必须很大，这将严重影响单元面积，从而限制了集成度的提高。

为了解决上述问题，发展了磁隧道结(magnetic tunnel junction，MTJ)材料代替巨磁阻薄膜[36]。MTJ 材料有较大的隧道磁阻比。GMR 薄膜的磁阻比在 10%左右，隧道磁阻比一般在 20%以上。一个 64kB MRAM 采用 0.24μm CMOS 工艺，隧道磁阻比达到 37%[37]。采用 MTJ 材料的 MRAM 可以获得较大的信号电压，不必再重复读取，因而可以有较快的读写速度，一个 1MB 的 MRAM 存取时间小于 50ns[38]。另外 MTJ 材料有较高的阻抗，大约在 $10^2\Omega\cdot\mu m^2$ 以上，因此可以缩小 MOS 晶体管的尺寸，提高集成密度。图 7.3-31 是采用 MTJ 材料的 MRAM 单元结构[39]，MRAM 可以获得像 DRAM 一样的高集成密度。

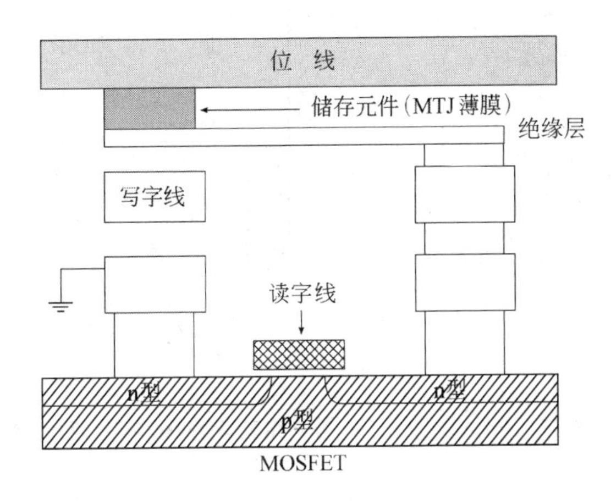

图 7.3-31　采用 MTJ 材料的 MRAM 单元

但是实际的 MRAM 集成度还无法做得很高，主要是两个原因限制了集成度的提高。一是随着集成度的增加，读出信号差发生变化，因此很难正确读出数据。另一个关键问题是 MTJ 材料特性的变化和不稳定性。如何保证在一个大的晶片上制作的 MTJ 材料具有相同的特性，即完全相同的转换磁场和相同的磁阻比，这些还有待于在制作工艺上加以解决。研制具有更高磁阻比的 MTJ 材料也是发展 MRAM 的需要，为了保证读出的可靠性，要求 MTJ 材料的磁阻比应在 30%以上。

3. RRAM 单元

阻变存储器(resistive RAM，RRAM)是利用某些薄膜材料在施加外部电压或电流时出现不同的电阻状态(高、低阻态)的现象来存储数据的存储器。2000 年有报道称利用电脉冲感应的电阻可逆转的不挥发性存储器件，可以实现电阻可逆转换的材料非常多，主要有钙钛矿氧化物、过渡金属氧化物、固态电解质材料、有机材料以及其他材料。RRAM 一般采用金属-功能材料-金属(M-I-M)结构的存储器件,结构非常简单,在上、下电极中间是阻变材料,如图 7.3-32 所示。当在器件的两个电极之间加一定幅度和一定宽度的脉冲偏置电压时,会使得薄膜材料形成或消除稳定的导电通道,从而在两个稳定的电阻态之间转换,如图 7.3-33 所示。RRAM 具有典型的回滞特性。曲线分成 4 个区域,高阻态、低阻态和 2 个转变区,只有电压幅度超过一定阈值时可以对电阻进行编程(set)或复位(reset),编程电压的大小及脉宽与材料性能有关。用较小幅度的窄脉冲探测电阻的大小,进行读操作,由于脉宽和幅度都比较小,不会改变电阻的状态,因此,是非破坏性读出。RRAM 可以获得较大的开关电阻比,根据文献报道,RRAM 的开关电阻比可以超过 $10^6 \sim 10^7$。

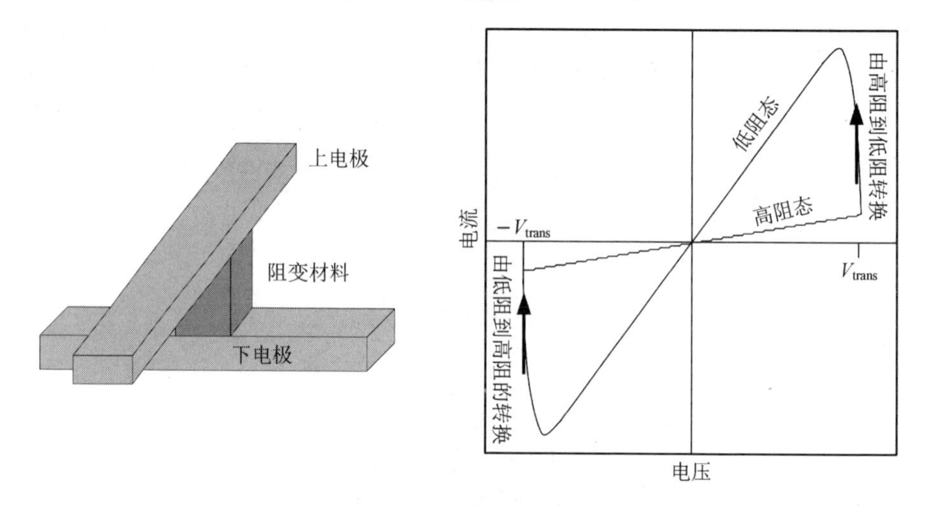

图 7.3-32　RRAM 的 MIM 器件结构示意图和 I-V 回滞特性

典型的 RRAM 单元结构包括了 0T1R 和 1T1R 两种。一个 MIM 结构就可以构成一个 RRAM 单元,即 0T1R 结构。其上下电极分别连接字线 WL 和位线 BL。这种单元结构简单,可以实现 $4F^2$ 的最小单元面积,而且便于实现三维立体集成。0T1R 单元在构成存储阵列时需在每条字线和位线上加选择开关,如图 7.3-33 所示。在编程和读操作时,通过行译码和列译码选中一根字线和一根位线,从而选中交叉点的单元。但是,0T1R 单元阵列存在严重的干扰。如图 7.3-34 所示,如果要读取右下角的高阻单元,读出电流应该很小,但是由于周围的三个单元都是低阻态,会通过这三个低阻单元形成较大的干扰电流,如图中虚线标出的电流路径,从而造成读出错误。因此,0T1R 单元结构需要采用具有自整流特性的阻变材料,如硫族化合物 $Ge_2Sb_2Te_5$ 做电阻,保持单向导电性,避免干扰问题。

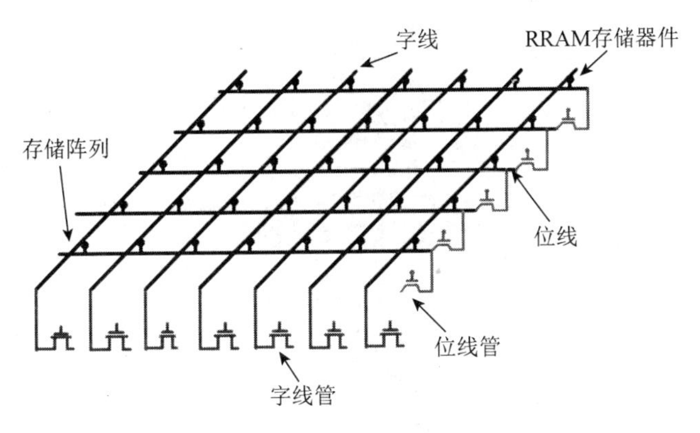

图 7.3-33　0T1R 单元的阵列结构

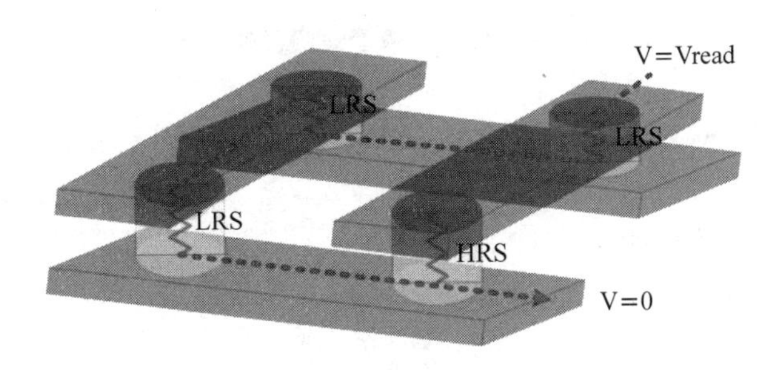

图 7.3-34　0T1R 单元阵列读操作中的干扰问题

为了避免非选中单元引起的干扰和泄漏路径，除了选用自整流特性的阻变材料，还可以在每个存储单元增加一个二极管或者 MOS 管做门管控制，这样就构成了 1T1R 存储单元。到底是选择二极管还是 MOS 晶体管做门管控制？其实二者各有优势。如图 7.3-35 所示，为了减小二极管占用面积，有研究者提出一种采用氧化物二极管的 1T1R 结构（或称为 1D1R 结构）[42]。氧化物二极管制作工艺简单，可以在室温制作，而且氧化物二极管不占用硅片面积，这种 RRAM 单元可以实现叠置的三维立体集成，有利于实现高密度存储。但氧化物二极管存在着正向导通电流密度较低，反向泄漏电流密度较高的问题。相比而言，采用 MOS 管作门管可以有效抑制泄漏电流，而且 MOS 晶体管也可以提供较大的编程电流，加快编程速度。此外，MOS 晶体管是双向导通器件，因此单元采用加相反极性电压实现编程和擦除。但是，对于 1T1R 单元，由于需要在硅衬底上制作 MOSFET，不能像 0T1R 或二极管做门管的 1D1R 那样直接将单元阵列叠置起来，集成度有所限制。

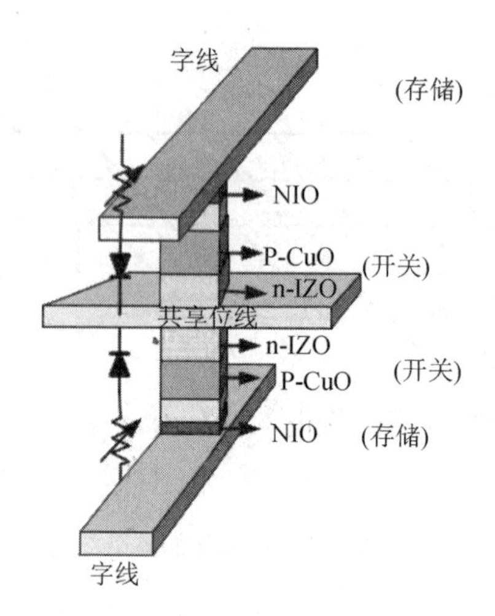

图 7.3-35　用氧化物二极管做门管的 1T1R 单元

总之 FeRAM,MRAM 和 RRAM 都是很有发展前景的存储器,将在无线通信及各种便携式设备中得到广泛应用。未来存储器发展到 Tb 甚至 Pb 规模的集成度,肯定要在材料、单元结构等方面继续改革创新。

参 考 文 献

[1] Masuoka F, Asano M, Iwahashi H, et al. A new flash E^2PROM cell using triple polysilicon technology:IEEE International Electron Devices Meeting, December 09-12,1984[C]. San Francisco.

[2] Kang Sung-Mo, Leblebigi Yusuf. CMOS Digital Integrated Circuit Analysis and Design. (Second Edition)[M]. Boston: McGraw-Hill, 1999.

[3] Uyemura J P. Circuit Design for CMOS VLSI[M]. Boston: Kluwer Academic Publishers, 1992.

[4] Hirose T, Kurimyama H, et al. A 20ns 4Mb CMOS SRAM with hierarchical word decoding architecture. 37th IEEE International Conference on Solid-State Circuits, February14-16,1990[C]. San Francisco.

[5] 徐葭生. MOS 数字大规模及超大规模集成电路[M]. 北京:清华大学出版社,1990.

[6] Sah C T. Evolution of the MOS transistor—from conception to VLSI[J]. Proceedings of the IEEE, 1988, 76(10): 1280-1326.

[7] Dennard R H. Field-Effect Transistor Memory:US3387286[P]. 1968-06-04.

[8] Rideout V L. One-Device Cells for Dynamic Random-Access Memories: A Tutorial[J]. IEEE Transcations On Electron Devices, 1979, ED-26(6): 839-851.

[9] Sunami H, Kure T, Hashimoto N,et al. A corrugated capacitor cell(CCC) for megabit dynamic MOS memories[J]. IEEE Electron Device Letters,1982,4(4) : 90-91.

[10] Nakajima S, Miura K, Minegishi K, et al. An isolation merged vertical capacitor cell for large capacity

DRAM: International Electron Devices Meeting, December 09-12,1984[C]. San Francisco.

[11] Koyanagi M, Sunami H, Hashimoto N, et al. Novel high density, stacked capacitor MOS RAM[J]. Japanese Journal of Applied Physics, 1979.

[12] Kimura S, Kawamoto Y, Kure T, et al. A diagonal active-area stacked capacitor DRAM cell with storage capacitor on bit line[J]. IEEE Transactions on Electron Devices, 1990, 37(3): 737-742.

[13] Gruening U, Radens C J, Mandelman J A, et al. A novel trench DRAM cell with a vertical access transistor and buried strap(VERI BEST) for 4Gb/16Gb:International Electron Devices Meeting, December 05-08,1999[C]. Washington DC.

[14] Lee K P, Park Y S, Ko D H, et al. A process technology for 1 giga-bit DRAM:Proceeding of International Electron Devices Meeting, December 10-13,1995[C]. Washington DC.

[15] Okuda T, Murotani T. A four-level storage 4-Gb DRAM[J]. IEEE Journal of Solid-State Circuits, 1997, 32(11): 1743-1747.

[16] Shiratake S, Takashima D, Hasegawa T, et al. Folded Bitline Archtecture for a Gigabit-Scale NAND DRAM[J]. Ieice Transactions on Electronics, 1997, E80-C(4): 573-580.

[17] Minato O, Mashuhara T, Sasaki T, et al. A Hi-CMOSII 8K×8 bit static RAM. IEEE Journal of Solid-State Circuits, 1982,17(5): 793-798.

[18] Sasaki K, et al. A 23-ns 4Mb CMOS SRAM with 0. 2μA standby current[J]. IEEE Journal Solid-State Circuits, 1990, 25(5): 1075-1081.

[19] Uemoto Y, Fujii E, Nakamura A, et al. A stacked-CMOS cell technology for high-density SRAM's [J]. IEEE Transactions on Electron Devices, 1992, 39(10): 2359-2363.

[20] Lyon R F, Schediwy R R. CMOS Static Memory with a New Four-Transistor Memory Cell[J]. Proceedings of Stanford Conference on Advanced Research in VLSI, 1987: 111-131.

[21] Tanimoto M, Murota J, Ohmori Y, et al. A Novel MOS PROM Using Highly Resistive Poly-Si Resistor[J]. IEEE Transactions on Electron Devices, 1980, ED-27(3): 517-520.

[22] Ricco B, Torelli G, Lanzoni M, et al. Nonvolatile multilevel memorier for digital applications[J]. Proceedings of the IEEE, 1998, 86(12): 2399-2423.

[23] Pavan P, Bez R, Olivo P, et al. Flash memory cells—an overview[J]. Proceedings of the IEEE, 1997, 85(8): 1248-1271.

[24] Bentchkowsky D F. Memory Behavior in a Floating-Gate Avalanche-Injection MOS(FAMOS) Structure[J]. Appled Physics Letters 1971, 18: 332-334.

[25] Tam S. A High Density CMOS 1-T Electrically Erasable Non-Volatile Memory Technology[J]. IEEE Symposium on VLSI Technology, 1988.

[26] Yaron G, Prasad S J, Ebel M S, et al. A 16K E^2PROM Employing New Array Architecture and Designed-In Reliability Features[J]. IEEE Journal of Solid-State Circuits, 1982, SC-17(5): 833-840.

[27] Cappelletti P, Bez R, Cantarelli D, et al. Failure mechanisms of flash cell in program/erase cycling. IEEE International Electron Devices Meeting, December 11-14,1994[C]. San Francisco.

[28] Sheikholeslami A, Gulak P G. A survey of circuit innovations in ferroelectric random-access memories [J]. Proceedings of the IEEE, 2000, 88(5): 667-689.

[29] Siu J V K, Eslami Y, Sheikholeslami A, et al. A current-based reference-generation scheme for 1T-1C ferroelectric random-access memories [J]. IEEE Journal of Solid-State Circuits, 2003, 38 (3): 541-549.

[30] Amanuma K, Tatsumi T, Maejima Y, et al. Capacitor-on-metal/via-stacked-plug(CMVP) memory cell for 0.25μm CMOS embedded FeRAM: International Electron Devices Meeting, December 06-08, 1998[C]. San Francisco.

[31] Babich M N, Broto J M, Fert A, et al. Gaint Magnetoresistance of (100)Fe / (001)Cr Meganetic Superlattices[J]. Physical Review Letters, 1988, 61(21): 2472-2475.

[32] 松本,辉惠. 先进美国 MRAM 鞭策晶片对手竞逐研发[J]. 亚洲电子科技,2000,2: 54-60.

[33] Tehrani S, Slaughter J M, Chen E, et al. Progress and outlook for MRAM technology: IEEE International Magnetics Conference,May 18-21,1999[C]. Kyongju.

[34] Kim H J, Jeong W C, Koh K H, et al. A process integration of high-performance 64-kb MRAM[J]. IEEE Transcations on Magnetics, 2003, 39(5): 2851-2853.

[35] Durlam M, Naji P J, Omair A, et al. A 1-Mbit MRAM based on 1T1MTJ bit cell integrated with copper interconnects[J]. IEEE Journal of Solid-State Circuits, 2003, 38(5): 769-773.

[36] Tehrani S, Engel B, Slaughter J M, et al. Recent developments in magnetic tunnel junction MRAM [J]. IEEE Transcations on Magnetics, 2000, 36(5): 2752-2757.

[37] Liu S Q, Wu N J, Ignatiev A. Electric-pulse-induced reversible resistance change effect in magnetoresistive films[J]. Applied Physical Letters, 2000,76(19):2749-2751.

[38] Chen Y, Chen C F, et al. An access-transistor-free(0T/1R) non-volatile resistance random access memory(RRAM) using a novel threshold switching, self-rectifying chalcogenide device: IEEE International Electron Devices Meeting, December 08-10,2003[C]. Washington DC.

[39] Lee M J, Park Y, Kang B-S, et al. 2-stack 1D-1R cross-point structure with oxide diodes as switch elements for high density resistance RAM applications: IEEE International Electron Devices Meeting, December 10-12,2007[C]. Washington DC.

第 8 章　集成电路的设计方法和版图设计

前面各章节讨论了集成电路的结构、加工工艺、器件模型，并重点分析了数字集成电路的单元电路、功能模块以及存储器电路的结构和工作原理。这些电路只有进一步完成版图设计，才能送到芯片加工厂进行制作。

本章将集中讨论 CMOS 集成电路的版图设计方法。版图设计是集成电路设计流程中的最后一步，其设计过程与集成电路的设计方法密切相关，因此，本章将把集成电路的设计方法与集成电路的版图设计融合在一起讨论。

8.1　集成电路的设计方法

自 1958 年第一个集成电路出现以来，集成电路的集成规模不断增大，已经从小规模集成进入到巨大规模集成阶段(ultra large scale integration)，集成几千万个以上晶体管。随着 CMOS 工艺进入纳米尺度，在单个芯片上集成整个电路系统已成为可能，集成上亿个晶体管的 SoC 已经出现。如何正确、高效地设计出高度复杂的集成电路并尽可能缩短设计时间这一问题更加突出，这是集成电路设计方法学所要解决的问题。

集成电路设计方法学为集成电路设计服务，并随着集成电路的发展而发展。它主要包括三部分内容：设计抽象、设计流程和设计方法。

8.1.1　集成电路的设计抽象和层次化的实现方法

随着工艺的进步，IC 的复杂度越来越高。对于高度复杂的 SoC，其设计往往需要几十年的设计时间，直接从晶体管级或版图级进行设计几乎是不可能的。要在较短的时间内设计出符合性能要求的产品，一方面必须对 IC 进行不同程度的抽象，从而在 IC 设计的不同阶段把设计复杂度控制在可以接受的范围内；另一方面必须采用层次化(hierarchy)的实现方法。

根据抽象程度的不同，IC 有多个抽象级，如图 8.1-1 所示。系统级的抽象程度最高。在系统级设计阶段，要明确设计要求(功能、频率、功耗等)，确定各部分功能是用软件实现还是硬件实现。通过分析设计要求，就可以把设计要求转化为一系列的算法(或操作)，进一步确定实现这些算法的系统结构以及构成系统的各电路模块(如微处理器核、RAM、ROM 等)的行为特性，这就是行为级的设计。在行为级，IC 是由较大的功能模块构成的电路系统。体系结构和各功能模块的行为特性确定后，还要进一步把它转化为寄存器传输级(register transfer level，RTL)级实现。在 RTL 级，IC 是由一组寄存器以及寄存器之间的逻辑操作构成；之所以如此，是因为绝大多数的电路系统可以被看成是由寄存器来存储二进制数据、由寄存器之间的逻辑操作来完成数据的处理,数据处理的流程由时序状态机来控制,这些处理和控制可以用 RTL 来描述。把 RTL 描述映射到单元库,就得到了逻辑级(也被称为门级)实现;在逻辑级,IC 是由单元库中的库单元(如基本逻辑门、锁存器、寄存器等)构成。把逻辑级实现中的逻辑单元用晶体管级的电路图替代,就得到了 IC 的电路级(也被称为晶体管级)实现;此时,IC 是由大量晶体管互连构成。把构成 IC 的晶体管和互连线转化为几何图形,就得到 IC 的版图级。版图级(也被称为物理级)的抽象程度最低。从系统级到版图级,每一级的具体表现形式不同,电路被抽象的程度越来越低,复杂度也越来越高。

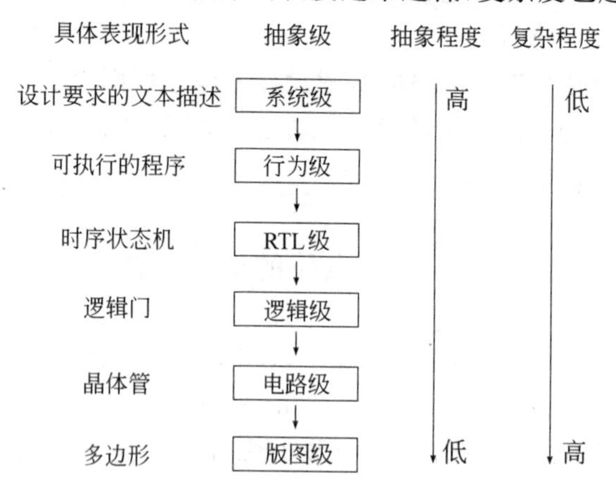

图 8.1-1　IC 设计过程中的不同抽象级

除了对电路进行抽象外,设计比较复杂的 IC 时还必须采用层次化(hierarchy)的实现方法。层次化实现的核心思想是"分而治之",即:把一个复杂的电路系统分解成若干个子系统,每个子系统又可以根据其复杂度的不同继续往下划分为较小规模的电路模块;如果电路模块的规模还太大,就可以继续划分下去,直到模块电路的复杂度可以控制为止。这样采用层次化实现的整个电路系统就是由一层一层的电路模块嵌套构成。层次化的实现方法可以降低每一层的设计复杂度,便于电路模块的复用和修改,易于多个设计人员分别承担不同电路模块的设计并同时工作,从而缩短设计周期,这是复杂 IC 必须采用的实现方法。

层次化的实现过程分为自顶向下和自底向上两种。自顶向下的实现过程是从最高层次、最复杂的电路系统设计入手,逐步到最低层次的较小规模的简单电路模块的设计。自底向上的实现过程则是从最低层次的简单电路模块的设计开始,然后由这些简单的电路模块构成较大的、功能稍复杂的模块,再由这些较大的模块构成更复杂的模块,最后构成整个电路系统。用自底向上的实现方法设计较小规模的电路尚可,如果设计比较复杂的电路就会非常困难甚至根本无法设计。

层次化实现和抽象级之间有一定的关系但并不相同。层次化实现侧重指一个电路系统由一层一层的电路模块构成,同一层次的电路模块可以是相同的抽象级,也可以是不同的抽象级,例如有的模块是行为级描述,有的则是电路级的网表。

通过集成电路的设计抽象和层次化实现，就可以正确、高效地设计出复杂度很高的集成电路。

8.1.2　集成电路的设计流程

借助 IC 的不同抽象级，可以采用从高抽象级到低抽象级的设计流程来设计 IC，如图 8.1-2 所示。该图给出的是 IC 设计的典型流程。复杂 IC 的设计往往从最高抽象级——系统级开始。在系统级，要全面、准确地描述设计要求，设计要求一般应包括 IC 要实现的功能、吞吐率、面积、功耗、测试考虑、成本、寿命等，而且随着设计的进展，往往会对原来的设计要求进行适当调整。明确设计要求后，就需要把设计要求转化为可以执行和仿真验证的高层级行为描述。这种高层级行为描述通常用高级计算机编程语言来编写。经仿真验证正确的高层级行为描述被送入高层级综合工具，由该工具完成行为级描述到数据通路单元的映射，从而把行为描述转化为一系列并行操作，得到 RTL 硬件描述。系统级的高层级综合工具目前尚处在研究阶段，但在数字信号处理(digital signal processor，DSP)等某些特定 IC 的设计中，针对这些 IC 的固有特点而开发出的高层级综合工具已得到实际应用，它能够把高层级行为描述自动转化为一个用硬件描述语言写成的 RTL 硬件描述。

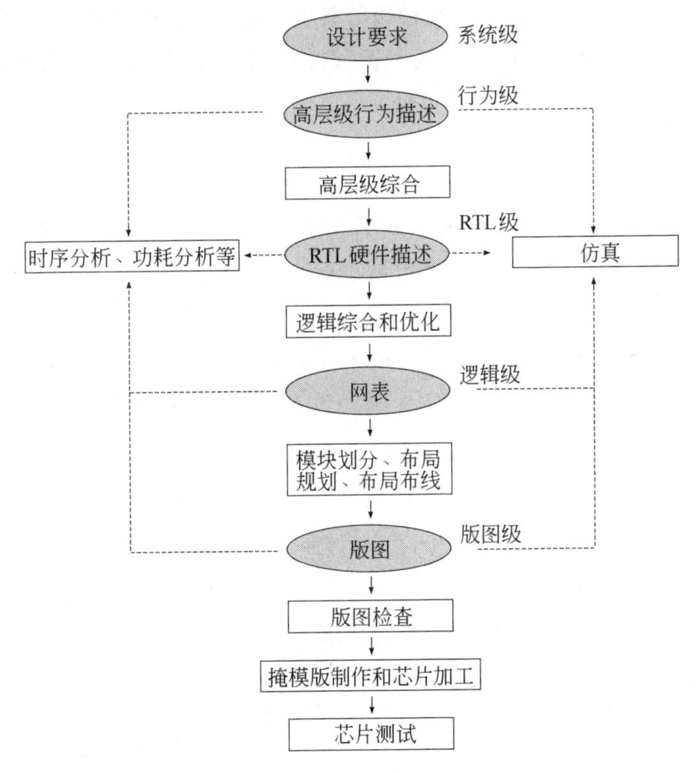

图 8.1-2　IC 设计的典型流程

RTL 硬件描述经仿真验证正确后,送入 RTL 逻辑综合工具进行综合和优化,得到由库单元构成的电路网表。该网表记录了构成 IC 的库单元以及它们之间的互连关系。电路网表经仿真验证后,进行模块划分、布局规划和布局布线,最后得到芯片版图。为了评估版图中的寄生效应对电路时序的影响,还需要进一步从版图中提取出寄生电容和寄生电阻,进行仿真。如果不满足时序要求,则需要返回到高层级的设计阶段重新设计,直到满足时序要求为止。满足时序要求的版图在送去制作掩模版之前,需要进行设计规则检查等以确保版图正确。版图检查通过后,就可以根据版图制作掩模版,并用掩模版进行硅片加工。加工出来的硅片要进行测试分析,评估硅片是否满足预定设计要求。上述流程中的多个设计阶段都需要根据设计约束对不同抽象级的设计进行仿真验证、时序分析等,只有在确保高层级设计满足设计约束的前提下,才可以进入下一阶段的设计。

图 8.1-2 给出的是 IC 设计的典型设计流程,是一个自顶向下的设计过程。在此过程中,每一层次都有多种实现方案可选,每种实现方案的延迟、面积、功耗等信息都不够准确,设计者只能依据比较有限的信息和自己的设计经验来选择实现方案,这是自顶向下设计流程的不足。而自底向上的设计流程是从较小规模的简单电路模块入手,因此,低层次电路模块的面积、延迟、功耗等信息比较精确,有利于高层次电路模块的优化设计。实际的电路设计流程则融合了自顶向下和自底向上两种设计流程。通常是先自顶向下设计一遍,再自底向上设计一遍,而且往往需要多次重复这一循环过程,直到满足设计要求为止。

8.1.3 集成电路的设计方法

不同 IC 产品的设计要求并不相同,必须采用合适的设计方法来实现。根据 IC 开发过程所需掩模版数目的不同,IC 的设计方法可分为三种,即:基于可编程逻辑器件(programmable logic device,PLD)的设计方法、半定制设计方法、定制设计方法。每一种设计方法又可以进行细分,如图 8.1-3 所示。

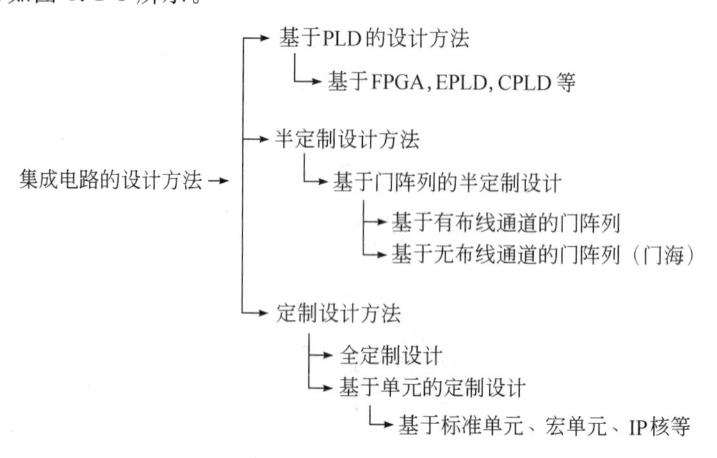

图 8.1-3 IC 的设计方法

1. 基于 PLD 的设计方法

基于 PLD 的设计是通过熔断母片上的熔丝或对母片上的存储器进行编程来实现母片的定制化，从而得到满足设计要求的集成电路。由于母片已经完成全部的工艺加工，因此，这种设计方法不需要设计和制作掩模版，用户直接根据设计要求对母片进行定制化即可。PLD 又可细分为现场可编程门阵列(field programmable gatc array，FPGA)、EPLD(基于 EPROM 的可擦除 PLD)、EEPLD(基于 EEPROM 的 PLD)、CPLD(融合了 PAL 和 PLA 结构的 PLD)。已有很多专门介绍 PLD 设计方法的教材和参考书，这里不再赘述。

由于基于 PLD 的设计方法不需要进行工艺加工，从提交设计好的数据到得到样片的时间仅为几小时，因此，产品的开发周期非常短。

2. 半定制设计方法

半定制设计是基于母片的设计，母片已完成大部分的工艺加工步骤，设计者只需在母片基础上根据设计要求进行定制化即可；定制化的过程是通过一块或几块掩模版对母片进行后续的工艺加工，如开接触孔、金属互连等。半定制设计中集成电路的制造只需要一部分的工艺步骤，不需要全部的工艺步骤，设计者只需设计和制作全套掩模版中的一块或几块，这就缩短了芯片的制造周期。

半定制设计主要是基于门阵列的半定制设计。在基于门阵列的半定制设计中，设计者得到电路网表后，通过一块或几块掩模版对母片中的门阵列进行定制化，就得到了要设计的 IC 产品。基于门阵列的半定制设计不涉及晶体管级的设计，提高了设计层次，缩短了设计时间，降低了设计成本。这种设计方法将在后面给予讨论。

3. 定制设计方法

采用定制设计方法设计 IC 时，IC 的制造需要全套掩模版来实现定制化。由于制造需要经过全部工艺步骤，所以开发周期较长，从提交设计好的数据、完成全套掩模版制作到做出样片的时间一般为 6～12 周。根据设计特点的不同，定制设计方法又可细分为全定制设计方法和基于单元的定制设计方法两种。

(1) 全定制设计方法。全定制设计方法就是整个芯片每一部分电路的晶体管级电路结构、晶体管的尺寸以及版图都需要设计者设计完成。由于设计者精心考虑了每个晶体管的尺寸、形状、在芯片中的位置以及和其他元件的互连等问题，全定制设计方法可以获得最佳的电路性能和最小的芯片面积，从而有利于降低每个芯片的制造成本，提高产品竞争力。此外，全定制设计方法还有利于发挥设计人员的创造性，设计出新颖的电路风格和版图结构。

全定制设计的最大缺点是工作量大、费时费力、设计周期长、设计成本高；而且，对于功能比较复杂的集成电路，很难一次设计成功，需要反复修改设计并重新制版流片，会增加设计成本，并延长设计时间。全定制设计所花费的大量成本可以通过大批量生产来进行补偿，因此，它适用于产量非常大、性能要求较高的通用集成电路产品的设计，如标准逻辑电路、存储器、通用微处理器等。

(2) 基于单元的定制设计方法。

基于单元的定制设计方法的特点是：整个芯片的设计是基于已预先设计好的电路模块(称之为单元)，设计者只需要利用这些单元完成后续设计和验证即可。对于某一工艺，单元经设计和验证完毕即可反复使用。

电路单元包括标准单元(standard cell)、宏单元(macro cell)和IP(intellectual property)等。标准单元是一些规模较小的电路模块，如基本逻辑门、D触发器、寄存器等。宏单元是一些规模相对较大的电路模块，如算术逻辑运算单元、全加器、乘法器、RAM、ROM等。IP是预先设计好的、经过高度优化和验证并符合虚拟接口联盟(virtual socket interface alliance，VSIA)制定的相关标准的可复用电路模块，是具有知识产权的商品，可分为软核(soft core)、固核(firm core)和硬核(hard core)三种，用于高度复杂的SoC的设计。

采用基于单元的定制设计方法设计芯片时，由于单元已经预先设计完成，并有功能强大的自动化设计工具的支持，设计工作量得到了极大减少，可以缩短设计时间，降低设计成本。

4. 设计方法的选择

前面我们概述了各种设计方法的特点，如表8.1-1所示。在设计IC时，一旦确定了设计要求，就需要根据所设计IC的特点选择合适的设计方法。

决定一个IC产品采用哪种设计方法的因素很多，例如性能、成本、产量、寿命等，但最主要的因素是成本上的考虑。每个IC芯片的成本可由下式给出

$$C=\frac{m\cdot D+n\cdot M}{N}+\frac{W}{c\cdot Y}+\frac{T}{Y}+P \tag{8.1-1}$$

式中，D是每个人每月的设计成本，m是完成设计所需要的时间(以"人月"为单位)，M是每块掩模版的制作成本，n是制作的掩模版的数目，N是合格芯片的数目，W是每个硅片的加工成本，c是每个硅片上芯片的数目，Y是成品率(即每个硅片上合格芯片的数目和每个硅片上总芯片数目的百分比)，T是硅片上每个芯片的测试成本，P是每个芯片的封装成本。不难看出，式中的第一项是均摊在每个合格芯片上的设计和掩模版制作成本，第二项是每个合格芯片的加工成本，第三项是每个合格芯片的测试成本。图8.1-4[1]给出了采用不同设计方法设计的芯片的成本与产量之间的关系。

表8.1-1　不同设计方法的特点比较

不同设计方法	速度优化程度	面积优化程度	定制化所需掩模版数目	产品开发周期
全定制设计	最佳	最佳	全套	最长
基于单元的定制设计	良好	良好	全套	较长
基于门阵列的半定制设计	一般	一般	部分	较短
基于PLD的设计	一般	一般	不需要	最短

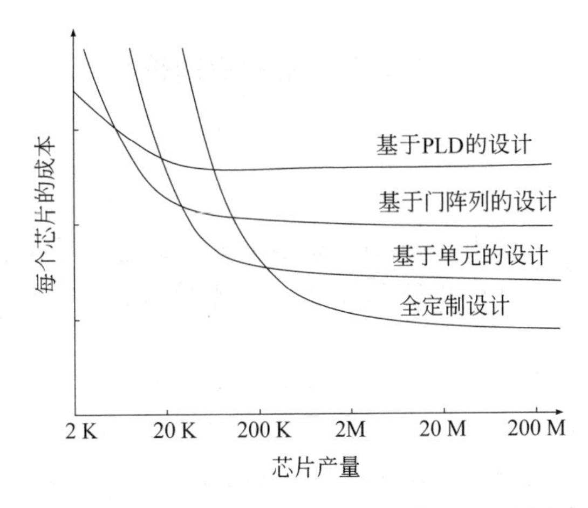

图 8.1-4　采用不同设计方法设计的芯片的成本与产量之间的关系

由式(8.1-1)和图 8.1-4 可知，全定制设计方法适于产量较大的高性能标准化 IC 的设计。这类产品要在激烈的市场竞争中胜出，就必须高性能、低价格，需要采用全定制设计。而全定制导致设计成本很高，只有通过大批量生产才能降低每个产品的价格。

随着集成电路设计和制造技术的发展以及应用领域不断扩大，专用集成电路(application specific integrated circuits，ASIC)得到迅速发展。采用 ASIC 代替原来用很多标准 IC 产品(如简单的逻辑门等)构成整机系统，不仅使整机体积缩小、速度提高、功耗降低，而且极大地提高了系统的可靠性以及安全性和保密性。到 20 世纪 80 年代，除标准 IC 产品以外，ASIC 已经成为另一类重要的集成电路产品。ASIC 的设计要求由特定用户提出，用途比较单一。通常，ASIC 的生产量小，品种变化繁多。ASIC 的开发周期(定义为从用户提出设计要求到得到样片的这段时间)和开发成本将直接影响到产品的竞争力，因此，必须选择合适的设计方法。由于全定制设计方法会极大地增大设计成本并有较长的设计周期，因此，一般不采用这种方法设计 ASIC，但在性能是第一设计目标时(如宇航用 ASIC 产品)也会采用全定制设计方法。基于 PLD 的设计方法和半定制设计方法比较适于 ASIC 产品的设计。为了适应 ASIC 发展的需要，已经有非常成熟的设计方法和设计工具支持 ASIC 的设计。

对于定制设计的 IC 而言，一个芯片中的不同电路模块往往也有不同的设计要求，应根据各模块的特点采取不同的设计方法。例如，决定整个芯片制造速度的关键路径上的电路模块采用全定制设计方法设计，非关键路径上的电路模块可以采用基于标准单元的设计方法设计。例如，美国数字设备公司(Digital Equipment Corporation，DEC)的 Alpha 处理器[2]的很大一部分电路是基于标准单元设计的，只有对处理器性能影响最大的整数和浮点数处理单元等模块采用全定制方法设计。

8.2 集成电路的版图设计

8.2.1 版图设计概述

在定制和半定制设计方法中,版图设计是整个设计流程中必不可少的一个环节。良好的版图设计能提高电路性能和成品率,减小芯片面积,降低芯片成本,因此,版图设计对集成电路设计有重要意义。

集成电路的版图是一个图形集合,该集合中的每一个图形(通常是矩形或多边形)都位于相应的图层上。版图设计就是根据电路图和工艺线提供的版图设计规则设计构成版图的各图层的图形过程。由第2章的集成电路工艺流程可知,集成电路的加工过程就是将各个掩模版上的图形依次转移到硅片上的过程,而掩模版上的图形就是根据设计好的版图生成的。因此,版图定义了转移到硅片上的图形。集成电路所实现的功能和最终的性能就是由版图中每一图层中的图形以及各层图形之间的相互关系来共同决定。

根据版图数据格式的不同,构成版图的图层可以用层号或层名来区别。在进行版图设计时,为了便于观察和识别不同的图层,一般要为各个图层定义不同的填充图案和填充颜色。设计得到的版图数据可以保存为不同的数据格式,常用的数据格式是GDSII(graphical design system)格式和CIF(calTech intermediate form)格式,GDSII格式是工业标准的版图数据格式,被广泛采用。

为了高效、准确地把电路图转化为相应的版图,必须了解版图设计规则、晶体管等器件的版图结构以及如何把晶体管等互连在一起构成整个电路的版图。此外,还应尽可能实现版图的优化设计。版图设计的优化目标通常包括如下几点:

(1) 尽可能使版图面积最小。在设计库单元的版图时,其主要优化目标是面积最小。面积越小,往往速度越高,功耗越小;采用此单元库设计的芯片的面积也越小,有利于降低芯片制造成本。为了减小版图面积,通常把临近的几个NMOS管(或PMOS管)以“簇”的形式画在一起。合理安排MOS管的布局,使它们的源/漏区共享,也可以减小版图面积。

(2) 尽可能减少寄生电容和寄生电阻。减少寄生电容和寄生电阻能提高电路速度,降低功耗。寄生电阻来自互连线电阻和接触孔的接触电阻等。为了减小寄生电阻,应尽可能用方块电阻较小的金属线做互连线。对于目前的纳米CMOS工艺,一般有5～7层金属层可用作互连线,上层金属层通常较厚,最小线宽和间距的要求也较大,通常用作全芯片的电源线/地线网络,这有利于降低电源线/地线上的压降。多晶硅和n^+/p^+注入区的方块电阻较大,作互连线时只能用做极短距离的互连(如库单元内部的互连)。此外,尽可能增加接触孔和通孔的数目能有效减小接触电阻。例如,衬底和阱的偏置接触应尽可能多并均匀地分布于整个芯片上,否则,接触电阻较大,阻性通路会导致MOS管的“体”端电压与理想偏置电压之间存在偏差，带来显著的寄生效应（如闩锁效应）。

寄生电容来自源/漏区的 pn 结电容、互连线电容等。为了减小寄生电容，上下相邻的两层互连线的布线方向应尽可能垂直，同一层上的互连线之间的间距尽可能大。

（3）尽可能减少串扰（cross-talk）、电荷分享。串扰和电荷分享会降低电路性能，影响信号完整性（signal integrity）。为了减少串扰，需要在设计版图时做好信号隔离，如用电源线和地线对敏感信号线进行屏蔽，相邻信号线之间尽可能不平行布线，线间距尽可能大等。

版图设计方法与集成电路的设计方法密切相关。基于 PLD 设计 IC 时，不需要进行版图设计。采用半定制方法设计 IC 时，只需要设计版图中部分图层的图形，如接触孔、金属层。采用全定制设计方法设计 IC 时，则需要设计所有图层的图形。因此，可以把集成电路的版图设计方法相应地分为半定制版图设计方法和定制版图设计方法，定制版图设计又可分为全定制版图设计和基于单元的版图设计。下面分别予以讨论。

8.2.2 全定制版图设计

全定制版图设计就是由版图设计师绘制每一个 MOS 管、每一条互连线的图形并使它符合版图设计的规则要求。全定制设计的版图可以获得最佳面积和性能，但工作量大，费时费力。当性能或版图密度（定义为每平方毫米上晶体管的数目）是首要设计目标时，就需要采用全定制方法设计版图，如通用微处理器和存储器，需要重复利用的电路模块（如库单元、IP 核等），对性能要求较高的数据通路等。

为了提高全定制版图设计的效率，还需要借助一些电子设计自动化（electronic design automation，EDA）工具，如版图编辑器、版图检查工具等。版图编辑器是一个交互的图形编辑程序，能生成、处理构成版图的图形，一般都支持层次化的版图设计。

1. 全定制版图设计的基本流程

在确定了晶体管级的电路图后，就可以进行版图设计了。版图设计是一个自底向上的过程，先绘制局部电路的版图，再用这些小规模电路的版图拼接构成较大规模电路的版图。因此，在设计每个电路模块的版图之前，应该先做好布局规划，并要规定好版图的各个图层的颜色、填充图案以及图形比例尺。

设计模块电路版图的第一步是确定版图的拓扑结构，即每个晶体管的位置以及晶体管之间的连接关系。可以借助棍图（stick diagrams）来酝酿、优选版图的拓扑结构。棍图是一种可以表示版图拓扑结构的符号化简图，它是一种介于电路图和版图之间的设计抽象。由于棍图反映的是版图的拓扑结构，和版图的差异不是很大，因此，我们在前面讨论集成电路的设计抽象时没有把它专门作为一个抽象级来讨论。棍图是用不同图例的线条来代表版图中的不同图层，用不同线型之间的组合来表示 MOS 管以及它们之间的连接关系。图 8.2-1 给出了逻辑电路 $Y=\overline{AB+C}$的电路图和棍图。

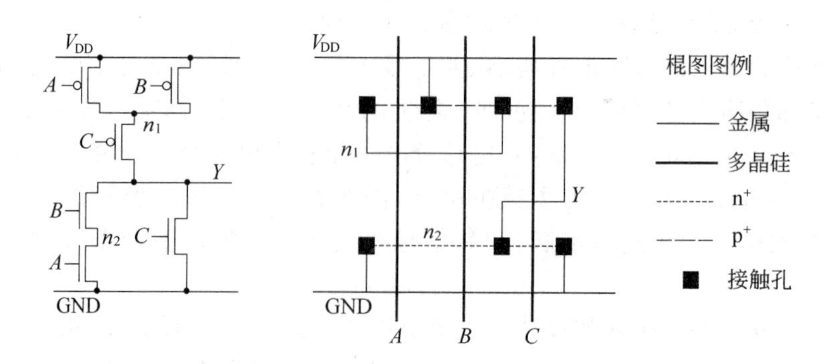

图 8.2-1　$Y=\overline{AB+C}$ 逻辑电路的电路图和棍图

由图 8.2-1 中的棍图可知,在设计棍图时,设计者只需关注各个图层的相对位置及连接关系,不需要考虑精确的尺寸和设计规则,这就避免了大量烦琐的版图设计工作,提高了设计效率。一旦用棍图选定了版图的拓扑结构,就可以很容易地画出对应的版图。图 8.2-2 给出了根据图 8.2-1 的棍图画出的 $Y=\overline{AB+C}$ 的版图,该版图是针对 n 阱 CMOS 工艺设计。注意观察该图中的 n 阱和 p 衬底偏置的实现方式,也就是 PMOS 管和 NMOS 管的"体"端偏置的实现方式,这一点需要特别注意。刚开始设计版图时很容易遗漏 MOS 管的"体"端连接;MOS 管的"体"端必须有确切的连接,不能悬浮,否则电路不能正常工作。

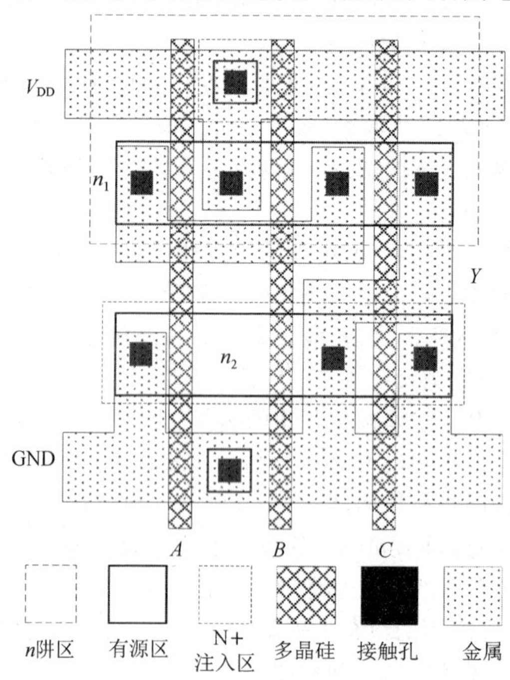

图 8.2-2　根据图 8.2-1 的棍图设计的 $Y=\overline{AB+C}$ 电路的版图

上面介绍了设计简单电路的版图的基本流程。在设计较为复杂电路的版图时，通常要采用层次化的实现方法。为了设计层次化版图，对应的棍图也需要采用层次化的方法设计。图 8.2-3 给出了二输入与非门的电路图、棍图，图 8.2-4 给出了用层次化实现的 1 位二选一电路的层次化棍图。根据该棍图，可以很容易地设计出对应的层次化版图。此外，在设计局部电路的版图时，还应该考虑如何将该局部版图嵌入到整个大电路的版图中，如何与相邻电路的版图实现互连；时刻想着这些问题，有助于减小版图面积和寄生效应。

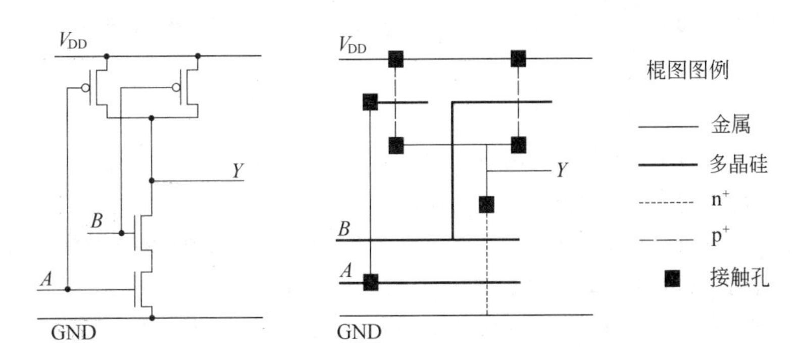

图 8.2-3　$Y=\overline{AB}$ 的电路图、棍图

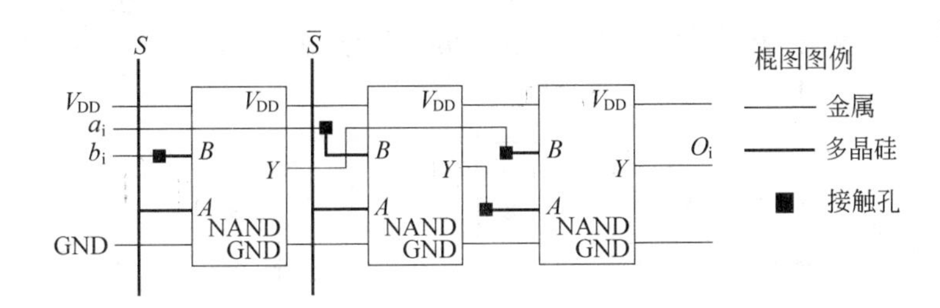

图 8.2-4　由二输入与非门实现的 1 位二选一电路的层次化棍图

2. 全定制版图设计中的布线策略

注意观察图 8.2-2 和图 8.2-3 中的棍图，可以发现它们的输入/输出信号的布线方式不同。实际上，在开始设计一个电路的版图之前，都需要先考虑输入/输出信号的布线策略。目前，针对小规模电路已提出多种布线策略，比较重要的有两种，即温博格(Weinberger)布线策略和标准单元布线策略[2]。下面分别予以讨论。

图 8.2-3 中的棍图采用的就是温博格布线策略，该布线策略的特点是：输入和输出信号线与电源线/地线平行，与构成 MOS 管的有源区垂直。温博格布线策略特别适用于采用位片结构(bit-sliced structure)的数据通路的版图设计，如比较器、加法器、移位寄存器、乘法器等。它们的版图通常由一位数据通路的版图平行放置、相邻拼接构成，因此，被称为位片结构。采用温博格布线策略设计位片结构的版图时，每个位片的输入信号与电源线/地线

平行,位片之间通过拼接可以共享电源线和地线。关于位片结构版图的设计和示例后面还会给予讨论。

图 8.2-2 的布线策略与图 8.2-3 的相反,输入和输出信号线与电源线垂直,与构成 MOS 管的有源区垂直,这种布线策略被称为标准单元布线策略。由于垂直于电源线的多晶硅可以同时做 NMOS 管和 PMOS 管的输入,因此,在用标准单元布线策略实现静态 CMOS 逻辑电路时,可以得到较高的版图密度。标准单元布线策略多用于标准单元的版图设计。基于标准单元的定制版图设计可以由 EDA 工具高度自动化完成,因此,标准单元布线策略应用十分广泛。

3. 尤拉路径和紧凑版图的实现

对于图 8.2-2 中的 $Y=\overline{AB+C}$ 逻辑电路,其棍图可以有不同的实现方法,图 8.2-5 给出了上面讨论过的棍图以及另一种棍图。比较这两个棍图可知,图 8.2-5(a)的 n^+ 和 p^+ 有源区是不间断的一整行,图 8.2-5(b)的 p^+ 有源区分成两块。为了使版图密度较高,一般希望 NMOS 管和 PMOS 管分别排成不间断的一整行,这样相邻 MOS 管的源/漏区可以共享,互连线也会比较短。据此,图 8.2-5(a)所对应的版图会比较紧凑,这就涉及了棍图的优选问题。

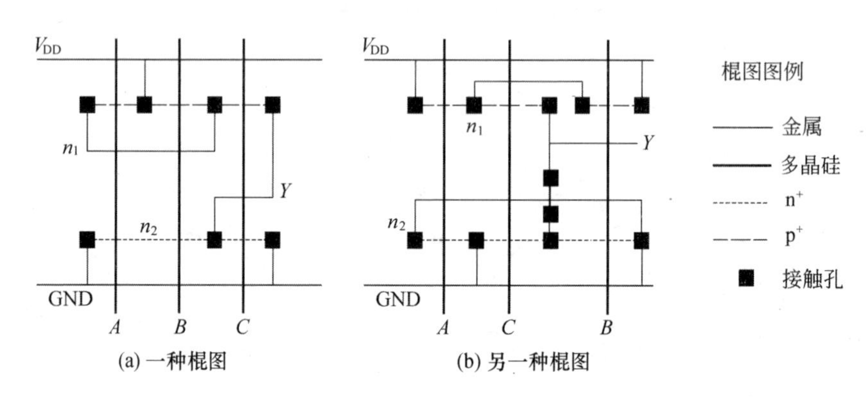

图 8.2-5　$Y=\overline{AB+C}$ 电路的两种棍图

为了得到比较优化的棍图,需要优选输入信号所对应的多晶硅条的排列顺序。简单逻辑电路的优选比较简单,对于复杂一些的逻辑电路就需要借助尤拉路径(euler path)来优选。优选过程分为两步,即:构建路径图和确认尤拉路径。路径图由电路中的节点以及节点之间的路径(被称为“边”)构成。路径图中的节点对应电路中的节点。若两个节点通过一个 MOS 管连接在一起,则这两个节点之间有一条边,用该 MOS 管的栅极信号来命名这条边。根据上述原则,可以得图 8.2-2 中 $Y=\overline{AB+C}$ 电路所对应的路径图,如图 8.2-6 所示。

接下来从路径图中找出尤拉路径。路径图的尤拉路径定义为能到达图中所有节点并且每条“边”都只访问一次的一条路径。研究发现[2]:如果下拉支路中存在尤拉路径,则输入信号所对应的多晶硅条的排列顺序能够使 NMOS 管用一个不间断的 n^+ 有源区实现,尤拉路径中“边”的排列顺序等于版图中输入信号所对应的多晶硅条的排列顺序；上拉支路也是如此。因此，要使上拉支路和下拉支路中输入信号所对应的多晶硅条的排列顺序相同（即对应每个输入信号都只有一根多晶硅条），这就要求上拉和下拉支路的尤拉路径相同。对于图8.2-6(b)中的路径图，其尤拉路径为：A-B-C。

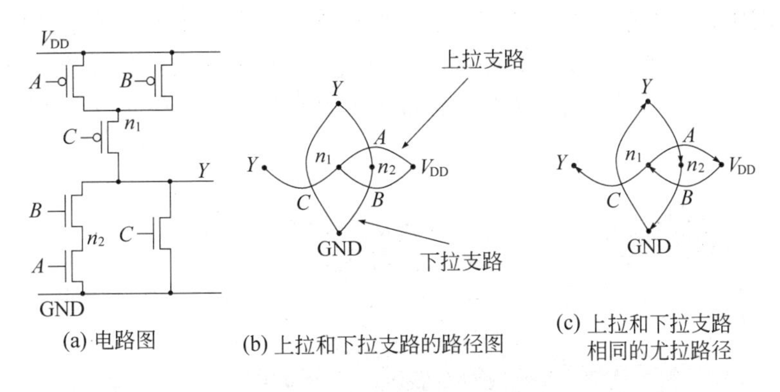

图 8.2-6 $Y=\overline{AB+C}$ 的电路图、路径图和尤拉路径

应该指出的是：路径图的尤拉路径可能不只一条，也可能不存在尤拉路径。一个逻辑电路的路径图是否存在尤拉路径与该逻辑电路所对应的逻辑表达式有关，为了找到尤拉路径，有时需要对布尔函数进行逻辑重构。目前，已研究出相关算法自动完成这些工作。另外，对于某些电路（如异或门/同或门），采用尤拉路径实现的版图并不是最紧凑的版图；相反，采用多个有源区来实现 NMOS 管和 PMOS 管，所得到的版图面积更小。因此，如何设计出比较紧凑的版图还要视电路的具体特点而定。

8.2.3 基于单元的定制版图设计

全定制版图设计方法虽然能得到最佳性能和最小面积，但费时费力，在实际的芯片设计中，只有一部分电路需要采用全定制方法设计版图，更多的则是采用基于单元的版图设计方法。

基于单元的版图设计方法是在已预先设计好的单元的基础上完成单元的布局和单元之间的互连。采用这种方法设计的版图在性能和面积上虽不如全定制设计的版图，但它通过单元复用减少了设计工作量，缩短了设计周期。更为重要的是，已经开发出非常成熟的计算机辅助设计工具——自动布局布线工具来支持基于单元的版图设计，因此，设计自动化程度很高。下面以基于标准单元的定制版图设计为例来介绍这种设计方法。

1. 基于标准单元的定制版图设计

首先介绍一下标准单元的设计。标准单元是针对不同扇入和扇出情况而设计的各种逻辑门，被存放在单元库中。每个标准单元通常具有如下信息：单元版图、功能描述、输入/输出位置的描述、延迟、功耗等。标准单元库的设计质量会直接影响到基于此单元库所设计的电路的性能,因此,都采用全定制设计方法精心设计单元版图。标准单元的版图一般是基于标准单元布线策略设计。为了使版图比较规整,各单元的版图的高度应该相等,宽度则因单元所实现功能的复杂程度而异。为了便于单元版图的拼接,版图中的电源线、地线、阱等图形的位置、尺寸、所用图层等都需要遵守统一的约定。这样设计的标准单元可以直接拼接、排列成行,行间作为标准单元之间实现互连的布线通道。为了便于单元之间的互连,单元的输入、输出信号一般从单元的顶部和底部同时引出。标准单元内部的互连一般只用底层的一层或两层金属。图 8.2-7[3] 给出了基于标准单元设计的一个电路的版图片段,它采用了两层金属实现互连。

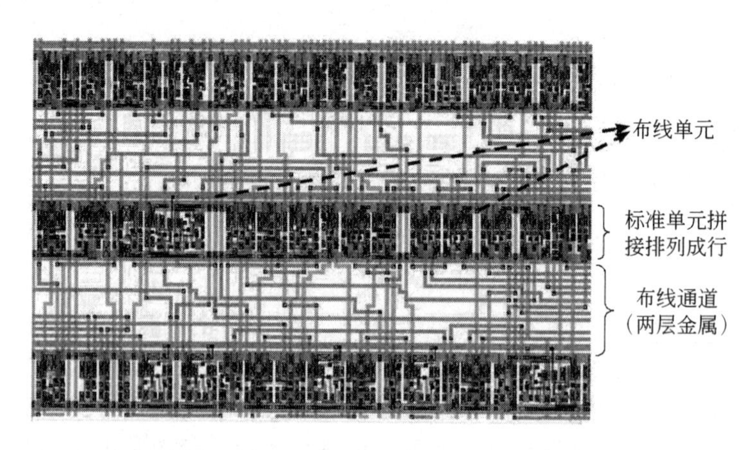

图 8.2-7　基于标准单元设计的一个电路的版图片段

基于标准单元设计集成电路的版图时,设计者只需要把综合得到的网表送到自动布局布线工具中,该工具会自动完成网表到标准单元的映射以及单元间的布局布线(placement and routing),从而得到最终版图。由图 8.2-7 可以看出,芯片中相当一部分面积是布线通道,因此,尽可能降低互连线部分占用的面积是设计的重点。为此,单元库中一般有专门用于布线的单元,处于不同行的单元之间的互连可以通过这种布线单元来缩短连线长度,在图 8.2-7 中已经标出了布线单元。另外,用于互连的金属层越多,越有利于降低布线通道所占的面积。

2. 基于宏单元和 IP 的定制版图设计

基于标准单元的版图设计的最大优点在于有强大的自动布局布线工具支持,设计自动化程度高,不足的是在性能和面积方面不如全定制设计的版图。要提高版图质量并继续利用自动布局布线工具所带来的设计自动化高的优点,就必须增大单元的规模并对单元版图进行优化。为此,在标准单元的基础上又发展了宏单元和 IP 硬核等较复杂的单元。这些单元和标准单元一样,都经过了专门优化和严格验证,它们的版图也都采用全定制方法设计,但版图的形状和大小一般彼此不同。现代 EDA 系统都支持把这些较大规模的电路单元纳入单元库，并支持设计者自主开发一些较大规模的单元。基于这些较大规模的单元设计出的电路版图，在性能和面积方面要比单纯基于标准单元设计的版图好很多。

图 8.2-8[4]给出了一个基于宏单元设计的快速傅立叶变换(fast fourier transform, FFT)处理器的结构框图。FFT 是在离散傅立叶变换(discrete fourier transform, DFT)基础上，为了降低运算量而提出的一种快速、通用的 DFT 计算方法，被广泛用于数字信号处理中。图 8.2-8 中这个 FFT 处理器由 8 个 128×36bit 的 SRAM、4 个 16×40bit 双端口缓存(cache)、2 个 256×40bit 的 ROM、4 个 20×20bit 的全阵列流水线型乘法器(full array pipelined multipliers)、3 个 24bit 的减法器、3 个 24bit 的加法器以及时钟产生电路和控制电路模块构成，其中的 SRAM、ROM、乘法器、减法器、加法器和时钟产生电路都是采用全定制设计方法设计的宏单元。图 8.2-8 还给出了该 FFT 处理器的芯片照片，芯片中各模块的布局与结构框图完全一致。

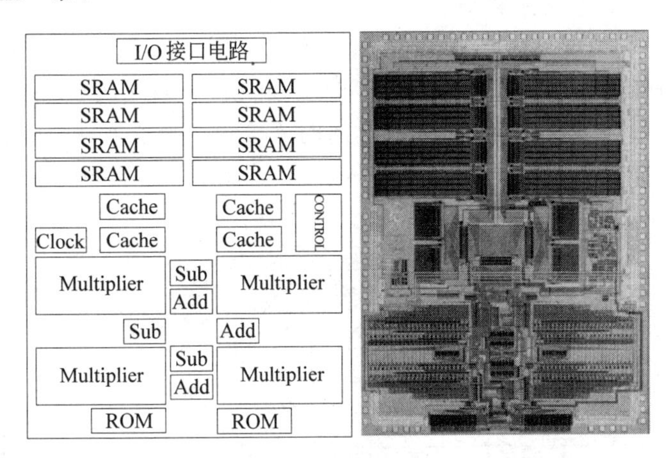

图 8.2-8　采用宏单元设计的快速傅立叶变换处理器芯片的结构框图和芯片照片

8.2.4　基于门阵列的半定制版图设计*

与定制设计方法相比，基于门阵列的半定制版图设计开发成本低，设计周期短，但性能和集成密度较低，适用于对性能要求低、批量小的集成电路产品的开发。门阵列也被称为掩模可编程门阵列。它是由逻辑门(或晶体管)逐行排列构成的、结构比较规整的芯片，因此被称为“门阵列”。这种芯片已完成整个工艺流程中前面一部分工艺的加工，但还没有实现金属互连，因此，门阵列芯片也被称为母片。基于门阵列进行设计时，设计者只需根据设计产品的性能要求，完成母片上的互连即可。

门阵列母片通常包含以下几个部分：基本单元阵列、电源线(V_{DD}和 V_{SS})分布网络、I/O 单元和压点，如图 8.2-9 所示。图中，基本单元逐行排列，行间为布线通道，芯片四周是 I/O 单元和压点。互连层一般为两层。当互连层较多时，就可以省去布线通道，这时就改称为门海。显然,门海的集成密度较高,有利于提高硅片利用率。

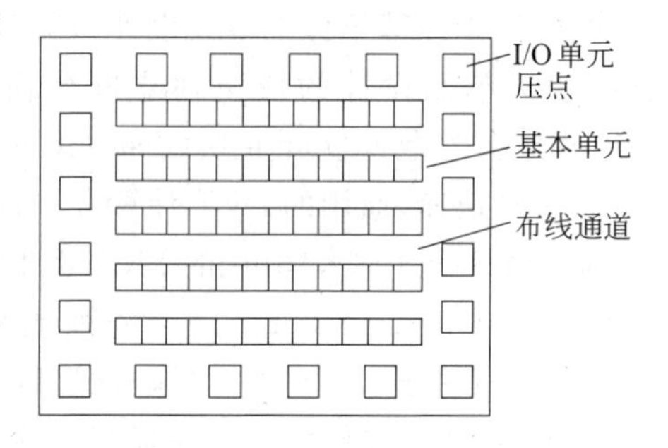

图 8.2-9　门阵列的总体结构

门阵列基本单元的电路结构有多种,不同厂家设计的基本单元一般也不相同。对于CMOS门阵列,基本单元是由一些NMOS和PMOS对管组成。图8.2-10给出一种CMOS门阵列母片的部分版图。单元排成竖列,每两列单元之间是布线通道,在布线通道中水平排列的多晶硅线可以作为竖直分布的金属线之间的跨接线。为了进一步增加连线的灵活性,在同一列每两个单元之间也安排了一条多晶硅线。单元中的电源线(V_{DD})和地线(V_{SS})是竖直走向的金属线。

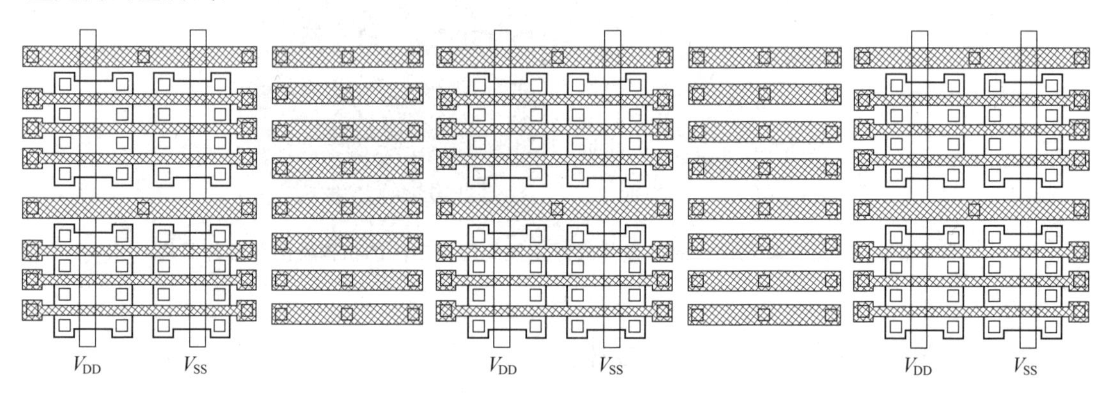

图 8.2-10　一种CMOS门阵列母片的部分版图

门阵列的基本单元只是几个MOS管,没有实现任何逻辑功能。直接用基本单元连接成一个复杂的电路是很费时费力的。实际上,用门阵列设计电路是以宏单元为基础的。宏单元是用门阵列的基本单元连接成的具有一定功能的单元电路。这种连接是软连接,只是设计好了连线的路径,而并没有做出连线。图8.2-11给出了一种采用共栅的三对管CMOS基本单元实现的4输入与或非门宏单元的连线设计[5]。把设计好的宏单元纳入宏单元库。在用门阵列设计一个电路系统时,只要根据需要调用有关的宏单元,完成宏单元之间的布局布线就可以了。采用宏单元可以提高设计层次,减少设计工作量和出错概率,缩短设计周期。

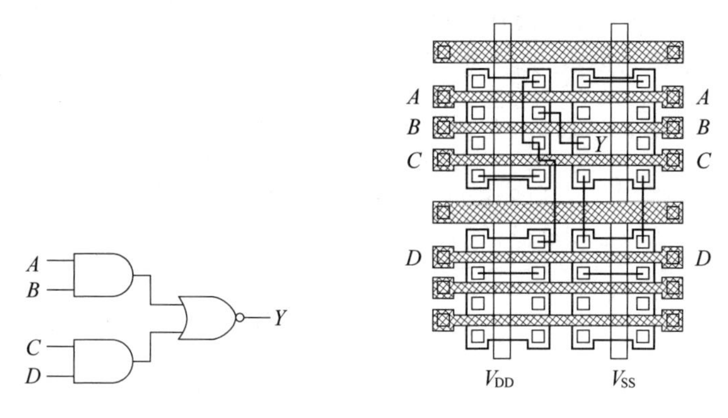

图 8.2-11　由共栅的三对管 CMOS 基本单元实现的 4 输入与或非门宏单元的连线设计

基于门阵列设计集成电路时，可以从高层级入手，用 HDL 语言完成 RTL 级描述，然后通过逻辑综合和布局布线工具，把 RTL 级描述映射到宏单元，再通过连线掩模版映射到母片上。好的布局可以提高基本单元的利用率，有利于缩小整个芯片的面积，也使布线容易完成。好的布线则可以减小连线的长度和 RC 延迟，有利于提高电路的速度。因此，要尽量少用方块电阻较大的多晶硅作跨接线；在用多晶硅作跨接线时，多晶硅线不宜太长。

在完成布局布线后，通常要从版图中提取出寄生参数，对电路进行后仿真，验证电路是否仍满足性能要求。若仍满足性能要求，就可以把互连线的所有数据(包括宏单元内部的连线数据和宏单元之间的连线数据)合并到一个文件中，根据该文件制作互连线的掩模版，由掩模版完成母片上互连线的制作，使之实现所要求的功能。

用门阵列实现不同功能的电路时，只需要完成布局布线设计，极大地缩短了设计时间，降低了设计成本，而且可以实现设计自动化。另外，采用预先制作好的母片，只需要制作连线的掩模版，可以缩短芯片制作周期，降低成本。但门阵列有两个主要缺点：一是芯片利用率低，在实现电路时并不是母片上的所有基本单元都被利用；二是每个基本单元中的 MOS 管不可能全部被利用。一般门阵列的单元利用率只有 70%左右。对于门海结构的门阵列，单元利用率更低。因此，门阵列比定制设计的集成电路要浪费很多芯片面积。另一方面，由于门阵列的所有单元中的 MOS 管都是相同的，这些 MOS 管的尺寸是预先设计好的，不能根据电路性能的要求改变宽长比，进行优化设计，因此，电路性能不如全定制设计的电路。

8.2.5　整个芯片的版图设计

整个芯片的版图通常采用自底向上的层次化实现方法来设计。例如，对于图 8.2-12 中的芯片，它由 A，B，C，D 四个较大的电路模块和压点构成，得到这些模块和压点的版图就可以得到整个芯片的版图。这些模块的版图又可以由更低层次的模块的版图构成。例如，由 B_1，B_2 模块的版图可以得到 B 模块的版图。这样由底向上、由小到大、由局部到整体，最后实现整个芯片的版图。在此过程中，不同模块的版图可能会采取不同的版图设计方法，如有的会采用全定制方法设计,有的会基于标准单元或宏单元来设计。每个模块究竟采用哪种版图设计方法取决于多种因素,如性能、面积、设计时间要求等。

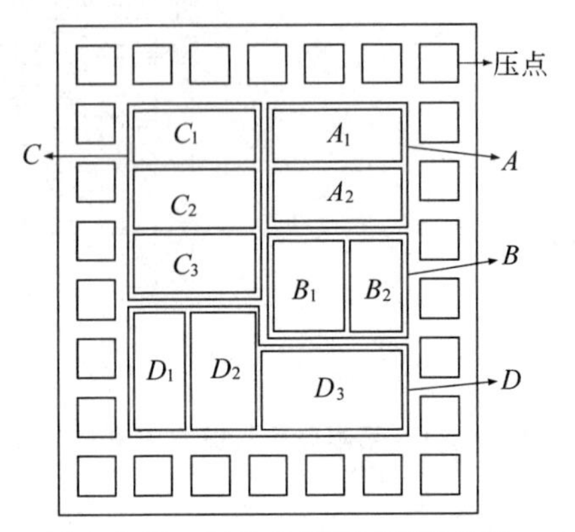

图 8.2-12 层次化的版图设计方法

整个芯片的版图设计过程可以分为布局规划和布局布线两个阶段[6]。布局规划是根据电路网表并借助布局规划工具来完成,需要解决如下问题：各功能模块在芯片上的位置、功能模块之间的连接性、I/O 压点的摆放、基于该布局规划的布线是否容易布通等。各功能模块在芯片上的摆放位置由设计者决定。确定了各电路模块的位置后,布局规划工具会自动完成属于各个电路模块的逻辑门的收集工作。接着,设计者可以借助布局规划工具安排各输入和输出压点的位置。此时,布局规划工具能给出电路模块之间、电路模块与压点之间互连线的大致情况,设计者可以据此优选电路模块的布局。根据最终优选的布局,布局规划工具能输出一个文件,该文件给出了各逻辑门的大致位置、每条互连线的大致长度。利用该文件,可以对原电路网表重新进行仿真,评估采用这种布局的电路是否仍满足时序要求;若不满足,则需要改进设计或布局。由此可见,较好的布局规划有利于降低模块间互连线的长度、布线难度和芯片面积,并能提高电路性能。作为示例,图 8.2-13 给出了一个数据通路——流水线加-比电路的电路框图和相应的布局规划。

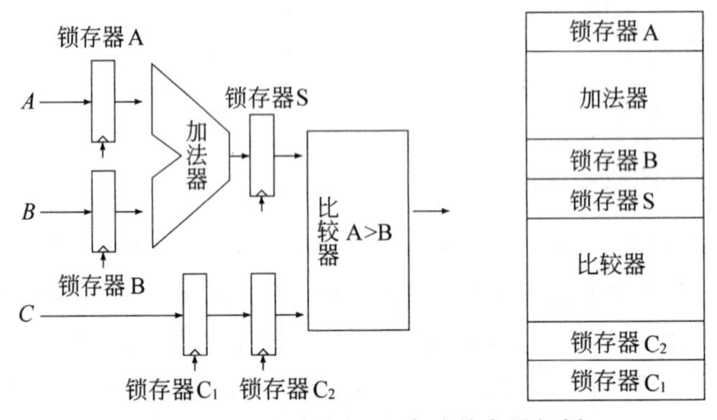

图 8.2-13 流水线加-比电路的布局规划

通过布局规划优选好布局后，就可以进行实际的布局了。布局工具会根据布局规划工具的输出文件和每个模块内部的逻辑门之间的连接关系，确定每个逻辑门和每个 I/O 单元在芯片上的位置。布局的过程是一个反复优化的过程，直到得到一个时序特性很好的电路布局为止。借助布局规划工具的输出文件，布线工具完成逻辑门之间、逻辑门与 I/O 压点之间的互连。当互连线为两层或三层时，布线工具一般采用通道布线策略，模块之间的互连线只分布在模块间的布线通道中，不会从模块中穿行。现代 CMOS 工艺的互连线层数可以高达九层以上，模块之间的互连就不再用专门的布线通道，而是用高层互连线实现；这样，互连线"游走"于电路模块的上方，可以减小芯片面积。互连线层数越多，越容易实现密集布线，互连线也越短，从而使电路性能高、功耗低。

对于复杂的集成电路，用布局布线工具进行布局布线时，通常需要对电源线/地线、时钟树、关键路径和压点等进行专门考虑。布线工具开始布线时，首先会进行电源线/地线的布线，确定其位置和走线方向。设计者可以根据自己对电路的理解，干预布线工具的工作。对于电源线/地线而言，一般期望：芯片中每个电路模块都能方便地接到电源线/地线；电源线/地线上的压降和干扰尽可能小；电源线和地线的宽度足够大以满足电流负载要求并避免电迁移引起的失效。一般用最顶层金属和插指型结构来实现电源线/地线网络，如图 8.2-14 所示。当电源线上的噪声对电路性能影响较大时，需要在电源线和地线之间加入去耦合电容。

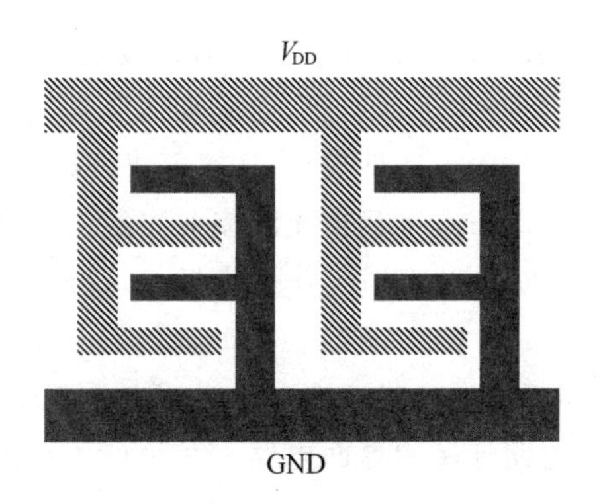

图 8.2-14　插指型电源线/地线结构

完成电源线/地线的布线后，布线工具会进行时钟树的布线。对时钟树而言，在布线时主要是使时钟偏移(clock skew)最小。输入时钟信号的压点到各电路模块的路径延迟不同，导致各模块所使用的时钟信号的上升/下降沿在时间轴上存在差异，定义为时钟偏移。在设计时钟树的版图时，为了降低时钟偏移，主要采取两种措施：一是时钟到各模块的路径延迟尽可能接近，图 8.2-15 中的 H 型时钟树就可以有效抑制时钟偏移；二是增大时钟树的驱动，使时钟树的延迟尽可能小。整个芯片的时钟树的布线通常用较高层的金属层来实现。

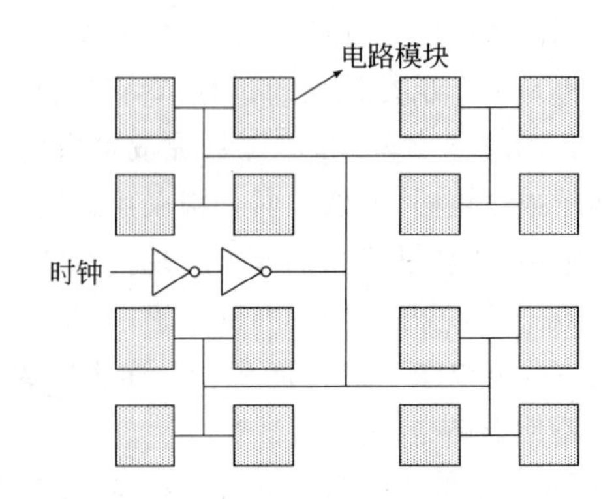

图 8.2-15 用于减少时钟偏移的 H 型时钟树

电源线/地线以及时钟树的布线完成后，接着应该考虑关键路径的布线。关键路径是电路中延迟较大的信号路径，决定了整个电路的最大工作速度。当关键路径的延迟不能满足设计要求时，通常需要从多个设计层级着手，减少关键路径延迟。这些改进通常包括：调整信号路径平衡、增大关键路径上的驱动能力等。自动布线工具能够根据设计者提供的关键路径列表进行自动布线。如果仍不能满足设计要求，就需要设计者干预关键路径的布线工作。

关键路径的布线通过后，就可以进行剩余连线的布线工作了。布线工作主要由布线工具协助完成，设计者只是在必要时才进行干预，可能会需要几天的时间。对于较大的芯片，布线工具自动完成所有布线工作的可能性很小，往往需要设计者手工完成某些连线的布线。有时，即使有设计者的干预，自动布线工具也无法完成布线工作，其原因可能是芯片的面积约束太紧、交叉线的数目太多或布局规划工作没有做好，这时只能回到布局规划阶段重新开始。

除布线外，在布局规划和版图设计时还需要注意压点的版图设计和压点在芯片上的排布。压点是芯片内核与外部电路连接的界面电路。在设计压点的版图时，其压点开孔的面积要足够大(一般大于 $90\mu m \times 90\mu m$)，以方便外部引线焊接到压点上。压点附近通常有 I/O 电路、电源线和地线。I/O 电路的作用包括：提高驱动能力、电平转换、抗静电击穿保护等。由于 I/O 电路中的晶体管尺寸往往很大，流过的电流也很大，容易触发闩锁效应，因此，在设计版图时要将 NMOS 管和 PMOS 管分离，并加入保护环，以抑制闩锁效应的发生。压点、I/O 电路、电源线和地线的版图布局有多种方式，图 8.2-16[7] 给出了一种布局方式。图中的地线一般围绕芯片一周，把芯片内核包围起来，压点位于电源线和地线之间。集成电路的输入压点、输出压点、电源和地压点的电路结构一般不同，版图也相应不同，但为了方便压点在芯片上的排布，通常把各种压点都设计成相同的高度和宽度。

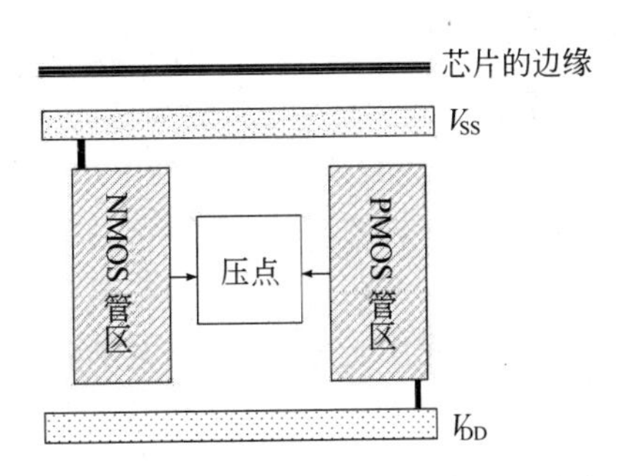

图 8.2-16　压点、I/O 电路、电源线和地线的版图布局

通常，压点规整地排布在芯片的四周，以方便引线，如图 8.2-12 所示。当压点数目很多时，可以采用图 8.2-17 所示交错的压点排布结构。压点在芯片四周排布的顺序与多种因素有关，如信号连接的就近性、信号之间的干扰等。由于版图设计规则对压点大小和间距有明确要求，因此，当电路的输入、输出压点数目很大时，压点的面积将占整个芯片面积的很大一部分。当芯片总面积由芯片内核的面积决定时，I/O 电路和压点可以按图 8.2-18(a)的方式放置；当芯片总面积由压点部分的面积决定时，可以按图 8.2-18(b)的方式放置，I/O 电路朝向芯片的中心。

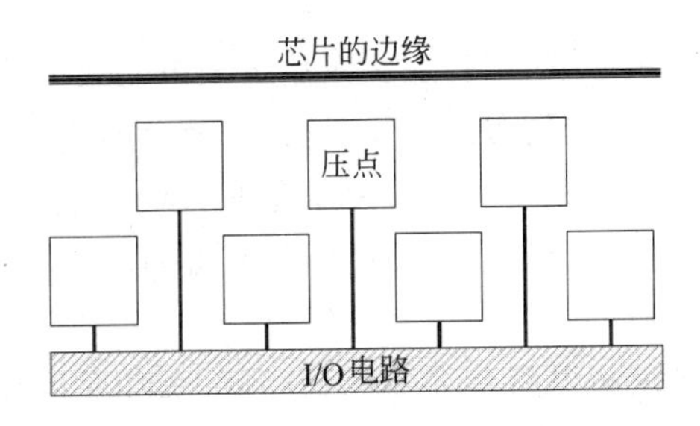

图 8.2-17　交错的压点排布

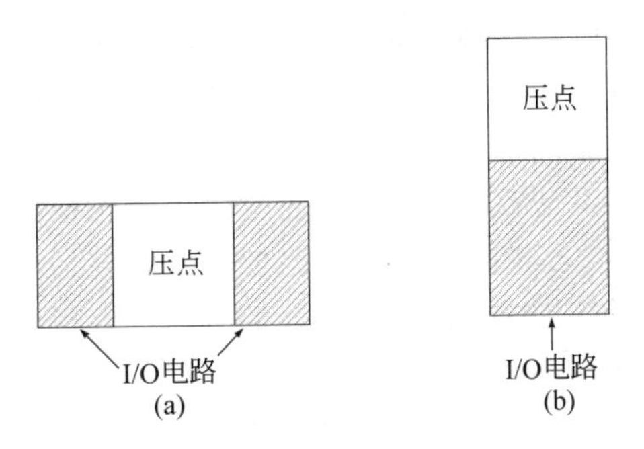

图 8.2-18　压点和 I/O 电路的两种放置方式

除上述讨论的问题外,对于某些有特殊要求的芯片,在布局布线时还应考虑到这些特殊要求。例如,有些芯片要求版图有很好的对称性;有些芯片的功耗很大,版图设计时需要考虑芯片上的温度分布等。

8.2.6 版图设计自动化

版图设计是整个集成电路设计流程中比较费时费力的一个阶段。对版图质量要求越高,版图设计所需的时间越长。为了缩短版图设计时间、提高设计效率,人们一直在研究版图设计的自动化技术。

版图设计的自动化技术与集成电路设计方法学的研究和发展密切相关。随着集成度和性能的不断提高,集成电路设计方法学也在不断改进,设计层次不断提高,设计自动化程度越来越高。在20世纪70年代到80年代初期,发展起来一些版图编辑等工具,可以帮助设计人员完成全定制版图设计。到80年代中期,出现了从逻辑图输入、逻辑仿真到布局布线的全程辅助设计系统,基于单元库的半定制设计逐渐成为设计的主流。集成电路的集成度一直在提高,为了缩短复杂集成电路的设计周期并保证设计质量,后来出现了逻辑综合这一全新设计理论,解决了高层级硬件描述到逻辑级实现的转换问题,使集成电路设计跨入了电子设计自动化时代。随着集成电路设计方法学的发展、设计工具的不断完善,设计人员逐渐摆脱了繁重的版图设计工作。

如果对电路的性能和面积要求不高,那么采用基于单元的设计方法,从高层级行为描述出发,借助单元库和功能强大的布局布线工具,可以自动生成整个电路的版图,版图设计的自动化程度很高。如果对电路的性能和面积要求很高,就必须采用全定制设计方法提高版图的质量。如何高效地设计出高质量的版图(接近全定制设计的版图的质量)一直是研究的重点。

基于标准单元实现随机逻辑电路有很多优势,但用来实现具有规整结构的一些电路(如存储器、移位寄存器、加法器、乘法器等)时,布线通道会使内部节点的寄生电容较大,导致版图优化程度很低。针对这些电路本身所固有的结构规整的特点,应该采用更好的版图实现方法,从而得到较高的电路性能。为此,提出了结构化的全定制版图生成技术[2]。宏单元生成器、数据通路编译器(data path compiler)和存储器编译器(memory compiler)等就是基于该技术而开发出的版图自动生成工具。

宏单元生成器可以根据设计者的参数设置自动生成结构比较规整的电路的版图,如存储器、乘法器等。整个存储器电路的版图可以通过子单元(包括存储单元、灵敏放大器单元等)版图的重复排列、相邻拼接构成。如果子单元的版图设计得比较合理,那么子单元之间的互连可以不用额外的互连线,从而减小节点的寄生效应。图8.2-19[3]给出了2个4位二进制数相乘的算法以及乘法器电路的一种实现方法。由于构成该乘法器的基本电路单元只有一种,且单元之间的互连非常规整,因此,用全定制方法设计好基本电路单元的版图后,就可以利用宏单元生成器自动生成4×4或32×16等任意规格的乘法器的版图。

				X_3	X_2	X_1	X_0
				Y_3	Y_2	Y_1	Y_0
				X_3Y_0	X_2Y_0	X_1Y_0	X_0Y_0
			X_3Y_1	X_2Y_1	X_1Y_1	X_0Y_1	
		X_3Y_2	X_2Y_2	X_1Y_2	X_0Y_2		
	X_3Y_3	X_2Y_3	X_1Y_3	X_0Y_3			
P_7	P_6	P_5	P_4	P_3	P_2	P_1	P_0

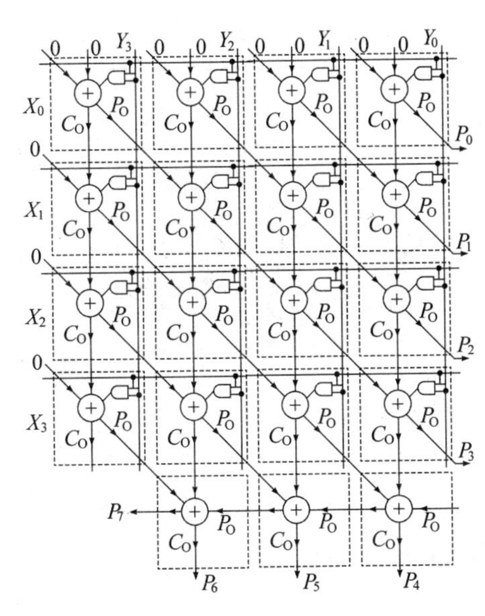

图 8.2-19　2 个 4 位数相乘的算法以及一种结构规整的乘法器实现

数据通路编译器用于自动生成高质量的数据通路的版图。数据通路是微处理器和数字信号处理器的核心部分，对面积、速度、噪声、位与位之间的对称性等要求较高，其版图需要精心设计。采用全定制设计方法能保证版图质量，但效率较低。为此，一般借助符号化版图技术(symbolic layout)和数据通路编译器来自动生成位片结构的数据通路版图。数据通路编译器首先会优选子电路模块的排列方式使长互连线的数目最少；为此，它会充分使用直接穿过子电路模块的互连线来实现非相邻模块之间的互连。然后，再通过改变各子电路模块的尺寸来使附加的互连线的面积最小。图 8.2-20[2] 给出了一个 4 位数据通路的结构框图以及用数据通路编译器自动生成的位片结构的版图。图中，数据信号线水平布线，控制信号线垂直布线，总的电源线和地线与数据信号线平行，但深入到电路内部的电源线和地线则与数据信号线垂直。每个位片中相邻电路模块之间留有布线通道，以方便相邻模块的输入和输出互连。图中，除 4 个比较规整的数据“片”外，还有一个控制“片”(用于提升输入信号的驱动能力、产生输入控制信号的互补信号等)。

存储器编译器可以根据用户的要求自动生成特定大小和布局的存储器版图，并同时生成存储器的仿真模型和布局布线模型等设计文件，是应用最为广泛的 IP 之一。

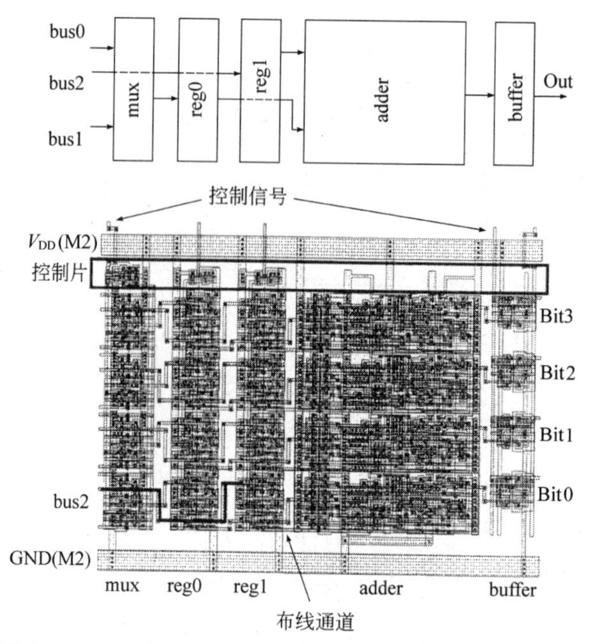

图 8.2-20　一个 4 位数据通路的原理图和位片结构的版图

8.2.7　版图的检查和掩模版制作

版图设计完成后还必须经过一系列检查,确保版图数据正确后,才能用版图数据进行掩模版制作(简称制版)。

1. 版图的检查

版图检查的目的是确保版图的正确性,一般包括:设计规则检查(design rule check,DRC)、电气规则检查(electrical rule check,ERC)、版图和电路图的一致性检查(layout versus schematic,LVS)、版图寄生参数提取(layout parasitic extraction,LPE)和后仿真。图8.2-21给出了这些检查的原理图。

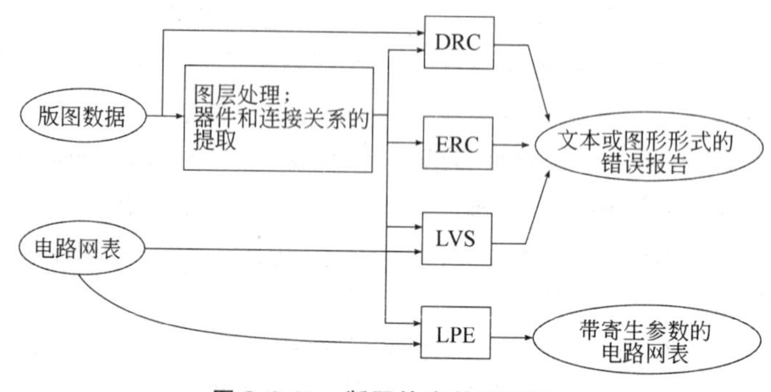

图 8.2-21　版图检查的原理图

DRC 用于检查版图是否违反了工艺厂家要求的版图设计规则。确保版图不违反设计规则非常重要，否则可能会因加工问题导致芯片完全失效或成品率下降。在用全定制方法设计版图时，初次设计的版图完全不违反设计规则的可能性几乎为零，因此，需要多次进行 DRC 检查并根据检查结果修正版图。通常，整个芯片的版图设计完成并准备提交版图数据进行制版之前，都需要进行一次全芯片的 DRC。

目前，DRC 有两种类型。一种是在线 DRC。DRC 程序和版图编辑器同时运行，设计者用版图编辑器设计版图时，一旦正在绘制的图形违反了设计规则，在线 DRC 程序会立即提示并说明所违反的规则的内容，设计者据此可马上修改版图。因此，在线 DRC 能减少修改版图所需时间，提高版图设计效率。当电路规模很大时，在线 DRC 程序会占用过多硬件资源，导致系统速度下降。另一种是后续 DRC，它不是在绘制版图时提示错误信息，而是版图设计到一定阶段，单独运行 DRC 程序进行检查。一旦检查发现有 DRC 错误，修改版图往往需要对很多图形进行调整。在实际的版图设计中，一般先检查单元电路的版图，确保无 DRC 错误，再对整个芯片的版图进行后续 DRC。对于规模很大的集成电路，DRC 往往需要几小时甚至几天的时间，采用层次化的版图设计可以极大地缩短检查时间。

ERC 用于检查从版图中提取的电路图是否违反了常用电气规则。常见的检查项目包括：电路中是否存在短路或断路，是否有节点或器件悬浮，MOS 管的栅极是否一直接高电压或低电压，电源线与地线之间是否存在短接，阱偏置是否正确等。

LVS 用于检查从版图中提取出的电路图是否和设计时的电路图一致。需要对一致性进行检查的项目包括：器件的类型、器件的尺寸、器件之间的连接关系、节点名称。进行 LVS 时，先从版图中提取出器件、器件的尺寸、器件之间的连接关系以及节点名称等，构成晶体管级的电路图，再用此电路图与设计时的电路图进行比较。如果不一致，则说明版图设计有错误，需要修正。为了提高 LVS 的效率，通常在 LVS 之前必须先通过 ERC。

从版图中提取出电路图的工作由版图提取工具完成。提取时，可以不提取寄生器件，主要用于 ERC 和 LVS；也可以提取出寄生器件，并反标注到设计时的电路图中，用于后仿真，以评估版图中的寄生效应对电路性能的影响。

2. 掩模版图形数据

版图检查无误后，就可以将版图数据提交给制版厂进行制版。制版除需要设计者提交版图数据包外，还需要提供制版工作单。制版工作单的内容包括对版图数据的必要说明、制版的细致要求等。对版图数据的必要说明包括：版图数据的格式、格点尺寸、芯片的尺寸、各个图层的名称、最上层版图单元的名称、数据是否进行过处理等。制版的细致要求包括：掩模版的材料（玻璃、石英等），掩模版图形和硅片上图形之间的比例关系（5∶1，1∶1 等），光刻机的类型，曝光区的尺寸，芯片、划片槽、测试图形、文字标识在掩模版上的布局，允许的制版缺陷的大小和密度等。由于制版工作单中的内容涉及芯片设计者、芯片加工厂和制版厂，因此，制版工作单由三方共同填写。

制版方得到版图数据和制版工作单后，在制版前需要对版图数据进行一些必要处理。

通常,版图中各个图层的图形并不能直接转移到对应的掩模版上,还必须经过一定的数据处理,得到掩模版图形数据,再转移到掩模版上。数据处理一般包括制版所需新图层的生成和各层图形的涨缩。首先说明制版所需新图层的生成过程。假定某一 CMOS 工艺依次需要如下几块掩模版:n 阱、有源区、p 场区(用于场区注入以增大场区寄生 MOS 管的阈值电压)、多晶硅、n^+ 区、p^+ 区、接触孔、金属一、通孔、金属二、压点开孔。由于 n^+ 区和 p^+ 区之和就是有源区,因此,在设计版图时,版图设计师往往只设计 n^+ 区和 p^+ 区的图形,不再单独设计有源区的图形,以减少工作量。制版方根据版图数据中的 n^+ 区和 p^+ 区图层的图形,通过一定的运算,就可以得到有源区的图形。这就是一个制版所需新图层——有源区图层的生成过程。为了把图形精确地转移到硅片上,生成新图层所需要的运算操作有时会比较复杂。

另一种版图数据的处理是图形的涨缩。涨缩的含义是使图形涨大或缩小一定的数值。涨缩的目的是使转移到硅片上的图形的尺寸尽可能与设计期望的图形尺寸相同[8]。例如,设计者设计的 n 阱尺寸为 $10\mu m\times10\mu m$,如图 8.2-22 所示。如果不对 n 阱图形进行涨缩处理,那么,在刻蚀屏蔽氧化层时,光刻胶下面的横向淘蚀(undercutting)会使氧化层开孔的尺寸大于 $10\mu m\times10\mu m$;在扩散形成 n 阱时,横向扩散会使芯片上 n 阱图形的实际尺寸更大于 $10\mu m\times10\mu m$。为了使硅片上 n 阱图形的尺寸与设计期望的尺寸偏差较小,必须先使设计的 n 阱图形“缩”一定的量,再把缩小后的图形转移到掩模版上。用这种掩模版加工出的 n 阱图形的尺寸就和设计期望的尺寸偏差较小。同样的道理,有些图层的图形必须先“涨”一定的量再转移到掩模版上,有些图层的图形则不需要进行涨缩处理而直接转移到掩模版上。涨缩处理的涨缩量由工艺厂家提供。

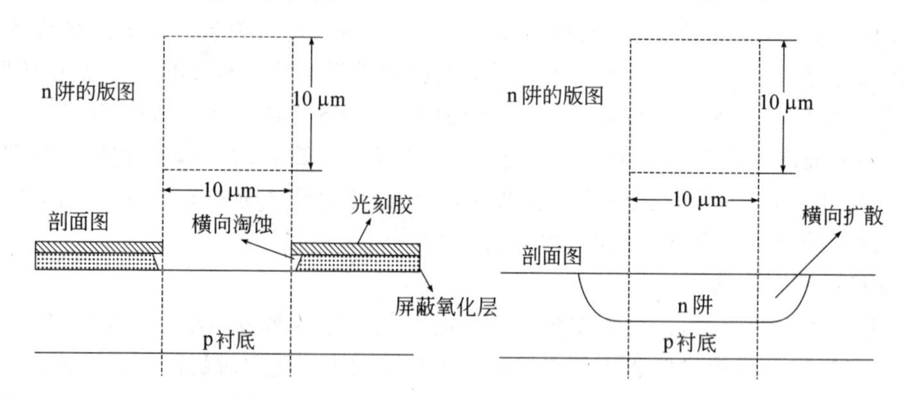

图 8.2-22　横向淘蚀和横向扩散使得硅片上 n 阱图形大于掩模版上的图形

对于比较简单的 CMOS 工艺,上述数据处理可以由制版厂完成,也可以由设计者完成。CMOS 工艺一直在进步,工艺越来越复杂,所需掩模版数目越来越多,导致版图数据处理所需要的数据操作也越来越复杂。在这种情形下,芯片设计者不宜再进行上述版图数据处理,以免因理解和操作失误生成错误的掩模版图形数据,引起设计失败。数据处理工作都交由制版厂根据芯片加工厂提供的处理方法来完成。设计者只需完成版图的设计和检查即可。

通过对版图数据进行上述处理得到芯片在掩模版上的图形数据后，下一步就要把这些图形通过制版设备转移到掩模版上。图形转移之前还必须明确一个非常重要的问题，即：掩模版上图形的“亮”“暗”，这一点在制版工作单中必须给予说明。图形的“亮”“暗”与工艺加工所用的光刻胶以及图形所处的图层的属性有关。

3. 掩模版的制作

制作掩模版时，除了要将芯片图形转移到掩模版上外，还需要在掩模版上插入其他一些必不可少的图形。这些图形一般包括：① 掩模版的名称、编号等标识符；② 划片槽图形；③ 光刻对版图形(又称为对版标记)；④ 各种检测图形。图 8.2-23 示例给出了一个掩模版的完整布局图(各种图形未按同等比例画出)。

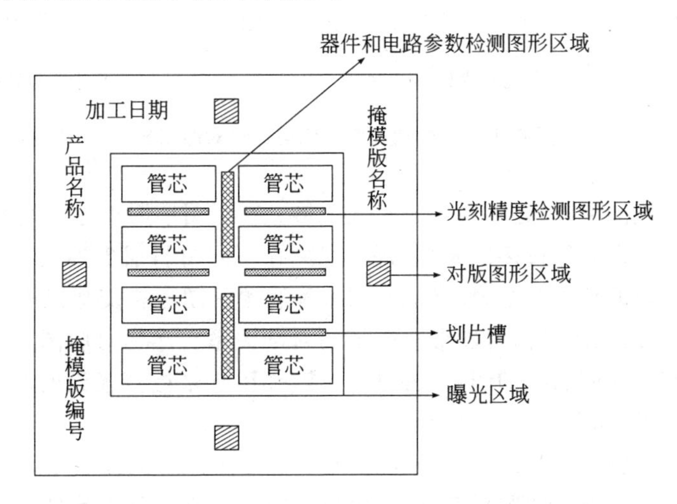

图 8.2-23　掩模版上各种图形的完整布局图

图 8.2-23 中，管芯图形由版图数据经一定的数据处理后得到。管芯之间为划片槽，划片槽的作用是便于劈刀将各个管芯分离开。正确设置划片槽内各图层的“亮”“暗”属性非常重要，否则，硅片加工完毕后可能无法形成划片槽。在划片槽内可以放置工艺检测图形，这样避免检测图形占用正常芯片的面积，提高硅片利用率。工艺检测图形一般包括：光刻精度检测图形、器件和电路参数检测图形。光刻精度检测图形用于检测光刻精度，图 8.2-24[5](a)给出了一种光刻精度检测图形。由图可知，若加工过程中出现过刻蚀，使线条变细，则上、下矩形线条之间出现空隙；若加工过程中出现刻蚀不足，使线条变粗，则上、下矩形线条会互相交叠；刻蚀适度时，上、下矩形线条之间无空隙也不交叠。因此，通过观察光刻精度检测图形，可以知道刻蚀的程度。

器件和电路检测图形用于检测工艺参数的变化。这类检测图形一般包括：① 各种尺寸组合的 MOS 管。通过测量这些 MOS 管的电特性，可以检测 MOS 管的阈值电压、栅氧化层厚度等参数。② 各种不同实现方式的电阻，如 n^+ 区电阻、p^+ 区电阻、n 阱电阻、多晶硅电阻、接触电阻等。借助这些电阻图形可以检测相关图层的方块电阻、接触孔和通孔的接触电阻。③ 各种不同实现方式的电容,如多晶硅-多晶硅电容等,用以检测单位面积的电容的大小。把检测结果和预定的结果进行比较,就可以判定本批加工的硅片是否合格、加工质量如何。除上述测试图形外,有时还专门设计一些简单的电路来检测电参数,如用环形振荡器来检测电路的速度是否满足工艺期望的要求。

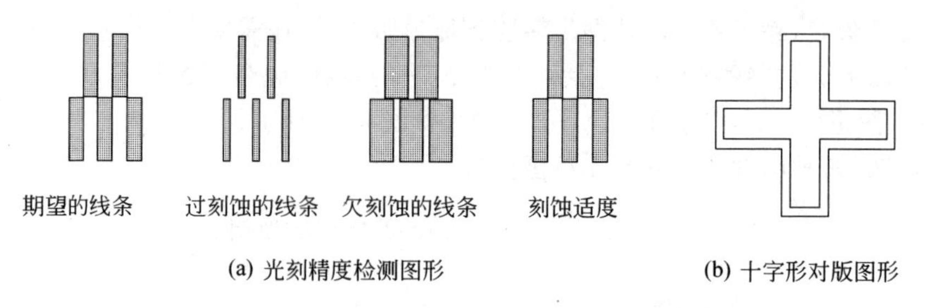

图 8.2-24　光刻精度检测图形和对版图形

掩模版上除上述图形外,还需要光刻对版图形。对版图形用于各层掩模版之间地对准。集成电路的工艺加工需要经过多次光刻,每次光刻在不同材料层上形成不同的图形。但是各层图形之间有一定的相互关系,如多晶硅图形和有源区图形相交形成 MOS 晶体管,而接触孔的图形又和有源区、多晶硅等图形有一定的对准关系。光刻对版图形就是用于硅片加工过程中每次光刻和前面已有的图形之间地对准,并用它来检查光刻的对准精度。光刻对版图形常采用十字形,如图 8.2-24(b)所示。

划片槽图形、光刻对版图形和各种检测图形一般由工艺厂家提供,芯片设计者提供芯片的版图数据。制版厂得到这些图形后,会按照一定的布局要求把各类图形放置到掩模版上。掩模版上的曝光区域是要转移到硅片上的图形所在的区域。为了提高硅片利用率并降低制版缺陷带来的风险,制版厂会在曝光区中尽可能多地放置用户设计的管芯。得到一个曝光区的图形后,就得到了芯片加工时的重复步进图形。制版厂会把该曝光区图形放大一定的倍数后,转移到相应的掩模版上。如果放大倍数为 5,则称掩模版为 5∶1 的版;放大的目的是减小图形转移过程中的偏差。制备出掩模版后,芯片加工厂把掩模版置于步进式光刻机(stepper)中,光刻机会把掩模版上的图形缩小 5 倍后(假设是 5∶1 掩模版)投影到硅片上。这样就在硅片上得到电路设计者所要求的图形。

参 考 文 献

[1] Harry Veendrick. Deep-Submicron CMOS ICs: From Basics to ASICs(Second Edition)[M]. London: Kluwer Academic Publishers, 2000.

[2] Jan M. Rabaey. 数字集成电路:设计透视[M]. 北京:清华大学出版社, 1999.

[3] Stanford Ultra Low Power Technology Group. Department of Electrical Engineering Stanford University

[EB/OL]. http://www.star.stanford.edu/projects/ulp/ulp.html.

[5] 甘学温. 数字 CMOS VLSI 分析与设计基础[M]. 北京:北京大学出版社,1999.

[6] Christopher Saint, Saint Judy. 集成电路掩模设计:基础版图技术[M]. 周润德,金美申,译. 北京:清华大学出版社,2003.

[7] Neil H. E. Weste, Kamran Eshraghian. PRINCIPLES OF CMOS VLSI DESIGN: A Systems Perspective (Second Edition)[M]. Reading:Addison-Wesley, 1992.

[8] R. Jacob Baker, Harry W. Li, David E. Boyce. CMOS 电路设计·布局与仿真[M]. 陈中建,译. 北京:机械工业出版社,2003.

附录 A　SPICE 中的 MOS 晶体管模型

仿真电路模拟器(simulation program with integrated circuit emphasis, SPICE)是世界上广泛使用的电路模拟工具。在集成电路设计中,特别是要深入到晶体管级的设计,离不开仿真电路模拟。因此,了解 SPICE 中的 MOS 晶体管模型,掌握模型参数的意义,对于正确使用 SPICE 软件进行电路模拟是非常必要的。

SPICE 软件最初是由加利福尼亚大学伯克利分校(University of California, Berkeley)开发的。1972 年推出了 SPICE-1 版本,1975 年又推出了 SPICE-2 版本,由于 SPICE-2 在算法上进行了改进,具有较好的收敛性,因此很快得到了国际上广泛的认可和推广。现在 SPICE 已经发展了很多版本,其中 Meta-Software 公司发展的 HSPICE 和 Micro Sim 公司发展的微机版本 PSPICE 都得到了广泛应用。当然还有很多其他用于集成电路设计的电路模拟或时序模拟工具。在 HSPICE 中给出了很多不同层级的器件模型。在 SPICE 和 PSPICE 中一般只采用 4 个层级的 MOS 晶体管模型,即 LEVEL=1,LEVEL=2,LEVEL=3 和 LEVEL=4。很多参考书和文献都对 SPICE 中的 MOS 晶体管模型有详细的描述,这些模型的基础就是本书前面讨论的 MOS 晶体管的基本工作原理。为了避免重复,此处对各个层级的 MOS 晶体管模型不做详细介绍,只是简单总结一下各个模型中 MOS 晶体管的阈值电压和电流的计算公式。所有模型中 MOS 晶体管的瞬态分析模型基本相同,对 MOS 晶体管的本征电容可以采用 Meyer 模型,也可以采用电荷守恒的电容模型;同时考虑了 MOS 晶体管的寄生电容:覆盖电容和 pn 结电容。这些内容见前面给出的 MOS 晶体管的瞬态特性分析。

A.1　LEVEL=1 的模型

这个模型基于 Shichman-Hodges 提出的简单模型,是针对长沟道 MOS 器件的,除了饱和区沟道长度调制,没有考虑二级效应。这个模型的特点是模型公式简单、便于记忆、模型参数少、且参数物理意义明确。LEVEL=1 的模型不仅是用计算机模拟大尺寸 MOS 器件及电路所采用的模型,也是一般手工分析计算 MOS 单元电路性能的常用模型。在采用更高层级模型精确模拟之前还常用该模型进行电路性能的初步估算。模型简单、参数少、节省运算时间也是该模型的一个重要优点。

LEVEL=1 模型的阈值电压公式如下

$$V_{T}=V_{T0}+\gamma\left(\sqrt{|2\varphi_{F}|+|V_{BS}|}-\sqrt{2|\varphi_{F}|}\right) \tag{A-1}$$

$$V_{T0} = \varphi_{MS} - \frac{qN_{ss}}{C_{ox}} - \frac{Q_{Bm}}{C_{ox}} \tag{A-2}$$

如果模型参数给出了 V_{T0}，则用给定的参数值。如果没有给出 V_{T0}，则用给定的工艺参数 t_{ox}，N_{ss}，N_{sub} 和 TPG 等计算 V_{T0}。总之，对于可以通过程序计算的参数总是以给定的参数值为优先选择。

MOS 晶体管的电流采用简单的分区模型。

截止区：$V_{GS} \leqslant V_T$

$$I_D = 0 \tag{A-3}$$

线性区：$V_{GS} - V_T > V_{DS} > 0$

$$I_D = \frac{1}{2}\left(\frac{W}{L}\right)K'\left[2(V_{GS} - V_T)V_{DS} - \frac{1}{2}V_{DS}{}^2\right](1 + \lambda V_{DS}) \tag{A-4}$$

饱和区：$V_{DS} \geqslant V_{GS} - V_T > 0$

$$I_D = \frac{1}{2}\left(\frac{W}{L}\right)K'(V_{GS} - V_T)^2(1 + \lambda V_{DS}) \tag{A-5}$$

表 A-1 总结了 LEVEL=1 的 MOS 晶体管模型参数及意义，为了和前面讨论的 MOS 晶体管特性对应起来，表 A-1 把本书中对应的参数符号也列了出来。

表 A-1　SPICE 中 LEVEL=1 的模型中的模型参数

本书中参数符号	SPICE 中参数符号	参数含义	缺省值	单位
LEVEL			1	
V_{T0}	VTO	零衬偏阈值电压	0.0	V
K'	KP	本征导电因子	2×10^{-5}	A/V^2
γ	GAMMA	体效应系数	0.0	
μ_0	UO	低电场迁移率	600	$cm^2(V\cdot s)$
$2\varphi_F$	PHI	强反型表面势	0.1	V
λ	LAMBDA	沟长调制系数	0.0	V^{-1}
N_{sub}	NSUB	衬底掺杂浓度	0.0	V^{-3}
t_{ox}	TOX	栅氧化层厚度	10^{-7}	M
N_{ss}	NSS	界面态密度	0.0	cm^{-2}
L_D	LD	横向扩散长度	0.0	M
—	TPG	栅材料类型	1	—
I_s	IS	体结饱和电流	10^{-14}	A/m^2
J_s	JS	单位面积体结饱和电流	10^{-14}	A
R_S	RS	源区寄生电阻	0.0	Ω
R_D	RD	漏区寄生电阻	0.0	Ω
$R_\square$	RSH	源/漏区方块电阻	∞	Ω/□
—	CBS	零偏体/源结电容	0.0	F

续表

本书中参数符号	SPICE中参数符号	参数含义	缺省值	单位
—	CBD	零偏体/漏结电容	0.0	F
C_{j0}	CJ	零偏单位面积结电容	0.0	F/m^2
m_1	MJ	底面结电容缓变系数	0.5	—
V_{bi}	PB	体结自建势	0.8	V
C_{jp0}	CJSW	零偏单位周长结电容	0.0	F/m
m_2	MJSW	侧面结电容缓变系数	0.5	—
C_{GS0}	CGSO	单位沟宽栅-源覆盖电容	0.0	F/m
C_{GD0}	CGDO	单位沟宽栅-漏覆盖电容	0.0	F/m
C_{GB0}	CGBO	单位沟长栅-衬底覆盖电容	0.0	F/m
—	KF	闪烁噪声系数	0.0	—
—	AF	闪烁噪声指数	1	—

下面给出一个长沟道($L=5\mu m$)NMOS 晶体管的 SPICE 模型语句的参数：

```
.MODEL  MOD2  NMOS  LEVEL =1
+VTO=1.5  KP=1.6E-5  LAMBDA=0.075
+TOX=1.0E-7  NSUB=4.0E+15  LD=0.06U
+CJ=2.0E-4  MJ=0.5  CJSW=2.0  E=MJSW=0.4
+CGSO=1E-10  CGDO=1E-10  CGBO=2E-9
```

A.2 LEVEL=2 的模型

除了一级模型中的饱和区沟道长度调制效应，LEVEL=2 的模型还考虑了以下一些小尺寸器件的二级效应：短沟道和窄沟道效应，高电场下的迁移率退化和速度饱和。另外，还考虑了亚阈值电流。LEVEL=2 的模型是一个基于物理的模型，因此模型公式比较复杂。对于现在缩小到深亚微米的 MOS 器件，这个模型已经显得陈旧，精度也不够高。

二级模型的阈值电压公式为

$$V_T = V_{FB} + 2\varphi_F + \gamma F_S\sqrt{2\varphi_F + V_{BS}} + F_N(2\varphi_F - V_{BS}) \tag{A-6}$$

其中

$$F_S = \left[1 - \frac{x_j}{2L}\left(\sqrt{1+\frac{2x_S}{x_j}} + \sqrt{1+\frac{2x_D}{x_j}}\right) - 2\right] \tag{A-7}$$

是短沟道效应因子，x_S 和 x_D 分别是源区和漏区 pn 结耗尽层宽度。如果没有给出 x_j 参数，则不考虑短沟道效应。

$$F_{\mathrm{N}} = \delta \cdot \frac{\pi \varepsilon_0 \varepsilon_{\mathrm{si}}}{4C_{\mathrm{ox}}W} \tag{A-8}$$

是窄沟道效应因子，其中 δ 是修正系数，只有给出 δ 参数，才考虑窄沟道效应。

对MOS晶体管的电流则给出亚阈值电流和强反型后的导通电流的两个模型公式。

当 $V_{\mathrm{GS}} < V_{\mathrm{on}}$，是亚阈值区，即截止区

$$I_{\mathrm{D}} = I_0 \mathrm{e}^{q(V_{\mathrm{GS}} - V_{\mathrm{on}})/nkT} \tag{A-9}$$

其中 I_0 是 $V_{\mathrm{GS}} = V_{\mathrm{on}}$ 时的电流，

$$V_{\mathrm{on}} = V_{\mathrm{T}} + nkT/q \tag{A-10}$$

$$n = 1 + \frac{qN_{\mathrm{fs}}}{C_{\mathrm{ox}}} + \frac{C_{\mathrm{D}}}{C_{\mathrm{ox}}} \tag{A-11}$$

N_{fs} 是一个模型参数，如果给出 N_{fs} 则考虑亚阈值电流。

当 $V_{\mathrm{GS}} \geqslant V_{\mathrm{on}}$，是强反型区，即导通区

$$I_{\mathrm{D}} = \frac{W}{L - \Delta L} K' \left\{ \left(V_{\mathrm{GS}} - V_{\mathrm{BIN}} - \frac{V_{\mathrm{DS}}}{2}(1 + F_{\mathrm{N}}) \right) V_{\mathrm{DS}} - \frac{2}{3} F_{\mathrm{S}} \left[(V_{\mathrm{DS}} + 2\varphi_F - V_{\mathrm{BS}})^{3/2} - (2\varphi_{\mathrm{F}} - V_{\mathrm{BS}})^{3/2} \right] \right\} \tag{A-12}$$

其中

$$V_{\mathrm{BIN}} = V_{\mathrm{FB}} + 2\varphi_{\mathrm{F}} + F_{\mathrm{N}}(2\varphi_{\mathrm{F}} - V_{\mathrm{BS}}) \tag{A-13}$$

如果模型参数中给出饱和区沟道长度调制因子 λ，则

$$\Delta L = \lambda L V_{\mathrm{DS}} \tag{A-14}$$

如果模型参数中没有给出 λ，则

$$\Delta L = \sqrt{\frac{2\varepsilon_0 \varepsilon_{\mathrm{si}}}{qN_{\mathrm{sub}}}} \left\{ \frac{V_{\mathrm{DS}} - V_{\mathrm{Dsat}}}{4} + \left[1 + \left(\frac{V_{\mathrm{DS}} - V_{\mathrm{Dsat}}}{4} \right)^2 \right]^{1/2} \right\}^{1/2} \tag{A-15}$$

式中 V_{Dsat} 是引起沟道夹断饱和的漏饱和电压。当 $V_{\mathrm{DS}} \geqslant V_{\mathrm{Dsat}}$ 后则用 V_{Dsat} 代替式(A-12)中的 V_{DS} 来计算饱和区电流。

LEVEL=2的模型考虑了高电场下反型载流子迁移率退化和载流子漂移速度饱和的问题，参见本书二级效应内容中的有关分析。

如果是载流子漂移速度饱和，则饱和区沟道长度缩短为

$$\Delta L = x_{\mathrm{D}}' \left\{ \left[\left(\frac{x_{\mathrm{D}}' v_{\mathrm{S}}}{2\mu_{\mathrm{eff}}} \right)^2 + (V_{\mathrm{DS}} - V_{\mathrm{Dsat}}) \right]^{1/2} - \frac{x_{\mathrm{D}}' v_{\mathrm{S}}}{2\mu_{\mathrm{eff}}} \right\} \tag{A-16}$$

其中

$$x_{\mathrm{D}}' = \sqrt{\frac{2\varepsilon_0 \varepsilon_{\mathrm{si}}}{qN_{\mathrm{sub}} N_{\mathrm{eff}}}} \tag{A-17}$$

N_{eff} 是一个拟合参数。如果给出这个参数及饱和漂移速度 v_{S}，则按速度饱和计算饱和区电流。

表A-2列出了LEVEL=2模型中比LEVEL=1模型中所增加的模型参数，并给出书中对应的参数符号。

表 A-2 LEVEL=2 模型比 LEVEL=1 的模型增加的参数

本书中参数符号	SPICE 中参数符号	参数含义	缺省值	单位
LEVEL			2	
δ	DELTA	窄沟道效应因子	0.0	—
x_j	XJ	结深	0.0	m
μ_0	UO	低电场下的迁移率	1×10^4	V/cm
E_0	UCRIT	迁移率退化的临界电场		
u_t	UTRA	横向电场系数	0.0	—
c_1	UEXP	迁移率退化的指数因子	0.0	—
v_S	VMAX	载流子最大漂移速度	0.0	m/s
N_{eff}	NEFF	有效衬底掺杂因子	1	—
N_{fs}	NFS	快界面态密度	0.0	cm^{-2}
X_{QC}	XQC	沟道电荷共享系数	1.0	—

尽管 LEVEL=2 模型的精度不够高,但是由于该模型是基于物理的解析模型,易于通过参数提取获得模型参数,因此还是得到了比较广泛的应用。为了对 LEVEL=2 的模型参数有一些具体了解,下面给出针对 0.8μm 的 CMOS 工艺得到的 NMOS 和 PMOS 的模型参数:

```
.MODEL  MODN  NMOS  LEVEL=2
+CGSO=0.350e-09          CGDO=0.350e-09          CGBO=0.150e-09
+CJ=0.300e-03            MJ=0.450e+00            CJSW=0.250e-09
+MJSW=0.330e+00          IS=0.000e+00            JS=0.010e-03
+PB=0.850e+00            RSH=25.00e+00
+TOX=15.50e-09           XJ=0.080e-06
+VTO=0.850e+00           NFS=0.835e+12           NSUB=64.00e+15
+NEFF=10.00e+00          UTRA=0.000e+00
+UO=460.0e+00            UCRIT=38.00e+04         UEXP=0.325e+00
+VMAX=62.00e+03          DELTA=0.250e+00         KF=0.275e-25
+LD=0.000e-06            WD=0.600e-06            AF=1.500e+00

.MODEL  MODP  PMOS  LEVEL=2
+CGSO=0.350e-09          CGDO=0.350e-09          CGBO=0.150e-09
+CJ=0.500e-03            MJ=0.470e+00            CJSW=0.210e-09
+MJSW=0.290e+00          IS=0.000e+00            JS=0.040e-03
+PB=0.800e+00            RSH=47.00e+00
+TOX=15.00e-09           XJ=0.090e-06
+VTO=-0.726e+00          NFS=0.500e+12           NSUB=32.80e+15
+NEFF=2.600e+00          UTRA=0.000e+00
```

+UO=160.0e+00　　UCRIT=30.80e+04　　UEXP=0.350e+00
+VMAX=61.00e+03　　DELTA=0.950e+00　　KF=0.475e-25
+LD=-0.75e-06　　WD=0.350e-06　　AF=1.600e+00

A.3　LEVEL=3 的模型

LEVEL=3 的模型是一个半经验模型。为了克服 LEVEL=2 的模型公式复杂的缺点，它采用了较为简单的模型公式来提高计算效率，同时用一些经验参数拟合来保证模型的精确性。由于小尺寸器件的二级效应很复杂，很难用精确的模型公式描述，因此采用半经验的 LEVEL=3 的模型效果会更好。

LEVEL=3 的模型中考虑的二级效应与 LEVEL=2 的模型基本相同，只是增加了一个静电反馈因子 σ 来拟合漏致势垒降低效应对阈值电压的影响。因此 LEVEL=3 的模型中的阈值电压公式为

$$V_{\mathrm{T}}=V_{\mathrm{FB}}+2\varphi_{\mathrm{F}}+\gamma F_{\mathrm{S}}(2\varphi_{\mathrm{F}}-V_{\mathrm{BS}})^{1/2}+F_{\mathrm{N}}(2\varphi_{\mathrm{F}}-V_{\mathrm{BS}})-\sigma V_{\mathrm{DS}} \tag{A-18}$$

其中短沟道效应因子由下式决定

$$F_{\mathrm{S}}=1-\frac{x_{\mathrm{j}}}{L}\left\{\frac{L_{\mathrm{D}}+W_{\mathrm{C}}}{x_{\mathrm{j}}}\left[1-\left(\frac{W_{\mathrm{D}}}{x_{\mathrm{j}}+W_{\mathrm{D}}}\right)^{2}\right]^{1/2}-\frac{L_{\mathrm{D}}}{x_{\mathrm{j}}}\right\} \tag{A-19}$$

其中 L_{D} 是源、漏区横向扩散长度，W_{C} 是圆柱形结边缘的耗尽层宽度，严格计算 W_{C} 很复杂，可以采用多项式展开近似求解，则

$$W_{\mathrm{C}}=x_{\mathrm{j}}\left[0.0631357+0.8013292\left(\frac{W_{\mathrm{D}}}{x_{\mathrm{j}}}\right)-0.01110777\left(\frac{W_{\mathrm{D}}}{x_{\mathrm{j}}}\right)^{2}\right] \tag{A-20}$$

W_{D} 是 pn 结底部耗尽层宽度。只要给出参数 x_{j}，就可以计入短沟道效应的影响。

窄沟道效应的修正因子与 LEVEL=2 的模型相同。

静电反馈因子 σ 由下式决定

$$\sigma=\eta(8.15\times10^{-22}/C_{\mathrm{ox}}\cdot L^{3}) \tag{A-21}$$

其中 η 是模型参数，是经验拟合参数。

LEVEL=3 的模型中亚阈值电流的处理与 LEVEL=2 的模型相同。MOS 晶体管的导通电流公式采用如下的简单形式

$$I_{\mathrm{D}}=\frac{W}{L_{\mathrm{eff}}}\mu_{\mathrm{eff}}C_{\mathrm{ox}}\left[V_{\mathrm{GS}}-V_{\mathrm{T}}-\left(\frac{1+F_{\mathrm{B}}}{2}\right)V_{\mathrm{DS}}\right]\cdot V_{\mathrm{DS}} \tag{A-22}$$

其中

$$F_{\mathrm{B}}=\frac{\gamma F_{\mathrm{S}}}{4(2\varphi_{\mathrm{F}}-V_{\mathrm{BS}})^{1/2}}+F_{\mathrm{N}} \tag{A-23}$$

如果是沟道夹断饱和，则用下式的 V_{Dsat} 代替式(A-22)中的 V_{DS} 计算饱和区电流，

$$V_{\mathrm{Dsat}}=\frac{V_{\mathrm{GS}}-V_{\mathrm{T}}}{1+F_{\mathrm{B}}} \tag{A-24}$$

如果是载流子漂移速度饱和,则 V_{Dsat} 用下式确定

$$V_{Dsat}=\frac{V_{GS}-V_T}{1+F_B}+\frac{v_S L_{eff}}{\mu_{eff}}-\left[\left(\frac{V_{GS}-V_T}{1+F_B}\right)^2+\left(\frac{v_S L_{eff}}{\mu_{eff}}\right)^2\right]^{1/2} \tag{A-25}$$

其中 $L_{eff}=L-\Delta L$

$$\Delta L=-\frac{E_p\varepsilon_0\varepsilon_{si}}{qN_{sub}}+\left[\left(\frac{E_p\varepsilon_0\varepsilon_{si}}{qN_{sub}}\right)^2+\kappa_p\frac{2\varepsilon_0\varepsilon_{si}}{qN_{sub}}(V_{DS}-V_{Dsat})\right]^{1/2} \tag{A-26}$$

κ_p 是个经验参数,叫作饱和场因子。E_p 是临界饱和的横向电场,

$$E_p=\frac{\frac{v_S L_{eff}}{\mu_{eff}}\left(\frac{v_S L_{eff}}{\mu_{eff}}+V_{Dsat}\right)}{L_{eff}V_{Dsat}} \tag{A-27}$$

有效迁移率的计算见本书正文中的分析。

下面总结出 LEVEL=3 的模型比 LEVEL=1 的模型增加的几个参数。

表 A-3 LEVEL=3 的模型比 LEVEL=1 的模型增加的参数

本书中参数符号	SPICE 中参数符号	参数意义	缺省值	单位
δ	DELTA	窄沟道因子	0.0	
x_j	XJ	结深	0.0	m
N_{fs}	NFS	快界面态密度	0.0	cm^{-2}
θ	THETA	迁移率退化因子	0.0	V^{-1}
η	ETA	静电反馈因子	0.0	—
κ_p	KAPPA	饱和电场相关因子	0.2	—
v_S	VMAX	载流子最大漂移速度		—

为了对 LEVEL=3 的模型参数有一些具体了解,下面给出针对 0.6μm 的 CMOS 工艺得到的 NMOS 和 PMOS 的模型参数:

```
.MODEL  nch  NMOS
+LEVEL=3  PHI=0.70  TOX=1.0E-0.8  XJ=0.20U  TPG=1
+VTO=0.8  DELTA=2.5E-01  LD=4.0E-08  KP=1.88E-04
+UO=545  THETA=2.5E-01  RSH=2.1E+01  GAMMA=0.62
+NSUB=1.40E+17  NFS=7.1E+11  VMAX=1.9E+05  ETA=2.2E-02
+KAPPA=9.7E-02  CGDO=3.7E-10  CGSO=3.7E-10  CGBO=4.0E-10
+CJ=5.4E-04  MJ=0.6  CJSW=1.5E-10  MJSW=0.3  PB=0.99

.MODEL  pch  PMOS
+LEVEL=3  PHI=0.70  TOX=1.0E-0.8  XJ=0.20U  TPG=-1
+VTO=-0.9  DELTA=2.5E-01  LD=6.7E-08  KP=4.45E-05
+UO=130  THETA=1.8E-01  RSH=3.4E+00  GAMMA=0.52
```

+NSUB=9.8E+16　NFS=6.5E+11　VMAX=3.1E+05　ETA=1.8E-02
+KAPPA=6.3E-00　CGDO=3.7E-10　CGSO=3.7E-10　CGBO=4.3E-10
+CJ=9.3E-04　MJ=0.5　CJSW=1.5E-10　MJSW=0.3　PB=0.95

A.4　LEVEL=4 的模型

LEVEL=4 的模型是由 Berkeley 开发的短沟道 MOS 器件模型，因此又叫作 BSIM (Berkeley Short-charnel IGFET Model)模型，它是由短沟道 IGFET 模型 CSIM 发展而来的。BSIM 模型同时考虑了 MOS 晶体管的弱反型区和强反型区特性，是基于小尺寸器件建立的模型。除了 LEVEL=2 和 LEVEL=3 的模型中考虑的二级效应以外，BSIM 模型中还考虑了沟道区非均匀掺杂剖面的影响以及参数对器件几何尺寸的依赖关系。BSIM 模型也在不断发展，从 BSIM1 发展到 BSIM2，BSIM3，现在已经发展到 BSIM5 版本。BSIM 是基于参数的模型，而模型参数是基于工艺特性获得的。在 SPICE 应用中，BSIM 是目前较为精确、有效的模型。但是，BSIM 模型的参数比较多，给参数提取带来了困难。由于 BSIM 是依赖于参数的模型，因此做好参数提取，获得合适的模型参数是非常重要的。下面简单介绍 BSIM1 的基本模型公式和主要参数。

阈值电压采用如下公式

$$V_T = V_{FB} + \varphi_s + k_1\sqrt{\varphi_s - V_{BS}} - k_2(\varphi_s - V_{BS}) - \eta V_{DS} \tag{A-28}$$

其中 φ_s 是强反型时的表面势，k_1 和 k_2 是考虑了沟道区非均匀掺杂影响的模型参数，η 是反映 DIBL 等短沟道效应的参数。

线性区($V_{GS}>V_T$，$V_{DS}<V_{Dsat}$)电流为

$$I_D = \frac{\beta}{a \cdot b}\left[(V_{GS} - V_T)V_{DS} - \frac{\alpha}{2}V_{DS}^2\right] \tag{A-29}$$

其中 $\beta=\frac{W}{L}\mu_{eff}C_{ox}$ 是 MOS 晶体管的导电因子，

$$a = 1 + U_0(V_{GS} - V_T) \tag{A-30}$$

$$b = 1 + U_1 V_{DS}/L \tag{A-31}$$

$$\alpha = 1 + \frac{k_1}{2\sqrt{\varphi_s - V_{BS}}}\left[1 - \frac{1}{1.744 + 0.8364(\varphi_s - V_{BS})}\right] \tag{A-32}$$

U_0 和 U_1 是模型参数，后面还要讨论。

饱和区($V_{GS}>V_T$，$V_{DS}\geqslant V_{Dsat}$)电流公式为

$$I_D = \frac{\beta}{a}\frac{(V_{GS} - V_T)^2}{2\alpha k} \tag{A-33}$$

其中 $k=\frac{1}{2}(1+V_C+\sqrt{1+2V_C})$ (A-34)

$$V_{C}=\frac{U_{1}}{L}\frac{(V_{GS}-V_{T})}{\alpha} \tag{A-35}$$

饱和电压 V_{Dsat} 为

$$V_{Dsat}=\frac{V_{GS}-V_{T}}{\alpha\sqrt{k}} \tag{A-36}$$

BSIM 模型中也考虑了亚阈值电流,其计算公式为

$$I_{ST}=\frac{I_{exp}\cdot I_{limit}}{I_{exp}+I_{limit}} \tag{A-37}$$

其中 $I_{exp}=\beta\left(\frac{kT}{q}\right)^{2}e^{1.8}\exp\left[\frac{(V_{GS}-V_{T})q}{nkT}\right]\cdot\left[1-\exp\left(1-\frac{qV_{DS}}{kT}\right)\right]$ (A-38)

$$I_{limit}=\frac{\beta}{2}\left(\frac{3kT}{q}\right)^{2}\tanh\left(\frac{qV_{DS}}{\mathrm{kT}}\right) \tag{A-39}$$

在 BSIM 模型中,模型参数 η,U_{0},U_{1},n 和 μ_{eff} 都是与电压有关的,这些参数是根据输入文件中给出的一些参数值计算出来的。计算公式如下

$$\eta=\eta_{0}+\eta_{b}V_{BS}+\eta_{d}(V_{DS}-V_{DD}) \tag{A-40}$$

$$U_{0}=U_{00}+U_{0b}V_{BS} \tag{A-41}$$

$$U_{1}=U_{10}+U_{1b}V_{BS}+U_{1d}(V_{DS}-V_{DD}) \tag{A-42}$$

$$n=n_{0}+n_{b}V_{BS}+n_{d}V_{DS} \tag{A-43}$$

迁移率 μ_{eff} 是根据 $V_{DS}=0$ 时的迁移率 μ_{0} 与 $V_{DS}=V_{DD}$ 时的迁移率 μ_{0} 插值得到的。即

$$\mu_{eff}=\mu_{0}\Big|_{V_{DS}=0}\left(\frac{V_{DS}}{V_{DD}}-1\right)\cdot\frac{V_{DS}}{V_{DD}}+\mu_{0}\Big|_{V_{DS}=V_{DD}}\left(2-\frac{V_{DS}}{V_{DD}}\right)\cdot\frac{V_{DS}}{V_{DD}} \tag{A-44}$$

其中 $\mu_{0}\Big|_{V_{DS}=0}=\mu_{z}+\mu_{zb}V_{BS}$ (A-45)

$$\mu_{0}\Big|_{V_{DS}=V_{DD}}=\mu_{s}+\mu_{sb}V_{BS} \tag{A-46}$$

当 $V_{DS}>V_{DD}$ 时

$$\mu_{eff}=\mu_{0}\Big|_{V_{DS}=V_{DD}}+\mu_{sd}(V_{DS}-V_{DD}) \tag{A-47}$$

也就是说,在 $V_{DS}\leqslant V_{DD}$ 时,迁移率与 V_{DS} 电压是二次函数的关系;而当 $V_{DS}>V_{DD}$ 时,迁移率近似随电压线性变化,μ_{sd} 是变化斜率。在 BSIM 模型中 $\mu_{z},\mu_{zb},\mu_{s},\mu_{sb},\mu_{sd}$ 都是用来计算迁移率的参数。

瞬态分析模型与 LEVEL =1 的模型基本相同,只是本征电容都采用电荷守恒的电容模型,引入一个参数 XPART 确定沟道电荷在源、漏端的分配。当 XPART=1 时,$Q_{ST}/Q_{DT}=100/0$;当 XPART=0 时,$Q_{ST}/Q_{DT}=60/40$。下面列出 BSIM 模型的主要模型参数。

表 A-4 BSIM 模型的主要参数

本书中参数符号	SPICE 中参数符号	参数意义	单位
V_{FB}	VFB	平带电压	V
φ_s	RHI	强反型表面势	V
k_1	K1	体因子	$V^{\frac{1}{2}}$
k_2	K2	源-漏耗尽电荷共享系数	—
η_z	ETA	零偏压 DIBL 系数	—
η_b	X2E	DIBL 对 V_{bs}的敏感系数	V^{-1}
η_d	X3E	$V_{ds}=V_{dd}$时 DIBL 对 V_{da}的敏感度	V^{-1}
U_{oz}	U0	零偏压横向电场迁移率退化系数	V^{-1}
U_{ob}	X2U0	横向电场迁移率退化效应对衬底偏压的敏感度	V^{-1}
U_{1z}	U1	零偏压速度饱和系数	μm/V
U_{1b}	X2U1	速度饱和效应对 V_{bs}的敏感度	$\mu m/V^2$
U_{1d}	X3U1	在 $V_{ds}=V_{dd}$时速度饱和效应对 V_{ds}的敏感度	$\mu m/V^2$
μ_z	MUZ	零偏压迁移率	$cm^2/(V\cdot s)$
μ_{zb}	X2MZ	$V_{ds}=0$ 时迁移率对 V_{sb}的敏感度	$cm^2(V^2\cdot s)$
μ_s	MUS	$V_{ds}=V_{dd}, V_{bs}=0$ 时的迁移率	$cm^2/(V\cdot s)$
μ_{sb}	X2MS	$V_{ds}=0$ 时迁移率对 V_{sb}的敏感度	$cm^2(V^2\cdot s)$
μ_{sd}	X3MS	$V_{ds}=V_{dd}$时迁移率对 V_{ds}的敏感度	$cm^2(V^2\cdot s)$
n_0	N0	零偏压亚阈斜率系数	—
n_b	NB	亚阈斜率对衬底偏压的敏感度	—
n_d	ND	亚阈斜率对漏偏压的敏感度	—
ΔL	DL	沟长减小参数	μm
ΔW	DW	沟宽减小参数	μm
t_{ox}	TOX	栅氧厚度	μm
—	XPAPT	沟道电荷分配系数	

在使用 SPICE 时不仅要给出器件的模型参数,还要给出器件的几何尺寸,几何尺寸要在器件语句中作为器件参数给出。表 A-5 列出了 SPICE 中 MOS 器件的参数,参数中的 L 和 W 指的是版图上设计的沟道长度和沟道宽度,也就是第 2 章中的 L_G 和 W_A。在所有模型公式中用到的 L 和 W 是指器件实际的沟道长度和沟道宽度。在 LEVEL=1,2,3 的模型中,如果给出参数 L_D,则对沟道长度进行修正,即

$$L = L_G - 2L_D \tag{A-48}$$

BSIM 模型对沟道长度和沟道宽度都进行了修正,它的修正公式是

$$L = L_G - \Delta L \tag{A-49}$$

$$W = W_A - \Delta W \tag{A-50}$$

表 A-5 SPICE 中的 MOS 器件参数

本书中参数符号	SPICE 中参数符号	参数含义	缺省值	单位
L_G	L	设计的沟长(掩膜尺寸)	10^{-4}	m
W_A	W	设计的沟宽(掩膜尺寸)	10^{-4}	m
A_S	AS	源区面积	0.0	m^2
A_D	AD	漏区面积	0.0	m^2
P_S	PS	源区周长	0.0	m
P_D	PD	漏区周长	0.0	m
—	NRS	源区方块数	1.0	—
—	NRD	漏区方块数	1.0	—

在表 A-4 的 BSIM 模型参数中,前 20 个参数都是电学参数。BSIM 模型中考虑了这些参数对沟道长度和沟道宽度的依赖关系,因此,实际模型公式中用到的某个参数 P_i 应是

$$P_i = P_{i0} + \frac{LP_i}{L - \Delta L} + \frac{WP_i}{W - \Delta W} \tag{A-51}$$

其中 P_{i0} 是在模型语句中给出的相应参数值,而 LP_i 和 WP_i 分别是这个参数对沟道长度和沟道宽度的敏感系数,也应在模型语句中给出。例如体效应参数 K_1,如果在模型语句中给出 K_1,LK_1 和 WK_1,则实际的体效应参数为

$$K_1' = K_1 + \frac{LK_1}{L - DL} + \frac{WK_1}{W - DW}$$

为了对 BSIM 模型参数有一些具体了解,下面给出 $L=2\mu m$,$W=3\mu m$ 的 NMOS 晶体管的模型参数。

```
+vfb=-9.73820E-01,lvfb=3.67458E-01,wvfb=-4.72340E-02
+phi=7.46556E-01,lphi=-1.92454E-24,wphi=8.06093E-24
+k1=1.49134E+00,lkq=-4.98139E-01,wk1=2.78225E-01
+k2=3.15199E-01,lk2=-6.95350E-02,wk2=-1.40057E-01
+eta=-1.19300E-02,leta=5.44713E-02,weta=-2.67784E-02
+muz=5.98328E+02,dl=6.38067E-001,dw=1.35520E-001
+u0=5.27788E-02,lu0=4.85686E-02,wu0=8.55329E-02
+u1=1.09730E-01,lu1=7.28376E-01,wu1=-4.22283E-01
+x2mz=7.18857E+00,lx2mz=-2.47335E+00,wx2mz=7.12327E+01
+x2e=3.00000E-03,lx2e=-7.20276E-03,wx2e=-5.57093E-03
+x3e=3.71969E-04,lx3e=-3.16123E-03,wx3e=-3.80806E-03
+2u0=1.30153E-03,lx2u0=3.81838E-04,wx2u0=2.53131E-02
+2u1=-2.04836E-02,lx2u1=3.48053E-02,wx2u1=4.44747E-02
+mus=7.79064E+02,lmus=3.62270E+02,wmus=-2.71207E+02
```

```
+2ms=-2.65485E+00,lx2ms=3.68637E+01,wx2ms=1.12899E+02
+3ms=1.18139E+01,lx3ms=7.24951E+01,wx3ms=-5.25361E+01
+3u1=2.12924E-02,lx3u1=5.85329E-02,wx3u1=-5.29634E-02
+tox=4.35000E-002,temp=2.70000E+01,vdd=5.00000E+00
+cgdo=3.79886E-010,cgso=3.79886E-010,cgbo=3.78415E-010
+xpart=1.00000E+000
+n0=1.00000E+000 ln0=0.00000E+000 wn0=0.00000E+000
+nb=0.00000E+000 lnb=0.00000E+000 wnb=0.00000E+000
+nd=0.00000E+000 lnd=0.00000E+000 wnd=0.00000E+000
+rsh=27.9 cj=1.037500e-04 cjse=2.169400e-10 js=1.000000e-08   pb=0.8
+pbsw=0.8 mj=0.66036 mjsw=0.178543 wdf=0 dell=0
```

A.5 四种 MOS 晶体管模型的比较

综上所述，LEVEL＝1 的模型只能粗略估算电路性能，更适合于手工计算使用；LEVEL＝2 的模型比较偏重物理，考虑了主要二级效应，但是在使用中经常存在收敛性问题，而且比 LEVEL＝3 的模型占用 CPU 时间多 25％左右，但是由于该模型物理概念明确，因此仍是一个经常使用的模型；LEVEL＝3 的模型尽管是半经验模型，但只要给出合适的模型参数，可以获得较为满意的结果，特别是它比 LEVEL＝2 的模型节省运算时间，使它更适合在电路模拟中使用；LEVEL＝4 的模型也是基于物理的，但是有大量的受沟道长度和沟道宽度影响的参数，需要大量的不同尺寸器件来提取这些参数。

为了比较这四种 MOS 晶体管模型的差别，用这四种模型模拟不同尺寸的 NMOS 器件，图 A-1 比较了不同模型的模拟结果与实际测量结果之间的误差。取版图上的沟道长度和沟道宽度分别从 1.4μm 到 10.4μm 之间变化。对 LEVEL＝1～3 级模型，采用 3 个不同尺寸的器件提取了模型参数，对 LEVEL＝4 的模型中电参数对沟道长度和沟道宽度的敏感系数是基于 6 个不同尺寸的器件提取的。另外 LEVEL＝4 的模型中 DL 取为 0.7μm，DW 取为 1.1μm，因此，最小尺寸器件的实际沟道长度和沟道宽度约为 0.7μm 和 0.3μm。对 LEVEL＝1～3 的模型，虽然没有 DW 参数，但也是按实际沟道宽度进行参数提取计算。从图A-1 可以看出，LEVEL＝1 的模型即使对较大尺寸器件，模拟结果的误差也很大，对小尺寸器件就更不精确了。LEVEL＝2 和 3 的模型对所有不同尺寸器件的模拟结果都还比较精确，只是对沟道长度和宽度都是 1.4μm(实际宽度只有 0.3μm)的器件误差较大。LEVEL＝4 的模型的误差都很小，但有一个尺寸的器件误差较大，这是因为这个尺寸的器件不是参数提取中采用的器件。这说明参数随沟道长度和宽度变化并不完全按照公式(A-51)的规律，也就是说并不是随 $1/L$ 和 $1/W$ 等比例变化。总之在用 SPICE 进行电路模拟时选择适当的模型，并给出一组精确的模型参数是至关重要的。

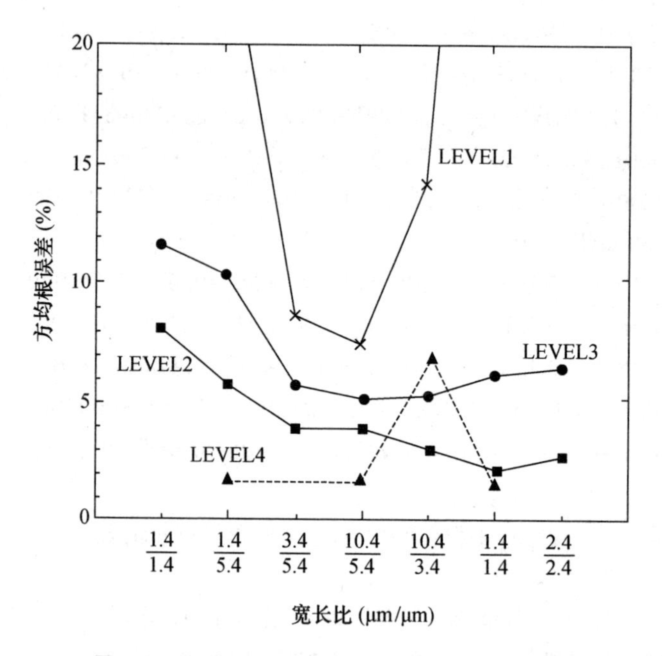

图 A-1 四种 MOS 晶体管模型模拟精度的比较

附录 B　SPICE 仿真基础

SPICE 的主要用途是对模拟电路以及数模混合电路进行仿真模拟，对数字电路主要用于中小规模电路的分析。尽管对于超大规模数字电路进行模拟时，SPICE 模拟的运算速度较之其他软件慢，但它的模拟精度却是最高的，当然这也依赖于模拟时所采用的器件模型和模型参数的精确程度。绝大多数集成电路加工线都提供 SPICE 的模型参数以便设计者使用。

下面简单介绍 SPICE 的基础知识，包括基本语法，主要基于 HSPICE 学习如何利用 SPICE 工具做简单的电路仿真。

B.1　文件格式

B.1.1　基本格式

每个文件名、语句、等式等的长度不超过 1 024 个字符。

HSPICE 中大小写语义相同。

字符“+”表示续写上一行，但“+”之后必须为一个非数字、非空格的字符。

字符 Tab、空格、“,”“=”“(”和“)”用来做分隔符。

字符“*”和“$”表示注释行，其中“*”必须是每行的第一个字母，而“$”可以跟在一个语句以后，“$”和语句之间用空格隔开。

B.1.2　名称格式

HSPICE 中的元件名称和变量名称必须以字母开始，可以使用字母、数字和符号的组合，有效符号包括

! # $ % * + - / < > [ ] _

名称只有前 16 个字符有效。

HSPICE 中的节点名称用数字、字母或符号开始。有效的符号包括

_ ! %

节点名称为 0,GND,GND!,GROUND 的节点被默认为全局接地节点(零电位)。以数字开始、后面尾随字母的节点名称，后面的字母将被忽略，即节点 100ABC 和节点 100 为同一节点。

B.1.3　数字格式

HSPICE 网表文件中用到的数字均为整数或者小数。可以采用指数或者比例因子的形式表示一个极大或者极小的整数或小数。例如 1 200 000 可以表示为 1.2E6 或者1.2MEG。比例因子具体表现形式如下：

关键字	值	关键字	值
m	1×10^{-3}	K	1×10^{3}
u	1×10^{-6}	MEG	1×10^{6}
n	1×10^{-9}	G	1×10^{9}
p	1×10^{-12}	T	1×10^{12}
f	1×10^{-15}		

B.1.4　语句格式

HSPICE 网表文件中语句一般包括：以字母开头的描述语句；以字符“.”开头的控制语句；以字符“*”开头的注释语句三大类。

B.2　语 法 基 础

B.2.1　输入语句

输入语句是用来描述由元件和激励源构成的电路网表。

1. 文件头语句

文件头语句出现在网表文件的第一行，一般形式如下：

```
.TITLEcharacter string
Character string
```

字符串的长度不超过 72 个字符，若用户不需要标题，则第一行必须空出，否则第一行的其他 HSPICE 语句被作为文件头，而不被执行。

2. 元件描述语句

元件描述语句一般由元件名、元件所连接的电路节点号、元件模型名和元件参数值组成，一般形式如下：

```
Elename Node1 Node2 <ModName> Val1 <Val2 Va13…> <IC=val>
```

Elename 为元件名，一般由字母和数字命名，必须以字母开头，且首字母关键字代表元件的种类。SPICE 支持的元件种类有：电阻、电容、电感、传输线等。

Node1，Node2为节点名，节点可由任何字母或数字命名，接地点默认为0、GND或!GND。

ModName为模型名，和后文介绍的模型描述语句(.MODEL语句)中的模型名是一一对应的。如果元件描述语句定义了一种模型名，则意味着该元件选择了该模型名对应的模型描述语句中的模型参数。

Val1/2…为元件参数值，可以是该元件的值(如电阻的阻值)，也可以是该元件的参数值(如电阻的温度系数等)。

IC=val为元件的初始参数，定义储能元件电容或电感在瞬态模拟时的初始状态，如电容上的初始电压和电感上的初始电流。若选用参数IC，则它必须和.TRAN的参数UIC成对使用，并且不必再考虑使用初始状态定义语句(.IC语句)来设置初始条件。

【例】

```
R1 1 0 100k
C1 1 0 1p IC=0
L1 1 0 1n
R2 2 1 mod_res 10k TC=0.001
```

上述前三行语句分别描述了节点1和节点0之间有一个100kΩ的电阻R1、1pF的电容C1和1nH的电感L1。电容C1的初始电压为0V。第四行语句描述了节点2和节点1之间有一个10kΩ的电阻R2，该电阻模型参数可参照名为mod_res的电阻模型，该电阻的温度系数TC为0.001。

3. 电源描述语句

电源描述语句格式和元件描述语句格式相似，电源描述语句一般形式如下：

```
Srcname NP NM <NCP NCM> Val
```

Srcname为电源名，由字母和数字命名，必须以字母开头，且首字母关键字代表电源的种类。SPICE中的电源分为两大类：独立源(如独立电压源V和独立电流源I)和受控源(如压控电流源G、压控电压源E、流控电压源H、流控电流源F等)。

独立激励源如V和I由两个节点连接，依次是正节点NP和负节点NM。独立激励源可分为直流(DC)、交流(AC)、瞬态(TRAN)三大类；瞬态激励源包含了脉冲(PULSE)、正弦(SIN)、指数(EXP)、分段线性(PWL)等。

【例】

```
V1 1 0 dc=5
V2 1 0 ac=1 90
V3 1 0 pulse 0 1 2N 2N 2N 50N 100N
V4 2 3 dc=2.5 ac=1 sin 0 1 1MEG
```

上述前三行语句分别描述了节点1和节点0之间有一个5V的直流电压源、一个振幅为 1V、相位为 90°的交流电压源和一个高电平为 1V、低电平为 0V、延迟时间为 2ns、上升和下降时间均为 2ns、脉冲宽度为 50ns、周期为 100ns 的脉冲电压源。第四行语句描述了一个混合独立激励源 V3,即节点 2 和 3 之间有一个 2.5V 的直流电压源、一个振幅为 1V 的交流电压源和一个瞬态的正弦电压源。

受控激励源如 G,E,H,F 由四个节点连接,依次是正受控节点 NP、负受控节点 NM、正控制节点 NCP、负控制节点 NCM。

【例】

```
G1 n1 n2 n3 n4 10
```

上述语句描述了节点 n1 和 n2 之间有一个流控电压源 G1,该电压源的电压值 V_{12} 受节点 n3 和 n4 之间的电流 I_{34} 控制,电压和电流之间的比值关系是 $V_{12}=10 \cdot I_{34}$。

4. 半导体器件描述语句

半导体器件描述语句格式和元件描述语句格式相似,半导体器件描述语句一般形式如下:

```
SemNam Node1 Node2 Node3… ModName Par1 Par2…
```

SemNam 是半导体器件名,由字母和数字命名,必须以字母开头,且首字母关键字代表半导体器件的种类。电路分析中用到的半导体器件通常有:二极管 D、双极晶体管 Q、结型场效应管 J、MOS 型场效应管 M 等。

【例】

```
D1 np nm mod_diode w=10u l=10u
Q2 nc nb ne mod_bjt area=1.5
J3 nd ng ns nb mod_jfet w=10u l=10u
M4 nd ng ns nb mod_mos l=1u w=1u
```

上述语句依次描述了 D1,Q2,J3 和 M4 四种有源器件,其中节点定义方面,二极管 D 由两个节点连接,依次是正节点和负节点;双极性晶体管 Q 由三个节点连接,依次是集电极节点、基极节点和发射极节点;结型场效应管 J 和 MOS 场效应管 M 均由四个节点连接,依次是漏极节点、栅极节点、源极节点和衬底节点,其中这两种场效应管做三端应用时,衬底节点可省略。有源元件描述语句中,在节点后通常会有模型名 ModName,如上述语句中的 mod_diode,mod_bjt 等,这些模型名和后面介绍的模型描述语句(.MODEL 语句)中的模型名是一一对应。所以如果元件描述语句中定义了一种模型名,则意味着该元件选择了该模型名对应的模型描述语句中的模型参数 Par1,Par2…。有源元件描述语句中,除了节点名和模型名之外,通常还包含元件尺寸等其他信息,如上述语句中定义的元件宽 w、长 l 和面积area等。

5. 子电路描述和调用语句

HSPICE 中通常会用.SUBCKT 语句或者.MACRO 语句来例化一些电路单元或者宏单元,做子电路用。当电路中要调用这些例化的子电路时,可以利用子电路调用语句方便地调用，不再需要重复书写电路网表。子电路调用语句和元件描述语句相似，以元件名字母 X 开头。子电路描述和调用语句方便地实现了电路的层级化，降低了电路网表的冗杂，增加了电路网表的可读性。. SUBCKT 和. ENDS，. MACRO 和. EOM 必须各自成对出现，表示子电路描述模块的开始和结束。

【例】

```
X11 2 INV
X2 2 0 SR
.SUBCKTINV in out
    M1 out in vdd vdd PMOD w=10u l=1u
    M2 out in gnd gnd NMOD w=5u l=1u
.ENDS
.MACROSR in out
    R2 2 1 100k
    R1 1 0 200k
.EOM
```

上述语句中分别利用. SUBCKT 语句描述了一个反相器子电路 INV 和利用. MACRO 语句描述了一个电阻串子电路 SR，并调用了这两个子电路单元。需要说明的是：调用语句中的子电路名称和描述语句中的子电路名称必须完全相同，子电路描述语句中的节点名称只在该模块中有效。

6. 模型描述语句

HSPICE 中，很多元件都要使用相关模型以确定它们的参数值。模型描述语句的一般形式是：

```
.MODEL ModName Type ModPar1 ModPar2…
```

模型名 ModName 和元件描述语句中的模型名 ModName 是一一对应的，元件依靠模型名来指明所要参考的模型。Type 是模型类型，用来定义模型所属器件类型，常用的模型类型以及其对应的器件类型如表 B.1 所示。模型参数 ModPar1，ModPar2…用来设置模型参数名和相应的参数值。模型参数名必须是相应模型中存在的参数，未给定的参数名和值就由程序中的缺省值代替。每个独立参数之间用空格或逗号分隔，续行前要加"+"号。

表 B.1　HSPICE 中常用模型类型以及其对应的器件类型

模型类型	器件类型	模型类型	器件类型
NMOS	n 沟道 MOSFET	PMOS	p 沟道 MOSFET
NPN	npn 型双极晶体管	PNP	pnp 型双极晶体管
NJF	n 沟道 JFET	PJF	p 沟道 JFET
D	二极管	AMP	运算放大器

续表

模型类型	器件类型	模型类型	器件类型
C	电容器	R	电阻器
L	电感		

【例】

```
.Model nch NMOS Level=1 VTO=1.5 KP=1.6E-5 LAMBDA=0.08
.Model pch PMOS Level=3 PHI=0.7 TOX=1.0E-8 VTO=-0.9 DELTA=2.5E-1
+UO=130 THETA=1.8E-1 RSH=3.4E0 GAMMA=0.52 NSUB=9.8E16 CJ=
9.3E-4
```

上述语句分别定义了一个模型名为 nch 的 NMOS 管和一个模型名为 pch 的 PMOS 管。MOSFET 的模型描述语句中用 Level=1,2…定义该模型所属的不同层级，常用的 MOS 器件模型有以下几个层级：

Level = 1　　Shichman-Hodges 模型

Level = 2　　基本几何图形的解析模型

Level = 3　　半经验短沟道模型

Level = 4　　BSIM3v3 模型

模型层级不同，模型参数不同，考虑的各种物理效应不同，模型的准确度也不相同。用户可以按照设计要求选用不同的模型和模型参数。

7. 库文件调用语句

在用 HSPICE 对电路进行模拟时，经常要对元件的模型及其参数以及子电路进行描述或定义。SPICE 软件允许将器件模型(.MODEL 语句)、子电路的定义(.SUBCKT 语句，包含.ENDS 语句)及库文件调用语句(.LIB 语句)等集中存放到一个单独的库文件中，而在调用所要使用的模型和子电路时，仅需要一行库文件调用语句就可以将所要的器件模型、子电路等内容调入内存，这样速度快、占内存少，给电路模拟带来极大方便。

库文件调用语句的一般形式是：

```
.LIB"文件路径 文件名" 文件入口
```

其中，文件路径指明库文件所在的路径目录，当库文件与 SPICE 运行在同一目录下，则可缺省文件路径。"../"表示当前目录的上一级目录。文件名为库文件名，文件路径和文件名必须包含在单引号或双引号中。文件入口是指进入文件的类型名，和库文件中定义的类型名一一对应。

【例】

```
.LIB"nmos13.lib" nmos13
.LIB"/home/users/spice/lib/pmos13.lib" pmos
```

上述语句分别描述了程序要调用一个在本目录下名为 cmos13. lib 的库文件和调用一个在“/home/users/spice/lib”目录下名为 pmos13. lib 的库文件。

B. 2. 2 电路分析和控制语句

对电路性能进行分析，进而对电路设计起到指导性作用，这是电路模拟的意义所在。电路的性能分析包括：直流分析（直流工作点、直流扫描分析、灵敏度分析、小信号输出函数分析等）、交流分析（交流小信号分析、小信号失真分析、交流噪声分析等）、瞬态分析（瞬态分析、富利叶分析等）及蒙特卡罗（Monte Carlo）分析和最坏情况（WAST CASE）、温度特性等分析。HSPICE 中的所有分析和控制语句都必须以“. ”开头，各语句间的次序可随意且可多次设置。

1. 电路分析语句

（1）工作点分析（. OP）。当输入文件中包含了一个. OP 语句时，HSPICE 将计算电路的直流工作点，. OP 语句也可能在进行瞬态分析时产生一个直流工作点作为瞬态分析的初始条件。此语句在进行电路直流工作点计算时，电路中所有电感短路、电容开路。值得注意的是，在一个 HSPICE 网表中只能出现一个. OP 语句。

（2）直流分析（. DC）。. DC 语句规定了直流特性分析时所用的电源类型和扫描极限。在直流分析中，. DC 语句可进行：直流参数值扫描、电源值扫描、温度范围扫描、直流蒙特卡罗分析（随机扫描）等。. DC 语句一般语法如下：

```
.DC vname1 vstart1 vstop1 vstep1 <SWEEP name2 vstart2 vstop2 vstep2>
```

其中，vname1 是扫描电压变量的名称；vstart1，vstop1 和 vstep1 分别定义了扫描电压变量的起点、终点和步长；SWEEP 参数定义了二次扫描变量。

【例】

```
.DC V1 0 1.2 0.1
.DC VDS 0 1.2 0.01 SWEEP VGS 0 1.2 0.3
.DC TEMP -45 125 5
```

上述语句依次定义了：

对电源 $V1$ 进行直流扫描，电压从 0V 到 1.2V，扫描步长 0.1；

对电源 V_{DS} 进行直流扫描，电压从 0V 到 1.2V，扫描步长 0.01，同时对电源 V_{GS} 进行直流扫描，电压从 0V 到 1.2V，扫描步长 0.3；

扫描当温度从－45℃依照 5℃的步长递增到 125℃时，电路直流参数的变化。

（3）交流分析（. AC）。交流小信号分析时，HSPICE 将交流输出变量作为指定频率的函数来加以分析计算。分析时 HSPICE 首先求直流工作点，作为交流分析的初始条件，这时 HSPICE 将电路中所有非线性器件变换成线性小信号模型，电容和电感则被换算成相应的导纳值：$Y_C = j\omega C$ 和 $Y_L = 1/j\omega L$。. AC 语句可对下述参数进行扫描分析：频率、温度、模型参数等。. AC 语句一般形式如下：

```
. AC type point fstart fstop <SWEEP…>
```

其中，type 表示了频率采样点的类型，其中，LIN 表示线性取点，DEC 表示十倍频程取点，OTC 表示倍频程取点，PIO 表示按照列表取点；point 表示取点的个数；fstart 和 fstop 分别表示扫描频率的起点和终点。SWEEP 参数定义了二次扫描变量。

【例】

```
. AC LIN 100 1 100Hz
. AC DEC 10 1 10k SWEEPRX PIO 2 5k 15k
```

上述语句依次定义了：

在 1Hz 和 100Hz 之间均匀的取 100 个点对电路进行交流扫描；

在 1Hz 和 10kHz 之间按照十倍频程取点，每个频率区间取 10 个点对电路进行交流扫描，同时对电阻 RX 取两个采样点 5kΩ 和 15kΩ 进行扫描。

(4) 瞬态分析(. TRAN)。瞬态分析语句(. TRAN)是与时间有关的电路特性分析。. TRAN语句一般形式如下

```
. TRAN tstep tstop <tstart UIC>
```

其中，tstep 和 tstop 分别表示扫描的时间步长和终点；tstart 表示扫描的时间起点，如不定义则缺省值为 0；定义 UIC 参数后，HSPICE 将使用. IC 语句(初始状态控制语句)或元件描述语句中使用的 IC=…指定的参数作为电路瞬态扫描时的初始值，否则 HSPICE 将对先进性直流工作点分析，采用直流工作点的值作为瞬态扫描时的初始状态。

【例】

```
. TRAN 1n 100n UIC
. TRAN . 1n 15n 1n 30n START=10n
```

上述语句依次定义了：

从 0s 到 100ns 按 1ns 步长进行瞬态扫描，将元件描述语句中的 IC 参数或者. IC 语句中定义的初始状态作为元件的初始状态，而忽略直流工作点的分析结果；

从 10ns 到 15ns 按 0. 1ns 步长，从 15ns 到 30ns 按 1ns 步长进行瞬态扫描。

2. *初始状态控制语句*

设置初始状态是为在电路模拟中计算偏置点而设定一个或多个电压(电流)值的过程。在模拟非线性电路、振荡电路及触发器电路的直流或瞬态特性时，常出现解的不收敛现象，当然实际电路不一定没有解，其原因是偏置点发散或收敛不能适应多种情况。设置初始值最通常的原因就是在两个或更多的稳定工作点中选择一个，使模拟顺利进行。初始状态的设置除了在元件描述语句中使用的 IC=…以外，还可用. IC 和. DCVOLT 以及. NODESET 语句来实现。这三种语句的区别是：. IC 和. DCVOLT 语句是用来设置瞬态分析初始条件的；. NODESET 语句是用来帮助直流解的收敛。

【例】

```
.ICV(11)=5   V(4)=-5   V(2)=2.2
.DCVOLT   11   5   4   -5   2   2.2
.NODESET   V(11)=5   V(4)=-5   V(2)=2.2
```

上述三个初始状态语句均定义了：节点 11、节点 4 和节点 2 电路分析初始状态的电压值依次是 5V，-5V 和 2.2V。

3. 参数定义语句

参数定义语句(.PARAM)被用来对 HSPICE 模拟中的元件和模型所指定的关键字进行赋值，这特别适合要调用不同参数进行模拟以及统计分析(蒙特卡罗分析)等过程。

【例】

```
.PARAM WN=10u
M1 out in vdd vdd PMOD W=WN l=1u
.DC VIN 0 5 0.25 SWEEPWN LIN 7 20u 80u
```

上述参数定义语句定义了一个参数 WN，它的初始值为 10μm。首先，在元件描述语句中调用了这个参数，表示了 NMOS 管 M1 的栅宽 W=10μm；其次，在直流分析语句中扫描参数 WN 从 20μm 经过 7 个点线性变化到 80μm 过程中，VIN 从 0V 依照 0.25V 的步长递增到 5V 时电路直流参数的变化。

4. 全局变量定义语句

输入文件若定义了全局变量定义语句(.GLOBAL)，则输入文件所有子电路中与.GLOBAL节点名相同的节点都将被自动定义成有连接关系，即子电路中和.GLOBAL 中命名相同的节点将表示同一节点，将不只在子电路中有效。

一般电路的电源、地被定义成.GLOBAL 语句。

【例】

```
.GLOBAL vdd gnd
```

B.2.3　输入输出控制语句

1. 输出控制语句

HSPICE 中常用的输出控制语句有以下几种：

.PRINT 语句规定了要输出打印的变量值，如节点电压、电流等。

.PLOT 语句规定了对某种选定分析的结果进行绘图输出，在一个绘图输出中可以多达 32 个变量。

.PROBE 语句用来将输出变量存贮到接口文件和图形数据文件中。该语句规定了哪些参数将在输出列表中被打印出来。

.GRAPH 语句产生一个高分辨率的输出绘图结果。该语句产生一个后缀名为.gr#图形数据文件,.gr#文件中的#表示存在的文件序号。.GRAPH 语句对 HSPICE 的 PC 版本不支持。

输出语句一般的形式如下:

```
.PRINT type var1 var2…
```

其中,type 为输出分析类型,包括 TRAN,DC,AC 等,var1 为输出变量名,如 V(1),I(R1)等。

【例】

```
.PRINT TRAN V(1) I(R2)
.PLOT DC V(2) V(3)
.PROBE AC V(4) V(5)
```

2. 测量语句

除了上述的几种输出控制语句,HSPICE 还提供了用户自定义的输出测量语句——.MEASURE语句。通过该语句,用户可以获得更为详尽的电学指标,例如:延迟、上升/下降时间、电压峰值等一系列变量。.MEASURE 语句一般格式如下:

```
.MEASURE type result TRIG… TARG…
```

其中,type 表示测量类型,包括 TRAN,DC 和 AC;result 指定一个输出变量名称;TRIG 和 TARG 表示进行测量的起始参数信息和终止参数信息。通常 TRIG 和 TARG 的语法如下:

```
TRIG trig_var val=trig_val <td=delay> <rise=r> <fall=f>…
TARG targ_var val=targ_val <td=delay> <rise=r> <fall=f>…
```

其中,trig/targ_var 表示起始和终止参数名;val=trig/targ_val 表示测量发生的临界点;td=delay 表示经过多长时间延迟后再进行测量;rise=r/fall=f 测量的是起始或终止参数第 r 次上升或第 f 次下降时的时间间隔。

【例】

```
.MEASURE TRAN delay trig V(1) val=0.7 td=10n rise=2
targ V(1) val=0.7 td=10n fall=2
```

上述语句表示,从 10ns 开始,测量节点 1 电压上升第 2 次和下降第 2 次的时间间隔,以 0.7V 作为节点上升一次的临界点,最后将这个时间保存在变量 delay 中。

3. 任选项语句

任选项语句.OPTIONS 是为了满足用户的需要或特殊的模拟目的,允许用户重新设置程序的参数和控制程序的功能。.OPTIONS 语句一般格式如下:

```
.OPTIONS opt1 opt2…
```

HSPICE 提供的任选项很丰富,包括通用控制、模型分析、直流工作点分析控制、直流扫描分析控制、交流小信号分析控制、瞬态分析控制等几大类。

【例】

```
.OPTIONS POST=1
```

上述语句中，选项 POST=1 表示输出结果以二进制形式存储。